微服务从小白到专家
Spring Cloud和Kubernetes实战

姚秋辰 张昕 卿睿 著

電子工業出版社
Publishing House of Electronics Industry
北京•BEIJING

内 容 简 介

本书源码以 Spring Boot 2.2.x、Spring Cloud Hoxton 和 Kubernetes 1.19.2 为基础，从 Spring Boot 单体应用的搭建，到 Spring Cloud 微服务架构升级，再到使用 Docker 和 Kubernetes 容器编排技术做容器化改造，由浅入深、逐步讲解，使读者全面掌握主流微服务架构和容器编排方案。

本书共 22 章，分为三个部分。第一部分，讲解 Spring Boot 的核心功能和底层原理，手把手带读者搭建一个基于 Spring Boot 的优惠券平台单体应用系统。第二部分，讲解 Spring Cloud 微服务技术的应用，涵盖了 Spring Cloud Netflix 和 Spring Cloud Alibaba 两大组件库的核心组件，在项目实战环节，将 Spring Cloud 微服务技术应用到优惠券项目中，让读者亲身体验从单体应用升级为微服务架构的过程。第三部分，深入讲解 Docker 容器技术和 Kubernetes 容器编排技术的核心功能，并对优惠券项目做容器化改造。

本书紧扣实战、学练结合，适合具备一定 Java 基础的开发人员、对微服务架构和 Spring Cloud 技术及容器编排技术感兴趣的读者。对处在微服务架构转型期的团队来说，本书具有很大的实践指导价值。

图书在版编目（CIP）数据

微服务从小白到专家：Spring Cloud 和 Kubernetes 实战 / 姚秋辰等著. —北京：电子工业出版社，2021.10
ISBN 978-7-121-41947-8

Ⅰ. ①微… Ⅱ. ①姚… Ⅲ. ①互联网络－网络服务器 Ⅳ. ①TP368.5

中国版本图书馆 CIP 数据核字（2021）第 183670 号

责任编辑：董　英
印　　刷：三河市君旺印务有限公司
装　　订：三河市君旺印务有限公司
出版发行：电子工业出版社
　　　　　北京市海淀区万寿路 173 信箱　　邮编：100036
开　　本：787×980　1/16　　印张：44.75　　字数：973.8 千字
版　　次：2021 年 10 月第 1 版
印　　次：2021 年 10 月第 1 次印刷
定　　价：158.00 元

凡所购买电子工业出版社图书有缺损问题，请向购买书店调换。若书店售缺，请与本社发行部联系，联系及邮购电话：（010）88254888，88258888。

质量投诉请发邮件至 zlts@phei.com.cn，盗版侵权举报请发邮件至 dbqq@phei.com.cn。

本书咨询联系方式：010-51260888-819，faq@phei.com.cn。

推荐序

很多时候人们常常把软件架构和建筑学做类比，两者的英语原文都是 Architect。Architect 这个词源于建筑学，后来被软件领域采用。虽然软件领域和建筑领域中的“架构”一词在概念层面有着相似性，但是到了实际落地层面，两者却是截然不同的。

建筑领域中的“架构”是从一开始就设计好了的，后面的施工建设只是依据这个架构图纸去一比一地实现。需要多少块砖、需要多少资源都是事先可以精确预估的。然而，软件领域中的“架构”更像是一种设计哲学，或者说是一种设计艺术，即使采用相同的架构设计理念，最后实现的代码也可能会完全不同。因此，我在各种公开场合都一直强调“软件的架构从来不是设计出来的，而是生长出来的”。

纵观历史，软件架构的发展经历了很多里程碑，从早期的单体架构，到后来的分层架构，再到 SOA、微服务，以及下一代微服务技术——服务网格（Service Mesh）。每一次的架构迭代都是为了解决之前架构设计中的“坑”。可以说，软件架构的迭代历史就是一部不折不扣的“挖坑和填坑”的历史。

时至今日，微服务架构早已从概念阶段走到了有大量应用的巅峰阶段。从技术层面上讲，Spring Cloud、Docker 和 Kubernetes 已经成为事实上的标杆；从商业层面上讲，微服务架构也已经实现了“利用技术上的确定性来应对业务端的不确定性”这一关键目标。作为新时代的软件研发人员，不管你是从一开始就使用微服务，还是从原本的分布式架构向微服务架构转型，都非常有必要深入学习微服务落地实践的方方面面。因此，我们急需一本理论与实践相结合，能够结合实际案例讲解的图书。本书的出版可以说填补了这一空缺。

当我拿到这本书的样章时，有一种惊喜的感觉，因为这是目前为数不多的由国人出品的面向初学者的微服务架构实战类图书。当我怀着欣喜的心情读了本书的部分章节后，不仅感受到几位作者多年来对微服务架构在实际项目中落地的深刻理解和认识，而且发现这是一本学习曲线非常平滑，但又不失技术先进性和工程实战性的微服务实战好书。

其实，市面上各自讲解 Spring Cloud、Docker 和 Kubernetes 的书不在少数，但是本书使用了一个贯穿全书的优惠券实战项目，通过实际项目的需求驱动方式，将 Spring Boot、Spring Cloud 的核心知识点与 Docker 容器技术及容器编排领域的标杆 Kubernetes 结合，做到了技术路径上的一脉相承。

本书既有理论体系上庖丁解牛、细致入微的分析和讲解，又有面向初学者的实战技术指导和具体实践说明，从而让读者对企业落地微服务架构的方案与最佳实践有了一个更全面、更体系化的认识。可以说，本书是软件开发人员系统性地认识微服务架构、实践微服务架构“躬身入局”的必读佳作。

茹炳晟

腾讯 技术工程事业群 基础架构部 T4 级专家

腾讯研究院 特约研究员

专家力荐

I worked directly with the three authors of this book successfully transforming monolithic legacy technology to modernized, containerized Spring Cloud microservices.These three gentlemen are practical experts at these topics, and their examples are very effective at sharing and teaching their experience. Modernization can be a vague and hard to achieve or understand technology concept, but these three architects make it real.This book will walk you through the hands on and practical experience of splitting, transforming, managing, and deploying microservices, and provide strong foundational experience on the Spring Cloud and Kubernetes frameworks that they found instrumental.I am looking forward to an English translation of this book to share with my new team, and I hope the Chinese developer community can continue to gain from and add to the experience of these three great architects.

-Austin Sheppard, CTO and VP Engineering, Booking.com Trips,
and former CTO, StubHub (10 year China software engineering executive veteran)

我与本书三位作者共事，曾亲历过从单体应用成功转型到现代化、容器化技术所支撑的 Spring Cloud 微服务。三位作者是书中所涉及各章节话题的实战演练专家，本书样例有三位作者的亲历佐证，实测有效。现代化技术概念较为模糊，不易实现和理解，但这三位架构师抽丝剥茧，娓娓道来。

本书从作者在项目中亲历的微服务拆分、改造、治理和部署方式说起，结合不可或缺的 Spring Cloud 和 Kubernetes 基础，循序渐进，指引读者。我期待能早日看到本书的英译版，可以分享给我的新团队。我希望在华的程序员群体能从书中获益，汲取经验，与三位架构师作者共勉前行。

——Austin Sheppard，Booking 首席技术官兼副总裁，StubHub 前首席技术官，
在中国有 10 年软件工程领域的管理经验

我与张昕相识于十几年前传统 IT 时代的 IBM，最近听说他写了一本关于微服务的书，市面上有很多介绍 Spring Boot/Cloud 的书，也有很多介绍 Docker 的书，但是能够从微服务的本质入手，完美地融合开发和运维，把两者结合在一起，并且写得很具实操性的书却很少，而本书非常好地实现了这些需求。

本书不仅仅介绍了微服务和相关的技术框架及工具，还非常好地融入了很多场景化的实践。比如，在互联网应用中经常遇到的流量控制、全链路追踪、容器编排等。

这是一本适合所有热爱微服务和 DevOps 技术的从业者阅读的书，是我看过的最具实操性的微服务技术书，相信它能解答大家心中的很多疑惑。

我也曾有写书的冲动，但却从未施行，因为写书并不容易，是一件需要有很强的公益心态才能完成的事。写一本好书更是难上加难，特别钦佩张昕的勇气和付出，谢谢他能带给我们一本微服务技术好书。

——肖凯 神州数码云业务集团副总裁，阿里云 MVP

在这个微服务技术异常炙热、微服务的技术专家依然奇缺的年代，如何快速培养微服务技术工程师，越来越成为一个迫切的问题。此方面好的相关图书更是寥寥可数。

本书内容全面，而且有重点、有深入，注重实战，结合实例循序渐进，娓娓道来，尤其对技术的重点和难点解释得很详细、很透彻，是一本值得借鉴参考的好书。

——赵琨 StubHub 中国研发中心总经理

随着业务复杂性的不断提升，从单体应用到微服务架构的演进是大势所趋。

微服务架构是一个复杂的命题，而 Spring Cloud 是业界最常用的微服务框架。本书手把手教你如何基于 Spring Boot 构建微服务项目，如何在此框架之上完成服务发现、服务降级、熔断及限流，并完成 API 网关和链路追踪等配置。

在理解微服务架构的基础之上，本书进一步讲解了如何将微服务容器化，并在容器云平台 Kubernetes 及服务网格管理框架 Istio 上构建和管理微服务。本书涵盖了微服务管理的方方面面，有理论有实践，对需要入门微服务管理的读者来说是一本难得的好书。

——孟凡杰 eBay 资深架构师，《Kubernetes 生产化实践之路》作者

前　言

写作初衷

在这里，笔者想和大家聊聊笔者与这本书的缘分。一个偶然的机会，编辑老师问笔者，是否有意愿写一本面向初学者的微服务与容器化的实战图书。编辑老师话虽短，但包含的信息量着实不小，既要介绍微服务和容器化的实用技术，又要让初学者能够读懂，还要紧扣实战。一番思索之后，笔者欣然应允。

自**微服务架构**的概念在2012年由Fred George提出以来，至今已经过了近十个年头。在这期间，随着互联网和云服务技术的蓬勃发展，微服务架构也逐渐从“阳春白雪”走入了“寻常百姓家”。Spring Cloud作为微服务领域的弄潮儿，利用Spring Boot提供的“开箱即用”的特性，极大地简化了分布式系统基础设施的构建。借助Docker容器化技术和Kubernetes容器编排技术，我们可以轻松地实现微服务应用的跨平台快速部署和弹性伸缩。Spring Cloud+Docker+Kubernetes的组合已经逐渐成为各大公司落地微服务架构的首选方案。

本书特色

新版本：针对Spring Cloud Hoxton.SR5版本+Spring Boot 2.2.x.RELEASE版本。

专注实践：全书风格紧贴实战，学练结合。通过一个优惠券实战项目贯穿全书章节，带读者体验将单体应用逐步改造为微服务应用的全过程。

技术全面：实战案例涵盖了 Spring Boot、Spring Cloud 核心组件库和容器化技术的知识点，介绍了 Spring Boot 的核心功能和服务治理组件 Eureka 及 Nacos，讲解了 Spring Cloud 的第二代网关组件 Spring Cloud Gateway、负载均衡组件 Ribbon、服务间调用组件 OpenFeign、配置中心组件 Spring Cloud Config、批量消息推送组件 Bus、服务容错组件 Hystrix+Turbine+Dashboard、防流量哨兵组件 Sentinel、链路追踪组件 Sleuth+Zipkin+ELK、消息驱动组件 Stream，分析了分布式事务框架 Seata 和用于 DevOps 实践的 Docker 容器化技术、Kubernetes 容器编排技术及下一代微服务技术 Service Mesh。

低门槛：本书为初学者构建了非常友好的学习曲线，通过实战项目手把手带读者从 Spring Boot 应用的核心功能模块入手，逐渐过渡到微服务和容器化部分。

深入剖析：对于书中的知识点，通过实战案例向读者展示业界主流的微服务架构最佳实践。

适用读者

本书适合具备一定 Java 基础的开发人员及对微服务架构和 Spring Cloud 技术、容器编排技术感兴趣的读者。对处在微服务架构转型期的团队来说，本书具有很大的实践指导价值。

本书内容

本书共 22 章，每章的具体内容如下：

第 1 章：热身运动。

这一章主要介绍了在进行 Spring Boot 开发之前所需的准备工作，例如相关常识的介绍、常规软件的安装和开发环境的搭建等，此后再通过几个例子介绍了 Java Web 应用开发的进化史。

第 2 章：Spring Boot 介绍。

这一章首先简单介绍了 Spring 框架的历史并穿插了一些业界趣闻，然后讲解了 Spring 框架的基石技术 IoC、AOP 及 Spring 主要组件，接着解释了 Spring Boot 出现的契机及原因，最后重点介绍了 Spring Boot 的工作原理、组件及如何利用 Spring Boot 进行应用开发。

第 3 章：Spring Boot 实战。

这一章主要通过优惠券项目细致地讲解了如何基于 Spring Boot 进行项目实战开发，先用 Spring Boot 构建应用的核心功能，再循序渐进地引入更多主流开源软件与项目集成，以实现更丰富的应用功能来应对各种各样的开发场景。

第 4 章：微服务与 Spring Cloud。

这一章首先介绍微服务架构的理念及服务拆分规范，然后介绍目前一线大厂的服务治理方案，接着介绍 Spring Cloud 及 Netflix 组件库和 Alibaba 组件库，最后介绍实战项目中采用的微服务技术选型方案。

第 5 章：使用 Eureka 实现服务治理。

这一章首先向读者介绍服务治理的概念和 Spring Cloud 中常用的服务注册中心，然后着重介绍 Eureka 的核心概念和微服务生命周期的管理流程，最后通过实战项目落地一套高可用化的注册中心方案。

第 6 章：使用 Nacos 实现服务治理。

这一章首先介绍如何安装 Nacos，并对 Eureka 和 Nacos 做了简单比较，最后演示了如何使用 Nacos 实现服务治理。

第 7 章：使用 Ribbon 实现负载均衡。

这一章介绍了负载均衡的基本概念，并针对 Ribbon 内置的负载均衡策略及各个负载均衡策略适用的业务场景，探讨了 Ribbon 的 IPing 机制，最后通过将 Ribbon 集成到实战案例来巩固学习效果。

第 8 章：使用 OpenFeign 实现服务间调用。

在这一章中，为了避免烦琐的 REST API 调用流程，我们通过 Feign 组件实现了一种类似于“本体方法调用”的简易步骤，我们只需要定义一个 Feign 接口，就可以将该接口注入 Java 类中实现远程 REST API 调用。我们还深入介绍了 Feign 组件的工作原理，以及 Feign 的超时配置和数据压缩配置。

第 9 章：使用 Hystrix 实现服务间容错。

这一章通过一个“服务雪崩”的例子来理解服务容错的几种常规手段，进而学习 Hystrix 如何通过服务降级、服务熔断和线程隔离的方式实现服务容错。在这个过程中，我们还介绍了 Hystrix 的两个好搭档，即分别用来聚合服务调用数据的 Turbine 和服务大盘监控组件的 Hystrix Dashboard。

第 10 章：使用 Sentinel 实现限流控制。

这一章首先介绍了如何安装 Sentinel，再介绍了 Hystrix 和 Sentinel 之间的异同，最后演示了如何使用 Sentinel 在不同场景下对服务进行限流控制。

第 11 章：使用 Spring Cloud Config 和 Bus 搭建配置中心。

这一章首先介绍了分布式配置中心在微服务架构中的用途，然后落地了一套 Spring Cloud Config+GitHub 的远程配置中心，最后通过集成 Bus 组件实现了配置项的动态推送。在这个过程中，我们还介绍了如何对配置中心进行高可用化改造，以及如何使用对称密钥和非对称密钥将敏感信息进行加密存储。

第 12 章：使用 Spring Cloud Gateway 搭建服务网关。

这一章介绍了 Spring Cloud 的第二代网关组件 Spring Cloud Gateway，它与 Nginx 这类外部网关不同，Spring Cloud Gateway 主要用来承接经由外部网关导向微服务集群的服务请求，并基于这些服务请求的路径及参数等信息做服务转发。除了介绍如何设置请求转发规则，我们还介绍了如何在网关层添加过滤器和限流规则（底层采用 Redis+Lua 实现限流）。

第 13 章：使用 Sleuth 进行调用链路追踪。

在一个大型微服务系统中完成一个复杂的业务流程可能需要调用数十个微服务模块，从调用链分析及线上故障排查的角度来看，我们需要将每一次服务请求中的所有调用链路通过某种标记串联起来。这一章介绍了一款调用链路“打标工具”Sleuth，通过对 Sleuth 底层数据结构的介绍使读者了解它的工作原理，并将打标后的日志信息传输到 Zipkin 和 ELK 组件中，实现调用链路分析和日志检索功能。

第 14 章：使用 Stream 集成消息队列。

这一章介绍了如何通过 Stream 组件简化微服务应用与消息队列组件的对接，我们首先介绍了发布订阅、消费组和消费分区三个重要场景，然后通过实际案例介绍了消息的异常处理手段，比如本机重试、消息重新入队、降级流程和死信队列，最后介绍了消息队列的一个特殊场景“延迟消息”。

第 15 章：使用 Seata 实现分布式事务。

这一章首先介绍分布式事务的基本概念，再通过传统的 XA 事务模式了解分布式事务所要解决的问题，了解 XA 模式在高并发场景下的性能瓶颈。然后，我们引出阿里开源的 Seata 分布式事务框架，了解 Seata 内置的多种分布式事务解决方案。在这个过程中，我们重点学习 Seata 官方推荐的 AT 方案，深入学习 AT 方案的原理及读写隔离策略。最后，我们将 AT 方案集成到实战项目中。

第 16 章：走进容器化的世界。

这一章是容器部分的起始章节，重点介绍了微服务落地的难点：高内聚和低耦合需求、异构部署需求、云原生 12 因素、康威定律等，以及如何通过容器化技术来攻克难点。这一章纵向分析了容器技术的前世今生和未来展望，横向比对了不同容器技术的差异和选择。

第 17 章：Docker 容器技术。

这一章从 HelloWorld 起步，介绍了 Docker 的安装和容器的部署；讲述了 Docker 的整体架构和核心概念，包括镜像、容器、存储、网络、仓库等；并以贯穿全书的优惠券项目为例，讲解了微服务 Docker 容器化改造的实战细节。

第 18 章：Kubernetes 基础。

这一章是容器部分的核心章节，从容器编排的概念到 Kubernetes 的整体框架，从 Kubernetes 的集群搭建到 Pod、Controller、Namespace 的控制管理，完整地阐述了 Kubernetes 容器编排的基础。本章针对优惠券项目，讲解了应该如何采用无状态部署的方式进行应用容器的编排管理。

第 19 章：Kubernetes 网络互联。

这一章介绍了 Kubernetes 的网络互联模型和主流的服务发现、负载均衡方式。本章针对优惠券项目，实战了不同类型的应用部署和服务发现手段。

第 20 章：Kubernetes 数据存储。

这一章介绍了 Kubernetes 的数据存储模型，以及 Volume 卷、ConfigMap 和 Secret 的管理。本章针对优惠券项目讲解了环境变量加载和应用磁盘挂载的实战细节。

第 21 章：Kubernetes 高级功能。

这一章从安全性、可用性、扩展性、易用性、可观察性等多个角度描述了容器化部署的非功能性需求，并以优惠券项目为示范，实现了整套应用的高可用、弹性扩展和监控告警。

第 22 章：Service Mesh。

这一章的核心是微服务的非侵入式治理。本章重点描述了 Service Mesh 的兴起和优势、Istio 框架的原理和架构，以及如何实现服务流量治理、服务安全增强、自动化监控追踪。最后，以优惠券项目的全透明授权验证和拓扑监控收尾。

第 1 章～第 3 章，第 6 章，第 10 章，作者卿睿；第 4 章，第 5 章，第 7 章～第 9 章，第 11 章～第 15 章，作者姚秋辰；第 16 章～第 22 章，作者张昕。

相关资源：

本书提供了一个 GitHub 项目供读者学习和实践，其中包括优惠券项目的所有源码。若读者在启动项目的过程中遇到异常报错，可以参考 GitHub 根目录下的 README 文档中的解决方案。具体下载方式可以参考下方（或封底）的读者服务。

作　者

2021 年 9 月 1 日

目　　录

第1章 热身运动

本书的主要内容是讲述 Spring Boot 和 Spring Cloud 的相关知识，为了保证良好的学习效果，在正式开始探索 Spring 生态体系之前，读者需要先进行一些准备工作，例如安装软件、配置环境等。

1.1 准备工作

Spring 生态体系主要基于 Java 语言构建，而要运行 Java 程序自然离不开 Java SDK。Java SDK 是由 Sun 公司（现已被 Oracle 公司收购）提供给开发者的开发套件，它包含 JDK、Glassfish、MySQL 和 NetBeans 等组件。作为 Java 开发者，最为关心的肯定是 JDK（Java Development Kit，Java 开发工具包），只要安装了 JDK，就可以开发和运行 Java 程序了。

1.1.1 安装 JDK

读者在本地开发环境安装 JDK 时，除了需要选择 JDK 版本，还需要选择安装哪家厂商出品的 JDK。作为初学者可能会有这样的疑问，为什么不同厂商提供了不同的 JDK 组件呢？

追根溯源，Java 这门语言的规范定义和实现方式是分离的。Java 作为一种开发语言，其生态是由几部分组成的。其中最重要的是 JLS（Java Language Specification，Java 语言规范）和 JVM（Java Virtual Machine，Java 虚拟机）规范。

作为 Java 语言知识产权的所有者，Oracle 公司开发了 Oracle JDK 和 OpenJDK，任何组织或个人可以自主开发 JDK，但前提是自研 JDK 必须通过 JCK（Java Compatibility Kit，Java 兼容性工具包）的认证。这种规范定义与实现方式分离的好处是，可以让更多个人和组织参与到 Java 生态的建设中来，增加 Java 语言的影响力，进而被更多主流厂商所使用。不仅如此，还可以防止一家独大的情形出现（Google 与 Oracle 之间关于 JDK 使用权的官司就是前车之鉴）。正因为规范定义与实现方式分离，所以出现多种 JDK 也是题中之义。

截至 2020 年，各大主流 JDK 市场份额分布如图 1-1 所示。

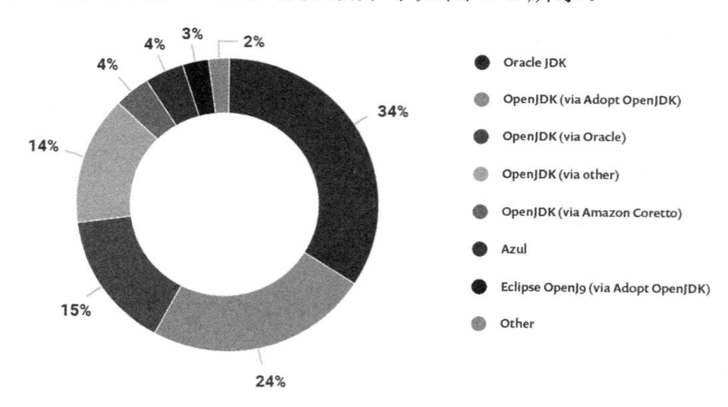

图 1-1 各大主流 JDK 市场份额分布

由图 1-1 可知，目前 Oracle JDK 和 OpenJDK 是最为流行的两种 JDK，因此笔者将以 macOS 为例，演示如何安装两种不同的 JDK8。

1. 安装 OpenJDK

笔者推荐使用 homebrew 安装 OpenJDK，homebrew 是基于 macOS 的软件安装程序，读者可以自行搜索如何在 macOS 下安装 homebrew 软件。

首先，查看 homebrew 支持哪些版本的 OpenJDK，在命令行中输入以下命令：

```
brew search /adoptopenJDK/
```

如果工作机一切正常，那么会看到以下结果：

```
adoptopenjdk/openjdk/adoptopenjdk-openjdk10
adoptopenjdk/openjdk/adoptopenjdk-openjdk9
adoptopenjdk/openjdk/adoptopenjdk-openjdk8
```

然后，运行如下安装命令（安装最新版本的 JDK——JDK8）：

```
brew install adoptopenJDK/openJDK/adoptopenJDK-openJDK8
```

如果安装成功，JAVA_HOME 将会被设置为以下地址：

```
/usr/local/Cellar/adoptopenJDK-openJDK8/JDK8u172-b11.
```

2. 安装 Oracle JDK

笔者推荐使用手工方式安装 Oracle JDK。

首先，从 Oracle 官网下载与目标操作系统相对应的安装文件，例如 JDK-8u271-macosx-x64.dmg（Oracle 官网会根据读者的操作系统及当前的 JDK 版本，自动推荐最新的适配版本，读者需要注册一个 Oracle 账号以完成下载）。

JDK 安装文件下载成功之后，双击该文件，会出现如图 1-2 所示的 Oracle JDK 解压文件。

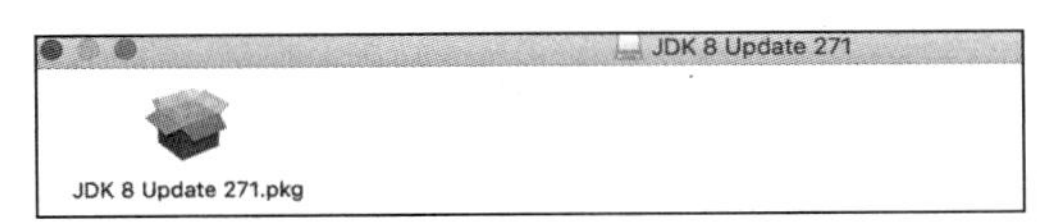

图 1-2　Oracle JDK 解压文件

双击图 1-2 中的 pkg 文件，开始安装 Oracle JDK，其界面如图 1-3 所示。

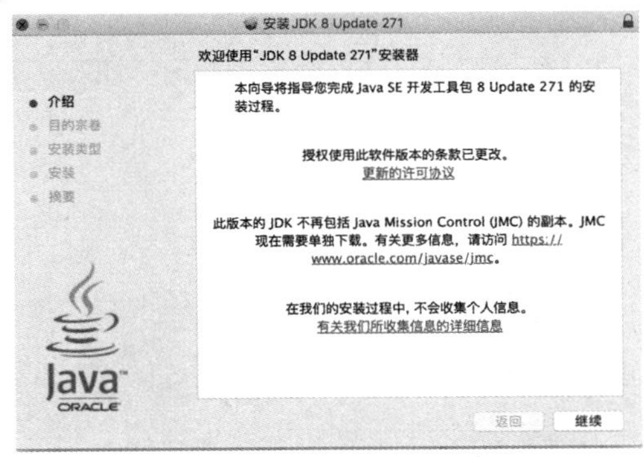

图 1-3　Oracle JDK 安装界面

如无特殊需求，读者可以使用默认选项完成 JDK 安装。

安装完成之后，我们需要验证 JDK 是否安装成功，打开命令行工具，运行以下命令：

```
java -version
```

如果安装成功，则会出现如图 1-4 所示的 JDK 安装检验结果。

```
        MacBook-Pro ~ % java -version
java version "1.8.0_271"
Java(TM) SE Runtime Environment (build 1.8.0_271-b09)
Java HotSpot(TM) 64-Bit Server VM (build 25.271-b09, mixed mode)
```

图 1-4　JDK 安装检验结果（macOS）

1.1.2　安装 IDE

在 JDK 安装完成之后，理论上可以开始进行开发工作了，但在实际的工作中，通常都需要 IDE（Integrated Development Environment，集成开发环境）的配合，以此提高开发效率。

在 Java IDE 领域，IntelliJ IDEA 是目前最为流行的集成开发环境软件，IntelliJ 提供了免费社区版和商用收费版，本书的样例程序将使用 IntelliJ IDEA 社区版进行构建。

在开始安装 IntelliJ 前，需要先从 IntelliJ 官网下载最新版的安装文件，下载成功后会得到一个名为 ideaIC-2020.2.3.dmg 的文件（根据版本和操作系统的不同，文件名有所不同）。

在 macOS 上安装 IntelliJ，直接双击安装文件将会弹出如图 1-5 所示的 IntelliJ 安装界面。

按要求将该文件放入 Applications 目录，再从 Applications 目录中启动 IntelliJ IDEA，启动成功的界面如图 1-6 所示。

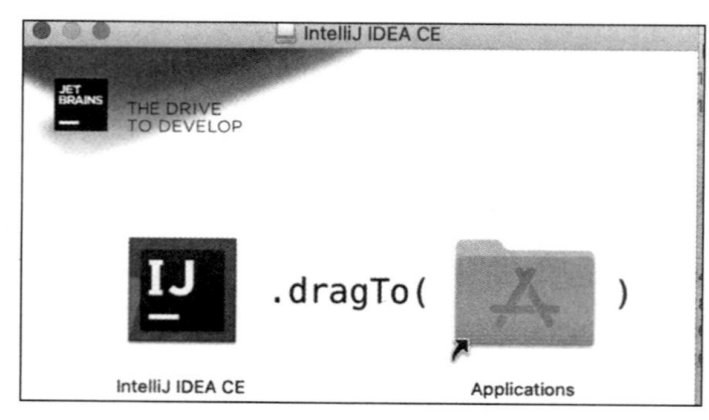

图 1-5　IntelliJ 安装界面

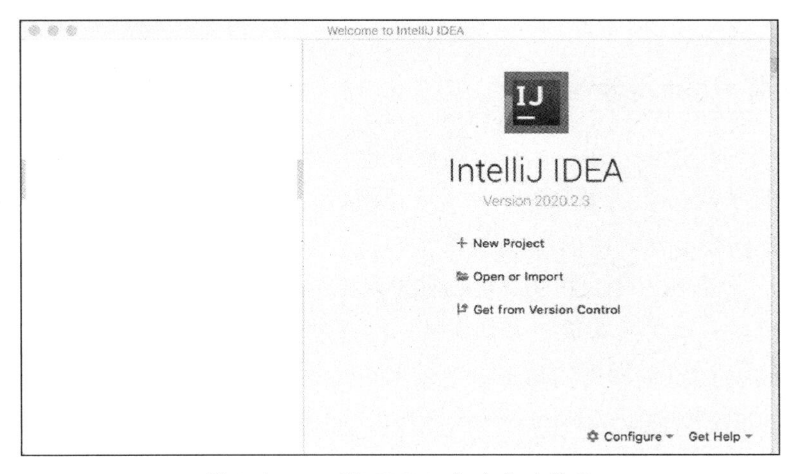

图 1-6　IntelliJ IDEA 启动成功界面

1.1.3　安装 Maven

Java 是面向对象的语言，面向对象语言的设计思想比较注重程序的“复用性”，因此 Java 生态中存在大量可供复用的类或 Jar 文件，这些文件可以由同一组织内部维护，也可以由第三方提供，它们一旦被任一项目所使用，就会被称为该项目的“依赖项”。在 Java 生态中，Maven 主要用于依赖项管理及编译打包。

Maven 是 Apache 开源基金会旗下的顶级项目，其安装过程比较简单，只需在官网下载所需版本文件（本书选择了 Maven 3.6，对应的下载文件为 apache-maven-3.6.3-bin.zip），再将其解压即可使用。

Maven 安装文件解压后的目录内容如图 1-7 所示。

```
         1acBook-Pro /Applications % cd ~/work/software/apache-maven-3.6.3/
         1acBook-Pro apache-maven-3.6.3 % ls -l
total 64
-rw-r--r--@  1      staff  17504 11  7  2019 LICENSE
-rw-r--r--@  1      staff   5141 11  7  2019 NOTICE
-rw-r--r--@  1      staff   2612 11  7  2019 README.txt
drwxr-xr-x@  8      staff    256 11  7  2019 bin
drwxr-xr-x@  4      staff    128 11  7  2019 boot
drwxr-xr-x@  5      staff    160 11  7  2019 conf
drwxr-xr-x@ 65      staff   2080 11  7  2019 lib
```

图 1-7　Maven 安装文件解压后的目录内容

Maven 提供的所有工具均在 bin 目录下，读者需要将 bin 目录配置到操作系统的 PATH 变量中，这样我们就可以在命令行通过 mvn 命令执行 Maven 编译操作。限于篇幅，设置操作系统 PATH 变量的过程请读者自行探索。

1.1.4 安装 Postman

在微服务大行其道的今天，如何对微服务进行测试也是一门学问，本书将采用一种相对轻量级的测试手段，即使用 Postman 来进行测试。

Postman 是一款非常方便的 API 调用工具，它最初只是一款基于 Chrome 的插件，目前已经演变为一款单独应用。开发者可以在 Postman 中建立自己的 API 测试集，还可以将 Postman 中的测试集在不同设备间进行迁移，或者分享给其他团队成员。

安装 Postman 的过程非常简单，首先从官网下载 Postman（需要注册账号）的安装文件。下载成功后会得到名为 Postman-osx-7.36.1.zip 的文件（根据版本和操作系统的不同，文件名有所不同），将其解压即可使用，macOS Postman 的主界面如图 1-8 所示。

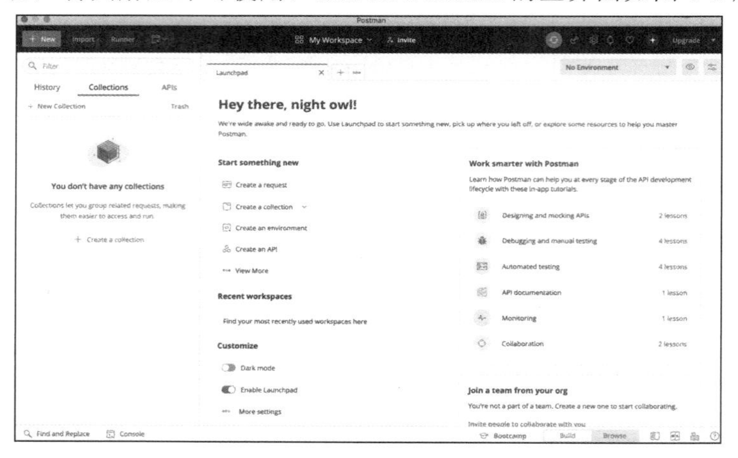

图 1-8 macOS Postman 主界面

在后续章节中我们将向读者演示如何使用 Postman 发起 API 调用。

1.2 Java Web 开发的进化史

Web 应用最初是指通过 Web 浏览器提供用户界面的软件系统，例如博客、网上购物、搜索引擎等。后来随着 RESTful Services、微服务等概念的兴起，各种 API 也被包含在 Web 应用的范畴。

Web 应用程序很简单，仅由静态或动态交互式的页面组成。静态页面存储在 Web 服务器的文件系统中，向所有访问者显示固定的内容。而动态页面是由动态生成 HTML 的程序构建的。这种类型的 Web 应用程序可以根据不同用户的请求提供各种不同的信息，目前主流的 Web 应用都是动态应用。

那么 Web 应用是如何工作的呢？通常，访问一个静态 Web 应用的步骤如下：

（1）用户在浏览器中输入 URL。

（2）浏览器通过互联网向 Web 服务器发送请求。

（3）Web 服务器检查请求，并基于请求服务器查找其本地存在的静态页面。

（4）Web 服务器将响应发送到浏览器。

（5）浏览器获取 HTML 及相关资源，最终渲染为完整的用户可视化界面。

静态 Web 应用的访问过程如图 1-9 所示。

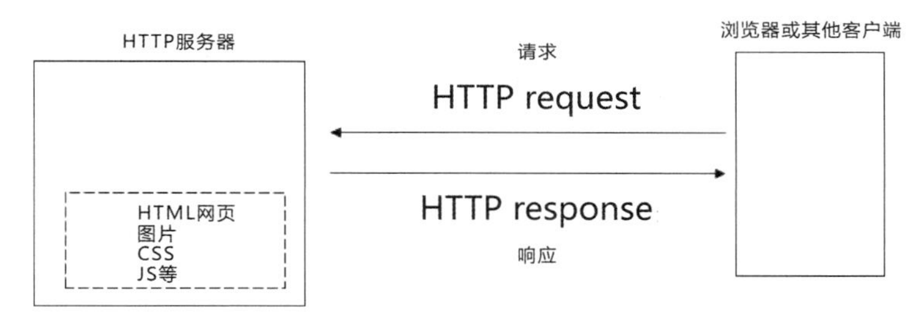

图 1-9　静态 Web 应用访问过程示例

动态 Web 应用的内容根据用户请求的差异而有所不同。在 Java 生态中，最初是以 Servlet 规范和 JSP 规范来支持动态 Web 开发的。对于这种类型的应用程序，Web 服务器通过 Servlet 插件构建动态页面，Servlet 插件也称为 Servlet 容器。动态 Web 应用的访问过程如图 1-10 所示。

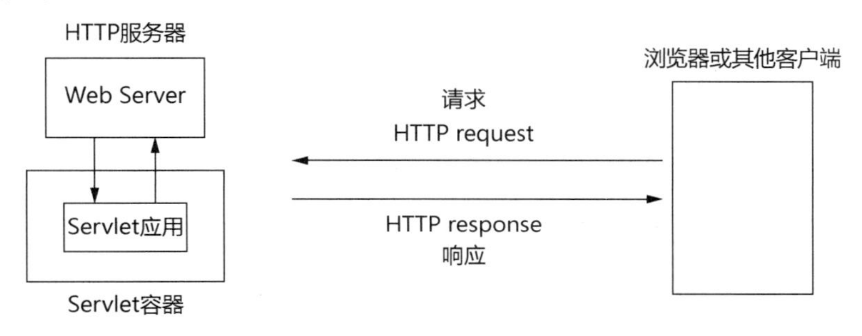

图 1-10　动态 Web 应用的访问过程

1.2.1 应用服务器

1.2.1.1 什么是应用服务器

在 Java 生态中，构建动态 Web 应用需要借助 Servlet 容器。提供 Servlet 容器功能的软件就是应用服务器，而只能提供静态资源访问能力的软件则被称为 Web 服务器。Servlet 容器也被称为 Servlet 引擎，它为 Java Servlet 组件提供了非常高效的运行环境。

主流的应用服务器既可以作为 Servlet 容器，也可以充当 Web 服务器，这种将 Servlet 容器和 Web 服务器合二为一的方式在开发阶段比较常见，便于开发团队调试应用程序。但我们不建议在正式的生产环境中使用，因为两种服务器的核心功能是完全不同的，应当各司其职。

目前，主流的部署方式是使用 Web 服务器处理所有的静态请求，并通过特定的连接方式与应用服务器相连，将动态请求交由应用服务器处理，然后由 Web 服务器一并返回客户端。

在当前的 Java 生态中，主流的 Java 应用服务器有 Apache Tomcat、GlassFish、Jetty、JBoss 等，下面将以 Apache Tomcat 为例，演示如何将 Java Web 应用部署到应用服务器，以供客户端访问。

1.2.1.2 Apache Tomcat 下载和安装

我们可以直接从官网下载 Apache Tomcat，根据应用程序所使用的各种规范版本（比如 JDK 版本）的不同，其所需的 Apache Tomcat 版本也不一样，请读者参考 Apache Tomcat 的官方规范兼容文档选择正确的 Apache Tomcat 版本。在本书中笔者使用 JDK 8 进行开发，因此选择了能支持 JDK 8 的最低兼容版本 Apache Tomcat 9。

从官网下载压缩包 apache-tomcat-9.0.41.zip，并解压缩，其目录结构如图 1-11 所示。

```
         MacBook-Pro apache-maven-3.6.3 % cd ../apache-tomcat-9.0.41
         MacBook-Pro apache-tomcat-9.0.41 % ls -l
total 248
-rw-r--r--@  1      staff  19540 12  3 11:45 BUILDING.txt
-rw-r--r--@  1      staff   5545 12  3 11:45 CONTRIBUTING.md
-rw-r--r--@  1      staff  58153 12  3 11:45 LICENSE
-rw-r--r--@  1      staff   2401 12  3 11:45 NOTICE
-rw-r--r--@  1      staff   3336 12  3 11:45 README.md
-rw-r--r--@  1      staff   7072 12  3 11:45 RELEASE-NOTES
-rw-r--r--@  1      staff  16984 12  3 11:45 RUNNING.txt
drwxr-xr-x@ 29      staff    928 12  3 11:46 bin
drwxr-xr-x@ 12      staff    384 12  3 11:45 conf
drwxr-xr-x@ 34      staff   1088 12  3 11:45 lib
drwxr-xr-x@  2      staff     64 12  3 11:43 logs
drwxr-xr-x@  3      staff     96 12  3 11:45 temp
drwxr-xr-x@  7      staff    224 12  3 11:45 webapps
drwxr-xr-x@  2      staff     64 12  3 11:43 work
```

图 1-11 Apache Tomcat 目录结构

图 1-11 中目录的具体功能如下：

- bin：它用于存放批处理和 shell 脚本，例如 Apache Tomcat 的开始和停止的相关脚本，其内容如图 1-12 所示。

名称	修改日期	大小	种类
bootstrap.jar	2020年12月3日 上午11:45	36 KB	Java JAR文件
catalina-tasks.xml	2020年12月3日 上午11:45	2 KB	text document
catalina.bat	2020年12月3日 上午11:45	17 KB	文稿
catalina.sh	2020年12月3日 上午11:45	25 KB	text document
ciphers.bat	2020年12月3日 上午11:45	2 KB	文稿
ciphers.sh	2020年12月3日 上午11:45	2 KB	text document
commons-daemon-native.tar.gz	2020年12月3日 上午11:46	208 KB	gzip压缩归档
commons-daemon.jar	2020年12月3日 上午11:45	25 KB	Java JAR文件
configtest.bat	2020年12月3日 上午11:45	2 KB	文稿
configtest.sh	2020年12月3日 上午11:45	2 KB	text document
daemon.sh	2020年12月3日 上午11:45	9 KB	text document
digest.bat	2020年12月3日 上午11:45	2 KB	文稿
digest.sh	2020年12月3日 上午11:45	2 KB	text document
makebase.bat	2020年12月3日 上午11:45	4 KB	文稿
makebase.sh	2020年12月3日 上午11:45	3 KB	text document
setclasspath.bat	2020年12月3日 上午11:45	3 KB	文稿
setclasspath.sh	2020年12月3日 上午11:45	4 KB	text document
shutdown.bat	2020年12月3日 上午11:45	2 KB	文稿
shutdown.sh	2020年12月3日 上午11:45	2 KB	text document
startup.bat	2020年12月3日 上午11:45	2 KB	文稿
startup.sh	2020年12月3日 上午11:45	2 KB	text document
tomcat-juli.jar	2020年12月3日 上午11:45	50 KB	Java JAR文件
tomcat-native.tar.gz	2020年12月3日 上午11:46	421 KB	gzip压缩归档
tool-wrapper.bat	2020年12月3日 上午11:45	5 KB	文稿
tool-wrapper.sh	2020年12月3日 上午11:45	6 KB	text document
version.bat	2020年12月3日 上午11:45	2 KB	文稿
version.sh	2020年12月3日 上午11:45	2 KB	text document

图 1-12　Apache Tomcat bin 目录

- conf：它用于存放 Apache Tomcat 相关配置文件，其内容如图 1-13 所示。

名称	修改日期	大小	种类
catalina.policy	2020年12月3日 上午11:45	13 KB	文稿
catalina.properties	2020年12月3日 上午11:45	7 KB	文稿
context.xml	2020年12月3日 上午11:45	1 KB	text doc
jaspic-providers.xml	2020年12月3日 上午11:45	1 KB	text doc
jaspic-providers.xsd	2020年12月3日 上午11:45	2 KB	文稿
logging.properties	2020年12月3日 上午11:45	4 KB	文稿
server.xml	2020年12月3日 上午11:45	8 KB	text doc
tomcat-users.xml	2020年12月3日 上午11:45	2 KB	text doc
tomcat-users.xsd	2020年12月3日 上午11:45	3 KB	文稿
web.xml	2020年12月3日 上午11:45	177 KB	text doc

图 1-13　Apache Tomcat conf 目录

- lib：Apache Tomcat 服务器依赖项目库目录，其中包含 Apache Tomcat 服务器运行环境所需的 jar 包，其内容如图 1-14 所示。

名称	修改日期	大小	种类
catalina-ssi.jar	2020年12月3日 上午11:45	63 KB	Java JAR文件
catalina-storeconfig.jar	2020年12月3日 上午11:45	79 KB	Java JAR文件
catalina-tribes.jar	2020年12月3日 上午11:45	347 KB	Java JAR文件
catalina.jar	2020年12月3日 上午11:45	1.7 MB	Java JAR文件
ecj-4.17.jar	2020年12月3日 上午11:45	3.1 MB	Java JAR文件
el-api.jar	2020年12月3日 上午11:45	91 KB	Java JAR文件
jasper-el.jar	2020年12月3日 上午11:45	172 KB	Java JAR文件
jasper.jar	2020年12月3日 上午11:45	565 KB	Java JAR文件
jaspic-api.jar	2020年12月3日 上午11:45	29 KB	Java JAR文件
jsp-api.jar	2020年12月3日 上午11:45	64 KB	Java JAR文件
servlet-api.jar	2020年12月3日 上午11:45	284 KB	Java JAR文件
tomcat-api.jar	2020年12月3日 上午11:45	12 KB	Java JAR文件
tomcat-coyote.jar	2020年12月3日 上午11:45	920 KB	Java JAR文件
tomcat-dbcp.jar	2020年12月3日 上午11:45	322 KB	Java JAR文件
tomcat-i18n-cs.jar	2020年12月3日 上午11:45	69 KB	Java JAR文件
tomcat-i18n-de.jar	2020年12月3日 上午11:45	75 KB	Java JAR文件
tomcat-i18n-es.jar	2020年12月3日 上午11:45	105 KB	Java JAR文件
tomcat-i18n-fr.jar	2020年12月3日 上午11:45	166 KB	Java JAR文件
tomcat-i18n-ja.jar	2020年12月3日 上午11:45	188 KB	Java JAR文件
tomcat-i18n-ko.jar	2020年12月3日 上午11:45	189 KB	Java JAR文件
tomcat-i18n-pt-BR.jar	2020年12月3日 上午11:45	50 KB	Java JAR文件
tomcat-i18n-ru.jar	2020年12月3日 上午11:45	45 KB	Java JAR文件
tomcat-i18n-zh-CN.jar	2020年12月3日 上午11:45	172 KB	Java JAR文件
tomcat-jdbc.jar	2020年12月3日 上午11:45	150 KB	Java JAR文件
tomcat-jni.jar	2020年12月3日 上午11:45	36 KB	Java JAR文件
tomcat-util-scan.jar	2020年12月3日 上午11:45	224 KB	Java JAR文件
tomcat-util.jar	2020年12月3日 上午11:45	197 KB	Java JAR文件

图 1-14 Apache Tomcat lib 目录

- webapps：Apache Tomcat 的默认 Web 应用程序部署目录，即打包出的 Java Web 应用将会被放在该目录，如图 1-15 所示。

名称	修改日期	大小	种类
docs	2020年12月3日 上午11:45	--	文件夹
examples	2020年12月3日 上午11:45	--	文件夹
host-manager	2020年12月3日 上午11:45	--	文件夹
manager	2020年12月3日 上午11:45	--	文件夹
ROOT	2020年12月3日 上午11:45	--	文件夹

图 1-15 Apache Tomcat webapps 目录

在了解了各个目录的基本功能以后，接下来我们验证解压后的 Apache Tomcat 是否可以正常工作。在命令行界面进入 bin 目录运行 startup.sh 文件，对使用 macOS 的用户来说，如果命令行界面出现类似“Cannot find ./catalina.sh”的错误，说明当前系统用户对该目录下的脚本没有执行权限，需要运行以下命令对操作用户赋权：

```
chmod +x *.sh
```

成功启动 Apache Tomcat 的日志如图 1-16 所示。

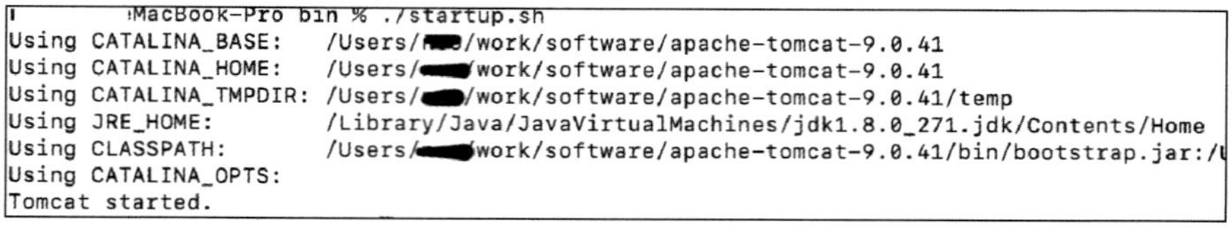

```
        :MacBook-Pro bin % ./startup.sh
Using CATALINA_BASE:   /Users/[illegible]/work/software/apache-tomcat-9.0.41
Using CATALINA_HOME:   /Users/[illegible]/work/software/apache-tomcat-9.0.41
Using CATALINA_TMPDIR: /Users/[illegible]/work/software/apache-tomcat-9.0.41/temp
Using JRE_HOME:        /Library/Java/JavaVirtualMachines/jdk1.8.0_271.jdk/Contents/Home
Using CLASSPATH:       /Users/[illegible]work/software/apache-tomcat-9.0.41/bin/bootstrap.jar:/U
Using CATALINA_OPTS:
Tomcat started.
```

图 1-16 Tomcat 启动成功日志

如果 Apache Tomcat 以默认配置启动，打开任意浏览器并输入 http://localhost:8080，就可以访问 Apache Tomcat 的管理界面，如图 1-17 所示。

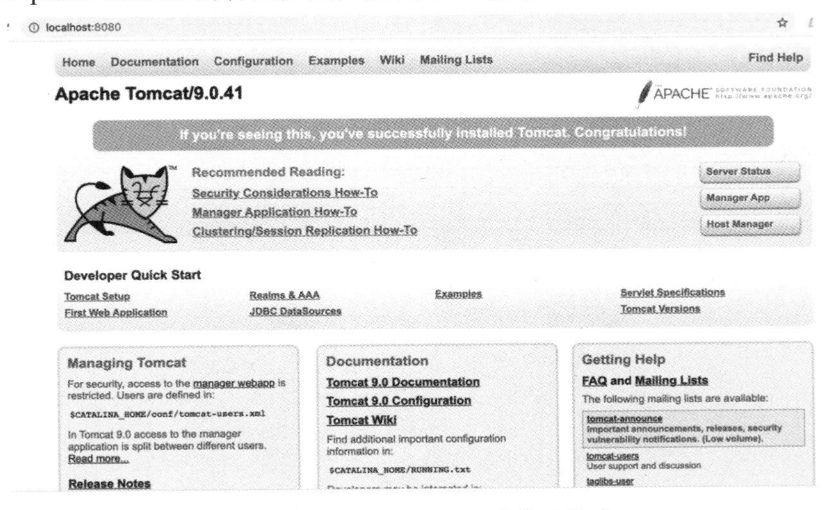

图 1-17　Apache Tomcat 的管理界面

1.2.2　青铜 Servlet

从 Java Web 应用的发展历程来看，Servlet 技术是 Java 对 Web 应用的早期支持方式，当我们回过头来看当年的 Servlet 和 Java Web 技术，就如同回顾人类历史上的青铜时代。

1.2.2.1　什么是 Servlet

Servlet 是一个新造词，是由 server（服务器）和 let（表示很小的东西的词根）而来，因此，Servlet 顾名思义表示一种小型的服务。

一个 Servlet 就是一个 Java 类，它主要用于扩展处理请求——响应应用服务器处理请求的能力。对于此类应用程序，Java Servlet 技术定义了特定于 HTTP 的 Servlet 类。

我们可以将 Servlet 看成是在服务器上运行的 Java 应用程序编程接口（API），它拦截客户端发出的请求并生成与之对应的响应。在 Servlet 规范中，javax.servlet 包和 javax.servlet.http 包提供用于编写 Servlet 的接口和类。

在 Servlet 容器中，一个 Servlet 是何时被创建又在何时被销毁的呢？在 Servlet 规范中，诸如 Servlet 创建和 Servlet 销毁之类的行为被称为 Servlet 的生命周期。在了解 Servlet 生命周期之前，需要先简单了解 Servlet 接口。

javax.servlet.servlet 接口的定义如表 1-1 所示（未全部列出）。

表 1-1　Servlet 接口定义

方法	描述
public void init(ServletConfig config)	初始化 Servlet。它是 Servlet 的生命周期方法，并且仅由容器调用一次
public void service(ServletRequest request,ServletResponse response)	处理传入请求并产生响应，容器在每个请求时调用它
public void destroy()	仅调用一次，并指示 Servlet 正在被销毁

Servlet 的生命周期如图 1-18 所示。

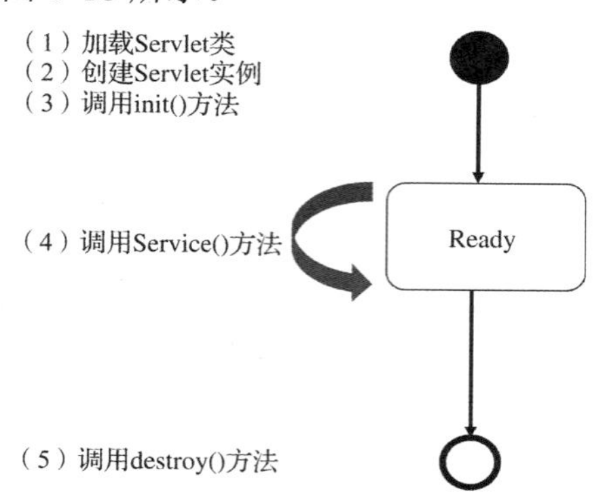

图 1-18　Servlet 生命周期

下面介绍生命周期的 5 个步骤。

（1）加载 Servlet 类

当容器收到对 Servlet 的第一个请求时，类加载器会加载 Servlet 类。

（2）创建 Servlet 实例

容器在加载 Servlet 类后创建 Servlet 实例，Servlet 实例在 Servlet 生命周期中只创建一次。

（3）调用 init()方法

init()方法用于初始化 Servlet。它是 javax.servlet.Servlet 接口的生命周期方法。容器在创建 Servlet 实例后只调用 init()方法一次。

（4）调用 Service()方法

Servlet 容器在收到用户请求时，会尝试调用 Servlet 实例的 service()方法。如果 Servlet 尚未被实例化，则执行步骤（1）～（3），再调用 service()方法。

（5）调用 destroy()方法

Servlet 容器在删除 Servlet 实例之前将调用该实例的 destroy()方法。destroy()方法为服务器提供了清理资源（例如内存、线程等）的机会。

1.2.2.2　使用 Servlet 实现 HelloWorld

首先，创建一个 Servlet 的项目，目前 Maven 的 archetype 已经不再支持最新版的 Servlet 规范，所以需要有一些前提准备。

创建新的项目可以通过 Maven 或 IDE 来直接创建，本节将演示如何使用 IntelliJ IDEA 来创建一个 Servlet 项目。

（1）在 IntelliJ IDEA 中选择新建项目，其界面如图 1-19 所示。

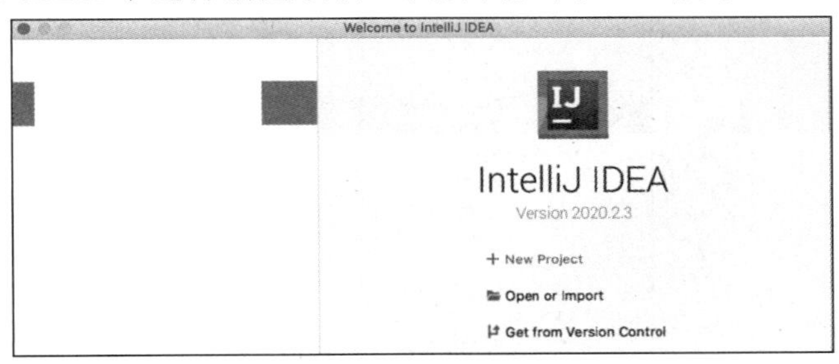

图 1-19　IntelliJ IDEA 创建项目

（2）选择从 archetype 创建项目，所选 archetype 类型为 maven-archetype-webapp，然后单击 Next 按钮，其界面如图 1-20 所示。

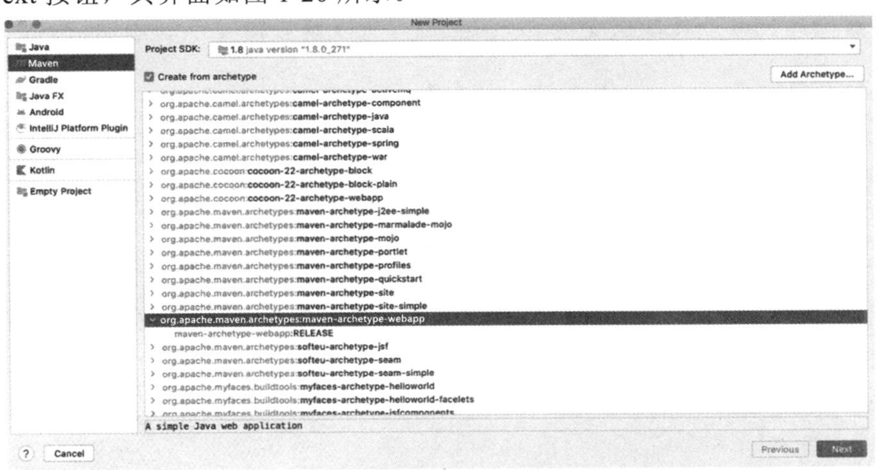

图 1-20　IntelliJ 利用 archetype 创建项目

（3）输入项目名 servlet-demo，填写项目路径、GroupId、ArtifactId，再单击 Next 按钮即可，指定项目信息如图 1-21 所示。

Name: servlet-demo
Location: code/01/servlet-demo
Artifact Coordinates
GroupId: com.broadview
The name of the artifact group, usually a company domain
ArtifactId: servlet-demo
The name of the artifact within the group, usually a project name
Version: 1.0-SNAPSHOT

图 1-21　指定项目信息

项目创建成功，其结构如图 1-22 所示。

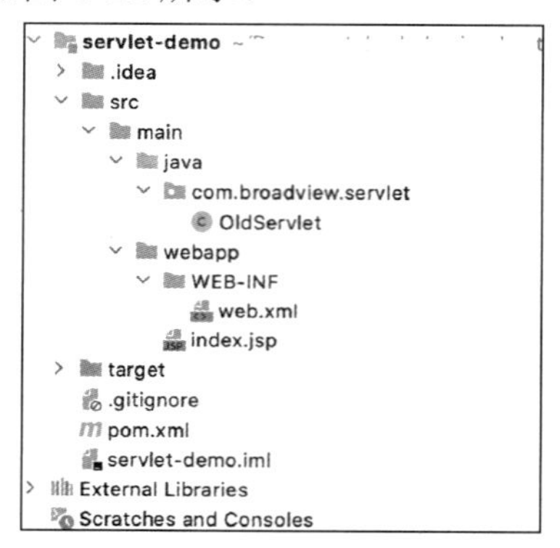

图 1-22　Servlet 项目结构

目前，Maven 和 Servlet 的最新版存在兼容性问题，需要 webapp/WEB-INF/web.xml 文件做一些修改，由于其默认支持 Servlet 2.3，所以读者需要手动添加依赖，具体代码如下：

```
<dependency>
    <groupId>javax.servlet</groupId>
    <artifactId>javax.servlet-api</artifactId>
    <version>4.0.1</version>
    <scope>provided</scope>
</dependency>
```

基于 Servlet 4 规范创建 Servlet 程序有两种方式，第一种是传统的使用 web.xml 注册的方式，第二种是新型的使用 WebServlet 注释的方式，第一种方式的执行步骤如下。

第一步：实现 Servlet 类。实现 Servlet 有三种方式：实现 Servlet 接口、继承 GenericServlet 类、继承 HttpServlet 类。

本示例程序以继承 HttpServlet 类的方式实现，示例代码如下：

```
public class OldServlet extends HttpServlet {
   public void doGet(HttpServletRequest request, HttpServletResponse response)
         throws ServletException, IOException {
      PrintWriter out = response.getWriter();
      out.println(" Say hellow from OldServlet");
      out.flush();
      out.close();
   }
}
```

第二步：注册 Servlet。

编辑 src/main/webapp/WEB-INF/web.xml 文件即可注册 Servlet，代码如下：

```
   <web-app>
  <display-name>Archetype Created Web Application</display-name>
  <servlet>
    <servlet-name>oldDemo</servlet-name>
    <servlet-class>
     com.broadview.servlet.OldServlet
    </servlet-class>
  </servlet>
  <servlet-mapping>
    <servlet-name>oldDemo</servlet-name>
    <url-pattern>/old</url-pattern>
  </servlet-mapping>
</web-app>
```

如上代码所示，Servlet 注册信息主要有两项内容：

- 通过<Servlet-name>标签注册 com.broadview.servlet.OldServlet，并将其命名为 oldDemo。
- 通过<url-pattern>标签注册访问 oldDemo Servlet 的 URL，即/old。

由上可知，注册信息的主要目的是定义访问 URL 与 Servlet 之间的映射关系。

第三步：编译打包。

进入项目的根目录，并运行打包命令：

```
   mvn clean package
```

命令运行完毕，项目的 target 目录会产生一个名为 servlet-demo.war 的文件；将此文件复制到 1.2.1.2 节所安装的 Tomcat 的 webapps 目录下。

第四步：添加 Tomcat 的管理权限。

在启动 Tomcat 之前还需要为 Tomcat 设置管理员权限，进入 Tomcat 的 config 目录，打开 tomcat-users.xml 文件，在该文件中添加以下代码：

```
<role rolename="tomcat"/>
<role rolename="manager-gui"/>
<user username="tomcat" password="password" roles="tomcat,manager-gui"/>
```

第五步：启动 Tomcat。

进入 Tomcat 的 bin 目录运行以下命令：

```
sh ./startup.sh
```

如果 Tomcat 安装正常，Servlet 项目编写、编译和打包无误，则会出现 Tomcat started 的启动日志。

下面验证 Servlet 应用是否能够正常启动，打开浏览器输入 http://localhost:8080/，进入 Tomcat 的管理界面，如图 1-23 所示，此界面有管理 Web 应用的功能，单击 Manager App 按钮，输入在 tomcat-users.xml 中配置的用户名和密码，进入 Tomcat Web 应用的管理界面，如图 1-24 所示。

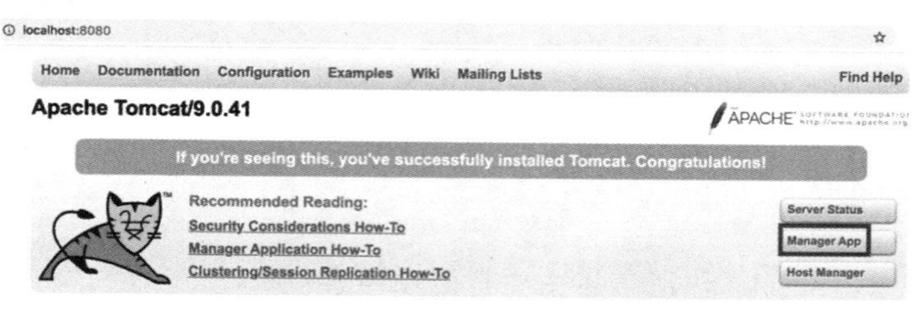

图 1-23 Tomcat 管理界面

消息：	OK

管理器			
应用程序列表	HTML管理器帮助	管理者帮助	服务器状态

路径	版本号	显示.名称	运行中	会话	命令
/	未指定	Welcome to Tomcat	true	0	启动 停止 重新加载 卸载 过期会话 闲置 ≥ 30 分钟
/docs	未指定	Tomcat Documentation	true	0	启动 停止 重新加载 卸载 过期会话 闲置 ≥ 30 分钟
/examples	未指定	Servlet and JSP Examples	true	0	启动 停止 重新加载 卸载 过期会话 闲置 ≥ 30 分钟
/host-manager	未指定	Tomcat Host Manager Application	true	0	启动 停止 重新加载 卸载 过期会话 闲置 ≥ 30 分钟
/manager	未指定	Tomcat Manager Application	true	1	启动 停止 重新加载 卸载 过期会话 闲置 ≥ 30 分钟
/servlet-demo	未指定	Archetype Created Web Application	true	0	启动 停止 重新加载 卸载 过期会话 闲置 ≥ 30 分钟

图 1-24 Tomcat Web 应用管理界面

从图 1-24 可见 servlet-demo 项目显示在应用程序列表中，单击该项目链接，会跳转到该项目的主页界面，如图 1-25 所示。

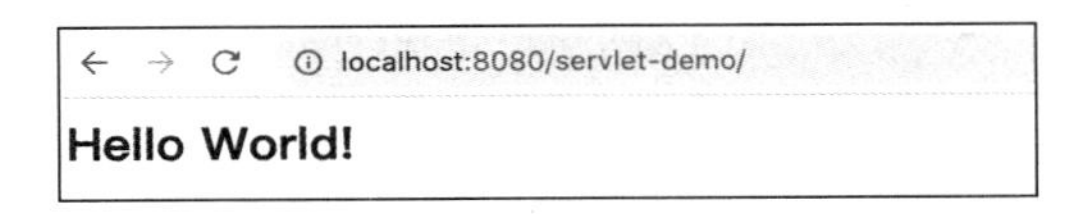

图 1-25　项目主页界面

由于 Servlet 实现了 doGet()方法，所以用户可以通过 http://localhost:8080/servlet-demo/old 来访问此 Servlet，URL 中的 servlet-demo 部分为 context path，访问 servlet-demo 项目下的所有 API 都需要包含此路径。URL 中结尾处的“old”的作用是，将当前请求转发到指定的 Servlet 实例。

在浏览器中输入 http://localhost:8080/servlet-demo/old，就可以查看对应 Servlet 的输出，如图 1-26 所示。

图 1-26　Servlet 的输出

上面这种需要在 web.xml 中注册 Servlet 的方式是早期的 Servlet 开发方式，下面是使用 WebServlet 注释的方式创建 Servlet 的示例代码。

```
@WebServlet(name = "newServlet", urlPatterns = {"/new"})
public class NewServlet extends HttpServlet {

   @Override
   protected  void  doGet(HttpServletRequest  request,  HttpServletResponse
response)
          throws ServletException, IOException {
      response.setContentType("text/plain;charset=UTF-8");
      ServletOutputStream out = response.getOutputStream();
      out.print("This is new Servlet");
      out.flush();
      out.close();
   }
}
```

再重新打包编译并复制 war 文件到 Tomcat 的 webapps 目录。通过 http://localhost:8080/servlet-demo/new 访问新的 Servlet，其效果如图 1-27 所示。

图 1-27　新式 Servlet 输出

这种新方式无需在 web.xml 中注册 Servlet，编程体验更加简洁优雅。但是无论如何 Servlet 的开发方式都是相对原始的，其开发效率很难满足当前多变的复杂的业务需求。因此，业界发明了更多的新技术以满足日益增长的用户需求。

1.2.3　铂金 Spring MVC

正如 1.2.2 节中所述，Servlet 技术无法满足日益复杂的业务需求，市场自然就会出现可以填补这种需求空白的技术，因此 Spring MVC 应运而生。

1.2.3.1　什么是 Spring MVC

在了解 Spring MVC 之前，先简单介绍一下 MVC。MVC 是一种实现应用程序表现层的常用模式，此模式定义了不同的组件、组件的职责及不同组件之间的关系。MVC 模式有三个概念：

- 模型（Model）：模型表示业务数据及用户上下文中应用程序的“状态”，例如电商网站中的订单、用户、物流信息等都属于模型的范畴。
- 视图（View）：以某种特定的方式向用户展示数据，可以简单地理解为用户界面，也支持与用户的交互。
- 控制器（Controller）：控制器处理前端用户发送的操作请求、与服务层交互、更新模型，并根据执行结果将用户定向到相应的视图。

Spring MVC 模块为 MVC 模式提供了全面支持，它结合 MVC 模式的所有优点和 Spring 的便利性，使用 DispatcherServlet 实现了前端控制器模式（Front Controller Pattern）。

图 1-28 描述了 Spring MVC 的主要组件和请求处理的流程。其中，通用服务为各类组件提供各种工具，包括 i18n、主题和文件上传。它们的配置定义在 DispatcherServlet 的 WebApplicationContext 中。

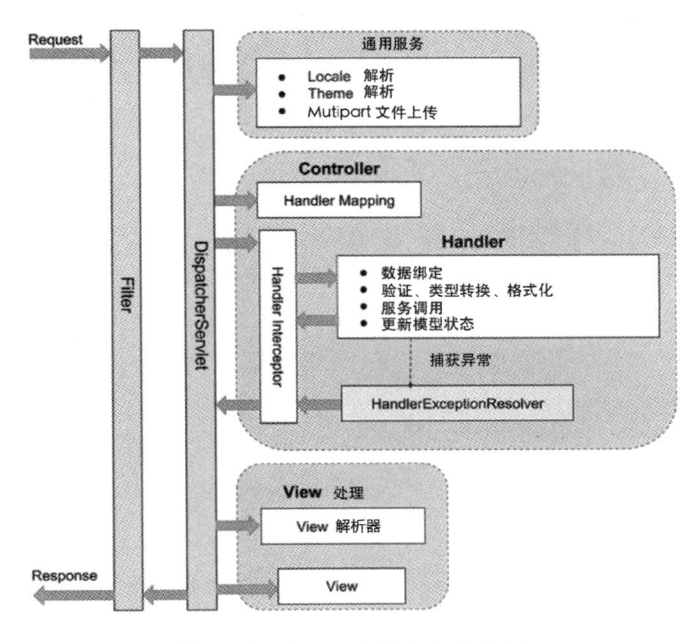

图 1-28 Spring MVC 处理流程

图 1-28 中的关键组件介绍如下：

- Filter：过滤器适用于每个请求，下一节将介绍几种常用的过滤器及其用途。
- DispatcherServlet：DispatcherServlet 分析请求并调度到相应的控制器进行处理。
- Handler Mapping：将传入的请求映射到相应的处理程序（Spring MVC 控制器类中的方法）。自 Spring 2.5 以来，在大多数情况下不需要配置，因为 Spring MVC 将自动注册一个处理程序映射的实现，该实现是基于 class 或方法级别的 @RequestMapping 注解。
- Handler Interceptor：在 Spring MVC 中，可以注册处理程序的拦截器，以实现常见的检查逻辑。
- Handler Exception Resolver：在 Spring MVC 中，程序异常解析器接口（在 org.springframe.Web.servlet 中定义）旨在处理程序在处理请求期间抛出的异常。解析程序通过设置特定的响应状态代码处理某些标准的 Spring MVC 异常。此外也可通过@ExceptionHandler 注解来处理异常程序。
- View 解析器：Spring MVC 控制器方法通常会返回逻辑视图，想要定位到真正的页面，可以通过 View 解析器来实现。

- View：View 可以是物理视图也可以是模板，Spring MVC 会解析逻辑视图配置，返回一种 Freemarker 模板或 thymelea 模板，该模板用于将数据模型中的数据合并到模板中，从而生成标准的输出文本，包括 HTML、XML、Java 源码等。

1.2.3.2 使用 Spring MVC 实现 HelloWorld

使用 Spring MVC 实现 HelloWorld，与直接使用 Servlet 构建 HelloWorld 类似，需要先创建一个 Web 应用项目，具体步骤请参照 1.2.2.2 节。

然后，在 pom.xml 文件中添加相关依赖项，具体代码如下：

```
<properties>
<project.build.sourceEncoding>UTF-8</project.build.sourceEncoding>
  <maven.compiler.source>1.8</maven.compiler.source>
  <maven.compiler.target>1.8</maven.compiler.target>
  <spring.version>5.3.3</spring.version>
</properties>
<dependencies>
  <dependency>
    <groupId>javax.servlet</groupId>
    <artifactId>javax.servlet-api</artifactId>
    <version>4.0.1</version>
    <scope>provided</scope>
  </dependency>
  <dependency>
    <groupId>org.springframework</groupId>
    <artifactId>spring-core</artifactId>
    <version>${spring.version}</version>
  </dependency>
  <dependency>
    <groupId>org.springframework</groupId>
    <artifactId>spring-Web</artifactId>
    <version>${spring.version}</version>
  </dependency>
  <dependency>
    <groupId>org.springframework</groupId>
    <artifactId>spring-Webmvc</artifactId>
    <version>${spring.version}</version>
  </dependency>
  <dependency>
    <groupId>org.springframework</groupId>
    <artifactId>spring-context</artifactId>
```

```
    <version>${spring.version}</version>
  </dependency>
  <dependency>
    <groupId>com.fasterxml.jackson.core</groupId>
    <artifactId>jackson-databind</artifactId>
    <version>2.12.1</version>
  </dependency>
</dependencies>
```

与定义传统 Servlet 一样，Spring MVC 需要在 web.xml 中定义 Servlet 映射，具体代码如下：

```
<servlet>
  <servlet-name>springmvcDemo</servlet-name>

<servlet-class>org.springframework.Web.servlet.DispatcherServlet</servlet-cl
ass>
  <load-on-startup>1</load-on-startup>
</servlet>
<servlet-mapping>
  <servlet-name>springmvcDemo</servlet-name>
  <url-pattern>/</url-pattern>
</servlet-mapping>
```

根据上面代码中定义的 servlet-name，按照 Spring MVC 的规范创建相应的 Spring Bean 的定义文件 springmvcDemo-servlet.xml，具体代码如下：

```
<beans xmlns="http://www.springframework.org/schema/beans"
      xmlns:context="http://www.springframework.org/schema/context"
      xmlns:mvc="http://www.springframework.org/schema/mvc"
xmlns:xsi="http://www.w3.org/2001/XMLSchema-instance"
      xsi:schemaLocation="        http://www.springframework.org/schena/beans
http://www.springframework.org/schema/beans/spring-beans-3.0.xsd
http://www.springframework.org/schema/context
http://www.springframework.org/schema/context/spring-context-3.0.xsd
http://www.springframework.org/schema/mvc
http://www.springframework.org/schema/mvc/spring-mvc-3.0.xsd">

    <mvc:annotation-driven />
    <context:component-scan base-package="com.broadview" />

</beans>
```

下面，我们来创建一个 DemoController 类，并定义一个方法来处理用户请求，具体代码如下：

```
@RestController
public class DemoController {

    @RequestMapping(value = "/mvcdemo", method = RequestMethod.GET, produces =
"application/json")
    public String test(){
        return "helloWorld from MVC controller";
    }

}
```

在上述代码中，@RestController 注解表明 DemoController 类是被 Spring MVC 托管的 controller 类，@RequestMapping 注解定义了访问 Service 的方式。参照 1.2.2 节中的步骤使用 mvn 命令将项目打包，再将编译后的 springmvc-demo.war 文件复制到 Tomcat 的 webapps 目录下，重新启动 Tomcat（如果 Tomcat 是一直运行的，且本身是可以热加载的，则无需重启），再从浏览器中输入 http://localhost:8080/springmvc-demo/mvcdemo 访问 Spring MVC 应用，运行效果如图 1-29 所示。

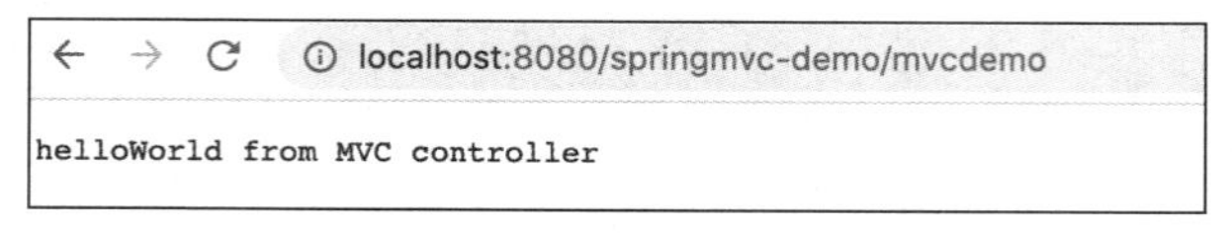

图 1-29　Spring MVC 的运行效果

相较于传统的 Servlet，Spring MVC 代码简洁了许多，只是额外多了 DispatchServlet 的 Spring Bean 配置文件。Spring MVC 的功能十分丰富，本章只是做了基本演示，其他细节知识，请读者通过 Spring 官网探索。

1.2.4　王者 Spring Boot

1.2.4.1　什么是 Spring Boot

虽然 Spring MVC 相较于传统 Servlet 已经相对简化，但仍需要 web.xml 和相应的 Spring Bean 的配置，这些文件烦琐而又不可缺，从广大开发者的角度出发，如果可以进一步省略这些文件，不但可以减少代码量，而且可以使代码更加优雅整洁。所以 Spring Boot 正是秉承约定大于配置（Convention Over Configuration）的精神出现了。

Spring Boot 的主要目标是简化传统 Spring 应用的开发过程。使用 Spring Boot 可以减少大量的配置文件，其内置的 Servlet 容器可以简化应用的部署过程，简洁易用的工具可以使开发者从重复性工作中得到解放。简而言之，Spring Boot 并非要替代 Spring 框架，而是要简化基于 Spring 框架的开发工作。

本章只是简要地介绍 Spring Boot 应用开发的便利性，第 2 章我们将借助实战项目深入了解 Spring Boot。

1.2.4.2 使用 Spring Boot 实现 HelloWorld

首先，我们通过 Spring Boot Initializr 官网来创建一个简单的 Spring Boot 项目。打开 Spring Boot Initializr 官网选择合适的 Spring Boot 版本及所需要的依赖，就可以创建一个 Spring Boot 项目，Spring Boot 项目创建界面如图 1-30 所示。

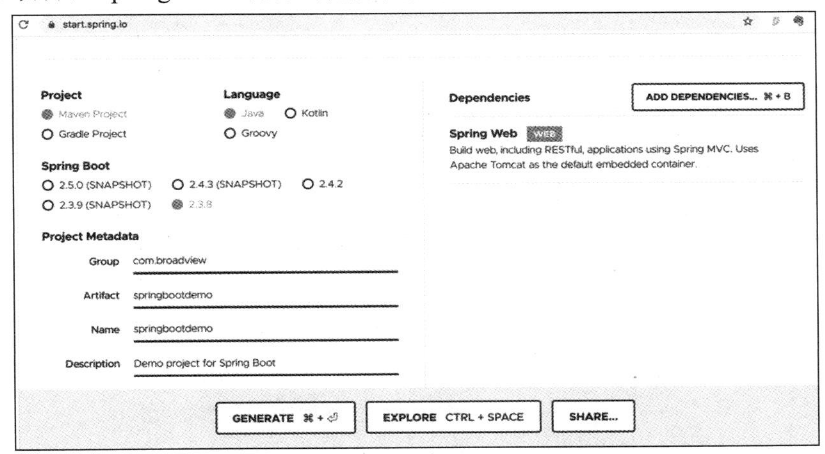

图 1-30　Spring Boot 项目创建界面

然后，将产生的项目文件导入 IDE 中，Spring Boot 项目默认有一个 Spring Boot 启动类，在本例中启动类是 SpringbootdemoApplication，该类的定义代码如下：

```
@SpringBootApplication
public class SpringbootdemoApplication {

   public static void main(String[] args) {
      SpringApplication.run(SpringbootdemoApplication.class, args);
   }

}
```

再创建一个 DemoController 类，实现一个 HelloWorld，具体代码如下：

```
@RestController
```

```
public class DemoController {
    @RequestMapping(value = "/bootdemo", method = RequestMethod.GET, produces
= "application/json")
    public String test(){
        return "HelloWorld from spring boot controller";
    }
}
```

只需以上两个简单的类，一个基于 Spring Boot 的简版 Web Service 就创建成功了，此外，该项目在开发阶段可以直接从 IDE 运行，无需额外的打包和部署操作。因为 Spring Boot 内置了 Servlet 容器（默认为 Tomcat），所以 Spring Boot 项目可以直接运行。在本例中直接运行 SpringbootdemoApplication 类的 main()方法即可（此类为应用启动类），在 IDE 中运行方式如图 1-31 所示。

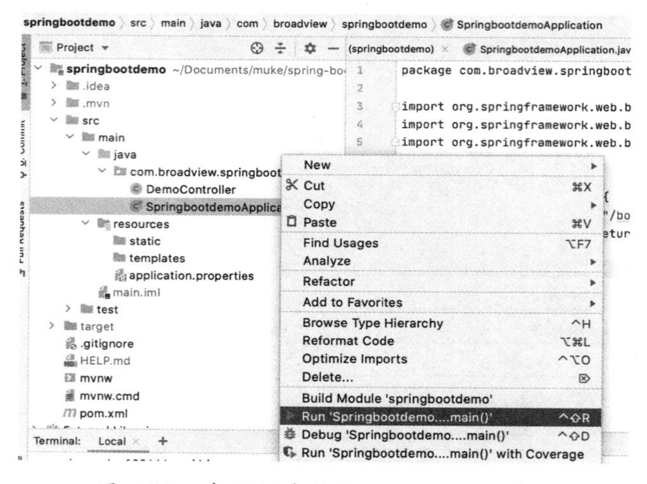

图 1-31　在 IDE 中运行 Spring Boot 项目

如果一切运行正常，那么该应用会默认监听 8080 端口。在浏览器中输入 http://localhost:8080/bootdemo，验证应用是否正常启动，Spring Boot 运行效果如图 1-32 所示。

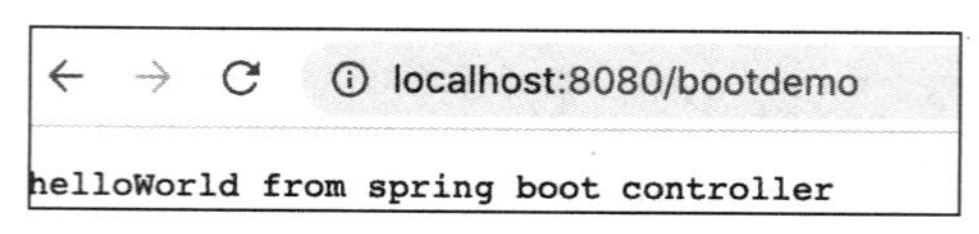

图 1-32　Spring Boot 运行效果

相对于 Servlet 和 Spring MVC，基于 Spring Boot 构建的应用从代码到配置都做了极大的简化。

本章逐一使用不同时期的主流技术进行开发，理解这些技术之间的差异性是成为一名合格程序员的基本功，深入研究技术背后的工作原理是程序员进阶的必备手段。在本书的后续章节，我们将深入了解各个技术的实现细节，来理解其背后的工作原理。就全书而言，本章只是一场简单的热身运动，后续的精彩内容将为各位读者一一呈现。

第 2 章 Spring Boot 介绍

在 1.2.4 节中笔者使用 Spring Boot 开发了一个相对简单的演示应用。但是，仅仅通过一个简单的演示应用是无法让读者完全掌握一个全新框架的。本章将与读者一起探索 Spring Boot 的更多技术细节，并深度解析其架构和工作原理，以此全面而深入地体验 Spring Boot。

2.1 Spring Boot 的前尘往事

要想掌握并灵活运用 Spring Boot，首先需要了解 Spring Framework。

2.1.1　Spring Framework

Spring Framework 的发明与 Java 规范的变迁有着千丝万缕的联系，在 Java 规范的早期版本中，Sun 公司针对不同的开发场景创建了不同的规范，以此帮助 Java 开发者更高效、更专注地开发业务逻辑，这些规范包括 J2SE、J2ME 及专门为企业级应用打造的 J2EE，而 EJB 规范又是当时 J2EE 规范中最核心的部分。

EJB 1.0 发布于 1999 年，它最初由 IBM 提出，之后由 Sun 公司（Java 语言创建公司，现已由 Oracle 收购）将其吸收进 Java 官方体系，最后由 JCP（Java Community Process，是一个开放的国际组织，主要由 Java 开发者及被授权者组成）正式将其规范化。由于当时 Java 在业界风头正劲，各大公司都广泛地使用 EJB 规范来进行应用开发，在这种环境下，EJB 规范几乎成了 Java 企业级应用开发的代名词。

但是任何技术都不是完美的，EJB 自身存在各种问题，要求革新 EJB 技术的呼声一浪高过一浪，无论是当时的学术界还是企业界都没有符合要求的技术出现。一位名为 Rod Johnson 的开发者，结合自己扎实的理论知识和丰富的实践经验写出了对当时及后来的 Java 开发者影响深远的两本著作 *Expert One-on-One J2EE Design and Development* 和 *J2EE without EJB*，他通过这两本书阐述了一种与当时主流 EJB 截然不同的开发方式，这两本书也可以视为 Spring framework 的起源。

从设计思想来看，Rod Johnson 认为当时的 EJB 框架太过繁重，程序员需要花费大量的时间和精力来实现 EJB 规范所要求的各种类，并且还要管理他们的生命周期，这完全违背了 EJB 提出时的初衷——“让大部分程序员把精力都用在业务功能本身上”。为了解决这种本末倒置的问题，Rod Johnson 提出了轻量级框架的概念，并将这种思想完全贯彻于 Spring Framework。这也是此框架被称为 Spring 的原因：传统的 J2EE 开发让开发者走进了冬天（Winter），而春天（Spring）将会是一个全新的开始。

Spring 公开可查的最初版本成型于 Rod Johnson 的 *Expert One-on-One J2EE Design and Development* 一书，其 1.0 版本于 2004 年正式开源（其开源许可证为 Apache 2.0 license），正式开源版本的 Spring Framework 以其独特的开发方式和全新的设计理念震撼了整个 Java 开发者生态圈，它的核心概念如下：

（1）IoC（Inversion of Control，控制反转）和容器

理解 IoC 的概念对掌握 Spring Framework 而言是十分重要的，因为所有 Spring 对象的组装都基于此。在 IoC 概念中，控制是指依赖者和被依赖者的关系控制。在传统的 Java 应用开发中，如果 A 类依赖于 B 类，那么 B 类对象的生命周期都由 A 类对象控制，从而

形成 A 类与 B 类的强耦合关系。然而，在面向对象的编程体系中，强耦合是应当极力避免的，如果可以将 B 对象生命周期的控制从 A 对象中剥离，那么强依赖关系也不再成立，整体系统也更加符合面向对象的设计原则。

IoC 的核心思想是，被依赖者不再由依赖者直接创建，而是交由专门的组装者来控制，在组装者创建出被依赖的对象之后，将其注入依赖者。通过这样的设计，可以达到松散耦合和接口与实现分离的目的。如果读者熟悉经典的 GoF 设计模式，那么在传统的实现中，这种需求都将通过工厂模式来实现。熟悉工厂模式对理解 Spring Framework 和阅读其源代码都有很好的帮助。因此，笔者建议大家在学习 Spring Framework 之前，花一点时间了解设计模式中的工厂模式。

从实现的角度来理解 IoC，它与依赖注入（DI，Dependency Injection）密不可分。假设 A 类依赖于 B 类（B 类并不是一个实现类，只是一个实现声明的接口，真正的实现类并不会直接暴露给 A 类），而且实现类的生命周期也由容器（组装者）控制，B 类的实现对象将由容器注入 A 类对象。则根据面向对象的设计理论，此时的 A 类依赖于接口 B，而非依赖于接口 B 的实现类，从而使 A 类获得了不再依赖于实现细节的能力，实现了松耦合的设计目标，A 类不再控制 B 类的生命周期，而且根据业务需求，还可以切换接口 B 的实现类，以此满足不同功能。

Spring Framework 的作用是将普通的 Java 类经过一系列配置，再利用 IoC 容器将不同对象组装在一起，最终形成一个可以运行的系统，Spring 容器的作用如图 2-1 所示。

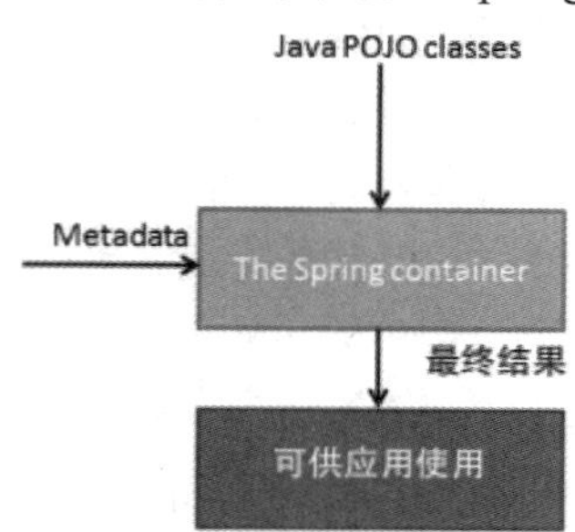

图 2-1　Spring 容器的作用

（2）AOP（Aspect Oriented Programming，面向切面编程）框架

要深入理解 AOP，需要先从面向对象编程谈起。Java 是典型的面向对象编程语言，面向对象强调的是继承和封装，也是现实世界在程序的投影。如果有些代码逻辑需要在很多类（class）中反复出现而且又与主干业务逻辑并无强关联（比如应用开发中常见的日志，事务控制和审计功能等），那么应该如何设计呢？例如一台机器肯定不会有打印日志这样

的功能，但从应用开发的角度来审视系统，这些功能又是不可或缺的。在 AOP 出现之前，通常使用经典设计模式来解决这类问题，设计师可以采用代理（Proxy）模式，Java 语言也提供了动态代理的实现，尽管这些技术可以解决一部分组件间的强依赖问题，但是解决方案却不够优雅灵活，而且有很强的局限性。比如，最初的原生 Java 只能代理接口（interface）而无法代理类（class）。了解了面向对象编程和原生 Java 的短板之后，作为全新的技术，AOP 又提供了哪些新思路和新方法呢？在深入细节之前，我们需要先了解 AOP 的几个关键点。

切面（Aspect）是一组模块化的且可以被多个类（class）复用的逻辑，当目标对象（Target Object）的一段程序在某个执行点（Join-Point）的切入点（Pointcut）判定为真时，切面逻辑（Advice）会被触发执行，并将 Aspect 和 Target Object 连接在一起，形成一个真正可执行的切面逻辑，这个过程被称为织入（Weaving）。开发者可以通过 AOP 的方式将业务逻辑和非业务逻辑进行分离，使二者的代码组织和职责都更集中、更清晰。

我们常用的 Spring AOP 和 AspectJ 技术都是 AOP 理论的一种实现，但是二者的实现目标却是各不相同。Spring AOP 只针对 Spring Framework 需要的 AOP 功能提供简单有效的实现，而 AspectJ 是一个大而全的 AOP Java 实现。不过，Spring Framework 也提供了对 AspectJ 的支持，因此在使用 Spring 时也可以同时使用 AspectJ 的功能。此外二者的织入（Weaving）技术也是完全不同的，AspectJ 采用了编译（compile）期织入和类装载期（classload）织入，而 Spring AOP 的织入技术则根据运行期的不同状态可以在 Java 的动态代理技术或 CGLIB 代理技术之间切换，其具体实现方式如图 2-2 所示。

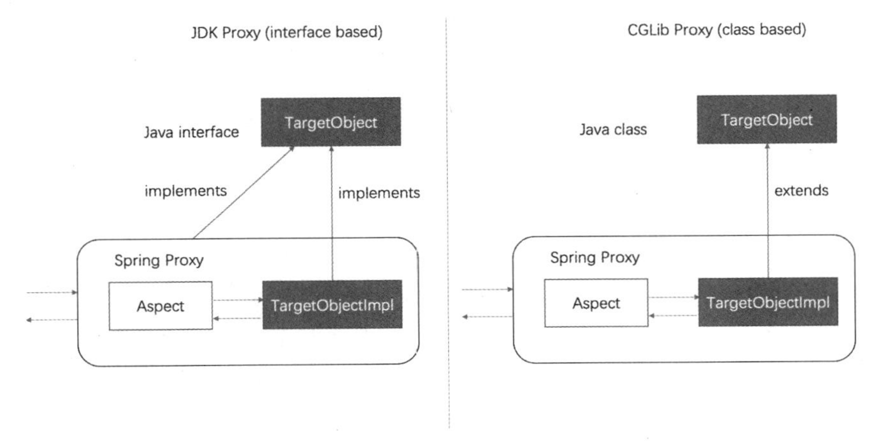

图 2-2　Spring AOP 的实现方式

基于 IoC（DI）和 AOP 两大强力支柱，Spring Framework 提供给 Java 开发者一种全

新的（就当时而言）开发体验。与当时的其他框架都不同，Spring Framework 并不只是一种通用框架，更多时候 Spring Framework 在充当一种类似于胶水的角色，将不同的组件整合在一起最终形成完备的系统。所以，它不仅为开发者提供各种便利性，而且具备将 Java 生态中的主流开源框架（如 Hibernate、iBatis 等）和 Java 语言规范（如 JDBC、JMX、JMS 等）融合的能力。此外，Spring Framework 提倡无侵入式编程，既可以让开发者享受使用框架的好处，又省却了与框架代码过度耦合的烦恼。典型的 Spring 应用有两部分组成：一部分是与系统功能强相关的业务逻辑，另一部分是与业务无关的框架代码，但此类框架代码大部分已经被 Spring 简化，开发者只需利用 IoC 和 AOP 技术，通过简单的配置（前期以 XML 为主，在 JDK 1.5 之后以注释（Annotation）为主）将二者融合在一起形成功能完整的 Java 应用。Spring Framework 的架构如图 2-3 所示。

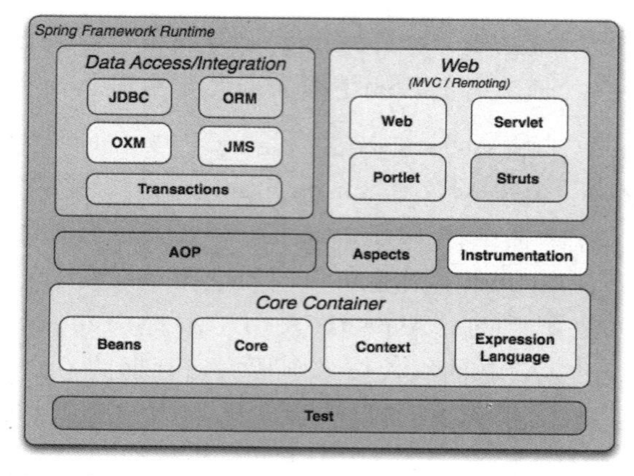

图 2-3　Spring Framework 架构图

Spring Framework 的主要组件及其功能列举如下：

（1）Core Container

- Core 模块主要提供了最基础的 IoC 和 DI 功能。
- Bean 模块主要实现了 BeanFactory，在 Spring 语境下所有的 Java 类都会被注册为 Spring 容器里的一个 Bean，各种 Bean 的生命周期也都由 BeanFactory 来控制。所有 bean 的实例的创建、依赖的识别和 Auto-wire 都是由 Bean 模块实现的。
- Context 模块基于 Core 和 Bean 之上，任何对象在 Spring 容器内都是 Spring Bean，而任意 Spring Bean 都是定义在 context 之内的，Context 类似于调用 Bean 和被调用 Bean 之间的媒介层。
- 在 Spring 容器的 Bean 定义中可以采用各种表达式查询和操作容器中的对象，这就是 SpEL（Spring Expression Language）提供的主要功能。

（2）Data Access/Integration

- JDBC 模块主要功能是封装和简化了 JDBC 相关的操作，提供了类似 template 的设计模式的实现。
- ORM 模块为各种主流的 ORM 框架提供了集成方案。例如 JPA、Hibernate、iBatis 的集成等。
- OXM 模块提供了 Object 和 XML 之间的映射、转化和数据访问等功能，其主要实现了 JAXB、Castor、XStream 等的集成。
- JMS 模块主要提供了 Java 体系下主流消息中间件的集成，例如 ActiveMQ 和 RabbitMQ 的集成。
- 事务（transaction）模块支持 Spring 容器内的声明式事务管理和编程式事务管理，主要通过 AOP 方式使普通的 Bean 具备了事务能力。

（3）Web

- Web 模块提供了最基础的 HTTP 规范的 Spring 封装，例如上传下载、通过 Servlet Listner 实现的 Spring 容器初始化和 WebApplicationContext 实例的初始化。
- Web-Servlet 封装了 Java Servlet 规范，同时提供了 Spring MVC 的实现，Web-Portlet 和 Servlet 从底层来看都是对 MVC 的实现，二者最大的不同之处是额外提供了 Portlet 环境下的系统支持，Web-Struts 的主要功能是提供了 Spring 和经典的 MVC 框架 Struts 的集成。
- 随着业界发展和互联网时代的来临，Servlet 逐渐淡出了大部分的业务开发，Spring MVC 和 Spring Boot 等框架封装了 Servlet 的底层实现细节，开发者只需要几行代码就可以实现一个简单的 RESTful 风格的接口。相比早期的 Servlet 技术而言，Spring MVC 和 Spring Boot 技术大幅提高了构建 Web 应用的开发效率。尽管如此，也不要忘记 Spring MVC 的底层实现依赖于 Servlet 规范，Spring 隐藏了很多的实现细节，如果读者希望更好地掌握 Spring Web 模块，就需要对 Servlet 相关的规范和实现做一定的了解。

注意：图 2-3 是 Spring 官方给出的架构图，但其形成时期是 Spring 3.*时代，故而此图与最新的 Spring Web 有较大差异，例如新的 Spring Web 版本增添了 Reactive、WebSocket 等新特性。由于本书并非专注于 Spring Web，所以不在此一一详述，请读者自行探索。

（4）其他

- Spring AOP 提供 AOP 的支持。

- Aspects 集成了 AspectJ。
- Instrumentation 模块提供了类植入（Instrumentation）支持和类加载器的实现，可以应用在特定的应用服务器中。该 spring-instrument-tomcat 模块包含了支持 Tomcat 的植入代理。
- test 模块支持使用 JUnit 或 TestNG 对 Spring 组件进行单元测试和集成测试。它提供了 Spring ApplicationContexts 的一致加载和上下文的缓存。它还提供可用于独立测试代码的模仿（mock）对象。

在 Spring Framework 问世之后，因其风格优雅、简洁易用，以及对 RESTful 等功能的良好支持，迅速地成为 Java 开发的事实标准，而 EJB 却被开发者遗忘了。各大 Web 容器厂商也在重新评估，在 Web 容器中是否还需要继续支持 EJB。总而言之，Spring 让广大 Java 应用开发者从复杂的框架代码中解脱出来，更加专注于应用的业务逻辑，这一点广阔而深远地影响了整个 Java 生态圈。

虽然 Spring 公司（由 Rod Johnson 创建最初名为 Interface 21，后改名为 SpringSource）经过一系列资本运作已于 2009 年被 VMware 收购，而 Rod Johnson 本人也于 2012 年正式离开了 VMware，但是 Rod Johnson 对整个 Java 生态圈的卓越贡献将被永远铭记。

2.1.2 Spring Boot

Spring Framework 在成为 Java 生态的“事实标准”之后，虽然很长时间内热度不减，但是后来没有再推出过任何激动人心的新功能，反而是开发者在处理日益增长的业务需求和管理 Spring 的配置、依赖和应用部署等方面不断面临新的挑战。特别是 RESTful、微服务等概念的流行，以及互联网快速迭代的开发模式的兴起，使开发者们愈发希望可以拥有更敏捷、更高效的开发框架，同时开发者对服务器（或容器）的要求也更加倾向于轻量级。

在这种需求的驱动之下，开发者 Mike Youngstrom 于 2012 年在 Spring 官方的 GitHub 上提出了一个 ID 为 SPR-9888 的需求，他的需求代表了当时 Spring Framework 使用者的心声，他的需求如下：“如果开发者完全遵循 Spring 规范构建程序，则这样的程序与原生的 Servlet 规范差别是非常大的，同时这也让此类程序对 Servlet 容器的要求大大降低。因此，如果 Spring Framework 能够提供一个无需直接与 Servlet 容器交互的框架，那么将会大大地简化开发者的工作”。

在此需求被提交给 Spring 官方一年之后，Spring Framework 的开发者 Phil Webb 于 2013

年 8 月在 GitHub 上，代表官方正式对该需求做出了回复“我们将会创建一个名为 Spring Boot 的新项目来解决这些问题”，同时还给出了一个介绍 Spring Boot 项目的博客，这是 Spring Boot 第一次出现在大众视野中。

通过前面的简短介绍，我们了解了 Spring Boot 的来历，现在对我们来说，更加重要的任务是学习 Spring Boot 的工作原理和它解决问题的能力。

在探讨更多细节之前，我们需要明确 Spring Boot 并非要取代 Spring Framework，它与传统的 Spring Framework 分别是事物的一体两面。Spring Boot 的真正目标是帮助开发者减少传统 Spring 应用所需的配置文件和复杂的依赖关系，进而加快应用迭代的速度。

回顾第 1 章开发 Spring 应用的方法，开发者不仅要正确地引用 Spring Framework 的模块及版本，还要集成第三方依赖的兼容性，否则会导致应用无法启动，或者发生严重的生产事故。除了依赖问题，传统 Spring 应用的另外一个烦恼是——大量烦琐的配置文件，虽然从 JDK 1.5 之后注解（Annotation）式编程被广泛采用，但是在实际项目中，没有配置文件的 Spring 项目是非常罕见的。因而在 Spring Framework 发展了十年以后，框架本身的复杂度加上各种业务逻辑交杂在一起，开发者不得不花费大量精力和时间去管理这些配置文件，想要对应用进行一次版本升级更是难上加难，需要大量的回归测试和兼容性测试。在这样的情形下，如果开发团队中程序员对 Spring Framework 的掌握程度参差不齐，那么维持一个简洁优雅的项目会变得非常困难，并且对新手而言，Spring Framework 的学习过程也是相当曲折的。

基于此，Spring Boot 为了帮助开发者更加快速地开发各式应用，其设计思想是尽量使用最佳实践和默认配置来自动化装配 Spring 应用中的各类 Bean，从而避免大量的重复性代码和配置文件。更通俗地讲，有很多业界专家知道如何能尽量发挥 Spring Framework 的优点，同时规避其短处，这些专家的经验被称为最佳实践。对新手而言，能够直接利用这些最佳实践不仅可以避免犯下各种低级错误，还可以节省开发成本。

因此，Spring 官方开发者直接将各种最佳实践全部打包进 Spring Boot，它以一种自动配置的形式注入应用中，并针对各种依赖的版本管理，设计了全新的 Spring Boot Starter 框架，各个厂商可以基于 Spring Boot Starter 规范开发自己的 Starter 组件，将新的功能模块集成到 Spring Boot。此外，Spring Boot 还提供了内置的轻量级应用服务器，通过以上创新设计，基于 Spring 应用的绝大部分基础问题都已经被 Spring Boot 解决了。

这些全新的特性，让 Spring Boot 一经推出就立即风靡整个 Spring 生态圈，也让沉寂许久的 Spring 开发生态再次喧嚣起来。各种主流开源软件也开始提供自己的 Starter，方便开发者适配 Spring Boot，更多架构师在设计系统之初就将 Spring Boot 作为首选，同时还开始将旧项目逐步迁移到 Spring boot 上。一时间，Spring 又回到了舞台的中央。

2.2 Spring Boot 的设计理念

Spring Boot 的设计者在设计之初就一直奉行一个原则：约定大于配置（Convention Over Configuration），但作为 Spring Boot 的用户，应当如何理解这项原则？究其根源，Spring Boot 的开发者在研究了大量 Spring 应用之后，得出一个惊人的结论：大部分 Spring 项目的配置都是非常相似的，利用这种相似性，Spring Boot 的设计者从中总结出规律并将其定义为 Spring 应用的默认配置，将其固化在 Spring Boot 框架中，再利用自动配置（Auto Configuration）技术将默认配置注入应用。

这种设计理念，对于刚开始接触 Spring Boot 的开发者会略有不适，更有甚者，在第一次运行 Spring Boot 项目时，完全无法理解其工作原理。可是一旦明白了“约定大于配置”的设计理念，就会理解其工作原理。

我们以 Hibernate 为例，如果某个 Spring Boot 应用采用 Hibernate 框架作为数据访问层，那么在项目启动阶段，Spring Boot 框架一旦扫描到该项目的 classpath 中包含 Hibernate 相关的类，就会自动将 Hibernate 相关的配置加载到 Spring 容器中，进而应用可以使用 Hibernate 来操作数据库。作为对比，在传统的 Spring 项目中，无论是使用 XML 还是以 Bean 的形式定义，Hibernate 都必须逐一进行显式配置，否则该项目是无法使用 Hibernate 的（准确来说是无法启动的）。

再举一个简单的例子，如果我们要在传统的 Hibernate 配置中配置数据库连接池，那么我们必须在 xml 文件中显式定义连接池，而 Spring Boot 应用会为 Hibernate 自动配置一个 HikariCP 连接池（从 Spring Boot 2.*之后）。

尽管 Spring Boot 大大减少了项目的配置工作，但作为开发者不要轻易被表象所迷惑，了解 Spring Boot 背后的工作原理才是正确的学习方向。

2.3 Spring Boot 的核心功能

在使用 Spring Boot 开发大型的商业应用之前，我们先通过 Spring Boot 的 HelloWorld 程序初步体验 Spring Boot 的基础特性。

2.3.1　易于使用的依赖管理 Starter

在学习 Spring Boot 使用细节之前，先简单回顾一下 Java 项目构建方式的历史变迁。最早的 Java 项目在编译和运行期都需要显式地指定 classpath，并以这种方式来管理项目所依赖的 jar 包和 class 文件。当时主流的构建工具是 ant，但 ant 只能执行编译和构建相关的任务，没有专门管理项目依赖的工具，这也是后来人们发明依赖管理工具 Maven 和 Gradle 的原因（在本书中笔者采用 Maven 3.6+）。Maven 出现之后，创建 Java 项目的第一步就是利用 Maven Archetype 插件创建项目。而 Spring Boot 在 Maven Archetype 基础之上更进一步，通过 Spring Initializr 就可以很方便地创建出一个 Spring Boot 项目。

要创建 Spring Boot 项目，需要先了解 Spring Boot Starter，Starter 提供了一种简单易用的解决方案，帮助 Spring Boot 新手克服各种主流软件集成时的版本兼容问题。

Starter 可以让开发者更方便、快捷地使用某种技术，无需花费大量精力管理依赖关系和版本冲突问题，因为在 Starter 中，所有依赖项已经被预先定义在 pom.xml 文件中，开发者只需引用 Starter，该技术所需的依赖会自动添加到项目中。

例如在项目中要使用 Redis，如果不采用 Starter 的方式，那么开发者至少要声明两个依赖，一个是 spring data Redis，另一个是 Redis 的客户端链接库，具体代码如下：

```
<dependency>
  <groupId>org.springframework.data</groupId>
  <artifactId>spring-data-redis</artifactId>
  <version>2.3.1.RELEASE</version>
</dependency>
<dependency>
  <groupId> redis.clients </groupId>
  <artifactId> jedis </artifactId>
  <version>3.1.0</version>
</dependency>
```

在这种模式下，作为开发者，首先需要了解支持 Redis 的 Spring 组件是什么，其次要了解该组件依赖了哪些其他组件及其兼容版本，如果依赖的任何组件版本进行了升级，那么所有的依赖关系需要重新测试。

只要使用 Spring Boot Starter，以上问题就会迎刃而解。开发者只需引入一个相应的 Starter 依赖即可，实现代码如下：

```
<dependency>
        <groupId>org.springframework.boot</groupId>
```

```
        <artifactId>spring-boot-starter-data-redis</artifactId>
        <version>2.2.8.RELEASE</version>
        </dependency>
```

添加上述 Starter 后，项目引入了哪些依赖，可以在项目的根目录下运行以下命令进行查看：

```
mvn dependency:tree
```

运行结果如图 2-4 所示。

```
[INFO] +- org.springframework.boot:spring-boot-starter-data-redis:jar:2.2.8.RELEASE:compile
[INFO] |  +- org.springframework.data:spring-data-redis:jar:2.2.8.RELEASE:compile
[INFO] |  |  +- org.springframework.data:spring-data-keyvalue:jar:2.2.8.RELEASE:compile
[INFO] |  |  |  \- org.springframework.data:spring-data-commons:jar:2.2.8.RELEASE:compile
[INFO] |  |  +- org.springframework:spring-tx:jar:5.2.7.RELEASE:compile
[INFO] |  |  +- org.springframework:spring-oxm:jar:5.2.7.RELEASE:compile
[INFO] |  |  +- org.springframework:spring-aop:jar:5.2.7.RELEASE:compile
[INFO] |  |  +- org.springframework:spring-context-support:jar:5.2.7.RELEASE:compile
[INFO] |  |  \- org.slf4j:slf4j-api:jar:1.7.30:compile
[INFO] |  \- io.lettuce:lettuce-core:jar:5.2.2.RELEASE:compile
[INFO] |     +- io.netty:netty-common:jar:4.1.50.Final:compile
[INFO] |     +- io.netty:netty-handler:jar:4.1.50.Final:compile
[INFO] |     |  +- io.netty:netty-resolver:jar:4.1.50.Final:compile
[INFO] |     |  +- io.netty:netty-buffer:jar:4.1.50.Final:compile
[INFO] |     |  \- io.netty:netty-codec:jar:4.1.50.Final:compile
[INFO] |     +- io.netty:netty-transport:jar:4.1.50.Final:compile
[INFO] |     \- io.projectreactor:reactor-core:jar:3.3.6.RELEASE:compile
[INFO] |        \- org.reactivestreams:reactive-streams:jar:1.0.3:compile
```

图 2-4　Redis Starter 的依赖关系

从图 2-4 可见 Redis 的 Starter 主要定义了两个直接依赖 spring-data-redis 和 lettuce-core，spring-data-redis 是 Spring 对 Redis 操作的封装，lettuce 是 Redis 客户端的 Java 实现（取代最初的 Jedis）。通过这样的方式，所有与 Redis 相关的 lib 都会被自动添加到项目中，开发者再也不需要一个个单独地引入依赖关系，执行引入一个 Starter 即可。当然 Starter 要真正在运行期发挥功效，是需要使用自动配置技术的（后续在 2.3.2 节会详述）。Starter 还会管理后续的版本升级，如无特殊情况，只需升级 Starter 的版本便可获得所有依赖组件的升级效果。

为了更好地管理 Starter 依赖项，建议读者在 Spring Boot 项目的 pom.xml 文件中指定继承 Spring Boot parent，Spring Boot parent 的 pom.xml 文件中指定了经过兼容测试的 Starter 组件版本，相关代码如下：

```
<?xml version="1.0" encoding="UTF-8"?>
<project xmlns="http://maven.apache.org/POM/4.0.0" xmlns:xsi="http://www.w3.org/2001/
XMLSchema-instance"
    xsi:schemaLocation="http://maven.apache.org/POM/4.0.0 https://maven.apache.org/xsd/
maven-4.0.0.xsd">

    <groupId>com.example</groupId>
    <artifactId>myproject</artifactId>
```

```
    <version>0.0.1-SNAPSHOT</version>

    <!-- Inherit defaults from Spring Boot -->
    <parent>
        <groupId>org.springframework.boot</groupId>
        <artifactId>spring-boot-starter-parent</artifactId>
        <version>2.2.1.RELEASE</version>
    </parent>
......
</project>
```

在实际开发工作中，并不是所有项目都可以继承 Spring Boot 的 parent，比如已经有一个 parent 且不容易被替换的时候。此时，可以采用另外一种方式——使用引入 Spring Boot parent 的依赖，示例代码如下：

```
<dependencyManagement>
    <dependencies>
        <dependency>
         <!-- Import dependency management from Spring Boot -->
            <groupId>org.springframework.boot</groupId>
            <artifactId>spring-boot-dependencies</artifactId>
            <version>2.2.1.RELEASE</version>
            <type>pom</type>
            <scope>import</scope>
        </dependency>
    </dependencies>
</dependencyManagement>
```

如果在 dependencyManagement 中定义了 scope 为 import 的 pom 依赖项（此处指 spring-boot- dependencies），那么该 pom.xml 文件中定义的所有依赖都可以在当前项目中被直接引用，例如上述例子中引入了 org.springframework.boot:spring-boot-dependencies，该 pom.xml 文件中定义的 spring-webmvc 版本是 5.2.8.RELEASE，在该项目中所有依赖于 spring-webmvc 的版本默认都是 5.2.8.RELEASE。

除依赖管理外，一个符合 Spring Boot 标准的项目要遵循某些约定（比如配置文件的位置和文件名），典型的 Spring Boot 项目结构如图 2-5 所示。

项目根目录下的 pom.xml 文件定义了该项目的依赖和主体结构，DemoApplication 是该项目的运行启动类，application.properties 是项目的默认配置文件。

在实际项目中，我们很少会采用人工的方式创建项目或引入依赖项，大多是通过 Spring Initializr 创建新项目。

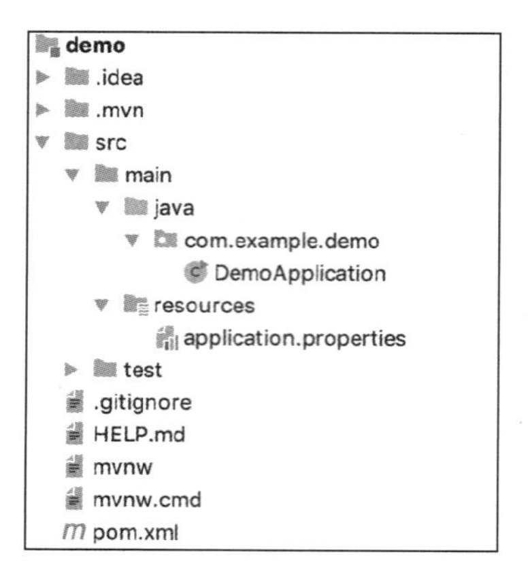

图 2-5　典型的 Spring Boot 项目结构

要使用 Spring Initializr，需要先打开 Spring Initializr 的官方网站，其界面如图 2-6 所示。

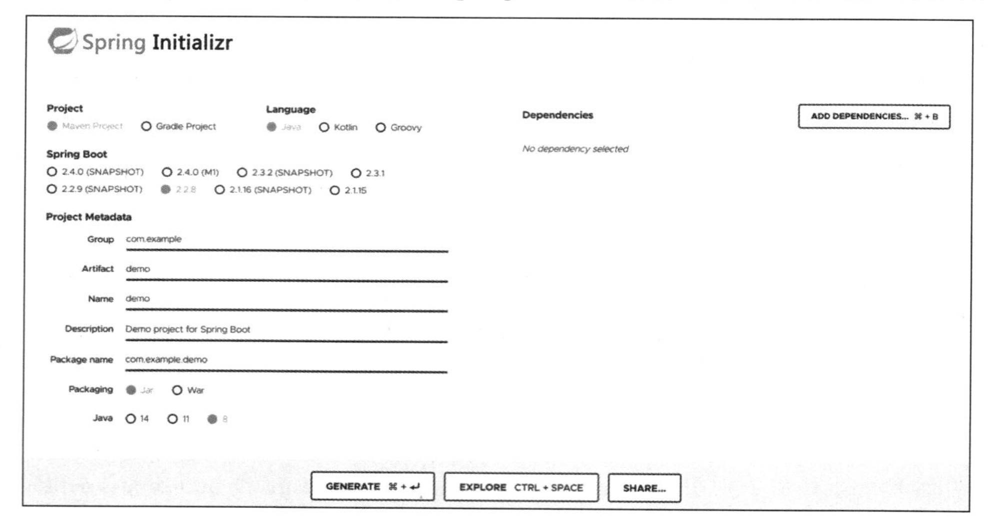

图 2-6　Spring Boot Initializr 界面

在 Spring Initializr 的界面上，执行以下步骤来创建一个 Spring Boot 项目：

（1）选定项目类型和语言（本书都是 Maven 和 Java）。

（2）选择依赖的 Spring Boot 版本。

（3）指定项目的 group、artifact 和打包方式。

（4）单击 ADD DEPENDENCIES 按钮，添加项目所需依赖。

（5）单击 GENERATE 按钮，完成项目的创建。

通过这种方式创建项目有三个优点：第一，符合 Spring Boot 推荐的标准结构；第二，无需操作 Maven Archetype 插件来生成项目，减少误操作的风险；第三，可以更加直观方便地添加 Starter，如图 2-7 所示。

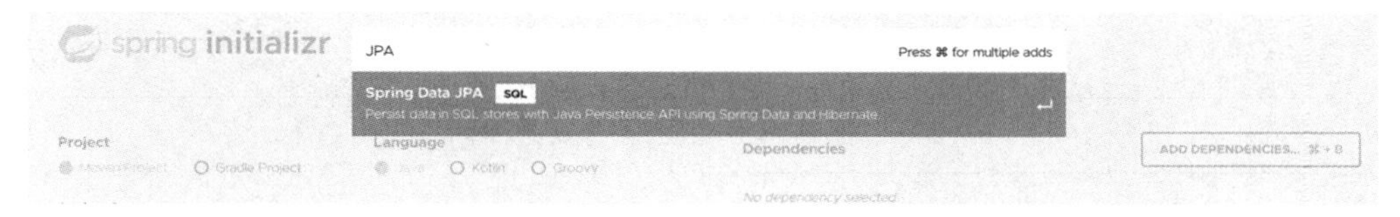

图 2-7　添加 Starter 的提示界面

总结一下，Spring Boot Starter 是一个具备以下特性的功能性组件：

- 一个针对市面上成熟的规范和开源软件的小型 pom 项目。
- 一组可以被复用的依赖的最佳实践和默认配置。
- 一种全新的 Spring 应用开发和依赖管理的方式。

Spring Boot 官方提供了很多主流的 Starter，官方约定的命名方式是 spring-boot-starter-*。Spring Boot 允许自定义 Starter，用户自定义的 Starter 的命名方式是 thirdpartyproject-spring-boot-starter（将公司或组织的名称放到前面），所有官方提供的 Starter 都可以通过 Spring 官方文档查询获得。

2.3.2　约定大于配置的 Auto Configuration

我们在 2.3.1 节中说过，Spring Boot 的默认配置功能主要靠 Starter 定义的默认依赖和 Spring Boot 的 Auto Configuration 来实现。

为了更好地理解 Auto Configuration，我们先来实现一个简单的演示项目。

下面我们在 2.3.1 节中创建的 Spring Boot 项目的 pom.xml 文件中添加一个新依赖，代码如下：

```
<dependency>
    <groupId>org.springframework.boot</groupId>
    <artifactId> spring-boot-starter-web</artifactId>
</dependency>
```

运行该项目（在 3.2.2 节会详细介绍如何运行 Spring Boot 项目），输出日志如下：

```
2020-07-16 21:32:14.792  INFO 89275 --- [           main] com.example.demo.
DemoApplication          : No active profile set, falling back to default profiles:
default
```

```
2020-07-16 21:32:15.440 INFO 89275 --- [ main] .s.d.r.c.
RepositoryConfigurationDelegate : Multiple Spring Data modules found, entering
strict repository configuration mode!
2020-07-16 21:32:15.445 INFO 89275 --- [ main] .s.d.r.c.
RepositoryConfigurationDelegate : Bootstrapping Spring Data Redis repositories
in DEFAULT mode.
2020-07-16 21:32:15.480 INFO 89275 --- [ main].s.d.r.c.
RepositoryConfigurationDelegate : Finished Spring Data repository scanning in
15ms. Found 0 Redis repository interfaces.
2020-07-16 21:32:16.065 INFO 89275 --- [ main] o.s.b.w.embedded.
tomcat.TomcatWebServer : Tomcat initialized with port(s): 8080 (http)
2020-07-16 21:32:16.079 INFO 89275 --- [ main] o.apache.catalina.
core.StandardService : Starting service [Tomcat]
2020-07-16 21:32:16.079 INFO 89275 --- [ main] org.apache.catalina.
core.StandardEngine : Starting Servlet engine: [Apache Tomcat/9.0.36]
2020-07-16 21:32:16.182 INFO 89275 --- [ main] o.a.c.c.C.[Tomcat].
[localhost].[/] : Initializing Spring embedded WebApplicationContext
2020-07-16 21:32:16.182 INFO 89275 --- [ main] w.s.c.
ServletWebServerApplicationContext : Root WebApplicationContext:
initialization completed in 1343 ms
2020-07-16 21:32:16.524 INFO 89275 --- [ main] o.s.s.concurrent.
ThreadPoolTaskExecutor : Initializing ExecutorService 'applicationTaskExecutor'
2020-07-16 21:32:17.104 INFO 89275 --- [ main] o.s.b.w.embedded.
tomcat.TomcatWebServer : Tomcat started on port(s): 8080 (http) with context
path ''
2020-07-16 21:32:17.107 INFO 89275 --- [ main] com.example.demo.
DemoApplication : Started DemoApplication in 2.728 seconds (JVM running
for 3.183)
```

从上面的启动日志代码可以看出，Tomcat 容器被启动并监听 8080 端口，在项目中并没有添加任何代码或者配置（除了新的 pom 依赖）。通过这个简单的实验，可以看出 Spring Boot 根据项目 classpath 中出现的类和相应的默认配置完成了 Bean 的装配工作，使整个系统更容易运行，同时减少了配置文件，这就是 Auto Configuration 的意义。接下来我们介绍 Auto Configuration 的工作原理。

Spring Boot 通过以下步骤实现了 Auto Configuration：

（1）在应用启动时，扫描项目 classpath 中存在的框架类。

（2）检查显式的配置。

（3）结合定义的 Condition 完成 Bean 的装配。

Condition 是在 Spring 4 中引入的一种技术，它的设计目的很简单，帮助开发者有选择性地注册 Bean，这也是 IoC 容器的设计目的，应用依赖于接口，而且可以根据不同条件自动切换其实现并被容器注入。

根据 Spring Framework 的定义，Condition 和@Conditional 注解配合使用，就可以控制 Bean 在什么条件下会被加载并初始化。如果一个 Bean 被@Conditional 注解，那么就有可能被注册到 Spring Context。当然也有可能不被加载，是否被加载取决于该@Conditional 注解中配置的 Condition 判断条件是否成立。如果判断条件成立（返回 true），那么这个 Bean 就会被注册进 Spring Context。

基于以上的基础知识，就不难理解 Spring Boot 的 Auto Configuration 功能的原理，Auto Configuration 的基本工作原理就是通过各种内置的 Condition 注解来控制某个 Bean 是否被加载。从实现层面来看，Spring Boot 官方提供了以下几种 Conditional 组合：

（1）Class Condition

针对 class 有两个注解@ConditionalOnClass 和@ConditionalOnMissingClass，分别表示某个类在 classpath 中出现或者没有出现。

为了探知这背后的原理，我们将日志级别调整为 Debug 之后再次启动项目，查看日志中的 Class Condition 判断结果，将代码 logging.level.root=DEBUG 加入 application.properties，再次启动该项目，启动日志中会出现以下内容：

```
EmbeddedWebServerFactoryCustomizerAutoConfiguration.TomcatWebServerFactoryCu
stomizerConfiguration matched:
    - @ConditionalOnClass found required classes 'org.apache.catalina. startup.
Tomcat', 'org.apache.coyote.UpgradeProtocol' (OnClassCondition)
```

EmbeddedWebServerFactoryCustomizerAutoConfiguration 类位于 spring-boot-autoconfigure-2.*.RELEASE.jar 中，其有关 Tomcat 容器的定义代码如下：

```
@Configuration(
   proxyBeanMethods = false
)
@ConditionalOnClass({Tomcat.class, UpgradeProtocol.class})
public static class TomcatWebServerFactoryCustomizerConfiguration {
   public TomcatWebServerFactoryCustomizerConfiguration() {
   }

   @Bean
   public TomcatWebServerFactoryCustomizer tomcatWebServerFactoryCustomizer
(Environment environment, ServerProperties serverProperties) {
```

```
        return new TomcatWebServerFactoryCustomizer(environment, serverProperties);
    }
}
```

以上代码表明，如果 Tomcat 和 UpgradeProtocol 两个类出现在 classpath 中，那么 Tomcat 容器将会被注册到 Spring Context，从而实现了 Tomcat 的 Auto Configuration。

（2）Bean Conditions

Bean 类型的 condition 有@ConditionalOnBean 和@ConditionalOnMissingBean，分别表示如果 Spring 容器中已经存在（或不存在）某个 Bean，就注册某个特定 Bean 到 Spring Context。

（3）Property Conditions

针对 Property，Spring Boot 引入了@ConditionalOnProperty，其基本用法是判断某个 property 是否出现或某 property 的值是否等于特定值，从而决定被注释的 class 是否需要被注册到 Spring Context。Property 是指 Spring Environment Property，在 Spring Boot 应用中，除了默认的 application.properties（或 YAML），其他 property 都需要额外指定，一般都是通过定义 PropertySources 来指定如何加载 property 到 Spring context。示例代码如下：

```
@PropertySources({
        @PropertySource(name = "custom", value ="file:custom.properties")
})
public class SpringBootApplication {...}
```

（4）Resource Conditions

@ConditionalOnResource 的作用是根据某个特定资源是否出现来决定某个类是否要被注册到 Spring Context，示例代码如下：

```
@ConditionalOnResource(
  resources = "classpath:custom.properties")
Public Properties additionalProperties() {…}
```

上面代码的功能是，如果在 classpath 下没有找到 customer.properties 文件，那么在 additionalProperties()方法中定义的 Properties 不会被注册到 Spring Context。

（5）Web Application Conditions

与 Web 相关的 Condition 有三个：@ConditionalOnWebApplication、@ConditionalOnNotWebApplication 和@ConditionalOnWarDeployment，前两个用于判断当前项目是否为 Web 应用，第三个用于判断项目是否是以 war 的方式进行部署。

（6）SpEL Expression Conditions

@ConditionalOnExpression 是基于 SpEL 的表达式结果来对 Condition 的结果进行判断的。我们可以在 Spring Bean 上定义 Condition，但并不是定义了 Condition 的类都具备 Auto Configuration 的能力，因为 Spring Boot 还有另外两种配置来控制 Auto Configuration 的运行。

用来控制 Auto Configuration 的三个最常用的 Spring Boot 注解是@Configuration、@ComponentScan 和@EnableAutoConfiguration，这三个注解在 Spring Boot 的早期应用中是必备的，而最新版的 Spring Boot 只需要在启动类上添加一个@SpringBootApplication 注解，就会自动开启当前项目的 Auto Configuration 功能，它的作用等同于@Configuration、@ComponentScan 和@EnableAutoConfiguration 三个注解共同作用的效果。

我们以 2.3.1 节中的 spring-data-redis 依赖项为例，虽然在 pom.xml 文件中并未定义任何与 Redis 相关的配置，但在启动过程中仍然可以看到以下日志内容：

```
   2020-07-19 14:32:13.752  INFO 1673 --- [           main] .s.d.r.c.
RepositoryConfigurationDelegate : Bootstrapping Spring Data Redis repositories
in DEFAULT mode.
   2020-07-19 14:32:13.774  INFO 1673 --- [           main] .s.d.r.c.
RepositoryConfigurationDelegate : Finished Spring Data repository scanning in
10ms. Found 0 Redis repository interfaces.
```

根据上面日志内容可以判断，Redis 相关的 Auto Configuration 已经生效，我们在代码上做些小修改来验证这种猜想，将 SpringBootApplication 变成

```
@SpringBootApplication(exclude = {RedisAutoConfiguration.class})
```

或者

```
@SpringBootApplication
@EnableAutoConfiguration(exclude = {RedisAutoConfiguration.class})
```

在上述代码中，我们通过 exclude 属性将 RedisAutoConfiguration 从自动装配过程中剔除，再次启动测试项目，启动日志中不会出现任何与 Redis 相关的信息，这证明了前面的推测是正确的，即 Redis 的加载是由 Auto Configuration 驱动的。

我们进一步分析，如果 EnableAcutoConfiguration 类可以 exclude 某些 AutoConfiguration 类，那么是不是说明 Spring Boot 和 EnableAutoConfiguration 需要知道哪些类是 AutoConfiguration 呢？这些 AutoConfiguration 类并未实现任何共同的接口或者添加任何特殊注解，Spring Boot 是如何判断哪些类需要执行自动配置呢？

检视 EnableAutoConfiguration 类，其代码（细节有省略）如下：

```
@AutoConfigurationPackage
@Import({AutoConfigurationImportSelector.class})
public @interface EnableAutoConfiguration {
    String ENABLED_OVERRIDE_PROPERTY = "spring.boot.enableautoconfiguration";

    Class<?>[] exclude() default {};

    String[] excludeName() default {};
}
```

进一步检视 AutoConfigurationImportSelector 类，从下面的方法可以找到线索：

```
protected List<String> getCandidateConfigurations(AnnotationMetadata metadata,
AnnotationAttributes attributes) {
    List<String>  configurations  =  SpringFactoriesLoader.loadFactoryNames
(this.getSpringFactoriesLoaderFactoryClass(), this.getBeanClassLoader());
    Assert.notEmpty(configurations, "No auto configuration classes found in
META-INF/spring.factories. If you are using a custom packaging, make sure that
file is correct.");
    return configurations;
}
```

META-INF/spring.factories 是一个特殊的文件，它存在于 spring-boot-autoconfigure-2.*.jar 中，借助反编译工具打开上述 jar 文件，即可看到 spring.factories 文件，spring.factories 文件的部分内容如下：

```
# Auto Configure
org.springframework.boot.autoconfigure.EnableAutoConfiguration=\
org.springframework.boot.autoconfigure.admin.SpringApplicationAdminJmxAutoCo
nfiguration,\
org.springframework.boot.autoconfigure.aop.AopAutoConfiguration,\
org.springframework.boot.autoconfigure.amqp.RabbitAutoConfiguration,\
org.springframework.boot.autoconfigure.batch.BatchAutoConfiguration,\
org.springframework.boot.autoconfigure.cache.CacheAutoConfiguration,\
…
org.springframework.boot.autoconfigure.data.redis.RedisAutoConfiguration,\
…
```

在上面的代码中，RedisAutoConfiguration 赫然在目，据此可以推测，spring.factories 文件中定义了被 Spring Boot 默认加载的 AutoConfiguration 类。

至此，我们初窥了 Spring Boot Auto Configuration 的基本工作原理：首先 Spring Boot 利用 Condition 针对各种常见的开源框架定义了相应的 AutoConfiguration 类，然后将这些定义类配置在 spring.factories 文件中。Spring Boot 项目在启动时，会自动按照相应的 condition 来判断是否需要注册相应的类到 Spring Context，最终完成自动配置。

2.3.3　优雅灵活的配置管理 Properties

基于 Spring Boot 的 Auto Configuration 功能，Spring Boot 会根据实际运行环境对应用进行自动配置。在早期的 Spring 框架中，所有的应用配置都是基于配置文件的，虽然 Spring 开发了基于注解的配置项管理，但是完全消除配置文件并不现实也非必要。因此，如何更好地管理配置文件就成了一项很有挑战的工作，这一节我们就来探讨如何在 Spring Boot 项目中实现配置管理。

在开始探索 Spring Boot 是如何管理配置项和配置文件之前，我们需要先了解 Spring 的早期版本是如何管理配置的，以此来对比 Spring Boot 对配置的管理是多么简洁和优雅。

在 JDK1.5 之前 Spring 只支持 XML 形式定义的 Bean 配置，示例代码如下：

```
<?xml version="1.0" encoding="UTF-8"?>
<beans xmlns="http://www.springframework.org/schema/beans"
   xmlns:xsi="http://www.w3.org/2001/XMLSchema-instance"
   xsi:schemaLocation="
      http://www.springframework.org/schema/beans
http://www.springframework.org/schema/beans/spring-beans.xsd">

   <!-- bean definitions here -->

</beans>
```

在 Java 支持注释之后，Spring 也提供了@Component、@Service、@Bean 等注解来定义 Bean。

如果在 Java Bean 中需要加载额外的配置项，而且这些配置项不方便定义在 XML 文件中，那么一般会采用如下三种方式之一来定义：

（1）@PropertySource 注解

```
@Configuration
@PropertySource("classpath:test.properties")
public class TestConfig {
```

```
    @Value("${test.value}")
    private String testVal;
}
```

通过@PropertySource 注解指定配置文件的路径，再通过@Value 注解加载配置文件中特定名称的配置项。

（2）XML

```
<context:property-placeholder location="classpath:foo.properties, classpath:
test.properties"/>
```

我们在 XML 文件中通过<context:property-placeholder>标签加载配置文件，在上面的代码中，我们加载了 classpath 下的 foo.properties 和 test.properties 两个文件。

（3）PropertySourcesPlaceholderConfigurer

```
@Bean
public static PropertySourcesPlaceholderConfigurer properties(){
    PropertySourcesPlaceholderConfigurer pspc
          = new PropertySourcesPlaceholderConfigurer();
    Resource[] resources = new ClassPathResource[ ]
          { new ClassPathResource( "test.properties" ) };
    pspc.setLocations( resources );
    pspc.setIgnoreUnresolvablePlaceholders( true );
    return pspc;
}
```

在上面的代码中，我们通过 PropertySourcesPlaceholderConfigurer 类读取了 classpath 下的指定配置文件。

在引入 Spring Boot 之前，我们主要通过以上几种方式加载 properties。下面，我们通过一个例子来讲解这种传统的配置项加载形式。

假设应用需要访问 MySQL，那么我们可以定义一个配置文件，在配置文件中添加如下 MySQL 的连接信息：

```
spring.datasource.url=jdbc:mysql://localhost:3306/db_example
spring.datasource.username=theuser
spring.datasource.password=ThePassword
```

在 Java 代码中开发者需要通过@PropertySource 注解加载这个配置文件，并使用@Value("spring.datasource.url")的方式注入所需配置。

虽然这种传统的 Properties 注入已经实现得很好，但 Spring Boot 提供了更为巧妙的方式来加载配置项，即使用 ConfigurationProperties 来定义这种有层级关系的配置，具体代码如下：

```
@Configuration
@ConfigurationProperties(prefix = "spring.datasource")
public class MysqlProperties {
   private String url;

   private String username;

   private String password;

   // 标准 getter and setter
}
```

通过@ConfigurationProperties 注解，我们可以加载以“spring.datasource”开头的配置项，并将加载后的属性自动设置到 MysqlProperties 类的字段（如 spring.datasource.url 将会自动注入 MysqlProperties 类中的 url 字段），这样我们就不需要为每个字段单独指定@Value 注解。

根据官方文档解释，在 Spring Boot 2.2 以后的版本中，我们可以省略@Configuration 注解，只需要通过@ConfigurationProperties 注解就可以打开配置项的加载功能。

在 Spring Boot 的默认配置下，Spring Boot 应用只加载 application.properties（或 YML 文件）配置文件，如果我们想要加载其他配置文件，就需要添加@PropertySource 注解，示例代码如下：

```
@Component
@PropertySource(value = "classpath:mysql.properties", ignoreResourceNotFound =
true)
@ConfigurationProperties(prefix="spring.datasource")
public class MySqlConfig {
   private String url;

   private String username;

   private String password;
}
```

在上面的代码中，我们加载了 classpath 下的 mysql.properties 文件，并将配置文件中以 spring.datasource 开头的配置项设置到 MySqlConfig 类的字段中。

Spring Boot 会按照一定的优先级顺序尝试从多个路径来加载默认配置文件 application.properties（或 yml），路径寻址的先后顺序如下：

（1）当前目录的/config 及其子目录。

（2）当前目录。

（3）classpath 的/config 目录。

（4）classpath 的根目录。

如果我们遵循默认项目结构（如图 2-5 所示），将配置文件置于 src/main/resources 路径之下，那么编译后的配置文件位置（target 目录下）如图 2-8 所示。

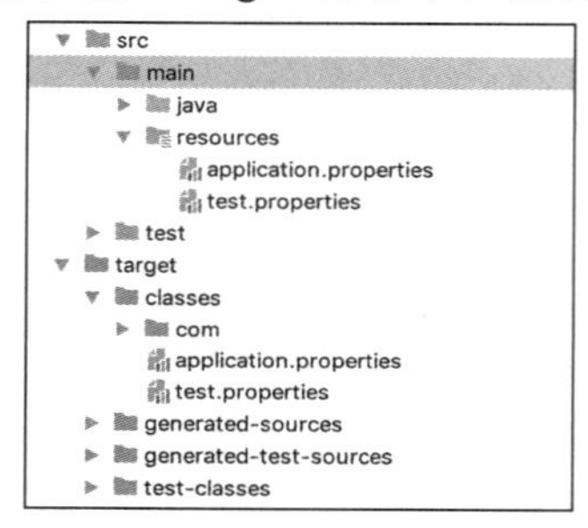

图 2-8　编译后的目录结构

如图 2-8 所示，在 resouces 目录下的 application.properties 文件在编译后被放置于 target/classes 目录下。

除此之外，配置文件的加载顺序还将遵循以下原则：

- 当前路径并非指向代码所在路径，而是指向程序运行时启动 Java 进程的路径。
- 高优先级并不意味着应用在找到文件后就停止查找，而是会查找以上所有路径，如果 application.properties 文件出现在多个路径下，那么对于相同 key 的 property，高优先级的会覆盖低优先级的，没有冲突的 key 则会被统一加载到 Environment 中。
- 如果同时存在 YML 配置文件和 application.properties 配置文件，那么 YML 文件的优先级高于 application.properties 文件。
- 如果因为某些原因希望改变 Spring Boot 的默认行为，可以通过两个参数来调整：spring.config.name（用于指定默认的配置文件名，默认值为 application.properties）和 spring.config.location（用于指定查找配置文件的路径，替代默认的四个寻址路径），这两个参数可以结合使用。

在显式指定 application.properties 文件的路径后，Spring Boot 会按照以下顺序来寻找并注入 property：

（1）开发者工具 Devtools 全局配置参数。

（2）单元测试上的@TestPropertySource 注解指定的参数。

（3）单元测试上的@SpringBootTest 注解指定的参数。

（4）命令行指定的参数，如 Java -jar springboot.jar --name=test。

（5）命令行中的 spring.application.json 指定的参数，如 Java-Dspring.application.json="{'name': 'test'}"。

（6）ServletConfig 初始化参数。

（7）ServletContext 初始化参数。

（8）JNDI 参数，如 Java:comp/env/spring.application.json。

（9）Java 系统参数，如 System.getProperties()。

（10）操作系统环境变量参数。

（11）RandomValuePropertySource 随机数，仅匹配 ramdom.*。

（12）JAR 包外面的配置文件参数 application-{profile}.properties（YAML）。

（13）JAR 包里面的配置文件参数 application-{profile}.properties（YAML）。

（14）JAR 包外面的配置文件参数 application.properties（YAML）。

（15）JAR 包里面的配置文件参数 application.properties（YAML）。

（16）@Configuration 配置文件上 @PropertySource 注解加载的参数。

（17）默认参数，通过 SpringApplication.setDefaultProperties 来指定。

以上顺序是序号越小优先级越高，即开发者如果在一个低优先级的地方（序号大）定义了一个 property 的值，然后又在一个高优先级的地方（序号小）定义了相同名称的 property，那么应用中最终注入的是高优先级定义的值。

Spring Boot 的配置除具有以上功能外，还具有 profile 功能，但 profile 功能并非 Spring Boot 特有的，它是 Spring Framework 的功能，并不与 Spring Boot 绑定。为什么需要 profile 功能呢？

举一个很简单的例子。在工业级应用中，需要搭建开发环境和生产环境，应用在不同环境下需要使用不同的配置（比如在开发和生产环境中配置不同的数据库连接串），但开发者并不希望引入额外的代码逻辑来控制连接的数据库，此时 Spring profile 就派上了用场。在 Spring Boot 的场景下，开发者可以添加两个不同的配置文件 appplication-dev.yml 和 application-prod.yml（profile 属性对应文件名中的 dev 和 pord），在启动应用时可以通过启动参数指定 profile 加载不同的文件，示例参数如下：

```
spring.profiles.active=dev（或 prod）
```

这样就可以实现相同代码运行在不同环境的目的。仍然以 MySQL 配置为例，示例如下：

```
@Configuration
@ConfigurationProperties(prefix = "spring.datasource")
public class MysqlProperties {
   private String url;

   private String username;

   private String password;

   // standard getters and setters
}
```

配置类不需要做任何修改，只需定义两个不同 profile 的配置文件：

```
appplication-dev.properties
   spring.datasource.url=jdbc:mysql://localhost:3306/db_example
   spring.datasource.username=theuser
   spring.datasource.password=ThePassword
appplication-prod.properties
   spring.datasource.url=jdbc:mysql://production.mydb.com:3306/db_example
   spring.datasource.username=prodUser
   spring.datasource.password=TheProdPassword
```

这样，相同的代码通过 profile 加载对应的配置文件，既无需修改代码，又实现了环境的无缝切换。

当开发者需要注入某配置而生产环境并不需要该配置时，可以通过添加@Profile 来对配置做出限定，示例代码如下：

```
@Configuration
@Profile("dev")
public class MySpecialProperties {}
```

@Profile 也支持否定@Profile("!dev")，这说明在非 dev 环境下该配置才能被激活和装载。

Spring Boot 的配置管理功能是一件强有力的武器，掌握相关的基础知识是理解并熟练运用 Spring Boot 的坚实基础，建议读者根据本章的思路对每个功能点都做一个测试案例。

2.3.4　简单明了的管理工具 Actuator

假设一个 Spring Boot 应用开发完毕并部署到生产环境后，刚好应用出现了线上问题，而运维团队希望开发团队能提供一些工具帮助定位问题，作为开发者有什么工具可以提供呢？

再假设应用部署成功，但是通过观察发现应用运行的方式与预期不一致，通过查看日志，发现加载的 Bean 自动配置有误，由于程序在生产环境中运行，所以无法直接调试，那么用什么方法来解决这个问题呢？

作为 Java 开发者，对 JMX 都不陌生，我们可以通过 JMX 监控系统的运行状态（或调用应用服务），但是如何访问 JMX 的 MBean 却是一个问题，因为 JDK 自带的 JConsole 默认都是关闭的，因此有很多应用服务器都会额外提供基于 Web 的 JMX console，例如 JBoss，那么 Spring Boot 作为自带内置容器的应用，是如何暴露和访问 JMX MBean 的呢？

假如应用都是无状态服务，并通过负载均衡器对外暴露接口，而负载均衡器需要通过一个状态检查的接口来判断应用是否运行正常，那么每个类似的应用是否都需要开发一个简单的 API 来做健康检查呢？

以上种种都是开发者常见的需求，而 Spring Boot 作为应用框架提供了 Actuator 来支持这类需求。

要使用 Actuator，首先要添加 Actuator 依赖到项目的 pom.xml 文件中，代码如下：

```
<dependency>
  <groupId>org.springframework.boot</groupId>
  <artifactId>spring-boot-starter-actuator</artifactId>
</dependency>
```

然后，启动应用，启动日志中会增添以下内容：

```
 main] o.s.b.a.e.web.EndpointLinksResolver        : Exposing 2 endpoint(s)
beneath base path '/actuator'
```

从上面代码中可以看到，Spring Boot 容器多暴露了一个 endpoint: actuator，此时在浏览器中输入 http://localhost:8080/actuator 会得到如下响应内容：

```
{
  "_links": {
    "self": {
      "href": "http://localhost:8080/actuator",
      "templated": false
```

```
    },
    "health": {
      "href": "http://localhost:8080/actuator/health",
      "templated": false
    },
    "health-path": {
      "href": "http://localhost:8080/actuator/health/{*path}",
      "templated": true
    },
    "info": {
      "href": "http://localhost:8080/actuator/info",
      "templated": false
    }
  }
}
```

该响应类似于 REST 接口的返回结果，返回了一组新的 endpoint，此时我们再访问其中一个 endpoint，在浏览器中输入 http://localhost:8080/actuator/health，响应内容如下：

```
{"status":"UP"}
```

这表示当前 Spring 容器运行正常，因此 Actuator 是一个检查应用运行情况的轻量级工具。

上面的示例代码演示了 Actuator 的一个基本功能，Actuator 所提供的全部功能清单如表 2-1 所示。默认情况下，用户可以通过 http://host:port/actuator/{endpoint}来访问 Actuator 提供的各种功能。

表 2-1　Actuator 功能清单

Endpoint	描述
auditevents	展示当前应用程序中的审核事件信息，该功能依赖于 AuditEventRepository bean
beans	显示当前应用中所有 Spring beans 的完整列表
caches	显示可用的缓存
conditions	显示在配置和自动配置类上评估的条件及它们匹配或不匹配的原因，如果发现有自动配置功能不正常，则可以通过此功能进行查看
configprops	显示所有@ConfigurationProperties 的列表
env	显示 Spring ConfigurableEnvironment 的属性
flyway	显示已生效的所有 Flyway 数据库迁移信息
health	显示应用是否工作正常

续表

Endpoint	描述
httptrace	显示 HTTP 跟踪信息
info	显示任意的应用信息
integrationgraph	显示 Spring Integration 图表
loggers	显示和修改应用程序日志的配置
liquibase	显示已生效的所有 Liquibase 数据库迁移
metrics	显示当前应用程序的“指标”信息
mappings	显示所有@RequestMapping 路径的完整列表
scheduledtasks	显示应用程序中的计划任务
sessions	允许从支持 Spring Session 的会话存储中检索和删除用户会话，此功能依赖于基于 Servlet 实现的 Spring Session 的 Web 应用
shutdown	通过该功能可以优雅地关闭应用，该功能默认是关闭的
threaddump	执行一次线程转储

以上这些功能在默认情况下除 shutdown 外都是开放的，控制功能是否开放可以通过下面的配置代码来实现：

```
management.endpoint.{endpointName}.enabled :true/false
```

也可以通过下面的配置代码来实现：

```
management.endpoints.enabled-by-default=true
```

Actuator 默认情况下处于开放状态。既然默认都是开放的（除 shutdown 外），为什么访问 http://localhost:8080/ actuator/metrics 时却得到 404 错误呢？原因是，在默认情况下这些 endpoint 都是通过 JMX 暴露的，如果通过 Web 方式直接访问，则需要添加以下代码：

```
management.endpoints.web.exposure.include: metrics
```

此时访问 http://localhost:8080/actuator/metrics 将会出现以下结果：

```
{
  "names": [
    "jvm.memory.max",
    "jvm.threads.states",
    "process.files.max",
    ......
  ]
}
```

综上所述，开发者可以通过以上配置代码来控制 endpoint 的开放及开发的方式。

为了便于演示，将所有 endpoint 以 Web 形式暴露，代码如下：

```
management.endpoints.web.exposure.include: '*' (此处采用 YML 格式，要使用 '*'
(单引号) 引用)
```

再访问 http://localhost:8080/actuator，页面响应内容如图 2-9 所示。

```
},
"beans": {
    "href": "http://localhost:8080/actuator/beans",
    "templated": false
},
"caches-cache": {
    "href": "http://localhost:8080/actuator/caches/{cache}",
    "templated": true
},
"caches": {
    "href": "http://localhost:8080/actuator/caches",
    "templated": false
},
"health": {
    "href": "http://localhost:8080/actuator/health",
    "templated": false
},
"health-path": {
    "href": "http://localhost:8080/actuator/health/{*path}",
    "templated": true
},
"info": {
    "href": "http://localhost:8080/actuator/info",
    "templated": false
```

图 2-9　修改后的 Actuator 暴露的功能

下面我们以 actuator/beans 和 actuator/health 为例，描述 endpoint 的功能。

- actuator/beans

主要功能是展示 Spring 容器中所有存活的 Bean，访问此 endpoint 的返回内容如下：

```
{
   "contexts": {
      "application": {
         "beans": {
            "endpointCachingOperationInvokerAdvisor": {
               "aliases": [],
               "scope": "singleton",
               "type": "org.springframework.boot.actuate.endpoint.invoker.
cache.CachingOperationInvokerAdvisor",
               "resource": "class path resource [org/springframework/boot/
actuate/autoconfigure/endpoint/EndpointAutoConfiguration.class]",
               "dependencies": [
                  "environment"
               ]
            },
```

```
            "defaultServletHandlerMapping": {
                "aliases": [],
                "scope": "singleton",
                "type": "org.springframework.web.servlet.HandlerMapping",
                "resource": "class path resource [org/springframework/boot/
autoconfigure/web/servlet/WebMvcAutoConfiguration$EnableWebMvcConfiguration.
class]",
                "dependencies": []
            }
```

- actuator/health

主要功能是通过返回一些基础信息来表明应用是否正常工作，但默认配置的 health 功能所提供的信息非常有限，如果需要 health 功能提供更多信息，则需要添加以下代码：

```
management.endpoint.health.show-details: always
```

重启应用后再访问该 endpoint，将会返回额外信息，内容如下：

```
{
    "status": "UP",
    "components": {
        "diskSpace": {
            "status": "UP",
            "details": {
                "total": 499963174912,
                "free": 251985698816,
                "threshold": 10485760
            }
        },
        "ping": {
            "status": "UP"
        }
    }
}
```

此外，还有几个常用的 endpoint，名称及其功能介绍如下：

- actuator/configprops

主要功能是展示应用中使用 ConfigurationProperties 定义的配置。

- actuator/conditions

主要功能是展示应用中所有 Auto Configuration 的配置。

- actuator/env

主要功能是展示应用中所有的 property，包括激活的 profile 的 property、系统环境变量和应用中自定义的 property。

- actuator/mappings

主要功能是展示当前应用中所有@RequestMapping 定义的映射关系，这对查找 Web 应用的 URL 十分有用。

Spring Boot 支持丰富多样的 endpoint，限于篇幅原因，本章不再一一列举，建议读者通过 Spring Boot 官方文档进一步了解 endpoint 的详细功能。

除此之外，Spring Boot Actuator 自带一些常见的第三方组件的检查，可以通过额外的配置将其与 endpoint 进行集成，例如 MySQL、MQ 和 Redis 等。下面以 Redis 为例添加 Redis Starter 依赖，具体代码如下：

```
<dependency>
  <groupId>org.springframework.boot</groupId>
  <artifactId>spring-boot-starter-data-redis</artifactId>
</dependency>
```

再添加 Redis 的配置类，代码如下：

```
@Configuration
@EnableConfigurationProperties(RedisProperties.class)
public class RedisConfig {

   @Bean
   public LettuceConnectionFactory redisConnectionFactory(
         @Value("${spring.redis.host:localhost}") String redisHost) {
      RedisStandaloneConfiguration redisStandaloneConfiguration =
            new RedisStandaloneConfiguration(redisHost);
      return new LettuceConnectionFactory(redisStandaloneConfiguration);
   }

   @Bean
   public  StringRedisTemplate  redisTemplate(RedisConnectionFactory  jedis
ConnectionFactory) {
      final StringRedisTemplate template = new StringRedisTemplate();
      template.setConnectionFactory(jedisConnectionFactory);
      template.afterPropertiesSet();
      return template;
   }
}
```

完成修改配置之后，再次访问 endpoint（actuator/health），在返回的响应内容中会有 Redis 的健康状态，其相关内容如下（常规的 health 信息省略）：

```
"redis": {
         "status": "DOWN",
         "details": {
            "error":"org.springframework.data.redis.RedisConnectionFailureException:
Unable to connect to Redis; nested exception is io.lettuce.core. Redis
ConnectionException: Unable to connect to localhost: 6379"
         }
    }
```

在测试时，如果应用没有成功连接到 Redis 服务，则显示的 Redis 状态将会是 DOWN；如果连接成功，则状态将会显示为 UP。

除了 Spring Boot 自带的这些检查功能，开发者还可以通过实现 HealthIndicator 为系统添加额外的健康检查功能。此外，开发者还可以按需定制 Actuator 的 URL 及访问权限，这些内容可以到 Spring Boot 官网查看。

2.3.5　方便快捷的内置容器 Embedded Container

笔者在 2.1.2 节中提到，相对于传统的 Spring 应用，Spring Boot 还有一项不同，即 Spring Boot 项目不需要额外的应用服务器也可以运行。这是因为 Spring Boot 项目自带内置容器，那么内置容器与传统应用服务器有哪些区别呢？Spring Boot 自带哪些内置容器？作为开发者，应当基于什么标准选择容器呢？

在本书中提到的应用容器默认都是指 Servlet 容器，根据 Spring Boot 2.*版本的不同，内置容器所支持的 Servlet 版本也不同，具体版本如表 2-2 所示。

表 2-2　Spring Boot 容器与 Servlet 版本的对应关系

容器	Servlet 版本
Apache Tomcat 9.0	4.0
Jetty 9.4	3.1
Undertow 2.0	4.0

由表 2-2 可知，Spring Boot 2.*支持的 Servlet 最低版本是 Servlet 3.1，即如果要部署 Spring Boot 2.*版本的应用到单独的应用服务器上，那么该服务器所支持的 Servlet 规范版

本必须是 3.1 版本以上。

在 Spring Boot 应用中，无需添加任何特殊配置，只需添加 Web 相关的 Starter，就可以将项目转化为 Web 应用。在启动该应用时，会默认将该应用运行于内置的 Tomcat 容器中，相较于传统的开发方式，省却了部署的过程，提高了整体效率。那么，该过程是如何实现的呢？

根据前面所了解的 Spring Boot 特征，首先要检查 Starter 依赖，其次要检查 Auto Configuration 的默认配置，代码如下。

```
<dependency>
  <groupId>org.springframework.boot</groupId>
  <artifactId>spring-boot-starter-tomcat</artifactId>
  <version>2.2.8.RELEASE</version>
  <scope>compile</scope>
</dependency>
```

自动运行 Tomcat 主要是通过 Tomcat Starter 来实现的，查看 spring-boot-starter-tomcat 定义的依赖的代码如下：

```
<dependency>
  <groupId>org.apache.tomcat.embed</groupId>
  <artifactId>tomcat-embed-core</artifactId>
  <version>9.0.36</version>
  <scope>compile</scope>
</dependency>
```

因此，Spring Boot 的内置容器是基于 Apache Tomcat 的内置版本实现的。使用 Tomcat 内置版本，应用无需打包成 war，以 jar 文件的形式就能运行该应用，也正是这种可以单独运行而无需额外应用服务器的部署方式，让传统的 Web 应用更容易被微服务化和容器化，同时这也是 Spring Boot 吸引众多开发者的原因。Tomcat 为什么是默认的内置容器，对此我们在 2.3 节已经基于 Auto Configuration 进行了分析研究，本章不再赘述。

Spring Boot 应用为了更好地支持容器化（Docker 类容器而非 Servlet 容器）和微服务化，大多将应用运行于内置应用服务器中，而开发者只需添加 Web Starter 即可获得以上便利。

虽然 Tomcat 是默认的内置应用服务器，但切换到其他内置服务器也是可以的。以 Jetty 为例，我们先将 Tomcat 从 Web Starter 中剔除，再添加 Jetty 相关的依赖，实现代码如下：

```
<dependency>
   <groupId>org.springframework.boot</groupId>
   <artifactId>spring-boot-starter-web</artifactId>
```

```
    <exclusions>
        <exclusion>
            <groupId>org.springframework.boot</groupId>
            <artifactId>spring-boot-starter-tomcat</artifactId>
        </exclusion>
    </exclusions>
</dependency>

<dependency>
    <groupId>org.springframework.boot</groupId>
    <artifactId>spring-boot-starter-jetty</artifactId>
</dependency>
```

然后，启动应用，启动日志如图 2-10 所示。

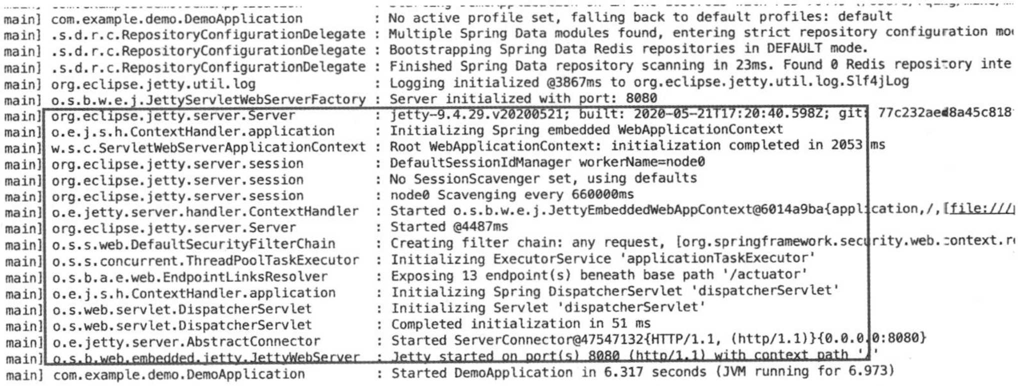

```
main] com.example.demo.DemoApplication          : No active profile set, falling back to default profiles: default
main] .s.d.r.c.RepositoryConfigurationDelegate : Multiple Spring Data modules found, entering strict repository configuration mo
main] .s.d.r.c.RepositoryConfigurationDelegate : Bootstrapping Spring Data Redis repositories in DEFAULT mode.
main] .s.d.r.c.RepositoryConfigurationDelegate : Finished Spring Data repository scanning in 23ms. Found 0 Redis repository inte
main] org.eclipse.jetty.util.log                : Logging initialized @3867ms to org.eclipse.jetty.util.log.Slf4jLog
main] o.s.b.w.e.j.JettyServletWebServerFactory : Server initialized with port: 8080
main] org.eclipse.jetty.server.Server           : jetty-9.4.29.v20200521; built: 2020-05-21T17:20:40.598Z; git: 77c232aed8a45c818
main] o.e.j.s.h.ContextHandler.application      : Initializing Spring embedded WebApplicationContext
main] w.s.c.ServletWebServerApplicationContext : Root WebApplicationContext: initialization completed in 2053 ms
main] org.eclipse.jetty.server.session          : DefaultSessionIdManager workerName=node0
main] org.eclipse.jetty.server.session          : No SessionScavenger set, using defaults
main] org.eclipse.jetty.server.session          : node0 Scavenging every 660000ms
main] o.e.jetty.server.handler.ContextHandler   : Started o.s.b.w.e.j.JettyEmbeddedWebAppContext@6014a9ba{application,/,[file:///
main] org.eclipse.jetty.server.Server           : Started @4487ms
main] o.s.s.web.DefaultSecurityFilterChain      : Creating filter chain: any request, [org.springframework.security.web.context.r
main] o.s.s.concurrent.ThreadPoolTaskExecutor   : Initializing ExecutorService 'applicationTaskExecutor'
main] o.s.b.a.e.web.EndpointLinksResolver       : Exposing 13 endpoint(s) beneath base path '/actuator'
main] o.e.j.s.h.ContextHandler.application      : Initializing Spring DispatcherServlet 'dispatcherServlet'
main] o.s.web.servlet.DispatcherServlet         : Initializing Servlet 'dispatcherServlet'
main] o.s.web.servlet.DispatcherServlet         : Completed initialization in 51 ms
main] o.e.jetty.server.AbstractConnector        : Started ServerConnector@47547132{HTTP/1.1, (http/1.1)}{0.0.0.0:8080}
main] o.s.b.web.embedded.jetty.JettyWebServer   : Jetty started on port(s) 8080 (http/1.1) with context path '/'
main] com.example.demo.DemoApplication          : Started DemoApplication in 6.317 seconds (JVM running for 6.973)
```

图 2-10　Jetty 的启动日志

从启动日志可以看出完全没有 Tomcat 的信息，取而代之的是 Jetty 的信息。

虽然大部分 Spring Boot 应用都选择运行在内置 Tomcat 之内，但也有将 Spring Boot 部署在独立 Apache Tomcat 容器的需求，具体的部署过程如下。

首先，从官方网站下载与 Spring Boot 内置容器版本相同的 Apache Tomcat 安装文件，解压缩 Apache Tomcat，为后续操作做准备（对于使用 Linux/Mac 操作系统的读者，需要留意 Tomcat 安装路径下 bin 目录的文件操作权限，如果在启动日志中看到由于文件操作权限导致的异常，则需要使用命令行工具修改 bin 目录的文件操作权限）。

然后，对代码进行修改，因为演示项目由 Spring Initializr 生成，产生的 pom.xml 文件均默认采用内置 Tomcat 运行模式，所以需要先改造 pom.xml 文件。

默认的 Spring Boot 项目都以 jar 的形式运行，在 pom.xml 文件中定义如下：

```
<packaging>jar</packaging>
```

通过修改 package 配置，将打包输出由 jar 改为 war，代码如下：

```
<packaging>war</packaging>
```

接着，将默认的内置 Tomcat 从依赖关系中进行 exclude，为了编译成功，需要将 Servlet 规范添加为项目的依赖，但由于 Apache Tomcat 会在运行期提供 Servlet 规范的类，所以将此依赖的 scope 设置为 provided，示例代码如下：

```
<dependency>
   <groupId>org.springframework.boot</groupId>
   <artifactId>spring-boot-starter-web</artifactId>
   <exclusions>
     <exclusion>
       <groupId>org.springframework.boot</groupId>
       <artifactId>spring-boot-starter-tomcat</artifactId>
     </exclusion>
   </exclusions>
</dependency>

<dependency>
   <groupId>org.springframework.boot</groupId>
   <artifactId>spring-boot-starter-tomcat</artifactId>
   <scope>provided</scope>
</dependency>
```

最后，在<build>区域，由 Spring Initializr 生成的 pom.xml 文件会自动添加 Spring Boot 的 Maven Plugin，以此方式编译出可执行的 jar 文件。由于不再使用 jar 运行，而是使用 war 并部署到 Tomcat，所以 build 也需要做出相应调整，具体代码如下：

```
<build>
   <finalName>${artifactId}</finalName>
<!--   <plugins>
     <plugin>
       <groupId>org.springframework.boot</groupId>
       <artifactId>spring-boot-maven-plugin</artifactId>
     </plugin>
   </plugins>-->
</build>
```

下面，我们添加测试代码来验证部署效果，代码如下：

```
@RestController
public class TestController {

    @GetMapping("/hello")
    public String sayHello(){
        return "Hello World:";
    }
}
```

此外，DemoApplication 也要进行修改，以适应独立的 Tomcat 部署，代码如下：

```
@SpringBootApplication
public class DemoApplication extends SpringBootServletInitializer{
   public static void main(String[] args) {
      SpringApplication.run(DemoApplication.class, args);
   }
}
```

与普通的 Spring Boot 应用启动类不同，如果项目采用容器部署的方式，那么该项目的启动类需要继承 SpringBootServletInitializer，再编译并部署，具体步骤如下：

（1）在 demo 项目根目录下运行 mvn clean package。

（2）复制 demo 项目根目录下 target 目录下的 demo.war（此文件名有<build>下的 fileName 决定）文件到 Tomcat 解压缩后的根目录下的 webapps 目录上。

（3）进入 Tomcat 根目录下的 conf 目录，修改 tomcat-users.xml 文件，添加内容如下：

```
<role rolename="manager-gui"/>
<role rolename="tomcat"/>
<user username="tomcat" password="password" roles="manager-gui,tomcat"/>;
```

（4）进入 Tomcat 根目录下的 bin 目录运行 start（Windows start.bat、Linux 平台和 macOS 则运行 start.sh）。

（5）观察 Tomcat 根目录下的 log 目录 catalina.out，看看该目录下是否有启动成功的日志。

（6）打开 Tomcat 主界面（http://localhost:8080），如图 2-11 所示。

单击 Manager App，在登录框输入新建的用户名/密码（tomcat/password）就会进入管理界面，如图 2-12 所示。

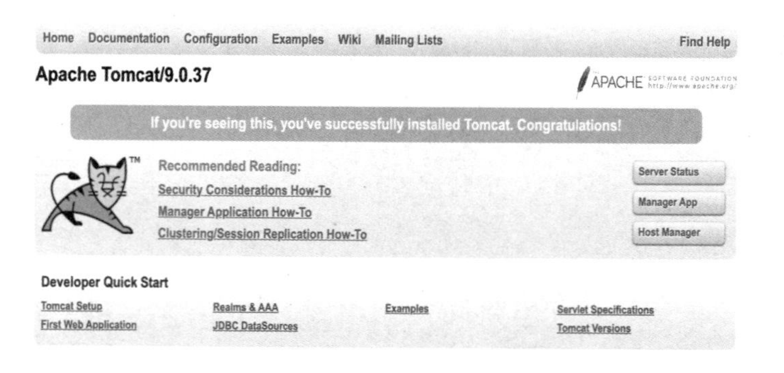

图 2-11 Tomcat 主界面

Applications					
Path	Version	Display Name	Running	Sessions	Commands
/	None specified	Welcome to Tomcat	true	0	Start Stop Reload Undeploy Expire sessions with idle ≥ 30 minutes
/demo	None specified		true	0	Start Stop Reload Undeploy Expire sessions with idle ≥ 30 minutes
					Start Stop Reload Undeploy

图 2-12 Tomcat 管理界面

从图 2-12 可以看出 demo 应用已经部署成功，在浏览器中输入 http://localhost:8080/demo/hello，即可访问我们在 TestController 中添加的 sayHello()方法。

根据项目的不同需求，开发者可以自行选择不同的部署方式，要想了解内置服务器的更多配置，请参考 Spring Boot 官方文档。

第3章 Spring Boot实战

本章我们来搭建一个基于真实业务场景的优惠券项目，实现用户领券、优惠券管理和优惠券核销等营销优惠计算场景的功能，具体代码请读者参考本书GitHub地址。

3.1 创建Spring Boot项目

3.1.1 利用Spring Initializr创建项目

如2.3.1节所述，开发一个新的Spring Boot项目，首先要利用Spring Boot Initializr创建符合Spring Boot标准的项目，Initializr的工作原理与使用Maven Archetype创建项目是完全一致的，但Initializr对创建Spring Boot项目更友好。

首先，打开Spring Boot Initializr官网，将项目类型设定为Maven，项目语言设定为

Java，此外还有以下参数需要指定：

- Spring Boot 版本：2.2.10
- Group：com.broadview
- Artifact：coupon-cloud-center
- Name：broadview-coupon
- Package name：com.broadview.coupon
- Packaging：jar
- Java：8

然后单击 GENERATE 按钮，网站将产生一个空白的 Spring Boot 项目，并自动下载到本地，开发者可以将该项目导入自己熟悉的 IDE，如 IntelliJ。

此外，开发者也可以使用 STS（Spring Tool Suit，Spring 工具包）创建 Spring Boot 项目，STS 的操作方式本书不会涉及，请读者自行探索。

3.1.2 项目结构

按照业务需求衡量优惠券项目，该项目复杂度相对较高，因此在设计系统时，我们将遵循 DDD（Domain Drive Design，领域驱动设计）的最佳实践，先创建一个主项目 spring-boot-starter-parent，用于定义子项目间的关系和整个项目需要使用的依赖，再按照不同的业务领域将整体项目分解为如下四个子项目：

- coupon-shared-components：提供工具类和 POJO（Plain Ordinary Java Object，简单 Java 对象）的共享组件。
- coupon-calculation-service：提供优惠券计算服务。
- coupon-template-service：提供定制优惠券规则模板服务。
- coupon-user-service：提供用户领取和消费优惠券服务。

四个子项目各自负责自己的业务逻辑，并且它们的 parent 都是主项目。第一个子项目（coupon-shared-components）为其他三个子项目（coupon-calculation-service、coupon-template-service、coupon-user-service）提供工具类，除第一个子项目外，其他三个子项目均为 Spring Boot 项目。

此业务系统是依据某电商的真实优惠券业务相关场景抽象脱敏而来，其整体架构根据不同的用户场景和边界上下文（bounded context）将被分解为三个不同的微服务（即三个子项目 coupon-calculation-service、coupon-template-service、coupon-user-service）。

此外，子项目 coupon-shared-components 为所有微服务（coupon-calculation-service、coupon-template-service、coupon-user-service）提供工具类，即该子项目被三个微服务所依赖。

从项目管理的角度评估系统，设计者倾向于将整体项目设计为一个父项目，其下有多个子项目。原因在于，当项目组采用敏捷开发时，可以将多个子项目并行开发。如果将所有功能都分配在一个大项目之中，那么并行开发的难度将会提高很多，而且对多团队协作开发也不友好。

按照上述设计，此项目应当将根目录作为父项目，其余四个项目作为该项目下的子项目，但项目实现却与此设计略有出入。这是因为在本书中，Spring Boot 内容只是全书的一部分，为维护项目的扩展性，笔者将所有与 Spring Boot 相关的内容合并为一个模块，并将其根目录设定为父项目（如何扩展此项目？后续章节将会一一呈现）。

基于上述原因，项目的最终结构如图 3-1 所示。

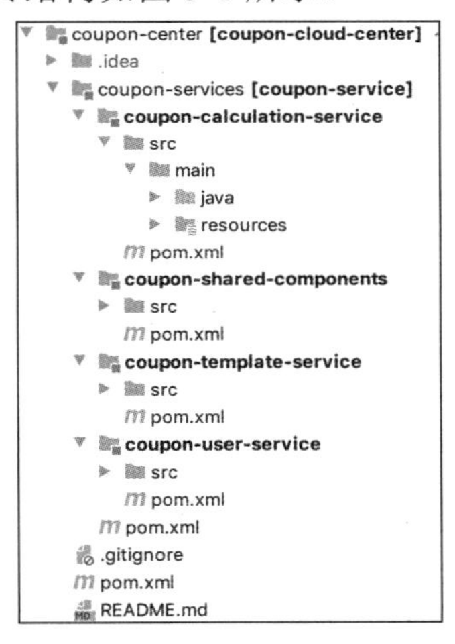

图 3-1　项目结构

3.1.3　在项目中添加 Starter

为了开发的便捷性和可控的依赖管理，Spring Boot 官方为广大开发者提供了各种各样的 Starter（关于 Starter 请回顾 2.3.1 节）。在本节中，笔者将通过优惠券项目向读者展示 Spring Boot Starter 的各种功能。

在优惠券项目结构中，coupon-shared-components 是一个公共模块，它为其他子模块提供工具类，我们无需为其添加任何 Starter。coupon-calculation-service 主要提供计算逻辑服务，我们需要通过添加 spring-boot-starter-web 依赖项引入 Web 支持，相关代码如下：

```
<dependency>
    <groupId>org.springframework.boot</groupId>
    <artifactId>spring-boot-starter-web</artifactId>
</dependency>
```

此外，该项目作为 Spring Boot 项目要成功运行，必须引入 spring-boot-starter，但在项目中却没有显式地引入，为什么？要知道原因，可以利用 Maven 的 dependency tree 插件进行分析，相关分析日志如下：

```
[INFO] com.broadview:coupon-calculation-service:jar:1.0-SNAPSHOT
[INFO] +- org.springframework.boot:spring-boot-starter-web:jar:2.2.10.
RELEASE:compile
[INFO] |  +- org.springframework.boot:spring-boot-starter:jar:2.2.10.
RELEASE:compile
[INFO] |  |  +- org.springframework.boot:spring-boot:jar:2.2.10.RELEASE:
compile
[INFO] |  |  +- org.springframework.boot:spring-boot-autoconfigure:jar:
2.2.10.RELEASE:compile
[INFO] |  |  +- org.springframework.boot:spring-boot-starter-logging:jar:
2.2.10.RELEASE:compile
[INFO] |  |  |  +- ch.qos.logback:logback-classic:jar:1.2.3:compile
[INFO] |  |  |  |  +- ch.qos.logback:logback-core:jar:1.2.3:compile
[INFO] |  |  |  |  \- org.slf4j:slf4j-api:jar:1.7.30:compile
[INFO] |  |  |  +- org.apache.logging.log4j:log4j-to-slf4j:jar:2.12.1: compile
[INFO] |  |  |  |  \- org.apache.logging.log4j:log4j-api:jar: 2.12.1:compile
[INFO] |  |  |  \- org.slf4j:jul-to-slf4j:jar:1.7.30:compile
[INFO] |  |  +- jakarta.annotation:jakarta.annotation-api:jar:1.3.5: compile
[INFO] |  |  +- org.springframework:spring-core:jar:5.2.9.RELEASE:compile
[INFO] |  |  |  \- org.springframework:spring-jcl:jar:5.2.9.RELEASE: compile
[INFO] |  |  \- org.yaml:snakeyaml:jar:1.25:runtime
[INFO] |  +- org.springframework.boot:spring-boot-starter-json:jar:2.2.10.
RELEASE:compile
[INFO] |  |  +- com.fasterxml.jackson.core:jackson-databind:jar:2.10.5:
compile
[INFO] |  |  |  +- com.fasterxml.jackson.core:jackson-annotations:jar:
2.10.5:compile
[INFO] |  |  |  \- com.fasterxml.jackson.core:jackson-core:jar: 2.10.5:compile
[INFO] |  |  +- com.fasterxml.jackson.datatype:jackson-datatype-jdk8:jar:
2.10.5:compile
[INFO] |  |  +- com.fasterxml.jackson.datatype:jackson-datatype-jsr310:jar:
2.10.5:compile
[INFO] |  |  \- com.fasterxml.jackson.module:jackson-module-parameter-
```

```
names:jar:2.10.5:compile
[INFO]   |      +-   org.springframework.boot:spring-boot-starter-tomcat:jar:
2.2.10.RELEASE:compile
[INFO] |  |  +- org.apache.tomcat.embed:tomcat-embed-core:jar:9.0.38: compile
[INFO] |  |  +- org.apache.tomcat.embed:tomcat-embed-el:jar:9.0.38:compile
[INFO]   |      |      \-   org.apache.tomcat.embed:tomcat-embed-websocket:jar:
9.0.38:compile
[INFO]  |    +-  org.springframework.boot:spring-boot-starter-validation:jar:
2.2.10.RELEASE:compile
[INFO] |  |  +- jakarta.validation:jakarta.validation-api:jar:2.0.2: compile
[INFO]  |    |    \-  org.hibernate.validator:hibernate-validator:jar:6.0.20.
Final:compile
[INFO] |  |     +- org.jboss.logging:jboss-logging:jar:3.4.1.Final:compile
[INFO] |  |     \- com.fasterxml:classmate:jar:1.5.1:compile
[INFO] |  +- org.springframework:spring-web:jar:5.2.9.RELEASE:compile
[INFO] |  |  \- org.springframework:spring-beans:jar:5.2.9.RELEASE:compile
[INFO] |  \- org.springframework:spring-webmvc:jar:5.2.9.RELEASE:compile
[INFO] |     +- org.springframework:spring-aop:jar:5.2.9.RELEASE:compile
[INFO] |     +- org.springframework:spring-context:jar:5.2.9.RELEASE: compile
[INFO]  |       \-  org.springframework:spring-expression:jar:5.2.9.RELEASE:
compile
[INFO] +- commons-codec:commons-codec:jar:1.9:compile
[INFO] \- com.broadview:coupon-shared-components:jar:1.0-SNAPSHOT:compile
[INFO]    +- com.alibaba:fastjson:jar:1.1.15:compile
[INFO]    +- org.projectlombok:lombok:jar:1.16.18:compile
[INFO]    +- javax.validation:validation-api:jar:2.0.1.Final:compile
[INFO]    \- org.apache.commons:commons-lang3:jar:3.0:compile
```

分析上面的日志，可见 Web Starter（spring-boot-starter-web）依赖于 spring-boot-starter，calculation service 直接依赖于 Web Starter，从而间接地引入了 spring-boot-starter 依赖，因此无需重复显式地引入。

由于 coupon template service 需要访问数据库，因此它的依赖中必须引入两种 Starter，相关代码如下：

```
<dependency>
   <groupId>org.springframework.boot</groupId>
   <artifactId>spring-boot-starter-web</artifactId>
</dependency>

<dependency>
   <groupId>org.springframework.boot</groupId>
```

```
    <artifactId>spring-boot-starter-data-jpa</artifactId>
</dependency>
```

同 calculation service 一样，我们不需要专门显式地引入 spring-boot-starter。但由于它使用 JPA 访问数据库，所以需要加载对应的数据库驱动，本项目使用 MySQL 数据库，因此引入的是 MySQL 驱动，加载 MySQL 驱动的代码如下：

```
<dependency>
    <groupId>mysql</groupId>
    <artifactId>mysql-connector-java</artifactId>
    <scope>runtime</scope>
</dependency>
```

此外，application.yml 文件中对应的数据库配置也不可缺少（参考 Spring Boot 配置文档），否则该项目将无法启动。

coupon user service 也需要访问数据库并对外提供 Web Service，因此它需要的 Starter 和 template service 的 Starter 是相同的。

三个微服务都要满足一些额外的非功能性需求，例如提供简单的监控和 JMX 功能等，根据 2.3.4 节 Actuator 的介绍，项目需要引入 Actuator Starter，具体代码如下：

```
<dependency>
    <groupId>org.springframework.boot</groupId>
    <artifactId>spring-boot-starter-actuator</artifactId>
</dependency>
```

引入 Actuator Starter 之后，通过暴露各种不同的 endpoint，Spring Boot 项目可以提供以下功能：

- 监控服务的健康状况。
- 收集并展示各种所需的系统指标。
- 提供 JMX console。

3.1.4 偷懒神器 lombok

本项目除基于 Spring Boot 的服务外，还有一个共享组件，主要提供工具类和 POJO，对于传统的 POJO，与之相伴的是臃肿的 Getter 和 Setter 代码，而且使用者还要设计如何构造 POJO 对象，这些代码大多不可或缺但却非常烦琐。虽然很多 IDE 都提供生成工具，但这种代码风格完全不符合代码整洁之道，开发者需要更加优雅的解决方案。基于当前技术栈，当然非 lombok 莫属。

要使用 lombok，需要为项目引入新依赖，具体代码如下：

```
<dependency>
    <groupId>org.projectlombok</groupId>
    <artifactId>lombok</artifactId>
    <version>${lombokVersion}</version>
</dependency>
```

lombok 是一个在编译期处理代码注释（Annotation）的处理器，它提供了很多简单明了的注释供开发者使用，以此减少代码量。此外，它还通过注释提供了很多经典设计模式的最佳实践。

如何简化大量必需而又烦琐的代码，以一个简单的 POJO 为例，代码如下：

```
@Data
@NoArgsConstructor
@AllArgsConstructor
@Builder
public class CouponInfo {

    private Long id;

    private Long templateId;

    private Long userId;

    private Long shopId;

    private Integer status;

    private TemplateInfo template;

}
```

上述 lombok 代码的运行效果如下：

- Data 注释：产生所有属性（field）的 getter、setter、toString、equals、hashcode 方法和一个构造函数。这个构造函数支持两种属性，一种是 final 修饰的属性，另一种是非 final 修饰但标有@NonNull 的属性。
- NoArgsConstructor 和 AllArgsConstructor 注释：顾名思义，就是各自产生一个无参数构造函数和一个全参数构造函数。此外，lombok 还提供各种构造函数的注释。
- Builder 注释：与 Data 不同，这是建造者（Builder）模式的一种实现方式。任何 class 只要添加了 lombok 的 Builder 注释，那么调用者在使用该 class 时，就可以按照建造者模式来构造此 class 的对象。

此外，lombok 还提供了大量的代码最佳实践。比如 Spring 框架一般都推荐采用 unchecked exception 的方式来构建代码，但是在 JDK 中仍然存在大量的 checked exception，解决此问题的较好方式是捕捉 checked exception，再将其转化为 runtime exception，从而无需逐层捕获异常。未使用 lombok 时的代码如下所示：

```
public URL buildUsersApiUrl() {
    try {
        return new URL("https://broadview.com/users");
    } catch (MalformedURLException ex) {
        // Malformed? Really?
        throw new RuntimeException(ex);
    }
}
```

虽然可以达到捕获异常的目的，但是代码不够简洁、优雅。如果使用 lombok 的 @SneakyThrows 注解，则代码会简洁许多，示例如下：

```
@SneakyThrows
public URL buildUsersApiUrl() {
    return new URL("https:// broadview.com/users");
}
```

事实上，lombok 提供了非常多的功能来简化代码，笔者在本书中只演示了上述功能，更多的 lombok 功能请读者自己学习。

请注意，在引入 lombok 之后必须在 IDE 中安装相应的插件，否则将无法编译和运行含有 lombok 注释的代码。关于在 IDE 中安装 lombok 插件的过程，请读者自行研究。

3.2 项目运行打包

3.2.1 Spring Boot 项目编译打包

任何一个 Spring Boot 项目的 pom.xml 文件都存在一个特殊的插件——spring-boot-maven-plugin。插件声明代码如下：

```
<build>
    <plugins>
```

```
        <plugin>
            <groupId>org.springframework.boot</groupId>
            <artifactId>spring-boot-maven-plugin</artifactId>
            <version>2.3.4.RELEASE</version>
        </plugin>
    </plugins>
</build>
```

此插件主要提供了与 Spring Boot 相关的一些功能，本节主要使用 spring-boot:repackage 功能。假定该插件不存在（先注释掉上述代码），并选择 coupon-calculation-service 为测试项目。

进入该项目的根目录，运行 mvn package 命令，并查看 target 目录，输出内容如下所示：

```
drwxr-xr-x  4 test  110251424    128 Oct 12 16:25 classes
-rw-r--r--   1  test   110251424   13461  Oct  12  16:25  coupon-calculation-service-1.0-SNAPSHOT.jar
drwxr-xr-x  3 test  110251424     96 Oct 12 16:25 generated-sources
drwxr-xr-x  3 test  110251424     96 Oct 12 16:25 maven-archiver
drwxr-xr-x  3 test  110251424     96 Oct 12 16:25 maven-status
```

根据 target 目录下的内容可知，编译与打包都已经成功完成。如果直接使用 Java 命令运行前述步骤打包出的 jar 文件，则会导致启动失败。

根据以上测试可以得出结论，直接利用原始的 Maven 打包命令将无法得到可执行 jar 文件。而 Spring Boot 打包插件的目的就是将项目打包为可执行的 jar 文件。

然后，我们使用打包插件对项目进行打包（取消插件声明代码的注释），运行如下命令：

```
mvn spring-boot:repackage
```

此时，会出现一个错误：

```
[ERROR]  Failed  to  execute  goal  org.springframework.boot:spring-boot-maven-plugin:2.2.10.RELEASE:repackage  (default-cli)  on  project coupon-calculation-service: Execution default-cli of goal org.springframework.boot:spring-boot-maven-plugin:2.2.10.RELEASE:repackage failed: Source file must be provided
```

repackage goal 是专门用于打包 Spring Boot 项目的插件，为什么使用它也无法打包成功？这是因为上述代码中，repackage 是基于原始 jar 文件来产生 Spring Boot 可执行文件的，它并不具备直接从头构建 jar 的能力。因此，需要先利用 mvn 编译工具产生原始 jar

文件（即先运行 mvn package），再运行 repackage 构建可执行的 Spring Boot jar 文件。编译打包的完整命令如下：

```
mvn package spring-boot:repackage
```

执行命令完毕后，查看 target 目录，其内容如下所示：

```
drwxr-xr-x  4 test  110251424       128 Oct 12 16:25 classes
-rw-r--r--  1 test  110251424  21874070 Oct 12 16:41 coupon-calculation-
service-1.0-SNAPSHOT.jar
-rw-r--r--  1 test  110251424     13458 Oct 12 16:41 coupon-calculation-
service-1.0-SNAPSHOT.jar.original
drwxr-xr-x  3 test  110251424        96 Oct 12 16:25 generated-sources
drwxr-xr-x  3 test  110251424        96 Oct 12 16:25 maven-archiver
drwxr-xr-x  3 test  110251424        96 Oct 12 16:25 maven-status
```

上述目录中包含了一个名为 jar.original 的文件，此文件与第一次测试（无 plugin）编译出的 jar 文件大小相差无几（可近似为原生 jar），但通过插件打包出的 jar 文件大小却差别很大，而且可以直接运行。这就是 repackage 的功能，它基于原始 jar 文件，将运行期的依赖都打包进新的 jar 文件，并辅以相应措施，以此让新的 jar 文件可以直接运行。

事实上，repackage 是 Spring Boot plugin 的默认 goal，因此可以将打包命令简化为：

```
mvn package
```

这与完整命令是等效的。

3.2.2 运行 Spring Boot 项目

在了解了如何打包 Spring Boot 项目之后，Spring Boot 项目应当如何运行呢？运行一个 Spring Boot 项目的方法有很多种，本节将一一展示。

3.2.2.1 IDE 运行

在 IDE 中运行 Spring Boot 非常简单且直观，选择对应项目的 main class 直接运行即可。那么应当如何找到一个项目的 main class 呢？很简单，我们可以查看该项目的源代码，如果一个 class 上既有 SpringBootApplication 的注释，同时又有 main()方法，那么这个 class 就是该项目的 main class。以 coupon-calculation-service 为例，我们可以很方便地定位并运行其 main class，如图 3-2 所示。

但是，以这种默认的方式运行 Spring Boot 项目，将无法指定运行期参数（例如 profile），如果需要指定这些参数，应该如何操作呢？

在 IntelliJ 中，先选择 Run 菜单，再单击 Edit Configurations 选项卡，最后在编辑界面中选择要运行的 class，在 VM 参数中添加相应的 spring boot profile 参数或程序参数，如图 3-3 所示。

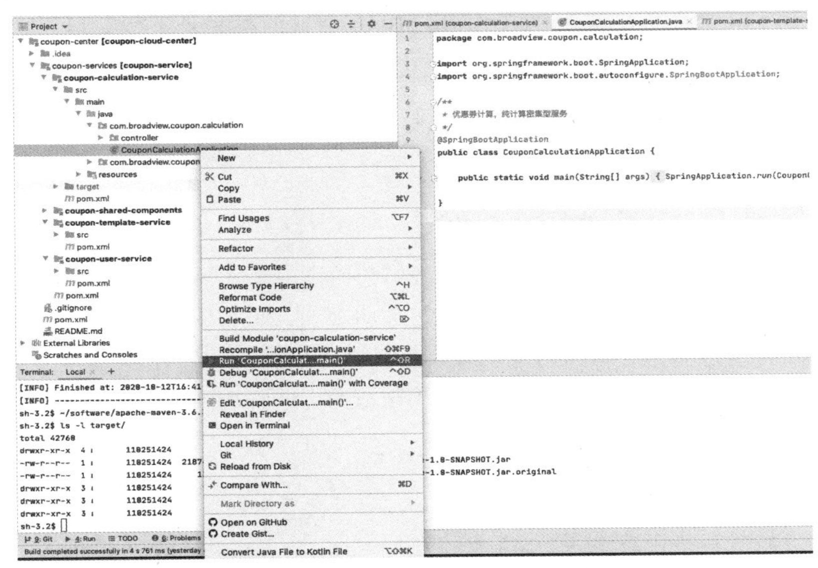

图 3-2　从 IDE 运行 Spring Boot

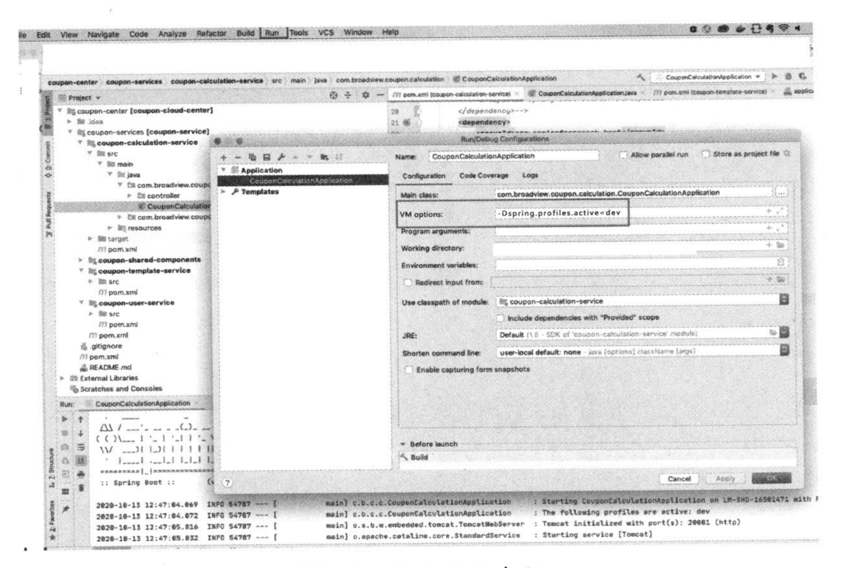

图 3-3　添加运行参数

3.2.2.2 Maven 运行

Spring Boot 项目也可以通过 Maven 直接运行，它的运行能力同样源自 Spring Boot 插件。要使用 Maven 运行项目，只需在 Spring Boot 项目的根目录下运行以下命令：

```
mvn spring-boot:run
```

指定 profile 并加上对应的 JVM 参数的命令如下：

```
mvn -Dspring.profiles.active=dev spring-boot:run
```

除此之外，还有一种 Maven 的运行方式，命令如下：

```
mvn spring-boot:start
```

如果仅考虑运行项目，那么二者并无明显区别，但实际效果却截然不同，spring-boot:run 是将项目作为一个可发布版本的形式运行，即此时针对该项目的任何操作都不被允许。因此，如果在开发过程中需要对程序进行不断的调整，那么推荐使用 spring-boot:start。

3.2.2.3 Java 运行

任何 Java 程序都可以通过 Java 命令来运行，基于 Spring Boot 的程序应当如何直接使用 Java 命令运行呢？在经过 Maven 编译打包之后，将在 target 目录下产生一个可执行 jar 文件，可以直接用 Java 命令运行该 jar 文件，命令如下：

```
java -jar coupon-calculation-service-1.0-SNAPSHOT.jar
```

3.3 Spring Boot 管理日志

3.3.1 日志框架

从系统设计者的角度评估系统，任何系统都应该被监控，否则该系统将会被定性为失控。因为一旦缺少了系统运行状况的日志，开发团队和运维团队都将无法搜索、统计和分析系统，并依此做出相关决策。

如果缺少必要的日志信息，那么当出现线上问题时，开发团队也无法判断该问题的严重性。例如电商网站客户打电话投诉无法下单，此时第一线的监控团队，必须知道系统是否有任何异常状况。虽然理论上说监控团队应该比用户更早收到系统警报，但监控系统难免会有所遗漏，此时监控团队迫切需要知道是系统的哪个部分出现了问题。

在现代的系统问题诊断过程中，第一步是查询系统的各种日志，这些日志可能来自操作系统、中间件或者应用本身。对排查问题最有帮助的是应用日志，应用日志由开发人员在应用程序中进行配置，选用哪种日志框架及如何输出日志，将会对系统性能和可维护性产生巨大的影响。

作为开发者，特别是初学者，常常会怀疑日志框架的作用，如要需要日志，直接执行 System.out.print 即可，为何需要日志框架？答案很简单，如果只是写 HelloWorld 程序或者简单的 demo 程序，System.out.print 就已经足够用。如果系统被部署到生产环境，并尽可能地为客户提供无间断服务，那么无论作为运维团队还是开发团队，都无法直接查看系统日志。除默认的控制台日志外，系统日志还需要按照不同格式输出到不同的存储目的地，而且这些日志需要被检索、被聚合、被备份，等等。这正是日志框架的功能所在。

本节将展示几种能与 Spring Boot 集成的主流日志框架，并逐一分析它们各自的优缺点。

目前 Java 生态中主流的日志框架（排除 JDK 自带的 Logger）是 Log4j2 和 Logback。另外一款开源软件 Slf4j 并不是一种新的日志框架，而是日志框架的一种门面模式实现（Facade），它以接口的形式出现，并以此方式将具体的日志实现从代码中屏蔽。利用这个方法，项目在更换日志的实现框架时就会相对容易些。此外，lombok 还提供了 Slf4j 的注释，更进一步简化了相关代码。

在一个项目中如果要使用日志框架，至少需要以下三部分：

- 日志框架的依赖项（通过 Maven 或 Gradle 引入）。
- 框架对应的配置文件。
- 遵循框架规范在代码中插入日志代码。

如果需要将日志写入文件，那么某些平台需要提前建立目录并设置正确的权限。

3.3.2 Log4J2

事实上，Log4j2 是 Log4j 的升级版，提供了更丰富的功能和更好的性能，而且从架构的角度将其 API 和实现划分为两个独立的 jar 包。因此，开发者既可以使用默认实现（log4j-core jar 包），也可以根据自身需求做定制化开发。

首先，引入 Log4j2 相关的依赖，实现代码如下：

```
<dependency>
    <groupId>org.apache.logging.log4j</groupId>
    <artifactId>log4j-api</artifactId>
    <version>2.13.3</version>
</dependency>
<dependency>
    <groupId>org.apache.logging.log4j</groupId>
    <artifactId>log4j-core</artifactId>
    <version>2.13.3</version>
</dependency>
```

如果需要配合 Slf4j 使用，还需引入 log4j-slf4j-impl 的依赖作为二者之间的桥梁，具体实现代码如下：

```
<dependency>
    <groupId>org.apache.logging.log4j</groupId>
    <artifactId>log4j-slf4j-impl</artifactId>
    <version>2.13.3</version>
</dependency>
```

其次，编辑 Log4j2 的配置文件，示例代码如下：

```
<Configuration status="info">
    <Appenders>
        <File name="FILE" fileName="app.log">
            <PatternLayout pattern="%d{HH:mm:ss.SSS} [%t] %-5level %logger{36}
- %msg%n"/>
        </File>
    </Appenders>
    <Loggers>
        <Logger name="org.hibernate.SQL" level="DEBUG">
            <AppenderRef ref="FILE"/>
        </Logger>
        <Logger name="org.hibernate.type.descriptor.sql" level="TRACE">
            <AppenderRef ref="FILE"/>
        </Logger>
        <Root level="info">
            <AppenderRef ref="FILE"/>
        </Root>
    </Loggers>
</Configuration>
```

然后，定义 Logger 对象。要在代码中使用 Log4j2，需要先获得 Logger 对象，通常会定义一个类的静态变量以供所有方法使用，示例代码如下：

```
private static Logger logger = LogManager.getLogger(TestService.class);
```

最后，按照业务所需使用 logger 输出各种日志即可，具体代码如下：

```
    logger.trace("trace log");
logger.debug("debug log ");
logger.info("info log ");
logger.warn("warn log ");
logger.error("error log ");
logger.fatal("fatal log ");
```

3.3.3 Logback

Logback 最初的设计目的是用作 Log4j 的替代者，其主要卖点是与 Log4j 相同的日志体系结构，但性能却比 Log4j（不是 Log4j2）高很多。

Logback 由三部分组成：第一部分是 Logback-core，它提供整个日志框架的核心功能；第二部分是 Logback-classic，它在 core 的基础之上扩展了更多功能，例如与 Slf4j 的集成；第三部分是 logback-access，它主要用于在 Servlet 容器中记录 HTTP 的访问日志。

由于 Logback-classic 是依赖于 Logback-core 的，所以在引入依赖时，只需要引入 Logback-classic 即可，具体代码如下：

```
<dependency>
    <groupId>ch.qos.logback</groupId>
    <artifactId>logback-classic</artifactId>
    <version>1.2.3</version>
</dependency>
```

Logback 的配置文件中需要指定日志文件名称、日志记录的保存格式、日志的打印级别等，具体代码如下：

```
<configuration>
    <appender name="FILE" class="ch.qos.logback.core.FileAppender">
        <file>app.log</file>
        <encoder>
            <pattern>%d{HH:mm:ss , SSS} %-5p [%c] - %m%n</pattern>
        </encoder>
    </appender>
```

```
    <logger name="org.hibernate.SQL" level="DEBUG" />
    <logger name="org.hibernate.type.descriptor.sql" level="TRACE" />
    <root level="info">
        <appender-ref ref="FILE" />
    </root>
</configuration>
```

要在应用代码中使用 Logback 进行日志输出，需要先获得 Logger 实例，具体代码如下：

```
private static final Logger logger = LoggerFactory.getLogger("com.test.Hello");
```

再按照需要输出各种日志，具体代码如下：

```
logger.debug("debug log.");
logger.info("info log.");
logger.error("error log.");
```

随着各种互联网服务的广泛使用及用户的海量增加，系统性能也越来越成为各大公司系统的瓶颈。正是出于这种考量，同一个开发者才会先后开发出 Log4J、Logback 和 Log4j2，以不断提高日志组件的性能，各大日志框架的性能指标也是架构师技术选型最重要的参考指标。图 3-4 是主流日志框架的性能对比。

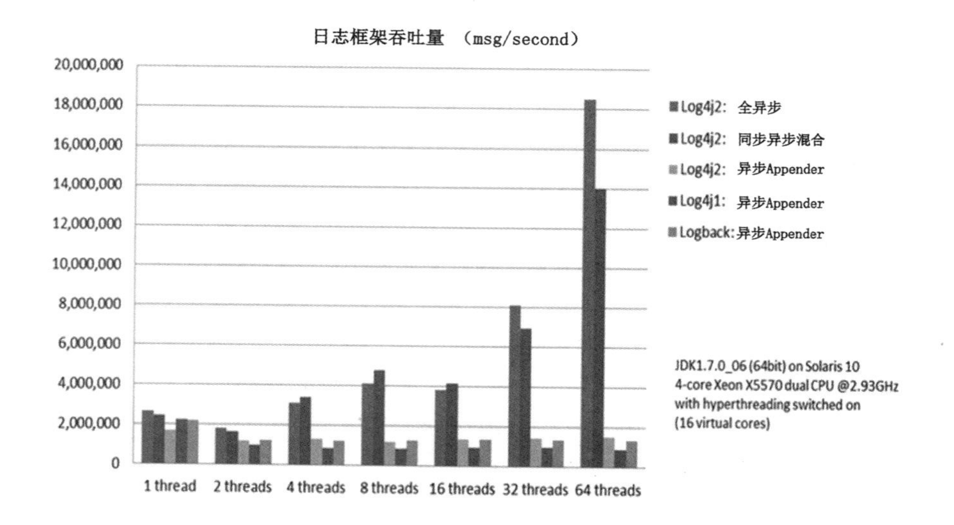

图 3-4　主流日志框架的性能对比

3.3.4　Slf4j

Slf4j 是 Simple Logging Facade for Java 的缩写，顾名思义，它为各种 Java 日志框架提供了统一门面接口，进而为应用提供了自由切换日志框架的能力。

Slf4j 的工作原理简单明了：在 API 层面，所有的类都被设计进 slf4j-api.jar，因此在系统启动的时候，Slf4j 会自动寻找当前系统绑定的日志框架，其绑定体系如图 3-5 所示。

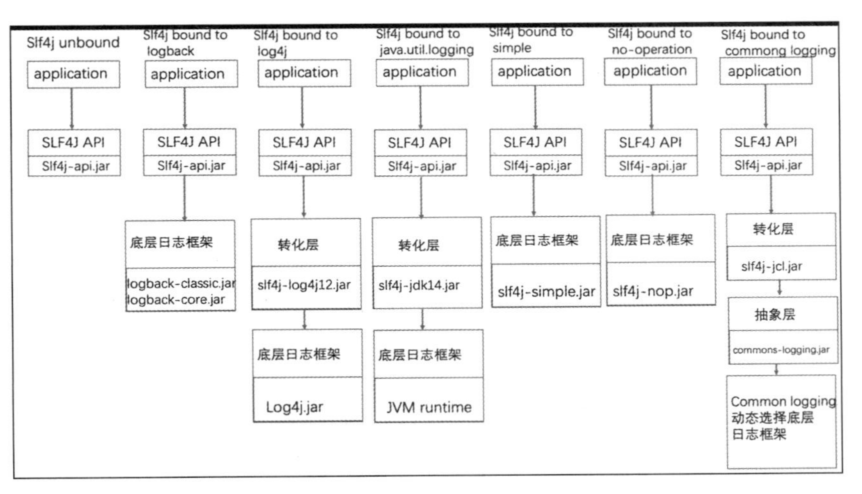

图 3-5　Slf4j 绑定体系

因此，在系统中只要按照要求引入对应的 Maven 依赖，再实现框架的配置，即可在系统中使用该日志框架。Slf4j 的 Logger 在代码中的定义方式如下：

```
private static Logger log = LoggerFactory.getLogger(myfile.class);
```

但此处的 Logger 是 Slf4j 提供的 Logger 类，不是 Spring Boot 日志框架的 Logger。

lombok 为简化所有 Logger 的取得方式提供了相应的注释，将@Slf4j 置于要使用 Slf4j 的类前面，在代码中直接引用 log 实例（log 实例是 lombok 生成的内置对象）即可，示例代码如下：

```
import lombok.extern.slf4j.Slf4j;
import org.springframework.boot.SpringApplication;
import org.springframework.boot.autoconfigure.SpringBootApplication;

@SpringBootApplication
@Slf4j
```

```
public class CouponCalculationApplication {

    public static void main(String[] args) {
     log.info("Spring Boot project is starting");
     SpringApplication.run(CouponCalculationApplication.class, args);
    }

}
```

此外，lombok 也提供了 Log4j、Log4j2 等日志框架的相应注释。

3.4 数据访问

尽管近年来 NoSQL 日渐成熟，并在众多互联网公司大放异彩，但是传统的关系型数据库仍然是很多核心系统不可动摇的基石，特别是在交易型系统中。笔者相信，关系型数据库仍然会长期存在并有着广泛的应用场景。本章将探讨 Spring 生态中如何访问关系型数据库。

3.4.1 访问关系型数据库

3.4.1.1 MySQL 简介

我们通过图 3-6 来了解一下截至 2021 年 7 月各大数据库的市场份额（数据来源：db-engines 网站的统计报表）。

373 systems in ranking, July 2021

Rank			DBMS	Database Model	Score		
Jul 2021	Jun 2021	Jul 2020			Jul 2021	Jun 2021	Jul 2020
1.	1.	1.	Oracle	Relational, Multi-model	1262.66	-8.28	-77.59
2.	2.	2.	MySQL	Relational, Multi-model	1228.38	+0.52	-40.13
3.	3.	3.	Microsoft SQL Server	Relational, Multi-model	981.95	-9.12	-77.77
4.	4.	4.	PostgreSQL	Relational, Multi-model	577.15	+8.64	+50.15
5.	5.	5.	MongoDB	Document, Multi-model	496.16	+7.95	+52.68
6.	↑7.	↑8.	Redis	Key-value, Multi-model	168.31	+3.06	+18.26
7.	↓6.	↓6.	IBM Db2	Relational, Multi-model	165.15	-1.88	+1.99
8.	8.	↓7.	Elasticsearch	Search engine, Multi-model	155.76	+1.05	+4.17
9.	9.	9.	SQLite	Relational	130.20	-0.33	+2.75
10.	↑11.	10.	Cassandra	Wide column	114.00	-0.11	-7.08

图 3-6　2021 年各大数据库的市场份额

由图 3-6 可见，在目前的开源数据库中，市场份额最大的是 MySQL（排名第一的 Oracle 是商用数据库）。

MySQL 最被外界看重和津津乐道的是其功能强大的存储引擎，MySQL 官方支持以下存储引擎：

- InnoDB
- MyISAM
- Memory
- CSV
- Merge
- Archive
- Federated
- Blackhole
- Example

市面上应用最多的引擎是 InnoDB，因为它是 MySQL 体系中唯一支持 ACID 事务的存储引擎。从 5.5.8 版本开始，InnoDB 成为 MySQL 默认的存储引擎，它具有如下特性：

- InnoDB 存储引擎支持事务，其特点是行锁设计、支持事务、支持非锁定读。
- InnoDB 使用多版本并发控制（MVCC）来获得并发性。
- InnoDB 实现了 SQL 的四种隔离级别，默认是 REPEATABLE。
- InnoDB 使用 next-key-locking 策略来避免幻读现象的产生。
- InnoDB 还提供了插入缓存、二次写、自适应哈希索引、预读等高性能和高可用功能。

虽然 InnoDB 不支持全文索引，但另外一项特性让它获得了更多的 DBA 团队的认可，那就是回滚及系统崩溃修复。InnoDB 支持自增长的列，这对有主键约束的系统设计来说是不可或缺的功能。

MySQL 体系里另外一个相对主流的存储引擎是 MyISAM，它也是 MySQL 早期版本中默认的存储引擎，它在数据查询场景下的性能十分优秀，但是不支持事务，也不支持行锁定，只支持整表锁定。MyISAM 在同一个数据库表上的读锁和写锁是互斥的，在并发读写时，如果等待队列中既有读请求又有写请求，那么默认情况下写请求的优先级更高。MyISAM 不适合于有大量查询和修改并存的情况，在此种情形下，查询进程会长时间阻塞。

3.4.1.2 安装 MySQL

以 macOS 为例，笔者将展示如何安装 MySQL。

第一步是从 MySQL 官网下载所需安装包，网站会要求用户提供 Oracle 官网的账号和密码，请提前准备。MySQL 的下载界面如图 3-7 所示（不建议读者从非 MySQL 官网以外的渠道下载安装包）。

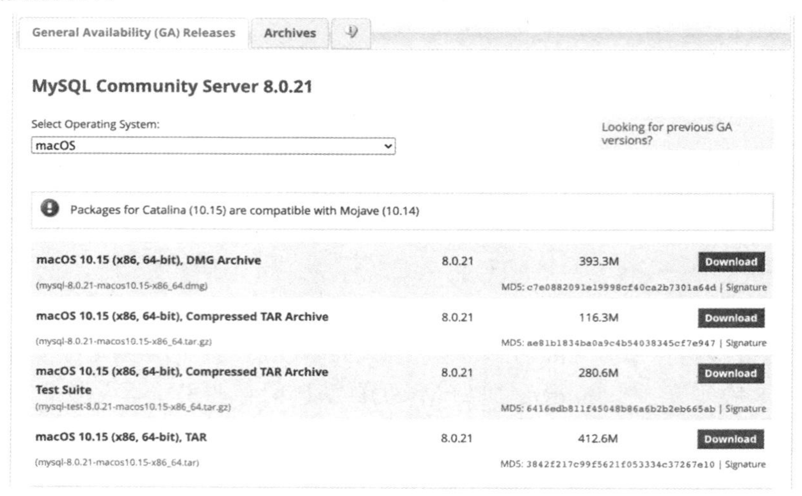

图 3-7 MySQL 下载界面

（1）请读者根据当前使用的操作系统下载相应版本的安装包，笔者此处选择 macOS 10.15(x86,64-bit)、DMG Archive。下载成功之后，下载目录下会有一个类似 mysql-8.0.21-macos10.15-x86_64.dmg（根据下载的版本和操作系统，此文件名有所不同）的文件名。

（2）双击下载的文件，解压出原文件 mysql-8.0.21-macos10.15-x86_64.pkg，此为最终安装文件。

（3）双击上述 pkg 文件，出现如图 3-8 所示的界面，单击 Continue 按钮，进入 License 界面。

（4）单击 Continue 按钮，会弹出安装许可页面，如图 3-9 所示，此时单击 Agree 按钮。

（5）下面选择安装路径，如无特殊原因直接使用默认路径，如图 3-10 所示，单击 Install 按钮。

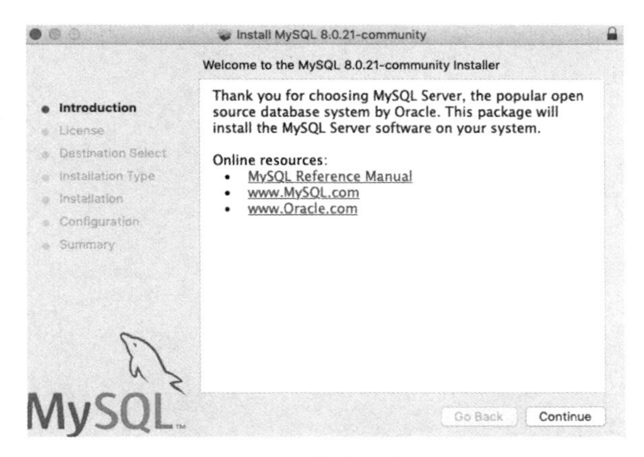

图 3-8　安装界面起始页

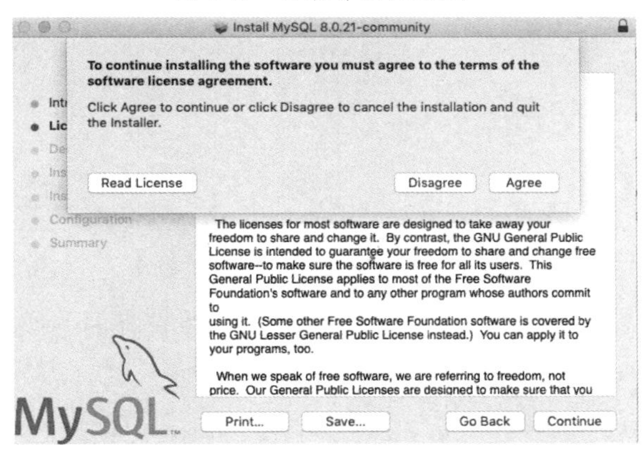

图 3-9　安装许可页面

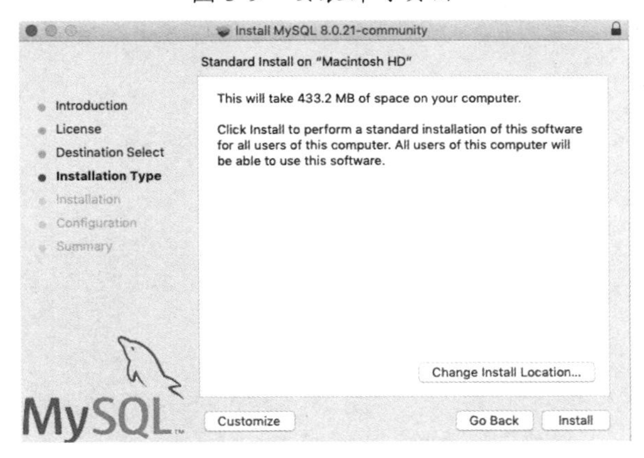

图 3-10　安装路径选择

（6）单击 Install 按钮，会弹出安装的权限对话框，如图 3-11 所示，按照要求输入 admin 账号和密码。

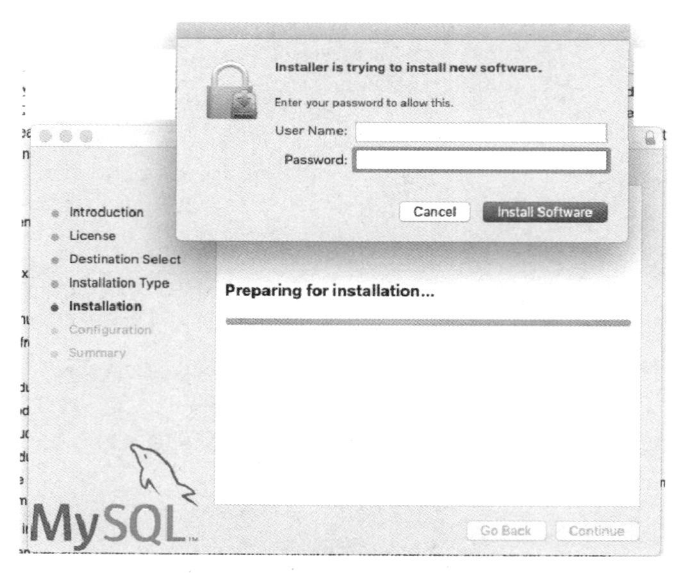

图 3-11　MySQL 密码设定

（7）单击 Install Software 按钮，将出现选择安装组件界面，如图 3-12 所示（不同版本可能有差异），MySQL Server 是必选项。

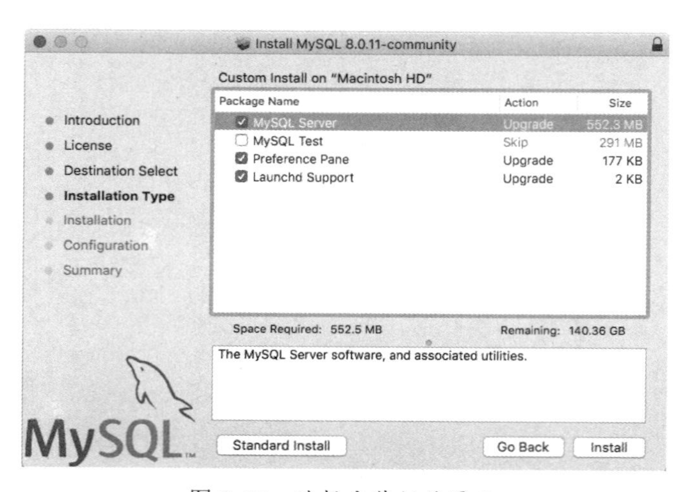

图 3-12　选择安装组件界面

（8）随后的配置界面如图 3-13 所示，在此选择加密方式。

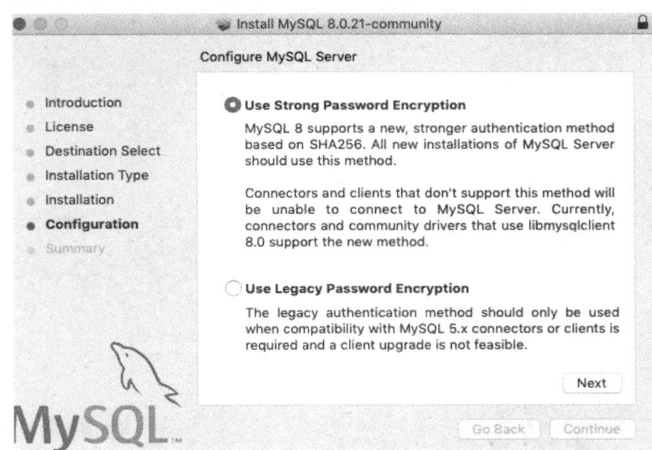

图 3-13　加密方式选择

MySQL 8 默认的加密方式是 SHA256，但如果用户因为某些原因需要使用早前的加密方式 mysql_native_password，则只能在此界面修改。然后单击 Next 按钮，设置管理员账户（root）的密码，不管是测试用途还是生产用途都建议使用强密码（包含数字、大小写字母和特殊字符，且至少 8 位以上），输入密码后单击 Finish 按钮，如图 3-14 所示。如果勾选了 Start MySQL Server once the installation is complete，则在安装完毕之后，MySQL 会自动运行，否则需要人工启动 MySQL。

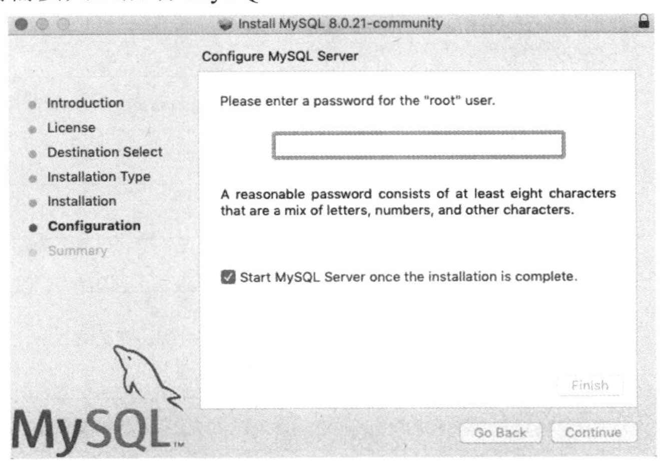

图 3-14　输入 MySQL 密码

安装完毕之后，如果一切顺利将会呈现安装成功界面，如图 3-15 所示，单击 Close 按钮，结束整个安装流程。

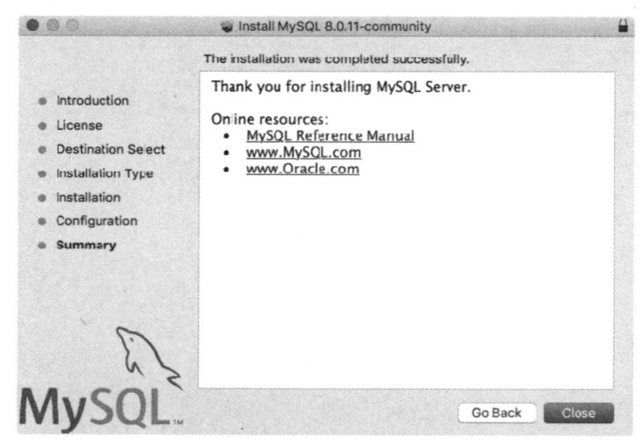

图 3-15 安装成功界面

在默认安装方式下，MySQL 会被安装到/usr/local 目录下（如 macOS）。查看/usr/local 目录，会有两个与 MySQL 相关的目录：mysql 目录和 mysql-8.0.21-macos10.15-x86_64 目录。mysql-8.0.21-macos10.15-x86_64 目录之下存在众多子目录。表 3-1 描述了 MySQL 子目录的用途。

表 3-1 MySQL 子目录的用途

目录	内容
bin	MySQL 服务、客户端和各种工具程序
data	日志文件，databases 数据存储，/usr/local/mysql/data/mysqld.local.err 是默认错误日志
docs	帮助文档
include	Include（头）文件
lib	Libraries
man	UNIX 操作手册
mysql-test	MySQL 测试组件
share	其他支持文件，包括错误消息、示例配置文件、用于数据库安装的 SQL
support-files	各种脚本和实例配置文件
/tmp/mysql.sock	MySQL 的 UNIX Socket 路径

安装完成之后，我们接下来简单体验一下 MySQL 的功能。从命令行界面进入 bin 目录，运行以下命令：

```
./mysql -h localhost -P 3306 -u root -p
```

在上面这条命令里，mysql 是 MySQL 的客户端命令工具，-h 是用于指定要连接的 MySQL 服务器地址，在本例中就是 localhost，-P（大写）用于指定服务端口号，默认的 MySQL 端口号为 3306，-u 就是用户名，此处我们使用 root 作为用户名，-p（小写）用于输入密码（可以选择直接输入密码，也可以只写-p，然后按回车键，等待密码提示，再输入密码）。

由于 localhost 和 3306 都是默认参数，所以前例也可以简化为如下命令：

```
./mysql -u root -p
```

MySQL 安装完成，应用就可以将其作为关系型数据使用。更多的 MySQL 功能请读者自行探索。

3.4.1.3 ORM

众所周知，Java 是一门面向对象的语言（OOP），传统的关系型数据库都以 SQL 为主要操作语言（由于本书的关注点是 Spring 生态，所以 SQL 的相关基础知识请读者自行学习）。SQL 是一种声明式编程语言，这二者似乎不存在直接使用的可能性，那么 Java 应用将如何访问数据库并操作数据呢？

下面，我们从 JDBC 开始了解 Java 访问数据库的知识结构体系，JDBC 是数据库框架（如 Hibernate 和 MyBatis）与底层物理数据库之前的通信桥梁。

1. JDBC

JDBC 即 Java Database Connective，它是 Java 的一组语言规范，利用 API 连接数据库并执行 SQL。JDBC 使用 JDBC Driver 进行数据库通信，各大数据库厂商都提供了可以适配自家数据库产品的 JDBC Driver（驱动）程序，这种驱动程序必须符合 Java 语言的相关规范。开发者只需通过标准 JDBC 接口就可以操作不同的数据库，JDBC 的作用如图 3-16 所示。

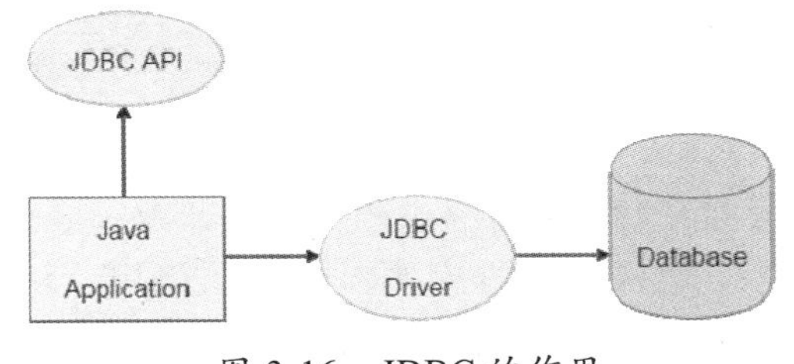

图 3-16 JDBC 的作用

在创作此书时，最新的 JDBC 版本是 4.3，其主要功能是使用 X/Open SQL 的接口来进行 API 设计，核心类位于 java.sql 和 javax.sql 之下，主要包含以下接口：

- Driver interface
- Connection interface
- Statement interface
- PreparedStatement interface
- CallableStatement interface
- ResultSet interface
- ResultSetMetaData interface
- DatabaseMetaData interface
- RowSet interface

JDBC Driver 是 JDBC 接口的实现，常用的 JDBC Driver 主要有以下几类。

（1）JDBC-ODBC Bridge Driver

在 JDBC-ODBC Bridge Driver（JDBC-ODBC 桥接驱动）这种驱动模式下，其底层使用 ODBC 实现，工作原理如图 3-17 所示，虽然在 Java 的早期版本中，这种 Driver 应用较为广泛，但是在 Java 8 之后，这种 Bridge Driver 已经被删除，如果没有特殊原因，尽量不要使用该 Driver。

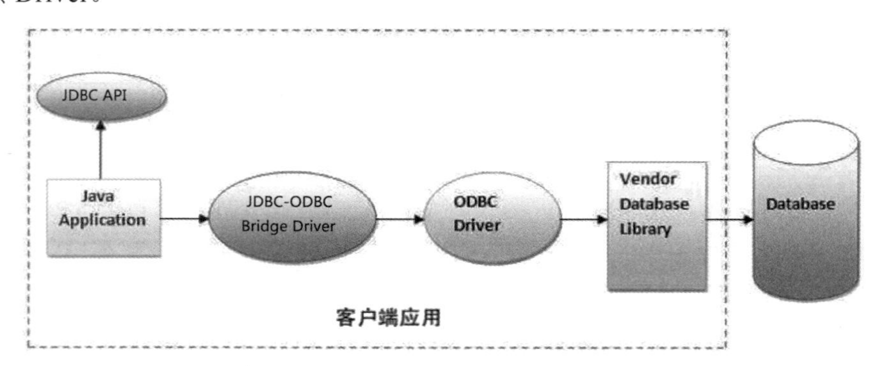

图 3-17　JDBC-ODBC Bridge Driver 工作原理

（2）Native Driver

Native Driver 使用数据库开发商自身提供的类库（即 Vendor Database Library），它的主要作用是将 JDBC 方法调用转化为数据库的本地 API 调用，Native Driver 并非纯 Java 程序，而是混合了 Java 和操作系统相关的 Native Driver，其工作原理如图 3-18 所示。

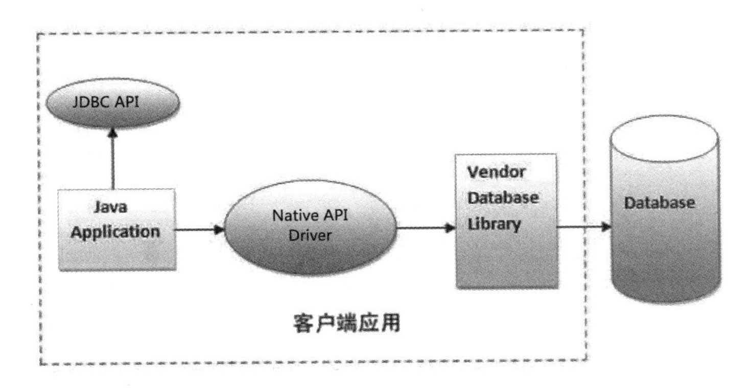

图 3-18　Native Driver 工作原理

（3）Network Protocol Driver

Network Protocol Driver（网络协议驱动）利用中间件（一般是应用服务器，比如 Tomcat、JBoss）将 JDBC 的方法调用转化为数据库协议，其工作原理如图 3-19 所示。这种驱动由于引入了更多的依赖，而且是和中间件强绑定的，所以不建议读者选择这种驱动。

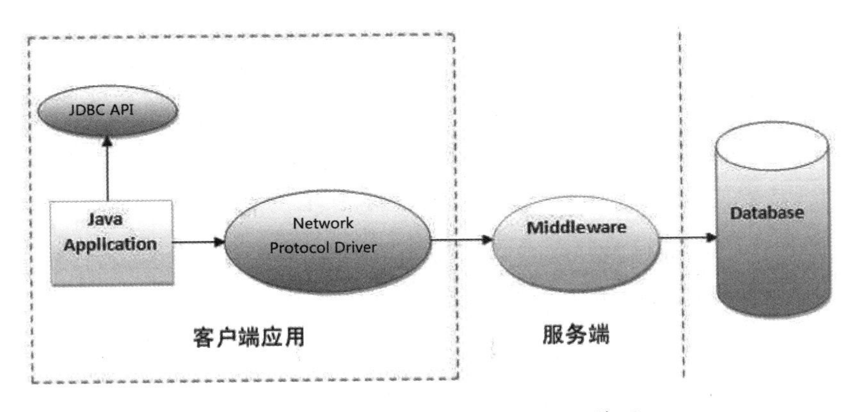

图 3-19　Network Protocol Driver 工作原理

（4）Thin Driver

Thin Driver（瘦客户驱动）直接将 JDBC 的方法调用转化为对应的数据库专有协议，如图 3-20 所示，它可以保持自己的代码相对精简，在性能方面比较突出，而且是使用纯 Java 代码编写的，也是目前最主流的一类 JDBC 驱动。

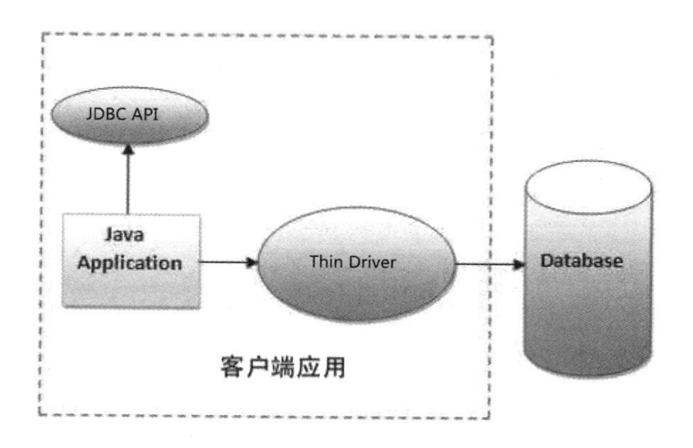

图 3-20　Thin Driver 工作原理

在了解了 JDBC 相关的基础知识之后，那么在项目中应该如何使用 JDBC 访问数据库呢？整个过程可以分为以下五个步骤。

（1）注册驱动程序

驱动程序的注册过程，代码如下：

```
Class.forName("com.mysql.jdbc.Driver");
```

（2）建立连接

要建立数据库连接，首先需要配置 JDBC connection URL，它的标准格式如下：

```
protocol//[hosts][/database][?properties]
```

protocol：使用何种协议，此处选择标准的 MySQL 协议 jdbc:mysql。

hosts：数据库的地址和端口，测试服务器就是 localhost:3306。

database：指数据库的实例名，此处为 testdb。

综上，建立连接的代码如下：

```
Connection con=DriverManager.getConnection(
"jdbc:mysql://localhost:3306/testdb", "root", "password");
```

root 和 password 分别代表数据库的用户名和密码。

（3）创建声明

声明（Statement）的创建代码如下：

```
Statement stmt=con.createStatement();
```

Statement 是接下来执行 SQL 的对象。

（4）执行数据库查询

数据库查询代码示例如下：

```
ResultSet rs=stmt.executeQuery("select * from users");
```

（5）关闭连接

不管是否使用连接池，都要关闭 connection，代码如下：

```
con.close();
```

以上五个步骤虽然简单，却是一切高级 ORM 框架的基础，无论 ORM 框架中的功能如何复杂，最终在与数据库通信时都会被转化成以上（或近似）的五个步骤。ORM 框架的作用就是让开发者无需直接使用 JDBC，而是以更加面向对象的方式来操作数据库。通过这种方式，开发者可以更专注于业务逻辑。

2. Hibernate

对于 JDBC 开发方式，其步骤虽然简单，但开发人员必须在程序中编写大量的 SQL 语句。从 Java 开发者的角度审阅 JDBC 代码，这些代码完全不符合面向对象的思想。理论上，所有的业务逻辑都应该通过操作 Java 对象来实现，而非通过操作 SQL 语句来实现。而且，如果使用 JDBC 解决特别复杂的业务需求，将会产生以下后果：

（1）开发者的精力都将用于编写各种 SQL 脚本，而 SQL 语法不符合面向对象的设计原则。

（2）Java 程序员的 SQL 水平各不相同，要维护复杂的 SQL 程序，将会引入额外的复杂度，如果能以操作对象的方式来操作数据库，则整个系统将更加符合面向对象的标准。

为了解决上述问题，ORM（Object Relationship Mapping，对象关系映射）的概念应运而生。ORM 的主要功能是管理映射（此处的映射是指对象和数据库表之间的映射），即将 Java 对象上的操作反映到数据库表中。

ORM 框架包括但不限于以下功能：

- 一组 API 支持持久化对象的 CRUD（增删改查）。
- 一种语法或 API 可以操作对象及其属性来执行 Query。
- 一种能定义对象和表之间的映射的机制。
- 事务控制。

在 Java 生态里 ORM 框架的先驱者是 Gavin King，他在 2001 年创建了 Hibernate ORM，Hibernate ORM 主要由以下组件组成：

（1）实体（Entities）：Java 类（普通 Java 对象）多为 POJO 类，是 Hibernate 中映射到关系型数据库系统的表。

（2）对象-关系元数据（Object-Relational metadata）：实体和关系型数据库的映射信息，可以通过注解（Java 1.5 开始支持）来实现，或者使用传统的基于 XML 的配置文件。这些配置信息用于将 Java 对象的方法调用转化为 HQL 或 SQL。

（3）Hibernate 查询语言（HQL）：使用 Hibernate 时，发送到数据库的查询，不必是原开发人员可以使用 Hibernate 专有的查询语言进行 CRUD 操作。HQL 语句会被翻译成数据库方言（此处方言指某数据库专用的语法）。因此，HQL 的语法是独立于特定数据库开发商的。Hibernate ORM 在系统架构中的主要作用如图 3-21 所示。

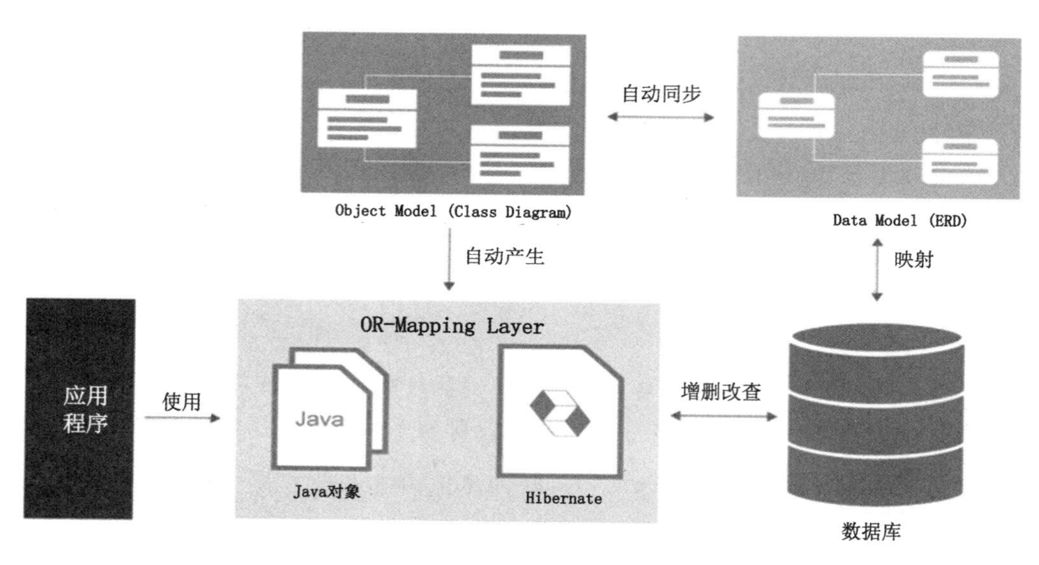

图 3-21　Hibernate ORM 在系统架构中的主要作用

Hibernate ORM 主要通过两种文件定义对象和数据的关系，mapping file 和 config file。

Hibernate mapping file 用于定义 Java 类和数据库表的映射关系，现在基本被注释替代，在本书中（配合 lombok 的注释使用）的相关代码如下：

```
@Data
@NoArgsConstructor
@AllArgsConstructor
@Entity
@Builder
```

```
@EntityListeners(AuditingEntityListener.class)
@Table(name = "coupon_template")
public class CouponTemplate implements Serializable {

    @Id
    @GeneratedValue(strategy = GenerationType.IDENTITY)
    @Column(name = "id", nullable = false)
    private Long id;

    @Column(name = "available", nullable = false)
    private Boolean available;

    @Column(name = "expired", nullable = false)
    private Boolean expired;

//此处省略部分代码

    @CreatedDate
    @Column(name = "created_time", nullable = false)
    private Date createdTime;

    @Column(name = "rule", nullable = false)
    @Convert(converter = RuleConverter.class)
    private CalculationRule rule;

}
```

Hibernate config file 用于描述应用如何连接数据库。在非 Spring Boot 应用中，config file 是通过 XML 文件定义的，但是在 Spring Boot 项目中，相关配置会简化很多，详情请参见 3.4.1.5 节。

熟悉了基础概念和配置，再探究 Hibernate 的架构，有利于更深入地了解整个框架的运行原理，Hibernate 架构如图 3-22 所示，其中四个主要组件说明如下。

（1）Session

Session 为应用程序提供了访问数据库的接口，本质上它是 JDBC connection 的封装，并提供了对应的 CRUD 接口。同时，它还提供 Transaction、Query 和 Criteria 的创建方法，它也是一级缓存的存放地。

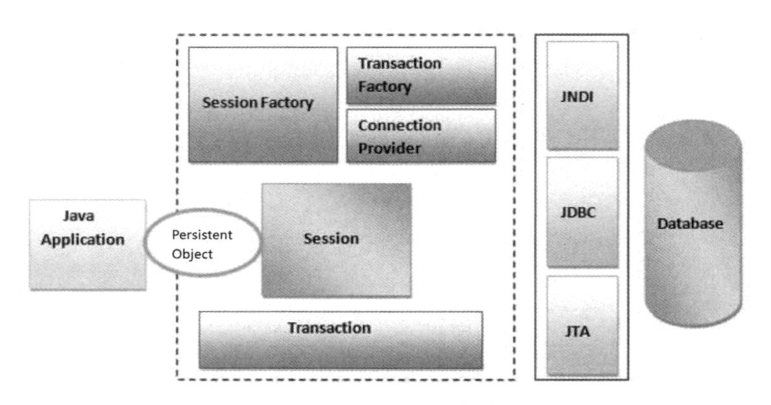

图 3-22　Hibernate 架构图

（2）Session Factory

顾名思义，就是创建 Session 的工厂类（factory 模式的实现），同时它也是二级缓存的存放地。

（3）Transaction

主要用于提供事务相关的操作接口。

（4）Transaction Factory

Transaction 的工厂类。

数据库表之间的关系是 ORM 框架中最重要的元素之一，在 ORM 框架中它被表达为对象与对象的关系，在 Hibernate 中支持以下关系类型：

（1）一对一

在面向对象的世界里，如果关联的双方有且只有一个实例参与到关联中，那么这种关系就是一对一的关系，如图 3-23 所示。

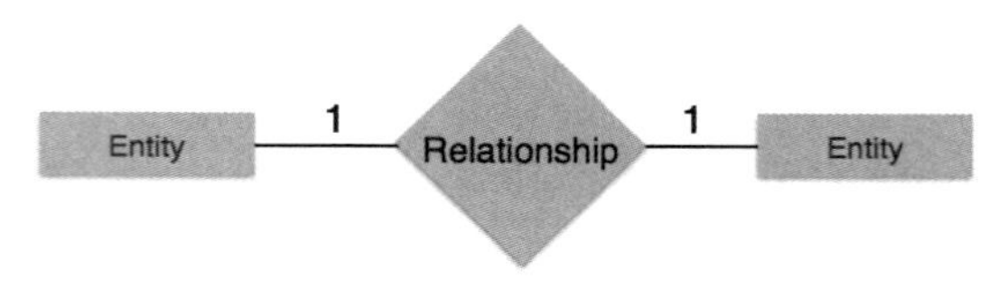

图 3-23　一对一关系

在现实世界中有很多一对一的关系，比如一所公寓只能有一个地址、一张 SIM 卡只有一个电话号码，等等。在 Hibernate 中，可以用@OneToOne 的注解来定义这种关系，具体实现代码如下：

```
@Entity
@Table(name="apartment")
public class Apartment {

    @Id
    @GeneratedValue(strategy=GenerationType.AUTO)
    @PrimaryKeyJoinColumn
    private int apartmentId;

    @OneToOne(targetEntity = Address.class, cascade = CascadeType.ALL)
    private Address address;

}

@Entity
@Table(name="address")
public class Address {

    @Id
    @GeneratedValue(strategy=GenerationType.AUTO)
    private int addressId;

    @OneToOne(targetEntity = Apartment.class)
    private Apartment apartment;

}
```

（2）一对多

在面向对象的世界里，如果参与管理关系的一方只有一个实例，但是另外一方却有很多个实例，那么这就是一对多关系，如图 3-24 所示。

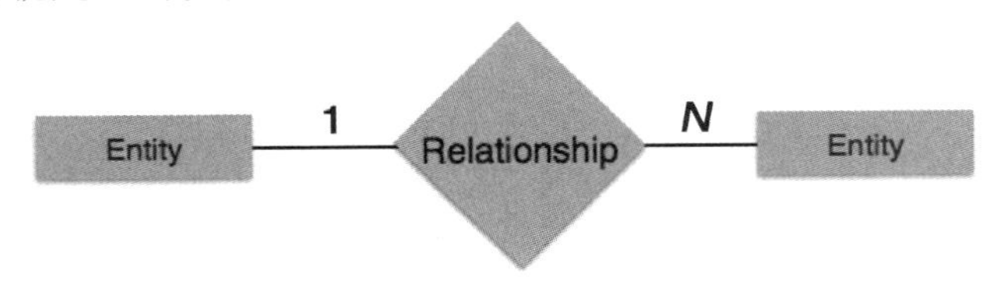

图 3-24　一对多关系

在现实世界中一个公司可以有很多员工，一个人可以拥有很多手机，都可以用@OneToMany 的注解来表达，具体实现代码如下：

```
@Entity
```

```
@Table(name="question")
public class Question {

    @Id
    @GeneratedValue(strategy = GenerationType.TABLE)
    private int id;


    @OneToMany(cascade = CascadeType.ALL)
    @JoinColumn(name = "qid")
    private List<Answer> answers;
}
```

（3）多对多

在面向对象的世界里如果关联关系的双方都可以有很多个实例，那么这种情况就是多对多，如图 3-25 所示。

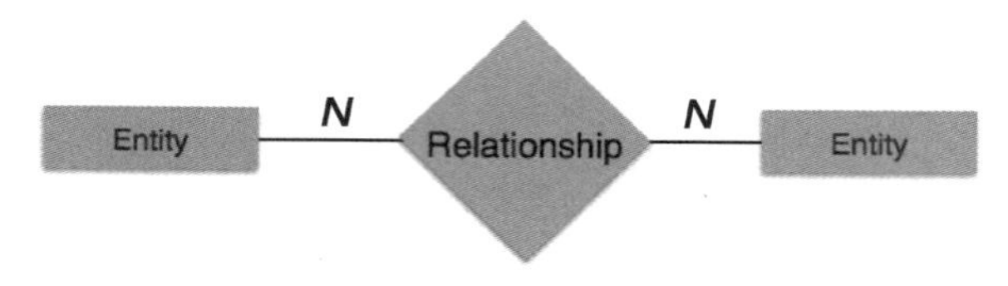

图 3-25　多对多关系

在现实世界中，一个人可以加入很多组，一个组也可以有很多人，这就是典型的多对多关系。在数据库设计层面通常使用一张中间表（关系表）来表达多对多的关系，具体实现代码如下：

```
@Entity
@Table(name="qustion")
public class Question {
    @Id
    @GeneratedValue(strategy = GenerationType.AUTO)
    private int id;

    @ManyToMany(targetEntity = Answer.class, cascade = {CascadeType.ALL})
    @JoinTable(name = "QAnswers",
            joinColumns = {@JoinColumn(name = "q_id")},
            inverseJoinColumns = {@JoinColumn(name = "ans_id")})
    private List<Answer> answers;
}
```

使用 Hibernate 访问数据库和操作数据对象的方式与使用 JDBC 大同小异，具体代码如下：

```
SessionFactory factory= new Configuration().configure().buildSessionFactory();
Session session = factory.openSession();
Transaction tx = null;
Integer employeeID = null;
try {
    tx = session.beginTransaction();
    Employee employee = new Employee(fname, lname, salary);
    employeeID = (Integer) session.save(employee);
    tx.commit();
} catch (HibernateException e) {
    if (tx!=null)
        tx.rollback();
}
finally {
    session.close();
}
```

其基本步骤与直接使用 JDBC 访问数据代码非常相似，因为二者的目的及秉承的思想都是一致的，即“为开发者提供更方便的数据库访问层”。

在实际项目中，很少直接使用 Hibernate 操作数据库，大都采用与 Spring 集成的方式，以使代码整洁的同时降低开发复杂度。笔者以 Spring 5 和 Hibernate 5 集成为例，演示二者是如何进行集成的。

首先引入相关依赖，具体代码如下：

```
    <dependency>
        <groupId>org.hibernate</groupId>
        <artifactId>hibernate-core</artifactId>
        <version>5.4.2.Final</version>
    </dependency>

    <dependency>
        <groupId>org.springframework</groupId>
        <artifactId>spring-orm</artifactId>
        <version>5.1.6.RELEASE</version>
    </dependency>

    <dependency>
```

```
    <groupId>mysql</groupId>
    <artifactId>mysql-connector-java</artifactId>
    <version>8.0.12</version>
    <scope>runtime</scope>
</dependency>
```

然后，将 Hibernate 与 Spring 进行集成，具体代码如下：

```
@Configuration
@EnableTransactionManagement
public class HibernateConf {

    @Bean
    public LocalSessionFactoryBean sessionFactory() {
        LocalSessionFactoryBean sessionFactory = new LocalSessionFactoryBean();
        sessionFactory.setDataSource(dataSource());
        sessionFactory.setPackagesToScan(
                {"com.broadview.coupon" });
        sessionFactory.setHibernateProperties(hibernateProperties());

        return sessionFactory;
    }

    @Bean
    public DataSource dataSource() {
        BasicDataSource dataSource = new BasicDataSource();
        dataSource.setDriverClassName("com.mysql.jdbc.Driver");
        dataSource.setUrl("jdbc:mysql://localhost:3306/testdb");
        dataSource.setUsername("root");
        dataSource.setPassword("password");

        return dataSource;
    }

    @Bean
    public PlatformTransactionManager hibernateTransactionManager() {
        HibernateTransactionManager transactionManager
                = new HibernateTransactionManager();
        transactionManager.setSessionFactory(sessionFactory().getObject());
        return transactionManager;
    }
```

```
    private final Properties hibernateProperties() {
        Properties hibernateProperties = new Properties();
        hibernateProperties.setProperty(
                "hibernate.hbm2ddl.auto","create-drop");
        hibernateProperties.setProperty(
                "hibernate.dialect","org.hibernate.dialect.MySQLDialect");

        return hibernateProperties;
    }
}
```

最后，在需要使用 Hibernate 的场景下，采用下列方式操作数据库：

```
@Service
class MyService{

    @Autowired
    private SessionFactory sessionFactory ;

    @Transactional
    public int saveMyObj(){
      //相关使用代码
    }

}
```

3.4.1.4　事务管理

现代的 ORM 框架对事务的支持是标准功能，在各种业务系统中，事务的控制更是必不可少的，因为通过事务开发者可以较为容易地保证数据的一致性，这一节主要介绍事务相关知识。

1. 什么是事务

Java 应用程序的事务是指一种保证单一数据库操作数据一致性的机制，它可以抽象地定义为一组连续的数据库读写操作，要么都成功要么都失败，不能部分成功或部分失败，如图 3-26 所示。

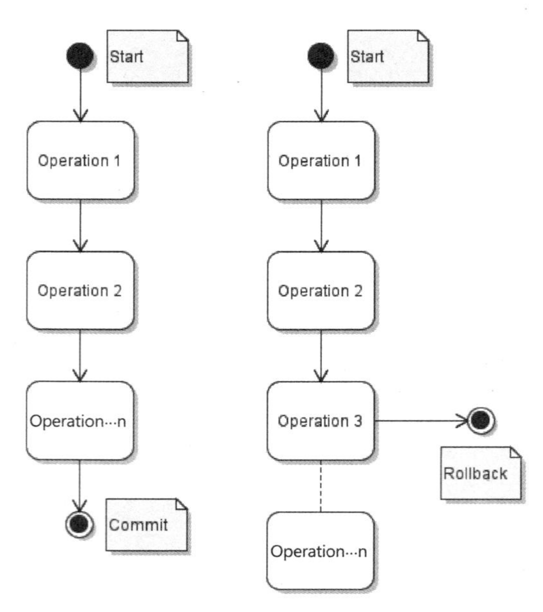

图 3-26　事务的含义

在关系型数据库中，每个 SQL 语句都必须在一个事务的范围内执行。如果未对事务边界进行定义，那么数据库就会为每次数据库操作自行加上一个事务，事务开始于 SQL 执行之前，结束于 SQL 执行完毕之后，数据库事务可以被提交或者回滚。

要完整地了解事务的相关知识，首先要了解事务最重要的特征 ACID。

- Atomicity，原子性

原子性是指事务将多个操作当作一个完整的工作单元，只有在该单元内的所有操作全部成功的时候，事务才会成功，单无内的任何一个操作失败都将导致整体事务失败，该单元的所有操作将全部回滚。

- Consistency，一致性

一致性是指在每一次的事务提交中，数据库的所有约束都要被强制遵循且不可违背，这些约束包括各种唯一主键约束和数据类型等。

- Isolation，隔离性

隔离性用于保证并发进行的多个事务，其最后执行完毕的结果与顺序执行相同。常见的一种做法就是控制并行事务之间的数据互相可见性。

- Durability，持久性

持久性要求一个成功的事务必须永久记录数据的改变，并且这些变化要被记录于一个持久化的事务日志中，如果系统发生异常崩溃了，可以根据持久化日志中记录的操作日志进行恢复。

2. 事务的隔离级别

事务的一大特征是具有隔离性，以此来保证事务在并发时的数据一致性。根据标准 SQL 规范，将并发事务的并发控制划分为不同级别，并称之为事务隔离级别。标准的隔离级别有如下四级：

- READ_UNCOMMITTED。
- READ_COMMITTED。
- REPEATABLE_READ。
- SERIALIZABLE。

事务的隔离级别是为了控制事务与事务之间数据的可见性和一致性，对并行事务的一种严格定义。在讲解事务隔离级别之前，我们需要先了解数据一致性相关的三个定义。

（1）脏读

如图 3-27 所示，脏读（Dirty Read）就是当前事务可以读取其他正在进行的事务中未提交（Uncommitted）的数据变化，当多个事务并行执行时，需要通过数据库读写锁来控制多个事务对同一个数据库资源的并发访问。

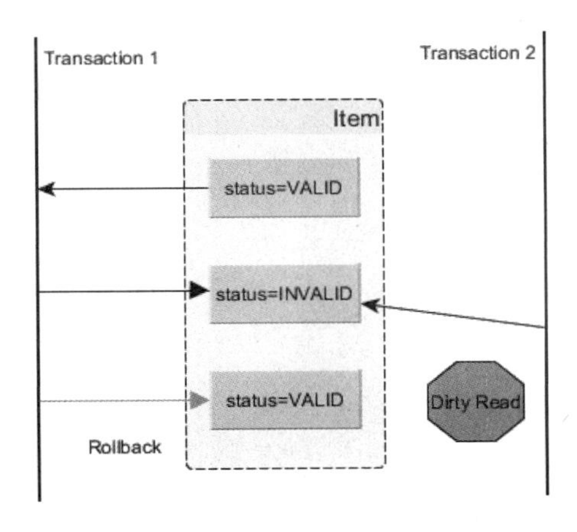

图 3-27　脏读

（2）不可重复读

如图 3-28 所示，不可重复读（Non-Repeatable Read）就是对同一数据进行连续读取，但每次读取的结果却有所差异。这是因为并发执行的事务修改了另一个事务读取的数据。这种现象并不是系统预期的行为，因为不同时刻读取的数据不一致，总会有一次读取的数据是不正确的。我们可以通过添加“读锁”的方式防止这种情况的出现。

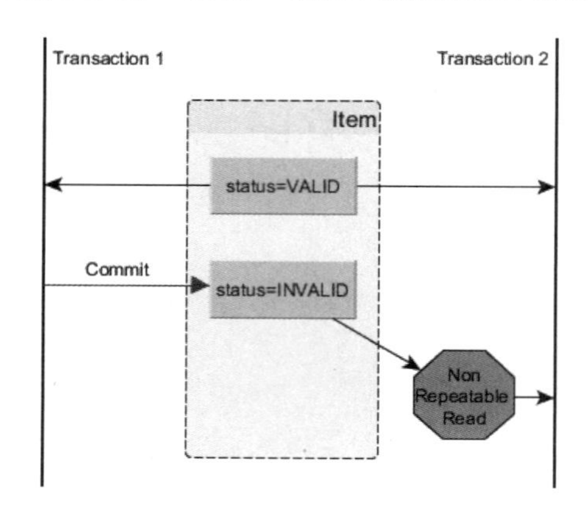

图 3-28　不可重复读

（3）幻读

当一个事务从数据库中读取了一批数据，在没有完成操作前，有一个新的事务插入了新的数据，而且新数据是满足第一个事务的读取条件的，但第一次读取的数据却不会包含第二个事务插入的新数据，我们将这种情况称为幻读（Phantom Read），如图 3-29 所示。

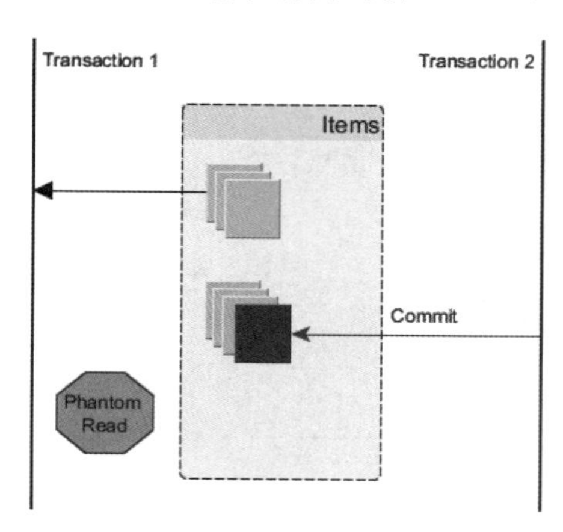

图 3-29　幻读

不同隔离级别对并发控制的规范如表 3-2 所示。

表 3-2　不同隔离级别对并发控制的规范

隔离级别	脏读	不可重复读	幻读
READ_UNCOMMITTED	允许	允许	允许
READ_COMMITTED	禁止	允许	允许
REPEATABLE_READ	禁止	禁止	允许
SERIALIZABLE	禁止	禁止	禁止

不同数据库的默认隔离等级如表 3-3 所示。

表 3-3　不同数据库的默认隔离等级

数据库	默认隔离等级
Oracle	READ_COMMITTED
MySQL	REPEATABLE_READ
Microsoft SQL Server	READ_COMMITTED
PostgreSQL	READ_COMMITTED
DB2	CURSOR STABILITY

在开发系统时，为了保证数据的一致性，是将隔离等级设置得越高越好吗？答案当然是否定的。事实上，在大多数系统中，数据库的处理能力和系统本身的并发情况都会影响隔离等级的设定。

在设计系统时，如果业务场景具备高流量和高并发的特征，那么就需要牺牲一定的一致性，隔离等级相对就会低一些；如果系统对数据一致性要求特别严格，那么将数据库的事务隔离等级设置到最高，则整个系统的处理速度肯定会下降，因为在高隔离等级下的数据库操作都是串行执行的。

JDBC 默认的隔离等级是 READ_COMMITTED，请勿与数据库的默认等级混淆。

3. Transactional

从 3.1.4.3 节的 Hibernate 实战可以看到，在配置 TransactionManager 和 EnableTransactionManagement 之后，开发者可以在 Java 方法或者类前使用@Transactional 注解来进行事务控制，不再需要编写复杂的申明式事务代码。本章将探索 Transactional 的工作原理，并演示在项目中如何使用@Transactional 注解。

在进一步探索 Transactional 之前，需要先理解两个相关的概念，即持久化上下文（Persistence Context）和数据库事务（Database Transaction）。

Transactional 只是用于定义单一数据库的事务范围。而每个数据库事务都真实发生在一个持久化上下文的作用域内。在 Spring 的体系里，持久化上下文都是被 EntityManager 所管理的。它们的关系如图 3-30 所示。

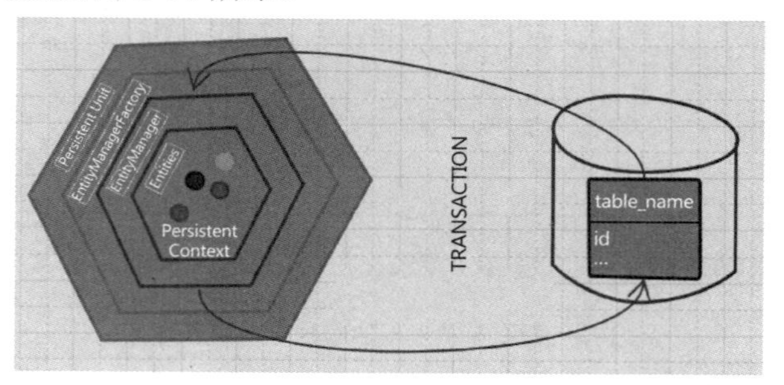

图 3-30　Transaction 和 EntityManager 的关系

由图 3-20 可知，数据库的每张表（Table）都被映射成为一个 Entity，Entity 被称为持久化对象（Persistent Object），它们都存活于一个持久化上下文之中，所有的持久化对象都从持久化上下文中被创建、修改和读取。持久化上下文还要跟踪每个持久化对象的状态，并且保证这些对象的变化最终会被写入对应的数据库表中。

在 Hibernate 的实现中，持久化上下文通常是指 Session，Session 的生命周期是与一个事务（Transaction）绑定的，即 Session 被创建就表示绑定的 Transaction 的开启，Session 被销毁（或关闭）就表示绑定的 Transaction 的结束，其关系如图 3-31 所示。

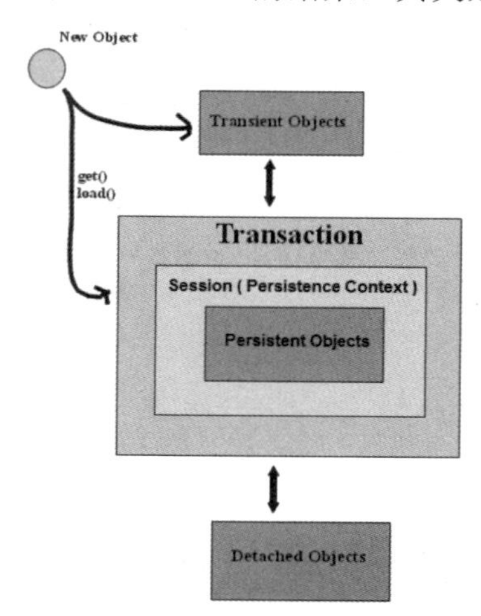

图 3-31　Session 和 Transaction 的关系

基于以上分析可知，一个 EntityManager 可以管理多个持久化上下文，即 EntityManager

可以同时管理多个数据库事务。但推荐的做法是，一个 EntityManager 只管理一个数据库的事务。EntityManager 也分为被容器管理的（Container Managed）EntityManager 和被应用管理的（Application Managed）EntityManager。以应用管理为例，事务都是与线程绑定的，它们的关系如图 3-32 所示。

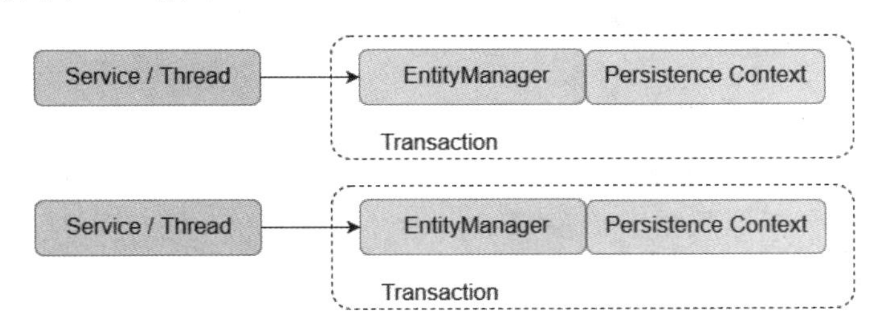

图 3-32　线程与事务的关系

下面，给出 Spring 容器中的一个普通的调用链示例，如图 3-33 所示。

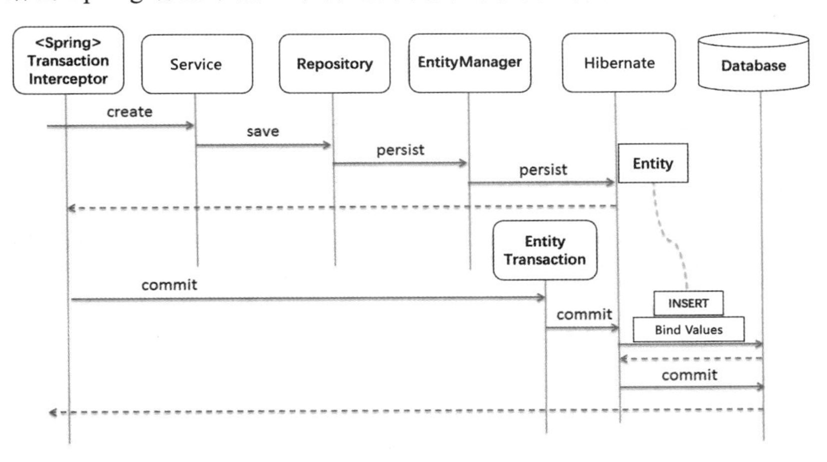

图 3-33　调用链示例

图 3-33 清晰地指明了 EntityManager 和 TransactionManager 各自的职责，EntityManager 用于执行 entity 的相关操作。在 entity 操作成功后，再由一种事务管理机制（如 interceptor）来控制事务的提交或回滚。因此，Transactional 要在应用中生效，以下三者缺一不可：

（1）Transactional 切面（aspect）

Transactional 切面是一个 around 切面（关于 around 切面的相关知识请自行学习），它在被调用方法的前后都会执行。在 Hibernate 实现中，该切面就是 TransactionInterceptor 类。Transactional 切面主要有两大作用。第一，在执行方法调用之前，它需要判断是否可以加入一个已经存在的事务，还是要创建一个新事务，但是这个判断并非由 Transactional 切面自身来决定的，它将这个决策权委派给了 Transaction Manager，最终决策也与事务的传播性（本节后续将详细介绍）相关；第二，在调用之后，切面需要判断当前事务是要提交还是回滚。

（2）Transaction Manager

Transaction Manager 的职责是做两个判断：

- 是否需要创建一个新的 EntityManager。
- 是否创建一个新的数据库事务。

这些判断都是在 Transactional 切面调用之前做出的，主要受以下两个因素影响：

- 是否已经存在一个进行中的事务。
- Transactional 方法的事务传播等级。

如果需要创建一个新的事务，将会顺序发生以下步骤：

（a）创建一个新的 EntityManager。

（b）绑定 EntityManager 到当前线程。

（c）从数据库连接池中获得一个连接。

（d）绑定该连接到当前线程。

此外 EntityManager 和数据库连接都存放于当前线程的 ThreadLocal 中，也被称为 session per thread。二者在事务持续运行期间都存活于绑定线程中，由 Transaction Manager 决定何时清除它们。

（3）EntityManager

当业务代码操作 EntityManager 时，并不是直接操作 EntityManager，而是调用了它的代理（proxy），代理再从当前线程中获取 EntityManager（由 TransactionManager 放入的），完成相应操作。

4. 事务的传播等级

TransactionManager 需要根据方法的事务传播等级来决定是否需要创建新的事务，那么什么是事务的传播等级，它的作用是什么呢？

在 Spring 中，开发者可以通过事务的传播等级来控制事务，其所定义的传播等级都在 org.springframework.transaction.annotation.Propagation 内。简而言之，传播等级就是帮助 TransactionManager 决定是否需要创建一个新事务的手段。传播等级总共有以下七种：

（1）Propagation.REQUIRED

Propagation.REQUIRED 是@Transactional 注解的默认传播等级，它的含义如下：

- 如果当前线程中没有正在运行的物理事务，则 Spring 容器将会创建一个新的事务。
- 如果当前线程中已经存在运行的物理事务，则当前方法参与到该事务中，不会再创建新的事务。
- 所有被 REQUIRED 修饰的方法，都会界定一个逻辑事务，这些逻辑事务都会参与到同一个物理事务中。
- 每一个逻辑事务都有其自身的作用范围，但是在 REQUIRED 的传播等级下，所有的作用范围都会映射到一个相同的物理事务上。

所有的逻辑事务都映射到一个相同的物理事务上，当其中某一个逻辑事务发生回滚时，所有参与到该物理事务的逻辑事务都会被回滚，具体过程如图 3-34 所示。

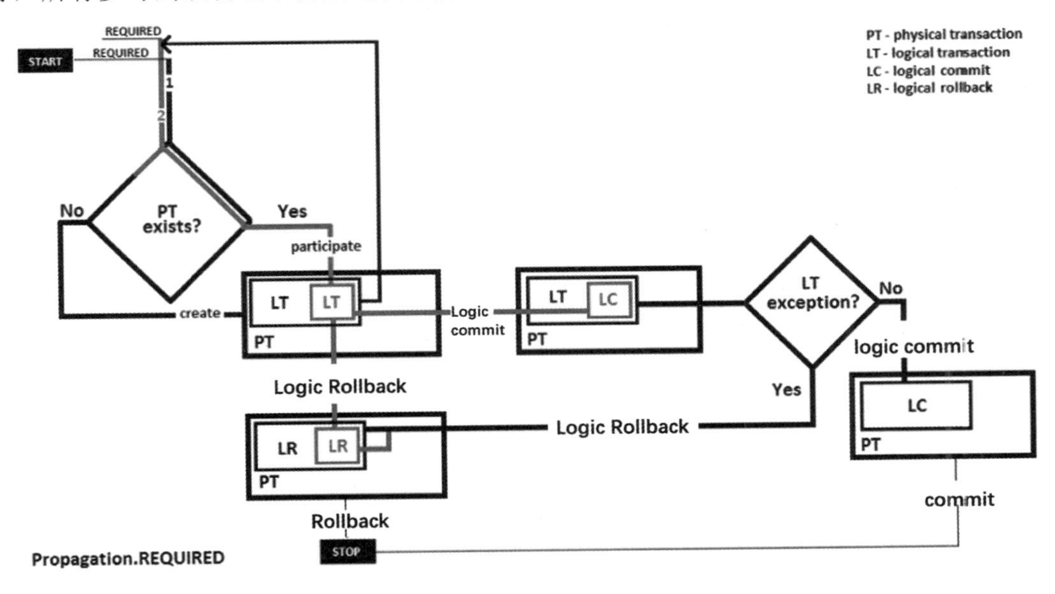

图 3-34　Propagation.REQUIRED 工作过程

（2）Propagation.REQUIRES_NEW

Propagation.REQUIRES_NEW 告知 Spring 容器总是创建一个新的物理事务。通过这种方式创建出来的事务可以包含独立于外部事物的属性，Propagation.REQUIRES_NEW 的工作流程如图 3-35 所示。

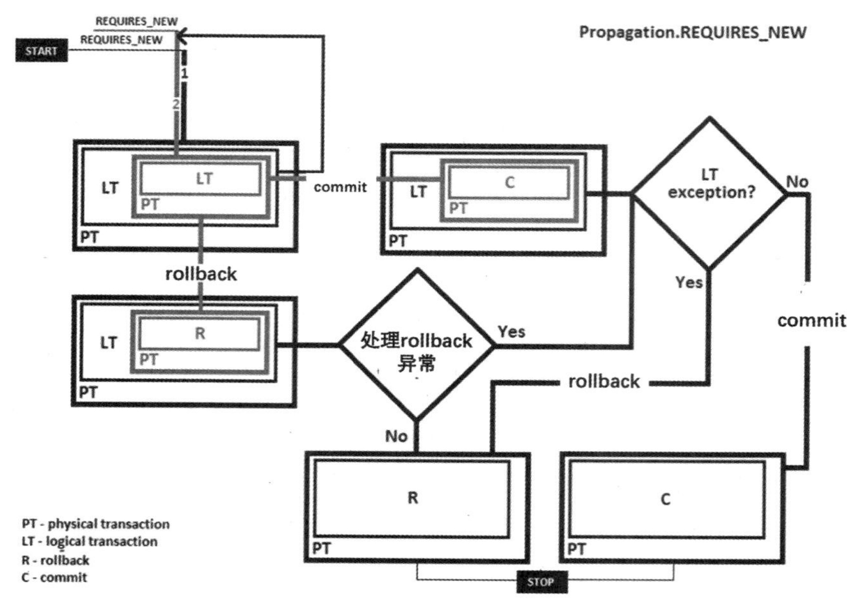

图 3-35　Propagation.REQUIRES_NEW 的工作流程

在处理此种传播等级时，需要特别注意数据一致性。由于每个物理事务都需要一个单独数据库连接，当我们执行新创建出的内部物理事务（Inner Transaction）时，外层的物理事务（Outer Transaction）将会被挂起，但是其所关联的数据库连接仍然保持开放。在内部物理事务提交之后，外层的物理事务才会恢复执行进而提交或回滚。而如果内部物理事务回滚之后，外层的物理事务并不一定会受其影响。也就是说在这种隔离等级下，它们各自管理自己的事务，并不能保证它们的状态最终是一致的。

（3）Propagation.NESTED

Propagation.NESTED 的行为和 Propagation.REQUIRED 很相似，唯一不同的是 inner 逻辑事务可以单独地回滚，而不受 outer 逻辑事务的控制，其工作流程如图 3-36 所示。

（4）Propagation.MANDATORY

Propagation.MANDATORY 必须存在于一个正在运行的物理事务中，否则就会抛出异常，除此之外，它的功能与 Propagation.REQUIRED 一致，图 3-37 描述了它的工作流程。

（5）Propagation.NEVER

Propagation.NEVER 与 Propagation.MANDATORY 恰好相反，它需要当前线程不存在任何物理事务，否则就会抛出异常。尽管如此，在被 NERVER 修饰的方法体中却可以单独运行物理事务，Propagation.NEVER 的工作流程如图 3-38 所示。

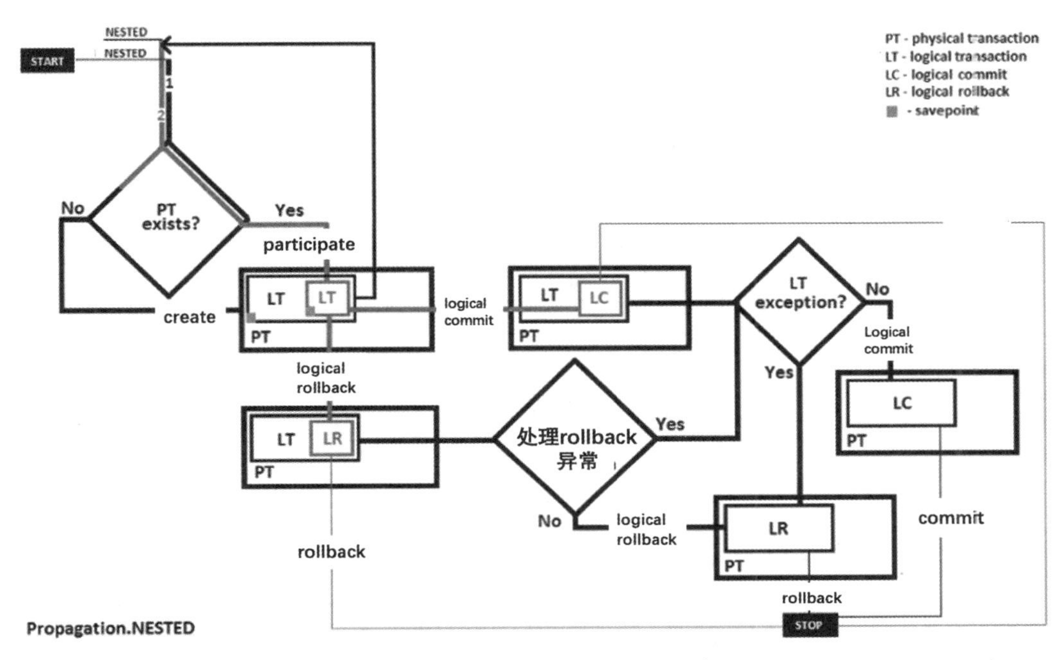

图 3-36　Propagation.NESTED 的工作流程

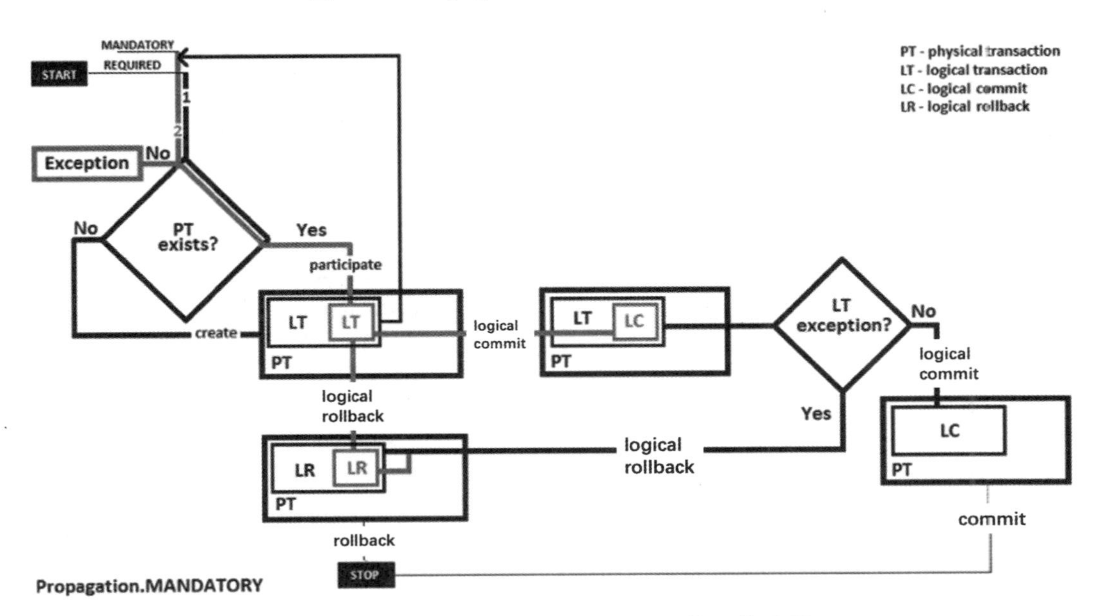

图 3-37　Propagation.MANDATORY 的工作流程

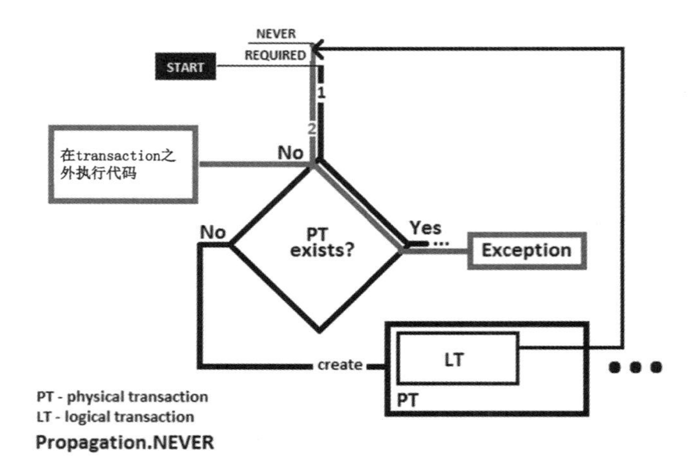

图 3-38 Propagation.NEVER 的工作流程

（6）Propagation.NOT_SUPPORTED

Propagation.NOT_SUPPORTED 表明当前方法不需要任何事务。因此如果执行到被 NOT_SUPPORTED 修饰的方法时，如果当前线程有物理事务，则该事务将被挂起，直到方法执行完毕，事务恢复执行，Propagation.NOT_SUPPORTED 的工作流程如图 3-39 所示。

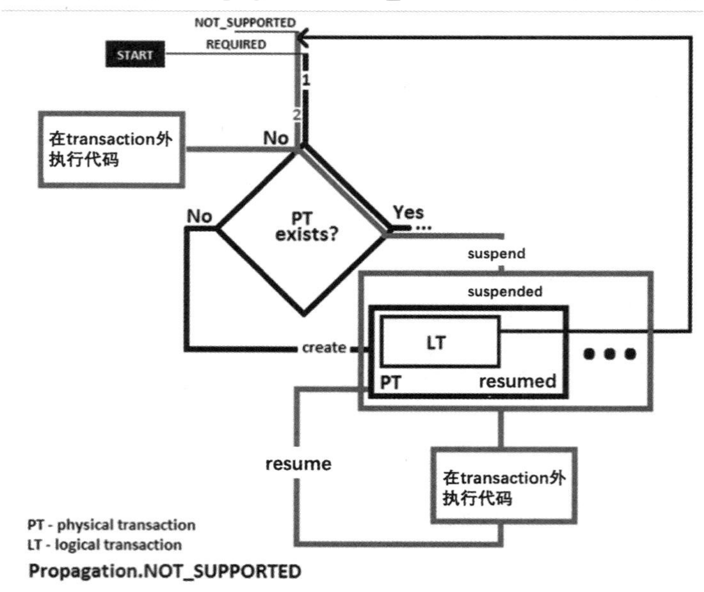

图 3-39 Propagation.NOT_SUPPORTED 的工作流程

在此种传播等级下，尽管事务被挂起，但是其相关的数据库连接却是一直活跃的。用户访问量的增加会导致数据库连接被全部占用。因此，不建议读者在高并发场景中使用 Propagation.NOT_SUPPORTED。

（7）Propagation.SUPPORTS

Propagation.SUPPORTS 检查当前是否有活跃的物理事务，如果有，那么它的逻辑事务将会在物理事务中执行，否则该方法就以无事务的方式运行，Propagation.SUPPORTS 的工作流程如图 3-40 所示。

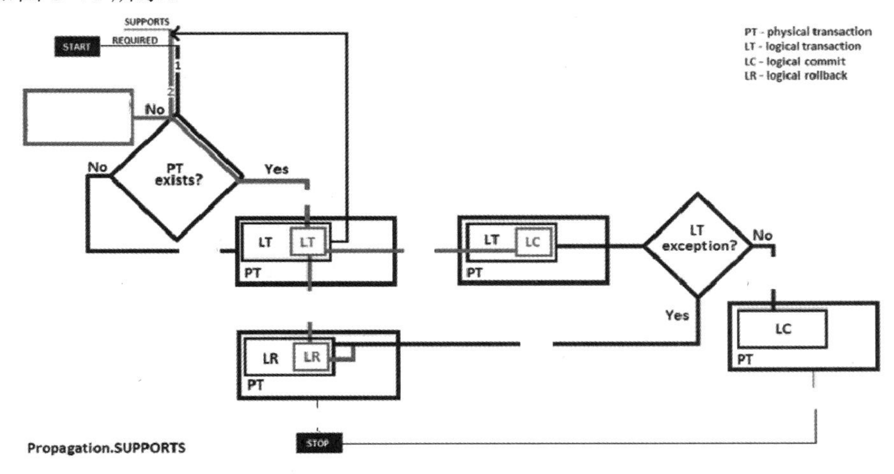

图 3-40　Propagation.SUPPORTS 的工作流程

3.4.1.5　Spring Boot 访问数据库

通过前面内容的铺垫，数据库相关基础知识已经准备完毕。本节将演示在 Spring Boot 中如何进行数据库操作。

1. 创建测试数据库及表

先按照前述数据库登录方式（参见 3.4.1.2 节）以 root 账号登录本地 MySQL，输入 MySQL 的数据库创建命令如下：

```
CREATE DATABASE broadview_coupon_db;
```

如果创建成功，将会出现如图 3-41 所示的建表成功界面。

```
mysql> CREATE DATABASE broadview_coupon_db;
Query OK, 1 row affected (0.09 sec)
```

图 3-41　建表成功界面

如果不确定结果，那么输入数据库查看命令：

```
SHOW DATABASES
```

如果 broadview_coupon_db 数据库实例创建成功，则会出现如图 3-42 所示的数据库展示界面。

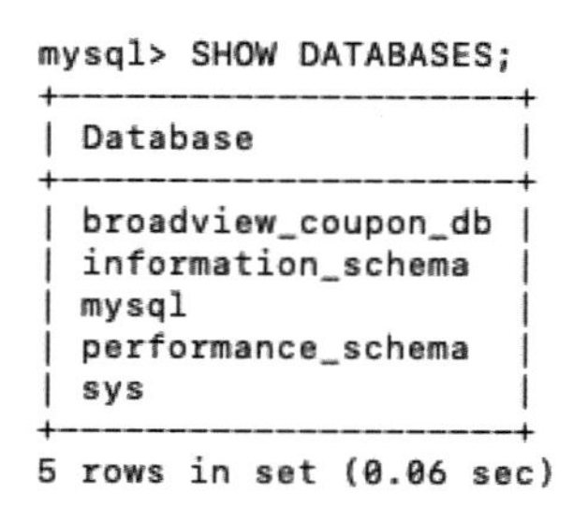

图 3-42　数据库展示界面

数据库实例创建成功之后，再创建所需要的表（table）。为了更好地控制用户权限，需要事先为应用创建单独的用户，而不再用 root 权限访问应用数据库。

创建数据库用户命令如下：

```
CREATE USER 'username'@'host' IDENTIFIED BY 'password';
```

- username：创建的用户名。
- host：用于限制用户登录当前数据库的机器，如果只允许本地登录（用户只能从数据库所在机器登录）则可以选用 localhost；如果指定 IP 地址（例如 192.168.0.1），则该用户只能通过拥有此 IP 地址的机器才可以登录；如果允许该用户从任意机器（即远程或者本地皆可）登录，则使用通配符%。如果不加 host 参数，则默认值是%。
- password：用户的登录密码，密码可以为空，如果为空，则该用户可以不需要输入密码即可登录服务器。

为 broadview 数据库创建用户，命令如下：

```
CREATE USER 'broadviewapp' IDENTIFIED BY 'Broadviewpwd';
```

请使用如下命令确认账号是否创建成功：

```
select user from mysql.user;
```

若创建成功，则显示内容如图 3-43 所示。

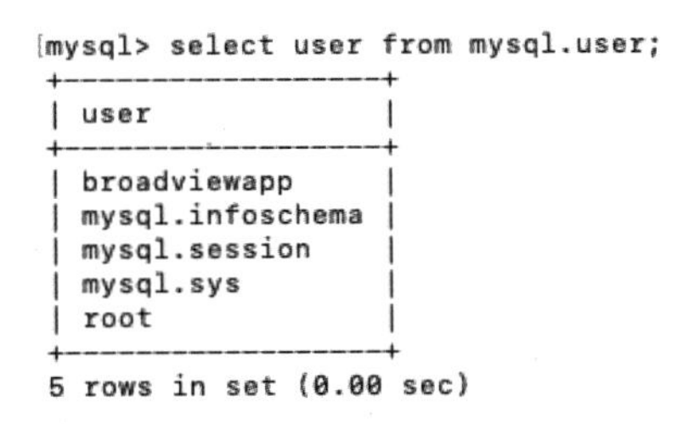

```
mysql> select user from mysql.user;
+------------------+
| user             |
+------------------+
| broadviewapp     |
| mysql.infoschema |
| mysql.session    |
| mysql.sys        |
| root             |
+------------------+
5 rows in set (0.00 sec)
```

图 3-43　MySQL 系统用户创建成功

上述演示操作都是以 root 身份完成的，但是实际应用中我们需要为当前应用创建独立的数据库用户名。我们对 broadviewapp 用户进行授权（此时是使用 root 用户来完成授权操作），命令如下：

```
GRANT ALL ON broadview_coupon_db.* TO 'broadviewapp'@'%';
flush privileges;
```

利用下面的命令查看用户的权限：

```
show grants for broadviewapp;
```

运行结果如图 3-44 所示。

```
mysql> show grants for broadviewapp;
+----------------------------------------------------------------------------+
| Grants for broadviewapp@%                                                  |
+----------------------------------------------------------------------------+
| GRANT USAGE ON *.* TO `broadviewapp`@`%`                                   |
| GRANT ALL PRIVILEGES ON `broadview_coupon_db`.* TO `broadviewapp`@`%`      |
+----------------------------------------------------------------------------+
2 rows in set (0.01 sec)
```

图 3-44　用户的权限

由图 3-44 可知，除显式授权外，还有一个 USAGE 授权。此处的 USAGE 授权并不是额外的权限，它的含义是空授权（No Privileges）。因此，第一行命令输出内容的真正含义是在*.*层面（即全局层面），该用户没有任何权限。第二行命令输出的内容与我们运行的授权命令一致，表明该用户已经成功获取 broadview_coupon_db 的管理员权限。

现在输入 exit 命令退出 root 账号，再以 broadviewapp 用户名登录 MySQL，并输入以下命令：

```
show databases;
```

此时命令行上显示的数据库比 root 用户要少，这是因为当前用户不再是 root，所以只拥有了被赋予的有限权限。

要访问 broadview_coupon_db，先使用以下命令切换 database：

```
use broadview_coupon_db;
```

开始创建服务所需要的表，其详细命令如下（请读者从 GitHub 获取完整的建表命令）：

```
CREATE TABLE IF NOT EXISTS `broadview_coupon_db`.`coupon_template` (
  `id` int(11) NOT NULL AUTO_INCREMENT COMMENT 'Primary ID',
  `available` boolean NOT NULL DEFAULT false COMMENT '是否是可用状态; true: 可用,
false: 不可用',
  `expired` boolean NOT NULL DEFAULT false COMMENT '是否过期; true: 是, false: 否
',
  `name` varchar(64) NOT NULL DEFAULT '' COMMENT '优惠券显示名称',
  `description` varchar(256) NOT NULL DEFAULT '' COMMENT '描述信息',
  `type` varchar(10) NOT NULL DEFAULT '' COMMENT '优惠券类型',
  `total` int(11) NOT NULL DEFAULT '0' COMMENT '发券总数',
  `shop_id` bigint(20) COMMENT '适用门店, 如果值为 null 则表示全店通用',
  `created_time` datetime NOT NULL DEFAULT '2021-01-01 00:00:00' COMMENT '创建',
  `rule` varchar(2000) NOT NULL DEFAULT '' COMMENT '优惠券规则宽字段',
 PRIMARY KEY (`id`),
 KEY `idx_shop_id` (`shop_id`)
) ENGINE=InnoDB AUTO_INCREMENT=1 DEFAULT CHARSET=utf8 COMMENT='优惠券模板';
```

再使用 show tables 和 desc coupon_template 命令查看创建是否成功。如果一切正常，则命令行会出现如图 3-45 所示的表结构。

```
mysql> show tables;
+-----------------------------+
| Tables_in_broadview_coupon_db |
+-----------------------------+
| coupon_template             |
+-----------------------------+
1 row in set (0.00 sec)

mysql> desc coupon_template;
+--------------+---------------+------+-----+---------------------+----------------+
| Field        | Type          | Null | Key | Default             | Extra          |
+--------------+---------------+------+-----+---------------------+----------------+
| id           | int           | NO   | PRI | NULL                | auto_increment |
| available    | tinyint(1)    | NO   |     | 0                   |                |
| expired      | tinyint(1)    | NO   |     | 0                   |                |
| name         | varchar(64)   | NO   |     |                     |                |
| description  | varchar(256)  | NO   |     |                     |                |
| type         | varchar(10)   | NO   |     |                     |                |
| total        | int           | NO   |     | 0                   |                |
| shop_id      | bigint        | YES  | MUL | NULL                |                |
| created_time | datetime      | NO   |     | 2021-01-01 00:00:00 |                |
| rule         | varchar(2000) | NO   |     |                     |                |
+--------------+---------------+------+-----+---------------------+----------------+
10 rows in set (0.02 sec)
```

图 3-45　表结构

再以同样的方式创建另外一张表，代码如下：

```
CREATE TABLE IF NOT EXISTS `broadview_coupon_db`.`coupon` (
```

```
  `id` int(11) NOT NULL AUTO_INCREMENT COMMENT 'ID',
  `template_id` int(20) NOT NULL DEFAULT '0' COMMENT '模板 ID',
  `user_id` bigint(20) NOT NULL DEFAULT '0' COMMENT '申请用户 ID',
  `created_time` datetime NOT NULL DEFAULT '2021-01-01 00:00:00' COMMENT '创
建时间',
  `status` int(2) NOT NULL DEFAULT '0' COMMENT '优惠券的状态',
  `shop_id` bigint(20) COMMENT '冗余字段，适用门店，如果值为 null 则表示全店通用',
  PRIMARY KEY (`id`),
  KEY `idx_user_id` (`user_id`),
  KEY `idx_template_id` (`template_id`)
) ENGINE=InnoDB AUTO_INCREMENT=10 DEFAULT CHARSET=utf8 COMMENT='优惠券实体';
```

使用 show tables 命令查看建表的情况，如图 3-46 所示。

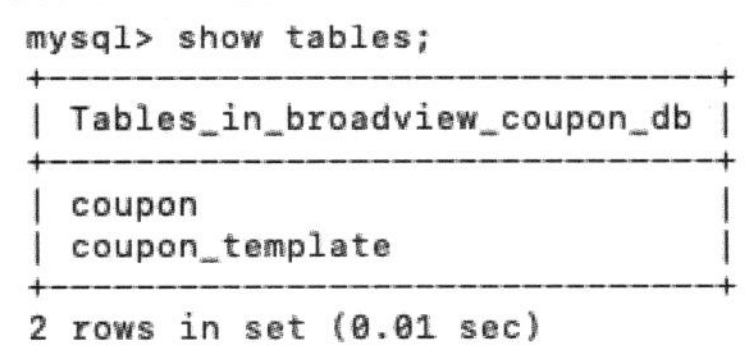

```
mysql> show tables;
+-------------------------------+
| Tables_in_broadview_coupon_db |
+-------------------------------+
| coupon                        |
| coupon_template               |
+-------------------------------+
2 rows in set (0.01 sec)
```

图 3-46　建表的情况

至此，所有的数据库操作就已完成。下面将演示在 Spring Boot 项目中如何访问数据库。

2. JDBCTemplate 访问数据库

首先，引入相应依赖，代码如下：

```
<dependency>
   <groupId>org.springframework.boot</groupId>
   <artifactId>spring-boot-starter-jdbc</artifactId>
</dependency>
```

在引入 JDBC Starter 之后，Spring Boot 项目就具备了以下功能：

（1）自动引入 tomcat-jdbc-{version}.jar，用于配置 DataSource Bean。

（2）如果没有以任何形式显式地定义 DataSource Bean，但是却有以下内存数据库的驱动 H2、HSQL 或 Derby，则 Spring Boot 会自动注册对应的数据库 DataSource Bean 到 Spring 容器中。

（3）如果未显式定义以下 Bean，Spring Boot 也会自动将它们注册到容器中：

- PlatformTransactionManager（DataSourceTransactionManager）。
- JdbcTemplate。

- NamedParameterJdbcTemplate。

（4）如果在 classpath 根路径下有 schema.sql 和 data.sql 文件，Spring Boot 会自动将对应的数据库初始化。

其次，配置 DataSource，以 coupon-template-service 为例，在 application.xml 文件中定义代码如下：

```
spring:
  application:
    name: coupon-template-service
  datasource:
    # MySQL 数据源
    username: broadviewapp
    password: Broadviewpwd
    url:  jdbc:mysql://127.0.0.1:3306/broadview_coupon_db?autoReconnect=true&use
Unicode=true&characterEncoding=utf8&useSSL=false&allowPublicKeyRetrieval=tru
e&zeroDateTimeBehavior=convertToNull&serverTimezone=UTC
    type: com.zaxxer.hikari.HikariDataSource
    driver-class-name: com.mysql.jdbc.Driver
    # 连接池
    hikari:
      connection-timeout: 20000
      idle-timeout: 20000
      maximum-pool-size: 20
      minimum-idle: 5
      max-lifetime: 30000
      auto-commit: true
      pool-name: BroadviewCouponHikari
```

而对于 POJO 类，无需映射定义，可以直接修改源代码如下：

```
@Data
@NoArgsConstructor
@AllArgsConstructor
@Builder
public class CouponTemplate implements Serializable {

    private Long id;

    private Boolean available;

    private Boolean expired;
```

```
    private String name;

    private Long shopId;

    private String description;

    private CouponType category;

    private Integer total;

    private Date createdTime;

    private CalculationRule rule;

}
```

因为没有定义映射，所以需要定义 RowMapper，定义代码如下：

```
public class CouponTemplateRowMapper implements RowMapper<CouponTemplate> {

    @Override
    public CouponTemplate mapRow(ResultSet resultSet, int i) throws SQLException
{
        CouponTemplate template=new CouponTemplate();
        template.setId(resultSet.getLong("id"));
        template.setName(resultSet.getString("name"));
        template.setAvailable(resultSet.getBoolean("available"));
        template.setCategory(new
CouponTypeConverter().convertToEntityAttribute(resultSet.getString("type")));
        template.setCreatedTime(resultSet.getDate("created_time"));
        template.setDescription(resultSet.getString("description"));
        template.setExpired(resultSet.getBoolean("expired"));
        template.setRule(new
RuleConverter().convertToEntityAttribute(resultSet.getString("rule")));
        template.setShopId(resultSet.getLong("shop_id"));
        template.setTotal(resultSet.getInt("total"));
        return template;
    }
}
```

最后，通过注入 Template 来访问数据库，具体实现代码如下：

```
@Repository
public class CouponTemplateDao {

    @Autowired
    private JdbcTemplate jdbcTemplate;

    @Transactional(readOnly=true)
    public List<CouponTemplate> findAll() {
        return jdbcTemplate.query("select * from coupon_template",
                new CouponTemplateRowMapper());
    }

    @Transactional
    public void updateTemplate(Long id, String name){
        jdbcTemplate.update("update coupon_template set name=? where id=?",name,
id);
    }
}
```

虽然 JdbcTemplate 可以操作数据库，但是在工业级编程中，业界已经很少直接使用它，除非是不得已而为之，新项目都建议使用下文介绍的 JPA 来访问数据库。

3. JPA 访问数据库

JPA 是 Java Persistence API 的简称，是针对 POJO 类的 ORM Java 规范，其工作原理如图 3-47 所示。

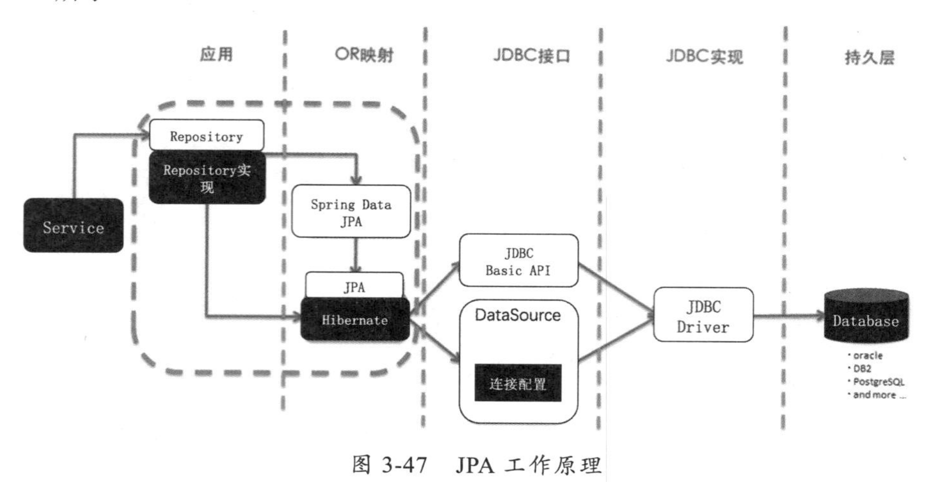

图 3-47 JPA 工作原理

JPA 规范的主要职责如表 3-4 所示。

表 3-4　JPA 规范的主要职责

定义	描述
Entity class	对应数据库的表，此类需要添加@javax.persistence.Entity 注解
EntityManager	管理 entity 生命周期的类，通常 javax.persistence.EntityManager 是不会被直接使用的，除非是普通 JPA 方法无法满足需要才会直接使用 EntityManager
TypedQuery	提供查询 entity 的类，使用 javax.persistence.TypedQuery 来查询符合条件的 entity
PersistenceContext	用于管理 entity 的类，通过 EntityManager 得到的 entity 实例将会被 PersistenceContext 持有，在 PersistenceContext 内的 entity 被称为 managed entity，但是应用层是不能直接访问 PersistenceContext 的。除了 managed entity，entity 还有 New、Removed 和 Detached 三种不同状态
find method	获取 managed entity 的方法，如果 PersistenceContext 存在该 entity（根据主键 ID 来判断），则直接返回，否则就需要从数据库根据相应条件来查询并将其转化为 managed entity
persist method	将在应用中新创建的（new）entity 转变为 managed entity 的方法。这是一个 EntityManager 提供的方法，所有的数据库新增（INSERT）操作都会被累积在 PersistenceContext 中，直到最终执行 commit 或者 flush 操作
merge method	将游离态（detached）的 entity 转化为 managed entity 的方法。它同样是 EnitityManager 的方法，主要应对 UPDATE 操作，它一样会累积在 PersistenceContext 中直到执行 commit 或 flush 操作，但是如果该 entity 在数据库中不存在（比较主键 ID），则会将 UPDATE 变为 INSERT
remove method	将 managed entity 转化为 removed 状态，也是 EnitityManager 提供的方法，主要应对 DELETE 操作
flush method	该方法将 PersistenceContext 中的所有 entity 强制刷新到对应的数据库中。一般来说在 PersistenceContext 中的 entity 变化都会在最终事务执行 commit 操作的时候被写入数据库．我们可以通过 flush()方法在事务提交之前将数据改动写入数据库

JPA 架构如图 3-48 所示。

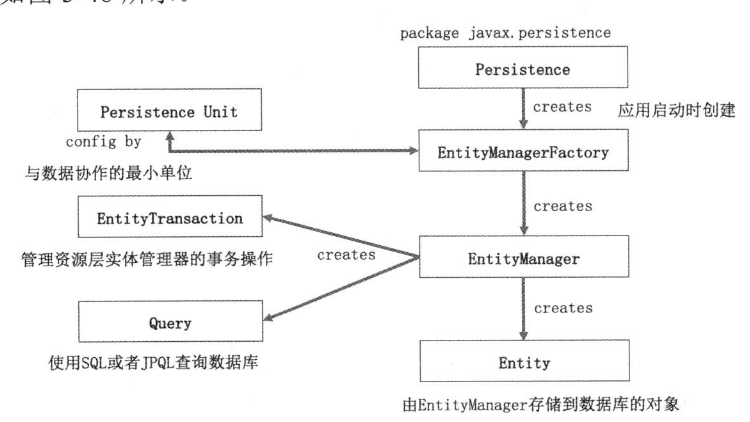

图 3-48　JPA 架构

通过 JPA 规范定义的 entity 生命周期如图 3-49 所示。

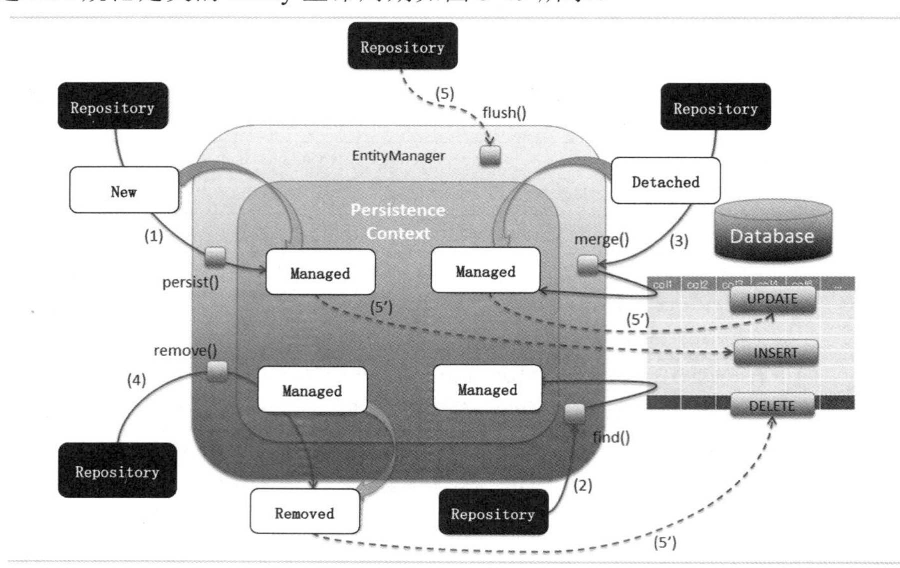

图 3-49 JPA Entity 生命周期

Spring Data JPA 和 JPA 及 Hibernate 之间是紧密关联的。JPA 是 Java ORM 的规范 API；Hibernate 则实现了这种规范；而 Spring Data JPA 是通用 JPA 规范的一种补充实现，它不仅提供了 JPA 的实现，同时还基于 Spring 的特性提供了额外的辅助功能，其架构如图 3-50 所示。

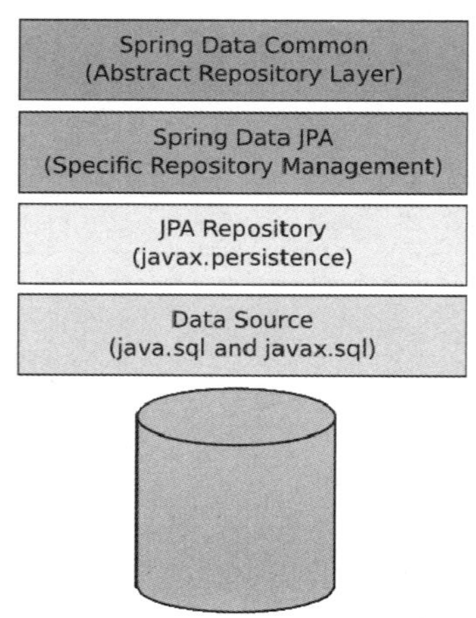

图 3-50 Spring Data JPA 架构

Spring Data JPA 在原始的 JPA 规范之外提供了以下功能：

- Spring Data JPA 并没有完整地实现 JPA，它的底层实现可以使用不同的服务提供者，包括但不限于 Hibernate、Eclipse Link 和 Open JPA 等。这些服务提供者才是真正的 JPA 规范实现者，Spring Data JPA 只是提供了一种上层封装，为开发者提供了顶层接口规范。
- 支持 repositories 模式（具体定义请自行参考 DDD 相关书籍）。
- 提供了 audit 功能。
- 支持 Quesydsl 的预言（Predicates）。
- 分页、排序、动态查询语句执行。
- 支持@Query 注解。
- 支持 XML 映射定义。

Spring Data JPA 提供了一种约定大于配置的 repositories 实现，开发者可以减少大部分简单而又重复的 CRUD 操作。在传统的开发方式中，开发者需要针对每个 entity 撰写不同的 CRUD 操作；而 Spring Data JPA 提供的 repositories 机制为所有的 entity 提供了通用解决方案，开发者只需要继承 Repository<T，ID>、CrudRepository<T，ID>或者 JpaRepository <T，ID>接口即可。此处，T 是 entity 的泛型类，ID 是该 entity 的主键类型。

Repository 的工作原理如图 3-51 所示（以 Hibernate 实现为例）。

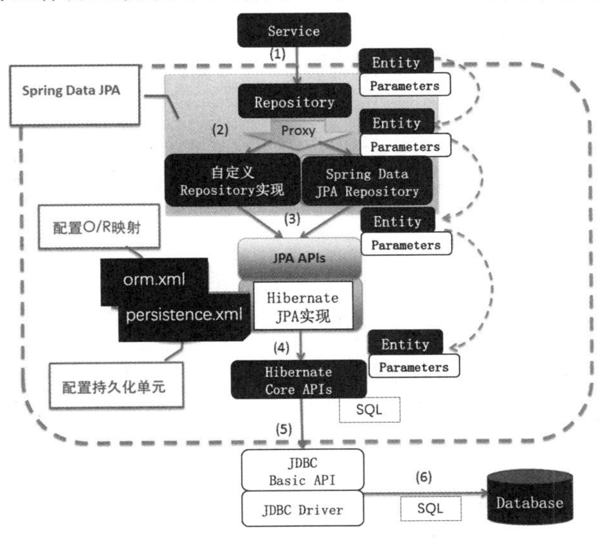

图 3-51　Repository 的工作原理

下面以 CrudRepository 为例，检验它所提供的所有功能，示例代码如下：

```
@NoRepositoryBean
public interface CrudRepository<T, ID> extends Repository<T, ID> {
    <S extends T> S save(S var1);

    <S extends T> Iterable<S> saveAll(Iterable<S> var1);

    Optional<T> findById(ID var1);

    boolean existsById(ID var1);

    Iterable<T> findAll();

    Iterable<T> findAllById(Iterable<ID> var1);

    long count();

    void deleteById(ID var1);

    void delete(T var1);

    void deleteAll(Iterable<? extends T> var1);

    void deleteAll();
}
```

Spring Data JPA 的 API 提供了 Repository<T，ID>、CrudRepository<T，ID>和 JpaRepository<T，ID>供开发者使用，但它们有何异同，各自适用的场景又是什么？下面我们分别介绍这三类接口提供的功能。

（1）CrudRepository

它继承了 Repository 接口，并实现了一组 CRUD 相关的方法如下

- save(...)：提供了简单的 entity 保存功能，此外也有接收一组 entity 进行批量操作的接口。
- findOne(...)：根据输入的主键查找对应的数据。
- findAll()：查找出对应表的所有数据。
- count()：统计数据库中数据的数量。
- delete(...)：删除传入的 entity（根据参数生成 SQL 条件）。
- exists(...)：验证对应的 entity 在数据库中是否存在。

从以上 API 可以看出，通过 CrudRepository 提供的 CRUD 方法，可以满足大部分简单的增删改查功能。

（2）PagingAndSortingRepository

其接口定义如下

```
    @NoRepositoryBean
public interface PagingAndSortingRepository<T, ID> extends CrudRepository<T, ID>
{
   Iterable<T> findAll(Sort var1);

   Page<T> findAll(Pageable var1);
}
```

从方法签名可以推知，它在 CRUD 之外提供了分页和排序功能，此处的 Pageable 接口是所有分页相关信息的一个抽象，通过该接口可以得到与分页相关的所有信息，例如：

- page size 每页的数量。
- page number 当前的页码。
- sorting 排序方式。

sort 对象需要提供排序方式（升序或降序）和要排序的字段。PagingAndSortingRepository 通过以上方式实现了分页和排序。

（3）JpaRepository

JpaRepository 的实现代码如下：

```
@NoRepositoryBean
public interface JpaRepository<T, ID> extends PagingAndSortingRepository<T, ID>,
QueryByExampleExecutor<T> {
   List<T> findAll();

   List<T> findAll(Sort var1);

   List<T> findAllById(Iterable<ID> var1);

   <S extends T> List<S> saveAll(Iterable<S> var1);

   void flush();

   <S extends T> S saveAndFlush(S var1);
```

```
    void deleteInBatch(Iterable<T> var1);

    void deleteAllInBatch();

    T getOne(ID var1);

    <S extends T> List<S> findAll(Example<S> var1);

    <S extends T> List<S> findAll(Example<S> var1, Sort var2);
}
```

JpaRepository 在 CRUD 之外提供了一些额外的功能：

- flush()将所有没有与数据库同步的 entity 刷新到数据库中。
- saveAndFlush()保存并立即 flush。
- deleteInBatch()批量删除。

Repository 类图如图 3-52 所示。

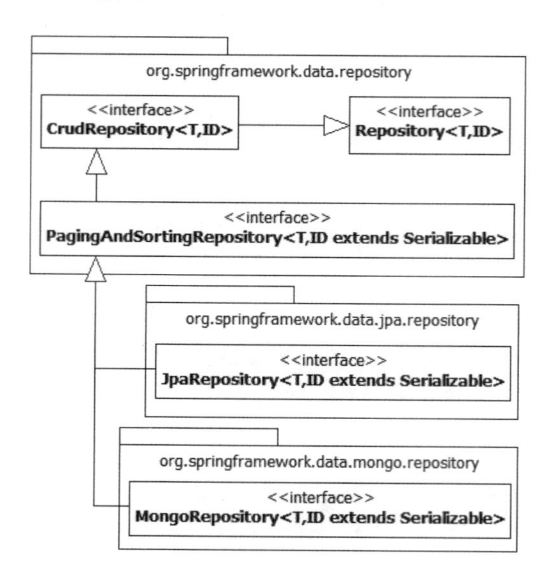

图 3-52　Repository 类图

虽然引入 Repository 可以解决大部分应用的基础需求，但是在实际开发中，业务需求是远远多于通用操作的，Spring Data JPA 是如何解决这些问题的？

约定俗成的派生查询方法是满足这类需求的杀手锏，即开发者可以在继承某一种 Repository 之后，再自定义一些方法，这些方法名都是以 find...By、read...By、query...By、count...By、get...By 开头的，前提是这些方法签名要符合特定的命名规则。当其他类调用这些方法时，Spring Data 会根据方法名自动生成相应的 JPQL 查询语句。这种方式可以解决大部分简单查询需求。但是如果查询参数过多，就会导致方法签名过长，这种方式就不再合适，此时应当使用 Query 功能。

下面以一个代码片段来演示这种功能。例如 CouponTemplateService 要实现一个按照模板名查找优惠券模板的功能，最终这个功能会由 CouponTemplateRepository 来实现，那么应该如何通过派生查询方法来实现呢？具体实现代码如下：

```
public interface CouponTemplateRepository
      extends JpaRepository<CouponTemplate, Long> {

   CouponTemplate findByName(String name);
}
```

通过 CouponTemplateRepository 的新方法签名可以推测该方法的用途，方法名以 findBy 开头，再加上一个需要查找的 entity 属性（此处为 name），并以输入的参数作为 WHERE 条件（方法中的参数 name），此方法的参数名要与 entity 定义的属性一致。

上面的例子演示了使用一个参数来定义派生查询的方法，如果超过一个参数又该如何定义呢？假如需要按照模板是否过期、是否有效这两个条件来筛选模板，可以参考以下代码：

```
List<CouponTemplate> findAllByAvailableAndExpired(
    Boolean available, Boolean expired);
```

此方法以 findAll 开头，后面有两个属性 Available 和 Expired。这两个属性以 And 连接，表示 SQL 中的 and 条件。如果需要实现"或"查询，只需将方法名中的 And 替换为 Or 即可。

在默认情况下，派生查询方法中定义的属性，在生成 SQL 的时候需要与输入参数完美匹配，但 Spring Data JPA 也提供了下列关键字来进行辅助定义。

- Like 检查该属性是否符合 SQL 的 like 输入参数。
- Containing 检查该属性是否包含了参数值。
- IgnoreCase 在做值比较的时候忽略大小写，可以和其他关键字联合使用。比如 findByNameContainingIgnoreCase。
- Between 检查属性值是否在一个区间范围内。

- LessThan/GreaterThan 比较属性值和参数的大小。

派生查询方法也支持排序、分页和返回固定数量的查询结果，此处不再一一详述，请读者自行参照相关文档研究。

Spring Data JPA 的 Repository 类并没有实现本节中列举的数据库查询语句，它是将方法调用委派给了真正的实现者，Repository 的工作原理如图 3-53 所示。

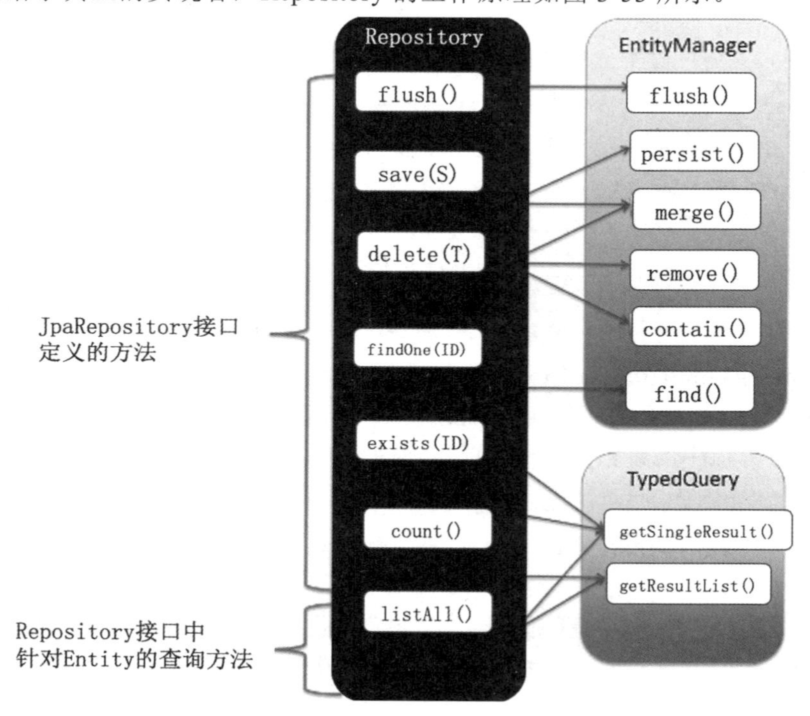

图 3-53　Repository 的工作原理

对于较复杂的查询场景，笔者不建议使用派生查询方法，因为过长的方法名会降低代码的可读性和可维护性，Spring Data JPA 提供了更轻量级的@Query 解决方案，Query 可以支持 JPQL 和原生 SQL。使用 Query 注解，开发者可以随意定义方法名，无需遵循派生方法的命名规范，只需要在 Repository 类中定义方法，并在方法上添加 Query 注解，再提供相应的 JPQL 或者原生 SQL 即可。

笔者建议使用 JPQL 定义 Query 查询，这种方式让代码可以更贴近系统的领域模型，此外，因为没有使用原生 SQL，也可以规避一些数据库的方言问题，为系统提供更多的可移植性。但是 JPQL 只实现了标准 SQL 的子集，所以当编写某些复杂查询时，还是需要使用原生 SQL 的。

使用 Query 改写 CouponTemplateRepository 的示例代码如下：

```
public interface CouponTemplateRepository
      extends JpaRepository<CouponTemplate, Long> {
   @Query("FROM CouponTemplate WHERE name = ?1")
   CouponTemplate findByName(String name);

   @Query("FROM CouponTemplate WHERE available = ?1 AND expired =?2")
      List<CouponTemplate> findAllByAvailableAndExpired(
         Boolean available, Boolean expired
   );
   }
```

在上面的代码中，对 Query 注解修饰的方法来说，尽管我们并没有添加 SELECT 语句，但是 Spring Data JPA 会自动解析 CouponTemplate 类中定义的数据库字段，并将这些字段添加到自动生成的可执行 SQL 语句中。

Query 注解也支持排序功能，我们可以通过两种方式实现排序。一种是利用 JPQL 的语法，在定义注解时添加 Sort 关键字，另一种是在方法签名中添加 Sort 对象。

如果需要为查询语句添加分页功能，我们可以通过在方法中添加 Pageable 对象来实现。

Query 也支持通过原生 SQL 执行查询语句，只需要将 JPQL 语句替换为原生 SQL 语句即可，具体代码如下：

```
      public interface CouponTemplateRepository
      extends JpaRepository<CouponTemplate, Long> {
   @Query("SELECT * FROM coupon_template WHERE name = :name")
   CouponTemplate findByName(@Param("name")String name);

   @Query("SELECT * FROM coupon_template WHERE available = : available AND
expired =:expired ")
      List<CouponTemplate> findAllByAvailableAndExpired(@Param("available")
         Boolean available, @Param("expired") Boolean expired
   );
   }
```

通过上述代码不难看出，我们使用 JPQL 和原生 SQL 可以达到相同的效果。读者们一定在想，方法参数与最终产生的 SQL 是如何关联起来的呢？Spring Data JPA 运用了一种参数绑定的技术来实现这种关联性。无论是 JPQL 还是 SQL，先在代码中使用占位符，在运行期将占位符与查询参数绑定，然后把实际参数注入要执行的 SQL 中生成执行语句，最终这条执行语句被数据库执行。需要注意的是，参数绑定都是在 WHERE 子句中实现的。在项目中使用参数绑定有以下几个好处：

- 防止 SQL 注入攻击。
- 避免人工拼接参数导致 SQL 语法错误。
- JPA 的底层实现（如 Hibernate）和数据库引擎可以对语句进行查询优化。

Spring Data JPA 对 JPQL 和原生 SQL 提供了两种不同的参数绑定方式，分别是“位置参数”或“参数命名”。

位置参数绑定，指的是 JPQL 或原生 SQL 中的参数引用所使用的对应参数在该方法签名上的位置，以问号“?”加位置的形式来绑定参数。如“?1”表示该参数应用的是方法签名中的第一个参数，“?2”表示该参数应用的是方法签名中的第二个参数，以此类推。

参数命名绑定，指的是 JPQL 或者原生 SQL 中的参数引用需要参考方法参数的名字。在具体的查询语句中，所有的命名绑定都是以冒号“:”加上参数名的方式来绑定的，比如“:available”表示方法签名中参数名为 available 的参数。在这种方式下需要在方法参数前加上@Param 注解，该注解中定义的值要与 SQL 中的绑定名一致。

我们已经列举了若干 SELECT 语句的例子，那么对 UPDATE 语句来说，应当如何实现数据修改呢？答案仍然是使用@Query 注解，但是需要添加一个额外的@Modifying 注解来修改数据。例如，在 CouponRepository 类中我们定义了 makeCouponUnavailable()方法，该方法实现了 CouponTemplate 类的修改，具体代码如下：

```
public interface CouponTemplateRepository
        extends JpaRepository<CouponTemplate, Long> {
    @Modifying
    @Query("update CouponTemplate c set c.available = 0 where c.id = :id")
    int makeCouponUnavailable(@Param("id") Long id);
}
```

Repository 还支持“命名查询”的功能，命名查询为一段查询语句指定一个“名称”。当我们执行这段语句的时候，只需通过这个“名称”就可以间接引用它对应的查询语句。命名查询又叫 namedQuery，namedQuery 可以引用 JPQL 或原生 SQL，它有两种定义方式，一种方式是在定义映射的 xml 文件中使用<named-query/>，另外一种方式是直接添加@NamedQuery 注解在数据库实体类上。

@NamedQuery 有两个主要参数，一是查询语句对应的名称，二是要执行的 JPQL。对名称来说，如果后续只想通过代码直接执行这段查询语句，那么我们无需遵循任何命名规范。但如果我们需要在 Repository 类中直接引用它，那么就需要遵循如下命名规则：Entity 类的名字加上“.”再加上 Repository 的方法名。如果我们想用原生 SQL 来替换 JPQL，那么只要将注解替换为@NamedNativeQuery 即可。

下面，我们以 CouponTemplateEntity 为例，演示命名查询功能，具体代码如下：

```
@Data
@NoArgsConstructor
@AllArgsConstructor
@Entity
@Builder
@EntityListeners(AuditingEntityListener.class)
@Table(name = "coupon_template")
@NamedQuery(name = "CouponTemplateEntity.findAllAvailable" , query = "FROM
CouponTemplateEntity where available=?1")
@NamedNativeQuery(name = "CouponTemplateEntity.findByShopId" , query = "SELECT
* FROM coupon_template where shop_id=?", resultClass =
CouponTemplateEntity.class)
public class CouponTemplateEntity implements Serializable {

//以下代码省略

}
```

基于上面的代码，我们可以使用两种方式执行命名查询，一种方式是直接以 Java 源代码的方式执行查询语句，示例代码如下：

```
Query q = em.createNamedQuery("CouponTemplateEntity.findAllAvailable ");
q.setParameter(1, true);
List a = q.getResultList();
```

另一种方式是直接在 Repository 类中增加新的方法，使用方法名来引用 namedQuery，示例代码如下：

```
public interface CouponTemplateRepository
      extends JpaRepository<CouponTemplate, Long> {

   CouponTemplate findByName(String name);

   List<CouponTemplate> findAllAvailable(Boolean available);
}
```

Spring data JPA 提供了多种数据库操作方案，Spring Boot 与 JPA 之间的工作流程如图 3-54 所示。

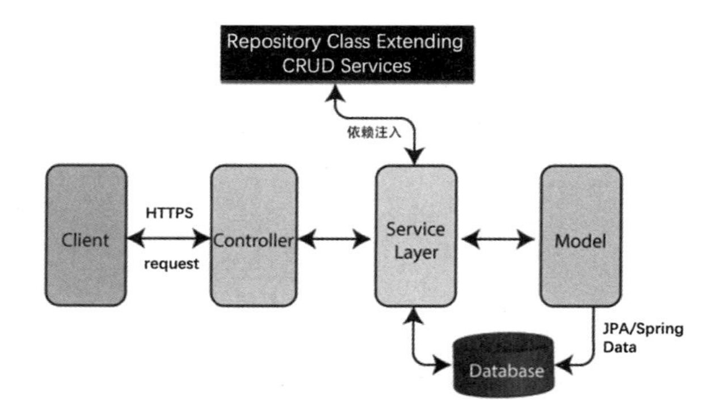

图 3-54 Spring Boot 与 JPA 之间的工作流程

在 Spring Boot 项目中使用 JPA，我们首先需要引入 spring-boot-starter-data-jpa 依赖项，其对应的 pom.xml 文件代码如下：

```
<dependency>
    <groupId>org.springframework.boot</groupId>
    <artifactId>spring-boot-starter-data-jpa</artifactId>
</dependency>
```

我们需要在 application.xml 文件中定义数据库的相关配置（比如数据库连接字符串、用户名密码、数据库连接池和 JPA 参数），代码如下：

```
spring:
  application:
    name: coupon-template-service
  datasource:
    username: broadview
    password: Broadviewpwd
    url:
jdbc:mysql://localhost:3306/broadview_coupon_db?autoReconnect=true&useUnicode=true&characterEncoding=utf8&useSSL=false&allowPublicKeyRetrieval=true&zeroDateTimeBehavior=convertToNull&serverTimezone=UTC
    type: com.zaxxer.hikari.HikariDataSource
    driver-class-name: com.mysql.cj.jdbc.Driver
    hikari:
      connection-timeout: 20000
      idle-timeout: 20000
```

```
      maximum-pool-size: 20
      minimum-idle: 5
      max-lifetime: 30000
      auto-commit: true
      pool-name: BroadviewCouponHikari
  jpa:
    show-sql: true
    hibernate:
      ddl-auto: none
    properties:
      hibernate.format_sql: true
      hibernate.show_sql: true
    open-in-view: false
```

在依赖项和配置项添加完成后，业务逻辑层就可以直接使用 Repository 中定义的方法操作数据库，从 3.4.2 节开始我们将向读者演示 JPA 的实战案例。

3.4.2 实现优惠券模板模块 DAO 层

这一节我们来定义优惠券模板的 DAO 层代码，我们先定义一个名为 CouponTemplate 的数据库实体类，用来保存优惠券模板，具体代码如下：

```
@Data
@NoArgsConstructor
@AllArgsConstructor
@Entity
@Builder
@EntityListeners(AuditingEntityListener.class)
@Table(name = "coupon_template")
@NamedQuery(name = "CouponTemplateEntity.findAllAvailable" , query = "FROM
CouponTemplateEntity where available=?1")
@NamedNativeQuery(name = "CouponTemplateEntity.findByShopId" , query = "SELECT
* FROM coupon_template where shop_id=?", resultClass = CouponTemplateEntity.
class)
public class CouponTemplateEntity implements Serializable {

    @Id
    @GeneratedValue(strategy = GenerationType.IDENTITY)
    @Column(name = "id", nullable = false)
    private Long id;
```

```
    // 状态是否可用
    @Column(name = "available", nullable = false)
    private Boolean available;

    // 是否过期
    @Column(name = "expired", nullable = false)
    private Boolean expired;

    @Column(name = "name", nullable = false)
    private String name;

    // 适用门店值如果为空，则为全店满减券
    @Column(name = "shop_id")
    private Long shopId;

    @Column(name = "description", nullable = false)
    private String description;

    // 优惠券类型
    @Column(name = "type", nullable = false)
    @Convert(converter = CouponTypeConverter.class)
    private CouponType category;

    // 发放总数
    @Column(name = "total", nullable = false)
    private Integer total;

    // 创建时间，通过@CreateDate 注解自动填值（需要配合@JpaAuditing 注解在启动类上生效）
    @CreatedDate
    @Column(name = "created_time", nullable = false)
    private Date createdTime;

    // 优惠券核算规则，平铺成 JSON 字段
    @Column(name = "rule",nullable = false)
    @Convert(converter = RuleConverter.class)
    private CalculationRule rule;

}
```

接下来我们定义优惠券模板的 Repository 类，具体代码如下：

```
public interface CouponTemplateRepository
        extends JpaRepository<CouponTemplate, Long> {

    CouponTemplate findByName(String name);

    List<CouponTemplate> findAllByAvailable(Boolean available);


    List<CouponTemplate> findAllByAvailableAndExpired(
            Boolean available, Boolean expired
    );

    /**
     * <h2>根据 expired 标记查找模板记录</h2>
     * where expired = ...
     * */
    List<CouponTemplate> findAllByExpired(Boolean expired);

    /**
     * 根据 shop ID + 可用状态查询店铺有多少券模板
     */
    Integer countByShopIdAndAvailable(Long shopId, Boolean available);

    /**
     * 将优惠券设置为不可用
     */
    @Modifying
    @Query("update CouponTemplate c set c.available = 0 where c.id = :id")
    int makeCouponUnavailable(@Param("id") Long id);
}
```

3.4.3　实现用户领券模块 DAO 层

这一节中我们定义一个名为 Coupon 的数据库实体类，用来保存用户领取的优惠券，具体代码如下：

```
@Builder
@Data
@NoArgsConstructor
```

```
@AllArgsConstructor
@Entity
@EntityListeners(AuditingEntityListener.class)
@Table(name = "coupon")
public class Coupon {

    @Id
    @GeneratedValue(strategy = GenerationType.IDENTITY)
    @Column(name = "id", nullable = false)
    private Long id;

    // 对应的模板 ID —— 不使用 OneToOne 映射
    @Column(name = "template_id", nullable = false)
    private Long templateId;

    // 所有者的用户 ID
    @Column(name = "user_id", nullable = false)
    private Long userId;

    // shop_id 是冗余 ID
    @Column(name = "shop_id")
    private Long shopId;

    // 获取时间自动生成
    @CreatedDate
    @Column(name = "created_time", nullable = false)
    private Date createdTime;

    /** 优惠券状态 */
    @Column(name = "status", nullable = false)
    @Convert(converter = CouponStatusConverter.class)
    private CouponStatus status;

    @Transient
    //使用@Transient 注解修饰的字段不会被持久化
    private TemplateInfo templateInfo;

}
```

我们添加 CouponDao 类来实现数据库操作，它继承自 JpaRepository 类，具体代码如下。

```
public interface CouponDao extends JpaRepository<Coupon, Long> {

    long countByUserIdAndTemplateId(Long userId, Long templateId);

}
```

3.4.4　使用 key-value store 实现缓存

在追求更高、更快、更强的现代社会中，用户对 IT 系统的性能要求也越来越高，他们总是希望在自己操作之后马上得到系统的反馈。据统计，一旦网页加载超过 3s，大部分用户就会离开当前网站。因此，如何提高系统的响应速度是一名合格工程师需要考虑的问题。提高系统响应速度的方式有很多种，数据缓存在大多数场景下都是其中一种行之有效的方案。计算机系统的基础知识告诉我们，离 CPU 越近计算速度就越快，那么如果将数据库数据缓存于内存之中，从缓存读取数据一定比从数据库直接读取更快。此外，利用缓存技术还可以减少数据库的访问次数，进而降低数据库的访问压力。

在使用缓存技术，我们需要解决的一大问题就是缓存数据和数据库源数据之间的同步。如果我们将缓存中的数据看作数据库中数据的一份拷贝，那么当数据库中的源数据发生改变时，缓存中的副本数据如何与源数据保持一致呢？接下来，我们就来了解一下缓存的同步策略。

缓存的同步策略有四种：

（1）Cache-aside

Cache-aside 是最简单的一种同步模式，应用程序同时管理缓存数据状态和数据库数据状态。它的工作原理很简单，应用层代码在查询数据库前先查询缓存，如果缓存数据不存在则查询数据库，而每次修改数据库后都会同步修改缓存数据。这种模式相对简单有效，如果结合 Spring AOP 技术使用起来也非常方便。只是所有访问数据库的代码都需要维护一段“先查缓存再查数据库”的代码逻辑，较为烦琐，也降低了系统的可维护性。Cache-aside 模式的工作原理如图 3-55 所示。

（2）Read-through

这种方式与 Cache-aside 截然不同，应用程序只和缓存的抽象层进行通信，所有的数据同步工作都由缓存的实现层完成。当应用需要读取数据时，只需直接从缓存读取。如果缓存没有命中，那么缓存的实现层会自动从源数据加载数据并更新到缓存。在这种模式下，应用程序只需要访问缓存，不需要与底层数据库进行通信，也不需要处理缓存与数据库之间的数据同步，Read-through 模式的工作原理如图 3-56 所示。

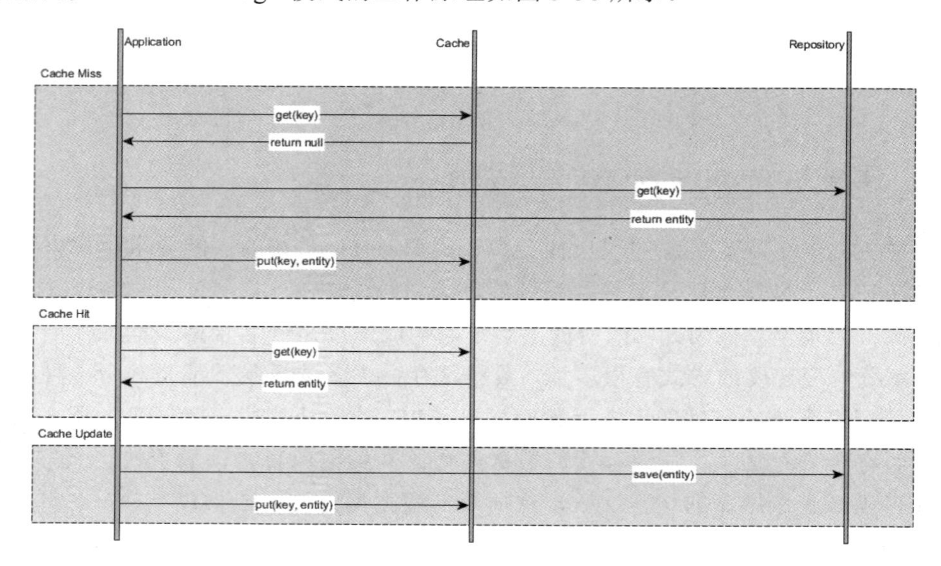

图 3-55　Cache-aside 模式的工作原理

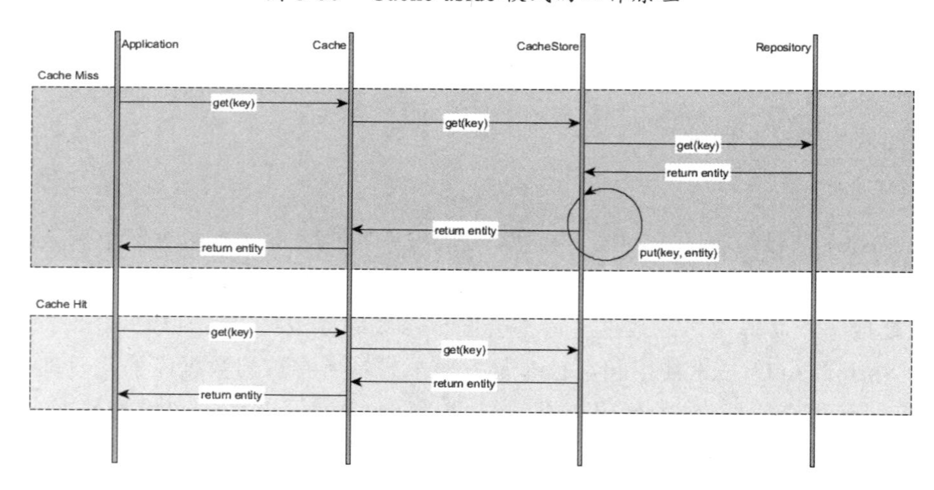

图 3-56　Read-through 模式的工作原理

（3）Write-through

Write-through 与 read-through 读取数据的方式相似，当缓存数据发生变更时，数据变更也会同时写入后台数据库。Write-through 的工作原理如图 3-57 所示。

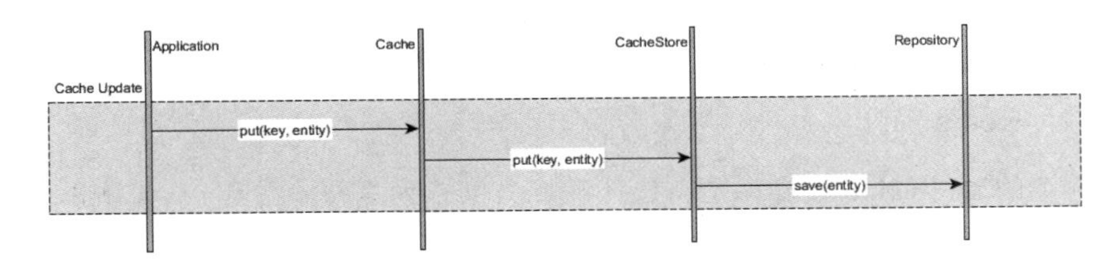

图 3-57　Write-through 的工作原理

在 Write-through 模式下还需注意缓存的事务管理：

- 如果对缓存和源数据要求强一致性，则需要采用分布式事务（例如 XAResource）来控制缓存和数据库的数据写入操作。
- 在非强一致性的场景下，可以采取最终一致性方案，例如，先修改缓存，再修改源数据。如果修改源数据失败，则系统采取补偿机制来撤销缓存修改，保证一致性。

（4）Write-behind

由于分散写入效率不高，所以我们希望尽可能将源数据库的写入操作集中起来执行。Write-behind 可以很好地解决这个问题，它将所有的缓存数据的变更先放入一个队列，再通过定时任务定期将队列中的数据写入源数据库，Write-behind 的工作原理如图 3-58 所示。

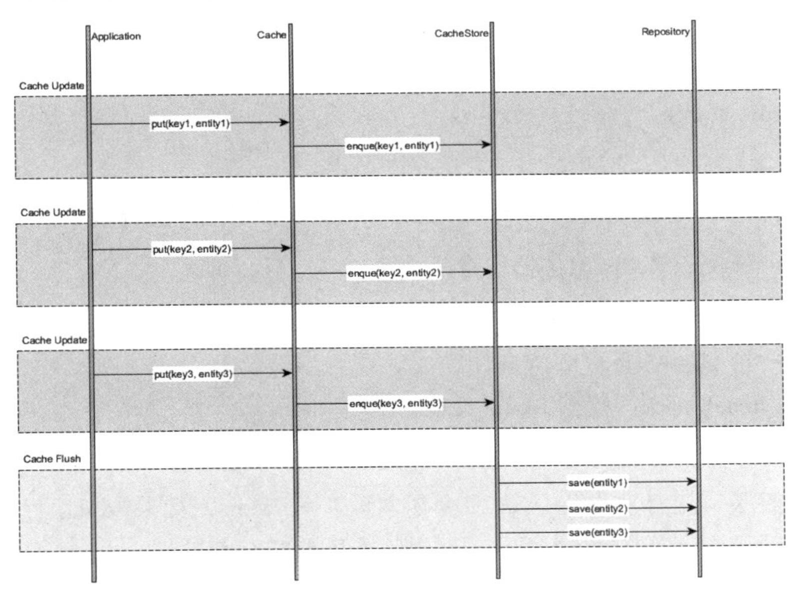

图 3-58　Write-behind 的工作原理

了解以上四种缓存数据同步策略，有助于我们设计一个更合理的缓存系统。

3.4.4.1　Redis 简介

基于内存的 key-value 数据库是首选的缓存方案，而 Redis 则是 key-value 数据库中的佼佼者。

Redis 是 Remote Dictionary Server 的缩写，Salvatore Sanfilippo 于 2006 年用 C 语言编写了 Redis，如今 Redis 已经是一款非常先进的 NoSQL key-value 开源数据库，与同时期的 Memcached 相比，Redis 提供了更丰富的数据类型，例如 Strings、Hashes、Lists、Sets、Sorted Sets、Bitmaps 等。此外，Redis 还提供了 key 的时效功能、事务性及 pub/sub 功能，并且允许开发者使用 Lua 脚本操作数据。

3.4.4.2　安装 Redis

以 macOS 为例，安装 Redis 最简单的方法是使用 brew 工具，命令如下：

```
brew install redis
```

如果本机并未安装 brew，则可以从 Redis 官网下载 Redis 源码编译，我们可以在命令行执行以下命令来完成 Redis 的安装，具体步骤如下：

（1）wget http://download.redis.io/redis-stable.tar.gz。

（2）0tar xvzf redis-stable.tar.gz。

（3）cd redis-stable。

（4）make。

如果以上步骤一切都正常，那么在 Redis 的 src 目录下会有以下文件：

（1）redis-server：Redis 服务器本身。

（2）redis-sentinel：Redis sentinel。

（3）redis-cli：Redis 客户端命令行。

（4）redis-benchmark：检查 Redis 性能。

（5）redis-check-aof 和 redis-check-rdb：主要用于检查 Redis 数据是否损坏。

进入 src 目录，运行 redis-server 命令在本地启动 Redis。如果一切运行正常，那么会看到 Redis 启动画面，如图 3-59 所示（不同版本可能略有差异）。

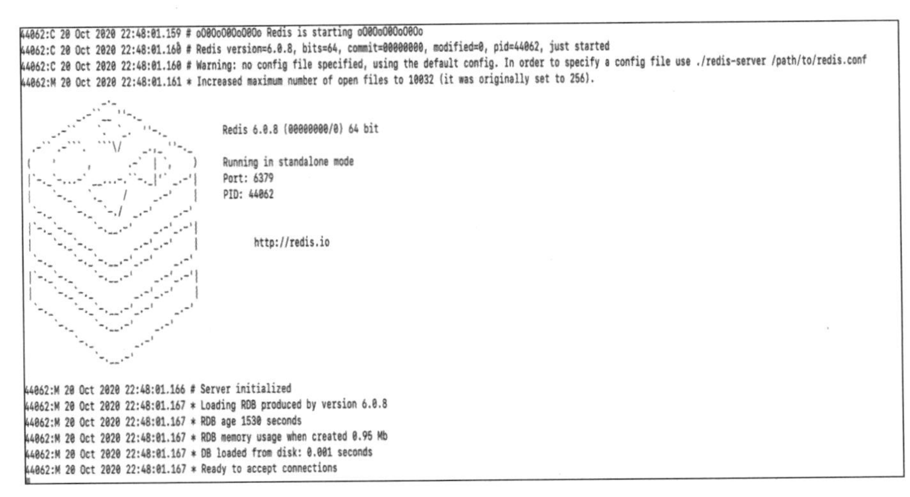

图 3-59　Redis 启动画面

注意：在启动过程中，我们没有修改任何参数，均采用默认值启动。因此，Redis 的默认端口是 6379。

进入 src 目录，通过./redis-cli 命令进入 Redis 控制台，我们运行一个简单测试来验证 Redis 是否正常工作。通过 Set 语句指定一个 Key 和对应的 Value，再通过 Get 语句根据 Key 获取 Value，Redis Set Get 测试如图 3-60 所示。

```
                   :src      $ ./redis-cli
127.0.0.1:6379> set testKey testValue
OK
127.0.0.1:6379> get testKey
"testValue"
127.0.0.1:6379>
```

图 3-60　Redis Set Get 测试

3.4.4.3　Redis 实现缓存

Spring 提供了 Spring Data Redis 组件来帮助开发者对接 Redis。

要使用 Spring Data Redis，首先需要引入以下依赖，具体代码如下：

```
<dependency>
    <groupId>org.springframework.data</groupId>
    <artifactId>spring-data-redis</artifactId>
    <version>2.3.4.RELEASE</version>
</dependency>

<dependency>
```

```
    <groupId>redis.clients</groupId>
    <artifactId>jedis</artifactId>
    <version>3.3.0</version>
    <type>jar</type>
</dependency>
```

对 Java 应用来说，我们可以选择很多开源库来实现 Java 程序与 Redis 的通信，如果我们使用 Jedis 组件，相关配置的具体代码如下：

```
@Bean
JedisConnectionFactory jedisConnectionFactory() {
    JedisConnectionFactory jedisConFactory = new JedisConnectionFactory();
    jedisConFactory.setHostName("localhost");
    jedisConFactory.setPort(6379);
    return jedisConFactory;
}

@Bean
public RedisTemplate<String, Object> redisTemplate() {
    RedisTemplate<String, Object> template = new RedisTemplate<>();
    template.setConnectionFactory(jedisConnectionFactory());
    return template;
}
```

由于篇幅原因，这里不对 Jedis 组件的用法做详细介绍，感兴趣的读者可以通过 Jedis 的官方文档了解 Jedis 的功能。

在 Spring 应用中要启用缓存功能，还需要使用 Spring Cache 组件，Spring Cache 的工作原理是通过 AOP 的方式为 Spring 应用提供缓存服务。从 Spring Framework 3.1 版本起，Spring 就内置了 org.springframework.cache.Cache 和 org.springframework.cache.CacheManager 接口，这两个接口对缓存操作进行了顶层抽象，我们可以通过一套统一的接口对不同缓存组件进行操作，Spring Cache 还支持使用 JCache（JSR-107）注解简化开发。Cache 接口和 CacheManager 接口的功能介绍如下。

- Cache 接口定义了缓存的各种操作规范，Spring 针对不同缓存中间件提供了对应的实现，例如 RedisCache、EhCacheCache、ConcurrentMapCache 等。
- CacheManager 缓存管理器，用于各种缓存软件的操作，例如 ConcurrentMapCacheManager。

Spring Cache 的工作原理如图 3-61 所示。

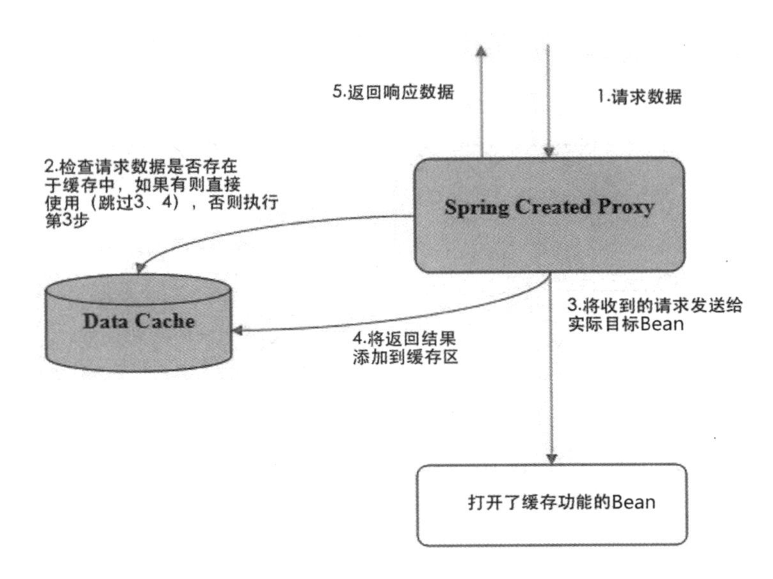

图 3-61　Spring Cache 的工作原理

在程序中使用 Spring Cache 我们需要向代码中添加以下两种信息：

- Cache 的注解，将 Spring Cache 的注解及配套的策略添加到需要被缓存的方法上。
- Cache 的配置，定义 Cache 的底层实现。

Cache 的重要注解如表 3-5 所示。

表 3-5　Spring Cache 注解

名称	解释
@Cacheable	用于修饰需要使用缓存功能的方法
@CacheEvict	用于删除缓存
@CachePut	用于更新缓存内容
@EnableCaching	在 Spring Boot 中表示开启基于注解的缓存
@KeyGenerator	缓存的 key 的生成策略

在 Spring Boot 项目中（此处以 coupon-template-service 为例）使用 Spring Cache 有以下几步：

第一步，添加 Maven 依赖，具体代码如下：

```
<dependency>
   <groupId>org.springframework.boot</groupId>
```

```
    <artifactId>spring-boot-starter-cache</artifactId>
</dependency>
<dependency>
    <groupId>org.springframework.boot</groupId>
    <artifactId>spring-boot-starter-data-redis</artifactId>
</dependency>
```

第二步，添加 Redis 和 Cache 的相关配置到 application.yml 文件，具体代码如下：

```
spring:
  cache:
    type: redis

  redis:
    host: localhost
    port: 6379
    # 连接超时时间
    timeout: 10000
```

第三步，在启动类上通过@EnableCaching 注解开启缓存功能，具体代码如下：

```
@SpringBootApplication
@EnableCaching
public class CouponTemplateApplication {

    public static void main(String[] args) {
        SpringApplication.run(CouponTemplateApplication.class, args);
    }

}
```

最后一步，修改 CouponTemplateServiceImpl 类，通过@Cacheable 注解添加缓存逻辑，具体代码如下：

```
@Slf4j
@Service
public class CouponTemplateServiceImpl implements CouponTemplateService {


    @Override
    @Cacheable(value = "templates", key = "#id")
    public TemplateInfo loadTemplateInfo(Long id) {
    // 省略部分代码
    }


    @Override
```

```
    @Transactional
    @CacheEvict(value = "templates", key = "#id")
    public void inactiveCoupon(Long id) {
    // 省略部分代码
    }
}
```

3.5　消息系统

3.5.1　消息系统的作用

在架构设计方法论中，有一种架构模式被称为事件驱动架构模式。这种架构模式是一种异步分发事件的模式，常用于设计高度可拓展的应用。事件驱动的架构模式有两种实现方式：一种是中介模式，另一种是代理模式。

中介模式适合于复杂的业务流程，需要一个居中协调的业务场景。代理模式适合业务需求简单，但对处理速度和扩展性要求很高的业务场景。无论采用哪一种模式，在源系统（即触发事件的系统）和事件处理器（即真正拥有业务逻辑的组件）之间都需要一个连接点，这个连接点就是消息系统。图 3-62 和图 3-63 分别展示了中介模式和代理模式的流程。

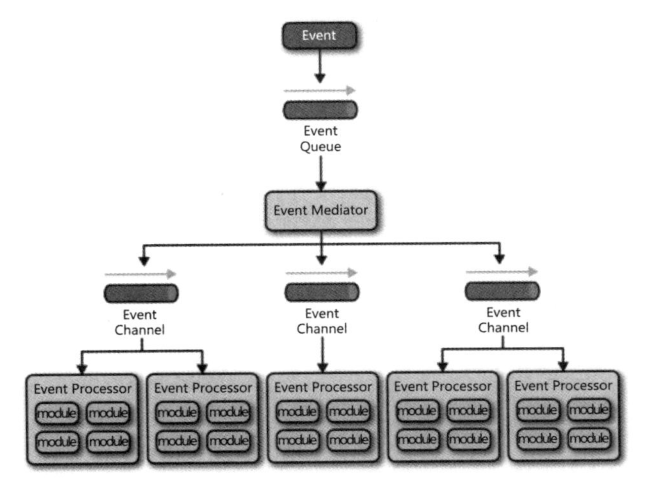

图 3-62　中介模式的流程

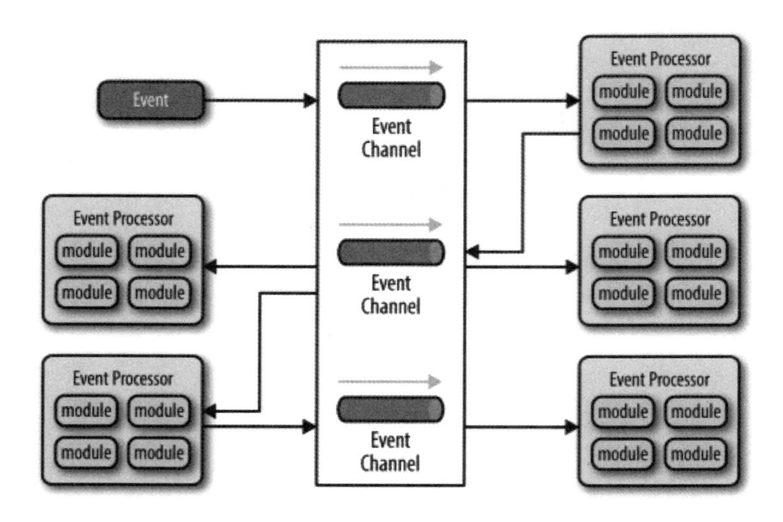

图 3-63　代理模式的流程

消息系统一般用于以下两种情况：

- 组件解耦。
- 流程异步化。

3.5.2　消息系统的两种模式

消息系统的主流实现有两种模式，分别是 MQ（Message Queue，消息队列）模式和 Publish/Subscribe（发布/订阅）模式，下面我们分别对这两种模式进行介绍：

1. MQ 模式

如图 3-64 所示，在 MQ 模式下，消息的生产者和订阅者通过消息队列进行解耦，多个生产者可以向同一个 Queue 发生消息。只要有任何一个消费者读取（在读取时会加锁）并消费了该消息，那么这条消息将会从队列中被移除，其他的消费者将无法再次消费该消息。因此，对于任何一条消息，在 MQ 模式下有且仅有一个消费者可以消费该消息（消息只能被消费一次）。

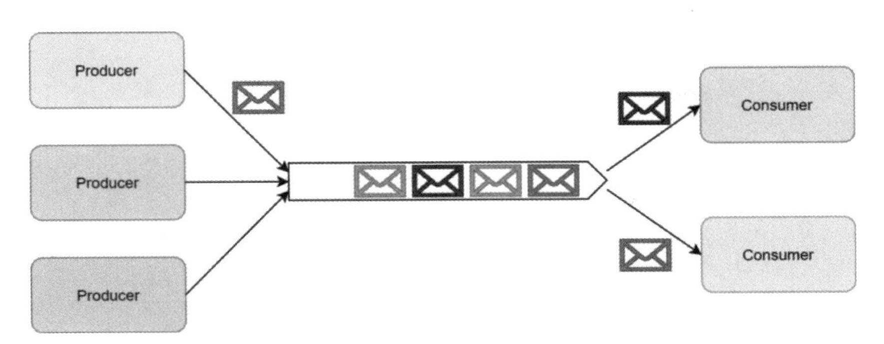

图 3-64　MQ 模式

2. Publish/Subscribe 模式

如图 3-65 所示，在 Publish/Subscribe 模式中，任意消息都可以被多个订阅者同时接收和处理，这种方式允许消息生产者同时通知多个订阅者，以达到消息群发的目的。

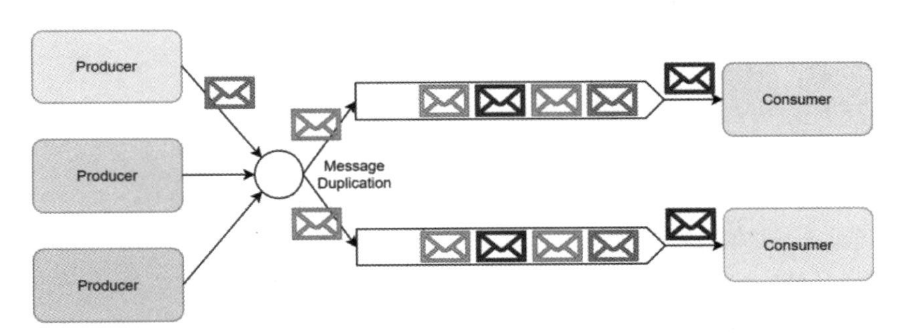

图 3-65　Publish/Subscribe 模式

大多数开源中间件都同时实现了这两种消息处理模式，目前主流的中间件是 MQ、RabbitMQ 和 RocketMQ，本书将以 RabbitMQ 为例来编写课程代码。（注：Kafka 是一种与 MQ 截然不同的消息系统）

RabbitMQ 是一个通用的消息代理，目前 RabbitMQ 支持的协议有 MQTT、AMQP、和 STOMP。在 RabbitMQ 的顶层架构图中主要有四种组件，RabbitMQ 架构如图 3-66 所示。

如图 3-66 所示，图中四个组件的具体功能如下：

（1）Producer：Producer 是消息的生产者，它推送消息到交换机，同时也负责产生消息交换路由（Routing）的主键（Routing Key）。

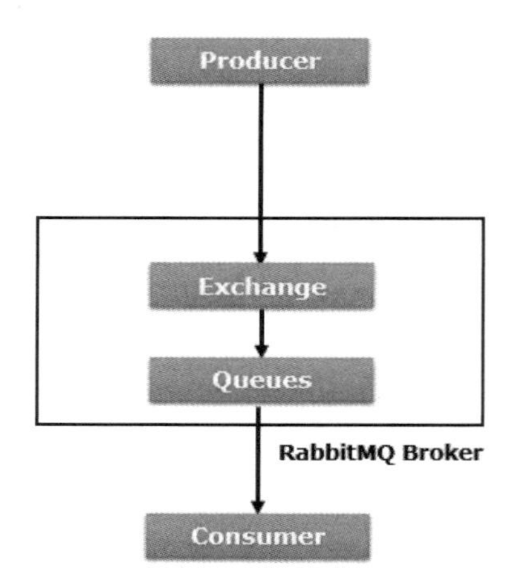

图 3-66　RabbitMQ 架构图

（2）Exchange（交换机）和 Queue（队列）：

- Exchanges 将接收的消息路由到其他交换机或队列中。
- RabbitMQ 发送 ACK（即 Acknowledge 回执）到 Producer，告知其消息已被处理。

（3）Consumer（消息消费者）：

Consumer 维持一个与 RabbitMQ 服务器的长连接，并告知 RabbitMQ 它在消费哪些消息队列的消息。一旦有消息到达指定 queue，该消息就会被推送（push）给 Consumer。Consumer 发送 ACK 给 RabbitMQ，告诉 RabbitMQ 这条消息是消费成功还是消费失败。一旦消费成功，该消息将会从 Queue 中被移除。

RabbitMQ 可以配置多种消息消费模式。

- Producer 和 Consumer 是一对一的关系，即一个 Producer 只向一个 Queue 发送消息，并且只有一个 Consumer 从这个 Queue 中消费消息，Producer 和 Consumer 的一对一消费关系如图 3-67 所示。

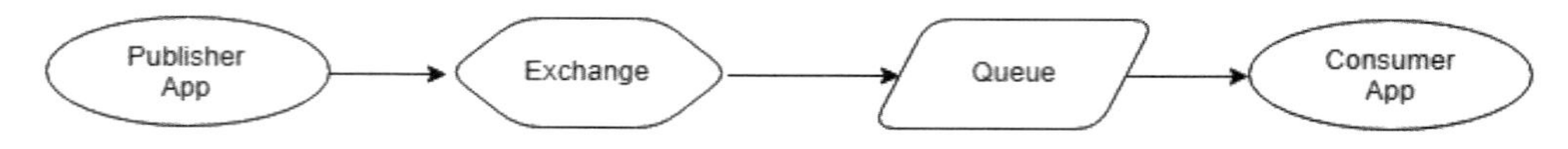

图 3-67　Producer 和 Consumer 的一对一消费关系

- 多个 Producer 对应多个 Queue，即任意 Producer 发来的消息将被发布到多个 Queue 中，每个 Queue 对应一个 Consumer，如图 3-68 所示。

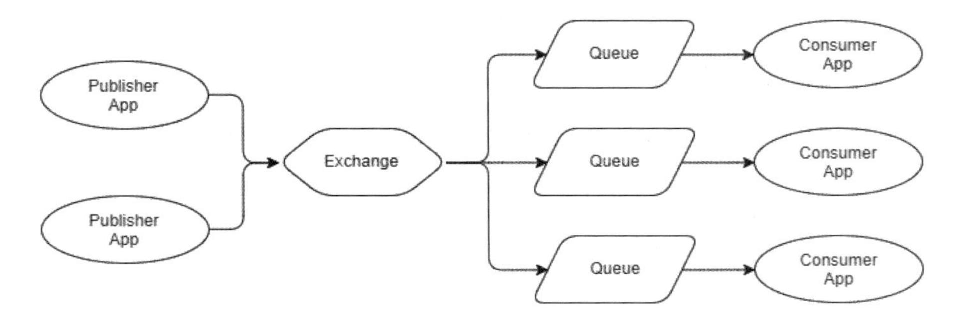

图 3-68　每个 Consumer 消费一条消息

- 多个 Producer 对应多个 Consumer，但这些 Consumer 被配置到一个消费组中，同一个消费组内的每条消息仅被组内的一个 Consumer 消费，如图 3-69 所示。

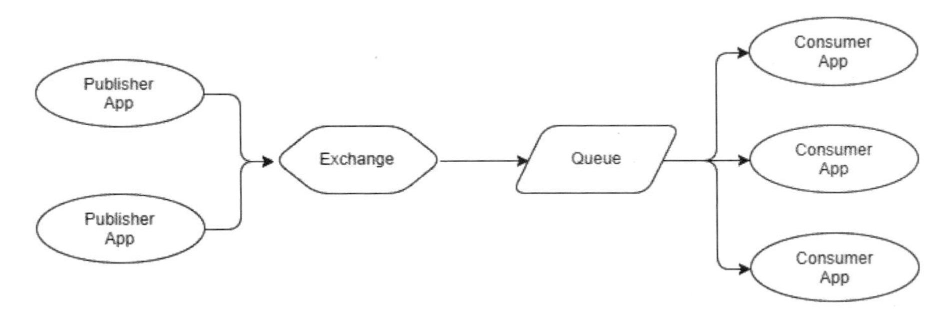

图 3-69　每条消息仅被一个 Consumer 消费

从架构角度来看，Kafka 与 MQ 完全不同，Kafka 最初被设计为分布式日志提交系统，在 Kafka 体系中也没有 Queue 这种队列结构的实现。Kafka 的特点如下：

- 分布式（Distributed）：Kafka 系统都是以分布式集群部署的方式实现容错和扩展的。
- 多副本（Replicated）：任何一条日志（或消息）在 Kafka 系统里面都会被复制多份并保存在不同的集群节点。
- 日志（Log）：在 Kafka 系统中所有的消息都以日志的形式存在，这些日志被归类为不同的主题（Topic）。

在 Kafka 中最重要的几个概念如下：

- Topic：在 Kafka 中，所有的消息（log）都是按照 Topic 进行归类的，每个 Topic 的消息都会被分布到多个 Partition 上，消息在 Partition 上按照写入的先后顺序排列，Kafka 消息写入的过程如图 3-70 所示。

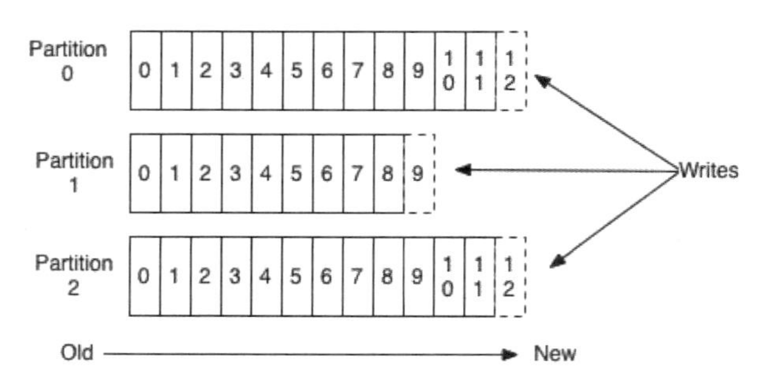

图 3-70 Kafka 消息写入的过程

- Broker：Kafka 集群中的一台或多台服务器统称为 Broker，Topic 的消息写入 Partition 中，而 Partition 存在于 Broker 上，每个 Broker 可以包含多个不同 Topic 的 Partition。
- Partition：Partition 是 Topic 物理上的分组，每个 Topic 内的消息都被分成多个 Partition 存储，每个 Partition 又有多个副本。在这些 Partition 中，有的是 Leader 角色（Leader 可以被认为是主节点），即负责消息的写入；有的是 Replica 角色（即 Leader 的备份），Replica 可以在 Leader 不可用的时候转化为 Leader 角色。Broker 和 Leader 的关系如图 3-71 所示。

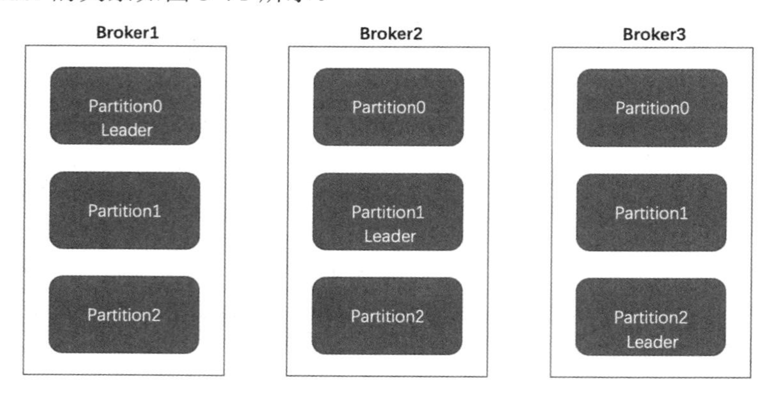

图 3-71 Broker 和 Leader 的关系

- Offset：任何一条消息被写入 Partition 时，都会被分配一个 ID，这个 ID 就是 Offset，Offset 是一条消息在 Partition 上被存放的位置。
- Producer：消息的发送者，它只和 Leader 角色的 Partition 进行通信，当消息通过 Leader 被写入集群之后，Leader 会将消息复制给其他节点。Producer 将日志写入 Leader 的过程如图 3-72 所示。

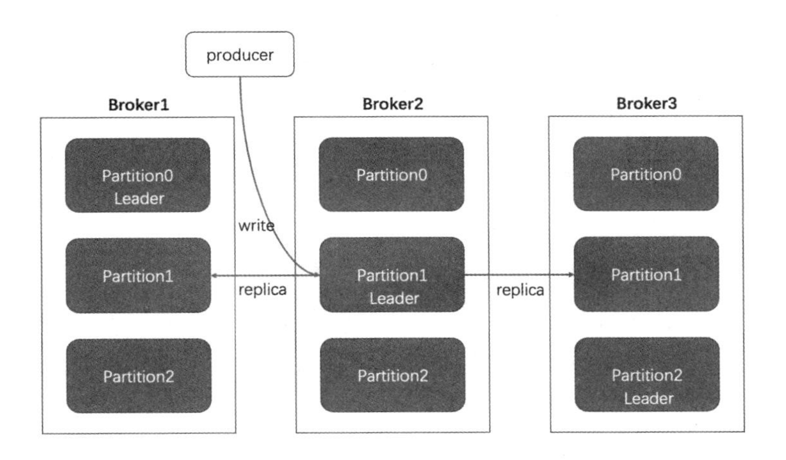

图 3-72　Producer 将日志写入 Leader 的过程

- Consumer group：即消费组，在 Kafka 中消费者是以消费组的形式存在的，当消费组订阅某个 Topic 后，消费组中的 Consumer 会和 Topic 下的某个 Partition 建立消费关系。Consumer 按照 Offset 的先后顺序从 Partition 上获取消息进行消费，并自行维护其当前读取的 Offset 值。Consumer Group 消费消息如图 3-73 所示。

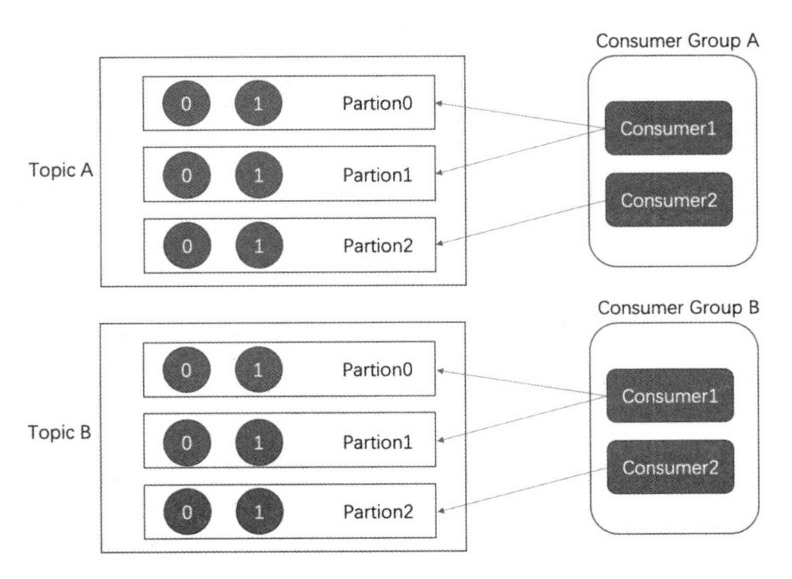

图 3-73　Consumer Group 消费消息

总结来说，MQ 和 Kafka 的区别如下：

- MQ 既支持 MQ 模式又支持 publish/subscribe 模式，Kafka 不支持 MQ 模式，只支持基于 Topic 的 publish/subscribe 模式。
- MQ 的客户端所收到的消息是从 MQ 推送（Push）到客户端的，而 Kafka 的客户端要自己从服务器上拉取（Pull）消息。
- Kafka 相比传统的 MQ 组件有更优秀的吞吐量。

Kafka 通常和 ZooKeeper 搭配使用，Kafka 节点的数据也保存在 ZooKeeper 中。由于篇幅原因，本章不对 ZooKeeper 做深入介绍，感兴趣的读者可以自行搜索 ZooKeeper 相关知识进行学习。

3.5.3 集成 RabbitMQ

3.5.3.1 安装 RabbitMQ

手动安装 RabbitMQ 的流程比较复杂，因为 RabbitMQ 需要 ErLang 环境支持，建议读者使用 Docker 镜像来安装 RabbitMQ，本节以 Docker 镜像为例讲解 RabbitMQ 的安装过程。

在成功安装 Docker 之后（请读者至 Docker 官网下载安装 Docker，或者至本书第 17 章 Docker 容器技术了解 Docker 的安装过程），在命令行执行以下命令获取 RabbitMQ 的 Docker 镜像：

（1）docker pull rabbitmq。

（2）docker run -it --rm --name rabbitmq -p 5672:5672 -p 15672:15672 rabbitmq:3-management。

我们配置了端口 5672 和 15672，其中端口 5672 是 MQ 组件监听的 TCP 端口，端口 15672 是 AdminUI 界面使用的 HTTP 端口，运行成功之后，尝试打开 Admin UI 的地址（http://localhost:15672）进入登录界面，RabbitMQ 登录界面如图 3-74 所示。

图 3-74　RabbitMQ 登录界面

输入默认的用户名和密码（guest/guest），进入 Admin Portal 页面，Admin Portal 首页如图 3-75 所示。

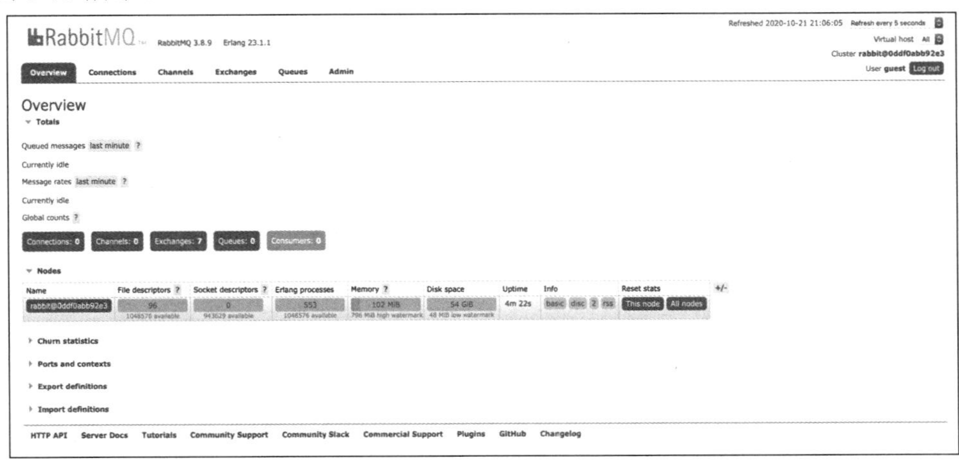

图 3-75　Admin Portal 首页

3.5.3.2　Spring Boot 与 MQ 集成

本节我们将在 coupon-user-service 项目中添加一个 Producer()方法，当用户使用了优惠券后发送一条消息到 MQ 组件，同时在 coupon-template-service 中添加一个 Consumer()方法，用来消费这条消息。

第一步，我们需要在 coupon-user-service 项目的 pom.xml 文件中添加 MQ 的依赖项，具体代码如下：

```
<dependency>
   <groupId>org.springframework.boot</groupId>
   <artifactId>spring-boot-starter-amqp</artifactId>
</dependency>
```

第二步，在 application.yml 文件中添加 RabbitMQ 相关的连接串和用户名、密码的配置，具体代码如下：

```
spring:
  application:
    name: coupon-user-service
  rabbitmq:
    host: localhost
    port: 5672
```

```
    username: guest
    password: guest
broadview.rabbitmq.exchange: broadview.direct
broadview.rabbitmq.routingkey: broadview.routingkey
```

第三步，创建 RabbitMqProducer 类，我们通过这个类发送消息到 RabbitMQ，具体代码如下：

```
@Component
@Slf4j
public class RabbitMqProducer {
    @Autowired
    private AmqpTemplate amqpTemplate;

    @Value("${broadview.rabbitmq.exchange}")
    private String exchange;

    @Value("${broadview.rabbitmq.routingkey}")
    private String routingKey;

    public void produceMsg(String msg){
        amqpTemplate.convertAndSend(exchange, routingKey, msg);
        log.debug("Send msg ={} " ,msg);
    }
}
```

第四步，在 UserServiceImpl 中注入 RabbitMqProducer 对象，并在 placeOrder()方法中添加消息发送的逻辑，具体代码如下：

```
@Slf4j
@Service
public class UserServiceImpl implements CouponUserService {

    @Autowired
    private RabbitMqProducer producer;

   …..

    @Override
    public PlaceOrder placeOrder(PlaceOrder order) {
//原逻辑省略
….
```

```
            producer.produceMsg(order.getCouponId().toString());
        return checkoutInfo;
    }
......
}
```

完成以上几步修改之后，coupon-user-service 的改造就完成了。

第五步，我们用相同的方式在 coupon-template-service 项目中添加 spring-boot-starter-amqp 依赖项，并在 application.yml 文件中配置 RabbitMQ，application.xml 文件的具体代码如下：

```
spring:
  application:
    name: coupon-template-service
  rabbitmq:
    host: localhost
    port: 5672
    username: guest
    password: guest
  broadview.rabbitmq.queue: broadview.queue
```

注意，coupon-template-service 中的 RabbitMQ 配置项的名称和 coupon-user-service 中的配置项名称是不同的。

第六步，我们创建 RabbitConsumer 作为服务消费者，具体代码如下：

```
@Component
@Slf4j
public class RabbitConsumer {

    @RabbitListener(queues="${broadview.rabbitmq.queue}")
    public void recievedMessage(String msg) {
        log.debug("Recieved Message: {}" ,msg);
        //其他业务逻辑
    }
}
```

注意，通过@RabbitListener 注解内的参数名称可以看出，RabbitConsumer 连接的是 RabbitMQ 中的 Queue 队列，而不是 Exchange 交换机。因此，我们需要在 RabbitMQ 控制台中做一些配置，将 Queue 和 Exchange 二者关联起来。

首先，登录 RabbitMQ 控制台，单击 Exchange 面板下的 Add a new exchange 按钮，添加 Exchange 的入口，如图 3-76 所示。

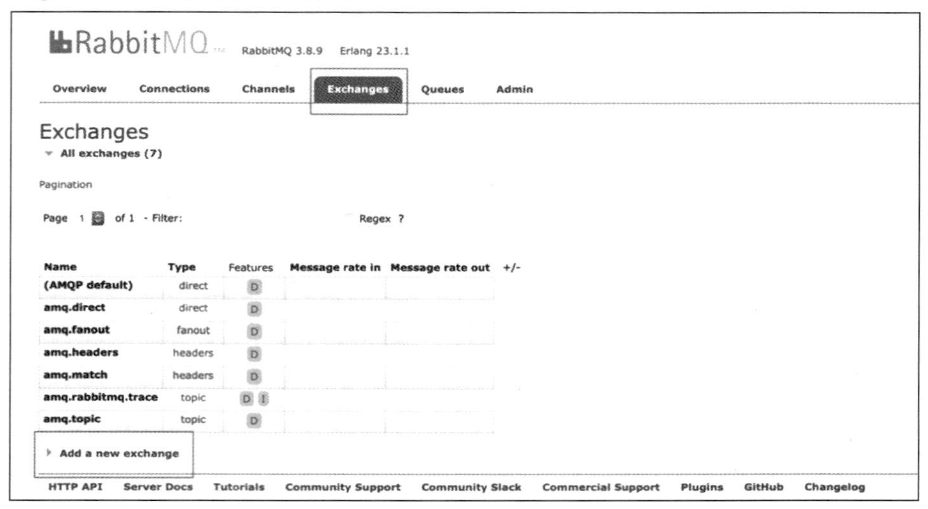

图 3-76 添加 Exchange 的入口

下一个页面是添加 Exchange 的页面，我们输入 Name 参数为 broadview.direct，并选择 Type 参数为 direct，单击 Add exchange 按钮完成添加操作。添加 Exchange 的页面如图 3-77 所示。

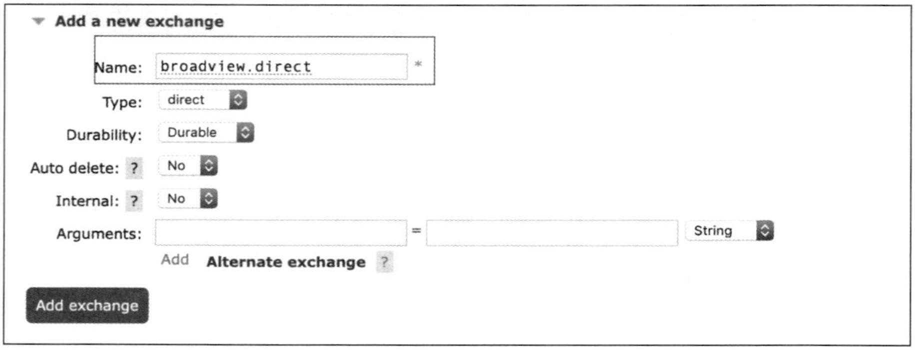

Add a new exchange
Name: broadview.direct *
Type: direct
Durability: Durable
Auto delete: ? No
Internal: ? No
Arguments: = String
Add Alternate exchange ?
Add exchange

图 3-77 添加 Exchange 的页面

添加成功之后，我们就可以看到如图 3-78 所示的 Exchange 详情页面。

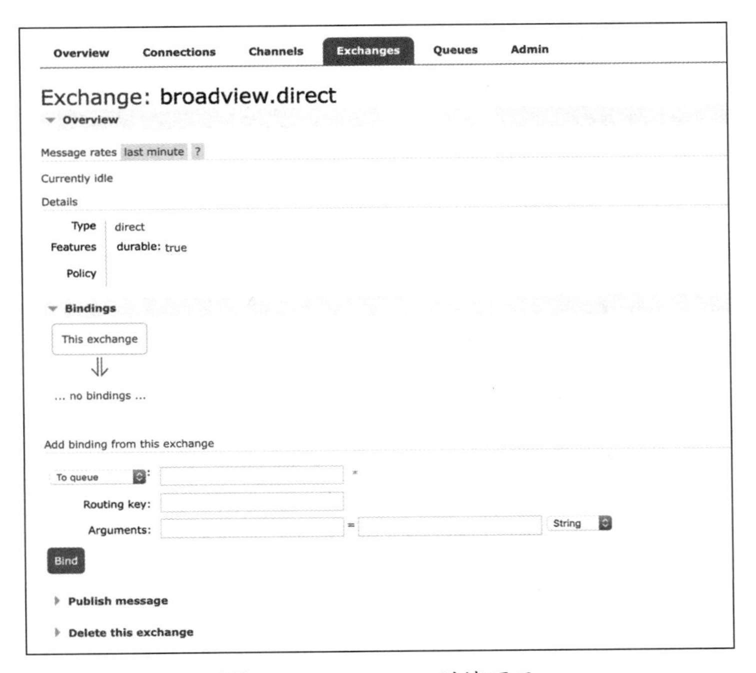

图 3-78 Exchange 详情页面

Exchange 添加好之后，我们需要添加对应的 Queue。在 Queues 面板下单击 Add a new queue 按钮，添加 Queue 的入口页面如图 3-79 所示。

图 3-79 添加 Queue 的入口页面

此时我们跳转到如图 3-80 所示的添加 Queue 页面，在页面中输入 Name 参数为 broadview.queue，其他均保持默认值即可，单击 Add queue 按钮提交。

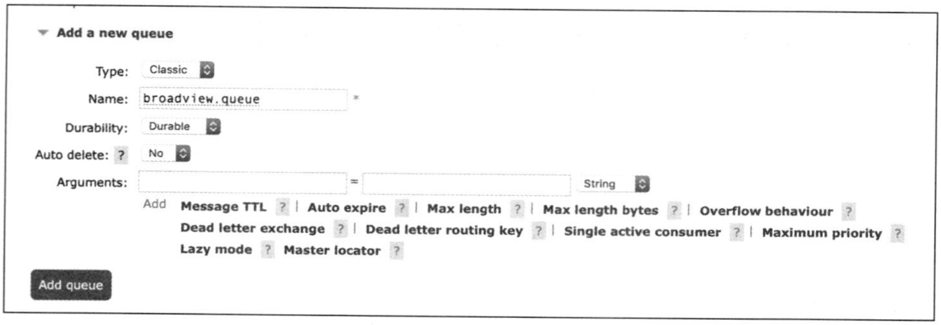

图 3-80　添加 Queue 页面

在 Queue 添加完成之后，我们回到如图 3-78 所示的 Exchange 页面，在页面中的 Add binding from this exchange 部分设置 To queue 为 broadview.queue，设置 Routing key 为 broadview.routingKey，并单击 Bind 按钮。绑定 Queue 到 Exchange 的页面如图 3-81 所示。

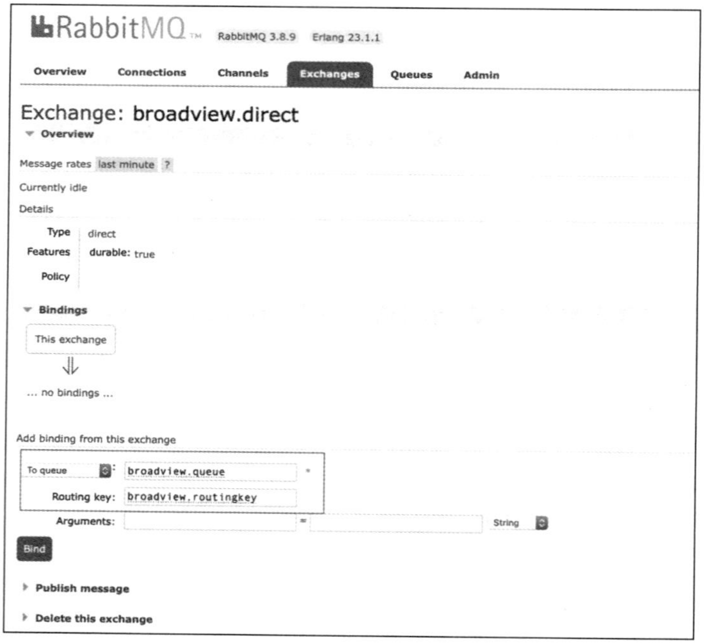

图 3-81　绑定 Queue 到 Exchange

配置妥当之后，我们将看到如图 3-82 所示的绑定成功信息。

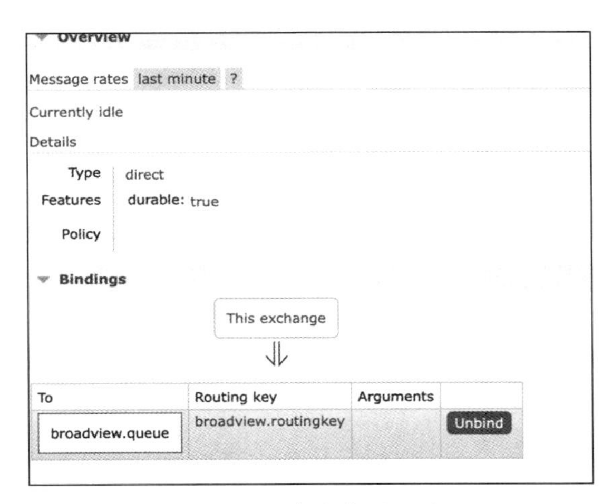

图 3-82　绑定成功信息

为了验证本节配置的正确性，读者可以启动项目，并调用 coupon-user-service 服务发送消息，同时观察消息是否顺利发送到 RabbitMQ 并被消费者正确消费。

3.5.4　集成 Kafka

3.5.4.1　安装 Kafka

Kafka 依赖于 ZooKeeper，本章以 macOS 为例来演示安装 ZooKeeper 和 Kafka 的过程。在开始安装前，请确保 JDK 已经在本机安装成功。

下载安装 ZooKeeper 的过程如下（本节演示的是单机模式）：

（1）从 ZooKeeper 官方网站下载 ZooKeeper 安装包，笔者下载的版本是 3.6.2。

（2）下载成功后，在下载目录运行以下命令（根据下载版本不同会略有差异）：

- tar -zxf apache-zookeeper-3.6.2-bin.tar.gz。
- cd apache-zookeeper-3.6.2-bin。
- mkdir data。

（3）修改 ZooKeeper 的配置文件。

- 进入 ZooKeeper 解压目录下的 conf 目录。
- 利用样例配置文件创建新的配置文件——cp zoo_sample.cfg zoo.cfg。
- 修改 zoo.cfg 文件，具体代码如下：

```
tickTime = 2000
```

```
dataDir = /path/to/zookeeper/data(将这个目录指向步骤 2 中创建的 data 目录)
clientPort = 2181
initLimit = 5
syncLimit = 2
```

保存并退出编辑器。

（4）启动 ZooKeeper。

- 进入 ZooKeeper 解压目录下的 bin 目录。
- 运行./zkServer.sh start，ZooKeeper 正常启动的日志界面如图 3-83 所示。

```
:bin      $ ./zkServer.sh start
/usr/bin/java
ZooKeeper JMX enabled by default
Using config: /Users/rqing/Downloads/apache-zookeeper-3.6.2-bin/bin/../conf/zoo.cfg
Starting zookeeper ... STARTED
```

图 3-83　ZooKeeper 正常启动的日志界面

下载安装 Kafka 的步骤如下（本节演示的是单机模式）：

（1）从 Kafka 的官网下载 Kafka 安装包，笔者下载的版本是 kafka_2.12-2.6.0.tgz。

（2）下载成功后，解压下载的 tgz 文件。

（3）进入 Kafka 解压缩后的目录，查看 config 目录下的 server.properties，主要确认 zookeeper.connect 参数是否与将要连接的 ZooKeeper 一致，默认情况下是 localhost:2181，与安装 ZooKeeper 时我们配置的 ZooKeeper 端口号相同。

（4）进入 bin 目录运行 sh ./kafka-server-start.sh ../config/server.propertie。

如果以上配置全部正确，我们会看到如图 3-84 所示的 Kafka 启动界面。

```
INFO [SocketServer brokerId=0] Started socket server acceptors and processors (kafka.network.SocketServer)
INFO Kafka version: 2.6.0 (org.apache.kafka.common.utils.AppInfoParser)
INFO Kafka commitId: 62abe01bee039651 (org.apache.kafka.common.utils.AppInfoParser)
INFO Kafka startTimeMs: 1603335212172 (org.apache.kafka.common.utils.AppInfoParser)
INFO [KafkaServer id=0] started (kafka.server.KafkaServer)
```

图 3-84　Kafka 启动界面

至此，Kafka 在本机安装成功。需要注意的是，本节中我们采用了单机运行模式，这种模式只适合本地演示，在实际工作中，我们通常需要以集群模式运行 Kafka 和 ZooKeeper。

3.5.4.2　Spring Boot 与 Kafka 集成

以 coupon-template-service 和 coupon-user-service 项目为例，本节我们需要实现的业务需求是：当 coupon-user-service 服务接收用户申请优惠券的请求时，通知 coupon-template-service 服务做统计。因此，coupon-user-service 是消息的生产者，coupon-template-service 是消息的消费者。

首先，我们在 coupon-user-service 项目中添加 Kafka 依赖，Kafka 依赖项的版本必须与 Spring Boot 的版本兼容，Spring Boot 和 Kafka 版本兼容关系如图 3-85 所示。

Spring for Apache Kafka Version	Spring Integration for Apache Kafka Version	kafka-clients	Spring Boot
2.6.0	5.3.x or 5.4.0-SNAPSHOT (pre-release)	2.6.0	2.3.x or 2.4.0-SNAPSHOT (pre-release)
2.5.x	3.3.x	2.5.0	2.3.x
2.4.x	3.2.x	2.4.1	2.2.x
2.3.x	3.2.x	2.3.1	2.2.x
2.2.x	3.1.x	2.0.1, 2.1.x, 2.2.x	2.1.x
~~2.1.x~~	~~3.0.x~~	~~1.0.2~~	~~2.0.x (End of Life)~~
1.3.x	2.3.x	0.11.0.x, 1.0.x	~~1.5.x (End of Life)~~

图 3-85　Spring Boot 和 Kafka 版本兼容关系

根据图 3-85 所示，本章所使用的 Spring Boot 版本为 2.2.10，Spring Kafka 的最高版本为 2.4.9，引入的 Kafka 依赖项的具体代码如下：

```
<dependency>
   <groupId>org.springframework.kafka</groupId>
   <artifactId>spring-kafka</artifactId>
   <version>2.4.9.RELEASE</version>
</dependency>
```

然后，我们修改 application.yml 文件，添加与 Kafka producer 相关的配置，代码如下：

```
spring:
  application:
    name: coupon-user-service
  kafka:
    bootstrap-servers: localhost:9092
    producer:
      key-serializer: org.apache.kafka.common.serialization.StringSerializer
      value-serializer:
org.springframework.kafka.support.serializer.JsonSerializer
      retries: 3
      acks: 1
```

接着，创建 KafkaSender 类，用来发送 Kafka 消息，具体代码如下：

```
@Component
public class KafkaSender {

    @Autowired
    private KafkaTemplate<String, String> kafkaTemplate;

    String kafkaTopic = "broadview_test_topic";

    public void send(String message) {

        kafkaTemplate.send(kafkaTopic, message);
    }
}
```

最后，修改 UserServiceImpl 类，将 KafkaSender 类的实例注入进来，具体实现代码如下：

```

@Slf4j
@Service
public class UserServiceImpl implements CouponUserService {

    @Autowired
    private KafkaSender kafkaSender;


    @Override
    public Coupon requestCoupon(RequestCoupon request) {
        //其他业务逻辑略
        Coupon coupon = Coupon.builder()
                .templateId(request.getCouponTemplateId())
                .userId(request.getUserId())
                .shopId(templateInfo.getShopId())
                .status(CouponStatus.AVAILABLE)
                .build();
        couponDao.save(coupon);
        kafkaSender.send(coupon.getId().toString());
        return coupon;
```

```
    }

    //其他业务逻辑略
}
```

经过以上步骤，我们就完成了消息生产者的改造。

接下来，我们在 coupon-template-service 中实现 Kafka 消息的消费。

首先，我们在 coupon-template-service 中添加 Spring Kafka 依赖，并将 Kafka Consumer 的配置代码加入 application.yml 文件中，具体代码如下：

```
spring:
  application:
    name: coupon-template-service
  kafka:
    bootstrap-servers: localhost:9092
    consumer:
      enable-auto-commit: true
      key-deserializer:
org.apache.kafka.common.serialization.StringDeserializer
      value-deserializer:
org.apache.kafka.common.serialization.StringDeserializer
```

然后，我们创建 KafkaConsumer 类，通过@KafkaListener 注解添加一个监听器。在监听器中，我们通过 topics 属性指定了当前消费者所监听的 Topic 的名称，具体代码如下：

```
@Slf4j
@Component
public class KafkaConsumer {

    @KafkaListener(topics      =      "broadview_test_topic",      groupId      =
"broadview_test_listener")
    public void consumeMessage(@Payload String kfkMessage,
                    @Header(KafkaHeaders.RECEIVED_PARTITION_ID) int partition,
                    @Header(KafkaHeaders.OFFSET) int offsets){

        log.info("received  msg={} , partition={}, offsets={}" , kfkMessage ,
partition , offsets );
        //其他业务逻辑省略
    }
}
```

通常，Kafka 会在运行期自动创建 Topic，如果我们没有开启 Topic 的自动创建功能，那么可以通过命令行来创建一个 Kafka Topic，具体命令如下：

```
bin/kafka-topics.sh --create  --zookeeper localhost:2181  --replication-factor 1 --partitions 1  --topic broadview_test_topic
```

最后，启动 coupon-user-service 和 coupon-template-service，并调用相关服务，验证 Kafka 消息是否被正常消费。

3.6 应用安全管理

随着互联网浪潮的涌起，加上苹果、谷歌等大型互联网公司所引领的移动互联网风潮，全世界的互联网用户数逐年呈指数级增长。互联网用户数统计（CNNIC 第 47 次《中国互联网络发展状况统计报告》）如图 3-86 所示。

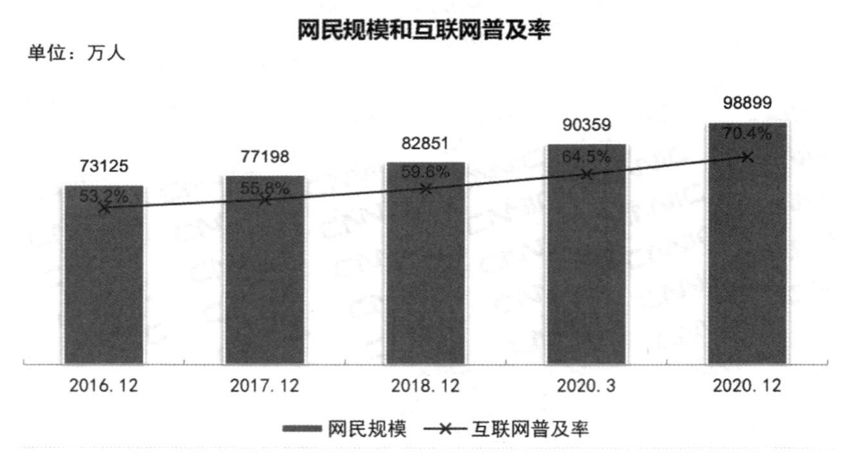

图 3-86　互联网用户数统计

随着全球范围内互联网用户数量的爆发式增长，各种应用安全问题也随之增加，安全事故统计（CNCERT《2020 年上半年我国互联网网络安全监测数据分析报告》）如图 3-87 所示。

由于经济利益的驱动，各种各样的黑客攻击手段层出不穷，这大大促进了信息安全领域的发展。通常，我们会从系统安全的角度对系统进行安全分级，系统的安全分级如图 3-88 所示。

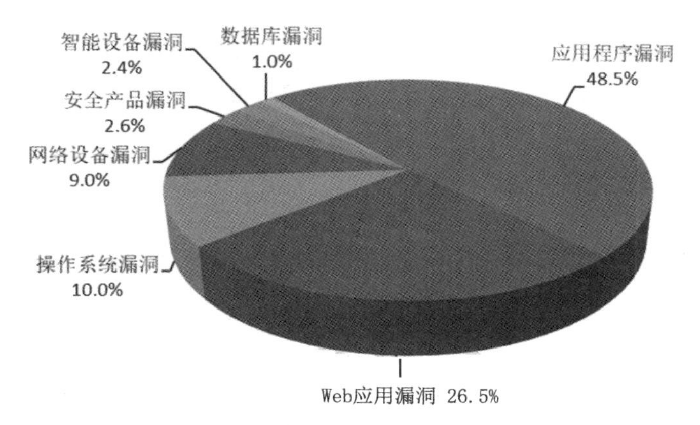

图 3-87　安全事故统计

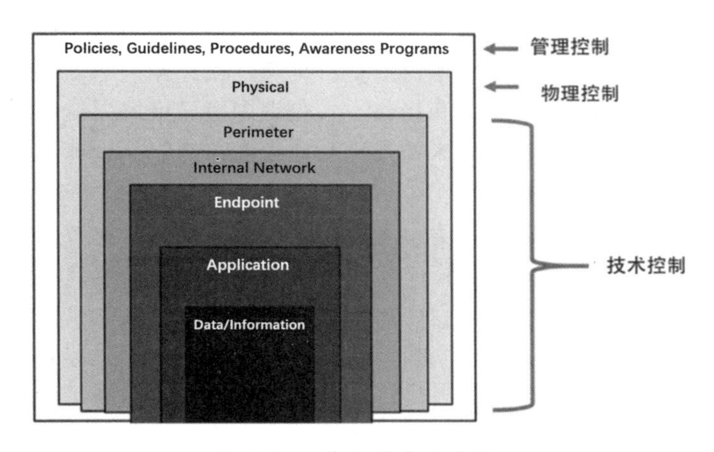

图 3-88　系统的安全分级

本章主要关注应用层（Application）的安全管理。

3.6.1　Authentication 用户身份鉴定

对任何应用程序来说，最基础的安全保护机制是只允许授权用户访问应用，这条安全底线对存有客户敏感信息的系统（如社交网络或者政府机关为全国各地提供的信息服务）来说尤为重要。这类系统一旦被非法用户侵入，将会导致严重的信息泄漏问题。

应当如何设计系统才能保证系统只被授权用户使用呢？简单通用的一种解决方案就是用户认证，用户认证体系的工作流程如图 3-89 所示。

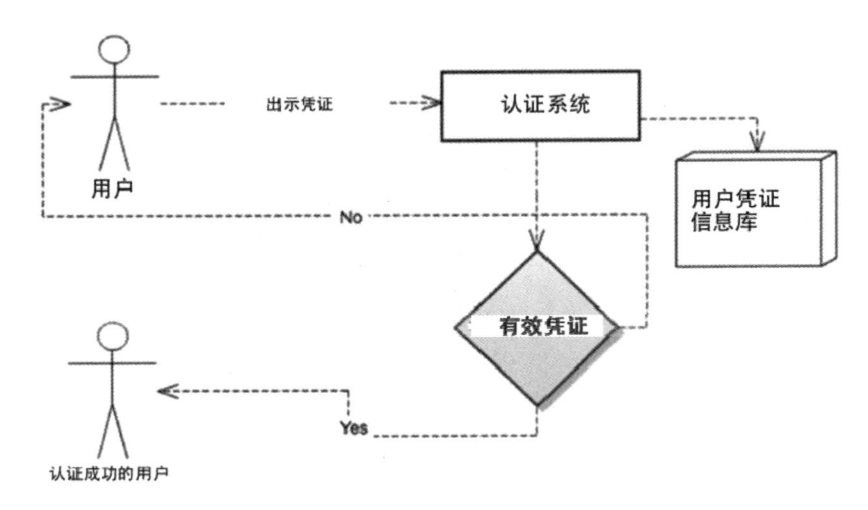

图 3-89　用户认证体系的工作流程

通常情况下，用户身份认证要求用户提交一种凭证来证明自己就是账户的所有人，最简单的凭证是用户名和密码、用户名和指纹、人脸识别等。系统根据用户所提交的信息与系统中保存的用户信息进行匹配。如果匹配成功，则表示用户认证成功，反之则表示用户认证失败。

在互联网时代，系统安全变得越来越重要，一些安全等级要求较高的应用开始逐渐推广 2FA（Two Factor Authentication）验证模式，即系统对用户采用两种不同的方式进行验证（例如用户名、密码+手机验证码两种方式）。我们以网银登录为例，网银账号不仅设置了用户名和密码，同时还绑定了一个手机号。当用户登录电子银行时，先以用户名、密码验证一次，验证成功之后，系统再向用户预留的手机号发送一个随机的验证码，用户需要输入该验证码才能通过验证。用户名、密码验证和随机验证码验证二者缺一不可，这样就以两种形式认证了用户。对于应用了 2FA 机制的系统，如果黑客无法同时获得两种凭证，就无法攻破该系统的用户账号体系，2FA 机制如图 3-90 所示。

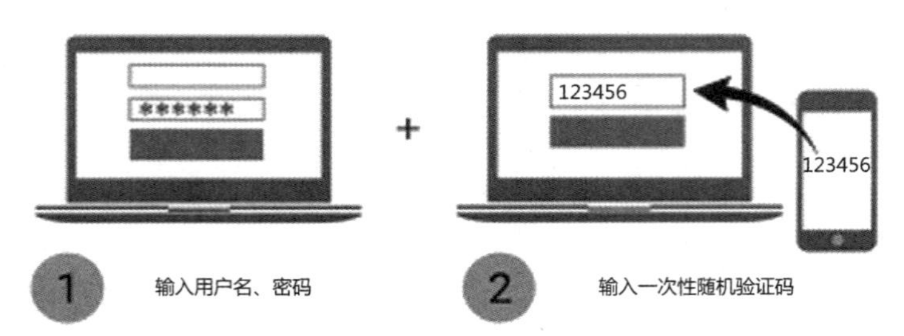

图 3-90　2FA 机制

3.6.2 Authorization 用户鉴权

在用户认证成功登录进系统以后，只表明他是“他”，系统将面临下一个问题，该用户能使用系统的哪些功能？在一个庞大的系统中，例如一家公司的 ERP 系统，公司有各种不同角色的人，比如总经理、董事长、经理、组长和普通员工，不同角色的人可以使用同样的系统功能吗？显然无论从公司规章制度还是社会常识等方面考虑，答案都是否定的。系统应该让不同角色的用户拥有不同的权限，即不同用户可以看到不同数据并使用不同功能，用户授权流程如图 3-91 所示。

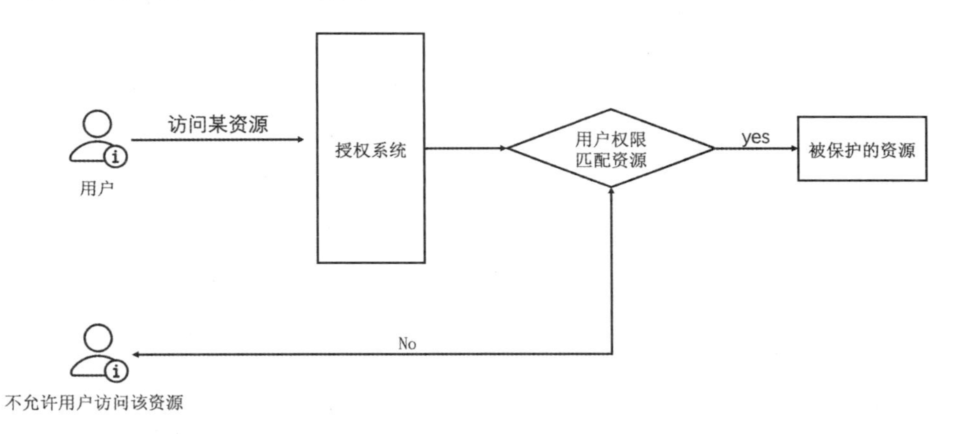

图 3-91 用户授权流程

在用户授权体系中，主要有以下几个领域对象：

- User（用户）：代指实际用户在系统中的代号，在用户第一次使用系统时创建。
- Credentials（凭证）：用户用于证明自己身份的凭证，一般都是以密码或者令牌的形式存在。
- Role（角色）：角色是一种逻辑上的抽象存在，在现实中并不一定有严格的一一对应的实体，我们也可以将角色理解成“一组享有相同系统权限的用户”。
- Resource（资源）：系统的某些功能或数据资源，它是安全体系所要保护的内容，它可以是一个 URL，也可以是一条数据或者一个页面。
- Permissions（权限）：权限就是指用户（或角色）拥有的对特定资源（Resource）的访问等级。

3.6.3 OAuth 2.0

OAuth 是由 IETF 定义的一组关于授权（Authorization）的规范，第一版形成于 2006 年，2012 年推出了 OAuth 2.0。OAuth 是一种委派授权访问的协议，即资源的拥有者（Resource Owner）通过授权服务器（Authorization Server）将其部分权限授予用户（Client），OAuth 2.0 的工作流程如图 3-92 所示。

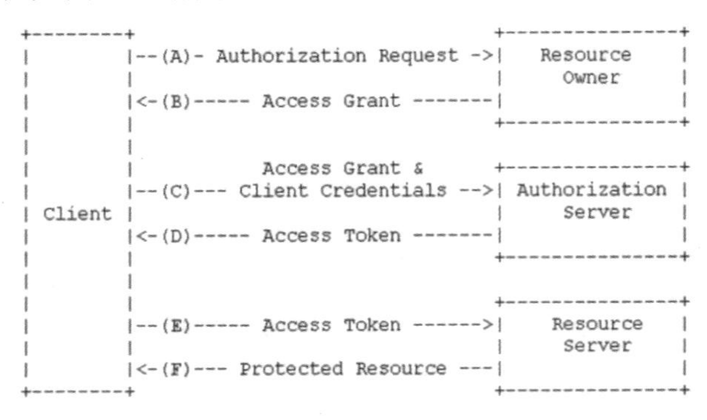

图 3-92 OAuth 2.0 的工作流程

OAuth 2.0 协议主要定义了两个核心功能（获得令牌和使用令牌）和三种角色（Resource Owner、Client 和 Authorization Server）。OAuth 2.0 协议的工作流程如下：

（1）Resource Owner 告知 Client 希望 Client 可以暂代他们的一些职责。

（2）Client 向 Resource Owner 请求授权，也可以间接地从 Authorization Server 那里获得授权。

（3）Resource Owner 向 Client 授权，代表一种资源的访问许可。

（4）Client 使用前述授权和某种私有凭证向 Authorization Server 发起获得访问令牌的请求，Authorization Server 验证私有凭证和访问授权，如果通过则发放访问令牌。

（5）Client 使用访问令牌向资源服务器请求受保护的资源，在资源服务器验证访问令牌的合法性后，client 获得其所请求的资源，流程结束。

OAuth 2.0 中除上述几种角色外，还有以下重要组件：

（1）Access Token：客户端从 Authorization Server 获得的访问凭证（Token），用于访问受保护的资源，通常情况下，客户端只使用 Token，并不解析 Token 的内容和含义，由 Resource Server 对 Token 进行验证。

（2）Scope：Scope 表示针对受保护资源（Resource）的一组权利主张，Scope 可以是任意字符串。

（3）Refresh Token：使用 Refresh Token 可以直接从 Authorization Server 获得一个新的 Access Token，无需 Resource Owner 的再次授权。

根据获得授权的不同方式，OAuth 2.0 定义了四种不同流程（flow）来取得授权：

（1）Authorization Code：用于 server side 的应用。

（2）Implicit：用于运行在客户终端的应用。

（3）Client Credentials：用于应用的 API 访问。

（4）Resource Owner Password Credentials：用于受信任的应用，只要客户端一次性提交 Username、Password、Client ID 和 Client Secret 即可。

OAuth 2.0 的四种授信方式如图 3-93 所示，由于篇幅原因，其具体含义和使用方式就不在此详述。

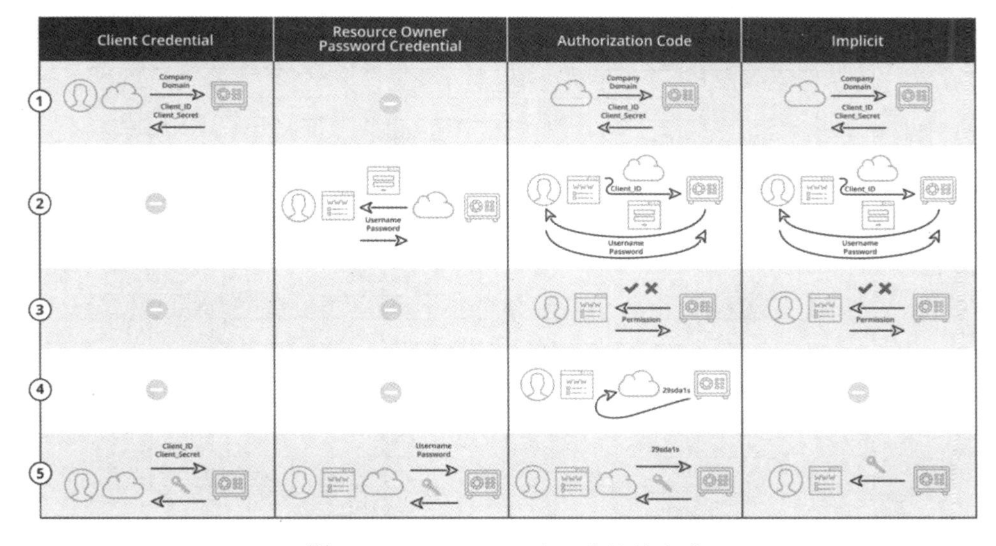

图 3-93　OAuth 2.0 的四种授信方式

根据 OAuth 2.0 协议的规定，获取 Access Token 分为以下五个步骤：

（1）客户端向 OAuth 服务发起预注册，获得 Client ID 和 Client Secret。

（2）OAuth 服务对用户进行认证。

（3）OAuth 服务确保客户端获得某种授权。

（4）OAuth 服务发送 Secret Code 给客户端。

（5）客户端通过 Secret Code 和 Client Secret 从 OAuth 服务获得 Access Token。

3.6.4 Spring Security

3.6.4.1 Spring Security 介绍

Spring Security 是一个专门为 Java 应用提供各种安全服务的框架，它提供了多种开箱即用的 Authentication 方式，如 LDAP、OpenID、Form Authentication、Certificate X.509 Authentication 和 Database authentication 等。它还提供了多种不同层次的安全服务，比如 URL、某个页面、方法和数据，可以根据所需任意组合。

Spring Security 为 Spring 应用提供了 Authentication 和 Authorization 的基础接口和框架，Spring Security 架构如图 3-94 所示。

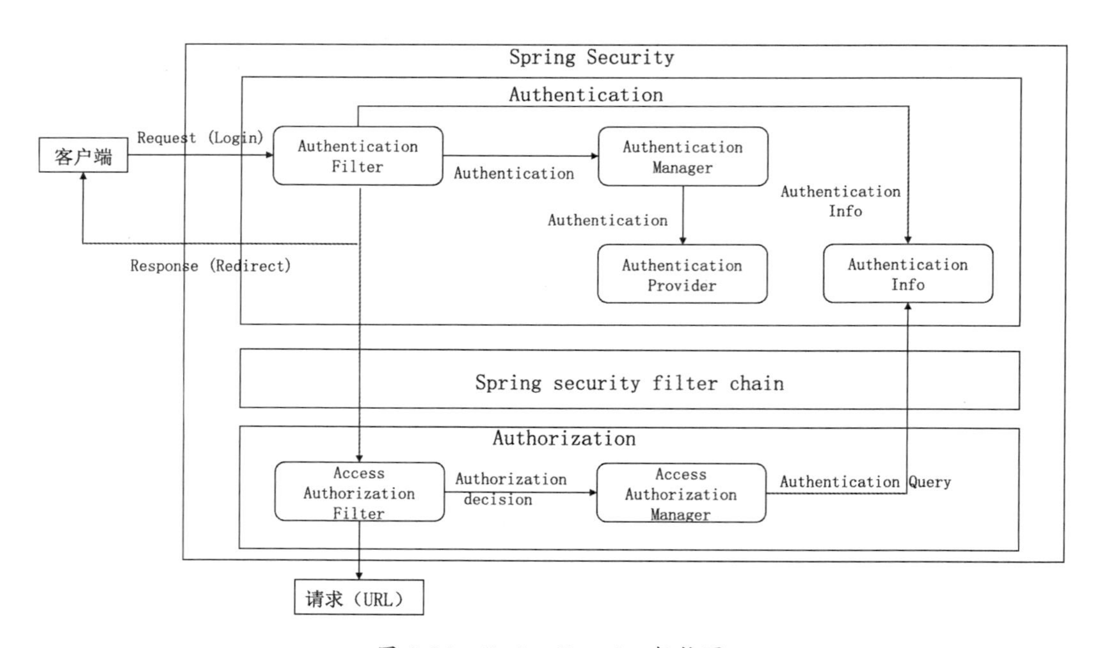

图 3-94 Spring Security 架构图

Spring Security 是一个非常庞大且复杂的系统，我们从 Spring Security 的类图入手，了解 Spring Security 核心类的功能，Spring Security 类图如图 3-95 所示。

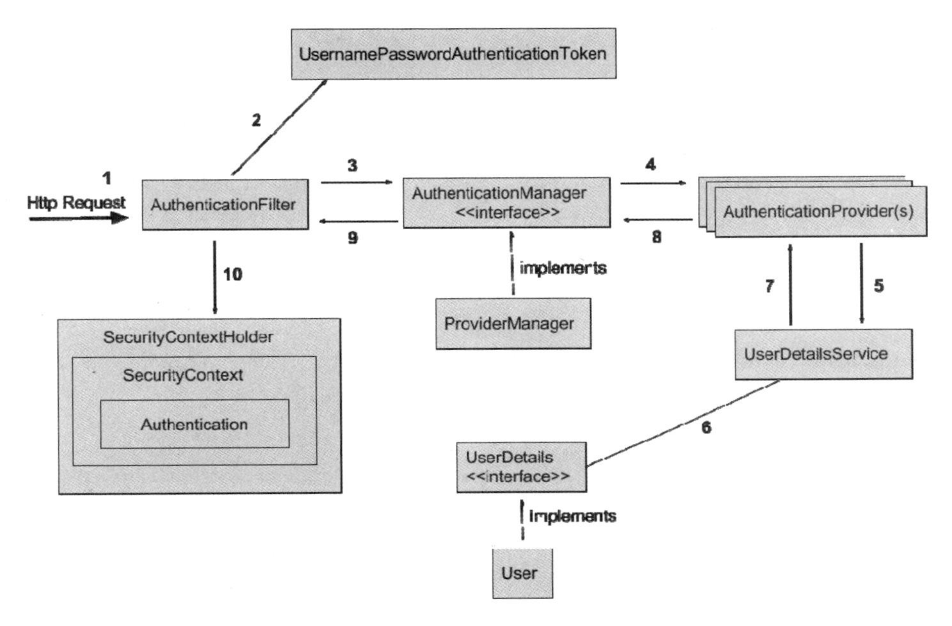

图 3-95　Spring Security 类图

（1）Authenticated Principal

Principal 在 Spring Security 中指的是通过了认证（Authentication）的人，即当前登录的用户。在 Spring Security 体系中使用接口 AuthenticatedPrincipal 来指代当前登录的用户对象，AuthenticatedPrincipal 接口的代码如下：

```
public interface AuthenticatedPrincipal {
    String getName();
}
```

一旦用户认证成功，Spring Security 就会创建一个 AuthenticatedPrincipal 对象，并保存在系统中供后续使用，避免了用户一直反复登录。

（2）Granted Authority

在 Spring Security 中用户的访问权限被称为 Granted Authority，即用户希望访问任何 resource，都必须拥有该资源的某种授权。我们使用 Granted Authority 接口来指定这类对象，具体代码如下。

```
public interface GrantedAuthority extends Serializable {
    String getAuthority();
}
```

（3）Role

角色表示一组授权（Authority），一个用户可以有一个或多个角色。

（4）Filters

从 Servlet 规范的角度来看，Filter 是一个过滤器，Filter 的执行阶段可以是在用户请求被处理之前或之后。Spring Security 通过 Filter 中定义的规则来检查每个请求应该被拒绝还是被放行。

（5）Authentication Manager

Authentication Manager 主要用于管理 Authentication 的配置，以及用户的认证，我们使用接口 AuthenticationManager 来定义它的行为，具体代码如下。

```
public interface AuthenticationManager {
   Authentication authenticate(Authentication var1) throws AuthenticationException;
}
```

在用户按照要求提供了登录凭证之后，Spring Security filter 拦截请求并创建 Authentication 对象，再将此对象交由 AuthenticationManager 验证，如果验证成功则返回一个包含 Principal 等信息的 Authentication 对象，否则就抛出异常。

（6）Authentication Manager Builder

Authentication Manager Builder 用于创建 AuthenticationManager，在应用中使用 AuthenticationManagerBuilder 来设置要使用哪种认证方式，例如 in-memory、JDBC 或 LDAP 等。我们在应用中并不直接创建 AuthenticationManagerBuilder，而是通过继承 WebSecurityConfigurerAdapter 类的方式来创建 AuthenticationManagerBuilder，具体代码如下。

```
@EnableWebSecurity
public class SecurityConfig extends WebSecurityConfigurerAdapter {
   @Override
   public void configure(AuthenticationManagerBuilder auth) throws Exception {
      auth.inMemoryAuthentication()
            .withUser("admin")
            .password("admin@password")
            .roles("ADMIN");
   }
}
```

（7）Authentication Provider

Authentication Provider 为 Authentication Manager 提供用户认证功能和用户数据，其接口定义如下：

```
public interface AuthenticationProvider {
    Authentication    authenticate(Authentication    authentication)    throws
AuthenticationException;

    boolean supports(Class<?> authentication);
}
```

Spring Security 提供了多种 AuthenticationProvider 类的内置实现，例如 DaOAuthenticationProvider 和 LdapAuthenticationProvider。

（8）SecurityContextHolder

SecurityContext 接口主要用于存储用户信息（即 Authentication 对象）。其接口定义如下：

```
public interface SecurityContext extends Serializable {
    Authentication getAuthentication();

    void setAuthentication(Authentication authentication);
}
```

SecurityContextHolder 是存储 SecurityContext 的类，它的特点是所有的方法都是静态方法，在用户认证成功登录以后，过滤器会将相关信息存入 SecurityContext 对象，再将 SecurityContext 存入 SecurityContextHolder，这样应用在任何地方都可以得到用户的相关信息。

3.6.4.2　Spring Boot 与 Spring Security 集成

本节，我们在 coupon-template-service 项目中集成 OAuth 和 Spring Security 的相关功能。

首先，我们在项目中引入 OAuth 和 Spring Security 的相关的依赖项，具体代码如下：

```
<dependency>
    <groupId>org.springframework.boot</groupId>
    <artifactId>spring-boot-starter-security</artifactId>
</dependency>

<dependency>
    <groupId>org.springframework.security.OAuth</groupId>
```

```
    <artifactId>spring-security-OAuth2</artifactId>
</dependency>
```

然后，我们创建UserServiceSecurityConfig类，并继承自WebSecurityConfigurerAdapter，以下代码演示如何通过Java bean的方式来配置Spring Security：

```
@Configuration
@EnableWebSecurity
public class UserServiceSecurityConfig extends WebSecurityConfigurerAdapter {

    @Override
    public void configure(WebSecurity web) throws Exception {
        web.ignoring().antMatchers("/error/**");
    }

    @Override
    protected void configure(HttpSecurity http) throws Exception {
        http.authorizeRequests().
                antMatchers("/").permitAll()
          // 对于特定访问路径，用户必须是USER角色
            .antMatchers("/requestCoupon")
            .hasAnyRole("USER").anyRequest().authenticated().and().formLogin()
            .permitAll().and().logout().permitAll();
        http.csrf().disable();
    }

    @Override
    public  void  configure(AuthenticationManagerBuilder  authenticationMgr)
throws Exception {
// 创建一个存在于内存的默认的用户
authenticationMgr.inMemoryAuthentication().withUser("broadviewuser").passwor
d("password").authorities("ROLE_USER");
    }
}
```

接下来，我们搭建一个简易的Authorization Server应用，这个示例仅用作本地测试，在真正的生产环境中我们需要将Authorization Server搭建为一个独立服务。Authorization Server的具体代码如下：

```
@Configuration
@EnableAuthorizationServer
public class AuthorizationServerConfig extends AuthorizationServerConfigurer
Adapter {

   @Override
```

```
    public  void  configure(ClientDetailsServiceConfigurer  clients)  throws
Exception {
        clients.inMemory().withClient("broadviewuser_client").secret("secret").
authorizedGrantTypes("authorization_code")
                .scopes("read").authorities("CLIENT");
    }
}
```

最后，我们启动项目进行测试。假设用户需要访问 template 服务，访问地址为 http://localhost:8090/template/add，获取 Access Token 的步骤如下：

（1）登录用户：

在浏览器中输入 http://localhost:8080/user/OAuth/authorize?response_type=code&client_id=broadviewuser_client&redirect_uri=http://localhost:8090/template/add&scope=read。用户输入用户名和密码之后登录（用户名和密码配置在 UserServiceSecurityConfig 类中），浏览器会自动跳转到 http://localhost:8090/template/ add?code=CODE，注意在跳转后的网址中会带有一个 code 参数。

（2）换取 Access Token。

使用上一步中获取的 CODE 换取 Access Token，具体命令如下：

```
curl http://localhost:8080/user/OAuth/token -d grant_type=authorization_code
-d client_id= broadviewuser_client -d redirect_uri=http://localhost:8090/
template/add -d scope=read -d code=CODE
```

（3）访问目标服务。

使用获得的 Access Token 访问目标服务即可。

3.7　定时任务

在传统节假日，我们会收到各种祝福短信，中国的证券交易系统和基金销售公司每天晚上都要向中国证券登记结算有限责任公司提交每日的股票、基金交易汇总数据，公司的 ERP 系统每月每季度都要生产各种报表，这类功能都是通过定时任务完成的。定时任务的实现方式有很多种，例如 UNIX 的 Crontab、Java 生态的 Quartz，本节将以 Quartz 为基础在 Spring 体系下实现定时任务。

3.7.1 Quartz

3.7.1.1 Quartz Scheduler 简介

开源领域有很多定时任务框架，但是在 Java 生态中 Quartz 一定是最优秀的。Quartz 提供了各种从简单到复杂的定时任务框架供开发者使用，图 3-96 展示了 Quartz 的架构及工作模式。

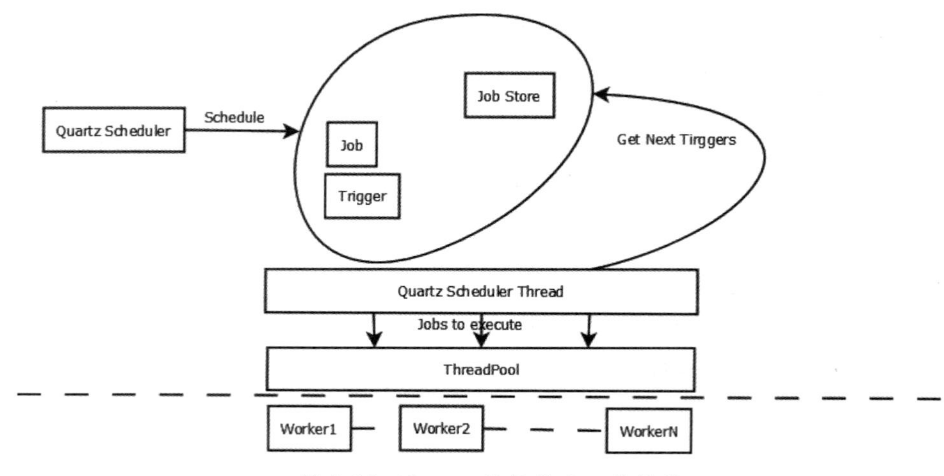

图 3-96 Quartz 的架构及工作模式

图 3-96 中每个组件的描述如下：

- Quartz Scheduler：维护 Job（任务）和 Trigger（触发器）之间的关系，即 Job 是被哪些 Trigger 触发的。
- Quartz Scheduler Thread：该线程从 Job Store 获得 Trigger，并在指定的时间触发 Trigger。
- Job：该接口对任务执行的流程做了代码逻辑抽象，可以认为 Job 是一项可被执行的任务。
- Trigger：Trigger 是一种制定任务计划的机制，它用于定义 Job 应该在什么时候被执行。
- Job Store：用于保存 Job 和 Trigger 的相关信息。
- ThreadPool：用于管理执行 Job 任务的线程。

Quartz 有以下七个核心类：

（1）org.Quartz.Scheduler

Quartz Scheduler 的主要接口，功能是将 Job 和 Triggers 关联起来，并在 Trigger 被触发时执行 Job。

（2）org.Quartz.SchedulerFactory

主要用于创建 Scheduler 对象实例，具体代码如下：

```
public interface SchedulerFactory {
   Scheduler getScheduler() throws SchedulerException;

   Scheduler getScheduler(String schedName) throws SchedulerException;

   Collection<Scheduler> getAllSchedulers() throws SchedulerException;
}
```

（3）org.Quartz.Job

Job 任务的抽象层接口，所有被 Quartz 框架执行的任务都必须实现这个接口，具体代码如下：

```
public interface Job {
   void execute(JobExecutionContext context) throws JobExecutionException;
}
```

（4）org.Quartz.JobDetail

Quartz 需要通过 Job Group 和 Job Name 区分各个不同的 Job，但它并不会存储 Job 实例，而是以 JobDetail 的方式来存储和标记 Job。示例代码如下：

```
JobDetail job = JobBuilder.newJob(TestJob.class)
      .withIdentity("testJob","testGroup")
      .build();
```

（5）org.Quartz.Trigger

Trigger 定义了一个 Job 在什么时间点会被执行，一个 Job 可以有多个 Trigger，但是一个 Trigger 只能绑定一个 Job。最常见的两个 Trigger 实例是 SimpleTrigger 和 CronTrigger，下面的例子就通过 TriggerBuilder 定义了一个每天 10:42:00 运行的 Trigger，具体代码如下：

```
Trigger trigger = TriggerBuilder.newTrigger()
      .withIdentity("trigger3","testGroup")
      .withSchedule(cronSchedule("0 42 10 * * ?"))
```

```
        .build();
```

定义 Trigger 时还有一个重要的概念就是 Misfire Instruction，它是指 Trigger 在既定的触发时间由于系统故障原因导致没有被正确触发，待系统恢复正常运行后的补救行为。Misfire Instruction 主要有以下几个选项：

- MISFIRE_INSTRUCTION_IGNORE_MISFIRE_POLICY（执行错过的任务）。
- MISFIRE_INSTRUCTION_DO_NOTHING（等待下次 Cron 触发频率到达时执行任务）。
- MISFIRE_INSTRUCTION_FIRE_NOW（立刻触发一次任务）。

（6）org.Quartz.JobStore

主要用于存储 Job 和 Trigger 的信息，一般选择 RAMJobStore 或 JDBCJobStore。

（7）org.Quartz.core.QuartzScheduler

定义 Trigger 和 Job 之后，需要通过 Scheduler 将二者关联，QuartzScheduler 是 Scheduler 的一个关键实现，开发者可以通过 QuartzScheduler 将 Job 和 Trigger 进行关联注册，代码如下：

```
scheduler.scheduleJob(job, trigger);
```

此处的 Job 并非 Job 实例，而是 JobDetail 实例，至此整个定义流程完毕，Job 将会被指定于 Trigger 定义的时间运行，最后只需执行 scheduler.start()启动任务即可。

Quartz 运行期的逻辑关系如图 3-97 所示。

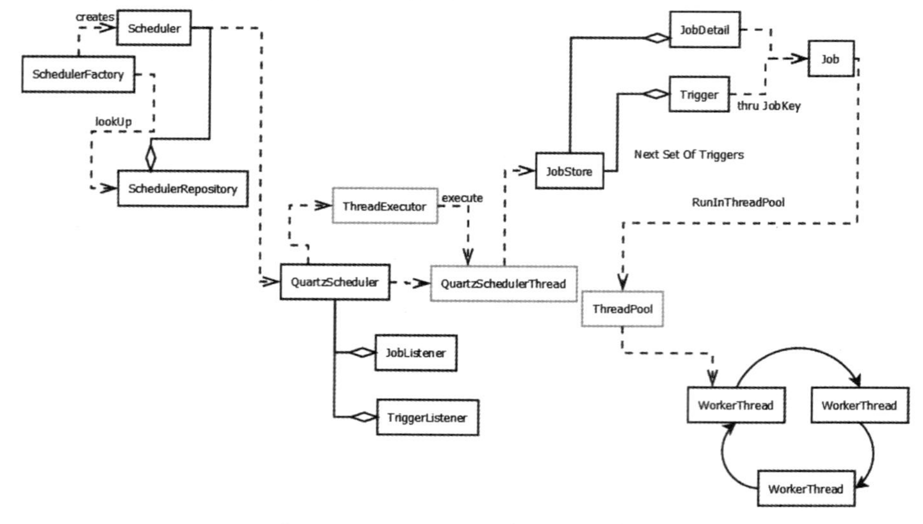

图 3-97 Quartz 运行期的逻辑关系

3.7.1.2 Cron 表达式

Cron 是一种简单且高效的任务时间表达式，Quartz 对基于 Cron 的触发器做了很好的支持。Quartz 的 Cron 表达式和原生的 UNIX 下的 Cron 表达式有所不同，例如 Quartz 的 Cron 表达式可以精确到秒，而 UNIX 只能精确到分钟，Quartz 的 Cron 表达式格式如图 3-98 所示。

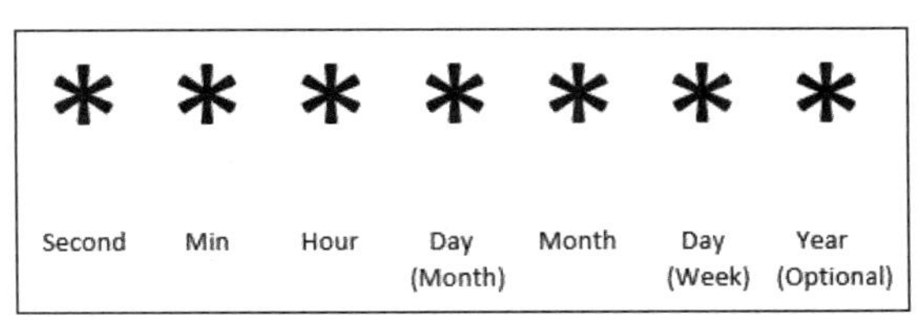

图 3-98 Cron 表达式

Cron 表达式各位置所允许的取值范围如表 3-6 所示。

表 3-6 Cron 表达式位置含义及语法

位置	时间	允许值	允许特殊字符
1	秒	0-59	, - * /
2	分钟	0-59	, - * /
3	小时	0-23	, - * /
4	日期	1-31	, - * ?/LW
5	月份	1-12 or JAN-DEC	, - * /
6	星期	1-7 or SUN-SAT	, - * ?/L#
7	年（可选）	empty,1970-2099	, - * /

表 3-6 中包含的特殊字符含义如下：

- 星号(*)：可用在所有字段中，表示对应时间域的每一个时刻，例如，*在分钟字段时，表示“每分钟”。
- 问号(？)：该字符只在日期和星期字段中使用，它通常指定为“无意义的值”，相当于占位符。
- *和？的区别：二者都表示不确定的值，但各自表达的含义差异很大。首先，“？”只能用于日期和星期，这是因为在大多数情况下（特别是在不知道年份时）是无法同时定义准确的日期和星期几的。其次，“*”可以出现很多次，但是“？”只能出现一次，表示日期和星期最多一个无意义。

- 减号(-)：表达一个范围，如在小时字段中使用“10-12”，则表示从 10 点到 12 点，即 10 点、11 点、12 点。
- 逗号(，)：表达一个列表值，如在星期字段中使用 MON、WED、FRI，则表示星期一、星期三和星期五。
- 斜杠(/)：x/y 表达一个等步长序列，x 为起始值，y 为增量步长值。如在分钟字段中使用 0/15，则表示为 0、15、30 和 45s，而 5/15 在分钟字段中表示 5、20、35、50，你也可以使用*/y，它等同于 0/y。
- L：该字符只在日期和星期字段中使用，代表 Last 的意思，但它在两个字段中意思不同。L 在日期字段中，表示这个月份的最后一天，如一月的 31 号，非闰年二月的 28 号；如果 L 用在星期中，则表示星期六，等同于 7。但是，如果 L 出现在星期字段里，而且在前面有一个数值 X，则表示“这个月的最后 X 天”，例如，6L 表示该月最后的星期五。
- W：该字符只能出现在日期字段里，是对前导日期的修饰，表示离该日期最近的工作日。例如 15W 表示离该月 15 号最近的工作日，如果该月 15 号是星期六，则匹配 14 号星期五；如果 15 日是星期日，则匹配 16 号星期一；如果 15 号是星期二，那结果就是 15 号星期二。但必须注意关联的匹配日期不能够跨月，如你指定 1W，如果 1 号是星期六，结果匹配的是 3 号星期一，而非上个月最后的那天。W 字符串只能指定单一日期，而不能指定日期范围。
- LW 组合：在日期字段可以组合使用 LW，它的意思是当月的最后一个工作日。
- 井号(#)：该字符只能在星期字段中使用，表示当月某个工作日。如 6#3 表示当月的第三个星期五（6 表示星期五，#3 表示当前的第三个），而 4#5 表示当月的第五个星期三，假设当月没有第五个星期三，则忽略不触发。
- C：该字符只在日期和星期字段中使用，代表 Calendar 的意思。它的意思是计划所关联的日期，如果日期没有被关联，则相当于日历中所有日期。例如 5C 在日期字段中就相当于日历 5 日以后的第一天。1C 在星期字段中相当于星期日后的第一天。

注意：以上字符包括月份和星期都不是大小写敏感的。

3.7.2 Spring Batch

3.7.2.1 Spring Batch 简介

通过分析 Quartz 架构，我们可以知道 Quartz 的重点在于定义何时执行一个计划任务，并保证在正确的时间触发该任务，但是 Quartz 架构对于如何实现任务的细节并没有定义任何规范。因此，Spring 社区创建了 Spring Batch 来完善任务处理流程，Spring Batch 所解决的问题是“如何执行任务”。Spring Batch 的主要模块及工作流程如图 3-99 所示。

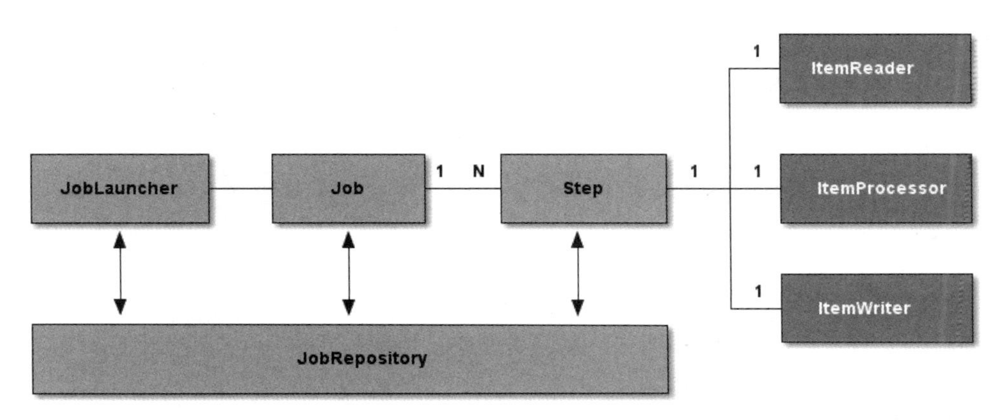

图 3-99　Spring Batch 的主要模块及工作流程

如图 3-99 所示，图中各组件描述如下：

- Job

在 Spring Batch 中，Job 是一个包含了一系列流程的执行单元。

- JobLauncher

一个启动 Job 的入口，用户可以直接使用 JobLauncher 来启动需要启动的 Jcb。

- JobRepository

用于存储执行 Job 的相关信息

- Step

Job 的一个执行单元，一个 Job 可以包含多个 Step，Step 支持 Chunk 或 Tasklet 模式。

- Item

一条数据源中的记录。

- Tasklet

采用 Tasklet 模式意味着在一个步骤内只执行一个任务，Tasklet 模式的特点是每个步骤都需要将数据源的所有 Item 全部处理之后才能执行下一个步骤。

- Chunks

在 Chunks 模式下，每个步骤不需要处理全部 Item，只用处理一个恒定数量的 Item 集合，处理完一个 Chunk 的数据后就可以执行下一个步骤。

- Item Reader

用于从数据源中读取 Item 的组件。

- Item Processor

将读取的 Item 进行一系列处理，比如按照要求过滤结果集或改变返回数据的格式。

- Item Rriter

用于将 Item 写入数据源的组件。

Spring Batch 的运行期流程如图 3-100 所示。

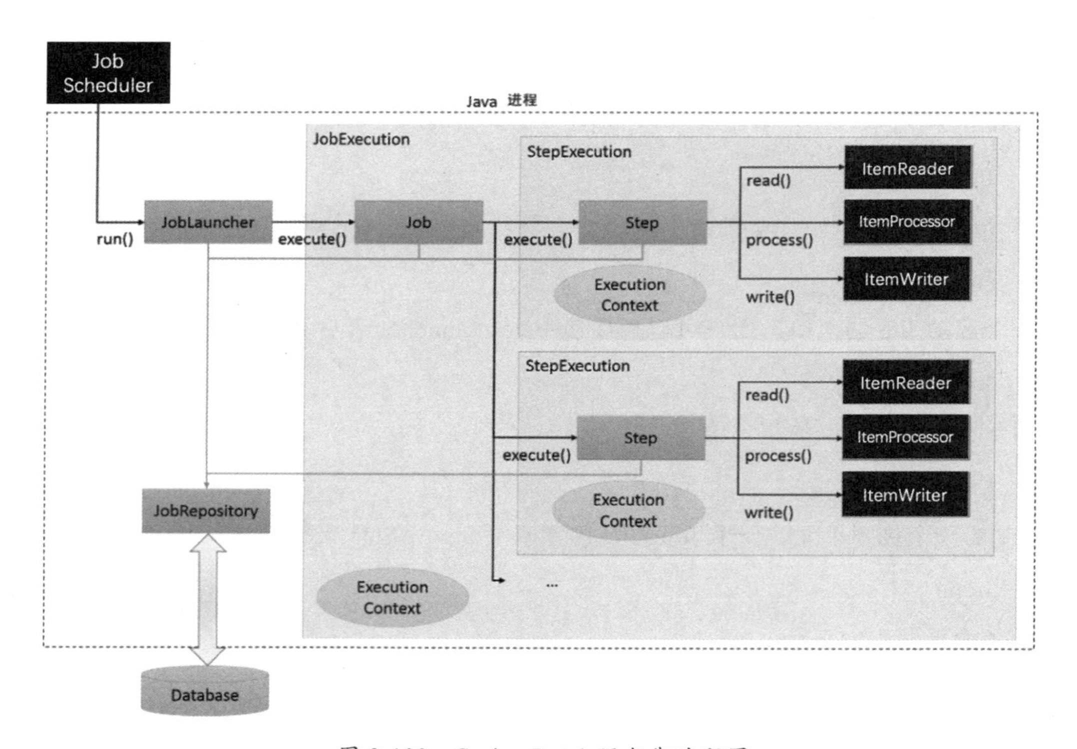

图 3-100　Spring Batch 运行期流程图

3.7.2.2　集成 Quartz 和 Spring Batch

Quartz 擅长做任务计划调度，而 Spring Batch 擅长管控任务的处理细节，如果将二者结合在一起，能否产生 1+1>2 的效果呢？本节，我们就借助 Quartz+Spring Batch 的组合为 coupon-user-service 添加任务调度功能。

coupon-user-service 项目需要一个新功能，统计各种不同优惠券的使用情况，在每天晚上 11 点生成报表，利用 Spring Boot 集成 Quartz 和 Spring Batch 从而实现该场景的步骤如下：

第一步，在 coupon-user-service 项目的 pom.xml 文件中添加相关依赖，具体代码如下：

```
<dependency>
   <groupId>org.springframework.boot</groupId>
   <artifactId>spring-boot-starter-Quartz</artifactId>
</dependency>

<dependency>
   <groupId>org.springframework.boot</groupId>
   <artifactId>spring-boot-starter-batch</artifactId>
</dependency>

<dependency>
   <groupId>org.Quartz-scheduler</groupId>
   <artifactId>Quartz</artifactId>
</dependency>
```

第二步，创建一个用于做统计的辅助类，命名为 Counter，具体代码如下：

```
@Data
@AllArgsConstructor
public class Counter {

   private Long couponId;

   private AtomicInteger count;
}
```

第三步，创建 QuartzJobLauncher 类，QuartzJobLauncher 继承了 QuartzJobBean 类（QuartzJobBean 实现了 org.Quartz.Job）。QuartzJobLauncher 就像一座桥梁，在 Quartz 和 Spring Batch 之间建立起了连接。QuartzJobLauncher 具体代码如下：

```
@Slf4j
```

```
@Data
public class QuartzJobLauncher extends QuartzJobBean {

   private String jobName;
   private JobLauncher jobLauncher;
   private JobLocator jobLocator;

   @Override
   protected  void  executeInternal(JobExecutionContext  context)  throws
JobExecutionException {
      try {
         Job job = jobLocator.getJob(jobName);
         JobExecution jobExecution = jobLauncher.run(job, new JobParameters());
         log.info("{}_{} was completed successfully", job.getName(), jobExecution.
getId());
      } catch (Exception e) {
         log.error("Encountered job execution exception!");
      }
   }

}
```

第四步，创建 Scheduler 相关配置类，具体代码如下：

```
@Configuration
public class QuartzConfiguration {

   @Autowired
   private JobLauncher jobLauncher;
   @Autowired
   private JobLocator jobLocator;

   @Bean
   public JobRegistryBeanPostProcessor jobRegistryBeanPostProcessor(JobRegistry
jobRegistry) {
      JobRegistryBeanPostProcessor   jobRegistryBeanPostProcessor   =   new
JobRegistryBeanPostProcessor();
      jobRegistryBeanPostProcessor.setJobRegistry(jobRegistry);
      return jobRegistryBeanPostProcessor;
   }
```

```
// 初始化 Job 详情信息
  @Bean
  public JobDetailFactoryBean jobDetailFactoryBean() {
    JobDetailFactoryBean jobfactory = new JobDetailFactoryBean();
    jobfactory.setJobClass(QuartzJobLauncher.class);
    Map<String, Object> map = new HashMap<String, Object>();
    map.put("jobName", "coupon_etl_job");
    map.put("jobLauncher", jobLauncher);
    map.put("jobLocator", jobLocator);
    jobfactory.setJobDataAsMap(map);
    jobfactory.setGroup("etl_group");
    jobfactory.setName("etl_job");
    return jobfactory;
  }

  // Job is scheduled after 11 PM every day
  @Bean
  public CronTriggerFactoryBean cronTriggerFactoryBean() {
    CronTriggerFactoryBean ctFactory = new CronTriggerFactoryBean();
    ctFactory.setJobDetail(jobDetailFactoryBean().getObject());
    ctFactory.setStartDelay(3000);
    ctFactory.setName("cron_trigger");
    ctFactory.setGroup("cron_group");
    ctFactory.setCronExpression("0 0 23 * * ?");
    return ctFactory;
  }

  @Bean
  public SchedulerFactoryBean schedulerFactoryBean() {
    SchedulerFactoryBean scheduler = new SchedulerFactoryBean();
    scheduler.setTriggers(cronTriggerFactoryBean().getObject());
    return scheduler;
  }

}
```

第五步，创建一个简单的 ItemProcessor 实例，完成统计工作，具体代码如下：

```
public class CouponCountProcessor implements ItemProcessor<Coupon, Counter> {
  private Map<Long , Counter> counterMap=new HashMap();
```

```
    @Override
    public Counter process(Coupon coupon) throws Exception {
        Long couponId=coupon.getId();
        Counter mCounter=counterMap.get(couponId);
        if(mCounter==null){
            Counter counter=new Counter(couponId, new AtomicInteger(0));
            counterMap.put(couponId, counter);
            return counter;
        }else {
            mCounter.getCount().addAndGet(1);
            return mCounter;
        }
    }
}
```

最后一步，创建 BatchConfiguration 类，在这个类中约定任务中每个步骤的执行顺序，具体代码如下：

```
@Configuration
@EnableBatchProcessing
@Import({QuartzConfiguration.class})
public class BatchConfiguration {

   @Autowired
   public JobBuilderFactory jobBuilderFactory;
   @Autowired
   public StepBuilderFactory stepBuilderFactory;
   @Autowired
   private DataSource dataSource;

   private static final String QUERY_FIND_COUPONS = "SELECT * FROM coupon";

   private Resource outputResource = new FileSystemResource("output/outputData.
csv");

   @Bean
   public ItemReader<Coupon> couponReader() {
      return new JdbcCursorItemReaderBuilder<Coupon>()
            .name("couponItemReader")
            .dataSource(dataSource)
            .sql(QUERY_FIND_COUPONS)
```

```
            .rowMapper(new BeanPropertyRowMapper<>(Coupon.class))
            .build();
    }

    @Bean
    public CouponCountProcessor couponProcessor() {
        return new CouponCountProcessor();
    }

    @Bean
    public FlatFileItemWriter<Counter> writer() {
        FlatFileItemWriter<Counter> writer = new FlatFileItemWriter<>();
        writer.setResource(outputResource);
        writer.setAppendAllowed(true);
        writer.setLineAggregator(new DelimitedLineAggregator<Counter>() {
            {
                setDelimiter(",");
                setFieldExtractor(new BeanWrapperFieldExtractor<Counter>() {
                    {
                        setNames(new String[] { "couponId","count" });
                    }
                });
            }
        });
        return writer;
    }

    @Bean
    public Job couponETLJob() {
        return          jobBuilderFactory.get("coupon_etl_job").incrementer(new
RunIdIncrementer())
            .flow(etlStep()).end().build();
    }

    @Bean
    public Step etlStep() {
        return   stepBuilderFactory.get("Extract   ->   Transform   ->   Store").
allowStartIfComplete(true)
            .<Coupon,                                              Counter>
chunk(10).reader(couponReader()).processor(couponProcessor())
```

```
            .writer(writer()).build();
    }

}
```

我们将 Quartz 和 Spring Batch 的优势组合在一起，定义了一种全新的定时任务框架执行方式。

3.8 Spring Boot 项目测试

本节我们介绍基于 Spring Boot 的项目测试组件 spring-boot-starter-test，在项目中引入该组件的步骤如下。

第一步，在项目的 pom.xml 文件中引入依赖项，具体代码如下：

```
<dependency>
    <groupId>org.springframework.boot</groupId>
    <artifactId>spring-boot-starter-test</artifactId>
    <scope>test</scope>
</dependency>

<dependency>
    <groupId>com.h2database</groupId>
    <artifactId>h2</artifactId>
    <scope>test</scope>
</dependency>
```

spring-boot-starter-test 提供了测试所需的功能特性，h2 是一个内存数据库，通过执行 SQL 语句模拟数据库操作。

第二步，引入 DataJpaTest 注解，具体代码如下：

```
@RunWith(SpringRunner.class)
@DataJpaTest
public class TestCouponTemplateRedisReopository {

    @Autowired
    private TestEntityManager entityManager;

    @Autowired
```

```
    private CouponTemplateRedisReopository couponTemplateRedisReopository;

    @Test
    public void testQuery(){
        Long id=999L;
        CouponTemplate t1=new CouponTemplate();
        t1.setName("Test Coupon");
        t1.setId(id);
        couponTemplateRedisReopository.save(t1);
        CouponTemplate t2=couponTemplateRedisReopository.findById(id).get();
        assertEquals(t1 , t2);
    }
}
```

@DataJpaTest 主要为测试 JPA 做底层支持，包括但不限于以下功能：

- 配置 H2 为数据库。
- SQL 的日志功能。
- 执行@EntityScan。
- 配置 Hibernate、Spring Data 及 DataSource。

第三步，创建 Mock Bean，此处 Mock 的含义可以理解为“偷梁换柱”，即使用假的 Bean 模拟真实的 Bean 注入测试对象中。在 service 层进行单元测试时，无需使用真实的数据库 Repository 对象，可以采用这种 Mock Bean 的方式，示例代码如下：

```
@RunWith(SpringRunner.class)
public class CouponTemplateServiceImplTest {
    @TestConfiguration
    static class EmployeeServiceImplTestContextConfiguration {

        @Bean
        public CouponTemplateService couponTemplateService() {
            return new CouponTemplateServiceImpl();
        }
    }

    @MockBean
    private CouponTemplateRedisReopository couponTemplateRedisReopository;
}
```

第四步，使用@WebMvcTest 注解测试 CouponTemplateController 类中的 addTemplate()方法，具体代码如下：

```
@RunWith(SpringRunner.class)
@WebMvcTest(CouponTemplateController.class)
public class CouponTemplateControllerTest {
    @Autowired
    private MockMvc mvc;

    @MockBean
    private CouponTemplateService service;

    @Test
    public void givenEmployees_whenGetEmployees_thenReturnJsonArray()
            throws Exception {
        String name="testTemp";
        TemplateRequest t1 = new TemplateRequest();
        t1.setName(name);
        CouponTemplate c1=new CouponTemplate();
        c1.setName(name);
        given(service.createTemplate(t1)).willReturn(c1);

        mvc.perform(post("/template/add")
                .contentType(MediaType.APPLICATION_JSON))
                .andExpect(status().isOk())
                .andExpect(jsonPath("$.name" , is(name)));
    }
}
```

4

第 4 章 微服务与 Spring Cloud

本章，我们将一同走进微服务架构，了解微服务的优缺点，并介绍目前业界主流的微服务架构。

4.1 什么是微服务架构

4.1.1 微服务架构的特点

微服务是当前互联网行业的主流架构模式，各大互联网巨头也在用实际行动全面拥抱微服务架构，这种架构模式是在分布式应用和 SOA 之上的进一步扩展，它的核心思想是“业务系统的组件化拆分和服务治理”。通过微服务架构，我们可以将一个庞大的业务系统拆分成细粒度的服务组件，并且我们可以对这些组件进行独立设计、开发、测试和上线部署。

服务拆分是进行微服务化改造的第一步，传统的业务系统在向微服务架构转型的过程中，都要经历一番大刀阔斧的“拆迁工程”。业界通行的做法是结合领域驱动建模和主链路规划进行服务拆分，本章将对微服务拆分的主流方法做详细介绍。

抛开纸上谈兵的微服务三大特征（Small、Automated 和 Lightweight），我们从搭建大型应用的视角来看，微服务架构具有以下 3 个特点：

（1）**服务拆分与组件化**：结合领域建模理论将一个大型应用拆分成边界清晰的子系统的集合（如订单系统、商品中心、营销优惠系统），再根据业务场景对子系统进行更细粒度的拆分。

（2）**独立演进**：拆分后的子应用有自己独立的数据库，可以独立进行开发和部署，结合自动化的 DevOps 和 CICD 持续集成方案，助力业务快速迭代。

（3）**高可用**：通过服务治理、流量整形、降级熔断、削峰填谷和弹性计算等一系列技术手段，保证业务系统在高并发场景下的高可用性。

从本书第 5 章开始，我们就通过优惠券项目的开发及微服务化过程，让读者切身感受微服务架构的优点。

4.1.2 一线大厂为什么采用微服务架构

在互联网飞速发展的同时，诞生了一系列巨无霸式的移动端应用程序，比如以手机淘宝、支付宝和盒马鲜生为代表的淘系产品，以及微信、抖音等具有社交娱乐属性的全民 App，它们的后台业务以微服务架构的模式部署在大规模集群之上，支撑着巨量的用户请求。以笔者若干年前参与的“阿里系”产品为例，拿核心主链路上的某一个营销优惠计算的微服务来说，在非大促时期就有近 6000 台虚拟机的部署规模，整条产品线的体量更是一个极其惊人的数字。这类承接海量用户请求的巨无霸应用，为什么都采用微服务模式来构建业务系统呢？我们从三个方面来分析：

1. 支持快速迭代的业务

在微服务的理念中，微服务架构就等同于微服务团队，一个独立的微服务模块由一个开发团队掌舵，而同时开发团队也保持一个小型的特战队规模。由小规模团队来负责细分领域的业务模块，使团队可以更专注于自己的独立业务，快速将业务落地上线，满足互联网行业快速试错、快速迭代的需求。如今大多数淘系业务的微服务团队仍保持 10 人以下的小团队规模。

2. 节约大量的计算资源

在单体架构或者粗粒度的 SOA、分布式架构之下，系统扩容往往是通过添加硬件服务器的水平扩展模式来实现的，这相当于吃上了大锅饭，所有服务都分配到了资源，无法将计算资源集中在瓶颈业务上，造成了资源浪费。在微服务的架构模式下，系统被拆分成更细粒度的服务化组件，可以根据业务体量和性能压测的结果，在各个服务之间合理分配计算资源，把资源用在真正需要的服务上。

以淘系电商场景为例，营销优惠计算服务是一个承接海量用户请求的模块，商品的优惠价格需要显示在搜索列表页、商品详情页、购物车页和订单结算页，各个页面都要调用营销优惠计算接口。当访问压力增大时，如果营销计算服务的响应变慢，那么依赖营销计算服务的业务线都会受到影响，营销服务就很容易成为整个下单链路的瓶颈。在微服务架构体系下，我们可以有针对性地添加硬件服务器和缓存资源到营销优惠计算服务的集群环境中，将宝贵的计算资源投入瓶颈业务链路上。

3. 技术选型的多样性

对单体应用来说，引入新的技术栈是一件极其困难的事情，不仅要考虑和现有技术栈的兼容性，还要避免引起功能和依赖项的冲突，用新技术栈替换老技术栈更是一场艰苦卓绝的持久战。而对微服务架构的应用来说，每个微服务都是可以独立演进的个体，在技术选型上有相当大的自由度，只要遵循集团层面的框架选型（比如使用指定的服务治理组件），技术团队在选型上就有了更大的话语权，可以自主选择适合业务发展的技术栈，并推进技术栈的更新。

4.1.3　微服务架构对系统运维的挑战

工欲善其事，必先利其器，若要借助微服务架构达到业务快速迭代的目的，需要构建一套高度自动化的 CICD 工具（Continuous Integration and Continuous Delivery），从代码提交到编译构建，再到单元测试和集成测试，最后根据指定的部署策略分批上线，整套流程需要构建在高度自动化的持续集成平台之上。持续集成是 DevOps 领域的一个重要部分，不同于大型单体应用动辄数小时甚至十几小时的编译加回归测试，微服务架构下的应用规模足够灵巧，可以在短时间内完成测试验证并发布上线。

微服务架构下的应用部署结构非常复杂，对线上运维体系也提出了更高的要求，需要搭建众多的业务支持系统来保障系统的可用性。比如，业务接口可用性实时监控系统、服务器异常的自动诊断与恢复、洪峰流量下的弹性计算与流量切换，等等。

4.2 微服务的拆分规范

4.2.1 领域模型

领域模型是领域驱动设计（Domain-Driven Design，DDD）中的概念，它是对具有清晰边界的领域对象的一种抽象表示（这种抽象是从业务结合技术的视角出发），领域模型强调的是“边界划分”，它通常只关注业务复杂度，从业务视角将应用划分为一个个独立的业务子域，比如订单域、商品域、导购域等；再根据不同的需求场景及团队对领域知识的不断积累和认知，对领域内的业务做进一步划分。

4.2.2 计算密集型业务和 I/O 密集型业务

计算密集型业务通常分为 CPU 密集型和 GPU 密集型两种，它们的特点都是需要大量的计算资源来完成自身业务，对网络带宽的占用不多。比较典型的业务是淘系业务的营销优惠计算引擎和用户画像系统，以及各大互联网公司中的机器学习系统。将核心主链路的计算密集型业务拆分成独立的微服务，可以有针对性地调配高算力类型的硬件资源进行扩缩容。

I/O 密集型业务的特点是需要占用大量网络带宽、存储介质和内存空间以完成自身业务，但只需少量的计算资源。这类业务的典型代表是文件的上传下载功能，比如淘系商品的图片空间和视频空间服务，抖音的小视频上传等。将这类业务拆分为独立服务，可以有针对性地调配存储资源。在网络搭建上，我们推荐使用专线服务该类业务，以避免发生网络阻塞从而影响主链路系统。

4.2.3 区分高频、低频业务场景和突发流量

分析业务的使用频率是服务拆分的一个重点。以电商场景为例，主链路业务中典型的

高频场景是商品主搜、商品详情页等导流端场景，而后台商品发布服务则是低频场景。区分高频、低频场景，不仅可以对集群资源进行更加精准的调配，在大促等峰值流量冲击阶段，也可以做到细粒度流量整形和服务降级（牺牲非主链路上的低频场景能力，将服务器资源调配给主链路上的高频场景）。

针对双 11 爆款商品、微博热搜等典型的突发流量场景，我们也有特殊的服务拆分手段。在某个资源成为突发热点的前后，其业务属性并没有发生本质的变化，为了防止热点资源影响整个业务，在服务拆分手段上我们倾向于使用“热点隔离”的方案。对于秒杀活动等可以预知的突发热点，我们可以预先将底层数据、缓存从主库迁移到独立的“热点库”，甚至可以将服务请求路由到专门搭建的热点集群。而对热搜等无法提前预知的热点来说，则可以通过流技术（比如，使用 Stream 分析 RPC 接口日志的方式来统计访问量）分析统计实时业务数据，在某个资源接近热点阈值的时候，将其动态迁移到热点库，这也是目前一线大厂对热点数据的主要拆分手段。

4.2.4 规划业务主链路

主链路规划是大型应用微服务治理中必不可少的一个环节，其目的是识别出最低限度地完成业务所必须调用的服务链路。以电商场景为例，商品搜索、详情页、添加购物车和订单结算是完成下单必不可少的主链路服务，而商品用户评论、导购推荐栏等功能并不包含在主链路内，在大促等大流量场景下可以通过弹性缩容和降级的方式，把边缘业务的系统资源让给主链路上的关键服务。

主链路服务的故障将对业务产生重大的影响，通过对主链路服务进行细粒度的服务拆分，就可以根据具体的业务场景，更加细粒度地运用限流策略、弹性计算和降级策略等流控和容灾技术，在峰值场景下保障主链路服务的可用性。

4.3 大厂微服务架构的服务治理方案

4.3.1 业界主流服务治理框架一览

1. Dubbo

Apache Dubbo 是阿里开源的一款高性能 RPC（Remote Procedure Call）框架，Dubbo

的更新维护曾一度停滞了数年，随着近几年“阿里系”在开源领域上的逐步发力，Dubbo 也重新焕发了青春活力。目前 Dubbo 已经正式完成项目孵化并成为 Apache 的顶级项目，它也是国内微服务领域的一个热门开发框架。Dubbo 提供了面向接口的远程服务调用、服务容错和负载均衡及服务注册和服务发现等核心功能。除此之外，在服务治理和运维可视化方面、运行期流量调度和发布策略方面也有比较完善的功能。

2. HSF

High Speed Framework（又名“好舒服”），很多读者可能会对这个名字感到陌生，它是“阿里系”内部使用最广泛的 RPC 服务治理框架，应用在淘宝、天猫及各个“淘系”的上下游业务中。HSF 是“淘系”团队开发的 RPC 框架，由于淘系业务在“阿里系”的核心地位，HSF 奠定了自己在“阿里系”服务治理领域的“一哥”地位。但 HSF 过多地依赖了“阿里系”的内部系统，其部署方式相对 Dubbo 来说更加重量级（需要 Taobao-Tomcat），从运维的角度来说，HSF 不如 Dubbo 灵巧、轻便。因此，目前它主要通过阿里云走技术输出路线。

3. SOFARPC

SOFARPC 是蚂蚁金服开源的一款 RPC 框架，支持 RESTful、Dubbo、H2C 和蚂蚁金服开发的 Bolt 协议进行通信，并且可以将同一个服务以多种不同协议开放出去，在使用上与 Dubbo 并没有太大区别。目前 SOFARPC 的其中一个发展方向是通过兼容主流开源软件来推进自己的开源路线。在最近的发布版本中，SOFARPC 和 Spring Cloud 的注册中心 Consul 及服务容错组件 Hystrix 做了集成，与其他注册中心中间件（Eureka 和 ETCD）的对接仍在开发中。

4. gRPC

gRPC 是谷歌开发的高性能 RPC 框架，基于 ProtoBuf 序列化协议的跨语言服务治理框架，开发者只需定义一套 Proto 格式的接口描述，就能用插件生成指定编程语言的接口访问层。gRPC 对异步调用也有强大的支持，借助 gRPC 可以轻松地构建下一代微服务架构方案——ServiceMesh 云原生应用。笔者所任职公司的业务就搭建在 gRPC + Kubernetes + Istio 的 ServiceMesh 云原生架构之上。gRPC 在海外应用得相当广泛，但由于种种限制，在国内的应用比较少。

5. Spring Cloud

Spring Cloud 提供了多款优秀的服务注册中心，比如原生组件 Consul、由阿里贡献的

Nacos 项目，以及目前应用最广泛的由 Netflix 公司开发的 Eureka。Spring Cloud 提供的服务治理功能远不只服务注册与服务发现。Spring Cloud 还提供了一整套丰富的微服务组件库，构建了微服务架构的一站式解决方案。可以说，Spring Cloud 是目前微服务架构领域内功能最强大、生态最丰富的开源项目工具包。从本书第 5 章开始，我们会对 Spring Cloud 的核心组件做详细介绍。

4.3.2　微服务框架的选型建议

微服务框架的选型要着眼于现有的业务和技术平台，从 0 开始搭建的应用或者中小型项目相比于大型应用有更大的选型自由度，替换基础组建的成本也在可控范围内。但是对于老旧遗留系统和大型项目，更换技术选型的限制因素有很多，若要迁移到微服务架构上，则要采取长期规划加逐步替换的策略，尤其要保证新的微服务技术栈在迁移过程中始终与已有服务组件保持兼容。

因此，我们在进行技术选型的时候，应当尽可能地选择可插拔式的组件，这类组件的接入成本是可控的，并且可以被灵活替换。在此，笔者推荐使用 Spring Cloud 一站式解决方案，主要的考量因素有以下几点：

1. 组件化

Spring Cloud 将服务治理领域的各个平台功能做了顶层抽象，各个不同功能的组件之间有清晰的界限，组件与组件之间没有强绑定关系，可以很方便地替换某个组件。对于相同领域的组件（比如注册中心的 Eureka、Consul 和 Nacos），由于它们都遵循同一套接口规范，所以只要变更依赖项和少量配置注解，便可以达到替换底层组件的目的。这种插件式的架构设计为技术选型提供了很大的灵活度。

2. 生态活跃

依托于 Spring 社区的活跃度，可以预见 Spring Cloud 在未来将保持旺盛的更新节奏（现在几乎不到一年就会有大版本的更新），为开发者提供越来越多的高质量组件库和新功能。

3. 一站式

Spring Cloud 有丰富的组件库，可以在微服务架构的方方面面提供解决方案，是一个“全家桶”式的微服务解决方案；而大部分微服务架构其实只解决了“服务治理”这一个领域的问题。

4.4 了解 Spring Cloud

4.4.1 Spring Cloud 简介

Spring Cloud 是由 Spring 开源组织维护，并由众多业界知名公司参与贡献的微服务领域集大成之作。Spring Cloud 项目提供了一系列的通用组件，用于快速搭建分布式应用的基础服务，包括服务注册与服务发现、配置管理、动态路由、服务间调用、负载均衡、熔断降级、分布式锁、链路追踪、消息总线和消息驱动等各种分布式场景用例。它基于 Spring Boot 搭建，可以在各种分布式环境中快速启动。

从 2014 年 10 月发布了 Spring Cloud 第一个里程碑版本 1.0.0.M1 后，Spring Cloud 就以旺盛的活力保持着快速更新的节奏，不同于其他开源项目以数字作为版本号的惯例，Spring Cloud 以字典序的英文单词作为大版本，在短短六年间已经发布了第八个里程碑大版本 H 版（本书选用 Hoxton 版，适用于实战项目），从表 4-1 中可以看出 Spring Cloud 社区的更新节奏。

表 4-1　Spring Cloud 的历史版本发布时间

Spring Cloud 大版本	发布时间
Angel	2015 年 3 月
Brixton	2016 年 5 月
Camden	2016 年 9 月
Dalston	2017 年 4 月
Edgware	2017 年 11 月
Finchley	2018 年 6 月
Greenwich	2019 年 1 月
Hoxton	2019 年 11 月

除大版本外，Spring Cloud 还有小版本的分支管理策略，如表 4-2 所示。

表 4-2　Spring Cloud 小版本的分支管理策略

小版本/分支名称	介绍
SNAPSHOT	快照版，处于开发中
PRE	预览版，主要用于内部测试

续表

小版本/分支名称	介绍
RC	Release Candidate，正式发行前的候选版本，以修复 Bug 为主，基本不会做新功能研发，以上三个版本都不建议使用在正式项目中
RELEASE	第一个正式版本，可以用于正式项目中
SR	Service Release，正式版本发布后的 Bug 修复版本

通常，SR 版本后面会有一个数字，比如 SR2，这里的 2 代表着 Release 版本发布的第二个 SR 版本。

4.4.2　Spring Cloud 和 Spring Boot 的关系

我们可以将 Spring Boot 看作一套快速搭建应用的脚手架，它使用了“约定大于配置”的理念，大幅降低了搭建应用的开发成本，通过内嵌 Web 容器可以实现简单部署。Spring Boot 集成了很多底层技术框架（比如用来访问数据库的 spring-data），我们可以在 Spring Boot 中找到搭建企业级应用所需的各种功能模块。从 Spring 社区为 Spring Boot 定义的宣传口号就可以看出它的特点：Build Anything——构建一切。

Spring Cloud 的基础功能依赖于 Spring Boot，可以把 Spring Cloud 看作一套构建在 Spring Boot 之上的微服务解决方案，通过 Spring Cloud 提供的服务治理、服务容错、配置管理、服务网关等组件，极大地简化了微服务架构下各个服务之间的协调和管理。Spring 社区赋予 Spring Cloud 的口号便是：Coordinate Anything——协调一切。

Spring Cloud 的特点如下：

- 采用“约定大于配置”的设计思想，简化了配置工作。
- 快速开发、快速部署上线。
- 组件丰富，技术选型自由度高。
- 组件插件化，组件之间相互耦合度很低，替换起来非常方便。
- 社区异常活跃，版本发布快，新功能和新组件层出不穷。
- 业界知名公司作为贡献者（Netflix 和阿里），组件的性能和可用性已经在大公司业务中得到验证。

Spring Cloud 和 Spring Boot 有一套严格的版本兼容关系，Spring Cloud 的每个大版本都有其对应的 Spring Boot 版本兼容范围，具体的版本对应关系如表 4-3 所示。

表 4-3　Spring Cloud 与 Spring Boot 的版本搭配

Spring Cloud 版本	Spring Boot 版本
Hoxton	2.2.X
Greenwich	2.1.X
Finchley	2.0.X
Edgware	1.5.X
Dalston	1.5.X
Camden	1.4.X
Brixton	1.3.X
Angel	1.2.X

在本书的微服务项目架构升级过程中，我们选择的 Spring Cloud 版本是 Hoxton.SR 5，Spring Boot 版本是 2.2.1.RELEASE。

4.5　了解 Spring Cloud 组件库

4.5.1　Spring Cloud 的整体架构

Spring Cloud 的总体架构如图 4-1 所示，可以看出它的体系架构非常庞大，图 4-1 中不仅包含了 Spring Cloud 的原生组件，也包含了 Netflix 和 Alibaba 组件库的内容。因此，部分模块有不止一个组件可供选择。

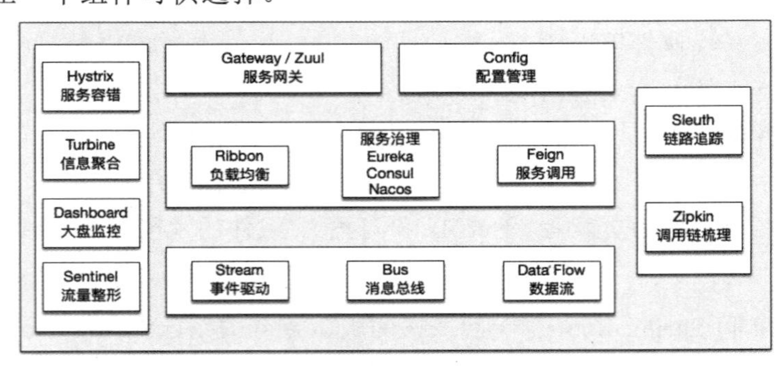

图 4-1　Spring Cloud 的总体架构

4.5.2 Spring Cloud 的子项目

Spring Cloud 的核心子项目一共有 19 个，具体介绍如下。

1. Spring Cloud Config

Spring Cloud Config 是一个中心化的配置管理工具，它目前支持本地文件、数据库和版本控制系统（GitHub 和 Subversion）三种存储方式。在 Spring Boot 应用的启动阶段，应用程序会主动访问 Config Server 拉取配置文件，并且将配置文件中的配置项注入 Spring 上下文中。此外，Spring Cloud Config 还可以在运行期间动态推送配置属性变更到服务集群。

2. Spring Cloud Bus

Spring Cloud Bus 是一个“事件总线”，它通过分布式消息在集群环境中传播“状态更改”事件。它也可以与 Spring Cloud Config 进行无缝集成，用以批量推送配置属性变更到业务集群。

3. Spring Cloud Consul

Spring Cloud Consul 是一个服务治理框架，它对原生的 Consul 项目（HashiCorp 公司用 Go 语言开发的一个项目）进行了封装，提供了服务注册、服务发现、健康检查等服务生命周期管理的功能。

4. Spring Cloud Sleuth

Spring Cloud Sleuth 为 Spring Cloud 应用提供了分布式环境下的调用链路追踪功能。

5. Spring Cloud Stream

Spring Cloud Stream 是一个轻量级的事件消息驱动框架，它简化了应用程序与 Apache Kafka、RabbitMQ 消息中间件的对接。

6. Spring Cloud Gateway

Spring Cloud Gateway 是一个基于 Project Reactor 响应式编程技术构建的网关路由组件，用于替代 Zuul。

7. Spring Cloud OpenFeign

Spring Cloud OpenFeign 通过动态代理机制简化了 REST 接口的调用过程。

8. Spring Cloud Cloudfoundry

Spring Cloud Cloudfoundry 组件可以将应用与 Pivotal Cloud Foundry（简称 PCF）集成，在提供服务发现功能的同时，简化了 SSO 和 OAuth2 的访问认证流程。PCF 是由 Pivotal 公司在开源 Cloud Foundry 基础上研发的商业版本，提供了云原生的应用开发 PaaS（Platform as a Service）平台。

9. Spring Cloud Open Service Broker

Spring Cloud Open Service Broker 提供了一个 Spring Boot 框架，使开发人员能够在 Open Service Broker API 的平台（比如 Cloud Foundry 和 Kubernetes）之上构建应用。

10. Spring Cloud Cluster

Spring Cloud Cluster 为分布式环境中的组件（如 ZooKeeper 和 Redis）提供了构建“集群”的功能，例如 Leader 选举、集群状态的一致性、全局锁和一次性 Token 等常见的状态模式的抽象层和具体实现。

11. Spring Cloud Security

Spring Cloud Security 基于 Spring Security 构建，提供应用安全方面的支持。

12. Spring Cloud Data Flow

Spring Cloud Data Flow 是一个云原生的流处理和批处理数据管道，主要用于大规模数据集成和实时数据处理的场景，通过简化的 DSL、可拖放的 GUI 组件和 REST-API 来简化数据管道的构建。

13. Spring Cloud Task

Spring Cloud Task 可以将微服务作为一个短期任务来执行和调度。

14. Spring Cloud ZooKeeper

Spring Cloud ZooKeeper 基于 ZooKeeper 的特性提供了配置管理与服务治理等功能。

15. Spring Cloud Connectors

Spring Cloud Connectors 提供了一个简单的抽象，使 PaaS 应用可以轻松连接各类云平台的后台资源。

16. Spring Cloud Starters

Spring Cloud Starters 是 Spring Boot 风格构建的启动项目，提供了依赖管理和“开箱即用”的使用体验。

17. Spring Cloud CLI

Spring Cloud CLI 插件可以通过命令行、Groovy 和 YML 配置文件等方式快速构建 Spring Cloud 组件。

18. Spring Cloud Contract

Spring Cloud Contract 是 CDC（Consumer-Driver Contracts，消费者驱动契约）的一种实现，提供了一种基于接口的测试方式。

19. Spring Cloud Function

Spring Cloud Function 是一个函数计框架，用于在 FaaS（Function as a Service）平台上部署基于函数的软件。

4.5.3 Netflix 组件库

Netflix 就是大家熟知的“奈飞”公司，Netflix 是位于美国的一家流媒体巨头，它为 Spring Cloud 的发展做出了很大的贡献，在 Spring Cloud 中很多鼎鼎大名的组件都由 Netflix 开发和贡献，有些组件至今依然是 Spring Cloud 家族使用最为广泛的组件。Netflix 的核心组件具体介绍如下：

1. Eureka

Eureka 是一款基于 HTTP 的服务治理组件，利用 Eureka 可以轻松搭建一个高可用的服务注册中心集群，它提供了完善的服务生命周期管理功能，比如服务注册、服务发现、心跳检查、服务下线、服务剔除和自保等。

2. Hystrix

Hystrix 是一款客户端服务容错管理组件，它提供了服务降级、服务熔断和线程隔离等服务容错功能。Hystrix 可以与 Turbine 集成，利用 Turbine 聚合集群内的服务调用数据，再通过 Hystrix Dashboard 监控大盘实时反映服务的健康状态。

3. Ribbon

Ribbon 是一个客户端负载均衡组件，内置了多种负载均衡策略，也支持通过扩展的方式编写自己的负载均衡器。

4. Archaius

Archaius 包含一系列配置管理 API，提供动态类型化属性、线程安全配置操作、轮询框架和回调机制等功能。

5. Zuul

Zuul 是一个路由组件，它可以作为服务层网关入口，还可以提供动态路由、限流、性能监测和安全等功能。

4.5.4 Alibaba 组件库

阿里近年来逐渐加大了开源方向上的投入，在 Spring Cloud 项目中也逐渐大放异彩。由阿里研发并开源的组件具体介绍如下：

1. Sentinel

Sentinel 是一个流控组件，从流量控制、熔断降级、负载保护等多个维度保障系统的可用性，它还可以与 Nacos 和 Apollo 等组件集成，对流控规则进行持久化。

2. Nacos

Nacos 是一个服务治理组件，同时也可以作为配置中心来使用，它提供了服务发现和配置管理等功能。

3. RocketMQ Binder

RocketMQ Binder 作为 Spring Cloud Stream 的底层组件，承担了与 RocketMQ 集成的工作。

4. Seata

Seata 是一个分布式事务框架，它提供了 AT、TCC 和 Saga 三种分布式解决方案。

5. Dubbo RPC

Dubbo 是一个高性能的 RPC（远程方法调用）框架。

6. Alibaba Cloud Object Storage Service

Alibaba Cloud Object Storage Service 是一个加密安全的云存储服务。

4.6 实战项目技术选型

4.6.1 技术架构选型

从第 5 章开始，我们将进入实战项目微服务架构升级的环节，本书中介绍的 Spring Cloud 组件将被逐步添加到基于 Spring Boot 搭建的优惠券系统中。实战项目的技术架构如图 4-2 所示。

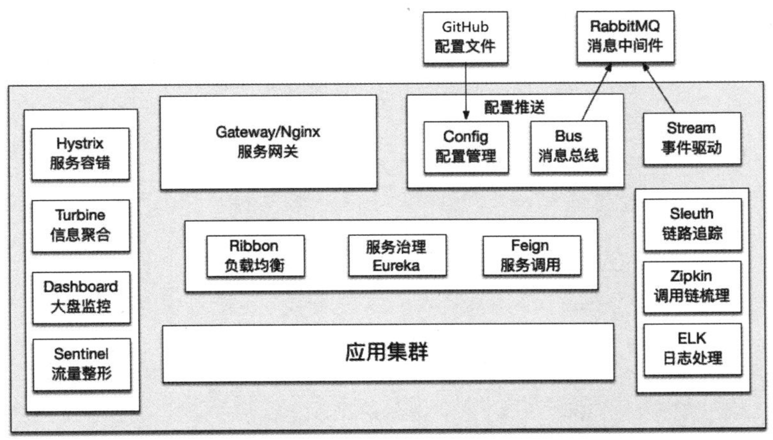

图 4-2　实战项目的技术架构图

4.6.2 Spring Cloud 组件选型与版本

结合 Spring Cloud 各个组件应用的广泛程度，以及未来的发展潜力，我们在优惠券实战项目的技术选型中将使用如表 4-4 所示的组件。

表 4-4 实战项目的技术选型

应用领域	使用组件
服务治理	Eureka
负载均衡	Ribbon
流量哨兵	Sentinel
服务容错	Hystrix + Turbine + Dashboard
服务网关	Spring Cloud Gateway
配置中心	Spring Cloud Config
分布式事务	Seata
调用链路追踪	Sleuth + Zipkin + ELK
消息驱动	Stream
消息总线	Bus

微服务阶段所用到的开发工具和消息中间件的版本与本书第 1 章到第 3 章中使用的版本一致。

第 5 章 使用 Eureka 实现服务治理

Eureka 是 Spring Cloud 中使用最为广泛的服务治理框架，本章首先介绍什么是服务治理，以及 Spring Cloud 中的主流服务治理框架；然后介绍 Eureka 的体系架构和服务治理的具体场景；最后通过对优惠券项目的改造将 Eureka 集成到实战项目里。

5.1 什么是服务治理

简单地说，服务治理主要解决了两个问题，一是如何获取分布式环境中各个服务实例的目标地址，二是如何定时更新服务实例的当前状态（是否可用或不可用）。只有解决了这两个问题，各个微服务实例才能利用服务发现机制发起远程调用。

微服务的本质是分布式架构的延伸，后台服务被部署在多个分布式服务集群中。以电商中的下单场景为例，一个典型的微服务集群如图 5-1 所示。

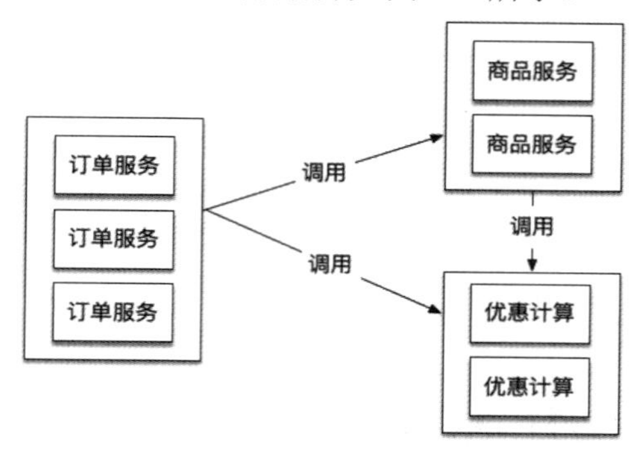

图 5-1　一个典型的微服务集群

在图 5-1 中，订单服务和商品服务是两个独立存在的微服务集群，它们之间存在上下游服务的调用关系。在创建一个用户订单的同时，订单服务会调用商品服务获取商品的基本信息。调用请求从订单服务集群中的任意一台机器发出，为了确保服务请求能够发送给商品服务，我们需要有一个中心化组件来维护所有微服务的服务器列表，而这个中心化组件可以通过心跳连接等方式感知服务器的运行状态（状态可用、不可用）。

基于图 5-1 中描述的需求背景，“注册中心”应运而生，它作为一个独立的中间件用于维护服务的宿主机信息，包括服务器地址、端口号和服务名称等。添加了注册中心的服务集群如图 5-2 所示。

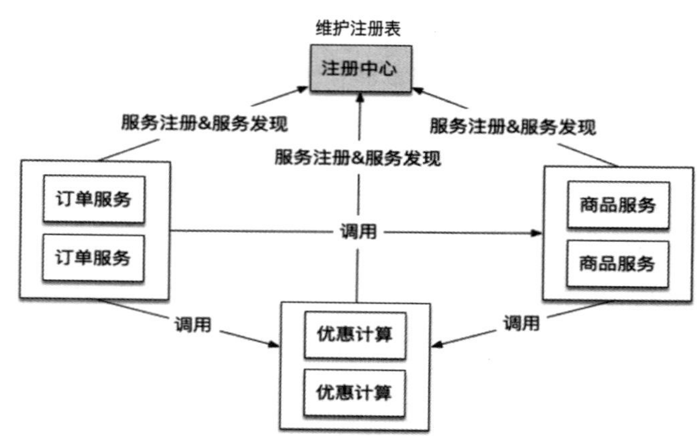

图 5-2　添加了注册中心的服务集群示意图

如图 5-2 所示，注册中心有以下三个主要任务：

1. 服务注册

当客户端启动服务时，会主动向注册中心注册自己的信息，包括地址信息、服务名称及服务状态。

2. 服务发现

客户端服务从注册中心获取当前已注册的机器列表信息，包括地址端口和服务名称。

3. 维护注册表

如果某个应用服务器主动下线，或者因为网络故障等原因无法继续提供服务，那么注册中心需要将这台服务器从可用机器列表中删除。

5.2 Spring Cloud 中常用的注册中心

1. Eureka

Eureka 是 Netflix 公司开发的一款基于 HTTP 的服务治理框架，它是目前 Spring Cloud 体系中资历最老且应用最为广泛的服务治理方案。Spring Cloud 中的其他核心组件（比如 Gateway、OpenFeign、Zuul 等）都提供了对 Eureka 的支持，可以通过 Eureka 搭建的注册中心来获取服务信息。

Eureka 和大部分注册中心一样，它的基础架构包含三个角色：注册中心、服务提供者和服务消费者。Eureka 和服务提供者及服务消费者之间的关系如图 5-3 所示。

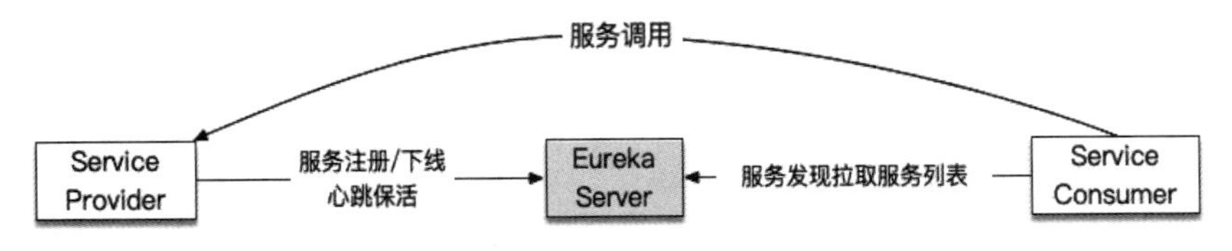

图 5-3　Eureka 和服务提供者与服务消费者之间的关系

下面具体介绍一下 Eureka Server、Service Provider 和 Service Consumer 这三个角色的功能。

（1）Eureka Server

支持高可用架构的注册中心，它提供了服务注册、服务发现、服务续约和服务剔除等服务治理领域的基本功能。

（2）Service Provider

服务提供者，在应用启动阶段向 Eureka Server 发起注册请求，并在运行阶段通过心跳包持续向 Eureka Server 发送服务续约请求，使当前服务提供者在注册中心中被标记为“可用”状态。在服务关停下线时主动向注册中心发起下线指令。

（3）Service Consumer

服务调用者（也被称为服务消费者），在应用运行阶段，从 Eureka Server 里定时拉取已注册的服务列表，通过负载均衡策略发起远程服务调用。

2. Consul

Consul 是 HashiCorp 公司开发的一款开源工具，它的底层是使用 Go 语言开发的，得益于 Go 语言在跨平台方面的优势，Consul 的安装部署过程非常简单。此外，Consul 还支持开箱即用的多数据中心（由多个注册中心组成一个数据中心集群，多个数据中心之间可以互相同步数据），可以很方便地搭建一套高可用的架构方案。Consul 依赖于 Gossip 一致性协议传播信息，这意味着注册中心节点的添加和删除并不会影响集群内各节点的消息传播。

Consul 的特性总结如下：

- 支持以 DNS 和 HTTP 接口的方式来完成服务注册和服务发现。
- 支持 Healthcheck 健康检查功能，用以监视集群健康情况。
- 同时支持 DNS 和 HTTP 接口。
- 采用 Key/Value 存储结构。
- 支持开箱即用的多数据中心。

3. Nacos

Nacos 是阿里研发的服务治理框架，它不仅可以和 Spring Cloud 中的组件搭配工作，还可以作为 Dubbo 生态系统的注册中心来使用。

Nacos 的特性总结如下：

- 支持基于 DNS 和 RPC 的服务发现和服务治理。
- 支持动态配置服务，可以作为配置中心为应用提供配置管理功能。
- 支持权重路由，可以实现中间层负载均衡和灵活的路由策略。
- 支持限流、异地多活和流量调度等多种应用场景。
- 支持多种云原生技术和主流的 RPC 框架，如 Kubernetes、Istio、gRPC、Dubbo RPC 和 Spring Cloud RESTful API。

5.3 分布式系统理论

5.3.1 了解 CAP 定理

CAP 是分布式系统的基础理论，它由三个单词的首字母组成，分别代表一致性（Consistency）、可用性（Availability）和分区容错性（Partition Tolerance）。下面我们对这三个特性做具体介绍。

1. 一致性

在分布式环境中，一份数据往往有多个数据副本，在强一致性的场景下，这些数据副本在同一时刻的值是相同的。也就是说，一个“读”操作在多个数据副本下读到的值也是相同的。

2. 可用性

可用性通常被称作“高可用”，当集群中的某些节点出现故障不能响应请求的时候，集群中其他正常工作的节点依然能够正常提供服务，使集群仍然处于可用状态。

3. 分区容错性

在分布式系统中某个节点或者网络分区出现故障、区间通信可能失败的情况下，要保证其他节点可以继续对外提供服务。

正所谓鱼和熊掌不可兼得，对分布式系统来说，以上三个特性中的一致性和可用性也只能二者选其一。背后的原因不难理解：保证强一致性就必然要牺牲一部分的可用性，在所有数据副本达到一致状态之前不能对外提供服务；同理，可用性优先的系统往往采用了“最终一致性”的同步方案，这种方案允许暂时的数据不一致，但在未来的某个时间点会达到数据的最终一致，因此可用性优先的系统不能保证强一致性。

下面我们用一个 ZooKeeper 的例子来说明一致性和可用性之间的矛盾。ZooKeeper 是一个一致性（CP）优先的系统，在任何时刻访问 ZooKeeper 都可以获取一致的数据，为了确保 ZooKeeper 各节点的数据强一致性，某些情况下 ZooKeeper 可能会丢弃一些请求，因而并不能保证可用性。而 ZooKeeper 的 leader 选举过程也体现了一致性优先的策略，在 ZooKeeper 集群环境中有一个 leader 的角色，leader 可以看作 Master 节点。在某些网络异常的情况下，集群内的其他节点可能无法连接到 leader 节点，这时 ZooKeeper 会从剩余节点中重新选出一个 leader。在这个过程中，为了保证数据的强一致性，在 leader 没有选出之前，整个 ZooKeeper 集群都不能对外提供服务。

由于可用性和一致性无法被同时满足，目前主流的注册中心一般是在 AP 方案（可用性 + 分区容错性）和 CP 方案（一致性 + 分区容错性）之间二选一。

5.3.2 高并发应用在 CAP 中的偏向性

对高并发应用来说，其每秒承载的用户请求访问量是非常惊人的。以最近一次双 11 大促场景为例，支付宝核心主链路每秒峰值交易处理量是 52 万。对于这类应用，我们在可用性和一致性二者之间更偏向于可用性优先，这主要是从时间和资源的角度来考量的。

1. 时间角度

为了保证数据的强一致性，需要花费较长时间将数据副本同步完成之后才可以对外提供服务，这个时间成本在大访问量基数下将被迅速放大，最终导致服务响应时间大幅拉长，因此无法保证系统的可用性。

2. 资源角度

以强一致性的 XA 事物解决方案为例，为了保证数据库事物提交的强一致性，在每个分支事物完成之前，数据库连接不会得到释放，在大访问量下数据库连接资源会被快速消耗，进而导致服务不可用。

因此，从系统的整体可用性角度来考虑，高并发场景下我们更加倾向于优先保证系统的可用性，而对应的一致性解决方案通常采用“最终一致性”方案，即在未来的某一个时间点可以达到数据一致。

5.4　Eureka 核心概念

5.4.1　服务注册

服务注册是一个服务生命周期的起点，在服务实例启动的时候，它会向注册中心发送一条注册指令。服务注册指令包含以下几个主要内容：

1. 服务名称

服务名称通常默认是应用名称（也就是 Spring 的配置项中配置的 application.name），我们也可以指定一个自定义的服务名，它用来告诉注册中心当前注册的服务名称。

2. 寻址信息

寻址信息是当前服务实例的网络地址信息，比如 hostname、IP 地址和端口号，调用方服务在获取目标服务地址之后才能发起调用。本机测试往往采用 IP 地址加端口号的配置方式，在线上生产环境中往往采用 DNS 域名即 hostname 的方式，这样可以有效防止内网 IP 地址漂移，从而导致服务地址失效。

3. 服务状态

服务状态包括可用、不可用、初始化、已下线等。

4. 注册时间

注册时间是指服务实例向注册中心发起注册的时间。

服务注册所包含的信息量不多，并不会占用太多存储空间，因此一个注册中心实例就可以为大量服务节点提供服务治理功能。尽管如此，我们在高可用的架构之下，仍然需要将注册中心搭建成一个集群，集群内的注册中心会将本地的服务注册表同步到其他注册中心，服务实例只要向一个注册中心发送注册指令，这条指令就会被同步给整个注册中心集群。

5.4.2 服务发现

Eureka 属于一个客户端负载均衡的服务治理系统，由消费者来决定向哪一个生产者发起调用请求。在这个模式下，消费者服务就要知道所有已注册的机器的地址信息。为了保证消费者在本地有最新的服务器列表，消费者服务每隔一段时间都要从注册中心读取最新的服务地址和状态，然后刷新本地的服务器列表，这个周而复始的过程就叫作服务发现。

服务在注册中心的状态码如下：

UP：服务处于正常运行阶段。

DOWN：服务已下线。

STARTING：服务正在启动中。

OUT_OF_SERVICE：服务强制下线。

UNKNOWN：未知状态。

5.4.3 服务续约和服务下线

服务节点可能存在非正常下线的情况，比如由于网络问题导致无法提供服务，那么注册中心就要知道当前服务是否处于可用状态，并将服务状态写入本地注册表中。这样，服务消费者就可以通过服务发现机制从注册表中获取处于可用状态的服务器列表。

注册中心获取服务状态的方案有两种，一种是注册中心定时发起 HealthCheck 检查，另一种是由客户端定时上报自己的状态到注册中心。Eureka 采取的是第二种方案，每隔一段时间（这个时间间隔是可配置的），服务节点就会向注册中心发送一个“心跳包”，上报当前节点的最新状态，我们称这个过程为“服务续约”。

服务下线是由服务提供者主动发起的下线指令，注册中心在收到服务下线指令后，会将这台服务器标记成“Down”的状态。

5.4.4 服务剔除

正常运行的服务每隔一段时间都会主动发起服务续约，在一些异常情况下（比如服务无响应或者由于网络原因导致心跳包无法送达注册中心），如果注册中心在规定时间内始终没有收到服务续约的请求，那么它将对服务做自动下线处理。我们将这个过程称为“服务剔除”，服务剔除是由注册中心发起的一项定时任务，用来清除不可用的服务实例。

5.4.5 服务自保

在实际的生产环境中，服务剔除有可能会“误杀”正常服务，比如某个机房产生了短暂的网络抖动，导致所有服务实例与注册中心之间的网络通信短暂不可用，但这些服务实例仍然可以对外部用户提供服务。在这种极端情况下，如果我们开启了服务剔除功能，那么就有可能将所有服务剔除下线，造成大范围宕机。

Eureka 内部有一套服务自保机制，它会在运行期持续统计过去 15 分钟内服务续约的成功率，如果成功率低于 85%（该项数值可以在配置文件中指定），那么将主动开启服务自保模式，在注册中心处于自保模式期间，服务剔除功能将不再生效。由此可见，服务剔除和服务自保在同一时刻只能有一个功能生效，我们可以通过配置项关闭服务自保功能。

5.5 优惠券项目改造——高可用注册中心

5.5.1 创建项目结构

在优惠券项目的根目录下创建 middleware 目录，在本书的微服务架构升级过程中，平台类型的组件（如注册中心、配置中心等）都会创建在该目录下。目录创建完成后，在目录下面分别创建 eureka-server 和 eureka-server2 两个 Maven 子项目，模拟多注册中心的集群环境。一个搭建完成的双注册中心项目结构如图 5-4 所示。

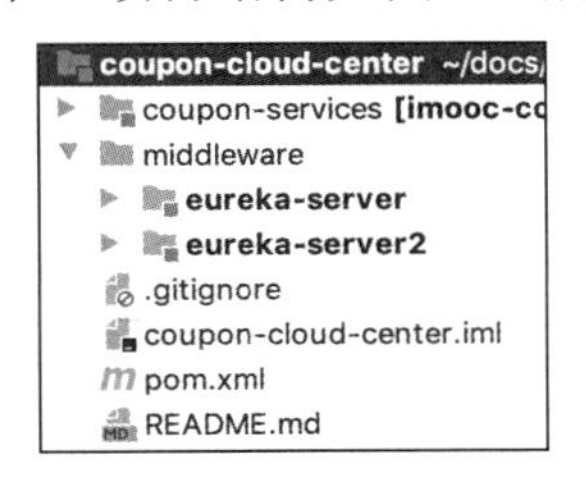

图 5-4　双注册中心项目结构图

5.5.2 修改 host 文件

为了模拟多个注册中心互备的集群架构，需要为 eureka-server 和 eureka-server2 两个应用分别指定一个 hostname，这里我们将 eureka-server 的 hostname 指定为 peer1，将 eureka-server2 的 hostname 指定为 peer2。由于大部分读者是在本机启动项目上做测试，所以需要对操作系统的 host 文件做一些改动，将 peer1 和 peer2 两个 hostname 都绑定在本机的 IP 地址上，这样就可以像访问 localhost 一样来访问这两个应用。

Mac 系统的 host 文件位于/etc/host 之下，这个文件夹下的文件不能被直接修改，我们需要先将它复制到另一个文件夹（比如桌面），然后添加以下两项配置并保存：

```
127.0.0.1   peer1
127.0.0.1   peer2
```

在上面的代码中，127.0.0.1 就是本机的 localhost 访问地址。将修改后的 host 文件复制到/etc/host 文件夹下，并替换原文件。

Windows 系统的 hosts 文件位于 C:\Windows\System32\drivers\etc 文件夹下，找到 hosts 文件，添加相同的内容并保存。

5.5.3 引入 Maven 依赖项

我们通过以下两个步骤，将 Spring Cloud 和 Eureka 的依赖项添加到 pom.xml 文件中：

1. 添加 Spring Cloud 版本和依赖

在 coupon-cloud-center 项目的顶层 pom.xml 文件中创建<dependencyManagement>节点，并添加 Spring Cloud 的依赖项，具体代码如下：

```xml
<dependencyManagement>
   <dependencies>
      <dependency>
         <groupId>org.springframework.cloud</groupId>
         <artifactId>spring-cloud-dependencies</artifactId>
         <version>Hoxton.SR5</version>
         <type>pom</type>
         <scope>import</scope>
      </dependency>
   </dependencies>
</dependencyManagement>
```

在父级项目中添加完依赖项之后，我们在子模块的 pom.xml 文件中添加 Spring Cloud 组件时就不用再指定具体版本了，Maven 将从父级 pom.xml 文件里的 spring-cloud-dependencies 依赖项中获取对应的组件版本号。

2. 为注册中心添加依赖

在 eureka-server 和 eureka-server2 两个 Maven 项目中的 dependencies 节点下添加 Eureka 服务器的依赖项，具体代码如下：

```
<dependencies>
    <dependency>
        <groupId>org.springframework.cloud</groupId>
        <artifactId>spring-cloud-starter-netflix-eureka-server</artifactId>
    </dependency>
</dependencies>
```

5.5.4　创建项目启动类

在 eureka-server 和 eureka-server2 项目的 src/main/java 路径下创建包 com.broadview.coupon，并创建启动类 EurekaApplication，具体代码如下：

```
package com.broadview.coupon;

import org.springframework.boot.SpringApplication;
import org.springframework.boot.autoconfigure.SpringBootApplication;
import org.springframework.cloud.client.discovery.EnableDiscoveryClient;


@EnableDiscoveryClient
@SpringBootApplication
public class EurekaApplication {
    public static void main(String[] args) {
        SpringApplication.run(EurekaApplication.class, args);
    }
}
```

在上面的代码中，我们通过添加@SpringBootApplication 注解将该应用作为标准的 Spring Boot 应用启动，并在启动过程中通过@EnableDiscoverClient 注解加载 Eureka 配置项（在最新版本的 Spring Cloud 项目中，@EnableDiscoverClient 不再是一个必需的注解）。

5.5.5　为注册中心添加配置

在 eureka-server 和 eureka-server2 项目下的 src/main/resources 路径下创建配置文件

application.yml，并添加配置信息到 application.yml 文件中，具体代码如下：

```
spring:
  application:
    name: coupon-eureka

server:
  # eureka-server 端口号
  port: 10000

eureka:
  instance:
    # 配置 hostname=peer1
    hostname: peer1
  client:
    # 是否打开服务发现
    fetch-registry: false
    # 是否将当前应用作为一个实例注册到注册中心
    register-with-eureka: true
    # 将 eureka-server 注册到 peer2
    service-url:
      defaultZone: http://peer2:10001/eureka
```

在以上配置中，eureka-server 的 hostname 指定为 peer1，端口号指定为 10000，并将 eureka-server 注册到 peer2 上。

为 eureka-server2 创建一个同样的配置文件，分配一个不同的端口 10001，并将其注册到 peer1 上，具体配置如下：

```
spring:
  application:
    name: coupon-eureka

server:
  # 端口号与 peer1 不同
  port: 10001

eureka:
  instance:
    # hostname 指定为 peer2
    hostname: peer2
  client:
    fetch-registry: false
    register-with-eureka: true
```

```
# 注册到 peer1
service-url:
  defaultZone: http://peer1:10000/eureka
```

配置添加好之后，将整个项目从根目录编译一遍（编译命令为 mvn clean install），就可以启动配置中心了。依次启动 eureka-server 和 eureka-server2，等待项目加载完成之后，在浏览器中打开 http://peer1:10000/eureka 或者 http://peer2:10001/eureka，可以看到如图 5-5 所示的 Eureka 注册中心界面。

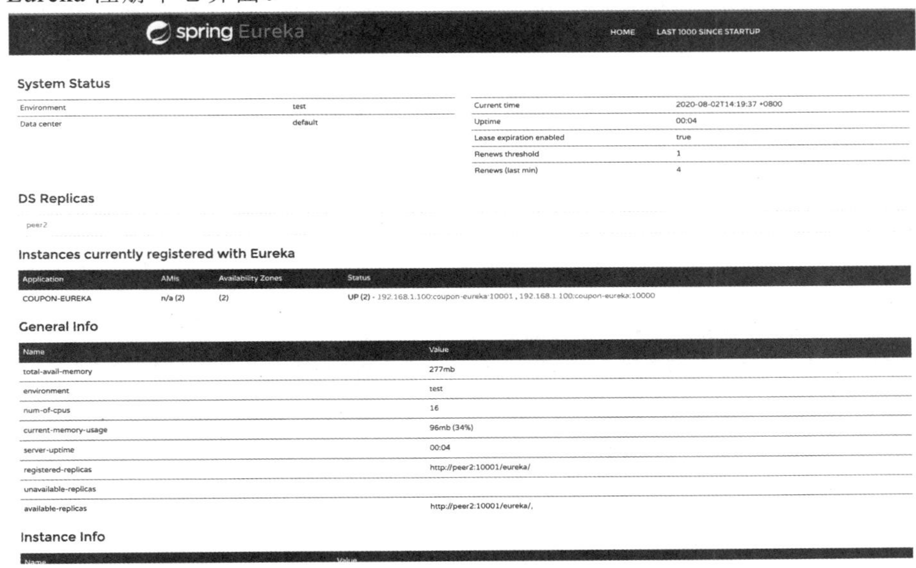

图 5-5　Eureka 注册中心界面

如图 5-5 所示，当前页面是注册中心 peer1 的信息，通过访问 http://peer2:10001 可以查看注册中心 peer2 的信息，一个注册中心集群内的各个节点会相互同步注册表信息。配置中心页面有如下 5 个主要部分：

（1）System Status：显示当前注册中心的系统状态，包括启动时间和服务续约指令的接收情况。

（2）DS Replicas：高可用特性，这里会显示出与当前注册中心互备的节点。

（3）Instances list：列表中显示所有当前已注册的服务，以及对应的服务名、服务下的节点个数、各个节点的地址和节点的当前状态等。

（4）General Info：注册中心当前的 CPU 和内存状态，以及互备节点的状态。

（5）Instance Info：注册中心的 IP 地址和状态。

5.6 coupon-template-service 微服务架构升级

限于篇幅，Controller 类的创建没有包含在正文中，Controller 部分代码没有太多业务逻辑，只是对外开放 HTTP 接口和设置访问路径，读者可以到本书指定的 GitHub 站点中获取源代码参考。

5.6.1 添加依赖项

在 coupon-template-service 的 pom.xml 文件中的<dependency>节点下添加 eureka-client 的依赖项，代码内容如下：

```
<dependency>
   <groupId>org.springframework.cloud</groupId>
   <artifactId>spring-cloud-starter-netflix-eureka-client</artifactId>
</dependency>
```

注意： 上面代码中添加的依赖项是 eureka-client，这与我们在注册中心模块中添加的依赖项不同，注册中心模块添加的依赖项是 eureka-server，初学者很容易将两者混淆。

5.6.2 创建启动类

在 coupon-template-service 下的 com.broadview.coupon.template 路径中创建启动类，命名为 CouponTemplateApplication，启动类的创建代码如下：

```
package com.broadview.coupon.template;
import org.springframework.boot.SpringApplication;
import org.springframework.boot.autoconfigure.SpringBootApplication;
import org.springframework.cloud.client.discovery.EnableDiscoveryClient;
import org.springframework.context.annotation.ComponentScan;
import org.springframework.data.jpa.repository.config.EnableJpaAuditing;
@EnableDiscoveryClient
@SpringBootApplication
@EnableJpaAuditing
@ComponentScan(basePackages = {"com.broadview"})
public class CouponTemplateApplication {
```

```
    public static void main(String[] args) {
        SpringApplication.run(CouponTemplateApplication.class, args);
    }
}
```

上面代码中的关键注解是@EnableDiscoveryClient，它会在项目启动的同时加载配置信息，根据配置开启 Eureka 的服务治理功能。该注解是 Spring Cloud 中的一层标准抽象接口，如果后续想要使用 Nacos 替换 Eureka，则只需要对底层组件的依赖和配置项进行替换，不用改动任何注解。

5.6.3　添加配置项

在 src/main/resources 目录下创建配置文件 application.yml，并添加配置项，具体配置代码如下：

```
server:
  port: 20000
eureka:
  client:
    service-url:
      # eureka 的注册地址，将 peer1 和 peer2 都添加进来
      defaultZone: http://peer1:10000/eureka/,http://peer2:10001/eureka/

spring:
  application:
    # 默认的服务注册名称
    name: coupon-template-service
  datasource:
    # MySQL 数据源
    url:
jdbc:mysql://127.0.0.1:3306/broadview_coupon_db?autoReconnect=true&useUnicode=true&characterEncoding=utf8&useSSL=false
    username: root
    password: Broadview
    type: com.zaxxer.hikari.HikariDataSource
    driver-class-name: com.mysql.cj.jdbc.Driver
    # 连接池
    hikari:
      connection-timeout: 20000
      idle-timeout: 20000
```

```
      maximum-pool-size: 20
      minimum-idle: 5
      max-lifetime: 30000
      auto-commit: true
      pool-name: BroadviewCouponHikari
  jpa:
    show-sql: true
    hibernate:
      # 在生产环境中将 ddl-auto 设置为 none，防止 ddl 结构被自动执行
      ddl-auto: none
    properties:
      hibernate.format_sql: true
      hibernate.show_sql: true
    open-in-view: false

logging:
  level:
    com.broadview.coupon: debug

# 开启所有 management 端点
management:
  endpoints:
    web:
      exposure:
        include: "*"
```

以上配置项中有三个关键配置，分别是当前应用的端口号、注册中心地址和应用名称，这三个配置是服务注册的关键信息。

5.6.4 运行项目

项目代码和配置项都添加完毕后，我们就可以启动项目并验证服务注册功能是否正常。首先在 coupon-cloud-center 项目下将整个项目编译一遍（编译命令为 mvn clean install），由于 coupon-user-service 和 coupon-calculation-service 还没有进行微服务改造，可以暂时将这两个模块从父类 pom 中的 module 节点下注释掉，以免引起编译错误，待改造完成之后再添加进来。

我们可以通过 java-jar 命令在命令行启动项目，也可以通过在开发工具中直接运行 main()方法的方式启动项目。首先将 eureka-server 和 eureka-server1 项目启动，待两个项目

的注册中心都启动成功后，运行 CouponTemplateApplication 类中的 main()方法。当项目启动完成后，在浏览器中打开注册中心页面，如果可以在服务注册表中看到一条 coupon-template-service 的记录，那么就宣告 coupon-template-service 项目改造成功，服务注册信息如图 5-6 所示。

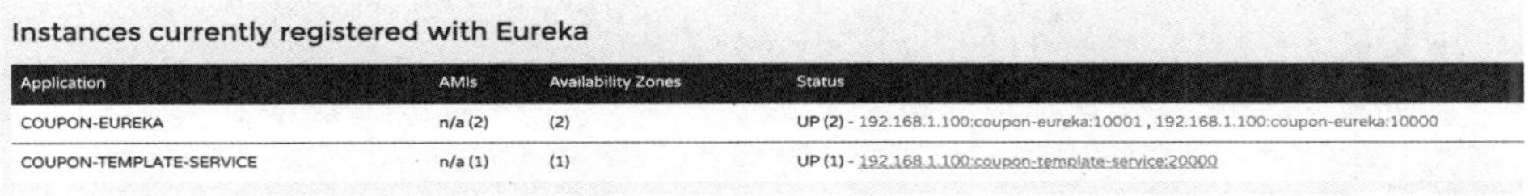

Instances currently registered with Eureka

Application	AMIs	Availability Zones	Status
COUPON-EUREKA	n/a (2)	(2)	UP (2) - 192.168.1.100:coupon-eureka:10001 , 192.168.1.100:coupon-eureka:10000
COUPON-TEMPLATE-SERVICE	n/a (1)	(1)	UP (1) - 192.168.1.100:coupon-template-service:20000

图 5-6　coupon-template-service 的服务注册信息

5.7　改造 coupon-calculator

限于篇幅，Controller 类的创建没有包含在正文中，这部分代码没有业务逻辑，只是对外开放 HTTP 接口和设置访问路径，读者可以到本书指定的 GitHub 站点中获取源代码参考。

添加依赖项和配置项的步骤与 coupon-template-service 的改造过程一样，读者可以参考 5.6 节的内容做改造，本节我们只介绍几个主要的改造点。

1. 添加依赖项

在 coupon-calculator-service 子模块的 pom.xml 文件里添加 eureka-client 依赖项，参考 5.6.1 节。

2. 创建启动类

在 com.broadview.coupon.calculation 路径下创建启动类，命名为 CouponCalculationApplication，代码内容可以参考 5.6.2 节。

3. 添加配置项

在 src/main/resources 路径下创建 application.yml 文件，由于 coupon-calculation-service 应用是一个纯计算型的服务，并不需要访问数据库，因此只需做一些基本配置，具体实现代码如下：

```
server:
```

```
  port: 20001

spring:
  application:
    name: coupon-calculator-service

eureka:
  client:
    service-url:
      defaultZone: http://peer1:10000/eureka/,http://peer2:10001/eureka/
```

5.8 改造 coupon-user-service 服务

5.8.1 添加依赖项和配置项

仿照 coupone-template-service 和 coupon-calculation-service 的改造步骤，添加 eureka-client 的依赖项到 coupon-user-service 项目下的 pom.xml 文件中，在 com.broadview.coupon.user 包路径下创建启动类 CouponUserApplication。将 coupon-template-service 项目的配置文件 application.yml 复制到 coupon-user-service 项目中，在复制后的 application.xml 文件中我们只需更改应用名称和端口号，其他内容不变，相关代码如下：

```
server:
  port: 20002

spring:
  application:
    name: coupon-user-service
```

5.8.2 声明 RestTemplate

Spring 提供了一个轻量级的 HTTP 调用工具类 org.springframework.web.client.RestTemplate，我们可以在 coupon-user-service 项目中通过 RestTemplate 向其他应用发起 HTTP 调用。打开 CouponUserApplication 类，使用@Bean 注解声明一个 RestTemplate 类的对象，具体实现代码如下：

```
@Bean
public RestTemplate register() {
    return new RestTemplate();
}
```

5.8.3　改造 findCoupon()方法——RestTemplate.exchange 函数的用法

由于 service 层已经被拆分到各个微服务模块中，无法通过注入 service 对象的方式直接发起本地方法调用，所以我们需要通过 RestTemplate 发起远程调用。在本节中我们将分别用多种不同的集成方式来演示 RestTemplate 的用法。

接下来，我们通过三个步骤来改造 UserServiceImpl 类的 findCoupon()方法，具体步骤如下。

1. 依赖注入

找到 UserServiceImpl 类，将无效引用删除以后，通过@Autowired 注解将 RestTemplate 和 LoadbalancerClient 对象注入 UserServiceImpl 类中，具体代码如下：

```
@Service
public class UserServiceImpl implements CouponUserService {
    @Autowired
    private LoadBalancerClient client;

    @Autowired
    private RestTemplate restTemplate;
    // 以下代码省略
```

RestTemplate 类用来发起远程 HTTP 调用，LoadBalancerClient 类可以通过负载均衡策略获取可用的服务节点的地址信息。

2. 添加寻址方法

在 UserServiceImpl 类中加入两个新方法，这两个方法分别用来拼接访问地址和组装 HttpHeader 信息，具体代码如下：

```
// 拼接访问地址
private String getUrl(String serviceId, String uri) {
    // 利用 Eureka 的服务发现机制，从当前可用的服务实例中选择一个
    ServiceInstance instance = client.choose(serviceId);
    // 拼接访问参数
```

```
    String target = String.format("http://%s:%s/%s",
            instance.getHost(),
            instance.getPort(),
            uri);
    log.info("uri is {}", target);
    return target;
}

private HttpEntity buildHttpEntity() {
    HttpHeaders headers = new HttpHeaders();
    headers.setContentType(MediaType.APPLICATION_JSON);

    //设置接收返回值的格式为 Json
    List<MediaType> mediaTypeList = new ArrayList<>();
    mediaTypeList.add(MediaType.APPLICATION_JSON);
    headers.setAccept(mediaTypeList);

    HttpEntity requestEntity = new HttpEntity(null, headers);
    return requestEntity;
}
```

在上面的代码中，getUrl()方法的 serviceId 必须与目标服务的注册名称（即 application.yml 文件中定义的 application.name 属性）相同，LoadBalancerClient 对象会基于服务发现获取的机器列表，通过负载均衡选定一个可用地址并返回。

3. 使用 RestTemplate 替换本地方法调用

最后一步是替换本地方法调用，通过 resetTemplate 的 exchange()方法来发起一个 HTTP 调用，具体代码如下：

```
public List<CouponInfo> findCoupon(Long userId, Integer status, Long shopId) {
    //以上部分省略
    List<Long> templateIds = coupons.stream()
            .map(Coupon::getTemplateId)
            .collect(Collectors.toList());

    // 将 templateIds 输出为一串逗号分隔的字符串
    String ids = templateIds.stream().map(String::valueOf).collect(Collectors.
joining(","));

    // 获取访问地址，设置 header 参数
    String target = getUrl("coupon-template-service", "template/getBatch");
```

```
    HttpEntity requestEntity = buildHttpEntity();

    // 设置返回值类型
    ParameterizedTypeReference<Map<Long, TemplateInfo>> responseType =
            new ParameterizedTypeReference<Map<Long, TemplateInfo>>() {};

    // 发起远程调用
    ResponseEntity<Map<Long, TemplateInfo>> exchange =
            restTemplate.exchange(target+"?ids="+ids, HttpMethod.GET, requestEntity,
responseType);

    Map<Long, TemplateInfo> templateMap = exchange.getBody();
    coupons.stream().forEach(e -> e.setTemplateInfo(templateMap.get(e.getTemplateId())));

    return coupons.stream()
            .map(CouponConverter::convertToCoupon)
            .collect(Collectors.toList());
}
```

RestTemplate 中的 exchange()方法可以支持任意类型（GET、POST、DELETE 和 PUT）的 HTTP 请求，上面代码中传入 exchange()方法的参数从左到右依次为：目标访问地址、HTTP 请求类型、请求内容（header+body）和返回值类型。Exchange()方法不会直接返回业务对象，而是通过一个 ResponseEntity 对象将业务对象封装起来，我们可以通过 getBody()方法从 ResponseEntity 对象中获取最终的返回结果。

5.8.4　改造 requestCoupon()方法——getForObject 函数的用法

打开 UserServiceImpl 类的 requestCoupon()方法，使用 RestTemplate.getForObject()方法替换当前方法内的本地调用，具体代码如下：

```
public Coupon requestCoupon(RequestCoupon request) {
    // 将查询参数拼到 URL 中
    String append = "/template/get?id="+request.getCouponTemplateId();
    String target = getUrl("coupon-template-service", append);
    // 使用 Get 方法发起访问
    TemplateInfo templateInfo = restTemplate.getForObject(target, TemplateInfo.
class);

    // 如果模板不存在，则报错
    if (templateInfo == null) {
```

```
    //以下部分省略
}
```

5.8.5 改造 placeOrder()方法

UserServiceImpl 类的 placeOrder()方法同时对 coupon-template-service 和 coupon-calculation-service 发起了调用，下面分别使用 getForObject()和 postForObject()方法对两处方法调用进行替换，具体代码如下：

```
    @Override
    public PlaceOrder placeOrder(PlaceOrder order) {
        //省略部分代码
        if (order.getCouponId() != null) {
            //省略部分代码

            // 构造 Map 参数
            Map<String, String> param = new HashMap();
            param.put("id", String.valueOf(coupon.getTemplateId()));

            //在 URL 中设置{id}占位符
            String target = getUrl("coupon-template-service", "/template/get?
id={id}");
            //使用 Get 方法发起访问
            //target 中的占位符{id}将通过 RestTemplate 替换为 Map 中的 id 参数
            TemplateInfo templateInfo = restTemplate.getForObject(target,
TemplateInfo.class, param);

            couponInfo.setTemplate(templateInfo);
            order.setCouponInfos(Lists.newArrayList(couponInfo));
        }


        //将查询参数拼到 URL 中
        String target = getUrl("coupon-calculator-service", "/calculator/
checkout");
        //使用 Post 方法发起访问
        PlaceOrder checkoutInfo = restTemplate.postForObject(target, order,
PlaceOrder.class);

        //省略部分代码
    }
```

在调用 coupon-tempalte-service 的时候，我们没有将查询参数直接写入 URL 中，而是通过一个外部 Map 对象传递 Request 参数，RestTemplate 可以自动把 URL 中定义的占位符（如代码中定义的{id}）替换为 Map 中的参数，Map 对象中的 key 就对应了 URL 中占位符的属性名。

5.8.6　启动项目并验证服务注册

我们分别启动 eureka-server 和 eureka-server2 两个注册中心，待注册中心启动完成后再依次启动 coupon-template-service、coupon-calculator-service 和 coupon-user-service 三个应用。待所有应用启动完成后，在浏览器打开注册中心页面 http://peer1:10000/eureka，可以看到所有服务都显示在页面上了，改造完成后的服务注册表如图 5-7 所示。

Instances currently registered with Eureka

Application	AMIs	Availability Zones	Status
COUPON-CALCULATOR-SERVICE	n/a (1)	(1)	UP (1) - 192.168.1.100:coupon-calculator-service:20001
COUPON-EUREKA	n/a (2)	(2)	UP (2) - 192.168.1.100:coupon-eureka:10001 , 192.168.1.100:coupon-eureka:10000
COUPON-TEMPLATE-SERVICE	n/a (1)	(1)	UP (1) - 192.168.1.100:coupon-template-service:20000
COUPON-USER-SERVICE	n/a (1)	(1)	UP (1) - 192.168.1.100:coupon-user-service:20002

图 5-7　改造完成后的服务注册表

注册中心验证通过以后，我们在本地可以通过 Postman 等工具向 coupon-user-service 发起服务调用请求，验证改造后的服务是否能正确工作。

如果 coupon-user-service 在调用其他服务的时候抛出异常，可能是以下几个原因造成的：

（1）传入 LoadBalancerClient 的 Service ID 不正确，或者远程方法的访问路径不正确。

（2）对应服务没有注册，检查注册中心页面，查看当前服务状态。

（3）服务已经注册，但注册信息还没被 coupon-user-service 通过服务发现机制拉取到，等下次服务发现执行后重新发起一次调用即可。

5.9　Eureka 中的其他配置参数

Eureka 中可供我们配置的参数多达近百个，限于篇幅，我们只列举注册口心和 eureka-client 中涉及服务续约及本地缓存的重要配置项，其中注册中心对应的重要配置项如下：

eureka.server.enable-self-preservation： 是否开启服务自保模式，当自保开启时，服务剔除功能将处于失效状态。

eureka.server.eviction-interval-timer-in-ms： 清除无效服务的定时任务（服务剔除任务）执行间隔时间，时间单位为 ms。

eureka.server.response-cache-auto-expiration-in-seconds： 存在缓存中的服务注册数据留存时间，时间单位为 s。

eureka.server.response-cache-update-interval-ms： 每隔多少毫秒更新一次缓存中的服务注册数据。

eureka-client 端服务注册与续约相关的重要参数如下所示：

eureka.instance.lease-renewal-interval-in-seconds： 控制当前服务向注册中心发送服务续约指令的间隔，时间单位为 s。

eureka.instance.lease-expiration-duration-in-seconds： 在指定时间内，若服务端未收到当前实例的续约指令，可以在服务剔除任务执行的时候将当前实例下线。

eureka.instance.prefer-ip-address： 是否优先使用基于 IP 地址的服务注册方式。

6

第 6 章 使用 Nacos 实现服务治理

6.1 什么是 Nacos

通过第 5 章的学习，相信读者们对 Eureka 已经有了比较深入的了解。Eureka 自身存在许多历史遗留问题，有些问题甚至需要从架构的角度来重新设计才能得以解决。目前出于 Netflix 公司的内部原因，Eureka 2.0 的开源计划已经暂停，对广大开发者来说，我们正面临一个新问题，即市面上是否有 Eureka 的替代品？就在大家心存疑问之时，由阿里出品的 Nacos 逐渐走入了广大开发者的视线。

Nacos 脱胎于阿里的内部产品 ConfigServer，它是 ConfigServer 的开源实现。这里我们引用 Nacos 官方文档的内容来解释 Nacos 的功能："Nacos 致力于帮助您发现、配置和管理微服务。Nacos 提供了一组简单易用的特性集，帮助您快速实现动态服务发现、服务配置、服务元数据及流量管理。"简单地说，Nacos 相当于注册中心、配置管理中心和服务治理 UI 界面的合体。

表 6-1 是 Eureka 与 Nacos 的主要特性对比。

表 6-1　Eureka 与 Nacos 的主要特性对比

特征	Nacos	Eureka
CAP	AP	AP
健康检查	TCP/HTTP/MySQL/心跳	心跳
雪崩保护	有	有
控制台管理	支持	支持
访问协议	HTTP	HTTP
多数据中心	支持	支持
跨中心注册同步	支持	不支持
Kubernetes 集成	支持	不支持

6.2　Nacos 的核心功能

Nacos 不仅是注册中心，而且是配置中心管理配置项。根据官方文档的描述，目前最稳定的功能是服务发现和配置管理，其架构如图 6-1 所示。

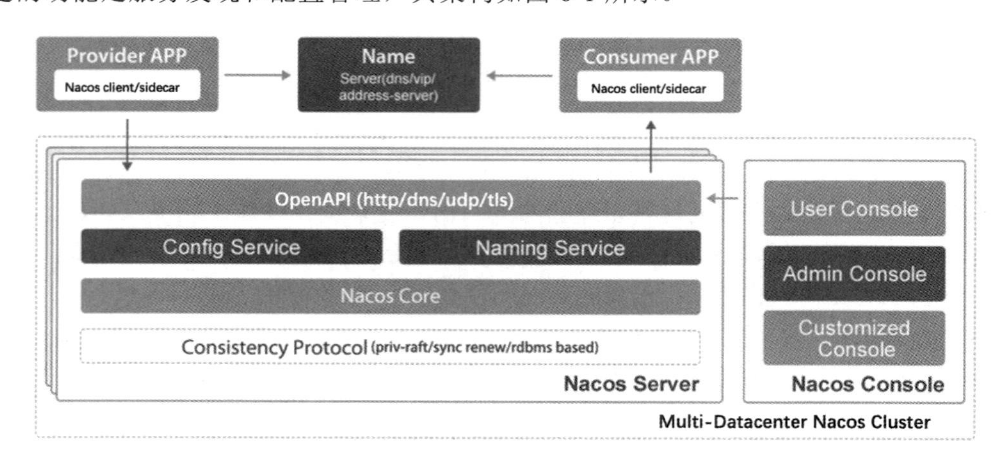

图 6-1　Nacos 架构图

6.2.1　服务注册、服务发现与健康检测

在任何分布式体系结构中，都需要提供一种查找计算机物理地址的能力，此概念从分布式计算开始时就被提出，我们称之为“服务发现”。

服务发现对微服务和基于云的应用程序至关重要。首先，服务发现可以让微服务拥有快速横向扩展的能力（即增减服务实例数）。通过服务发现，服务使用者不再需要知道服务的具体物理地址，因此开发者可以从可用服务池中添加或删除新的服务实例，从而实现服务的扩展和缩减，而且这种服务实例的变化对服务使用者而言是无感知的。其次，服务发现有助于提高应用程序的弹性，当某些微服务实例变得不正常或不可用时，可以将其从内部可用服务列表中删除，以保证服务发现不会将消费请求路由到不可用实例。

与 Eureka 类似，Nacos 的服务注册和服务发现在服务提供者（Service Provider）启动的时候发起，将服务自身的信息注册到服务注册中心，在注册成功以后，还需要使用心跳机制将服务提供者的健康状况告知注册中心。而服务消费者（Service Consumer）通过服务名称从服务注册中心获得服务提供者的地址和端口号，从而使用该服务。Nacos 服务注册与服务发现的流程如图 6-2 所示。

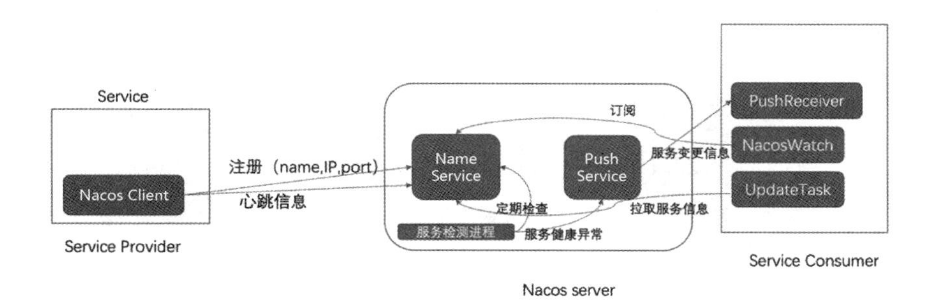

图 6-2　Nacos 服务注册与服务发现的流程

6.2.2　配置管理

在大规模的微服务系统中，将代码与配置信息分离是一种常见的设计，要实现这些需求，配置管理系统需要实现以下功能：

（1）当微服务实例启动时，可以调用配置服务来读取配置信息，而配置管理的连接信息（通信凭据、服务地址等）将在服务启动时被加载。

（2）配置项将被保存在存储库中，我们可以选择不同的存储方案来保存配置数据，如 GitHub、关系型数据库或 key-value 存储。

（3）配置数据的管理与微服务的部署是相互独立的，配置更改可以通过版本信息进行标记，还可以在不同环境进行部署。

（4）在配置项被更改时，必须通知使用该配置项的服务更改并刷新其数据副本。

Nacos 的配置管理功能正是基于以上原则构建的，Nacos 支持环境隔离，也支持配置项的热更新、配置信息的监听等功能。此外，Nacos 还提供了一个简单易用的管理界面，用于管理所有的服务和配置。

为了区分不同环境的不同配置项，Nacos 定义了 Name Space、DataID 和 Group 来定位某一具体配置项。Name Space 表示配置项所属的环境，Group 则是一组配置项的集合，如果在发布某项配置时未指定 Group，则默认使用 DEFAULT_GROUP 作为分组名，DataID 可以理解为一个配置文件，所有的配置项都归属在 DataID 下，Name Space 和 Group 的关系如图 6-3 所示。

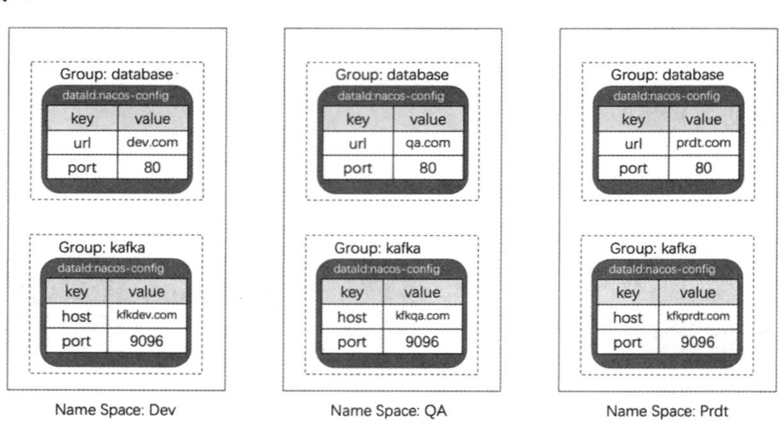

图 6-3　Name Space 和 Group 的关系

6.3　Nacos 下载与安装

本节我们将带读者搭建一个 Nacos 服务，我们采用了从官方 GitHub 下载源码并自行编译的方式，具体步骤如下：

（1）从 Nacos 官方的 GitHub 网站使用 GitHub 软件的 clone 命令下载代码仓库。

（2）进入下载目录，运行如下编译命令：

```
mvn -Prelease-nacos -Dmaven.test.skip=true clean install -U
```

编译过程较长，请耐心等待，读者可以通过以下命令检查编译是否成功（其中 1.4.2-SNAPSHOT 为笔者下载的 Nacos 版本号，读者需要替换为自己的本地版本）：

```
ls -al distribution/target/nacos-server-1.4.2-SNAPSHOT/nacos/bin
```

如果该命令行中的文件目录下有如图 6-4 所示的 Nacos bin 目录文件，则编译成功。

```
drwxr-xr-x  9    staff   288  1 21 21:20 .
drwxr-xr-x  9    staff   288  1 21 21:20 ..
-rw-r--r--  1    staff   929  1 21 21:20 derby.log
drwxr-xr-x  3    staff    96  1 21 21:20 logs
-rwxr-xr-x  1    staff   954  1 18 09:19 shutdown.cmd
-rwxr-xr-x  1    staff   951  1 18 09:19 shutdown.sh
-rwxr-xr-x  1    staff  3340  1 18 09:19 startup.cmd
-rwxr-xr-x  1    staff  4923  1 18 09:19 startup.sh
drwxr-xr-x  3    staff    96  1 21 21:20 work
```

图 6-4　Nacos bin 目录文件

（3）进入上一步的 Nacos bin 目录，根据你的操作系统选择不同的命令行工具启动项目，笔者的演示均是基于 macOS，在命令行运行以下命令启动 Nacos：

```
sh startup.sh -m standalone
```

如果在命令行界面看到以下日志内容，则表示启动成功：

```
nacos is starting with standalone
nacos is starting, you can check the {源码下载目录}/nacos-develop/distribution/
target/nacos-server-1.4.2-SNAPSHOT/nacos/logs/start.out
```

（4）打开浏览器输入 http://localhost:8848/nacos（Nacos 服务器默认监听 8848 端口），若看到如图 6-5 所示的 Nacos 控制台首页，则表示安装启动成功。

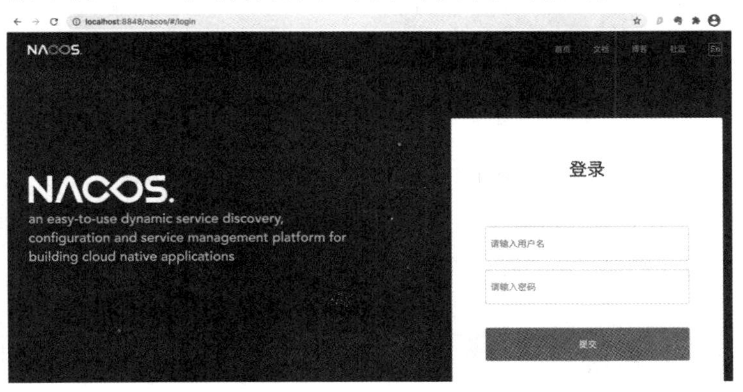

图 6-5　Nacos 控制台首页

以上是自行编译 Nacos 的方式，如果读者认为这种方式耗时太久，Nacos 官方也提供了 Docker 镜像供下载，读者可以使用 Docker 来体验 Nacos 的特性，相关镜像均可以从 Docker Hub 下载。读者也可以直接从 Nacos 官网下载 Nacos 的可执行版本。

6.4 Nacos 实战

6.4.1 Nacos 与 Spring Cloud 的集成

在开始之前，我们需要将 Nacos 依赖项引入 Spring Cloud 项目中。引入 Nacos 依赖项的方式有两种，一种是在 pom.xml 文件中引入 org.springframework.cloud:spring-cloud-starter-alibaba-nacos-discovery（config）依赖项，另一种是引入 com.alibaba.cloud:spring-cloud-alibaba-dependencies 依赖项。如果读者需要在项目中使用 Spring cloud Alibaba 的其他组件，建议采用官方推荐的版本兼容方案，Spring Cloud 与 Nacos 的版本依赖关系如图 6-6 所示。

Spring Cloud Version	Spring Cloud Alibaba Version	Spring Boot Version
Spring Cloud Hoxton.SR8	2.2.4.RELEASE	2.3.2.RELEASE
Spring Cloud Greenwich.SR6	2.1.3.RELEASE	2.1.13.RELEASE
Spring Cloud Hoxton.SR3	2.2.1.RELEASE	2.2.5.RELEASE
Spring Cloud Hoxton.RELEASE	2.2.0.RELEASE	2.2.X.RELEASE
Spring Cloud Greenwich	2.1.2.RELEASE	2.1.X.RELEASE
Spring Cloud Finchley	2.0.3.RELEASE	2.0.X.RELEASE
Spring Cloud Edgware	1.5.1.RELEASE(停止维护，建议升级)	1.5.X.RELEASE

图 6-6　Spring Cloud 与 Nacos 的版本依赖关系

读者可以根据项目需要选择对应的版本。笔者在演示项目中均采用 spring-cloud-starter-alibaba-nacos*的方式引入依赖项。

6.4.2 Nacos 控制台

我们可以通过浏览器打开 Nacos 的控制台（控制台地址：http://localhost:8848/nacos）。

在登录对话框输入默认的 admin 账号、对应的用户名和密码（均为 nacos）后进入管理界面，Nacos 控制台主界面如图 6-7 所示。

图 6-7　Nacos 控制台主界面

在本章中，我们重点学习图 6-7 左侧导航栏的“配置管理”和“服务管理”两个功能，关于这两个功能的详细介绍请参见 6.4.3 节和 6.4.4 节。下面我们对左侧菜单栏中的菜单项做一个简单介绍。

权限控制主要用于管理 Nacos 的用户和用户的权限，Nacos 权限控制界面如图 6-8 所示。

图 6-8　Nacos 权限控制界面

权限控制有如下 3 个主要功能：

（1）在“用户列表”界面中，admin 可以维护 Nacos 的用户（新建、修改密码、删除用户）。

（2）在“角色管理”界面中，可以将用户与角色进行绑定。

（3）在“权限管理”界面中，可以对角色进行赋权。

通过以上功能，可以得知 Nacos 的权限体系是基于角色构建的，接下来，我们使用管理界面来创建一个新用户，并测试其权限体系。

首先，我们在 Nacos 中创建一个名为 readuser 的用户，并设置密码，如图 6-9 所示。

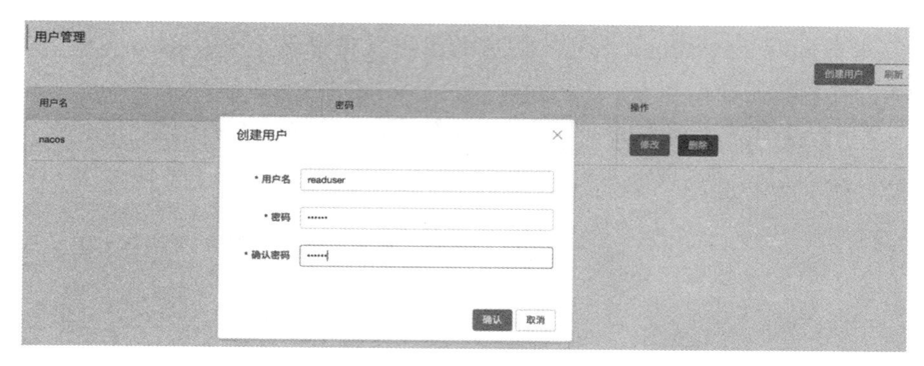

图 6-9 Nacos 创建用户

然后，我们创建一个新的角色名，并将该角色的权限设置为读写权限，如图 6-10 所示。

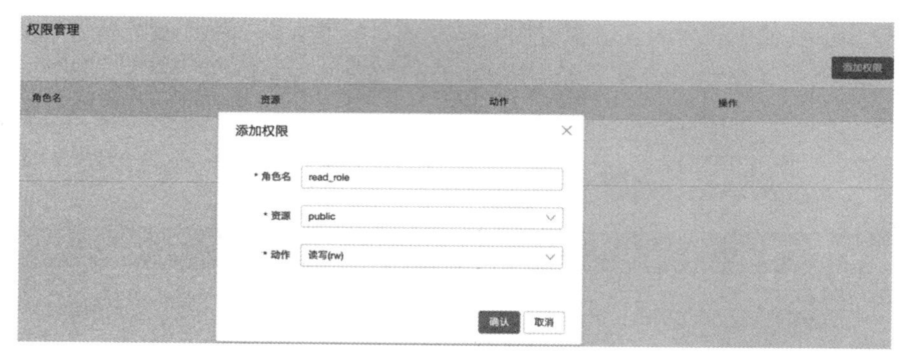

图 6-10 Nacos 创建角色

最后，我们将创建好的用户账号与角色进行绑定，如图 6-11 所示。

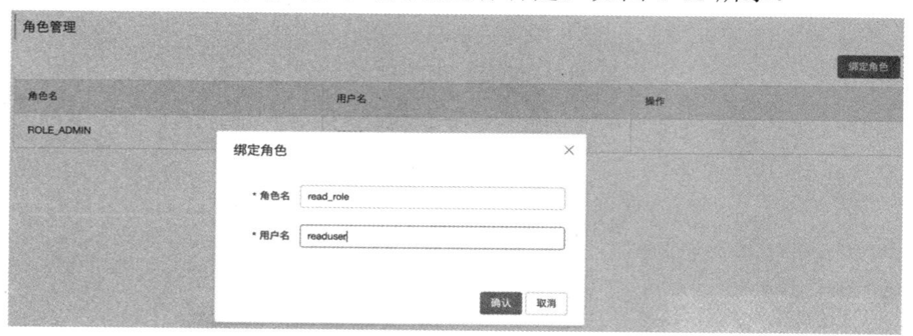

图 6-11 将用户与角色进行绑定

我们退出当前处于登录状态的 admin 用户，用新创建的 readuser 登录，可以观察到控制台的菜单项发生了变化，即左侧的权限管理菜单消失了。非 admin 用户管理界面如图 6-12 所示。

图 6-12　非 admin 用户管理界面

下面我们针对图 6-12 中的“命名空间”和“集群管理”两个菜单项做简单介绍。

（1）命名空间，顾名思义，即维护 Name Space 的界面，命名空间界面如图 6-13 所示。

图 6-13　命名空间界面

（2）集群管理，展示当前 Nacos 服务器的运行状态，集群管理界面如图 6-14 所示。

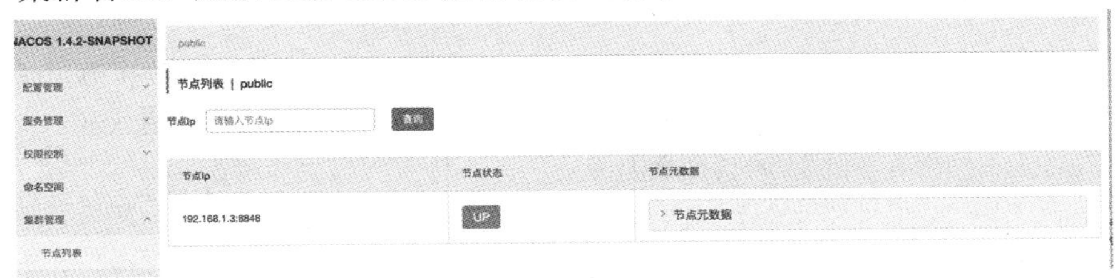

图 6-14　集群管理界面

6.4.3　Nacos 实现配置管理

在本节中，我们将在 Nacos 中添加新的配置项，将微服务程序连接到 Nacos 服务器并读取配置项。

配置项的添加操作可以通过“新建配置”页面来完成，在该页面添加所需配置项，并单击“发布”按钮完成添加，Nacos 创建新配置如图 6-15 所示。

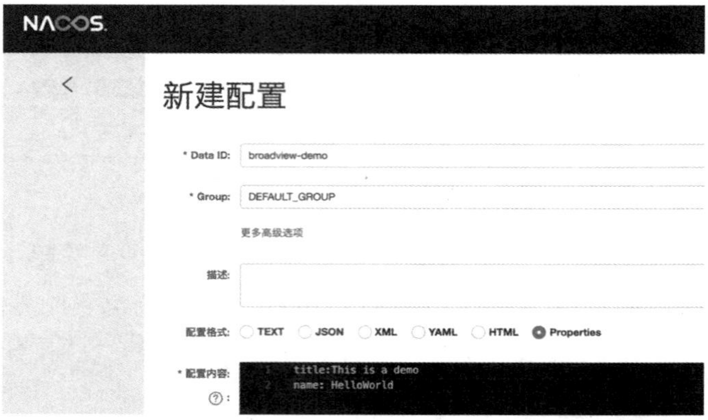

图 6-15　Nacos 创建新配置

如 6.2.2 节所述，Nacos Config 的概念与 Spring Environment 和 PropertySource 具有一致的代码层抽象逻辑。当 Spring Boot 应用启动时，应用程序会主动从 Nacos 读取配置项并加载到 Spring 容器中。Nacos Config 实现了配置项的环境隔离功能，当 Spring Boot 应用被部署到不同环境（开发、测试或生产环境）中时，我们可以通过管理界面为不同的环境设置不同的配置项，尽可能地减少代码对环境的依赖，从而增强配置对代码的透明性和可迁移性。

实现 Nacos 配置管理功能分为以下几步：

（1）添加依赖项

按照 3.1 节的步骤创建 Spring Boot 项目并引入正确的 Spring Cloud 和 Alibaba Spring Cloud 版本依赖，再额外引入 nacos-config-starter 依赖项到 pom.xml 文件中，nacos-config-starter 依赖项的具体代码如下：

```
<dependency>
  <groupId>org.springframework.cloud</groupId>
  <artifactId>spring-cloud-starter-alibaba-nacos-config</artifactId>
  <version>0.2.1.RELEASE</version>
</dependency>
```

（2）约定命名规则

Nacos 的 DataID 命名规则为：${prefix}-${spring. profile.active}.${file-extension}，这

些占位符的具体含义如下：

- prefix 默认为 spring.application.name 的值，也可以通过配置项 spring.cloud.nacos.config.prefix 来指定一个不同的值。
- spring.profile.active 即当前运行的 Spring Boot 应用的 profile（通常表示所在环境），当 spring.profile.active 为空时（即默认），命名规则中对应的连接符“-”也可以省去，变成 prefix.{file-extension}。
- file-exetension 为配置内容的数据格式，可以通过配置项 spring.cloud.nacos.config.file-extension 来配置。目前只支持 properties 和 YAML 类型。

在本例中，DataID 的值为 broadview-demo.properties，为了与 DataID 相匹配，我们需要对 Spring Boot 示例程序的参数做相应的修改，同时也需要为应用指定 Nacos Server 的连接地址，以上两项配置均需在 bootstrap.properties 中添加。笔者不建议在 application.properties 中添加配置中心地址，因为 bootstrap.properties 的加载优先级高于 application.properties，为了确保配置项初始化的正确顺序，相关配置需要添加在 bootstrap.properties 文件中，配置项的代码如下：

```
spring.application.name=broadview-demo
spring.cloud.nacos.config.server-addr=127.0.0.1:8848
```

（3）运行项目

运行 Spring Boot 项目的 main()方法，如果项目启动成功，将看到如图 6-16 所示的项目启动日志。

```
Tomcat started on port(s): 8080 (http) with context path ''
Started NacosdemoApplication in 12.209 seconds (JVM running for 12.582)
[fixed-127.0.0.1_8848] [subscribe] broadview-demo.properties+DEFAULT_GROUP
[fixed-127.0.0.1_8848] [add-listener] ok, tenant=, dataId=broadview-demo.properties, group=DEFAULT_GROUP, cnt=1
[fixed-127.0.0.1_8848] [subscribe] broadview-demo+DEFAULT_GROUP
[fixed-127.0.0.1_8848] [add-listener] ok, tenant=, dataId=broadview-demo, group=DEFAULT_GROUP, cnt=1
```

图 6-16　项目启动日志

（4）引入外部配置项

我们在程序中添加一个简单的 Controller 类，读取 Nacos 中的配置项并返回，代码如下：

```
@RestController
@RefreshScope
public class DemoController {
    @Value("${title}")
    private String title;
```

```
    @Value("${name}")
    private String name;

    @GetMapping("/nacos/config")
    public String test(){
        return "title:"+title+",name:"+name;
    }
}
```

在上述代码中，我们通过@Value 注解将外部配置注入 Spring Boot 应用的上下文中，为了支持运行期属性的动态刷新（在不重启应用的情况下刷新配置项），我们在类名上添加了注解@RefreshScope。

打开浏览器，输入访问地址 http://localhost:8080/nacos/config，浏览器打印结果如图 6-17 所示，证明配置项已被正确加载。

图 6-17　浏览器打印结果

（5）配置刷新

进入 Nacos 配置中心修改 title 和 name 这两项配置的值，修改配置界面如图 6-18 所示。

图 6-18　修改配置界面

修改完成后，查看 Spring Boot 服务日志，会看到配置项刷新的内容，如图 6-19 所示。

```
.NacosPropertySourceBuilder    : Loading nacos data, dataId: 'broadview-demo.properties', group: 'DEFAULT_GROUP'
.NacosPropertySourceBuilder    : Loading nacos data, dataId: 'broadview-demo-qa.properties', group: 'DEFAULT_GROUP'
ySourceBootstrapConfiguration : Located property source: [BootstrapPropertySource {name='bootstrapProperties-broadview-demo-qa.properties'}, Bootst
ringApplication               : The following profiles are active: qa
ringApplication               : Started application in 0.875 seconds (JVM running for 63.335)
nt.RefreshEventListener       : Refresh keys changed: [name, title]
lient.config.impl.CacheData   : [fixed-127.0.0.1_8848] [] [] [notify-ok] dataId=broadview-demo-qa.properties, group=DEFAULT_GROUP, md5=730984e767fc
lient.config.impl.CacheData   : [fixed-127.0.0.1_8848] [] [] [notify-listener] time cost=91ms in ClientWorker, dataId=broadview-demo-qa.properties,
```

图 6-19　Spring Boot 服务日志中配置项刷新的内容

刷新步骤（4）中的浏览器界面，查看页面变化，配置刷新后的界面如图 6-20 所示。

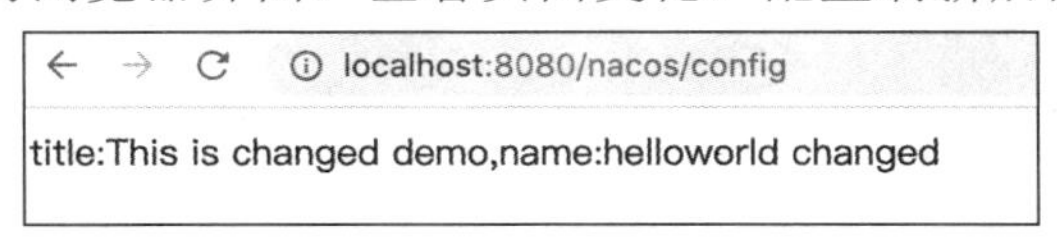

图 6-20　配置刷新后的界面

Nacos 还可以从 profile 层面做配置隔离（环境隔离），进入 Nacos 配置中心创建新的 DataID 并命名为 broadview-demo-qa.properties，profile 的配置如图 6-21 所示。

编辑配置

* Data ID: broadview-demo-qa.properties

* Group: DEFAULT_GROUP

更多高级选项

描述:

Beta发布: 默认不要勾选。

配置格式: TEXT JSON XML YAML HTML Properties

配置内容:

```
name=QA Name
title=QA title
```

图 6-21　profile 的配置

重新启动 Spring Boot 应用（无代码修改），在启动脚本中添加如下启动参数：

```
-Dspring.profiles.active=qa
```

该参数表示当前微服务的 profile 为 qa，因此，服务启动阶段将从配置中心读取 profile=qa 的配置文件，前述实验中使用默认的 profile，即没有设置此启动参数。我们刷新页面后看到如图 6-22 所示的访问 QA profile 的界面。

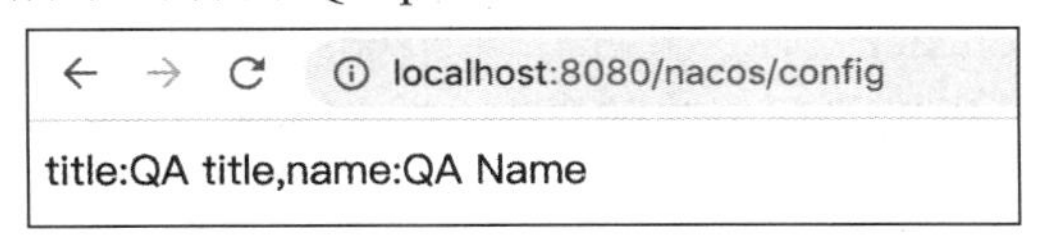

图 6-22　访问 QA profile 的界面

目前所有的演示均基于 Nacos 的默认设置，在默认配置下我们采用 standalone 模式启动 Nacos 服务器，配置项的持久化方案也采用默认的存储方案。为了更进一步了解 Nacos 的特性，接下来我们将以 cluster 集群模式启动 Nacos，并将存储方案改为 MySQL。

首先需要安装 MySQL，具体安装步骤请参照 3.4.1.2 节。在 MySQL 安装完成之后，我们通过以下步骤在 MySQL 中创建 Nacos 的相关数据库表：

（1）用 root 账号连接 MySQL，创建 Nacos 要使用的 database 命名为 nacos，SQL 语句如下：

```
create database nacos
```

（2）切换到 nacos 数据库下，SQL 语句如下：

```
use nacos
```

（3）创建 Nacos 所需的数据库表，建表语句所在的文件位于 Nacos 目录下的 Conf 文件夹下，以下命令中的 NACOS_PATH 指 Nacos 编译成功的目录：

```
Source {NACOS_PATH}/conf/nacos-mysql.sql
```

然后，可以运行 show tables 命令查看数据库表是否被正确创建。

（4）修改 Nacos 配置文件，使用 MySQL 存储配置项。Nacos 配置文件的路径是 {NACOS_PATH}/conf/application.properties，具体代码如下：

```
### Count of DB:
db.num=1
### Connect URL of DB:
db.url.0=jdbc:mysql://127.0.0.1:3306/nacos?characterEncoding=utf8&connectTim
eout=1000&socketTimeout=3000&autoReconnect=true&useUnicode=true&useSSL=false
&serverTimezone=UTC
db.user.0=root
db.password.0=password
```

（5）创建{NACOS_PATH}/conf/cluster.conf（集群配置文件）。

该目录下有 Nacos 提供的 cluster.conf.example 文件作为参考，我们在 cluster.conf 中仅添加一个本地地址即可（以笔者为例，将本地 IP 地址 192.168.1.3 添加到该文件中）。

通过“startup.sh -m cluster”命令重新启动 Nacos，打开配置中心页面，由于 Nacos 底层存储方案发生了变更，所以此前创建的 DataID 都不存在了，我们需要重新创建这些配置项，在集群模式下增加配置，如图 6-23 所示。

编辑配置

* Data ID: broadview-demo-qa.properties

* Group: DEFAULT_GROUP

更多高级选项

描述:

Beta发布: 默认不要勾选。

配置格式: TEXT　JSON　XML　YAML　HTML　Properties

配置内容 ⑦:

```
1 name:test DB
2 title: title db
```

图 6-23　在集群模式下增加配置

配置增加完毕后，再次访问 Spring Boot 应用的 Controller 接口，应用可以正确获取配置项，集群模式下的配置项获取如图 6-24 所示。

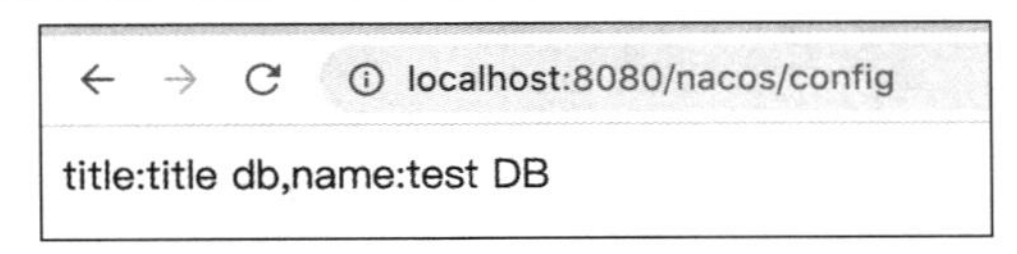

图 6-24　集群模式下的配置项获取

检查 MySQL 中的数据，可以看到新添加的配置项，MySQL 的配置数据如图 6-25 所示。

```
mysql> select * from config_info;
+----+------------------------------+---------------+------------------------------------------------+-----------------
-----+------------------------+------------+---------------+----------+------------+--------+-------+---------+------------+
| id | data_id                      | group_id      | content                                        | md5              | gmt_create
     | gmt_modified           | src_user   | src_ip        | app_name | tenant_id  | c_desc | c_use | effect  | type       | c_schema |
+----+------------------------------+---------------+------------------------------------------------+-----------------
-----+------------------------+------------+---------------+----------+------------+--------+-------+---------+------------+
|  1 | broadview-demo-qa.properties | DEFAULT_GROUP | name:test DB
title: title db | a158e317c4efdc2aabc0de286a3cde79 | 2021-01-23 06:34:51 | 2021-01-23 06:39:27 | NULL      | 0:0:0:0:0:0:0:1 |
|          |          |          |          | properties |          |
+----+------------------------------+---------------+------------------------------------------------+-----------------
-----+------------------------+------------+---------------+----------+------------+--------+-------+---------+------------+
1 row in set (0.00 sec)
```

图 6-25　MySQL 的配置数据

6.4.4　Nacos 实现服务注册与服务发现

为了实现服务注册与服务发现，我们需要创建两个独立的 Spring Boot 应用，分别作为服务提供者和服务消费者。由于篇幅原因，本节只对主要步骤进行介绍，完整源码请参考本书的 GitHub 主页。

服务提供者的创建步骤如下：

（1）引入 Nacos 依赖，代码如下：

```
<dependency>
  <groupId>org.springframework.cloud</groupId>
  <artifactId>spring-cloud-starter</artifactId>
</dependency>
<dependency>
  <groupId>org.springframework.cloud</groupId>
    <artifactId>spring-cloud-starter-alibaba-nacos-discovery</artifactId>
  <version>0.2.1.RELEASE</version>
</dependency>
```

（2）修改 bootstrap.properties 文件，指定当前应用的应用名和 Nacos 的连接地址，具体代码如下：

```
spring.application.name=broadview-service-provider
spring.cloud.nacos.discovery.server-addr=127.0.0.1:8848
server.port=10000
```

（3）创建 Application 启动类，并在类上添加@EnableDiscoveryClient 注解（此注解来自 Spring Cloud）。

（4）创建一个名为 ServiceController 的测试类，具体代码如下：

```
@RestController
@RequestMapping("/service")
public class ServiceController {
   @GetMapping(value = "/{string}")
   public String echo(@PathVariable String string) {
       return "Hello Nacos Discovery:" + string;
   }
}
```

（5）启动应用，通过 Nacos 控制台的“服务管理”的“服务列表”可以查看已注册的服务名，服务注册详情如图 6-26 所示。

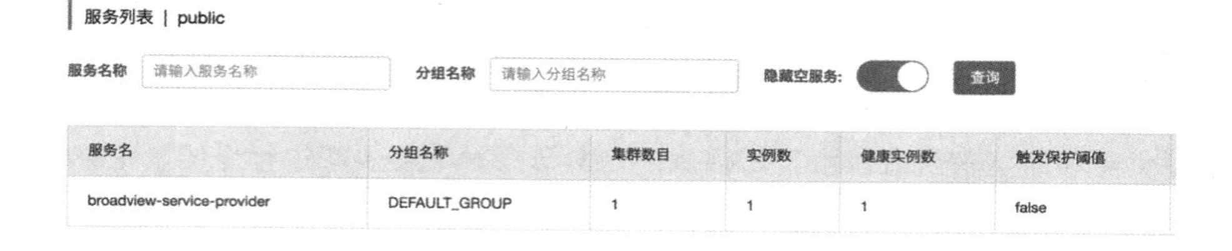

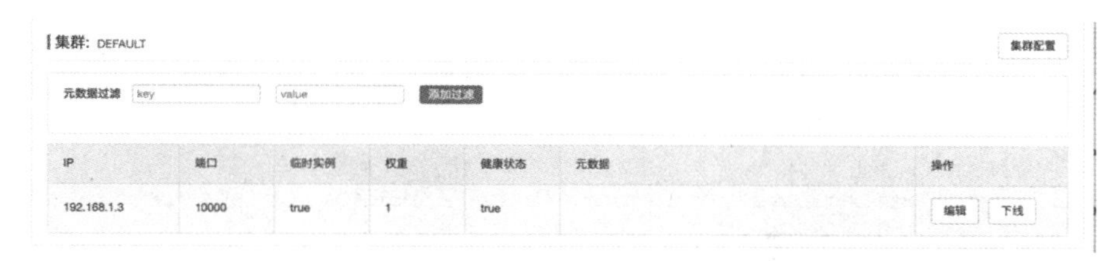

图 6-26　服务注册详情

服务消费者的创建步骤如下：

（1）引入与服务提供者相同的依赖项。

（2）修改 bootstrap.properties，添加以下项目：

```
spring.application.name=broadview-service-consumer
spring.cloud.nacos.discovery.server-addr=127.0.0.1:8848
server.port=10001
```

（3）创建启动类 Application 并添加 EnableDiscoveryClient 注释（此注释来自 Spring cloud），在启动类中声明一个具有负载均衡能力的 RestTemplate 类，我们可以通过 RestTemplate 类发起远程 REST 接口的调用请求。Application 启动类的具体代码如下：

```
@SpringBootApplication
@EnableDiscoveryClient
public class ServiceConsumerApplication {

  public static void main(String[] args) {
    SpringApplication.run(ServiceConsumerApplication.class, args);
  }
  @LoadBalanced
  @Bean
  public RestTemplate restTemplate() {
    return new RestTemplate();
  }
}
```

（4）创建一个测试方法，在方法中向服务提供者发起一个远程调用，具体代码如下：

```
@RestController
@RequestMapping("/consumer")
public class ConsumerController {

   @Autowired
   private RestTemplate restTemplate;
```

```
    @GetMapping(value = "/{string}")
    public String echo(@PathVariable String string) {
        return
"consumer:"+restTemplate.getForObject("http://broadview-service-provider/ser
vice/" + string, String.class);
    }
}
```

（5）启动应用，查看 Nacos 控制台的“服务管理”的“服务列表”，服务注册详情如图 6-27 所示。

服务列表 | public

服务名称 请输入服务名称 分组名称 请输入分组名称 隐藏空服务: 查询

服务名	分组名称	集群数目	实例数	健康实例数	触发保护阈值
broadview-service-consumer	DEFAULT_GROUP	1	1	1	false
broadview-service-provider	DEFAULT_GROUP	1	1	1	false

图 6-27 服务注册详情

打开浏览器，访问服务消费者接口（笔者本地访问路径为 http://localhost:10001/consumer/hello），可以看到如图 6-28 所示的远程方法调用结果。

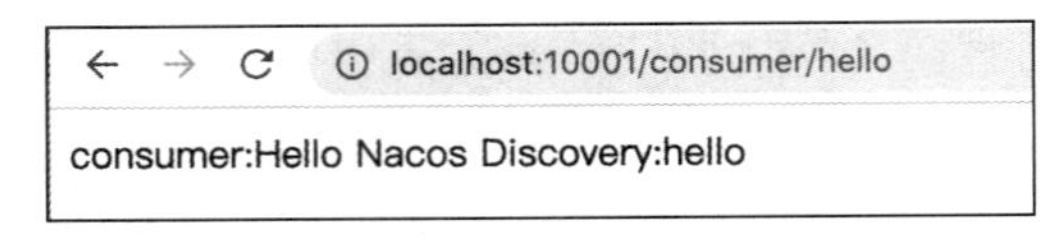

图 6-28 远程方法调用结果

本章中，笔者通过示例程序演示了 Nacos 的基础功能，在实际工作中，特别是在大规模集群下，无论是服务注册还是配置管理都面临着非常大的技术挑战。例如，跨中心的数据一致性问题、变更推送的延迟问题，以及 Nacos 集群本身的容灾能力等。本章介绍的 Nacos 知识点只是抛砖引玉，还请读者在工作和学习中继续探索更大更广阔的 Nacos 应用场景。

7

第 7 章 使用 Ribbon 实现负载均衡

本章我们将学习 Spring Cloud 的负载均衡组件 Ribbon，深入了解 Ribbon 中内置的负载均衡策略。

7.1 什么是负载均衡

负载均衡是一种网络分发技术，通过转发规则将网络请求转发到分布式集群的各个节点，使网络请求相对均匀地分摊到每台服务器。

负载均衡通常应用在网关层和远程方法调用的阶段，分为客户端负载均衡和服务器端负载均衡两种方式。对微服务架构的应用系统来说，一般采用客户端负载均衡方案，即通过服务发现机制获取服务注册表，在本地通过负载均衡技术从服务注册表中选择一个目标服务器发起调用。

7.2 了解 Ribbon

Ribbon 是 Netflix 公司开发的负载均衡组件，它提供了客户端负载均衡方案，并且可以与 Spring Cloud 中的多个组件进行无缝集成。Ribbon 内部提供了丰富的负载均衡策略，可以根据业务场景选择合适的负载均衡方案，同时也可以借助 IRule 接口提供的扩展性来编写自定义的负载均衡逻辑。

Ribbon 是一个轻量级的负载均衡组件，Ribbon 和服务治理组件搭配使用的运作模式如图 7-1 所示。

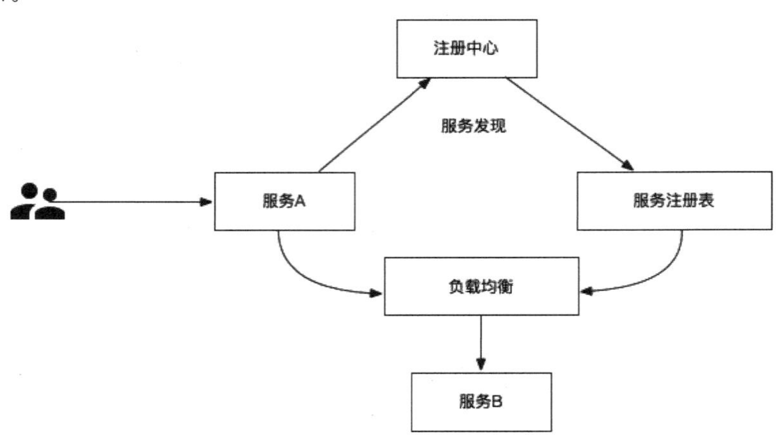

图 7-1　Ribbon 和服务治理组件搭配使用的运作模式

如图 7-1 所示，首先，来自用户的服务请求由服务 A 中某一台服务器承接；然后，这台服务器通过服务发现机制从注册中心处获取服务 B 的可用服务器列表；接着，服务 A 借助 Ribbon 组件的负载均衡策略选定某一台服务（B 服务器）；最后，发起一次接口调用。这个过程主要通过 Ribbon 的 IRule 机制来实现。

IRule 是 Ribbon 的负载均衡接口，Ribbon 底层的负载均衡策略实现类都继承自 IRule。IRule 对负载均衡逻辑做了一层顶层抽象，实现了一种易于替换的插件模式，开发者可以为各个服务指定负载均衡策略或者自己实现定制化负载均衡策略。

除 IRule 外，Ribbon 还实现了服务探活机制 IPing，IPing 同样是 Ribbon 提供的标准接口，实现了类似 healthcheck 的功能，将目标服务的可用度作为负载均衡过程中的一个过滤条件。

7.3 了解 Ribbon 的负载均衡器

7.3.1 Ribbon 内置的负载均衡策略

本节我们来了解 Ribbon 的常用负载均衡器和适用的业务场景，以及如何通过 IRule 接口自定义负载均衡策略，Ribbon 内置的负载均衡策略主要有如下几个：

1. RandomRule

采用随机访问的方式进行负载均衡。

2. RoundRobinRule

顺序轮询的策略，根据服务列表的顺序逐一访问目标服务器，RoundRobinRule 也是 Ribbon 的默认负载均衡策略，简单且高效。

3. RetryRule

RetryRule 是一个特殊的负载均衡策略，它通过包装器模式将自己封装成一个“附加功能”，依附在其他负载均衡策略之上共同作用。从 RetryRule 的名字中我们可以看出，它提供了重试的功能，如果一个 Server 访问请求失败，RetryRule 将发起一个新的请求到另一台服务器，下一台服务器的选择由 RetryRule 所依附的负载均衡策略决定。

4. BestAvailableRule

最低并发策略，如果目标服务器处于断路状态（熔断器开启）则跳过，选择其中并发连接最低的机器发起访问。

5. AvailabilityFilteringRule

过滤掉持续访问失败、处于断路状态或者当前连接数过高的服务器（连接数超过配置阈值）。

6. ResponseTimeWeightedRule

根据服务器响应时间来决定权重，响应时间长则权重低，反之则权重高。权重越高的机器被选中的可能性越大。

7. ZoneAvoidanceRule

区域权重综合策略，根据服务器所在集群（Zone 分区）的运行情况和各个服务器的可用性，排除掉不可用的分区下所有服务器，并用轮询策略访问剩下的服务器。

7.3.2 各个负载均衡器适用的业务场景

通常我们默认采用的负载均衡策略是 RoundRobinRule，以顺序轮询方式访问集群中的节点，对于一些有特殊需求的服务，则可以根据业务特征采用不同的负载均衡策略。下面我们来介绍两个常见的接口业务类型：

1. 并发数敏感型接口

通常是计算密集型服务，本身业务逻辑是轻量级的，它的业务响应时间（RT）占请求总用时的比例较小。比如 25%的时间花费在业务处理上，剩下的 75%的时间则花费在网络传输层。对这类服务就不太适用 WeightedResponseTimeRule 这种 RT（响应时间）敏感型的负载均衡策略，由于服务真正花在业务处理上的时间只占很小的比重，所以分析 RT 并不能真实地反映当前的服务性能情况。而服务器当前的活跃线程数则具有更加灵敏的指示作用，对这类连接数敏感（RT 与业务复杂度非线性相关）的服务来说，BestAvailableRule 这种负载均衡策略会更加实用。

2. 响应时间敏感型接口

对于一些 RT 敏感（RT 与业务复杂度关系密切的服务）的接口，我们推荐使用 WeightedResponseTimeRule 负载均衡策略。具体原因可以通过一个电商业务后台的商品导入导出服务来说明，当前有两个商品导入请求分发到不同服务器，服务器 A 用于导入 10 个商品，服务器 B 用于导入 10000 个商品，两次服务的 RT 时间和业务请求的复杂度有很大关联，第二个请求明显会占用更多的内存和 CPU 资源完成业务。在这个场景下，线程连接数不能有效判断服务的当前访问量和压力，分析平均服务响应时间才能获得更为准确的数据。

7.3.3 Ribbon 的 IRule 扩展接口

Ribbon 的负载均衡策略都继承自 IRule 接口，IRule 接口的代码如下：

```
public interface IRule{
    public Server choose(Object key);
    public void setLoadBalancer(ILoadBalancer lb);
    public ILoadBalancer getLoadBalancer();
}
```

在上面的代码中，最后两个方法 setLoadBalancer()和 getLoadBalancer()分别用来注入和获取负载均衡器，在实现自定义负载均衡策略的时候，可以通过继承 AbstractLoadBalancerRule 来实现这两个方法，而不用自己写具体的方法实现。

AbstractLoadBalancerRule 抽象类也实现了 IRule 接口，如果我们通过继承 AbstractLoadBalancerRule 抽象类的方式创建自定义负载均衡策略，则只需要实现 IRule 中的 choose()方法。IRule 的 choose()方法返回一个 Server 对象，Server 对象中封装了目标服务器的信息，该信息包含了发起一次服务调用所需的寻址信息。choose()方法的入参 ILoadBalancer 用来获取所有已注册的服务器列表（借助注册中心的服务发现机制），choose()方法的主要任务就是通过自定义的负载均衡逻辑从服务器列表中选定目标机器。具体实现可以参考 7.3.1 节中介绍的 Ribbon 内置的负载均衡策略类。

7.4　IPing 机制

IPing 是 Ribbon 提供的一个接口抽象，用来检查服务的可用状态，本节将介绍 IPing 的作用点和内置策略。

7.4.1　了解 IPing 机制

在发起一次服务调用之前，可以为指定服务配置一个 IPing 策略做服务状态检测，对于正常运行的服务则发起调用，否则跳过该次调用。IPing 的接口定义如下：

```
public interface IPing {
    public boolean isAlive(Server server);
}
```

在上面代码中，IPing 接口只定义了一个 isAlive()方法，根据入参 Server 对象的信息判断目标机器是否可用。

7.4.2 Ribbon 内置的 IPing 策略类

Ribbon 内置的 IPing 策略类的具体介绍如下：

1. DummyPing 和 NoOpPing

DummyPing 和 NoOpPing 是虚设的 IPing 策略，它们内部的 isAlive()方法默认返回 true，即服务永远处于可用状态。

2. PingUrl

通过 PingUrl 这个类名就可以看出，PingUrl 会在服务发起调用之前，先发送一个访问请求，判断服务器是否返回 200 状态。这种负载均衡策略会显著增加服务器的压力，因此不建议在高并发的业务场景下使用。

3. NIWSDiscoveryPing

NIWSDiscoveryPing 是一种资源耗费较少的 IPing 策略，它并不会在正式发起调用之前去额外发起一次 IPing 访问，而是通过 Server 对象的状态来判断是否可用，只有当状态是 UP 时才会发起真实调用，而 Server 状态可以通过服务发现机制从注册中心获取。

7.5 微服务项目架构升级

本节我们将 Ribbon 组件集成到 coupon-user-service 项目中，通过 Ribbon 对 coupon-user-service 发起的远程方法调用进行负载均衡。

7.5.1 添加 Ribbon 依赖项

打开 cupon-user-service 项目中的 pom.xml 文件，添加 Ribbon 的依赖项，具体代码如下：

```
<dependency>
    <groupId>org.springframework.cloud</groupId>
    <artifactId>spring-cloud-starter-netflix-ribbon</artifactId>
</dependency>
```

7.5.2　添加@LoadBalancer 注解

在第 5 章中，我们在 cupon-user-service 应用的 CouponUserApplication 类中添加了 RestTemplate 的声明。由于服务请求都是通过 RestTemplate 对象发起的，为了使它具备客户端负载均衡的能力，还需要做一点工作。在使用@Bean 注解声明 RestTemplate 对象的地方，添加@LoadBalanced 注解，具体代码如下：

```
@Bean
@LoadBalanced
public RestTemplate register() {
    return new RestTemplate();
}
```

在上面的代码中，@LoadBalanced 只是一个标记，真正起作用的是 Ribbon 的自动装配器 LoadBalancerAutoConfiguration 类，在自动装配过程中，它会找出打上了@LoadBalanced 标记的 RestTemplate 对象，并给每一个 RestTemplate 对象添加一个 LoadBalancerInterceptor 拦截器，该拦截器通过解析服务请求的 URI 获取具体的负载均衡策略，再选定一个目标节点发起服务调用。

7.5.3　修改 getUrl()方法

在 UserServiceImpl 类中，我们通过 getUrl()方法拼接访问参数，具体代码如下：

```
private String getUrl(String serviceId, String uri) {
    // 利用 Eureka 的服务发现机制，从当前可用的服务实例中选择一个
    ServiceInstance instance = client.choose(serviceId);
    // 拼接访问参数
    String target = String.format("http://%s/%s", instance.getHost(), instance.
getPort(), uri);
    return target;
}
```

在上面的代码中，getUrl()方法通过 LoadBalancerClient 获取一个远程方法实例的具体 IP 地址，将 IP 地址拼接成一个完整的 URL。这样，在 URI 传递给 RestTemplate 之前我们就已经选定了目标服务器。如果采用 Ribbon 做负载均衡，则需要对这段代码做一番改造，最核心的一个改动是将 URL 中的 IP 地址和端口号替换为 Service ID（Service ID 是应用服务在 Eureka 中的注册名）。接下来，我们将 URL 换成目标服务的名称并传递给 RestTemplate

类发起调用，具体代码如下：

```
// 拼接访问地址
private String getUrl(String serviceId, String uri) {
    String target = String.format("http://%s/%s", serviceId, uri);
    log.info("uri is {}", target);
    return target;
}
```

7.5.4 配置 Ribbon 负载均衡策略

7.5.4.1 Ribbon 的全局开关

在 application.yml 配置文件中，我们可以强制指定 Eureka 关闭 Ribbon 的功能，在 application.yml 文件中的具体配置如下：

```
ribbon:
  eureka:
    enabled: false
```

一旦 Ribbon 功能被关闭，我们就必须强制为目标服务指定当前可用的服务器列表，具体代码如下：

```
service-name:
  ribbon:
    listOfServers: localhost:8081,localhost:8083
```

在上面的代码中，我们需要将 service-name 节点的名称改成指定服务的名称（即 Eureka 的服务列表中的服务注册名）。这种配置方式固然可行，但我们必须在配置文件中维护一份当前可用机器的列表，这给日后的弹性扩缩容带来了一定的挑战。因此，我们不建议通过这种配置方式做负载均衡。

7.5.4.2 指定负载均衡策略和 IPing 策略

Ribbon 可以为指定服务配置一个负载均衡策略，IPing 配置同理。我们以 coupon-user-service 的 application.yml 配置文件为例，具体配置代码如下所示：

```
# 发送到 coupon-template-service 服务的负载均衡配置
coupon-template-service:
  ribbon:
    # 指定负载均衡策略为随机访问策略
    # 一般采用默认的 RoundRobin 负载均衡策略
```

```
NFLoadBalancerRuleClassName: com.netflix.loadbalancer.RandomRule
# 指定 IPing 策略（一般策略中不指定 IPing）
NFLoadBalancerPingClassName: com.netflix.niws.loadbalancer.NIWSDiscoveryPing
```

在上面的代码中，我们为 coupon-user-service 添加了负载均衡配置，并指定其访问 coupon-template-service 时所应用的负载均衡策略为 RandomRule，IPing 策略为 NIWSDiscoveryPing（一般配合 Feign 使用的时候才设置 IPing 策略）。

7.5.4.3　如何进行负载均衡测试

我们可以通过改变配置文件中的服务端口来达到目的，同时启动多个不同端口的下游应用，然后从 coupon-user-service 应用发起调用，就可以观察到服务请求被路由到了下游应用中的哪一台服务器。

注意：Ribbon 也支持对超时时间进行配置，由于在正式项目中我们使用 Feign 组件发起远程方法调用，所以我们将 Ribbon 的超时判定放到第 8 章与 Feign 组件一同讲解。

8 第 8 章 使用 OpenFeign 实现服务间调用

本章我们来学习如何使用 OpenFeign 简化服务间的调用。

8.1 Feign

8.1.1 什么是 Feign

经过前面第 5 章和第 7 章两个章节的微服务项目升级，我们已经搭建出一套微服务架构的雏形。尽管这套技术体系能解决业务需求，但从编程体验上来说还是略显复杂。一方面，我们需要在发起方法调用时，自己拼接访问路径和各种复杂的表单参数；另一方面，我们要在代码中引入与业务无关的 RestTemplate 类。为了解决这种复杂、低效的编程体验，我们需要引入一款组件将远程方法调用的过程做一个封装，以简化微服务之间远程调用的复杂度。

OpenFeign 组件的出现就是为了简化微服务之间的调用，我们只需定义一个接口层，并加上相应的 Feign 注解，Feign 的动态代理机制就可以将接口方法中的参数解析成一个 HTTP 请求。在业务层代码中，只要将定义好的 Feign 接口层注入进来，就可以发起远程服务调用。从编程体验上来讲，使用 Feign 发起远程调用就像在 Java 代码中实现本地调用一样方便。

8.1.2　Feign 的工作流程

我们以一次远程服务调用请求为例，讲解 Feign 组件内部的工作流程，如图 8-1 所示。

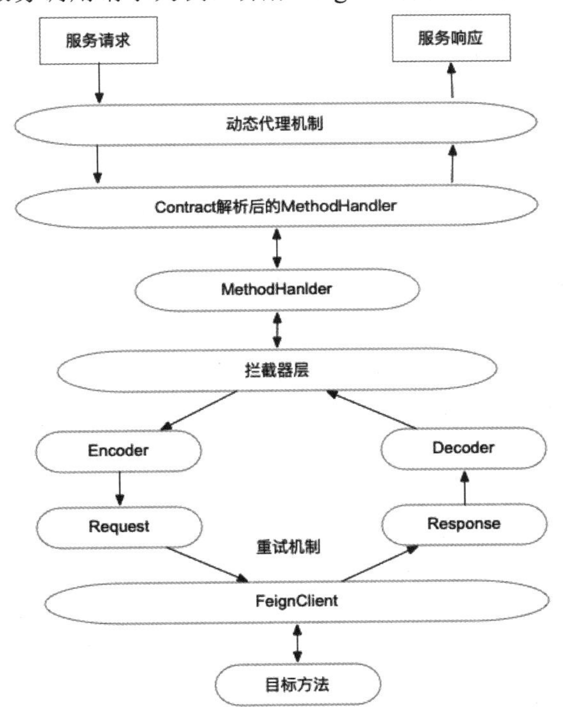

图 8-1　Feign 组件的工作流程

在图 8-1 中，左上方的“服务请求”是通过 FeignClient 发起的，通过 JDK Proxy 动态代理机制（即通过 InvokeHandler 接口对象来代理本次请求）实现了远程方法调用。随后的 Contract 解析过程并不是发生在一次服务调用的发起阶段，而是在项目启动的时候就已经完成了 Contract 解析，所谓 Contract 实际上就是分析 FeignClient 注解修饰的接口类，将该接口上定义的注解（比如@RequestMapping 这类服务请求寻址注解）解析为元数据，加以封装，并生成对应的 MethodHanlder 对象，由 MethodHandler 对象来发起真实的调用请求并接收服务响应。在请求发起之前，Feign 组件将对 Request 请求的内容执行编码流程（即图 8-1 中的 Encoder 部分），当接收请求响应之后，也会对 Response 内容执行解码。

8.1.3 Feign 对请求和响应的压缩

当 HTTP 请求和响应数据包较大的时候，我们要将需要发送的数据进行压缩，从而节省网络层的传输开销，加快数据传输效率。但是，执行数据压缩的过程也会增加服务器 CPU 的开销，我们需要根据实际情况设置合理的数据压缩参数。

在 Feign 中我们可以通过配置文件来指定允许压缩的媒体类型，即 HTTP 请求中的 mime-types 参数，只有接收指定类型的请求后，Feign 组件才会执行压缩操作。我们也可以设置一个最小请求长度，当数据包长度超过指定阈值时，才会做数据压缩。在 8.2 节的微服务架构升级中，我们将学习如何对 Feign 的压缩功能进行配置。

8.2 微服务架构升级——使用 Feign 代理接口调用

8.2.1 添加依赖项

打开 coupon-user-service 服务的 pom.xml 文件，添加 openfeign 的依赖项，具体代码如下：

```xml
<dependency>
   <groupId>org.springframework.cloud</groupId>
   <artifactId>spring-cloud-starter-openfeign</artifactId>
</dependency>
```

由于 OpenFeign 内置了对 Ribbon 的支持，所以它包含了 Ribbon 的依赖引用。鉴于此，我们可以将第 7 章中引入的 Ribbon 依赖项删除。

8.2.2 开启 Feign 注解支持

在 coupon-user-service 项目中打开启动类 CouponUserApplication，在类名上加上

@EnableFeignClients 注解，具体代码如下：

```
@EnableFeignClients(basePackages = {"com.broadview"})
@EnableDiscoveryClient
@EnableJpaAuditing
@SpringBootApplication
@ComponentScan(basePackages = {"com.broadview"})
public class CouponUserApplication {
// 代码省略
}
```

在上面的代码中，我们通过@EnableFeignClients 注解定义了一个包扫描路径，只要在这个路径下发现了通过@FeignClient 注解修饰的接口，Feign 组件就会在项目初始化阶段将这些接口加入 Spring 的上下文中。如果在项目启动阶段看到 Feign 接口注入失败的日志报错信息，则可以先检查启动类上的 Feign 注解，确保它提供了正确的扫包路径。

除配置包扫描路径外，还可以指定加载某些特定的 feign 接口，具体代码如下：

```
@EnableFeignClients(clients = {
      TemplateClient.class,
      CalculationClient.class
      // 添加 FeignClient 修饰的接口类
})
```

在实际项目中，一般推荐使用包扫描路径的方式，只要将接口添加到指定路径就可以被自动加载，而加载指定接口的方式则需要将新的 Feign 接口手动添加到注解中。

8.2.3　定义 Feign 接口

在 coupon-user-service 项目中一共有两处远程方法调用，一处是调用 coupon-template-service 获取优惠券模板信息，另一处是调用 coupon-calculation-service 计算优惠信息。这里我们将使用 Feign 接口对这两个服务的远程调用实现代理。整个改造过程分为以下三个部分：

（1）定义文件夹结构

在项目中创建文件夹 external，用来存放 Feign 接口定义，项目文件夹结构如图 8-2 所示。

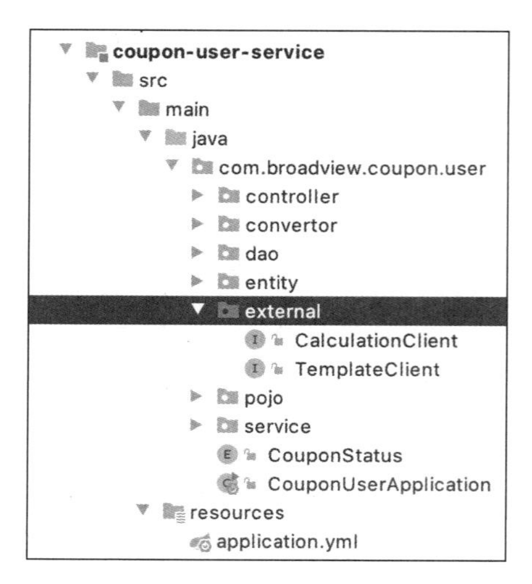

图 8-2　项目文件夹结构图

（2）声明 TemplateClient 接口

在上一步创建好的目录下，新建 TemplateClient 接口，对 coupon-template-service 的调用进行托管，具体代码如下：

```
package com.broadview.coupon.user.external;

import com.broadview.coupon.shared.beans.TemplateInfo;
import org.springframework.cloud.openfeign.FeignClient;
import org.springframework.web.bind.annotation.GetMapping;
import org.springframework.web.bind.annotation.RequestMapping;
import org.springframework.web.bind.annotation.RequestMethod;
import org.springframework.web.bind.annotation.RequestParam;

import java.util.Collection;
import java.util.Map;

/**
 * 券模板 Feign 接口
 */
@FeignClient(value = "coupon-template-service")
public interface TemplateClient {

    @RequestMapping(value = "/template/getBatch", method = RequestMethod.GET)
    Map<Long, TemplateInfo> getTemplateBatch(@RequestParam("ids") Collection
<Long> ids);
```

```
    @GetMapping("/template/get")
    TemplateInfo getTemplate(@RequestParam("id") Long id);

}
```

在上面的代码中，接口使用@FeignClient 注解修饰，表示这是一个由 OpenFeign 代理的接口，我们在@FeignClient 注解中声明了远程服务的服务名为 coupon-template-service。Feign 接口只会帮我们搞定远程服务的寻址，但具体访问该服务的哪个方法，则需要通过接口上的@RequestMapping 等注解定义访问路径。需要注意的是，在 Feign 接口中定义的访问路径，要与被调用的服务提供方的 controller 中声明的访问路径一致。

（3）声明 CalculationClient 接口

在相同目录下创建 CalculationClient 接口，对 coupon-calculation-service 的调用进行代理，具体代码如下：

```
package com.broadview.coupon.user.external;

import com.broadview.coupon.shared.beans.PlaceOrder;
import org.springframework.cloud.openfeign.FeignClient;
import org.springframework.web.bind.annotation.RequestBody;
import org.springframework.web.bind.annotation.RequestMapping;
import org.springframework.web.bind.annotation.RequestMethod;

@FeignClient(value = "coupon-calculator-service")
public interface CalculationClient {

    @RequestMapping(value = "/calculator/checkout", method = RequestMethod.POST)
    PlaceOrder computeRule(@RequestBody PlaceOrder settlement);
}
```

在上述代码定义的接口中，我们也需要通过@RequestMapping 注解指定调用路径。

8.2.4 替换 RestTemplate

本节中，我们将介绍如何将 RestTemplate 对象替换为 Feign 接口，具体步骤如下：

（1）删除@RestTemplate 代码引用

分别在以下两处地方删除 RestTemplate 对象的引用。

第一处：在 CouponUserApplication 中使用@Bean 声明的 RestTemplate 对象。

第二处：在 UserServiceImpl 中注入的 RestTemplate 对象。

（2）注入 FeignClient 依赖项

在 UserService 类中，我们通过@autowire 注解将 TemplateClient 和 CalculationClient 引入，具体代码如下：

```
@Autowired
private TemplateClient templateClient;
@Autowired
private CalculationClient calculationClient;
```

（3）替换服务调用

在具体的方法执行代码中，我们需要将 RestTemplate 的代码替换为 Feign 接口的代码调用。这里需要将 RestTemplate 发起调用的代码，连同 URL 拼接和参数拼接的代码删除，替换为 templateClient 和 calculationClient 的调用形式。

以 UserServiceImpl 类中的 placeOrder 下单接口为例，在改造完成的方法中，我们调用了 templateClient 获取优惠券模板，又调用了 calculationClient()方法计算订单价格，具体代码如下：

```
@Override
public PlaceOrder placeOrder(PlaceOrder order) {
    if (CollectionUtils.isEmpty(order.getProducts())) {
        throw new IllegalArgumentException("empty cart");
    }

    Coupon coupon = null;
    if (order.getCouponId() != null) {
        // 如果有优惠券，则验证是否可用，以及是否是当前客户的
        Coupon example = Coupon.builder()
                .userId(order.getUserId())
                .id(order.getCouponId())
                .status(CouponStatus.AVAILABLE)
                .build();
        coupon = couponDao.findAll(Example.of(example))
                .stream()
                .findFirst()
                .orElseThrow(() -> new IllegalArgumentException("Coupon not found"));

        CouponInfo couponInfo = CouponConverter.convertToCoupon(coupon);
```

```
        couponInfo.setTemplate(templateClient.getTemplate(coupon.
getTemplateId()));
        order.setCouponInfos(Lists.newArrayList(couponInfo));
    }

    // order 清算
    PlaceOrder checkoutInfo = calculationClient.computeRule(order);

    // 如果清算结果中没有优惠券，而用户传递了优惠券，则会有报错提示该订单满足不了优惠条件
    if (CollectionUtils.isEmpty(checkoutInfo.getCouponInfos()) && coupon !=
null) {
        log.error("cannot apply coupponId={} to order", coupon.getId());
        throw new IllegalArgumentException("Not an eligible coupon");
    }
    if (coupon != null) {
        coupon.setStatus(CouponStatus.USED);
        couponDao.save(coupon);
    }
    return checkoutInfo;
}
```

RestTemplate 对象在 UserServiceImpl 类中的其他方法中也有引用，读者可以仿照上面的改造方法，将 RestTemplate 调用全部替换为 Feign 接口的调用。限于篇幅，本节不对每处调用进行讲解，读者可以到本书指定的 GitHub 站点获取改造完成的代码。

8.2.5　Feign 与 Ribbon 的超时与重试配置

Feign 内置了 Ribbon 组件，我们可以利用 Ribbon 实现超时与重试。Ribbon 支持全局范围内的超时配置，也可以对指定的某个服务设置服务级别的超时配置，服务级别的配置将覆盖全局配置。下面，我们分别对全局超时和局部超时这两种配置进行讲解。

（1）Ribbon 的全局超时配置

以 coupon-user-service 为例，在 application.yml 中添加 Ribbon 的全局超时配置，具体配置代码如下：

```
ribbon:
  ConnectTimeout: 1000
  ReadTimeout: 5000
  OkToRetryOnAllOperations: true
```

```
 MaxAutoRetriesNextServer: 1
 MaxAutoRetries: 1
```

在上面的代码中，各个参数代表的含义分别是：

ConnectTimeout：建立远程连接的超时时间，单位为 ms。

ReadTimeout：处理请求的超时时间，单位为 ms。

OkToRetryOnAllOperations：是否对所有操作重试，默认为 false。

MaxAutoRetriesNextServer：通过负载均衡向多台服务器重试，默认为 0，该配置仅在 MaxAutoRetries 大于 1 时才会生效。

MaxAutoRetries：在同一台机器上的重试次数，默认为 1 次（不包括第一次正常发起的调用）。

在每次调用都超时的极端情况下，最大重试次数的公式为 MaxAutoRetries × (MaxAutoRetriesNextServer+1)，如果算上每台服务器首次发起的调用，那么 Ribbon 可以发起的最大调用次数为(MaxAutoRetries+1)×(MaxAutoRetriesNextServer+1)次。

（2）Ribbon 的局部超时配置

除全局配置外，我们还可以为指定的服务配置超时参数，只需要将全局配置中的参数复制到指定的服务名称之下即可。若同时配置了全局超时和局部超时参数，则局部超时会优先生效，Ribbon 的局部超时配置代码如下：

```
coupon-template-service:
  ribbon:
    ConnectTimeout: 1000
    ReadTimeout: 4000
    OkToRetryOnAllOperations: true
    MaxAutoRetriesNextServer: 1
    MaxAutoRetries: 1
```

（3）Feign 的全局和局部超时配置

除利用 Ribbon 做超时判断外，Feign 本身也有超时配置的参数，具体配置代码如下：

```
feign:
  client:
    config:
      default:  # 全局生效
        connectTimeout: 1000
        readTimeout: 5000
      coupon-template-service:
```

```
    connectTimeout: 1000
    readTimeout: 4000
```

以上配置中的 default 节点代表全局配置，与 default 节点处于同一层级的 coupon-template-service 节点则指定了针对特定服务生效的超时配置。以 coupon-user-service 应用为例，当我们发起一次指向 coupon-template-service 的调用时，如果响应时间超过超时阈值配置，则会收到如下异常信息：

```
{
"timestamp": "2020-09-26T14:52:16.201+0000",
"status": 500,
"error": "Internal Server Error",
"message":          "Read          timed          out          executing          GET
http://coupon-template-service/template/getBatch?ids=2&ids=2",
"path": "/coupon-user/findCoupon"
}
```

注意：当同时配置了 Ribbon 和 Feign 的超时配置时，Feign 的超时判定将会覆盖 Ribbon 的配置，即 Ribbon 中配置的全局和局部超时配置将不再生效。

8.2.6　Feign 的日志配置

Feign 组件的日志打印功能默认处于关闭状态，可以通过特定配置项来开启，具体配置项格式是：logging.level.<具体服务名称>=debug，在 coupon-user-service 的 application.yml 文件中添加如下的配置项，可以将 TemplateClient 类的日志输出级别设置为 debug 级别：

```
logging:
  level:
    com.broadview.coupon.user.external.TemplateClient: debug
```

目前该配置项还不会立即生效，我们还需要对 Feign 记录的日志内容进行配置。打开 CouponUserApplication，添加如下代码：

```
@Bean
feign.Logger.Level feignLoggerInfo() {
    return feign.Logger.Level.FULL;
}
```

上述代码中声明了 Feign 的日志级别为 FULL，这说明 Feign 的日志组件记录了完整的 Log 信息。目前 Feign 支持如下四种不同的日志内容级别：

NONE：（默认级别）无日志记录。

BASIC：只记录请求路径、响应状态码等少量基本信息。

HEADERS：记录基本信息和请求的响应头。

FULL：记录请求和响应头，以及返回的 Response 内容。

8.2.7 配置请求和响应的压缩参数

在 application.yml 配置文件中的 feign 节点下添加 compression 属性，可以开启 Feign 组件的数据压缩功能，具体配置代码如下：

```
feign:
  compression:
    request:
      enabled: true
      mime-types: text/xml,application/xml,application/json
      min-request-size: 1024
    response:
      enabled: true
```

在上面的代码中，request 和 response 节点分别对应了 Feign 组件发起的调用请求和接收的响应，其中各个字段的含义如下：

enabled：是否开启 gzip 压缩支持。

mime-types：支持 gzip 压缩的数据格式，多个格式之间使用逗号分隔。

min-request-size：指定请求数据的最小容量，大于该数值的请求将被压缩。

第 9 章 使用 Hystrix 实现服务间容错

本章，我们学习 Spring Cloud 中的服务容错组件 Hystrix，深入了解 Hystrix 最重要的两个特性降级和熔断，并将 Hystrix 与 Turbine、Hystrix Dashboard 两款组件集成，实现服务异常信息的聚合与监控。

9.1 Hystrix

9.1.1 什么是 Hystrix

Hystrix 是由 Netflix 公司研发的一款轻量级服务容错组件，它可以对失败的方法调用（如服务超时、异常抛出等情况）执行一段“降级”逻辑。所谓降级，就是在服务调用失败的情况下，退而求其次，执行一段预先设置好的代码逻辑。Hystrix 还可以统计服务调用的失败次数，并从多个维度配置“监管红线”。如果服务调用失败的次数或失败率触及红线，那么在一段时间内，Hystrix 都不会向远程服务发起真实调用，用户的调用请求都将被降级处理，这个流程就叫作熔断。

Hystrix 不仅提供了降级熔断功能，还提供了一套线程隔离解决方案。我们可以为指定服务配置一个特定的线程池，当该业务访问压力增加导致用户请求数大幅增加时，只会使用特定线程池里的资源（即线程）来处理来访请求，并不会因为请求过多将容器线程资源全部耗尽。

利用 Hystrix 的服务容错功能，不仅可以对失败的方法调用做一层兜底方案（降级逻辑），还可以将因访问压力过大导致的异常服务隔离开来，以防止服务雪崩的发生。

9.1.2 服务雪崩

服务雪崩是微服务系统中常见的一类故障，它往往由下游服务故障引发，逐渐传导到上游服务，进而导致大面积服务不可用。

我们以一幅图来说明什么是服务雪崩，如图 9-1 所示。

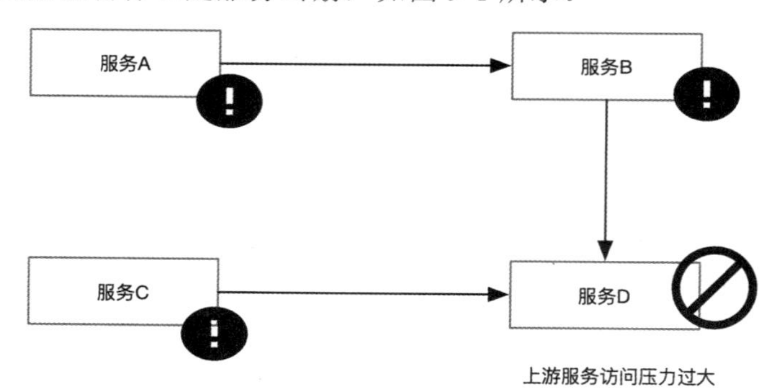

图 9-1 服务雪崩

在图 9-1 中，服务 A 依赖于服务 B，而服务 B 和服务 C 依赖于一个更下游的服务 D。可以看出服务 D 是一个下游基础服务，当服务 D 的访问压力超过其能够承载的处理能力的时候，大量的访问请求就会堆积在服务 D 这里，从而使服务的响应时间变长。在这种情况下，如果没有进一步限制上游服务的访问频率，那么随着访问压力的增加，服务 D 将无法响应业务请求。而由于服务 D 的不可用，上游服务 B 和 C 也因此无法正常响应请求，这种异常响应最终会传导到服务 A，进而导致整个服务链路的雪崩。

9.1.3　服务雪崩的解决方案

服务雪崩的解决方案有两个，分别是服务限流与服务降级，两者的作用点有些许不同。

1. 服务限流

限流规则往往应用在被访问的服务上，在网关层或者被访问的服务内部设置限流规则，限制来自上游服务的访问频率，从而将访问请求数控制在一个合理的数值以内。

2. 服务降级

服务降级则作用在发起服务调用的这一方，通过设置一些降级规则，在下游接口持续发生异常的情况下，接口调用方主动打开熔断器，不再对下游接口发起真实调用，退而求其次，执行一段降级逻辑。

对服务降级来说，调用方在调用失败时会触发“被动降级”，除此以外，还有一种“主动降级”的方式，即通过业务开关的开闭，以人工的方式主动打开或关闭降级开关。在某些高并发场景下，比如大促期间的秒杀抢购业务场景，对某些非核心业务可以采用主动降级的方案。主动降级的好处是，一方面，可以快速返回处理结果，在降低服务压力的同时提高接口响应速度；另一方面，可以借助弹性计算等技术手段，将非核心服务的服务器资源调配给主链路的核心业务，提高主链路服务的处理能力。

9.2　Hystrix 的核心概念

9.2.1　服务降级

在生产环境中经常会遇到各种异常情况，比如接口调用超过一定的时间仍然没有响应（接口超时）、网络原因导致的访问失败，或者是服务内部抛出的 500（Internal Error）或 400（Bad Request）之类的异常。在这些异常场景下，我们可以通过 Hystrix 指定执行一段降级逻辑。

降级逻辑的处理方案非常灵活，通常有以下 4 种：

1. 静默降级

在降级逻辑中返回一个空值，这种静默降级手段就像使用 try-catch 捕获异常，然后返回空值一样。

2. 默认值

在降级逻辑中返回默认值，比如商品详情页会显示一个商品的打折价格，该价格是从营销优惠服务中获取的。当服务调用出现异常时，可以将商品的原价作为打折价返回。

3. 兜底方案

在某些场景下，我们可以在降级逻辑中尝试恢复业务。例如，当数据库因连接中断而抛出 JDBC 异常时，在降级逻辑中可以尝试从缓存获取数据（仅限于对数据一致性要求不高的场景）。

4. 多级降级

服务降级并不是一个“一次性”的操作，假如在降级逻辑中又发生了异常，那么还可以再执行一段降级逻辑。通过 Hystrix 注解来给一个降级方法指定另一个降级方法，就可以完成“多级降级”。

9.2.2 服务熔断

服务熔断是建立在服务降级之上的更加强力的服务容错手段，当服务调用连续多次出现异常降级时，会触发对应的断路器开关。一旦断路器被开启，在接下来的一段时间内，对目标服务发起的访问就会直接执行降级逻辑，而不再执行真实的方法调用，这就像电源跳闸一样。

断路器可以根据一定的规则自动开启和关闭，在 Hystrix 中我们可以配置服务熔断的触发规则和恢复规则。比如在一段窗口时间内（假设 15s 滑动窗口），当服务请求达到一个预定次数后开始进入熔断判定，如果接口调用的失败率达到熔断阈值，那么便开启熔断状态。在经过一段指定时间后，再尝试发起一次真实调用，根据调用结果决定熔断开关是否可以被关闭。

注意：窗口时间内，如果服务请求的总个数没有达到预定的判定次数，那么即便全部请求调用失败也不会开启断路开关。

9.2.3　Hystrix 如何切换断路器的开关

Hystrix 熔断器有三个状态，分别是开启、关闭和半开状态，Hystrix 断路器状态流转图如图 9-2 所示。

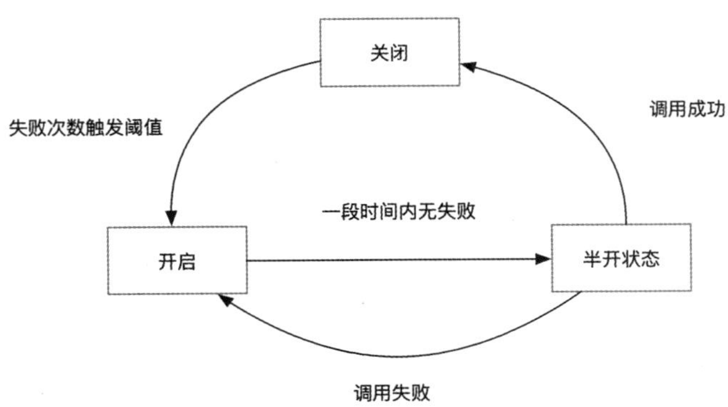

图 9-2　Hystrix 断路器状态流转图

在图 9-2 中，在远程调用接二连三出错或超时的情况下，当触碰到 Hystrix 中配置的断路器判定阈值时，断路器开关打开，此后用户请求直接导向降级逻辑。在断路器开启一段时间之后，Hystrix 会放行一个调用请求去发起真实调用。根据请求的响应结果不同，Hystrix 将做出以下两种不同的判定：

请求返回成功：Hystrix 认为下游应用已经恢复正常，因此断路器关闭，后续请求将被放行。

请求返回失败：Hystrix 认为故障依旧存在，断路器仍然保持开启，后续请求将被自动降级。

9.3　微服务架构升级——配置熔断和降级

9.3.1　添加依赖项和配置项

本节我们对 coupon-user-service 做一番升级改造，引入 Hystrix 提供熔断降级能力。整个改造过程分为以下三个步骤：

第一步，在 coupon-user-service 的 pom.xml 文件中添加 Hystrix 依赖项，具体代码如下：

```
<dependency>
   <groupId>org.springframework.cloud</groupId>
   <artifactId>spring-cloud-starter-netflix-hystrix</artifactId>
</dependency>
```

第二步，在启动类 CouponUserApplication 中添加一个服务容错的注解，开启 Spring Cloud 的熔断降级功能，具体代码如下：

```
import org.springframework.cloud.client.circuitbreaker.EnableCircuitBreaker;
@EnableCircuitBreaker
// 省略其他注解
public class CouponUserApplication {
 // 省略此处代码
}
```

第三步，在配置文件中的 feign 节点下添加以下代码，开启 Feign 组件内置的熔断降级功能，具体代码如下：

```
feign:
  hystrix:
    enabled: true
```

在上面的配置中，由于 Feign 组件默认情况下不开启 Hystrix 功能，所以需要手动开启。

9.3.2 在 Feign 接口上指定降级类

Feign 组件内置了对 Hystrix 的支持，可以通过接口内的 fallback 属性指定一个降级类。在远程调用抛出异常或者接口调用超时的情况下，Hystrix 将执行降级逻辑。我们以 TemplateClient 接口为例，为其指定一个降级类。

9.3.2.1 创建降级类

在 Feign 接口所在的包路径下，创建一个新的包并命名为 fallback（包名可随意命名）。然后，在当前包下创建一个新的 Java 类 TemplateClientFallback，具体代码如下：

```
package com.broadview.coupon.user.external.fallback;

import com.broadview.coupon.shared.beans.TemplateInfo;
import com.broadview.coupon.user.external.TemplateClient;
```

```
import com.google.common.collect.Maps;
import lombok.extern.slf4j.Slf4j;
import org.springframework.stereotype.Component;
import java.util.Collection;
import java.util.Map;

/**
 * TemplateClient 的降级类
 */
@Slf4j
@Component
public class TemplateClientFallback implements TemplateClient {

    public Map<Long, TemplateInfo> getTemplateBatch(Collection<Long> ids) {
        log.info("fallback logic, ids={}", ids);
        return Maps.newHashMap();
    }

    public TemplateInfo getTemplate(Long id) {
        log.info("fallback logic, id={}", id);
        return null;
    }
}
```

在上述代码中需要注意两点：第一点，降级类要使用@Component 注解修饰，通过 Feign 注解指定降级类的过程实际上是一个依赖注入的过程，因此要保证降级类已经注册到 Spring 的上下文中；第二点，需要注意接口继承，降级类要继承自 Feign 接口，保持一致的方法参数签名，这是一个强制的规范，目的是保证降级方法也可以接收相同的参数。

9.3.2.2 在 FeignClient 中指定降级类

我们在 TemplateClient 接口中声明降级属性并指向 TemplateClientFallback 类，具体代码如下：

```
@FeignClient(value = "coupon-template-service",
        // 指定降级接口
        fallback = TemplateClientFallback.class)
public interface TemplateClient {
// 以下代码省略
}
```

在上述代码中，FeignClient 通过 fallback 属性指定了降级类为 TemplateClientFallback。

除此以外，还可以通过@FeignClient 注解的 fallbackFactory 属性指定一个工厂类，返回一个降级业务类的实例。在实践中一般采用前者，即通过 fallback 属性来指定降级类。

为了测试接口调用降级的例子，我们可以在 coupon-template-service 中挑选一个方法，在方法代码中声明抛出 RumtimeException 异常，在 coupon-user-service 中通过 TemplateClient 向该方法发起服务调用，这样就可以捕捉到异常并测试降级逻辑。

9.3.3 为特定方法指定降级逻辑

Hystrix 不仅可以为 FeignClient 接口提供服务容错能力，还可以为应用内的方法提供容错降级功能。打开 CouponController 类，在其中的 requestCoupon()方法签名上添加@HystrixCommand 注解，具体代码如下：

```
@PostMapping("requestCoupon")
@HystrixCommand(fallbackMethod = "requestCouponFallback")
public Coupon requestCoupon(@Valid @RequestBody RequestCoupon request) {
    return couponUserService.requestCoupon(request);
}

// requestCoupon 的降级流程，返回一个空 Coupon
public Coupon requestCouponFallback(RequestCoupon request) {
    log.info("requestCoupon fallback");
    return Coupon.builder().build();
}
```

在上述代码中，我们在@HystrixCommand 注解中配置了 fallbackMethod 参数，该参数的值对应于当前类中的 requestCouponFallback()方法。当 requestCoupon()方法抛出异常或者响应超时时，Hystrix 将执行降级参数中指定的方法。这里需要注意的是，降级方法要和原方法保持一致的方法签名。

我们也可以在降级方法之上再次添加一个@HystrixCommand 注解，实现多级降级的效果。

9.3.4 设置全局熔断参数

Hystrix 既可以设置全局参数，也可以为单个方法设置参数，Hystrix 提供的参数主要有以下三类：

熔断参数：指定熔断器触发条件。

统计窗口参数：设置接口调用情况统计的时间窗口和统计频率。

执行参数：设置执行层面的超时判定阈值和并发控制参数。

我们在 YML 配置项内添加以下配置，设置 Hystrix 全局超时时间，具体代码如下：

```
hystrix:
  command:
    default:
      fallback:
        enabled: true # 开启降级（默认处于开启状态）
      circuitBreaker:
        enabled: true #开启/禁用熔断机制（默认开启）
        requestVolumeThreshold: 4 # 断路器请求阈值
        sleepWindowInMilliseconds: 10000 # 断路器等待窗口
        errorThresholdPercentage: 50 # 断路器错误百分比（触发条件）
      metrics:
        rollingStats:
          timeInMilliseconds: 20000 #滑动窗口持续时间
          numBuckets: 10 #滑动窗口中 bucket 数量
        rollingPercentile:
          enabled: true #是否统计方法的执行时间百分比
          timeInMilliseconds: 60000 #执行时间统计周期
          numBuckets: 6 #执行时间统计内的 bucket 数量
          bucketSize: 1000 #每个 bucket 最多统计的记录条数
        healthSnapshot:
          intervalInMilliseconds: 500 #健康快照信息采集间隔
      execution:
        timeout:
          enabled: true #是否开启超时判定（默认开启）
        isolation:
          thread:
            timeoutInMilliseconds: 2000 # 全局超时时间
            interruptOnTimeout: true # 超时后是否中断线程
            interruptOnCancel: true # 取消调用后是否中断线程
          semaphore:
            maxConcurrentRequests: 10 #最大并发请求数
```

在上面的配置中，有 3 个重要熔断参数配置项：

requestVolumeThreshold：熔断器的一个触发条件，在一定时间内（与 metrix 中时间窗口设置相关），至少调用多少次才会使熔断器生效。

errorThresholdPercentage：当错误百分比达到或超过该数值时，熔断器打开。

sleepWindowInMilliseconds：经过多少秒后，熔断器进入半开状态。

下面，我们对以上三个配置项的作用做一个说明。假如 requestVolumeThreshold 设置为 4，errorThresholdPercentage 设置为 50，那么在一个统计窗口内，只有当请求数量大于等于 4，并且失败率大于等于 50%的时候（即 4 个请求中的 2 个请求都被降级处理），hystrix 才会开启熔断开关。如果一个统计窗口内的请求数量没有达到 4，那么即便失败率是 100%，熔断开关也不会开启。

Hystrix 中的重要时间窗口配置项如下：

rollingStats.timeInMilliseconds：该参数定义了一个滑动统计窗口的长度（以 ms 为单位），统计窗口用于熔断参数的判定。

rollingStats.numBuckets：将一个滑动窗口的时间长度平均分为多个 Bucket，每个 Bucket 的时间长度为 timeInMilliseconds 与 numBuckets 取余的数值，该数值不宜过大，否则会影响统计性能。

rollingPercentile 系列参数：用于指定方法响应时间的统计参数和百分位信息的统计维度（1%、10%、50%、90%和 99%比例请求的平均响应时间）。

关于 Hystrix 超时时间配置的注意点：

在配置超时时间时一定要注意，Hystrix 的超时配置会与 Feign 或 Ribbon 的超时配置共同生效。这个现象可以用木桶理论来解释，一个木桶能装多少水，取决于最短的那块木板的长度。当两个超时判定规则共同生效时，服务请求最先触碰到的那个规则，就会被判定为超时。在实际项目实践的过程中，建议把 Hystrix 的超时时间设置成较大值，这样就不会阻断 Ribbon 的超时重试。如果 Hystrix 超时判定时间小于 Ribbon 的重试时间，没有等到 Ribbon 发起重试，该请求就会被 Hystrix 做降级处理。

9.3.5 为指定方法设置超时时间

Hystrix 有多种途径为特定方法配置超时时间，笔者推荐的一个做法是通过 Hystrix 注解来指定。我们打开 CouponController 中的 requestCoupon()方法，在方法签名中的 @HystrixCommand 注解内添加超时判定的配置，具体代码如下：

```
@PostMapping("requestCoupon")
@HystrixCommand(fallbackMethod = "requestCouponFallback",
        commandKey = "requestCouponKey",
        commandProperties = {
          @HystrixProperty(name                                       =
"execution.isolation.thread.timeoutInMilliseconds", value = "2000")
```

```
        }
    )
public Coupon requestCoupon(@Valid @RequestBody RequestCoupon request) {
    log.info("request Coupon normal");
    return couponUserService.requestCoupon(request);
}
```

在上述代码中，我们通过在@HystrixCommand 注解中内嵌@HystrixProperty 注解的形式，为 requestCoupon()方法指定超时时间为 2000ms，这里的超时时间的作用域只在当前方法上生效。这种配置方式的优先级高于 YML 文件中的全局配置，即注解配置里的超时时间将覆盖掉 YML 文件中的全局超时时间。

注意：在 YML 文件中的 hystrix、command.default 节点下的属性，都可以通过@HystrixProperty 注解配置在方法域之上。

除通过@HystrixCommand 注解添加配置外，还可以通过配置文件达到类似的效果。在 requestCoupon()方法中，我们给@HystrixCommand 注解指定了一个 commandKey 属性，它相当于一个全局唯一的身份标识。在 YML 文件中可以为这个全局唯一的 commandKey 属性添加 Hystrix 参数。例如，下面的代码为 requestCoupon()方法指定了一个局部过期时间参数：

```
hystrix:
  command:
    # 此处添加 HystrixCommand 中配置的 commandKey
    requestCouponKey:
      execution:
        isolation:
          thread:
            #requestCoupon 的超时时间
            timeoutInMilliseconds: 2000
```

局部配置与全局配置的不同之处在于，全局配置的属性名称是 hystrix.command.default，而这里将 default 替换为与@HystrixCommand 注解中的 commandKey 对应的值。全局配置中的可用属性，都可以添加在局部配置之上，如果同时在配置文件中和 Java 代码中指定局部超时配置，那么配置文件中的配置项会优先生效。

9.3.6　隔离机制的配置项

Hystrix 可以通过线程池隔离和信号量隔离两种方式实现资源隔离，下面我们分别对这两种资源隔离方式做具体的介绍。

1. 线程池隔离

通过线程池隔离机制，Hystrix 为指定资源建立一个独立的线程池，用来处理发向当前资源的服务请求。线程池隔离模式的工作原理如图 9-3 所示。

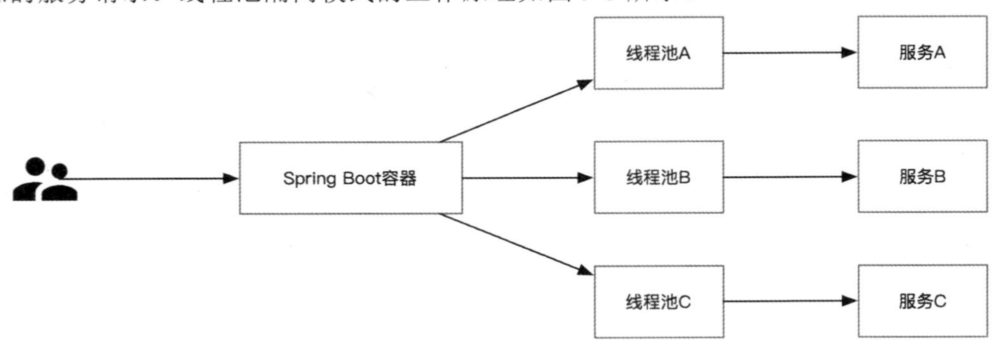

图 9-3 线程池隔离模式的工作原理

在图 9-3 中，我们为服务 A、服务 B 和服务 C 各分配了一个线程池，即使某个服务发生了大规模的并发访问，也只会消耗对应线程池内的线程资源，不会占用其他服务的线程资源。当洪峰脉冲流量到来时，可以将一部分请求添加到线程池队列中慢慢消化。

2. 信号量隔离

信号量隔离模式的工作原理如图 9-4 所示。

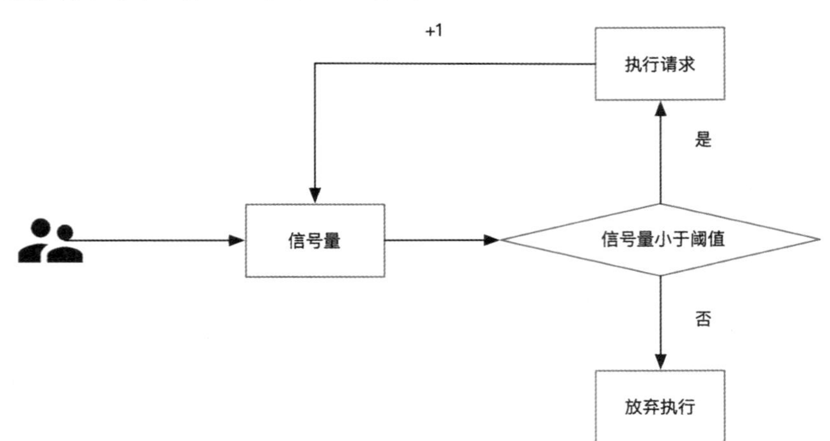

图 9-4 信号量隔离模式的工作原理

在图 9-4 中，当外部服务请求到达服务之后，Hystrix 会判断当前服务信号量是否小于预定的阈值，如果小于阈值，则继续执行请求并将信号量+1，否则放弃本次请求。

我们可以在配置文件中通过 execution 属性添加线程池和信号量的配置，也可以通过@HystrixCommand 注解来配置线程池参数，与线程隔离有关的配置项如下：

coreSize： 线程池核心线程数。

maximumSize： 最大并发线程数。

maxQueueSize： 请求排队的队列长度，默认为-1。此时采用不存储元素的 SynchronousQueue 作为底层实现，如果该值大于 0，则使用 LinkedBlockingQueue 作为排队机制的底层实现。

queueSizeRejectionThreshold： 队列长度达到该值时，即使为超过 maxQueueSize 的值，仍然拒绝请求。

keepAliveTimeMinutes： 空闲线程存活时间，单位为 min。

metrics.rollingStats.timeInMilliseconds： 滑动窗口的时间大小。

metrics.rollingStats.numBuckets： 滑动窗口内的 Bucket 数量。

9.3.7　使用@CacheResult 缓存注解

Hystrix 可以对托管方法开启缓存，在同一个 Hystrix 的上下文中，如果发起了多次服务调用请求，并且这些请求的查询参数是相同的，那么只有第一次服务调用会真实发起，而后几次调用将从 Hystrix 缓存中获取数据。在 Java 方法中开启 Hystrix 缓存的实现代码如下：

```
@CacheResult
@HystrixCommand(commandProperties = {
      @HystrixProperty(name="requestCache.enabled",value = "true")
})
public Coupon findCouponById(@CacheKey Integer id){
   // 省略代码
}
```

在上述代码中，我们使用@CacheResult 注解将 findCouponById()方法的返回值加入缓存，并通过@CacheKey 注解指定该方法的入参 id 为缓存的 key。

9.3.8　开放 Actuator 端点

考虑到我们会集成 Hystrix Dashboard 并实时展示接口调用健康度，为了获取应用的降级熔断数据，需要将 Hystrix 的 Actuator 端点打开。同时为了方便微服务架构升级过程中其他 Spring Cloud 组件的集成，我们在 YML 启动配置项中将所有组件的 Actuator 端点都开放出来。

首先，在 coupon-user-service 项目的 pom.xml 文件中添加 Actuator 组件的依赖项，具体代码如下：

```
<dependency>
   <groupId>org.springframework.boot</groupId>
   <artifactId>spring-boot-starter-actuator</artifactId>
</dependency>
```

然后，打开 application.yml 文件，添加以下配置内容，打开所有组件的 Actuator 端点，具体代码如下：

```
management:
  endpoint:
    health:
      # 总是显示各个组件的 Actuator 信息
      show-details: always
  endpoints:
    web:
      exposure:
        # 暴露所有 endpoint
        include: "*"
  security:
    enabled: false
```

配置完成后启动项目，在浏览器中打开 actuator heathcheck 的链接（比如笔者的本地项目路径为 http://localhost:20002/actuator/health），在浏览器页面上我们可以看到一串未经过格式化的 JSON 文本，如果在其中能找到**"hystrix":{"status":"UP"}**字样，则表示 Actuator 端点添加成功。

最后，尝试打开 coupon-user-service 的 Hystrix 监控端点 URL（比如笔者的本地项目路径为 http://localhost:20002/actuator/hystrix.stream），可以看到页面在不断刷新“ping”字样的信息，这说明 Hystrix 接口调用情况的实时统计已经生效。如果我们在代码中故意抛出一次 exception，并触发降级逻辑，那么 Hystrix 会把调用失败的统计信息显示在页面上。

9.4 微服务架构升级——利用 Turbine 收集 Hystrix 信息

9.4.1 什么是 Turbine

Turbine 是一款专门与 Hystrix 搭档的组件，通过监听 Hystrix 组件开放出来的 Actuator 端点，获取应用的服务健康度（请求速率、成功失败的请求数量和断路器的开关状态等），并将这部分数据做汇总和聚合，聚合后的数据可以通过另一个组件 Hystrix Dashboard 展示给用户。

9.4.2 添加 Turbine 子项目

在当前项目的 middleware 文件夹下面创建一个 Maven 模块，取名为 turbine。在 pom.xml 文件中添加相关的依赖项配置，具体代码如下：

```
<?xml version="1.0" encoding="UTF-8"?>
<project xmlns="http://maven.apache.org/POM/4.0.0"
        xmlns:xsi="http://www.w3.org/2001/XMLSchema-instance"
        xsi:schemaLocation="http://maven.apache.org/POM/4.0.0
http://maven.apache.org/xsd/maven-4.0.0.xsd">
    <parent>
        <artifactId>coupon-cloud-center</artifactId>
        <groupId>org.example</groupId>
        <version>1.0-SNAPSHOT</version>
        <relativePath>../../pom.xml</relativePath>
    </parent>
    <modelVersion>4.0.0</modelVersion>

    <artifactId>turbine</artifactId>
    <dependencies>
        <dependency>
            <groupId>org.springframework.cloud</groupId>

<artifactId>spring-cloud-starter-netflix-eureka-client</artifactId>
        </dependency>
        <dependency>
            <groupId>org.springframework.boot</groupId>
```

```
            <artifactId>spring-boot-starter-web</artifactId>
        </dependency>
        <dependency>
            <groupId>org.springframework.boot</groupId>
            <artifactId>spring-boot-starter-actuator</artifactId>
        </dependency>
        <dependency>
            <groupId>org.springframework.cloud</groupId>
            <artifactId>spring-cloud-starter-netflix-turbine</artifactId>
        </dependency>
    </dependencies>

    <build>
        <plugins>
            <plugin>
                <groupId>org.springframework.boot</groupId>
                <artifactId>spring-boot-maven-plugin</artifactId>
            </plugin>
        </plugins>
    </build>
</project>
```

除 turbine 依赖项外，我们又引入了 Eureka 和 Actuator 两个组件。其中 eureka-client 依赖项用于将 turbine 组件注册到 eureka-server，并通过 Eureka 的服务发现机制获取所需监听的目标服务地址。而 Actuator 组件的设置是为了开放出 turbine 的 Actuator 端点，hystrix-dashboard 组件用于通过该端点获取聚合后的服务调用情况，并展示在页面上。

9.4.3 创建启动类

在 turbine 项目中的 src/main/java 路径下创建 com.broadview.coupon 包路径，并新建启动类 TurbineApplication，具体代码如下：

```
@EnableDiscoveryClient
@EnableTurbine
@EnableAutoConfiguration
public class TurbineApplication {
    public static void main(String[] args) {
        SpringApplication.run(TurbineApplication.class, args);
    }
}
```

在上述代码中，@EnableDiscoveryClient 注解用于开启服务发现功能，@EnableTurbine 注解用于开启 Turbine 组件功能。

9.4.4　指定需要监控的服务名称

我们在 turbine 项目的 resources 文件夹下创建配置文件 application.yml，在其中添加一些配置项，具体代码如下：

```
spring:
  application:
    name: coupon-turbine
server:
  # 指定端口号
  port: 10002

eureka:
  client:
    service-url:
      defaultZone: http://localhost:10000/eureka/

turbine:
  aggregator:
    # 默认集群（生产环境可指定需要采集信息的目标集群）
    cluster-config: default
  # 配置监听 application 的名称，多个 name 之间用逗号间隔
  app-config: coupon-user-service
  cluster-name-expression: '"default"'
  # 通过主机名+端口来区分需要监听的服务
  combine-host-port: true
  instanceUrlSuffix:
    default: actuator/hystrix.stream
```

在上述代码中，除应用名称、端口号和 Eureka 服务发现相关配置外，还需要配置 Turbine 组件要监听的目标服务。Turbine 借助服务发现机制从注册中心获取服务信息，并监听配置文件中配置的指定服务。由于我们仅在 coupon-user-service 中开启了 Hystrix 功能，所以这里只需要在 Turbine 项目的服务监听列表中配置 coupon-user-service 这一个服务即可。如需配置多个服务，则每个服务名之间以逗号间隔，这里的服务名是目标应用的 application.yml 文件中定义的 spring.application.name 属性。

待配置完成之后，将 eureka-server、eureka-server2 及相关应用运行起来，再启动

TurbineApplication 项目。待所有应用启动完成之后，在浏览器中打开 Turbine 的 Actuator 地址（以笔者本地的项目为例，本地 URL 为 http://localhost:10002/turbine.stream）。如果配置正确，我们就可以在浏览器中看到与 9.3.8 节的 hystrix.stream 类似的页面信息。

9.5 微服务架构升级——利用 Hystrix Dashboard 观察服务健康度

9.5.1 什么是 Hystrix Dashboard

Hystrix Dashboard 是与 Hystrix 和 Turbine 搭配使用的一个组件，它本身没有复杂的业务功能，只是将 Hystrix 和 Turbine 通过 Actuator 端点的信息展现到一个 Web 界面上。它与 Hystrix 和 Turbine 之间的关系如图 9-5 所示。

在图 9-5 中，Hystrix 组件通过 Actuator 端点将服务调用的统计数据对外暴露，Turbine 用于聚合统计各个服务的数量，Hystrix Dashboard 通过网页仪表盘从 Hystrix 或者 Turbine 中读取数据并展示。

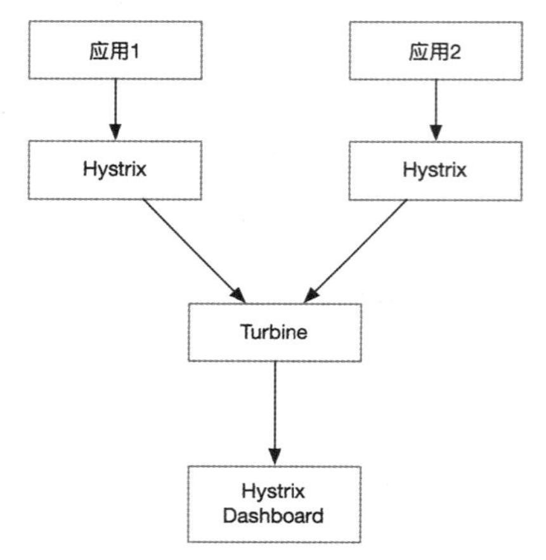

图 9-5　Dashboard 与 Hystrix、Turbine 之间的关系

9.5.2 添加 Hystrix Dashboard 项目

我们在 middleware 文件夹下创建一个新的 Maven 项目，项目命名为 hystrix-dashboard。在这一步骤中要注意的是，hystrix-dashboard 并不是 coupon-cloud-center 应用的子模块，

而是一个“独立”的 Maven 项目。由于我们在 coupon 应用的顶层 pom.xml 文件中约定了项目使用的 Spring Cloud 版本为 Hoxton.SR5，而该版本的 dashboard 组件存在一些兼容性问题，所以我们需要在 pom.xml 中指定特定的组件版本。

打开项目的 pom.xml 文件，在其中添加 dashboard 的依赖项，具体代码如下：

```
<?xml version="1.0" encoding="UTF-8"?>
<project xmlns="http://maven.apache.org/POM/4.0.0"
        xmlns:xsi="http://www.w3.org/2001/XMLSchema-instance"
        xsi:schemaLocation="http://maven.apache.org/POM/4.0.0
http://maven.apache.org/xsd/maven-4.0.0.xsd">

    <modelVersion>4.0.0</modelVersion>
    <groupId>org.example</groupId>
    <version>1.0-SNAPSHOT</version>
    <artifactId>hystrix-dashboard</artifactId>

    <dependencies>
        <dependency>
            <groupId>org.springframework.cloud</groupId>
            <artifactId>spring-cloud-starter-netflix-hystrix-dashboard
</artifactId>
            <version>2.1.1.RELEASE</version>
        </dependency>
        <dependency>
            <groupId>org.springframework.cloud</groupId>
            <artifactId>spring-cloud-starter-netflix-hystrix</artifactId>
            <version>2.1.1.RELEASE</version>
        </dependency>
    </dependencies>
    <build>
        <plugins>
            <plugin>
                <groupId>org.springframework.boot</groupId>
                <artifactId>spring-boot-maven-plugin</artifactId>
            </plugin>
        </plugins>
    </build>
</project>
```

在 pom 的依赖项中，由于 Hoxton 版本的 Hystrix Dashboard 存在兼容性问题，所以我们这里选择引入与 Greenwich 版本对应的 Hystrix 和 Hystrix Dashboard 的依赖版本。

9.5.3 创建配置项和启动类

在 hystrix-dashboard 项目的 resource 目录下创建配置文件 application.yml，并配置应用名称和端口号，具体代码如下：

```
spring:
  application:
    name: hystrix-dashboard
server:
  port: 10003
```

在 src/main/java 目录下创建通用包路径 com.broadview.cpupon，新建启动类并命名为 DashboardApplication，在启动类上声明 Hystrix Dashboard 的注解，具体代码如下所示：

```
package com.broadview.coupon;

import org.springframework.boot.SpringApplication;
import org.springframework.cloud.client.SpringCloudApplication;
import
org.springframework.cloud.netflix.hystrix.dashboard.EnableHystrixDashboard;

@SpringCloudApplication
@EnableHystrixDashboard
public class DashboardApplication {
    public static void main(String[] args) {
        SpringApplication.run(DashboardApplication.class, args);
    }
}
```

9.6 启用 Hystrix Dashboard 观察服务状态

Hystrix 的启动流程可以分为以下四个步骤。

1. 启动应用

将 eureka-server 和 eureka-server2 这两个互为备份的注册中心服务启动，并打开注册中心页面，验证是否启动成功。接下来，依次启动 coupon-template-service、 coupon-calculation-service 和 coupon-user-service 三个应用。

2. 启动 Turbine

将 turbine 应用启动，待启动完成后打开浏览器，输入 turbine 应用的地址 http://localhost:10002/turbine.stream，验证 Actuator 端点是否正常开启。然后打开 Eureka 注册中心查看服务注册情况，确认所有服务已经注册到服务中心，完整的 Eureka 服务注册列表如图 9-6 所示。

DS Replicas

peer2

Instances currently registered with Eureka

Application	AMIs	Availability Zones	Status
COUPON-CALCULATOR-SERVICE	n/a (1)	(1)	UP (1) - 192.168.1.100:coupon-calculator-service:20001
COUPON-EUREKA	n/a (2)	(2)	UP (2) - 192.168.1.100:coupon-eureka:10001 , 192.168.1.100:coupon-eureka:10000
COUPON-TEMPLATE-SERVICE	n/a (1)	(1)	UP (1) - 192.168.1.100:coupon-template-service:30000
COUPON-TURBINE	n/a (1)	(1)	UP (1) - 192.168.1.100:coupon-turbine:10002
COUPON-USER-SERVICE	n/a (1)	(1)	UP (1) - 192.168.1.100:coupon-user-service:20002

图 9-6　完整的 Eureka 服务注册列表

3. 启动大盘监控

启动 hystrix-dashboard 应用，待启动完成后，在浏览器中打开 dashboard 地址 http://localhost:10003/hystrix，可以看到如图 9-7 所示的 Hystrix Dashboard 首页。

Hystrix Dashboard

http://hostname:port/turbine/turbine.stream

Cluster via Turbine (default cluster): http://turbine-hostname:port/turbine.stream
Cluster via Turbine (custom cluster): http://turbine-hostname:port/turbine.stream?cluster=[clusterName]
Single Hystrix App: http://hystrix-app:port/actuator/hystrix.stream

Delay: 2000 ms　Title: Example Hystrix App

Monitor Stream

图 9-7　Hystrix Dashboard 首页

4. 查看服务健康度

如图 9-7 所示，在 Hystrix Dashboard 首页的输入栏中，我们既可以通过填写具体应用的 Hystrix 组件对应的 Actuator URL（如 http://localhost:20002/actuator/hystrix.stream）来实时查看指定实例的服务情况，也可以通过填写 turbine 的 URL（http://localhost:10002/turbine.stream）来查看 turbine 聚合后的服务健康度信息。在图 9-7 中输入 URL 地址后，单击页面下方的 Monitor Stream 按钮，可以看到如图 9-8 所示的 Hystrix Dashboard 监控大盘。

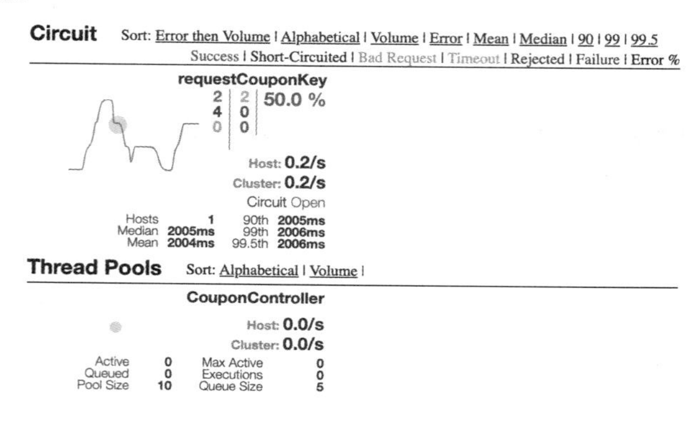

图 9-8　Hystrix Dashboard 监控大盘

如图 9-8 所示，监控大盘上的信息主要有以下几类：

服务状态统计（图中 requestCouponKey 下方的两列数字）：统计一个时间窗口内所有服务请求的个数，并根据服务调用返回的状态做聚合统计，使用不同颜色标记不同的服务调用状态（成功、降级、参数错误、超时、服务拒绝和异常）。图 9-8 中的统计结果是：成功请求 2 个（第一列第一行的数字），超时请求 2 个（第二列第一行的数字），被降级请求调用 4 次（第一列第二行的数字）。

断路器状态（Circuit Open 字样）：断路器当前的开启和关闭状态。

服务响应时间（位于 Circuit Open 字样正下方）：统计一个时间窗口内服务响应时间的中位数、平均值及百分位。

线程池状态（位于图中最下方）：活跃线程数、排队线程和当前线程池大小。

系统压力（Host:0.2/s 字样）：显示当前统计的 QPS 值。

如果页面上没有显示服务调用信息，那么我们可以对照以下几个可能导致这类问题的检查点，来检查自己的应用。

（1）**未开放 Actuator 端点：**检查对应服务的 pom.xml 文件中是否添加了 Actuator 依赖项，并访问对应的 stream 地址，验证 Actuator 端点是否生效。

（2）**未开启 Hystrix 功能：**检查是否开启了 Hystrix 应用，对应的 FeignClient 或者本地方法是否被 Hystrix 托管（指定了 hystrix 降级逻辑）。

（3）**未发起调用：**只有向 Hystrix 托管的方法发起一次真实调用后，监控大盘才会显示出相应的信息。

第 10 章 使用 Sentinel 实现限流控制

10.1 服务容错

任何系统（尤其是分布式系统）都会发生故障，故障处理设计是一个分布式系统不可或缺的一部分。在构建系统时，很多开发者主要考虑应用的基础结构，或某个关键服务在完全宕机时应当如何处理，但是在一个由微服务组成的系统里，我们经常会遇到目标服务运行缓慢或者完全无响应的情况。那么作为服务的调用方，我们有哪些常见的服务容错手段呢？

下面，我们介绍几种常见的服务容错方案：

1. 客户端负载均衡

客户端负载均衡通过服务发现机制（如 Netflix Eureka 或 Alibaba Nacos）来查找服务的所有实例，并将这些实例的地址信息放入缓存。每当客户端需要调用该服务实例时，客户端负载均衡器将从服务地址列表中选择一个服务器地址发起调用。负载均衡器还会检测服务实例是否发生故障或存在性能问题。当客户端负载均衡器检测到问题时，它会将该实例从可用服务列表中删除，后面的调用请求便无法访问到该服务实例。

2. 断路器

当调用远程服务时，断路器将监视服务调用。如果调用时间过长，那么断路器会主动终止超时调用。此外，断路器会统计过去一段时间内的服务调用情况，如果在某个时间窗口内的失败调用达到一定次数，则断路器将被打开。此时，所有发向当前服务的调用都会被阻断，一段时间后断路器会处于“半开”状态，若在“半开”状态时尝试调用该服务成功，则会关闭断路器。

3. Fallback

当远程服务调用失败时，服务调用者将执行一段指定的逻辑，比如返回缓存内容、默认数据，或者切换到其他可用数据源，以尽可能减少客户影响。

4. 防水仓设计

防水仓设计主要是将服务调用封装在不同的线程池，以此防止系统整体不可用。

5. 限流

限流即限制某些稀缺资源的访问并发量或访问流量，一旦达到限流的限制条件就拒绝服务、排队、等待或降级。常见的限流方式有限制总并发数、限制瞬时并发数、限制时间窗口内的平均请求速率等。

6. 降级

在整体系统负载较高的情况下，为了确保系统的核心功能不受影响，必须要舍弃部分非核心功能以减少对系统整体资源的消耗，从而让核心功能可以不受影响地正常运作。我们可以通过检测系统的整体负载来决定是否对服务做主动降级，当响应时间或者并发连接数超过某个阈值时，将非核心功能暂停或直接返回默认值，以此来保障核心功能所需资源不受影响。

10.2　Sentinel 简介

10.2.1　什么是 Sentinel

我们通过 Sentinel 的官方网站中的一段介绍来一睹 Sentinel 的全貌，Sentinel 是“面向分布式服务架构的轻量级高可用流量控制组件，主要以流量为切入点，从流量控制、熔断降级、系统负载保护等多个维度来帮助用户保护服务的稳定性”。那么我们应该如何理解这段话里对Sentinel的功能描述呢？

要理解Sentinel所提供的这些功能，首先需要了解“资源”的概念。在Sentinel的架构理念中，资源可以是Java应用程序中的任何内容。例如，由应用程序提供的服务接口、目标URL或一段代码，这些都可以成为被Sentinel监控的资源。通常，可以使用方法签名、URL和服务名称作为资源名。

在定义了资源之后，我们需要在Sentinel中描述资源保护的方式，这个描述的过程就是定义Sentinel的规则的过程。围绕资源的实时状态设定的规则，可以包括流量控制规则、熔断降级规则及系统保护规则，将规则作用于资源之上，所有规则可以动态实时调整，从而实现限流或降级，以此来保护目标资源。

从功能性的角度来讲，Sentinel与Hystrix是非常接近的，Hystrix与Sentinel的差异性对比如图10-1所示。

对比内容	Sentinel	Hystrix
隔离策略	信号量隔离	线程池隔离/信号量隔离
熔断降级策略	基于响应时间或失败比率	基于失败比率
实时指标实现	滑动窗口	滑动窗口（基于 RxJava）
规则配置	支持多种数据源	支持多种数据源
扩展性	多个扩展点	插件的形式
基于注解的支持	支持	支持
限流	基于 QPS，支持基于调用关系的限流	不支持
流量整形	支持慢启动、匀速器模式	不支持
系统负载保护	支持	不支持
控制台	开箱即用，可配置规则、查看秒级监控、机器发现等	不完善
常见框架的适配	Servlet、Spring Cloud、Dubbo、gRPC 等	Servlet、Spring Cloud Netflix

图10-1 Hystrix与Sentinel的差异性对比

10.2.2 Sentinel的核心功能

Sentinel的核心功能如图10-2所示。

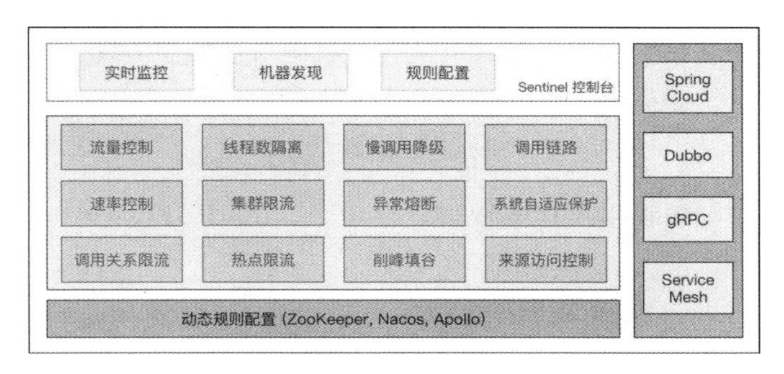

图 10-2　Sentinel 的核心功能

如果我们把图 10-2 的功能点做一个功能性的切分，那么 Sentinel 可以分为控制台和核心库两部分，具体内容如下：

1. 控制台（Dashboard）

控制台主要用于管理推送规则、监控资源、集群限流分配管理、机器发现等，它的主要功能如下：

（1）实时监控

支持自动发现集群机器列表、服务健康状态、服务调用失败率、每秒调用次数统计、调用耗时、图表统计等功能。

（2）规则管理及推送

支持在界面配置流控、降级和热点规则，并实时推送控制规则到服务集群。

（3）鉴权

控制台支持自定义鉴权接口，提供基本登录功能。

2. 核心库（Java 客户端）

Sentinel 核心库不依赖任何框架或三方库，它能够运行于 Java 7 及以上版本的运行时环境中，同时对 Dubbo 和 Spring Cloud 等框架也有较好的支持。Sentinel 的核心库提供的主要功能如下。

（1）应用流控

针对指定应用实例的流量控制，监控应用流量 QPS 或并发线程数，当达到指定的阈值时对流量进行控制，避免系统被瞬时的流量高峰冲垮，保障应用的高可用性。

（2）集群流控

不同于应用流控只针对单个应用实例做限制，集群流控可以对整个集群调用总量进行限流，精确控制整个集群的调用总量，再结合单机限流做兜底方案，可以更好地发挥流量控制的效果。

（3）网关流控

Sentinel 支持对 Spring Cloud Gateway、Zuul 等主流的 API Gateway 进行限流。

（4）熔断降级

当调用链路中某一类资源出现不稳定时（包括调用超时、异常比例升高、异常数升高），通过熔断降级对相应资源的访问请求进行限制，让请求快速失败，降低访问请求堆积的可能性，从而避免发生大范围的服务雪崩。

（5）热点参数限流

热点即经常访问的数据，热点参数限流对访问请求中包含的热点参数进行统计，并根据预先配置的限流阈值与流控模式，对包含热点参数的资源调用进行限流。

（6）系统自适应限流

系统自适应限流方案可以在系统处理能力和实际访问流量之间寻找一个动态平衡点，而不是基于某些间接的指标（如系统当前负载）来做限流。

（7）黑白名单控制

Sentinel 黑白名单根据资源的请求来源（origin）限制资源是否通过。

Sentinel 要提供上面这些功能，它的工作原理是什么呢？在理解 Sentinel 的工作原理之前，我们先来了解一些 Sentinel 的基础概念：

1. Entry

我们对 Sentinel 资源发起的每一次调用都会创建一个 Entry 对象，该对象内部包含了当前的调用信息。

2. Slot

Entry 对象在被创建的同时，Sentinel 也会创建一系列功能插槽（Slot Chain），这些插槽有不同的功能。

Sentinel 遵循责任链的工作模式，将各种不同功能的 Slot 串联在一起，利用不同 Slot 分工合作的方式实现核心功能。Sentinel 的 Slot 大致可以分为两类，分别是统计类 Slot 和决策类 Slot，Sentinel Slot 的工作原理如图 10-3 所示。

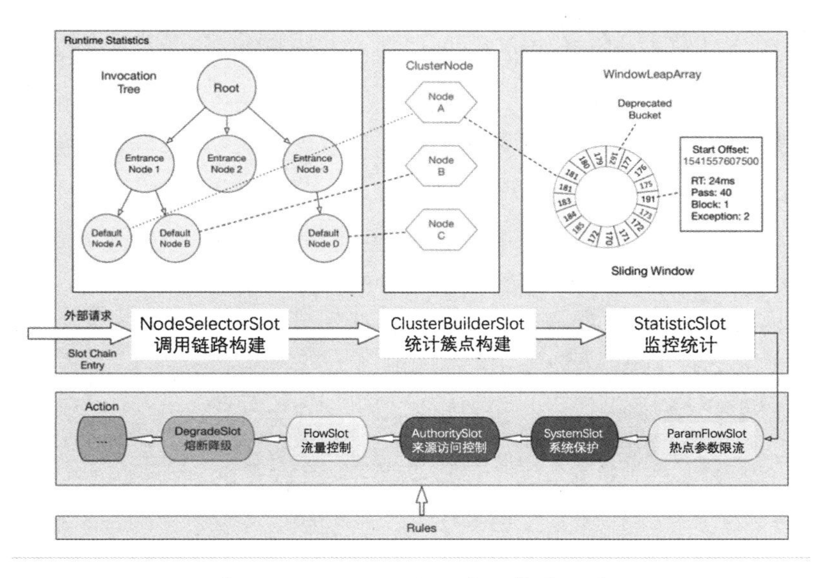

图 10-3　Sentinel Slot 的工作原理图

3. 滑动窗口

限流功能一般通过三种算法来实现——漏桶算法、令牌桶算法和滑动窗口算法。Sentinel 采用了滑动窗口算法来实现流量控制。这里的“窗口”指的是时间窗口，即一段时间的意思。根据图 10-3 可知，无论是限流还是降级，最终都要基于过去一段时间的统计数据做出决策，而统计内容的时间范围则是一个由系统指定的时间段（即时间窗口），从这个角度来看，我们可以认为 Sentinel 的功能是基于时间窗口来构建的。

那么什么是滑动窗口呢？假定 1s 是一个窗口，那么 1min 就可以划分为 60 个窗口，所谓滑动窗口即系统只从当前有效窗口中获取信息，但有效窗口不是固定不变的，而是随着时间的推进不断向前“滑动”，滑动窗口如图 10-4 所示。

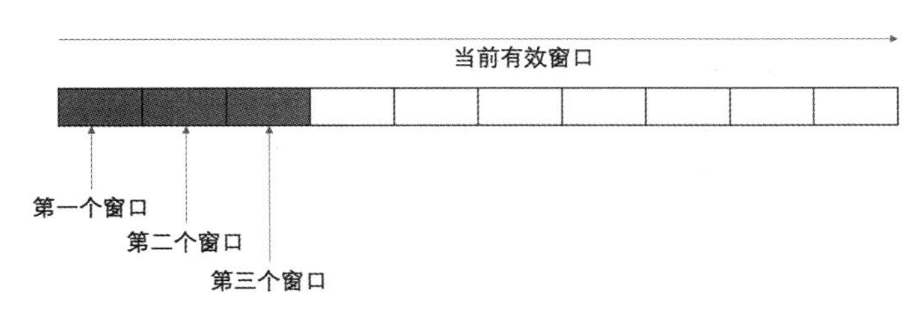

图 10-4　滑动窗口

从图 10-4 中可以看出，如果将一个窗口期设置为一分钟，那么第一秒所对应的窗口是有效窗口，时间到达第二秒时，第一个窗口和第二个窗口都是有效窗口，以此类推，直到整个窗口期长度达到一分钟。然后，每过一秒钟，当前窗口期内最左侧的窗口将不再生效，Sentinel 便是通过这种滑动窗口算法实现了有效窗口滑动的效果。

在 Sentinel 中的每个窗口都有以下信息：

- 窗口开始时间，以此判断当前有效窗口。
- 窗口长度，以此计算每个窗口的结束时间。
- 统计信息，即每个窗口内的有效信息是什么。

在 Sentinel 中主要统计的信息都定义在 MetricEvent 类中，其统计的基础指标如图 10-5 所示。

```
public enum MetricEvent {
    PASS,
    BLOCK,
    EXCEPTION,
    SUCCESS,
    RT,
    OCCUPIED_PASS;
```

图 10-5　Metrix 基础指标

Sentinel 正是基于这些基础指标来计算平均值、中位数、最大值和最小值等，供后续决策使用。

10.3　Sentinel 控制台

启动 Sentinel 控制台的一种比较简单易行的方式是从 Sentinel 的官方 GitHub 下载最新版本的 Sentinel-dashboard 的 jar 包，如果需要做一些定制，那么可以使用“git clone”命令下载最新版本的源码并构建 Sentinel 控制台，再运行 Maven 打包命令“mvn clean package”构建可以运行的 jar 文件。

因为 Sentinel 的控制台是基于 Spring Boot 开发的，所以它无需任何容器即可运行，我们可以使用以下命令启动 Sentinel 控制台应用：

```
java  -server -Xms64m -Xmx256m  -Dserver.port=8849 -Dcsp.sentinel.dashboard.
server=localhost:8849   -Dproject.name=sentinel-dashboard   -jar   /{path}/
sentinel-dashboard-<version>.jar
```

需要注意的是，我们需要将上面这行命令中的{path}占位符替换为 Sentinel 控制台所在的本地文件目录，并在启动命令中指定端口号为 8849，然后打开浏览器输入本地地址和端口号（http://localhost:8849/），如果 Sentinel 控制台运行正常，我们就可以在浏览器中看到 Sentinel Dashboard 首页，如图 10-6 所示。

图 10-6　Sentinel Dashboard 首页

10.4　Sentinel 与 Spring Cloud 的集成

我们可以采用两种不同的方式将 Sentinel 的依赖项添加到一个 Spring Cloud 项目中。一种方式是在项目中引入 org.springframework.cloud: spring-cloud-starter-alibaba-sentinel 的依赖项，另一种方式是在项目中引入 com.alibaba.cloud: spring-cloud-starter-alibaba-sentinel 的依赖项。读者可以根据自身需要选择所需版本，在笔者的演示项目中均使用第二种方式。

将依赖项添加至项目中的 pom.xml 文件后，我们在项目中创建一个 Controller 类，并使用@SentinelResource 注解将指定服务（服务访问路径为/hello/{name}）定义为 Sentinel 的资源，具体代码如下：

```
@RestController
public class TestController {
```

```
    @GetMapping(value = "/hello/{name}")
    @SentinelResource(value = "sayHello")
    public String apiHello(@PathVariable String name) {
        return "hello world"+name;
    }
}
```

我们在 application.properties 中添加 Sentinel Dashboard 的连接地址，具体代码如下：

```
spring.cloud.sentinel.transport.dashboard:localhost:8849
```

配置项添加完成后，我们就可以启动 Spring Boot 项目并验证集成效果了。打开浏览器访问 http://localhost:8080/hello/test，对通过@SentinelResource 注解修饰的资源来说，首次访问资源时，该资源在 Sentinel Dashboard 上将完成初始化流程（即资源注册）。此时我们再次刷新 Dashboard 界面就可以看到注册成功的资源，Sentinel 资源界面如图 10-7 所示。

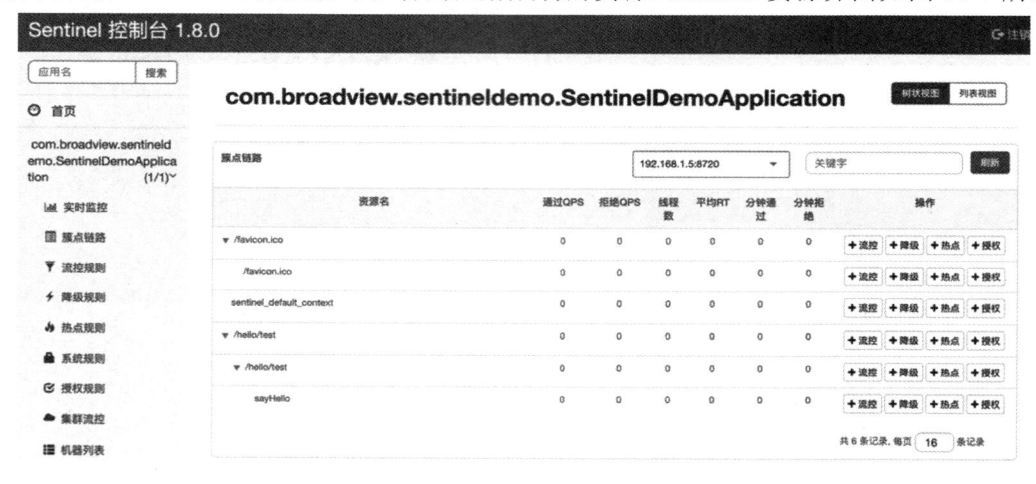

图 10-7 Sentinel 资源界面

10.5 使用 Sentinel 实现降级控制

在大规模的微服务系统中，当服务访问其他资源（例如远程服务、数据库，或者第三方 API 等）时，如果下游服务或资源发生异常情况，导致请求的响应时间变长，那么上游服务响应时间也会变长，这时就会出现线程堆积的情况，最终可能导致线程资源耗尽和服务不可用。这是一个典型的服务雪崩的例子，为了避免这种情况的发生，我们需要采用一种方法对不稳定的服务调用进行熔断降级，当某些非核心主链路服务发生异常时，我们可以在一段时间内阻断发向这类异常服务的访问请求，通过牺牲非核心功能来保障核心功能的可用性。

Sentinel 的降级工作流程如图 10-8 所示。

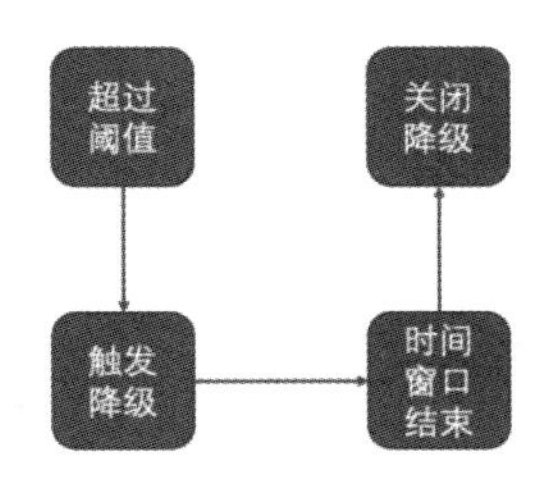

图 10-8　Sentinel 的降级工作流程

如图 10-8 所示，根据预定义的判定规则，如果异常调用的统计值超过阈值则触发降级流程（降级开关打开），并打开降级的时间窗口。当窗口期结束后，下一次调用将被正常放行。如果该次调用成功，那么系统恢复正常调用模式，否则继续回到降级流程并刷新时间窗口。

目前 Sentinel 支持三种降级策略，详细介绍如下：

（1）慢调用比例（SLOW_REQUEST_RATIO）：以慢调用在所有请求中的比例作为阈值，需要设置允许的慢调用最长 RT（响应时间），如果请求的响应时间大于该值则统计为慢调用。当单位统计时长（statIntervalMs 参数）内请求数目大于设置的最小请求数目，并且慢调用的比例大于阈值时，后续的访问请求在一段窗口期内会被熔断。经过熔断时长后熔断器会进入探测恢复状态（即 HALF-OPEN 状态，也叫半开状态）。如果接下来的一个请求响应时间小于设置的慢调用 RT 则结束熔断，若大于设置的慢调用 RT，则会再次回到熔断状态。

（2）异常比例（ERROR_RATIO）：当单位统计时长内请求数目大于所设置的最小请求数目，并且发生异常调用的请求数占总调用请求数的比例大于阈值时，在接下来的熔断时长内，后续的访问请求会被自动熔断。异常比例的阈值范围是[0.0,1.0]（表示异常比例范围为 0%~100%）。

（3）异常数（ERROR_COUNT）：当单位统计时长内异常调用的数量超过阈值之后，会触发自动熔断。

我们分别演示三种不同的降级策略的配置方式：

（1）使用慢调用比例策略控制降级

我们需要对 10.4 节的代码做简单的修改，因为慢调用是基于服务响应时间的一种判定策略，为了构造服务超时的场景，我们需要在 10.4 节的 apiHello()方法中添加以下代码：

```
Thread.sleep(101);//让服务的运行时间超过 10ms
```

重新启动项目后，我们进入 Sentinel Dashboard 定义降级规则，降级规则定义入口如图 10-9 所示。

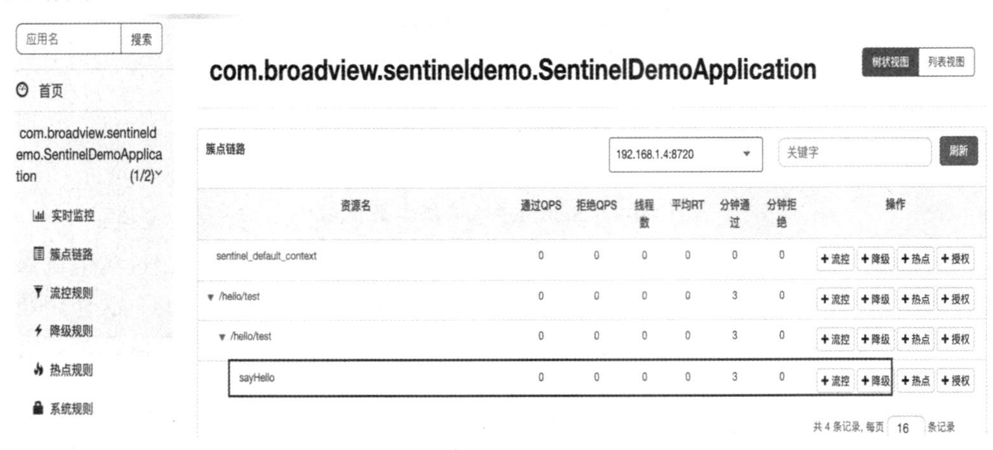

图 10-9　降级规则定义入口

单击图 10-9 中的方框右侧的“降级”按钮，进入慢调用定义界面，如图 10-10 所示。

新增降级规则

资源名 sayHello

熔断策略 ◉ 慢调用比例 ○ 异常比例 ○ 异常数

最大 RT 5 超过这个值则是慢调用　比例阈值 0.5 慢调用比例

熔断时长 5 s　最小请求数 5 触发熔断的最小请求数

新增并继续添加　新增　取消

图 10-10　慢调用定义界面

图 10-10 中定义的降级规则是在单位统计时长内生效的（statIntervalMs），统计时长默认为 1000ms，以上规则的含义是：在 1s 内如果发起了 5 个以上的调用请求，并且其中 50%的请求超过了 5ms 的调用时间，则熔断时长为 5s。

为了验证配置规则的正确性，我们可以连续访问 http://localhost:8080/hello/test 接口，因为我们在代码中设置了该服务的响应时间一定超过 5ms，所以在连续访问之后就会进入降级状态。Sentinel 的降级效果如图 10-11 所示。

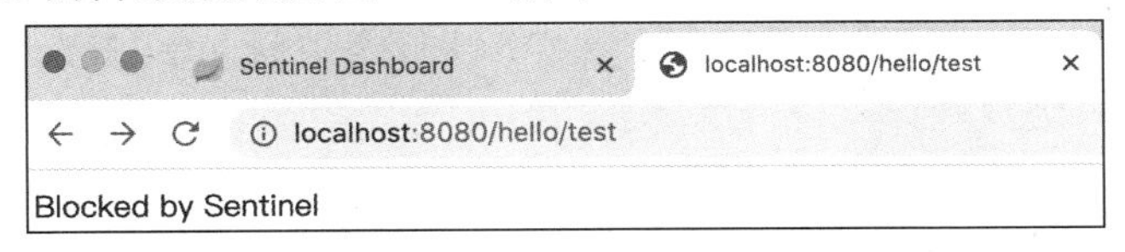

图 10-11　Sentinel 的降级效果

查看 Spring Boot 应用的控制台日志也会看到 DegradeException 异常，Spring Boot 应用日志如图 10-12 所示。

```
2021-01-28 22:21:29.579  INFO 11559 --- [           main] o.s.s.concurrent.ThreadPoolTaskExecutor  : Initializing ExecutorService 'applicationTaskExecutor'
2021-01-28 22:21:29.881  INFO 11559 --- [           main] o.s.b.a.e.web.EndpointLinksResolver      : Exposing 14 endpoint(s) beneath base path '/actuator'
2021-01-28 22:21:29.935  INFO 11559 --- [           main] o.s.b.w.embedded.tomcat.TomcatWebServer  : Tomcat started on port(s): 8080 (http) with context pa
2021-01-28 22:21:29.948  INFO 11559 --- [           main] c.b.s.SentinelDemoApplication            : Started SentinelDemoApplication in 17.327 seconds (JVM
2021-01-28 22:22:13.846  INFO 11559 --- [nio-8080-exec-1] o.a.c.c.C.[Tomcat].[localhost].[/]       : Initializing Spring DispatcherServlet 'dispatcherServlet'
2021-01-28 22:22:13.846  INFO 11559 --- [nio-8080-exec-1] o.s.web.servlet.DispatcherServlet        : Initializing Servlet 'dispatcherServlet'
2021-01-28 22:22:13.855  INFO 11559 --- [nio-8080-exec-1] o.s.web.servlet.DispatcherServlet        : Completed initialization in 9 ms
INFO: log base dir is: /Users/neo/logs/csp/
INFO: log name use pid is: false
2021-01-28 22:55:48.502 ERROR 11559 --- o.a.c.c.C.[.[.[/].[dispatcherServlet]    : Servlet.service() for servlet [dispatcherServlet] in context

com.alibaba.csp.sentinel.slots.block.degrade.DegradeException: null
```

图 10-12　Spring Boot 应用日志

等待 5s 熔断窗口超时后再访问该服务，则恢复正常。

（2）使用异常比例策略控制降级

这类降级策略统计的是服务运行期异常（即虚拟机运行时期抛出的异常），为了构造异常场景，首先，我们需要改造 10.4 节的示例代码使其抛出异常，具体代码如下

```
if(true)
    throw new RuntimeException("hello");
```

然后，我们需要在 Sentinel Dashboard 中定义降级规则，异常比例降级配置界面如图 10-13 所示。

资源名　sayHello
熔断策略　○慢调用比例　◉异常比例　○异常数
比例阈值　0.3
熔断时长　5 s　　最小请求数　5
保存　取消

图 10-13　异常比例降级配置界面

该规则表示在 1s 内如果超过 30%的请求抛出了异常则熔断时长为 5s。其工作机制为，当资源的每秒异常总数占总请求数量的百分比超过阈值之后，所访问的资源进入降级状态，在接下来的时间窗口（Sentinel 代码类 DegradeRule 中的 timeWindow 参数，以 s 为单位）之内，对该资源的调用都会被降级。短时间内连续 5 次以上访问 http://localhost:8080/hello/test 接口，就可以触发降级规则。

（3）使用异常数策略控制降级

在 Sentinel Dashboard 定义异常数降级规则的界面如图 10-14 所示。

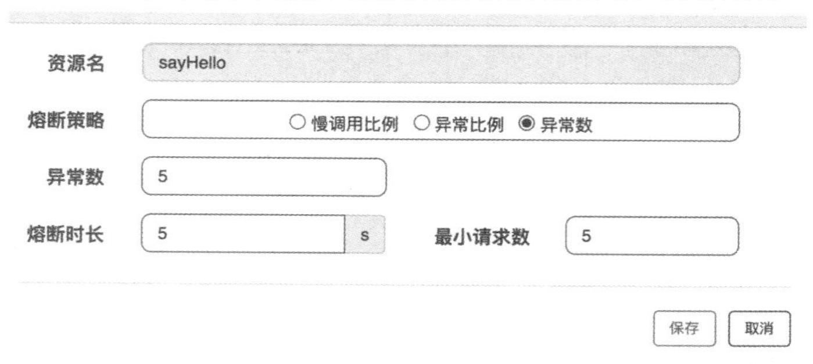

图 10-14 定义异常数降级规则的界面

在图 10-14 中，1min 内如果发生 5 次以上异常调用，则触发 5s 的熔断窗口期。注意由于统计时间窗口是分钟级别的，若熔断窗口小于 60s，则结束熔断状态后仍可能再进入熔断状态。

10.6 使用 Sentinel 实现限流控制

限流即流量控制，流量控制的原理是监控服务流量的 QPS 或并发线程数等指标，当达到指定阈值时阻止更多请求访问被保护资源，避免系统被超过其处理能力的流量冲击，进而保障应用的高可用性。

限流分为单机限流和分布式限流两种，单机限流是指限定当前进程中的某个代码片段（即 Sentinel 中的资源）的每秒访问数量，也可以限制并发线程数或者整个服务器的访问请求负载指数。而分布式则需要一个中心化的服务。所谓中心化的服务是指 Sentinel Dashboard 所提供的服务，Sentinel 限流工作原理如图 10-15 所示。

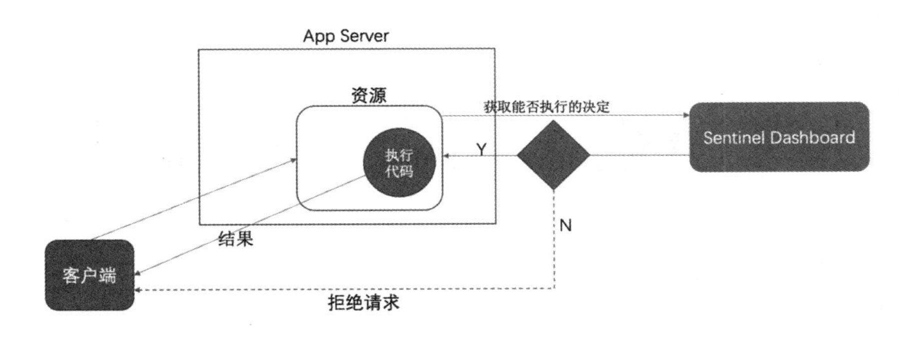

图 10-15　Sentinel 限流工作原理

在中心化限流的规则中，对每个被 Sentinel 保护的资源来说，在一定时间窗口内只允许一定数量的访问通过（参见 10.1.2 节中滑动窗口的概念），在发起服务调用之前，应用程序需要通过中心控制服务器获得执行许可，如果获取成功则继续执行，否则就会抛出一个特定的限流异常。

在基于 Sentinel 的分布式流量控制方案中，程序代码与限流规则是分开部署的，这种方式体现了职责分离的设计理念，同时也可以更加灵活地支持限流规则的动态修改，限流规则与代码分离的设计如图 10-16 所示。

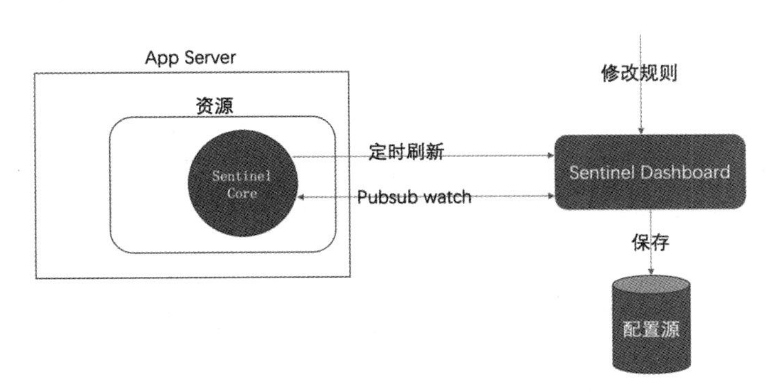

图 10-16　限流规则与代码分离的设计

当某个服务应用了 Sentinel 的限流规则时，该服务需要将自身状况上报给 Sentinel Dashboard 服务器，Dashboard 将收集的实时信息做进一步统计分析，在后台实时反映所有服务的限流状态。Sentinel 将会为每个托管服务指派一个额外的“监控”服务，Dashboard 服务器会定期通过这个额外服务拉取托管服务的健康状况和限流信息。Sentinel 服务信息的上报原理所图 10-17 所示。

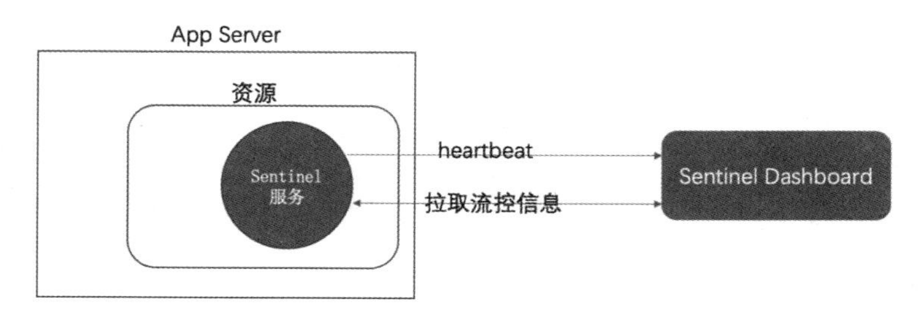

图 10-17 Sentinel 服务信息的上报原理

下面，我们基于 10.4 节的程序做一些改造，实现 Sentinel 的限流功能。我们可以通过 Dashboard 添加默认限流规则，限流规则定义界面如图 10-18 所示。

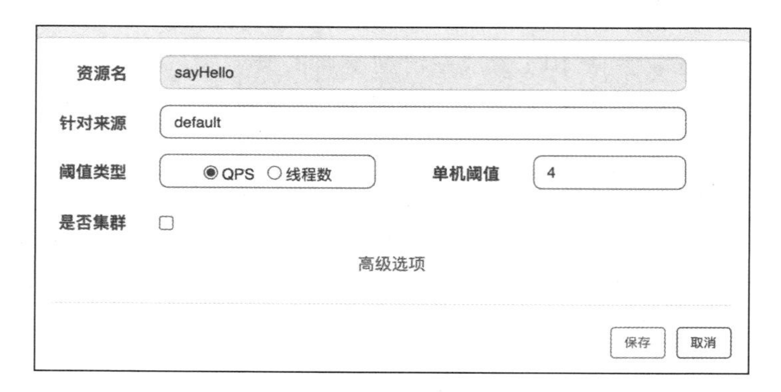

图 10-18 限流规则定义界面

图 10-18 中的规则表示被保护资源每秒最多只能被访问四次，如果我们快速连续访问 http://localhost:8080/hello/test 接口，那么限流规则就会被触发，Sentinel 限流效果如图 10-19 所示。

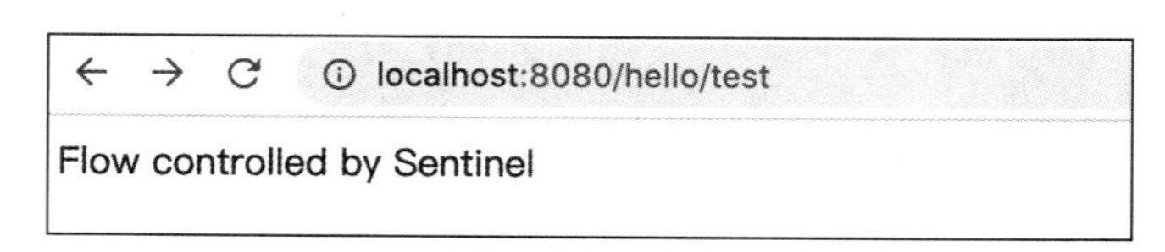

图 10-19 Sentinel 限流效果

Sentinel 无论在限流模式上还是在限流效果上都有很多内置规则，Sentinel 还支持以下限流模式：

1. 直接限流模式

即本节示例程序中所使用的默认限流模式，其含义是当 API 达到限流条件时，直接限流。

2. 关联限流模式

当关联的资源满足限流条件时，就对当前资源发起限流，关联限流的定义方式如图 10-20 所示。

图 10-20　关联限流的定义方式

根据图 10-20 中定义的限流规则，如果关联资源 dependencyService 的 QPS 超过 5，则对当前资源 sayHello（即受保护的资源名）进行限流。

3. 链路限流模式

在 Sentinel 的 NodeSelectorSlot 类结构中记录了资源之间的上下游调用关系，这些资源相互之间构成了一棵调用树。这棵树的根节点是一个名字为 machine-root 的虚拟节点，调用链的入口都是这个虚拟节点的子节点，Sentinel 调用树示例如图 10-21 所示。

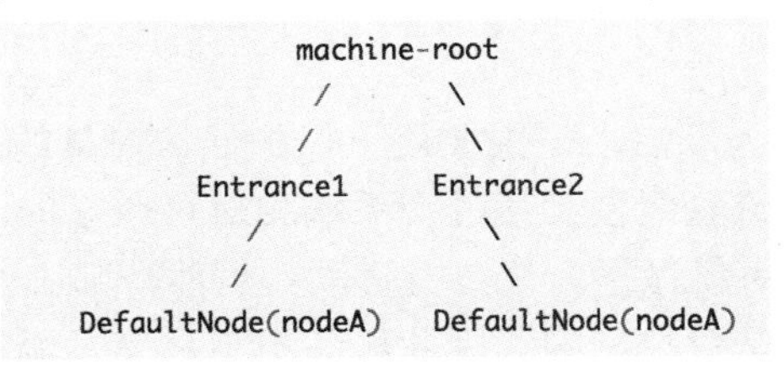

图 10-21　Sentinel 调用树示例

在图 10-21 中，来自入口 Entrance1 和 Entrance2 的请求都调用到了资源 nodeA，Sentinel 允许对来自某个特定入口的调用请求进行限流。Sentinel 链路限流配置界面如图 10-22 所示。

图 10-22　Sentinel 链路限流配置界面

根据图 10-22 中定义的限流规则，只有来自入口 Entrance1（图 10-22 中入口资源输入框中填写的值）的调用请求才会被记录到 nodeA 的限流统计中，尽管来自 Entrance2 的调用请求也会访问 nodeA 资源，但 Sentinel 并不会对 Entrance2 的调用请求进行限流。

以上是对 Sentinel 限流判定规则的介绍，除丰富的判定规则外，Sentinel 还支持多种限流效果，限流效果约定了以何种方式处理被限流的请求，关于限流效果的具体介绍如下：

1. 快速失败

10.4 节示例程序所采用的默认模式即直接拒绝服务请求，当 QPS 超过规则定义的阈值后，新的请求就会被立即拒绝（通过抛出 FlowException 的方式拒绝请求）。这种方式适用于对系统处理能力确切已知的情况，比如通过压测确定了系统的准确安全水位。

2. Warm Up

Warm Up 模式也被称为冷启动，主要用于保护低访问量的服务不受突发流量的冲击。通过冷启动的方式让访问流量缓慢到达，在系统相对可容忍的时间范围内逐渐提高 QPS，最后到达阈值。这就像给系统做了一个热身运动，虽然外部突发访问流量增长迅猛，但是可以到达目标服务的流量是受控制的，因此服务不会被突发流量击穿。

3. 排队等待

排队等待又称匀速模式，顾名思义就是让请求不直接访问目标服务，而是将请求放进队列，再以恒定的速度从队列放行，达到匀速访问目标服务的目的。要使用这种模式，阈值类型必须设成 QPS，否则不会生效。

排队等待模式主要适用于间隔性突发请求的场景，将间隔发起的不规则流量进行流量整形，使其以一种匀速的方式访问服务，这种方式便是我们常说的“削峰填谷”。

在设置排队等待效果的同时，我们还需要设置一个超时时间，超时时间决定了一个请求在队列中等待的最长时间。在实际应用场景中，我们需要结合服务的具体性能指标来调整超时时间，保证在服务可接受的范围内尽可能多地处理请求，并减少超时的请求。

10.7 Sentinel 的日志

以笔者的 macOS 为例，如果使用 Spring Boot 的方式启动服务，那么在服务启动之后，在${user_home}/logs/csp/目录下会自动生成一个 sentinel-record.log.\${date}的日志文件，该文件记录 Sentinel 的主要操作，Sentinel 日志内容如图 10-23 所示。

```
-rw-r--r--  1      staff  20288  1 27 22:36 sentinel-record.log.2021-01-27.0
-rw-r--r--  1      staff  24846  1 27 22:47 sentinel-record.log.2021-01-27.0.1
-rw-r--r--  1      staff   1645  1 28 23:42 sentinel-record.log.2021-01-28.0
-rw-r--r--  1      staff  15065  1 28 23:42 sentinel-record.log.2021-01-28.0.1
-rw-r--r--  1      staff    272  1 29 00:00 sentinel-record.log.2021-01-29.0
-rw-r--r--  1      staff  29707  1 29 22:31 sentinel-record.log.2021-01-29.0.1
-rw-r--r--  1      staff    467  1 30 15:27 sentinel-record.log.2021-01-30.0
-rw-r--r--  1      staff  20468  1 30 15:27 sentinel-record.log.2021-01-30.0.1
-rw-r--r--  1      staff      0  1 30 15:25 sentinel-record.log.2021-01-30.0.1.lck
-rw-r--r--  1      staff    272  1 31 01:32 sentinel-record.log.2021-01-31.0
-rw-r--r--  1      staff      0  1 31 01:32 sentinel-record.log.2021-01-31.0.lck
```

图 10-23　Sentinel 日志内容

在 sentinel-record.log 日志中会记录已加载的 Sentinel 规则等信息，Sentinel Record 日志内容如图 10-24 所示。

Sentinel 的实时（秒级别）统计日志会存放在 ${appname}-metrics.log.${date} 的文件（其中${appname}表示应用的名称）中，Sentinel 实时统计日志文件列表如图 10-25 所示。

```
2021-01-30 15:22:29 App name resolved: com.broadview.sentineldemo.SentinelDemoApplication
2021-01-30 15:22:29 [SentinelConfig] JVM parameter overrides csp.sentinel.charset: UTF-8 -> UTF-8
2021-01-30 15:22:29 [SentinelConfig] JVM parameter overrides csp.sentinel.flow.cold.factor: 3 -> 3
2021-01-30 15:22:29 Add child <sentinel_default_context> to node <machine-root>
2021-01-30 15:22:29 Add child </hello/test> to node <machine-root>
2021-01-30 15:22:29 [InitExecutor] Found init func: com.alibaba.csp.sentinel.transport.init.CommandCenterInitFunc
2021-01-30 15:22:29 [InitExecutor] Found init func: com.alibaba.csp.sentinel.transport.init.HeartbeatSenderInitFunc
2021-01-30 15:22:29 [InitExecutor] Found init func: com.alibaba.csp.sentinel.init.ParamFlowStatisticSlotCallbackInit
2021-01-30 15:22:29 [InitExecutor] Found init func: com.alibaba.csp.sentinel.cluster.server.init.DefaultClusterServerInitFunc
2021-01-30 15:22:29 [InitExecutor] Found init func: com.alibaba.csp.sentinel.cluster.client.init.DefaultClusterClientInitFunc
2021-01-30 15:22:29 [SpiLoader] Found CommandCenter SPI: com.alibaba.csp.sentinel.transport.command.SimpleHttpCommandCenter with order 2147483647
2021-01-30 15:22:29 [CommandCenterProvider] CommandCenter resolved: com.alibaba.csp.sentinel.transport.command.SimpleHttpCommandCenter
2021-01-30 15:22:29 [CommandCenterInit] Starting command center: com.alibaba.csp.sentinel.transport.command.SimpleHttpCommandCenter
2021-01-30 15:22:29 [InitExecutor] Executing com.alibaba.csp.sentinel.transport.init.CommandCenterInitFunc with order -1
2021-01-30 15:22:34 [SimpleHttpHeartbeatSender] Default console address list retrieved: [localhost/127.0.0.1:8849]
2021-01-30 15:22:34 [SpiLoader] Found HeartbeatSender SPI: com.alibaba.csp.sentinel.transport.heartbeat.SimpleHttpHeartbeatSender with order 2147483647
2021-01-30 15:22:34 [HeartbeatSenderProvider] HeartbeatSender activated: com.alibaba.csp.sentinel.transport.heartbeat.SimpleHttpHeartbeatSender
2021-01-30 15:22:34 [HeartbeatSenderInit] Heartbeat interval not configured in config property or invalid, using sender default: 10000
2021-01-30 15:22:34 [HeartbeatSenderInit] HeartbeatSender started: com.alibaba.csp.sentinel.transport.heartbeat.SimpleHttpHeartbeatSender
2021-01-30 15:22:34 [InitExecutor] Executing com.alibaba.csp.sentinel.transport.init.HeartbeatSenderInitFunc with order -1
2021-01-30 15:22:34 [InitExecutor] Executing com.alibaba.csp.sentinel.cluster.client.init.DefaultClusterClientInitFunc with order 0
2021-01-30 15:22:34 [InitExecutor] Executing com.alibaba.csp.sentinel.init.ParamFlowStatisticSlotCallbackInit with order 2147483647
2021-01-30 15:22:34 [TokenServiceProvider] Global token service resolved: com.alibaba.csp.sentinel.cluster.flow.DefaultTokenService
2021-01-30 15:22:34 [DefaultClusterServerInitFunc] Default entity codec and processors registered
2021-01-30 15:22:34 [InitExecutor] Executing com.alibaba.csp.sentinel.cluster.server.init.DefaultClusterServerInitFunc with order 2147483647
2021-01-30 15:22:34 [SlotChainProvider] Global slot chain builder resolved: com.alibaba.csp.sentinel.slots.HotParamSlotChainBuilder
2021-01-30 15:22:34 Add child </hello/test> to node </hello/test>
2021-01-30 15:22:34 [ParamFlowRuleManager] No parameter flow rules, clearing all parameter metrics
2021-01-30 15:22:34 [ParamFlowRuleManager] Hot spot parameter flow rules received: {}
2021-01-30 15:22:34 [SystemRuleManager] Current system check status: false, highestSystemLoad: 1.797693e+308, highestCpuUsage: 1.797693e+308, maxRt: 92233
72036854775807, maxThread: 9223372036854775807, maxQps: 1.797693e+308
2021-01-30 15:22:34 [AuthorityRuleManager] Load authority rules: {}
```

图 10-24　Sentinel Record 日志内容

```
-rw-r--r--  1       staff   1316  1 29 22:20 com-broadview-sentineldemo-SentinelDemoApplication-metrics.log.2021-01-29.3
-rw-r--r--  1       staff     96  1 29 22:20 com-broadview-sentineldemo-SentinelDemoApplication-metrics.log.2021-01-29.3.idx
-rw-r--r--  1       staff   1317  1 29 22:25 com-broadview-sentineldemo-SentinelDemoApplication-metrics.log.2021-01-29.4
-rw-r--r--  1       staff     96  1 29 22:25 com-broadview-sentineldemo-SentinelDemoApplication-metrics.log.2021-01-29.4.idx
-rw-r--r--  1       staff    755  1 29 22:31 com-broadview-sentineldemo-SentinelDemoApplication-metrics.log.2021-01-29.5
-rw-r--r--  1       staff     48  1 29 22:31 com-broadview-sentineldemo-SentinelDemoApplication-metrics.log.2021-01-29.5.idx
-rw-r--r--  1       staff   1116  1 30 15:23 com-broadview-sentineldemo-SentinelDemoApplication-metrics.log.2021-01-30
-rw-r--r--  1       staff   1301  1 30 15:24 com-broadview-sentineldemo-SentinelDemoApplication-metrics.log.2021-01-30.1
-rw-r--r--  1       staff     96  1 30 15:24 com-broadview-sentineldemo-SentinelDemoApplication-metrics.log.2021-01-30.1.idx
-rw-r--r--  1       staff    931  1 30 15:25 com-broadview-sentineldemo-SentinelDemoApplication-metrics.log.2021-01-30.2
-rw-r--r--  1       staff     64  1 30 15:25 com-broadview-sentineldemo-SentinelDemoApplication-metrics.log.2021-01-30.2.idx
-rw-r--r--  1       staff     80  1 30 15:23 com-broadview-sentineldemo-SentinelDemoApplication-metrics.log.2021-01-30.idx
```

图 10-25　Sentinel 实时统计日志文件列表

Sentinel 实时统计日志的内容如图 10-26 所示。

```
1611930024000|2021-01-29 22:20:24|sayHello|2|0|2|0|12|0
1611930024000|2021-01-29 22:20:24|/hello/test|2|0|2|0|16|0
1611930024000|2021-01-29 22:20:24|__total_inbound_traffic__|2|0|2|0|16|0
1611930025000|2021-01-29 22:20:25|sayHello|1|0|1|0|13|0
1611930025000|2021-01-29 22:20:25|/hello/test|1|0|1|0|17|0
```

图 10-26　Sentinel 实时统计日志的内容

从图 10-26 中可以看到，在 Sentinel 实时统计日志中，每一行日志的具体内容都是以“|”符号分割的。我们以第一条日志记录为例，按照从左到右的顺序，每个部分的含义如下：

- 1611930024000：时间戳。
- 2021-01-29 22:20:24：格式化之后的时间戳（秒级别）。
- sayHello：资源名。
- 2：表示到来的数量，即此刻通过 Sentinel 规则进行检测的数量（passed QPS）。
- 0：该资源实际被拦截的数量（Blocked QPS）。
- 2：每秒结束（完成调用）的资源个数，包括正常结束和异常结束的情况（exit QPS）。

- 0：异常的数量。
- 12：资源的平均响应时间（RT）。
- 0：无意义。

无论是触发限流、熔断降级还是触发系统保护，Sentinel 的秒级拦截详情日志都在 ${user_home}/logs/csp/sentinel-block.log 里。如果没有发生拦截，则该日志不会生成。Sentinel Block 日志格式如图 10-27 所示。

```
2021-01-29 22:20:29|1|sayHello,DegradeException,default,|2,0
2021-01-29 22:25:53|1|sayHello,DegradeException,default,|3,0
2021-01-29 22:25:54|1|sayHello,DegradeException,default,|1,0
2021-01-29 22:31:22|1|sayHello,DegradeException,default,|1,0
2021-01-30 15:23:26|1|sayHello,FlowException,default,|1,0
2021-01-30 15:23:28|1|sayHello,FlowException,default,|1,0
2021-01-30 15:24:50|1|sayHello,FlowException,default,|1,0
2021-01-30 15:24:53|1|sayHello,FlowException,default,|1,0
2021-01-30 15:25:54|1|sayHello,FlowException,default,|1,0
2021-01-30 15:25:56|1|sayHello,FlowException,default,|1,0
```

图 10-27　Sentinel Block 日志格式

图 10-27 中 Sentinel Block 日志的内容如下：

- 2021-01-29 22:25:54：时间戳。
- 1：该秒发生的第一个资源。
- sayHello：资源名称。
- Exception：拦截的原因，通常 FlowException 表示被限流规则拦截，DegradeException 表示被降级，SystemBlockException 则表示被系统保护拦截。
- default：生效规则的调用来源（参数限流中代表生效的参数）。
- Origin：被拦截资源的调用者，可以为空（如上例中就为空）。
- 1，0：1 是被拦截的数量，0 无意义，可忽略。

11

第 11 章 使用 Spring Cloud Config 和 Bus 搭建配置中心

本章，我们使用 Spring Cloud Config 组件作为配置中心。首先，通过 GitHub 作为配置项的数据源，使应用在启动的时候从配置中心读取配置项，并加载到上下文当中；然后，介绍配置项的加密与解密操作；最后，搭配 Bus 组件完成运行期的属性推送。

11.1 配置中心在微服务中的应用

配置中心是一个中心化的配置信息管理组件，它不光提供了集中式的配置项管理功能，同时还提供了运行期推送配置变更、配置项版本控制、配置加密解密、灰度发布等辅助功能。主流的配置中心还提供了高可用部署的模型，进一步提高了分布式系统的稳定性，降低了配置管理的成本。

11.1.1 环境隔离

在生产级应用的开发过程中，一个新功能从开发到上线，要部署到若干不同的环境中做验证。常见的开发环境有日常环境、集成测试环境、预生产环境和线上生产环境，这些环境往往会被对接到不同的数据库和中间件集群中，因此对应的配置项也是不同的。当应用部署到一个环境中时，需要加载对应的配置项到上下文中。

对配置中心来说，需要提供一种“环境隔离”的功能，通过一个特定的环境参数（通常该参数在启动应用的 Java 命令中传入）加载对应环境的文件。在没有配置中心的情况下，实现环境隔离的一种做法是，在启动脚本中通过参数-Dprofile=dev 传入 profile=dev，表示当前应用需要加载 dev 环境对应的配置文件（如 application-dev.yml）。配置中心需要支持类似的“环境隔离”功能，当应用指定了 profile 变量时，需要加载对应环境的配置项。

11.1.2 业务配置项动态推送

配置中心还有一个很重要的功能，即运行期推送配置属性变更，应用不需要重新部署就可以获取新的配置项数值，这个场景就是业务配置项动态推送。业务推送的应用场景非常多，我们分别从降级开关、功能开关和灰度发布三个场景举例讲解。

1. 降级开关

在第 9 章我们学习了如何通过 Hystrix 做服务降级，这是一种自动的降级手段。在线上业务中，我们也可以借助配置中心的动态属性推送功能实现人工降级。比如在双 11 的大促场景之下，我们可以在 0 点前后将非关键链路的服务主动降级，尽可能多地将这部分计算资源分配给主链路业务使用。在业务逻辑中通过判断一个布尔值的降级开关来决定是否降级，这个开关的值可以从配置中心处动态获取。

2. 功能开关

我们可以推送功能开关来开启/关闭某个功能项，比如控制网站后台注册功能的开启或关闭。

3. 灰度发布

业务推送也可以应用在灰度部署上，利用推送功能控制业务逻辑，通过配置中心做灰度验证，如图 11-1 所示。

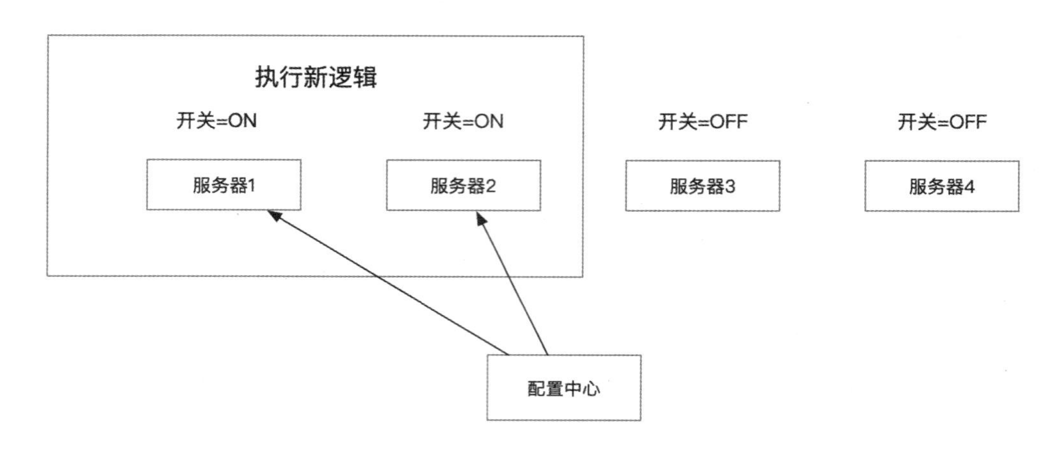

图 11-1　通过配置中心做灰度验证

如图 11-1 所示，我们对现有的某个接口做了升级，通过开关控制接口执行老业务逻辑或新业务逻辑，当开关=OFF 时执行老业务逻辑，当开关=ON 时则执行新业务逻辑。新业务逻辑的代码发布到集群中的所有机器之后，通过业务开关的定向推送，可以指定集群中的某一部分服务器执行新的业务逻辑，做灰度验证。当新业务发生线上异常时，我们只需要做开关推送的变更，将业务开关关闭即可，不需要像传统灰度部署那样进行回滚操作。

11.1.3　中心化的配置管理

传统的配置项变更需要从多源获取配置属性变更，传统应用获取配置属性的方式如图 11-2 所示。

如图 11-2 所示，静态的配置项需要从多个本地配置文件中获取，这类文件一般是随项目部署文件一同部署的，如 classpath 下的 application.yml 和 bootstrap.yml。对于运行期的动态属性，每次执行业务时从存储资源（如数据库）中获取，这种方式也增加了接口的响应时间。在传统应用中与环境相关的属性经常会被定义在启动应用的 Java 命令中，比如定义当前运行环境的数据库连接参数。

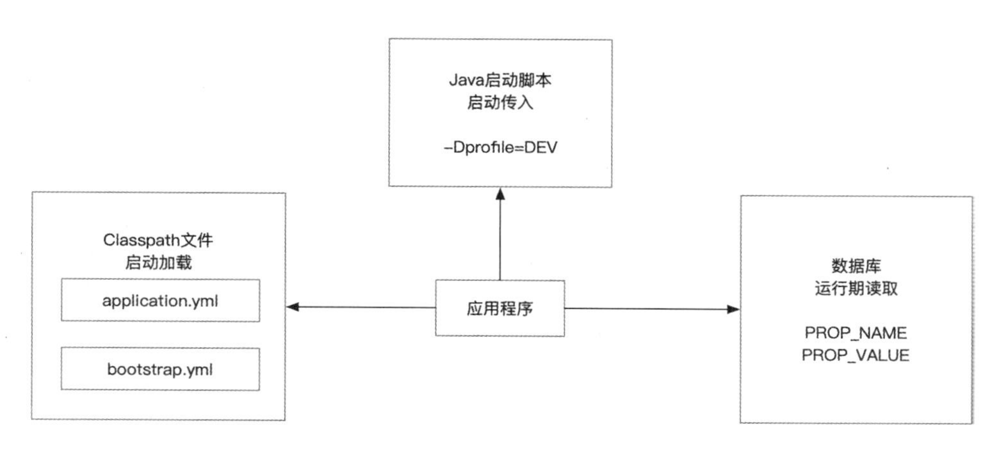

图 11-2　传统应用获取配置属性的方式

接入配置中心以后，尽管配置中心具备从多源同时获取配置项的能力（比如从 GitHub 和数据库中同时获取配置），但应用系统并不需要对接底层的数据源，配置中心对应用系统来说就是一个中心化的数据源，所有配置项都通过配置中心来聚合获取，我们只需要在启动脚本中指定当前的部署环境，由配置中心去读取对应环境的配置文件。

11.2　了解 Spring Cloud Config 和 Bus

在传统应用中，管理配置项的方式比较简单粗暴，通常是使用配置文件的方式保存配置项，这种方式需要在项目的资源文件夹下添加数个 properties 文件或 YML 文件，分别对应各个环境的配置项。这样，代码和配置项就形成了很紧密的耦合关系，每次变更配置项都需要重新编译或者部署项目。借助 Spring Cloud Config 组件，我们可以将配置文件从系统应用中剥离出来，配置项的变更维护不需要做任何代码变动或重新部署，在运行期也可以批量推送配置属性变更。

11.2.1　Spring Cloud Config+Bus 架构图

在项目中我们使用 GitHub 作为配置文件的数据源，并通过 Eureka 为配置中心提供高可用方案，配置中心架构如图 11-3 所示。

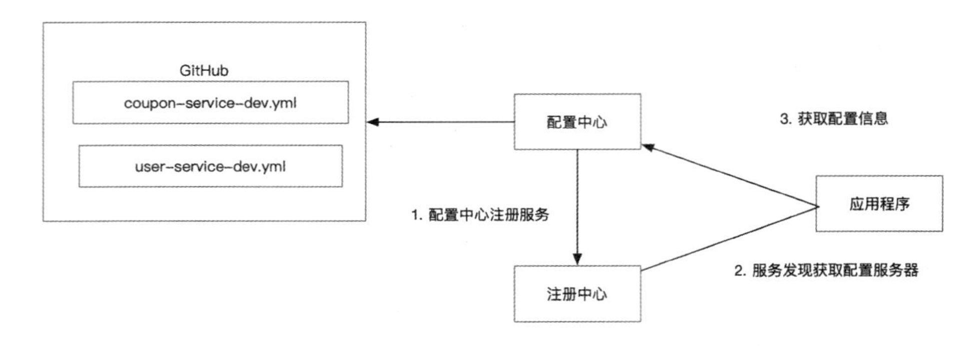

图 11-3 配置中心架构图

配置中心的工作流程分为以下二个步骤：

（1）配置中心将自己作为服务注册到 Eureka，根据配置文件中指定的数据源，从 GitHub 或数据库等数据源获取数据。

（2）应用服务在启动阶段通过 Eureka 的服务发现机制访问配置中心。

（3）应用服务从配置中心读取配置信息。

对大规模服务器集群来说，在配置项被修改之后，如何通知所有应用服务器重新拉取参数呢？通过逐一触发每台服务器的配置来刷新流程是一个办法，但是对大型集群来说效率非常低，如果我们可以借助消息队列的“广播”功能就会让配置推送流程变得非常高效，所有服务器从消息队列处监听配置变更事件，一旦事件被触发就发起配置刷新。

我们可以借助 Bus 组件完成事件推送，Bus 封装了对底层消息中间件的调用，同时可以无缝集成 Config 组件实现消息推送，Spring Cloud Bus 组件的架构如图 11-4 所示。

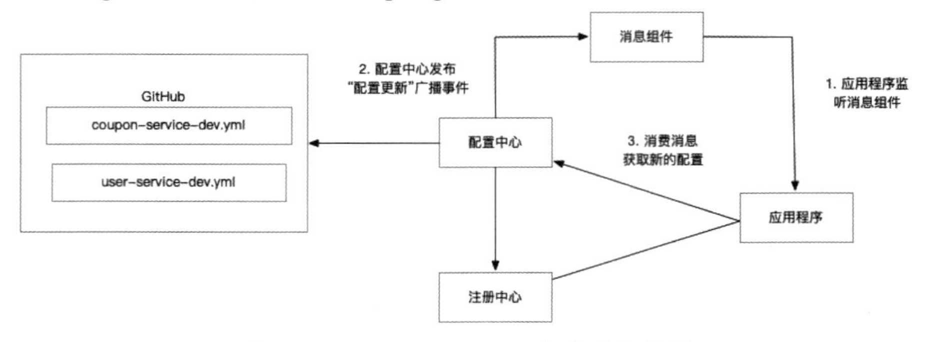

图 11-4 Spring Cloud Bus 组件的架构图

引入 Bus 组件之后的消息推送流程如下：

（1）应用服务接入消息中间件，监听特定的配置更新消息。

（2）配置中心借助 Bus 组件发布一个“配置更新”广播消息到底层消息中间件。

（3）应用服务器消费“配置更新”消息，触发配置刷新流程，从 Config 组件获取新的配置项。

11.2.2　保存配置的几种方式

目前最常用的配置项数据源是 GitHub，它具有“版本控制”的功能，可以很方便地回溯配置项的所有历史变更。这里的 GitHub 并不仅仅是指公网上的 github.com 网站，也可以是自己搭建的 GitHub 服务器。

Config 组件支持从多个数据源拉取配置项，常用的数据源如下：

GitHub：目前最为常用的配置项存储模式。

Native：即系统文件路径，或者是 classpath 下的指定目录。需要注意的是，native 方式不能与其他数据源类型组合使用。

JDBC：即数据库方式，在数据库中创建存放配置项的表，并配置一条 SQL 语句用于查询。

除此之外，Config 组件还支持从 Redis、Vault 和 CredHud 获取配置项。

11.3　准备工作——创建 GitHub 文件

11.3.1　创建 GitHub Repo

首先，我们需要在 github.com 网站注册一个账号；然后，创建一个新的项目（即 Repository）。在创建项目的过程中，注意要选择创建 public 类型的项目，这样你的代码才可以在公网被访问到。

注意：*从安全性的角度来说，应该从私有的 GitHub 获取属性配置项，Config 组件也支持通过用户名+密码的形式访问私有仓库。为了方便读者运行源码程序，我们这里使用不需要密码的公共仓库保存配置项。*

以作者的 GiHub 账号为例，登录后创建一个公开的代码仓库，并取名为 coupon-center-config，其项目地址可以参考源代码中的配置。

11.3.2 添加 YML 配置文件

在 11.3.1 节创建的仓库中新建一个文件夹，命名为 coupon-user-service，这样做的目的是将不同服务的配置项从文件目录级别隔离开，以方便管理和维护。在创建好的文件夹中添加两个配置文件，分别取名为 coupon-user-service-dev.yml 和 coupon-user-service-prod.yml。从文件命名中可以看出，这两个文件分别对应于开发环境和生产环境的配置文件。

在以上两个配置文件中添加 Actuator 的配置项和一个业务开关，具体代码如下：

```
management:
  endpoint:
    health:
      # 总是显示各个组件的 Actuator 信息
      show-details: always
  endpoints:
    web:
      exposure:
        # 暴露所有 endpoint
        include: '*'
  security:
    enabled: false
# 业务开关
request-coupon-disabled: false
```

在上述配置项代码中，management 节点下的内容是 Actuator 配置信息，request-coupon-disabled 属性则是一个业务开关，用于控制优惠券申请功能的开启和关闭。这两个配置文件被提交到了 GitHub 的 main 分支（新创建的 GitHub 仓库主分支的分支名称由 master 替换成了 main）。

11.4 微服务架构升级——搭建高可用的配置中心

11.4.1 创建高可用的 config-server 项目

借助 Spring Cloud 的服务治理能力，我们可以将配置中心作为一个服务注册到 Eureka，每个应用服务在启动阶段利用服务发现机制定位到配置中心服务器的位置，读取配置项并加载到上下文中。

在项目根路径下的 middleware 文件夹中创建 Maven 项目 config-server，并将 config-server 的父级 pom.xml 文件指向 Coupon 项目根 pom.xml 文件。打开 coupon-center 项目的顶层 pom.xml 文件，确保 config-server 已经作为一个新的子模块添加在 pom.xml 文件的 module 节点下。

11.4.2　添加依赖项和启动类

本节我们为 config-server 应用添加依赖项和启动类，整个过程分为两步。

第一步，添加 config-server 依赖项。

打开 config-server 的 pom.xml 文件，在其中引入必要的依赖项，具体代码如下：

```
<?xml version="1.0" encoding="UTF-8"?>
<project xmlns="http://maven.apache.org/POM/4.0.0"
       xmlns:xsi="http://www.w3.org/2001/XMLSchema-instance"
       xsi:schemaLocation="http://maven.apache.org/POM/4.0.0
http://maven.apache.org/xsd/maven-4.0.0.xsd">
    <parent>
        <artifactId>coupon-cloud-center</artifactId>
        <groupId>org.example</groupId>
        <version>1.0-SNAPSHOT</version>
        <relativePath>../../pom.xml</relativePath>
    </parent>
    <modelVersion>4.0.0</modelVersion>
    <artifactId>config-server</artifactId>
    <dependencies>
        <!-- 配置中心 -->
        <dependency>
            <groupId>org.springframework.cloud</groupId>
            <artifactId>spring-cloud-config-server</artifactId>
        </dependency>
        <!-- 服务注册 -->
        <dependency>
            <groupId>org.springframework.cloud</groupId>

<artifactId>spring-cloud-starter-netflix-eureka-client</artifactId>
        </dependency>
        <!-- bus 批量推送，需要启动 RabbitMQ -->
```

```
        <dependency>
            <groupId>org.springframework.cloud</groupId>
            <artifactId>spring-cloud-starter-bus-amqp</artifactId>
        </dependency>
        <dependency>
            <groupId>org.springframework.boot</groupId>
            <artifactId>spring-boot-starter-actuator</artifactId>
        </dependency>
    </dependencies>

    <build>
        <plugins>
            <plugin>
                <groupId>org.springframework.boot</groupId>
                <artifactId>spring-boot-maven-plugin</artifactId>
            </plugin>
        </plugins>
    </build>
</project>
```

在上面代码中，我们添加的重要依赖项如下：

（1）**config-server**：配置中心的核心依赖项，完成配置项读取的功能。

（2）**eureka-client**：将配置中心作为一个服务提供者，注册到 Eureka 服务器。

（3）**bus**：对接外部消息组件，实现消息的批量推送功能。

（4）**actuator**：借助 Actuator 将配置中心的服务端点对外开放，这些服务端点可以用来触发属性刷新。

第二步，创建启动类。

在 src/main/java 文件夹下创建路径 com.broadview.config，在该路径下创建启动类 ConfigServer，ConfigServer 的具体代码如下：

```
package com.broadview.config;

import org.springframework.boot.SpringApplication;
import org.springframework.boot.autoconfigure.SpringBootApplication;
import org.springframework.cloud.client.discovery.EnableDiscoveryClient;
import org.springframework.cloud.config.server.EnableConfigServer;

@SpringBootApplication
@EnableConfigServer
```

```java
@EnableDiscoveryClient
public class ConfigServer {

    public static void main(String[] args) {
        SpringApplication.run(ConfigServer.class, args);
    }

}
```

我们在上面的代码中添加了@EnableConfigServer 注解，使当前应用作为配置中心启动。

11.4.3　添加配置——设置 GitHub 地址，借助 Eureka 实现高可用

在项目的 src/main/resources 目录下新建 application.yml 文件，并添加以下配置代码：

```yaml
server:
  port: 10004

spring:
  application:
    name: config-server
  # rabbit mq 连接信息，用于 bus 批量推送
  rabbitmq:
    host: localhost
    port: 5672
    username: guest
    password: guest
  cloud:
    config:
      server:
        # 可以定义属性重载
        overrides:
          mytest: mytest_value
        # GitHub 的连接信息
        git:
          uri: https://github.com/banxian-yao/coupon-center-config.git
          force-pull: true
          # username:
          # password:
          # 处理 SSL 连接异常
```

```
          skip-ssl-validation: true
          search-paths: '{application}'

eureka:
  client:
    service-url:
      defaultZone: http://localhost:10000/eureka/

management:
  endpoint:
    health:
      # 总是显示各个组件的 Actuator 信息
      show-details: always
  endpoints:
    web:
      exposure:
        # 暴露所有 endpoint
        include: '*'
  security:
    enabled: false
```

上面代码中有几个重要配置，分别介绍如下：

1. Config 数据源配置

我们采用 GitHub 作为数据源保存配置项，对需要登录验证的代码仓库来说，也可以在配置项中指定用户名和密码。在这段配置中还有一个关键属性 search-paths，它指定了配置中心应该从 spring.cloud.config.server.git.uri 地址下哪一个路径来获取配置文件，代码中 search-paths 属性对应的值是一个通配符，其业务含义是以服务名称（即 spring.application.name）当作路径名称。这个路径名称对应了我们在 11.3 节中为 coupon-user-service 创建的 GitHub 文件目录，每个服务从应用名称对应的文件夹下读取配置文件。

2. Bus 配置

我们在 spring 属性下配置了 RabbitMQ 的连接字符串，属性批量推送需要借助消息组件来完成，因此在项目启动之前一定要确保消息组件处于运行状态。即使外部消息组件没有启动，config-server 项目也可以正常启动，但会打印出 RabbitMQ 连接异常的日志。

3. Eureka 配置

将配置中心作为一个微服务添加到 Eureka 注册中心，借助 Eureka 实现配置中心的高可用化。

注意：国内网络访问 GitHub 经常会遇到连接不上的问题，因此需要在 config-server 中添加配置 skip-ssl-validation=true，跳过 ssl 验证，以提高连接 GitHub 的成功率。

如何指定本地缓存文件的存放位置？

Config 组件在获取 GitHub 配置文件后，会将它临时存放在一个本地路径下，这个路径是可配置的。我们可以在 application.yml 中通过指定 spring.cloud.config.server.git.basedir 属性来改变临时存储路径。

11.4.4　从多个 GitHub Repo 中读取配置

Config 组件可以为不同的项目配置不同的 GitHub 地址，并设置一定的路由规则，为每个项目指定不同的数据源地址，将以下代码添加到 spring.cloud.config.server.git 节点下，可以实现多仓库读取的功能。

```
repos:
  test-service-1:
    pattern: appname*/dev*,*appname*/*test
    uri: https://gitee.com/makyan/futurecloud-base
```

配置中心默认从 spring.cloud.config.server.git.url 配置项指定的路径中获取配置文件，与此同时我们还可以在 repos 节点下配置多个代码仓库。例如上面代码中，在 test-service-1（这只是一个节点名称，并没有业务含义）下配置了一个 pattern 属性，在 pattern 中指定了两个匹配规则，它的匹配模式为{application}/{profile}，其中 appname*/dev*表示应用名称以 appname 开头，并且环境名称以 dev 开头，*appname*/*test 表示应用名称包含 appname，并且环境名称以 test 结尾。当来访请求与任意一个规则相匹配时，从 test-service-1 下配置的 URI 中获取配置文件。

11.5 GitHub 配置文件命名规则

11.5.1 Application、Profile 和 Label

我们在 GitHub 创建属性文件时要遵循一定的命名规则，把服务名称和环境信息添加到文件名中，以便每个服务实例可以正确获取对应的配置文件。在文件名或者访问路径中可以包含以下三个重要信息：

1. Application Name

服务或应用名称，默认是服务节点发送到注册中心的应用名称（比如 coupon-user-service），我们也可在配置文件中指定一个与应用名不一样的 application name。

2. Profile

Profile 是应用当前部署的环境，可以根据实际的部署方式来定义（比如开发环境是 dev，生产环境是 prod），该属性是配置中心用来做环境隔离的核心属性。

3. Label

Label 是配置文件在 GitHub 上对应的分支名称，默认是 master，考虑到 GitHub 在新代码仓库中弃用 master，统一采用 main 作为主分支，因此在拉取配置文件的时候也需要显式声明 label 属性为 main。

11.5.2 路径匹配规则

配置中心可以通过访问路径来获取 GitHub 上资源文件的定位信息，通用的访问路径匹配公式有以下几种：

```
/{application}-{profile}.yml
/{label}/{application}-{profile}.yml
/{application}-{profile}.properties
/{label}/{application}-{profile}.properties
```

配置中心会根据我们请求的资源扩展名自动将配置项转换成对应的格式，比如，

GitHub 服务器配置的是 app-dev.yml 文件，当我们通过 app-dev.properties 路径来获取资源时，config-server 会自动将 YML 格式的内容转换为 properties 格式并返回。

我们来验证配置中心的功能，首先启动 Eureka 注册中心，打开配置中心的启动类 ConfigSercer，执行 main()方法启动项目。然后，待项目启动完成，使用 postman 向配置中心发送一个 GET 请求获取配置文件，所请求的 URL 要遵循路径匹配规则。以 11.3 节中我们提交到 GitHub 的配置文件为例，从 GitHub 的 main 分支获取 coupon-user-service 服务对应的 dev 环境配置文件，其对应的 URL 是 http://localhost:10004/main/coupon-user-service-dev.yml，访问配置中心的请求及返回结果如图 11-5 所示。

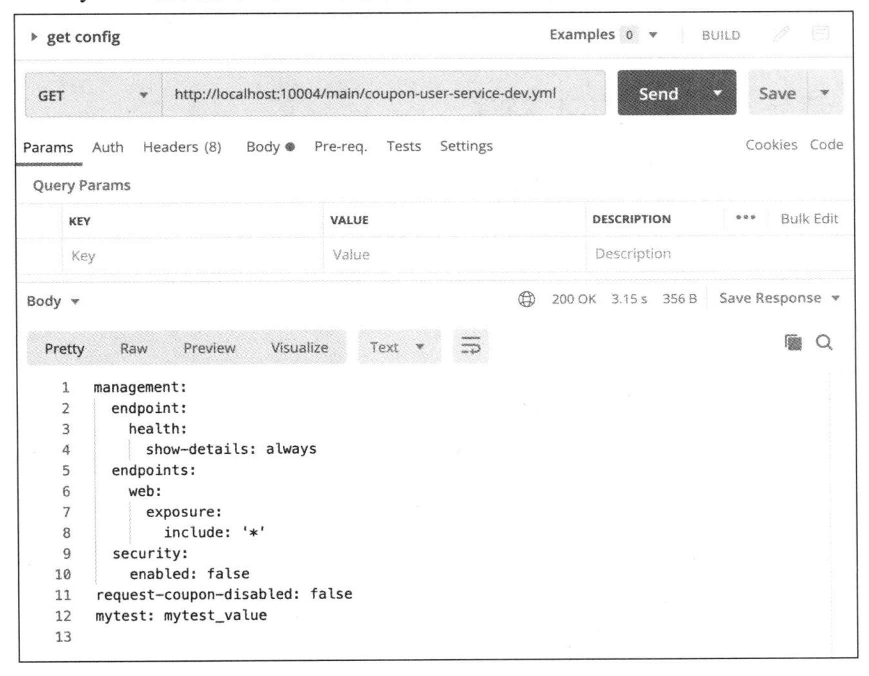

图 11-5　访问配置中心的请求及返回结果

从图 11-5 可以看到，在返回值中出现了一个从未在 GitHub 文件中配置的属性 mytest，其实该属性来自 config-server 应用的 application.yml 文件中的 overrides 属性，我们通过在 config-server 项目的配置文件中添加 overrides 属性实现了“属性重载”功能。当某个配置项在 GitHub 和配置中心的 overrides 列表中同时存在时，overrides 中的配置项具有更高的优先级，它将覆盖掉 GitHub 中的配置项。

11.6 对 GitHub 中的配置项进行加解密

从安全性的角度考虑，如果我们需要在 GitHub 上保存某些敏感信息，比如数据库的访问密码或者访问某些外部应用的 Token，那么为了提高安全性，我们需要对这类数据做加密保存，并将加密后的字符串作为属性值添加到 GitHub 的配置文件中，在获取属性时由 config-server 进行解密。

11.6.1 更新 JDK 中的 JCE 组件

配置中心对属性的加、解密需要借助 JDK 的 JCE 组件，对新版本的 JDK 来说已经内置了最新版 JCE 组件，而老版本 JDK 包含的是限定长度的 JCE 组件，我们需要将它替换为不限长度的 JCE 包，用于执行加解密操作。在命令行使用“java –version”命令查看 JDK 版本，如果版本小于 8u161、7u171 或 6u16，则需要到 Oracle 官网下载 JCE 组件并安装到 JDK 目录下，具体步骤如下：

1. 下载 JCE

我们可以从 Oracle 官网下载 JCE 组件，考虑到 Oracle 网站经常变更下载网址，读者也可以直接通过搜索引擎查找“Java JCE”字样，找到对应的 JCE 压缩文件并下载到本地，将下载后的 JCE 压缩文件解压后有两个核心 jar 包，分别为 local_policy.jar 和 US_export_policy.jar。

2. 安装 JCE

将上一步解压后的两个文件复制到 Java 所在路径下的 lib 文件夹。对 JDK 来说，lib 路径在安装目录下的\jre\lib\security 路径下，而对 JRE 来说，lib 路径为\lib\security。如果发现该路径下已经有同名文件存在，直接覆盖即可。

11.6.2 使用对称密钥对配置项加解密

使用对称密钥加解密，即发送和接收数据的双方都使用相同的密钥进行加密和解密运算，在配置中心使用对称密钥加解密的流程如图 11-7 所示。

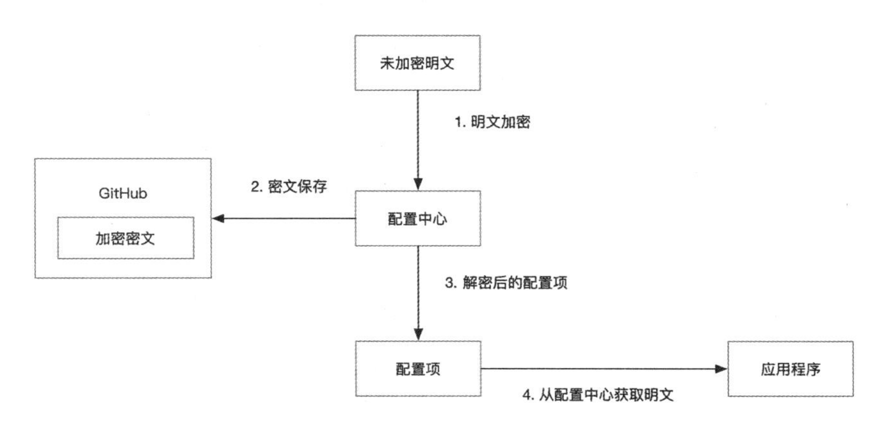

图 11-7　使用对称密钥加解密的流程

如图 11-7 所示，对称密钥加解密的具体流程如下：

（1）将明文发送给 config-server 进行加密，获得加密后的密文。

（2）将密文上传到 GitHub 的配置文件中。

（3）config-server 从 GitHub 拉取配置文件，将密文解密成明文。

（4）应用服务从 config-server 获取明文配置项，加载到上下文中。

为了在 config-server 中实现对称加密，我们首先需要将加密用的密钥配置在 config-server 中，然后在 resources 文件夹下创建配置项 bootstrao.yml，最后在 boostrap.yml 文件中添加密钥属性。之所以将密钥 key 放在 boostrap.yml 文件中，是因为 Spring Boot 加载属性文件的顺序不同，将对称密钥加入 bootstrap 文件中可以确保该属性被优先加载，具体实现代码如下：

```
encrypt:
 key: yaoqiuchen
```

在上面的代码中，我们配置了加密的密钥 key 为 yaoqiuchen。对称加密需要将密钥放到项目配置文件中，从安全性的角度来说并不合适，因为任何可以访问代码库的人都可以获取这个密钥。通用的做法是将配置文件中的密钥做成一个占位符参数，具体的值通过项目启动脚本中的启动参数传递进来，启动脚本只有相关的 DevOps 团队可以修改和查看，开发团队无法获取脚本中的密钥，这种方式在最大程度上确保了密钥的安全性。

下面我们可以启动项目，验证密钥配置是否正确，具体步骤如下：

1. 验证密钥配置

启动注册中心和配置中心，使用 postman 等工具向 config-server 发送一条状态检查请求，请求类型为 GET，请求地址为 http://localhost:10004/encrypt/status，如果配置中心返回 {"status": "OK"}的 JSON 字符串，则表示加密配置项设置正确无误。

2. 使用对称密钥加密

使用 Postman 访问 config-server 的加密 URL，将 postman 中的地址改为 http://localhost:10004/encrypt，请求类型为 POST。将需要加密的字符串放到请求 Body 中，单击 Send 按钮发送请求后，经 config-server 加密后的密文字符串会显示在返回 Body 中，将 test 字符串作为明文的请求和返回数据如图 11-8 所示。

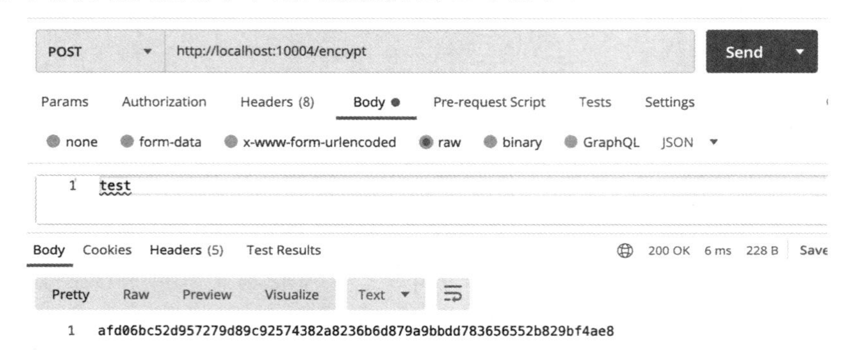

图 11-8 使用对称密钥加密

3. 使用对称密钥解密

将图 11-8 中加密后的一长串密文复制，并更改 Postman 中的访问地址为 http://localhost:10004/decrypt，把密文作为请求 Body 发送给 config-server，单击发送按钮后可以获取解密后的明文，使用对称秘钥解密如图 11-9 所示。

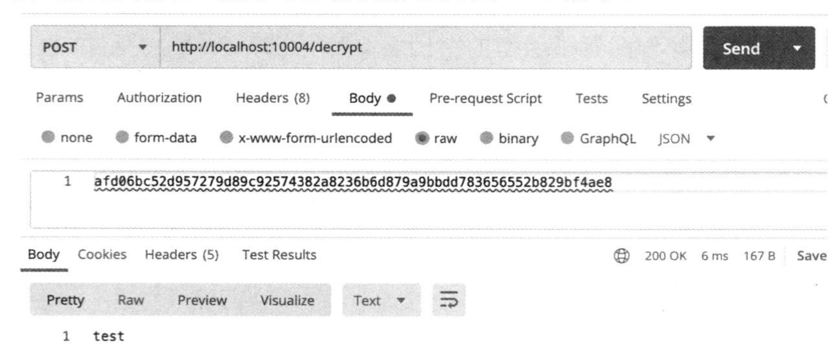

图 11-9 使用对称密钥解密

如图 11-9 所示，密文被正确解密还原为“test”。

11.6.3　使用非对称密钥对配置项加解密

出于安全性的考虑，在生产环境中我们往往使用更安全的非对称密钥对配置文件进行加解密。首先，我们需要在本地使用 Java 命令生成密钥文件；然后，将密钥文件放置在 config-server 的 resources 文件夹下；最后，修改 bootstrap.yml 文件中的密钥位置，具体步骤如下：

1. 生成密钥文件

打开操作系统命令行程序，在任意目录下执行以下方法，该方法将在当前目录生成一个 mykey.jks 文件，我们需要的密钥对就包含在这个文件中。

```
keytool -genkeypair -alias mykey -keyalg RSA -dname "CN=1,OU=1,O=1,L=1,S=1,C=1"
-keypass changeit -keystore mykey.jks -storepass changeit
```

2. 复制密钥文件

将生成的 mykey.jks 复制到 config-server 下的 resources 路径下。

3. 修改配置文件

Spring Cloud Config 组件不能同时支持对称密钥加密和非对称密钥加密。因此，我们需要删除对称密钥的 key 配置，并替换为非对称密钥的配置项，具体代码如下：

```
encrypt:
  key-store:
    location: classpath:/mykey.jks
    alias: mykey
    password: changeit
    secret: changeit
```

在上面的代码中，alias、password 和 secret 对应的值，要和第一步中用来生成密钥的 keytool 命令中所使用的参数保持一致。

11.7 微服务架构升级——从配置中心读取配置项

11.7.1 添加 Spring Cloud Config 和 Bus 的依赖项

在 coupon-user-service 中添加 Config 和 Bus 的依赖项时，要注意这里添加的 Config 依赖项和 config-server 中添加的依赖项不同，config-server 项目中添加的是 Config 服务端组件的依赖项，对业务应用来说应该添加 Client 端依赖项（即 config-client），具体代码如下：

```
<dependency>
    <groupId>org.springframework.cloud</groupId>
    <artifactId>spring-cloud-starter-config</artifactId>
</dependency>
<dependency>
    <groupId>org.springframework.cloud</groupId>
    <artifactId>spring-cloud-starter-bus-amqp</artifactId>
</dependency>
```

11.7.2 为配置中心添加 service-id

由于 Spring Boot 在启动应用时会根据一定的顺序加载配置文件，我们应该把配置中心的配置项优先加载到应用的上下文中，这样做的目的是解决多个属性之间的依赖问题。举个例子，配置文件中定义了配置项 A，它的值来自 GitHub 文件中定义的另一个配置 B，如果项目启动的时候没有先初始化配置项 B，那么配置项 A 将无法被正确初始化，这样就会导致应用启动失败。

为了保证配置中心的配置文件被优先加载，我们需要将配置中心的相关配置添加到 bootstrap.yml 中（bootstrap.yml 文件在项目启动的时候会优先于 application.yml 文件被加载到上下文），考虑到我们使用 Eureka 作为配置中心的高可用方案，因此 Eureka 连接串也需要从 application.yml 文件移到 bootstrap.yml 文件中，bootstrap.yml 文件的具体代码如下：

```
eureka:
  client:
    service-url:
      defaultZone: http://localhost:10000/eureka/
```

```
spring:
  cloud:
    config:
      discovery:
        # 通过 Eureka 的服务发现机制连接到配置中心实例
        enabled: true
        service-id: config-server
      profile: dev  # 环境变量为 dev
      label: main  # 从 main 分支读取信息
```

在上面的配置代码中，我们开启了配置中心的服务发现功能，并指定配置中心的 service-id 为 config-server，系统会从注册中心已注册服务列表中寻找应用名为 config-server 的应用，并从该应用处拉取配置文件。我们还指定了 label 属性为 main，即从 GitHub 的 main 分支上拉取配置文件（默认是从 master 分支上拉取）。

我们已经向 GitHub 配置文件中添加了 Actuator 配置项（即 management 节点），为了验证该配置项可以被正确加载，我们需要删除 coupon-user-service 项目下 application.yml 文件中的 management 配置项。由于 Eureka 的配置项已经移到 bootstrap.yml 文件中，因此这里也将 Eureka 的配置从 application.yml 文件中一并删除。

除以上两处配置项改动外，我们还需要在 application.yml 文件中的 spring 节点下添加 rabbitmq 节点，本章我们将借助消息组件做动态配置项推送，配置代码具体如下：

```
spring:
  rabbitmq:
    host: localhost
    port: 5672
    username: guest
    password: guest
```

配置完成后我们就可以启动项目并验证效果，由于我们在 config-server 和应用程序中都添加了 RabbitMQ 的配置项，因此也需要将 RabbitMQ 消息组件一并启动。当 Eureka 和 Config 已经处于启动状态后，接下来启动 coupon-user-service 应用，待项目启动完成后，访问 coupon-user-service 的 actuator 节点（http://localhost:20002/actuator/health），如果可以看到以下的节点信息，则表示从 GitHub 上拉取的 management 配置项生效了。

```
{"_links":{"self":{"href":"http://localhost:20002/actuator","templated":fals
e},"archaius":{"href":"http://localhost:20002/actuator/archaius","templated"
:false},"beans":{"href":"http://localhost:20002/actuator/beans","templated":
false},"caches":{"href":"http://localhost:20002/actuator/caches","templated"
:false},"caches-cache":{"href":"http://localhost:20002/actuator/caches/{cach
e}","templated":true}.... 后面部分省略
```

11.7.3 对数据库访问密码进行加密存储

在本节中，我们使用非对称加密方式将数据库连接字符串进行加密后保存到 GitHub 文件里，指定应用服务器从 config-server 处读取密码信息，整个过程分为以下三个步骤：

1. 生成密码密文

打开 coupon-user-service 项目的 application.yml 文件，找到 datasource 属性下配置的数据库连接密码，使用非对称密钥加密的方式，通过 postman 等本地工具将数据库密码的明文发送给 config-server，并获取加密后的文本。

2. 添加密文到 GitHub

在项目对应的 GitHub 配置文件中添加属性 database.password，并将上一步中获取的加密文本赋值给这个新属性，为了让 config-server 拉取配置文件时对该字段进行解密，还需要对加密文本做一个特殊标记，具体配置内容如下：

```
database:
  password: '{cipher}55e81e27dcdafeb8e0fa8419ce0580e78ba04ff5b068b02706fc91f8e419a7ab'
```

配置项前面的{cipher}是加密属性的特殊标签，配置中心会尝试对添加了该标签的属性进行解密处理。标签后则是加密后的密文字符串，我们使用的数据库密码明文是 Broadview。需要注意的是，我们要将整个加密文本包括 cipher 标记用一对单引号括起来。

3. 替换配置项

打开 coupon-user-service 的配置文件 application.yml，找到 MySQL 数据库的密码属性，将对应的值改为占位符，使其指向 GitHub 文件中定义的变量名，具体配置如下：

```
datasource:
  # 数据源密码通过占位符传入
  password: ${database.password}
```

以上步骤都完成之后，就可以启动项目验证数据库连接是否正常。

11.7.4 配置@RefreshScope 注解

很多业务都有更改配置项的需求，传统的方式是修改外部配置文件或者更改随项目一同打包的资源文件，然后将应用重新打包部署或重启，这种方式有如下两个明显的弊端：

变更周期长：从修改配置到重新部署应用需要相当长的时间，一旦配置错误需要回滚，就要花费双倍时间才能完成。

变更时间不统一：由于部署和重启应用的时间点不好精确把控，因此新配置的生效时间点无法统一。

为了解决以上两个问题，config 引入了“动态通知”的功能，借助 Bus 组件，配置服务器可以向集群内的服务器发送一个“属性变更”的广播事件，消费了这条事件的服务节点就会尝试从配置中心处重新拉取配置文件。这里的配置文件变更并不是由配置中心主动推送到每台服务器的，而是通过底层消息组件的广播通知的，让服务器自行从配置中心获取最新配置文件。

接下来我们使用动态通知功能，为 coupon-user-service 添加一个业务开关，控制优惠券领取服务的开放与关闭，具体步骤如下：

1. 添加业务开关

将业务开关配置项提交到 GitHub 文件中，打开 GitHub 中创建的 coupon-user-service.yml 文件，添加以下配置项并将改动提交到 main 分支。

```
request-coupon-disabled: false
```

2. 标记业务开关

打开 coupon-user-service 项目中的 CouponUserController 类，在类中定义一个新的属性 disableRequestingCoupon，将它指向 GitHub 文件中添加的新属性，同时使用@RefreshScope 注解修饰 CouponUserController 类，具体代码如下：

```
//省略其他注解
@RefreshScope
public class CouponController {
    @Value("${request-coupon-disabled}")
    private boolean disableRequestingCoupon;
```

如果某个类中包含了动态属性，则需要在类名上使用@RefreshScope 注解修饰。

3. 在代码中使用业务开关

找到 Controller 中的 requestCoupon()方法，添加以下代码逻辑，通过业务开关来控制用户是否可以领取优惠券，具体代码如下：

```
public Coupon requestCoupon(@Valid @RequestBody RequestCoupon request) throws
```

```
InterruptedException {
    if (disableRequestingCoupon) {
        log.info("disable requesting coupon");
        return null;
    }
    log.info("request Coupon normal");
    return couponUserService.requestCoupon(request);
}
```

在上面的代码中，如果 disableRequestingCoupon 处于关闭状态，则打印一行日志并跳过优惠券领取的业务逻辑，同时返回一个空对象。

11.7.5 从客户端触发配置刷新

Config 组件提供了一个 Actuator 端点，通过访问端点可以触发属性刷新动作，本节我们尝试手动触发配置刷新。我们将注册中心、配置中心和应用服务相继启动（同时将 RabbitMQ 也一同启动），将 GitHub 文件中配置的属性值改为 true 后，使用 Postman 工具向 coupon-user-service 的端点发送一个刷新配置请求（localhost:20002/actuator/refresh），客户端刷新配置请求的过程如图 11-10 所示。

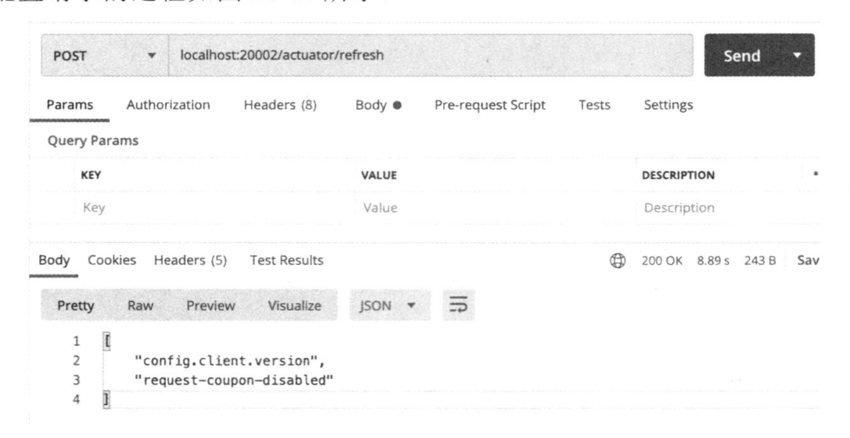

图 11-10　客户端刷新配置请求

如图 11-10 所示，在返回 Body 中，会显示发生过变动的属性，由于我们改变了 request-coupon-disabled 属性在 GitHub 的值，因此该属性出现在了返回 Body 中。我们返回 coupon-user-service 应用的命令行窗口，从命令行打印的日志信息中也可以看出，服务应用向配置中心重新请求了属性文件，并刷新了上下文。

11.7.6　使用 Bus 批量刷新配置项

在 11.7.5 节中我们演示了如何刷新单个客户端的配置项，对集群环境来说，刷新集群中所有的服务节点，即逐一刷新每一台服务器的配置项是十分低效的，需要通过批量的方式触发集群刷新，Spring Cloud Bus 组件可以借助消息中间件来完成批量推送的任务。

对集成了 Bus 组件的服务来说，可以通过 Bus 组件开放出来的 Actuator 端点触发消息广播。打开 postman，向 config-server 的 bus 端点发送一条刷新指令（http://localhost:10004/actuator/bus-refresh），使用 Bus 批量刷新配置项的请求如图 11-11 所示。

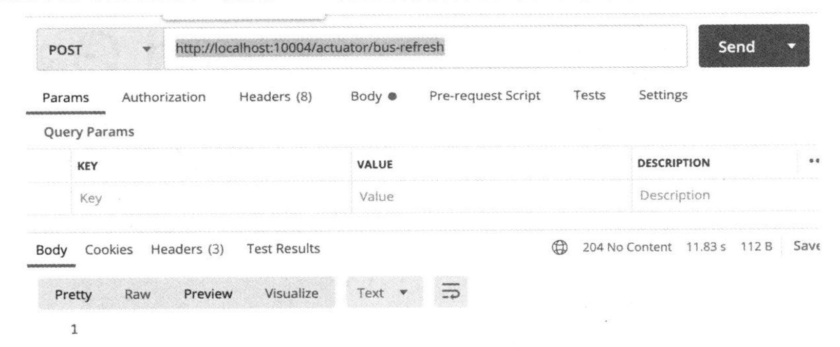

图 11-11　使用 Bus 批量刷新配置项的请求

为了模拟集群的效果，可以从不同端口启动多个 coupon-user-service 实例，触发 Bus 批量刷新，然后使用同样的验证方式查看效果，如果所有应用都触发了刷新动作，就说明 Bus 的配置生效了。

第 12 章 使用 Spring Cloud Gateway 搭建服务网关

本章我们学习 Spring Cloud 的第二代网关组件 Gateway，使用它搭建微服务网关层，承接外部网关的流量，运用 Predicate 和 Filter 功能对访问请求做路由转发和业务处理。

12.1 了解微服务网关

我们先来了解一下微服务网关在整个服务集群中的作用点，再来对比 Spring Cloud 中两款服务网关（Gateway 和 Zuul）的优劣。

12.1.1　服务网关的用途

大型应用的网络层搭建是一项庞大的工程，很多读者认为网络只是通过一层 Nginx 网关做负载均衡，而实际上大型项目中的网络层有非常复杂的结构，通常是多层网关构建起来的一套复杂网络环境。一个客户请求从用户端（手机 App 或浏览器）发出后，到后台服务接收该请求并处理，在这个过程中客户请求会经过多个网关层，并经历多次网络转发。

我们通过模拟一个用户请求的真实场景来解析网络层的基础搭建。一个服务请求从发起到响应，通常要经历 DNS 转发、VIP 转发（虚拟 IP）、多级 Nginx 网关路由和服务网关这几个环节，服务请求的网关层响应如图 12-1 所示。

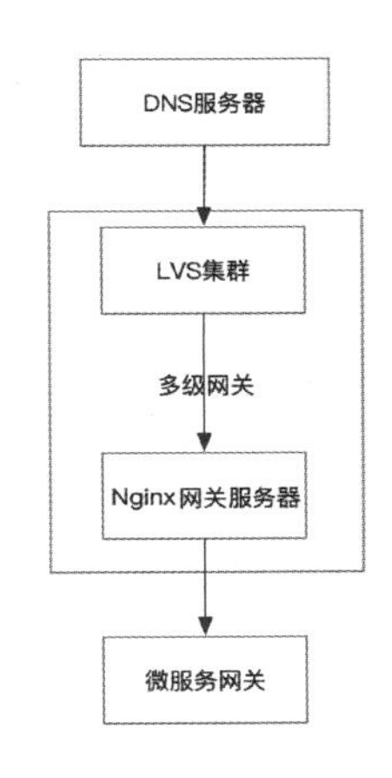

图 12-1　服务请求的网关层响应

如图 12-1 所示，服务请求主要经过以下几个网络组件：

1. DNS 服务器

DNS 即 Domain Name Server（域名服务器），网址请求首先抵达 DNS 服务器，解析并获得域名对应的 IP 地址。DNS 域名服务器大致分为以下三类：

主域名服务器：维护一个区域内的域名信息。

辅助域名服务器：作为主域名服务器的备份，当主服务器出现故障或服务不可用时，辅助域名服务器可以提供域名解析服务。

缓存域名服务器：将域名服务器的查询结果缓存起来。

2. LVS 集群（或者类 LVS 服务）

通过 DNS 负载均衡，一个域名可以对应多个 IP 地址，这里的 IP 地址指向 LVS 或者类 LVS 技术搭建的一个虚拟 IP 地址（简称虚 IP），在虚 IP 背后则是 Nginx 之类的网关层集群。对调用者来说，请求发送到虚 IP 以后，再由 LVS 做负载均衡，转发到网关集群中的某一台网关服务器。

3. Nginx 网关服务器

网关服务器这一层通常采用开源的 Nginx 服务器来搭建，Nginx 是一款高性能 Web 和反向代理组件，它具有很强大的并发连接能力，可以支撑高并发场景的需求，并且对计算资源（比如内存）的占用少，因此也是国内外大厂首选的网关层组件（也有不少国外公司用 F5 之类的商用网关组件）。在大型应用中，我们通常会在 DNS 和服务网关之间搭建多层 LVS+Nginx 的网关层集群，以应对不同的内网转发需求。

4. 微服务网关

微服务网关这一层便是 Spring Cloud Gateway 组件发挥作用的位置，微服务网关并不是一个直接暴露给外部用户的开放组件，它位于 Nginx 外部网关集群和内部服务集群之间，处于内网环境之中，通常用来接收 Nginx 网关服务器转发来的流量，外部用户无法直接访问微服务网关。

在微服务架构下，微服务网关将自己作为一个“服务”，通过服务注册流程将自己添加到注册中心。借助服务发现功能，服务网关可以从注册中心获取所有的服务列表，当用户请求发送到微服务网关时，微服务网关通过本地负载均衡策略，将请求转发到对应的服务节点。

在实践中，微服务网关只处理由外部网关层（如 Nginx）发来的请求，内部微服务之间的调用可以在服务与服务之间直接发起，不需要再从微服务网关层绕一圈。

12.1.2 Spring Cloud 中的网关组件

Spring Cloud 提供了两个网关层组件，一个是由 Netflix 公司开发的 Zuul（最新版本是 Zuul 2.0），它是 Spring Cloud 的第一代网关层组件，包含在 Netflix 组件包内。Spring Cloud Gateway 是第二代网关层组件，由 Spring Cloud 团队开发和维护，它在功能性、稳定性和吞吐量方面都要比 Zuul 更胜一筹。

Zuul 1.0 网关是一款基于 Servlet 构建，采用阻塞 I/O 搭配线程池模式的网关组件，每一个来访请求都需要从线程池中分出一个工作线程来执行，在下游服务结束处理并返回响应之前，当前线程会一直处于阻塞状态，这是 Zuul 1.0 网关组件并发能力比较低下的一个重要原因。

为了解决 Zuul 1.0 的性能问题，Netflix 公司启动了 Zuul 2.0 项目，但 Zuul 2.0 的发布日期一再拖延，直到 2018 年中旬才姗姗来迟。然而，Spring 官方社区没有将 Zuul 2.0 吸纳到 Spring Cloud 中，同年 11 月，Spring 官方推出了新一代网关组件 Gateway，作为 Spring Cloud 网关层组件的首选方案。Zuul 2.0 和 Gateway 同样作为第二代的网关组件，采用了基于 Reactor 的方式，使用非阻塞式的 API，同时底层引入了 NIO 框架 Netty 做通信。从应用性能的角度来说，Zuul 2.0 和 Gateway 的并发能力优于 Zuul 1.0。

注意：考虑到 Netflix 组件库已经进入维护模式，从社区支持度和未来发展来考虑，建议在项目中选择 Gateway 作为网关层组件。

12.2　Spring Cloud Gateway 的核心概念——路由、谓词和过滤器

Srping Cloud 由三个核心组件组成，它们分别是路由（Route）、谓词（Predicate）和过滤器（Filter）。这三个组件之间共同作用，构成了请求转发单元，每个组件的功能描述如下：

1. 路由

路由（Route）是 Spring Cloud Gateway 的基本单元，它主要包含以下重要结构：

路由 ID：每一个路由都对应一个唯一 ID，在网关层创建的时候系统会自动生成随机 ID，也可以手动在配置文件中指定。

目标 URI：指向一个目标服务的地址，当服务请求完全匹配某个路由规则时，请求将被转发到这个目标地址。

谓词集合：每个路由都可以关联多个谓词断言，谓词作为路由规则的一部分，用来判断服务请求是否和当前路由单元匹配。

过滤器集合：我们可以为路由添加全局过滤器，也可以添加只对特定路由生效的过滤器，过滤器用来对服务请求或服务响应结果做处理。

2. 谓词

谓词（Predicate）是 Java 8 中引入的新特性，它和我们平时用 JUnit 写单元测试时用到的 assertion 断言比较类似，谓词包含一段判断逻辑，并返回一个布尔值作为执行结果。路由单元组件通过谓词集合返回的结果来判定一个来访请求是否可以被转发到某个路由。

在实际项目中，我们还可以通过各种逻辑组合关系（与、或、非）将多个谓词判断条件进行条件组合。Gateway 内置了非常丰富的谓词函数，可以对请求属性、header 或 cookie 等请求参数进行判断，也可以对系统时间进行判定。

3. 过滤器

Gateway 中的过滤器（Filter）和上一代网关组件 Zuul 的过滤器在概念上很相似，可以使用它拦截和修改请求，比如添加 header 到 request 请求中；也能对接收的请求做业务逻辑处理，比如根据 header 中携带的 Token 做用户鉴权。

Spring Cloud Gateway 组件的过滤器为 org.springframework.cloud.gateway.filter. GatewayFilter 类的实例对象，Gateway 处理请求的流程如图 12-2 所示。

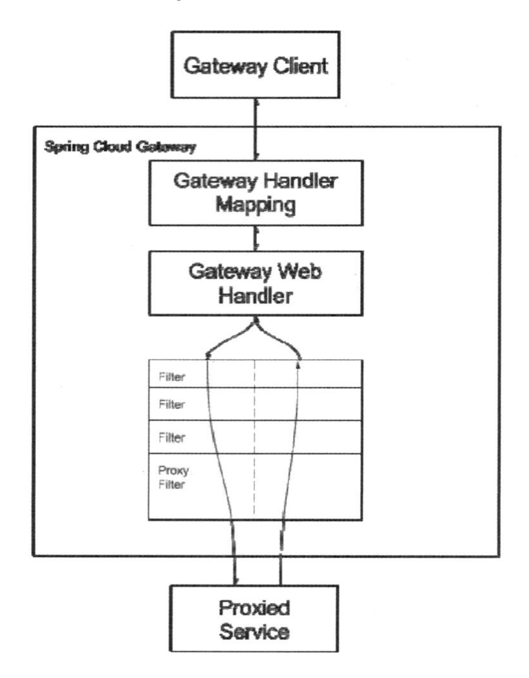

图 12-2　Gateway 处理请求的流程

如图 12-2 所示，当客户端向 Spring Cloud Gateway 发送一个请求后，该请求经过 Gateway Handler Mapping 的谓词断言集合的判定，如果该请求被某一个路由的全部谓词验证通过，则认为这个请求已经匹配上了该路由。当用户请求与某个路由相匹配时，这个请求会经过一个过滤器链（Filter Chain）的处理，过滤器链中既包含全局过滤器，也包含当前路由中配置的路由级别的过滤器。

过滤器可以作用于两个时间点，在请求真正被转发到目标服务之前（图 12-2 中的 Proxied Service 即为目标服务），pre 类型的过滤器逻辑将被执行；服务请求被目标服务处理之后，在其返回最终响应之前，post 类型的过滤器将被执行。

12.3　路由功能

在进行微服务升级改造之前，我们先来了解一下 Gateway 配置路由规则的方式，我们分别通过配置文件和 Java 代码两种不同的方式来设置一个路由。

12.3.1　通过配置文件设置简单路由

我们先通过配置文件的方式添加路由规则，在 application.yml 中使用以下代码添加一个简单路由：

```
spring:
  cloud:
    gateway:
      routes:
      - id: freestyle
        uri: lb://SERVICE-NAME
        predicates:
        - Path=/mypath/**
        filters:
        - StripPrefix=1
```

在上面的代码中，我们在 spring.cloud.gateway.routes 节点下添加了一个 id 为 freestyle 的路由（routes 节点是一个数组结构，可以添加多个路由），该路由的目标地址为“lb://SERVICE-NAME”，其中“lb”表示在网关层应用负载均衡技术寻址，而“SERVICE-NAME”则对应了目标服务在注册中心的服务名称。我们为该路由添加了一个 Path 类型的谓词判断逻辑（Spring Cloud Gateway 提供了丰富的内置谓词和过滤器，在本章中我们会做详细讲解）。

当服务请求访问的路径完整匹配“/mypath/**”格式的时候，服务请求将被路由到指定的目标服务。我们还为该路由配置了一个 StripPrefix 过滤器，它会执行路径过滤操作。如果我们访问的目标地址是/mypath/api，那么经过 StripPrefix 过滤器处理后，该目标地址中的/mypath 将被过滤掉，最终的访问地址是/api。

12.3.2 通过 Java 代码配置路由

Spring Cloud Gateway 也支持基于 Java 代码的路由配置方式，相比 12.3.1 节中介绍的基于配置文件的路由配置方式来说，采用基于 Java 代码配置的方式可以获得更好的可读性，笔者也推荐大家尽量使用 Java 代码的方式来配置路由。本章中的微服务架构升级部分也将采用基于 Java 代码的配置方式。

我们将 12.3.1 节中配置的路由规则用 Java 代码的方式实现一遍，具体代码如下：

```
@Bean
public RouteLocator routes(RouteLocatorBuilder builder) {
    return builder.routes()
            .route(route -> route
                    // 可以指定多个谓词断言
                    .path("/mypath/**")
                    // .and() 可以通过与、或、非等连接词将多个谓词组合作用
                    // .filters() 这里可以添加各种过滤器
                    .filters(f -> f.stripPrefix(1))
                    // 通过 uri 指定目标服务名称
                    .uri("lb:// SERVICE-NAME")
            )
            .build();
}
```

12.3.3 谓词工厂

Spring Cloud Gateway 提供了丰富的内置谓词工厂（PredicateFactory），用于对服务请求做逻辑判断，Gateway 的内置谓词工厂如表 12-1 所示。

表 12-1　Gateway 的内置谓词工厂

谓词工厂	作用
AfterRoutePredicateFactory	判断当前时间是否在指定时间之后、之前或者在中间
BeforeRoutePredicateFactory	
BetweenRoutePredicateFactory	
CookiePredicateFactory	判断某个 cookie 属性是否匹配指定正则式

续表

谓词工厂	作用
HeaderPredicateFactory	判断某个 HTTP 请求的 Header 中的属性是否存在，或者是否匹配指定正则式
HostPredicateFactory	判断请求 Host 是否匹配指定正则式（可与多个正则式进行匹配）
MethodPredicateFactory	判断请求的方法类型是否等于指定值
PathPredicateFactory	判断请求路径是否匹配指定正则式
QueryPredicateFactory	判断某个请求参数是否存在，或者是否匹配指定正则式
RemoteAddrPredicateFactory	判断请求的远程地址是否匹配指定值
WeightRoutePredicateFactory	根据路由组和指定权重进行分配

12.3.4　Gateway 常用谓词

12.3.3 节的谓词工厂列表提供了丰富的谓词判断功能，但我们常用的谓词大多是“参数判断”类型，比如 Path、Query 和 Header 谓词，本节我们对其中几个常用谓词的具体配置方式做一下说明。

1. 时间判断谓词

时间判断谓词可以将当前请求发生的时间与指定的时间对象进行比较，通过 before/after/between 来判断时间的先后顺序。时间判断谓词的目标时间是一个 ZonedDateTime 对象，该对象是 java.time 包下面的标准时间对象，我们可以通过 ZonedDateTime.of()方法定义一个指向特定时间的对象，在 Java 代码中使用时间判断谓词的具体代码如下：

```
.route(route -> route
        .before(ZonedDateTime.now().plusMinutes(10))
        .or().after(ZonedDateTime.now().minusHours(10))
        .or().between(ZonedDateTime.now().plusDays(1),
                ZonedDateTime.now().plusDays(2))
        .uri("lb://COUPON-USER-SERVICE")
)
```

2. 参数判断谓词

我们可以通过参数判断谓词对 Cookie、Header、Request 和 Path 参数进行验证。部分谓词工厂提供了两种判断方法，我们可以使用接收单个参数的方法来判断指定名称的参数是否存在，也可以使用接收两个参数的方法对指定参数的值进行精准判断，具体代码如下：

```
.route(route -> route
    .cookie("cookie-param", "123")
    .or().query("query1")
    .or().query("query2", "abc")
    .or().header("header1")
    .or().header("header2", "*ab")
    .uri("lb://COUPON-USER-SERVICE")
)
```

3. 方法判断谓词

使用方法判断谓词可以对当前请求的 HttpMethod 类型进行判断，该谓词工厂接收一个可变参数列表，在 Java 代码中使用方法判断谓词的具体代码如下：

```
.route(route -> route
    .method(HttpMethod.GET, HttpMethod.DELETE)
}
```

4. 自定义谓词工厂

Spring Cloud Gateway 支持自定义谓词工厂，主要实现 AbstractRoutePredicateFactory 抽象类并实现其中的关键方法即可，读者可以参考表 12-1 中的谓词工厂的 Java 实现（阅读这些内置谓词工厂的源代码），定义自己的谓词工厂，在 Java 代码中可以通过 route 对象的 predicate()方法或 asyncPredicate()方法指定自定义的谓词工厂。

12.3.5 过滤器

Spring Cloud Gateway 组件提供了丰富的内置过滤器供我们使用，在 Java 代码中定义过滤器的方法如下：

```
.route(route -> route
   path("/coupon-user/**")
   .filters(f -> f
           .redirect(HttpStatus.BAD_REQUEST.value(), "www.xxx.com")
           .stripPrefix(1)
           .addRequestHeader("new-header", "123")
   )
```

```
    .uri("lb://COUPON-USER-SERVICE")
)
```

在上面的代码中，我们可以在 filters()方法中使用 Gateway 组件提供的内置过滤器，也可以通过继承 AbstractGatewayFilterFactory 类或者实现 GatewayFilter 接口的方式实现一个自定义过滤器。由于篇幅限制，本章不对过滤器的具体使用做详细介绍。

12.4　微服务架构改造——搭建网关模块

12.4.1　添加 Gateway 的依赖项和启动类

本节，我们将搭建一个 Gateway 组件，将三个微服务的访问规则配置在网关层的路由规则中。我们在 middleware 文件夹下面创建一个新的网关层子模块，模块名称命名为 gateway，并在该模块中的 pom.xml 文件中添加必要的依赖项，具体代码如下：

```
<dependencies>
    <dependency>
        <groupId>org.springframework.boot</groupId>
        <artifactId>spring-boot-starter-actuator</artifactId>
    </dependency>
    <!-- 限流支持 -->
    <dependency>
        <groupId>org.springframework.boot</groupId>
        <artifactId>spring-boot-starter-data-Redis-reactive</artifactId>
    </dependency>
    <dependency>
        <groupId>org.springframework.cloud</groupId>

<artifactId>spring-cloud-starter-netflix-eureka-client</artifactId>
    </dependency>
    <dependency>
        <groupId>org.springframework.cloud</groupId>
        <artifactId>spring-cloud-starter-gateway</artifactId>
    </dependency>
</dependencies>
```

在上面的代码中，我们不只添加了 Gateway 依赖，同时也将 eureka-client 依赖添加了进来，添加 eureka-client 依赖项的目的是借助 Eureka 组件的服务发现功能获取已注册的节点信息，进而可以利用负载均衡规则做服务请求转发。

接下来，我们创建 gateway 模块的启动类，在 java/main/src 目录下创建 gateway 的包路径 com.broadview.coupon.gateway，并创建一个包含 main()方法的类 GatewayApplication，具体代码如下：

```
@EnableDiscoveryClient
@SpringBootApplication
public class GatewayApplication {
   public static void main(String[] args) {
      SpringApplication.run(GatewayApplication.class, args);
   }
}
```

依赖项和启动类添加好之后，我们就可以进行网关配置和路由设置了。

12.4.2 将 Gateway 连接到注册中心

借助注册中心组件的服务发现功能，Spring Cloud Gateway 组件可以获取所有注册服务的地址信息，当用户请求转发到 Gateway 组件后，Gateway 就可以利用客户端负载均衡功能将服务请求转发到对应的服务器。

在本节中，我们将 12.4.1 节中创建的 gateway 模块作为一个标准的微服务添加到注册中心。在 gateway 项目下的 resources 目录下创建配置文件 application.yml，并添加以下配置项信息，具体代码如下：

```
spring:
  application:
    name: gateway-service
  Redis:
    host: localhost
    port: 6379
    database: 0
    # 如果 Redis 有密码则加上
  # password: imooc
  cloud:
    gateway:
      locator:
        enabled: false
        lower-case-service-id: true
```

```
server:
  port: 10005

eureka:
  client:
    serviceUrl:
      defaultZone: http://localhost:10000/eureka/

## 开启所有 actuator-endpoint
management:
  endpoint:
    health:
      show-details: always
  endpoints:
    web:
      exposure:
        include: '*'
  security:
    enabled: false
```

在上面的代码中，我们添加了 Eureka 的连接字符串，也指定了应用名和启动端口号。在 spring.cloud.gateway.locator 节点下，我们还配置了一个 enabled 布尔值变量。若该变量值为 true，Gateway 会为经由服务发现机制获取的每一个微服务创建一个默认的路由规则，这些默认创建的路由规则会将服务名称当作默认的路径匹配规则。对线上正式环境中的网关层组件来说，从安全性角度来考虑，只应该允许手动配置路由规则表，而不应该创建任何自动路由规则。因此，笔者建议将 locator 属性设置为 false。对在开发中的项目来说，可以将 locator 属性设置为 true，方便开发团队在开发环境中发起服务调用测试。

12.4.3　在 Java 文件中设置路由规则

相比在配置文件中定义路由规则，在 Java 中定义路由规则有更高的可读性，而且在编译期就可以发现一些配置错误，推荐读者在自己的项目中也尽量采用 Java 代码配置路由规则。

接下来，我们为 Gateway 项目添加路由规则，在 com.broadview.coupon.gateway 路径下创建 GatewayConfiguration 配置类并添加@Configuration 注解；在 GatewayConfiguration 类中定义路由表规则（当然读者也可以直接在启动类 GatewayApplication 中定义路由表对

象，并添加@Bean 注解）。GatewayConfiguration 类中添加的路由规则代码如下：

```
@Configuration
public class CatewayConfiguration {

    @Bean
    public RouteLocator routes(RouteLocatorBuilder builder) {
        return builder.routes()
                .route(route -> route
                        .path("/coupon-user/**")
                        .uri("lb://COUPON-USER-SERVICE")
                )
                .route(route -> route
                        .path("/template/**")
                        .uri("lb://COUPON-TEMPLATE-SERVICE")
                )
                .route(route -> route
                        .path("/calculator/**")
                        .uri("lb://COUPON-CALCULATOR-SERVICE")
                )
                .build();

    }
}
```

在上述代码中，我们在 Gateway 项目中分别为 COUPON-TEMPLATE-SERVICE、COUPON-CALCULATOR-SERVICE 和 COUPON-USER-SERVICE 三个微服务创建了一个路由规则。在这些路由规则中，我们使用了 path 谓词来对访问路径进行匹配。读者可以根据自己的需要，对这些路由规则进行改造，参考 12.3.3 节里列出的内置谓词工厂编写更复杂的路由判断规则。

为了验证路由规则是否生效，我们需要将 Eureka、Config 及三个微服务在本地运行起来，然后启动 gateway 模块，使用 Postman 工具向网关组件发起一次服务调用，将其中的访问路径指向 coupon-user-service。以笔者本地的项目为例，服务请求为 localhost:10005/coupon-user/findCoupon?userId=1，其中 localhost:10005 指向服务网关，而 /coupon-user/findCoupon?userId=1 则对应 COUPON-USER-SERVICE 的路由服务。执行服务请求后，我们可以观察到，该请求被网关组件转发到了 COUPON-USER-SERVICE 中执行。

12.4.4 添加网关层跨域过滤器

很多大型应用都有服务请求“跨域”的需要。所谓跨域，实际上是一种浏览器端的同源策略，同源策略是一项安全检查行为。本节，我们通过 Spring Cloud Gateway 组件内置的跨域配置项，在网关层为指定的安全域添加跨域支持功能。

在添加跨域配置项之前，我们先要了解一下什么是跨域请求。举例来说，一个网站的网址是 a.com，用户通过这个网址来访问前端页面并填写某项表单数据。当用户填写完成并提交表单的时候，该请求被发送到 b.com 下的一个网址，这种情况下就产生一个“跨域请求”。我们用跨域指代这类跨站请求的场景，从同一个源加载的文件或 javascript 脚本，与来自另一个非同源的资源进行交互。

浏览器的同源保护策略就是为了防止这类跨站请求被攻击，这是一个用于隔离潜在恶意跨站攻击的安全机制，跨站攻击也被称为 CSRF 攻击。对没有同源策略的应用来说，跨站攻击可以轻松窃取用户端的登录信息，跨站脚本攻击过程如图 12-3 所示。

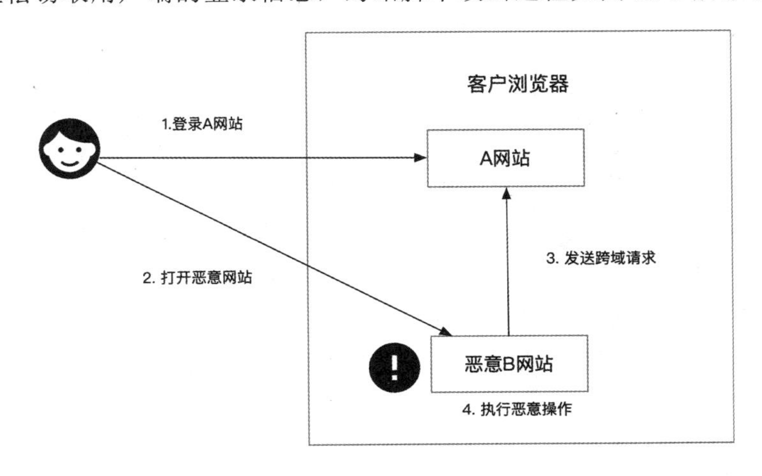

图 12-3 跨站脚本攻击过程

如图 12-3 所示，图中的数字编号是一个按顺序执行的跨站攻击步骤，具体步骤如下：

（1）用户使用用户名和密码访问 A 网站并成功登录。

（2）攻击者发来一个恶意网址 B，用户在同一个浏览器打开。

（3）恶意网址 B 向网站 A 发送一个跨站请求，如果 A 没有做防跨站攻击，那么此时 B 网站就可以获取浏览器中用户登录 A 网站的 Cookie，恶意网站 B 相当于获取了 A 网站的登录权。

（4）假如这是一个网银账号，则恶意网站 B 可以通过执行一系列的操作来划转资金。

浏览器设置了同源保护策略来限制这类跨站服务的访问，但是对大型应用来说，我们通常会采用前后端分离部署的架构模式，甚至有部分资源文件会挂载到不同域名之下。因此，访问非同源资源的场景是不可避免的，这就需要我们配置后台的跨站访问规则，对信任来源发来的请求做放行处理。

在 Gateway 中，我们可以通过 spring.cloud.gateway.globalcors 配置项添加全局跨域支持，该配置项的具体代码如下：

```
spring:
  cloud:
    gateway:
      # 跨域配置
      globalcors:
        cors-configurations:
          '[/**]':
            # 此处可添加多个授信的地址
            allowed-origins:
              - "http://localhost:8080"
              - "*"
            # cookie、authorization 之类的认证信息
            allow-credentials: true
            allowed-headers: "*"
            allowed-methods: "*"
            expose-headers: "*"
            # Options 可以在浏览器缓存的时长
            max-age: 1000
```

在上面的代码中，我们使用通配符（即 cors-configurations 节点下的[/**]属性）放行了所有非同源的请求，不过对真实的线上应用来说，笔者不推荐使用通配符，因为这样就失去了同源策略的防护意义。正确的做法是，将授信域名来源逐一配置在过滤器内，只允许信任的请求发起方做跨站调用。

12.5 微服务架构升级——使用 Redis+Lua 做流控

12.5.1 Redis 和 Lua 的限流算法

Redis 是一款常用的缓存组件，除存储 key-value 结构的信息外，它还可以执行一段小

巧的 Lua 脚本。Spring Cloud Gateway 中内置了 Lua 令牌桶算法脚本，该脚本实现了限流算法，只需将这个 Lua 脚本加载到 Redis 中，就可以实现分布式限流的目的。

常用的限流算法有漏桶算法和令牌筒算法，Spring Cloud Config 默认使用的是令牌筒算法。令牌桶算法是一个以恒定速度发放令牌的算法，它将发放的令牌存放在一个固定大小的令牌筒内，在服务发起调用的时候，需要从桶内获取一定数量的令牌之后才能执行业务逻辑。令牌筒算法的流程如图 12-4 所示。

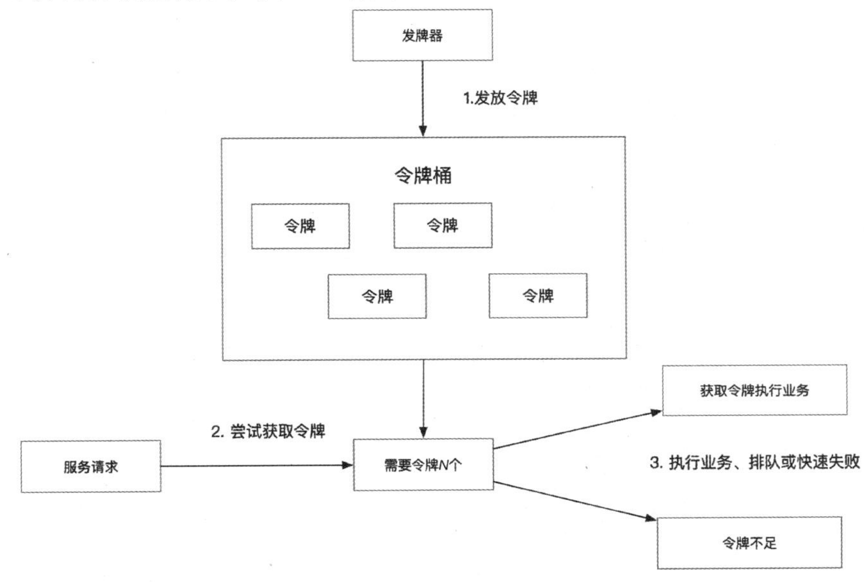

图 12-4　令牌筒算法的流程图

令牌桶算法的执行过程如下：

（1）限流算法匀速发放令牌，并添加到令牌筒中。如果令牌筒中存放的令牌数量已经达到令牌筒的容量上限，则新发放的令牌将被直接丢弃。

（2）服务请求在执行之前需要获取一定数量的令牌，我们可以在应用中为不同的业务接口配置不同的参数，约定单次访问所需要的令牌个数。对轻量级的业务接口（业务简单、请求响应较快且并发能力强）来说，单次访问所需令牌数可以是一个较小的数字，而对一些重量级接口来说则可以对应较大的数字。

（3）如果桶内有足够的令牌，则消耗对应个数的令牌，并放行本次服务请求调用。如果桶内令牌数量不足，有两种不同的处理方式：第一种方式是快速失败，返回一个错误码并禁止本次服务调用；第二种方式是采用排队机制，允许服务请求在队列中等待一定的时间，在这个过程中，如果获取足够数量的令牌则放行请求，否则该次请求被限流。

12.5.2 设置限流规则

限流过滤器有两个重要的配置，第一个是令牌筒算法的参数（令牌发放速度、令牌筒大小等），第二个是限流的维度（根据 IP 地址、访问路径或特定访问参数做限流）。在本节中，我们采用基于访问路径的限流维度。

在 Gateway 项目的 com.broadview.coupon.gateway 路径下创建 RedisLimiterConfiguration 配置类，并用@Configuration 注解修饰在类中声明一个 KeyResolver 对象用来定义限流的维度，再声明一个 RedisRateLimiter 对象定义令牌桶参数，具体代码如下：

```java
@Configuration
public class RedisLimiterConfiguration {

    // 使用 Host 地址作为限流的 Key
    @Bean
    @Primary
    public KeyResolver remoteAddrKeyResolver() {
        return exchange -> Mono.just(
                exchange.getRequest()
                        .getRemoteAddress()
                        .getAddress()
                        .getHostAddress()
        );
    }

    @Bean("userRateLimiter")
    @Primary
    public RedisRateLimiter redisLimiterUser() {
        return new RedisRateLimiter(10, 20);
    }
}
```

在上述代码中，我们通过 KeyResolver 对象定义了限流算法所使用的 Key（即限流的维度），这里采用访问请求中的 HostAddress 作为 key 的值。读者也可以根据自己的需要，在 Mono 表达式中定义不同的限流维度。比如，使用访问路径或特殊查询参数作为限流算法的 Key。

限流算法的参数（令牌流速和令牌筒大小）也是一项核心配置，为了在路由规则里支持限流功能，我们声明了一个以 userRateLimiter 为对象名的 RedisRateLimiter 实例对象，并且定义了令牌桶的每秒令牌流出速率为 10 个令牌，令牌桶的容量大小为 20 个令牌。如果令牌桶已经到达最大容量，那么新的令牌将被丢弃。

接下来，我们需要将 KeyResolver 对象和 RedisRateLimiter 对象注入 GatewayConfiguration 类中，并且将这两个对象应用到具体路由规则中，经过改造的 GatewayConfiguration 类的具体代码如下：

```
@Configuration
public class CatewayConfiguration {

    @Autowired
    private KeyResolver hostNameResolver;

    @Autowired
    @Qualifier("userRateLimiter")
    private RateLimiter rateLimiterUser;

    @Bean
    public RouteLocator routes(RouteLocatorBuilder builder) {
        return builder.routes()
                .route(route -> route
                        .path("/coupon-user/**")
                        .filters(f -> f.requestRateLimiter(c -> {
                            c.setKeyResolver(hostNameResolver);
                            c.setRateLimiter(rateLimiterUser);
                        }))
                        .uri("lb://COUPON-USER-SERVICE")
                )
                // 以下部分省略
    }
}
```

在上述代码中，我们将限流规则添加到 COUPON-USER-SERVICE 对应的路由规则中。为了验证限流规则是否有效，可以将 userRateLimiter 中的令牌桶流速和令牌桶容量定义为一个较小的值，在短时间内以较高频率访问网关路由，通过这种方式来验证限流规则是否生效。

12.5.3　通过 Actuator 端点查看路由

Spring Cloud Gateway 组件提供了一套 REST 风格的接口，通过 Actuator 组件对外提供服务，这些接口用来对网关路由表进行查询、新增和删除操作。在网关层应用的配置文件里打开 management 的所有端点（或者单独开启 Gateway 端点），就可以使用这些接口，这些接口提供的具体功能如下：

1. 查询路由表

打开 Postman，在地址栏输入 Actuator 开放出来的“查询路由表”接口地址（以我本机为例，地址为 localhost:10005/actuator/gateway/routes），单击输入键发送一个 GET 类型的服务请求，我们将获取所有路由表的信息，具体返回结果如下：

```
[
    {
        "predicate": "Paths: [/coupon-user/**], match trailing slash: true",
        "route_id": "ed3a3749-dae1-4591-8aa5-b8183df637dd",
        "filters": [
"[org.springframework.cloud.gateway.filter.factory.RequestRateLimiterGateway
FilterFactory$$Lambda$441/627519623@171b886d, order = 0]"
        ],
        "uri": "lb://COUPON-USER-SERVICE",
        "order": 0
    },
    {
        "predicate": "Paths: [/template/**], match trailing slash: true",
        "route_id": "4609d822-20d0-4ac7-b8f1-7bcb67aa3caf",
        "filters": [],
        "uri": "lb://COUPON-TEMPLATE-SERVICE",
        "order": 0
    },
    {
        "predicate": "Paths: [/calculator/**], match trailing slash: true",
        "route_id": "5ddce380-af29-46d1-b8b7-d0fd4e6e49e4",
        "filters": [],
        "uri": "lb://COUPON-CALCULATOR-SERVICE",
        "order": 0
    }
]
```

上述代码中的接口返回值是路由表在 Gateway 组件中的数据格式，其中 route_id 可以在定义路由规则的时候指定一个全局唯一 ID。如果没有指定 ID，那么 Gateway 组件会自动生成一个 route_id。我们也可以在请求路径中指定查询特定的路由，请求路径格式为

/actuator/gateway/routes/{route_id}，路径中最后一个参数是路由表的全局唯一 ID。

2. 删除路由

向网关组件发起一个 DELETE 类型的请求删除指定路由，请求路径为/actuator/gateway/routes/{route_id}，路径中最后一个参数是路由表的全局唯一 ID。

3. 新建路由

向路由表发起一个 POST 类型的请求添加新路由，请求的 body 是 JSON 格式的路由数据结构，格式和本节中通过 GET 接口获取的路由数据格式一致，添加新路由的接口路径为/actuator/gateway/routes/{route_id}，路径中的最后一个参数是我们手动指定的全局唯一 route_id。

13

第 13 章 使用 Sleuth 进行调用链路追踪

本章，我们将深入学习 Sleuth 组件的功能和用法，利用 Sleuth 对微服务调用链路上的服务进行“调用链打标”，并通过与 Zipkin 和 ELK（Elastic Search、Logstash 和 Kibana）的集成，实现调用链梳理和日志检索功能。

13.1 为什么微服务架构需要链路追踪

在微服务架构的大型应用中，完成一个复杂业务（比如电商网站的下订单操作）需要调用众多的上下游微服务，我们以一个简化后的下单场景为例，完成下单操作需要访问的关键服务有库存服务、商品服务、营销优惠计算服务和支付服务，简化后的下单链路如图 13-1 所示。

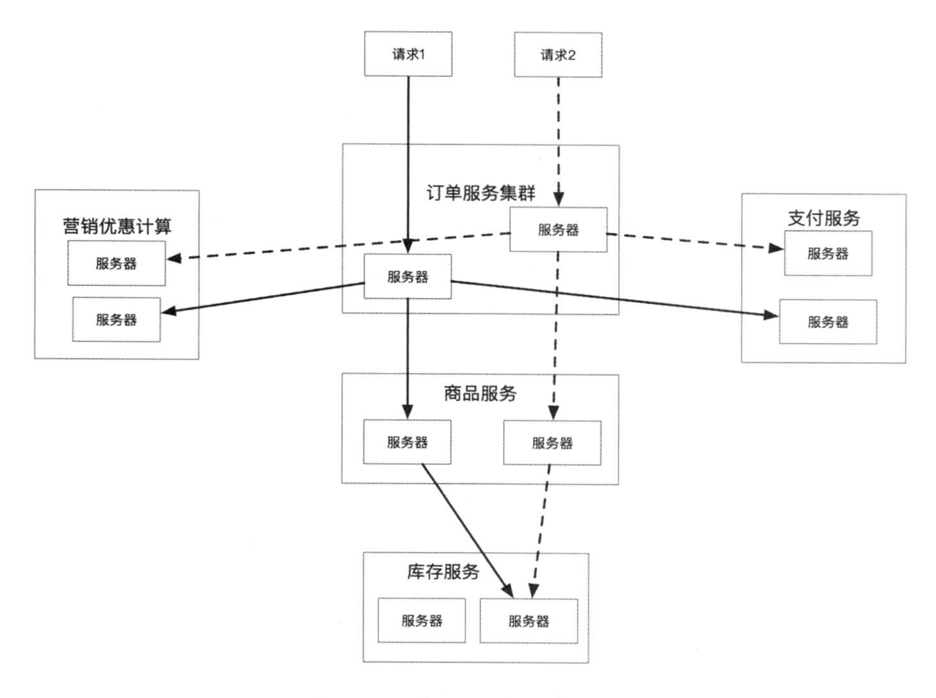

图 13-1　简化后的下单链路

如图 13-1 所示，每个服务都是以集群模式部署运行的，服务与服务间的调用请求会根据一定的负载均衡规则转发到集群中任意一台服务器上，其中虚线箭头和实线箭头表示来自两个不同用户的下单请求。假设其中一个下单请求出现了异常，但异常的源头发生在调用链路的具体哪个环节还无法准确定位，那么需要技术团队进一步排查这个下单请求在整个链路上访问过的所有模块。

在没有搭建链路追踪能力的系统中，排查工作是一项很难完成的任务，技术人员要从代码逻辑中梳理出各个服务在调用链路中的上下游关系，再通过日志中零星的请求参数和大致的时间范围，来定位到相关的日志信息，而同一时刻系统承接的访问请求越多，这个排查工作所花费的时间就越多。

为了降低线上问题排查的成本，我们需要在系统中搭建“链路追踪”的功能，将一次请求调用中经过的所有上下游链路串联起来，在同一个调用请求的全链路日志信息中加入一个全局唯一的 Trace ID。这样，开发团队只要获取某一条异常日志，就可以获取这次调用请求的 Trace ID，根据 Trace ID 就可以查询整条调用链的日志信息。

链路追踪一般包含链路打标、链路梳理和日志查找三个功能模块，这些模块的功能如下：

1. 链路打标

链路打标是链路追踪功能最重要的一个环节，当新的服务调用请求抵达服务时，链路打标组件为服务调用请求生成一个全局唯一的 ID——Global Trace ID，并将这个 Global Trace ID 添加到用户请求中。这样，Global Trace ID 就可以在整个调用链路所经过的组件或微服务中传递。不仅如此，在调用链路中的每行日志信息中都会打印 Global Trace ID。除了生成 Global Trace ID，链路打标组件还需要为一次调用请求所经过的每个组件或微服务分配一个独立的 Span ID，用于对调用链路中的不同组件或服务做区分，Span ID 也将包含在日志中。

2. 链路梳理

链路梳理是基于链路打标之上构建的一种功能，根据 Global Trace ID 可以查询到一整条调用链路中调用的所有服务模块，每个服务调用按照时间先后顺序排序。通过链路梳理功能，开发团队可以轻松梳理出调用链路中上下游服务之间的依赖关系。我们还可以通过链路梳理功能对一次服务请求链路中的每个环节所花费的时间进行统计，帮助开发团队快速定位服务的性能问题。

3. 日志查找

被链路打标后的日志信息，在经过收集汇总之后，存储在类似 Elastic Search 的 NoSQL 数据库中（在这个过程中需要对日志信息做分词统计并建立索引），并通过一套 UI 页面对外提供日志查找功能。

13.2 链路追踪技术介绍

13.2.1 Sleuth

Sleuth 是 Spring Cloud 组件库中的链路打标组件，它为基于 Spring Boot 搭建的分布式应用提供了链路打标能力，通过自带的 auto-configuration 模块与应用快速集成。

Sleuth 提供了大量的适配器，用来支持不同组件的服务打标功能。我们只需要在应用中添加极少量的配置，就可以开启链路打标功能。我们以图 13-1 中描述的下单场景为例，看一下 Sleuth 如何在一次服务调用的不同阶段进行链路打标，Sleuth 的链路打标过程如图 13-2 所示。

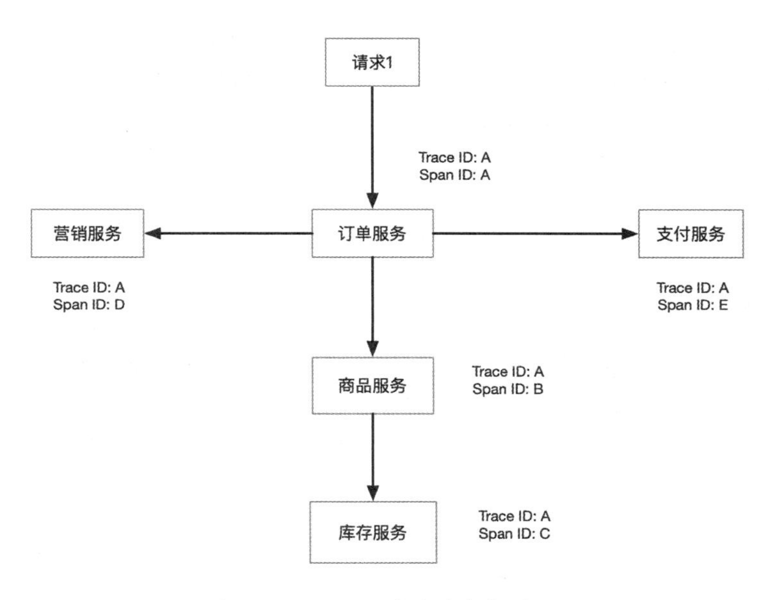

图 13-2　Sleuth 的链路打标过程

从图 13-2 中可以看到，Sleuth 为整条调用链分配了一个全局唯一的 ID，通过全局 ID 可以查询到一次服务请求中所有的日志信息。与此同时，Sleuth 也在每一个微服务的执行阶段为其分配了一个唯一的 Span ID，通过 Span ID 可以查询一次服务请求中特定服务执行阶段的执行日志。

13.2.2　Zipkin

Zipkin 是一个分布式链路追踪系统，它的核心功能包括日志信息收集和调用链检索。通过日志文件中的 Global Trace ID，我们可以在 Zipkin 系统中直接查询该次服务请求的统计数据，比如一次调用请求在每个微服务阶段所花费的时间，各阶段时间开销占本次服务调用链路花费总时长的百分比。Zipkin 还可以直观地反映出每个微服务调用结果是成功还是失败（通过用红色背景标记失败调用）。借助 Zipkin 的这些功能，可以帮助开发团队快速定位系统延时或性能问题。

在 Zipkin 的 UI 界面中可以查看依赖关系图，梳理各个服务之间的上下游调用关系，也可以分析统计每个应用接收的服务请求数量。借助这个功能，开发团队可以很快定位到服务异常路径。对一些计划被替换掉的老接口执行下线操作时，我们可以通过 Zipkin 的依赖关系梳理图做最终检查，确认没有来自其他应用的调用之后，再执行接口下线操作。

Zipkin 需要从应用程序获取日志信息，比较通用的做法是，通过 HTTP 请求或者消息组件（如 Kafka 或 RabbitMQ 等消息队列中间件）的方式将日志信息上报给 Zipkin。Zipkin 的 UI 界面中展示的数据可以保存在多种存储介质中，如果仅用于测试，那么我们可以采用最简单的基于内存的存储，在正式的线上环境中通常采用 Cassandra 或 Elastic Search 作为存储介质。

13.2.3 ELK

ELK 并不是一个框架或单独的中间件组件，而是三个开源中间件首字母的缩写，这三个中间件分别是 Elastic Search、Logstash 和 Kibana，下面我们分别对这三个组件做简单介绍。

1. Elastic Search

Elastic Search 是一个分布式搜索引擎组件，它的三个核心功能分别是数据存储、数据分析和数据检索。在链路追踪业务里，Elastic Search 主要用于将日志信息做分词处理，并存储到分布式的 Elastic Search 集群中，它还提供了 REST 风格的接口，对外提供数据检索功能。

2. Logstash

Logstash 主要用于日志信息收集和过滤，它能够动态地采集、转换和传输数据，接收并处理各种格式的数据，剔除敏感数据或字段，Logstash 支持各种不同类型的输入源（本地文件、Kafka、GitHub 等数十种数据源），几乎涵盖了目前业界大部分的数据存储和转发方案。Logstash 能够以连续的流式传输方式，从日志、Web 应用及各种数据存储中采集数据。数据从源传输到存储库的过程中，Logstash 过滤器能够解析各个事件，识别指定命名规则的字段用来构建日志消息体结构，并将它们转换成通用格式，以便进行后续的数据分析。

3. Kibana

Kibana 也是一个开源项目，作为 ELK 体系中的可视化组件，Kibana 提供了一套 UI 界面，可以对接到 Elastic Search 读取日志信息，帮助我们汇总、分析和搜索重要的数据日志。

ELK 的集成方案如图 13-3 所示。

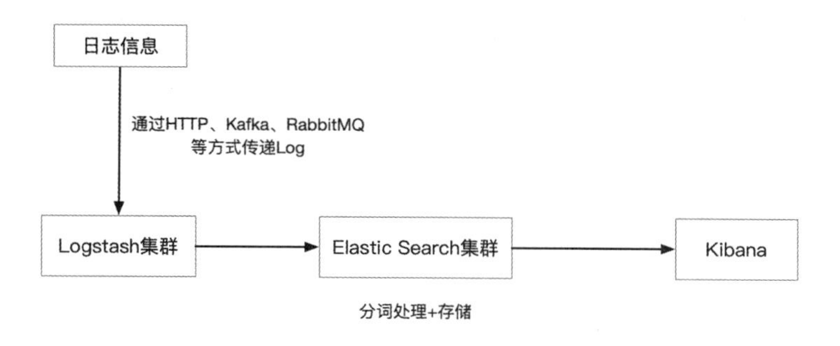

图 13-3　ELK 的集成方案

从图 13-3 中可以看到，Logstash 用于收集日志信息，我们可以通过 HTTP 接口或消息组件等方式将日志信息输送给 Logstash 集群中的服务器，Logstash 再将日志数据传输到 Elastic Search，由 Elastic Search 进行日志分类与存储，最后通过 Kibana 提供的 Web 页面进行日志检索。

在日志信息传送到 Logstash 的过程中，有些公司会采用 FileBeat 做中转传输，FileBeat 是一个轻量级的日志收集处理工具，运行期的资源占用也相当少。当 FileBeat 发送数据到 Logstash 时，FileBeat 采用了一种名为 backpressure-sensitive 的协议来探知 Logstash 的负荷。当 Logstash 运行繁忙的时候，FileBeat 会放慢处理速度；当 Logstash 负荷降低后，FileBeat 会恢复处理速度。

13.3　Sleuth 基本数据结构

Sleuth 的基本数据结构包括 Trace、Span 和 Annotation，这三个基本数据结构的具体介绍如下：

1. Trace

Trace 是 Sleuth 链路打标的最顶层标记，对一个服务调用请求来说，无论它调用了多少个服务接口，在一次调用请求的全程中有且始终只有一个 Global Trace ID 标记，并且这个 ID 是全局唯一的不重复 ID。一次服务调用请求从发起到结束，其调用链路上的日志都会包含这个 ID，在线上故障排查的过程中，Global Trace ID 是一个相当重要的线索，它可以帮助我们快速定位线上问题。

2. Span

Span 又被称作“单元”，在一次服务请求的调用链中，Sleuth 对途径的不同组件分配一个独立的 Span ID。打个比方，一个用户请求调用了服务 A，服务 A 又分别调用了服务 B 和服务 C，那么这三个服务都会被分配一个独立的 Span ID。同 Global Trace ID 的全局唯一性一样，Span ID 也是全局唯一的。

为了梳理调用链上下游的调用关系，即一次服务请求中各个单元的调用顺序，Sleuth 还会记录每个单元的 Parent Span ID，Parent Span ID 直接指向当前单元的调用发起方（上游服务）的 Span ID。对调用链的起始单元来说，由于它没有前置的上游单元，因此它的 Parent Span ID 为空，并且它的 Span ID 与当前调用链的 Global Trace ID 相同。

3. Annotation

Annotation 是 Span 之下的一个结构，它将一个 Span 再次划分为不同的阶段，常用的 Annotation 如表 13-1 所示。

表 13-1 常用的 Annotation

Annotation 名称	Annotation 含义
CS - Client Sent	客户端发起一个服务请求
SR - Server Received	服务端接收请求，准备开始执行业务逻辑
SS – Server Sent	服务端返回请求结果给客户端
CR – Client Received	客户端收到服务端的返回结果

Trace、Span 和 Annotation 之间的关系如图 13-4 所示。

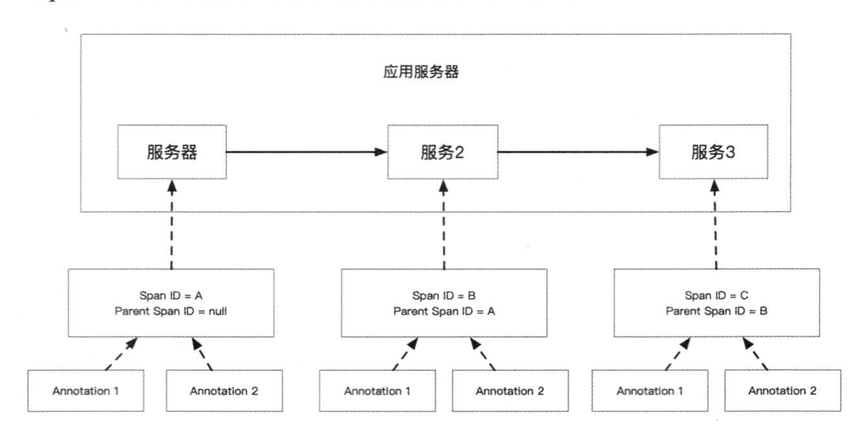

图 13-4 Trace、Span 和 Annotation 之间的关系

13.4　微服务架构升级——集成 Sleuth 实现链路追踪

13.4.1　添加依赖项

在 coupon-template-service、coupon-calculation-service 和 coupon-user-service 的 pom.xml 文件中添加 Sleuth 的依赖项，具体代码如下：

```
<dependency>
   <groupId>org.springframework.cloud</groupId>
   <artifactId>spring-cloud-starter-sleuth</artifactId>
</dependency>
```

添加了上面的依赖项后，我们并不需要添加其他的项目配置就能开启 Sleuth 的功能，这得益于 Sleuth 组件的自动装配机制。Sleuth 的链路打标功能会随着依赖项的引入自动开启，我们不仅可以在微服务项目中引入 Sleuth 组件，也可以在 Gateway 网关等平台组件中添加 Sleuth 的功能。

13.4.2　配置 Sleuth 采样率

除链路打标功能外，Sleuth 还支持采样率的设置。通过设置采样率，我们可以控制采样的百分比，只有被采样的日志才会传送给 Zipkin 之类的链路追踪组件。设置采样率的目的是避免过多的日志信息被采集，但对生产级应用来说，为了追踪所有调用链信息，建议将采样率设置为 100%。

分别在 coupon-user-service、coupon-template-service 和 coupon-calculation-service 中的 application.xml 配置文件的 spring 节点下添加 sleuth 配置项，并设置采样率为 100%，具体代码如下：

```
spring:
  sleuth:
    sampler:
      probability: 1
```

在上面的代码中，probability=1 即表示采样率为 100%。我们接下来启动所有微服务项目，发起一次跨应用的服务调用，在控制台的日志信息中会看到如下输出结果：

```
2021-4-19    23:54:05.572    DEBUG    [coupon-user-service,553bb84df8cea755,
b479df27d8cfa33b,true]
```

在上面的日志信息中，553bb84df8cea755 是当前服务请求的 Global Trace ID，而 b479df27d8cfa33b 则是当前服务对应的 Span ID，日志最后的布尔值表示该条日志是否被采样。由于我们配置了 Sleuth 的采样率是 100%，所以日志最后输出了 true，表示这条日志被标记为“被采样”。

13.5 微服务架构升级——搭建 Zipkin 服务器

13.5.1 添加 Zipkin 依赖

我们可以通过两种方式搭建 Zipkin 服务器。一种方式是直接下载 Zipkin 的 jar 包，使用命令行加启动参数的方式运行 Zipkin；另一种方式是自建 Zipkin 服务器，为了使读者了解 Zipkin 的配置，我们采用自建 Zipkin 的方式搭建 Zipkin 服务。

新建一个 Maven 项目，选择 middleware 文件夹作为项目路径，项目名为 Zipkin。在该项目的 pom.xml 文件中，分别添加 zipkin-server、zipkin-ui 和 zipkin-rabbitmq 三个关键依赖项，具体代码如下：

```
<dependency>
    <groupId>io.zipkin.java</groupId>
    <artifactId>zipkin-server</artifactId>
    <version>2.12.3</version>
</dependency>

<dependency>
    <groupId>io.zipkin.java</groupId>
    <artifactId>zipkin-autoconfigure-ui</artifactId>
    <version>2.12.3</version>
</dependency>

<dependency>
    <groupId>io.zipkin.java</groupId>
    <artifactId>zipkin-autoconfigure-collector-rabbitmq</artifactId>
    <version>2.12.3</version>
</dependency>
```

需要特别注意的是，由于 Zipkin 的依赖项和 coupon 项目中引入的 Spring Boot 和 Spring Cloud 依赖项有兼容性问题，所以我们需要将 Zipkin 模块作为一个独立的 Maven 项目构建，它并不是 coupon 项目的一个子模块。关于 Zipkin 项目的 pom.xml 文件的完整代码，详见本书 GitHub 配套源码。

13.5.2　创建 Zipkin 启动类

添加完依赖项之后，我们在 com.broadview.zipkin 包路径下创建一个启动类，命名为 ZipkinApplication，并添加 Zipkin 特有的启动注解，具体代码如下：

```
@SpringBootApplication
@EnableZipkinServer
public class ZipkinApplication {
    public static void main(String[] args) {
        new SpringApplicationBuilder(ZipkinApplication.class)
                .web(WebApplicationType.SERVLET)
                .run(args);
    }
}
```

注意： Spring Cloud 有两个 @EnableZipkinServer 注解，上面代码中引入的 @EnableZipkinServer 注解对应的是 Zipkin2 的注解，对应的包路径为 zipkin2.server.internal.EnableZipkinServer。

13.5.3　通过 RabbitMQ 接收日志文件

对生产级应用来说，我们需要构建一种高可用的日志传递通道，将日志信息从应用服务器发送给 Zipkin 组件。除高可用的需求外，该传输通道还应具备强大的消息堆积能力，当 Zipkin 组件处于繁忙或宕机状态无法及时接收日志信息时，传输通道可以利用强大的消息堆积能力将这部分日志信息暂存起来，待 Zipkin 组件恢复正常状态后再来读取日志信息。

基于上面描述的需求场景，使用消息队列作为传输通道是一个比较好的选择，消息队列不仅具备高可用的特性，还具备强大的消息堆积能力。本节，我们选择 RabbitMQ 作为传输通道，应用服务器、RabbitMQ 和 Zipkin 之间的调用关系如图 13-5 所示。

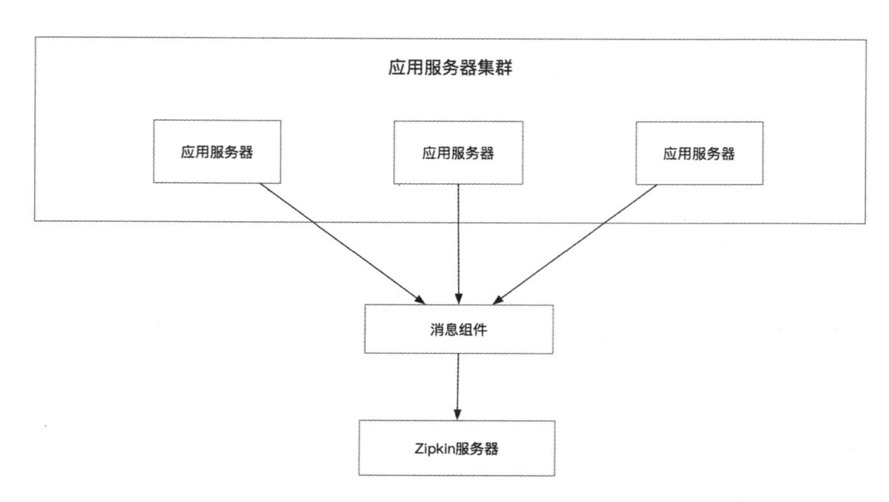

图 13-5　应用服务器、RabbitMQ 和 Zipkin 之间的调用关系

为了构建如图 13-5 所示的日志传输通道，我们还需要在 Zipkin 项目中配置 RabbitMQ 的连接字符串，在 resources 目录下创建 application.yml 配置文件，具体代码如下：

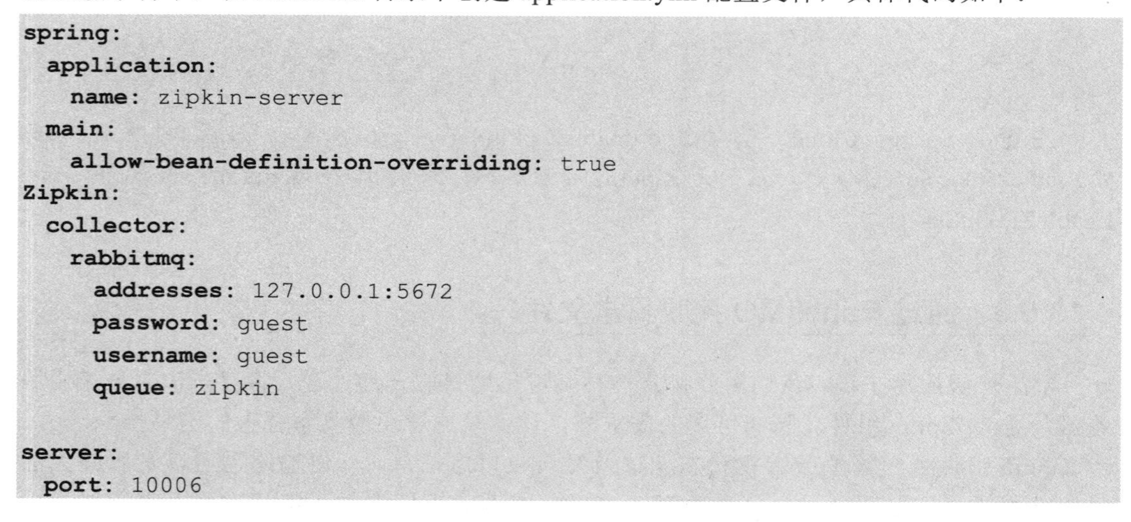

```
spring:
  application:
    name: zipkin-server
  main:
    allow-bean-definition-overriding: true
Zipkin:
  collector:
    rabbitmq:
      addresses: 127.0.0.1:5672
      password: guest
      username: guest
      queue: zipkin

server:
  port: 10006
```

在上述代码中，我们设置 Zipkin 服务的启动端口为 10006，并设置 Zipkin 使用 RabbitMQ 作为日志信息的收集器，对应的消息队列名为“zipkin”。

除了利用 RabbitMQ 做日志传输的通道，我们还可以绕过 MQ 组件，将应用服务器直连到 Zipkin，通过 Web 接口调用的方式传输日志。这种方案需要集成服务治理组件做高可用，Zipkin 需要在启动阶段将自己作为一个服务注册到注册中心，应用程序通过服务发现机制获取 Zipkin 地址，并通过 HTTP 的方式传输日志信息。该方案的优点是搭建起来比较简单，但缺点也很明显：一旦 Zipkin 宕机，在其恢复正常之前的这段时间产生的日志文件就会丢失。因此，在生产级应用中推荐使用 MQ 作为日志传输通道。

13.5.4　应用程序集成 Zipkin

对已经集成了 Spring Cloud Bus 组件做消息推送的应用来说（比如 coupon-user-service 应用），RabbitMQ 的依赖项和配置项已经随 Bus 组件添加到了项目中，我们只需引入 Zipkin 的依赖项就可以了，不需要再额外引入 RabbitMQ 的依赖项。Zipkin 的具体代码如下：

```
<dependency>
    <groupId>org.springframework.cloud</groupId>
    <artifactId>spring-cloud-starter-zipkin</artifactId>
</dependency>
```

对 coupon-template-service 和 coupon-calculation-service 来说，由于我们没有引入 Bus 组件，因此除 Zipkin 的依赖项外，我们还需要在这两个应用的 pom.xml 文件中引入 RabbitMQ 的依赖项，这里我们需要添加的依赖项是 Stream 组件的 RabbitMQ 适配器，具体代码如下：

```
<dependency>
    <groupId>org.springframework.cloud</groupId>
  <artifactId>spring-cloud-starter-stream-rabbit</artifactId>
</dependency>
```

接下来，我们在 coupon-user-service、coupon-template-service 和 coupon-calculation-service 的 application.yml 文件中的 spring 节点下添加 Zipkin 的依赖项，具体代码如下：

```
spring:
  zipkin:
  sender:
    type: rabbit
  rabbitmq:
    addresses: 127.0.0.1:5672
    queue: zipkin
```

在上述代码中，我们指定了应用程序与 Zipkin 的集成方式为 RabbitMQ，同时配置了 RabbitMQ 消息组件的 IP 地址和对应的消息队列名称。

在配置妥当之后，我们就可以启动项目并验证集成方案是否可以正常工作。首先通过执行 main()方法的方式启动 RabbitMQ 和 Zipkin 服务器，接着启动 eureka-server 应用，最后依次启动 coupon-calculation-service、coupon-template-service 和 coupon-user-service 三个服务。待全部启动完成后，使用 Postman 向任意服务发起几次方法调用，打开 Zipkin 的首页（以作者本地的 Zipkin 服务器为例，首页地址为 http://localhost:10006/zipkin），Zipkin 调用链的查询结果如图 13-6 所示。

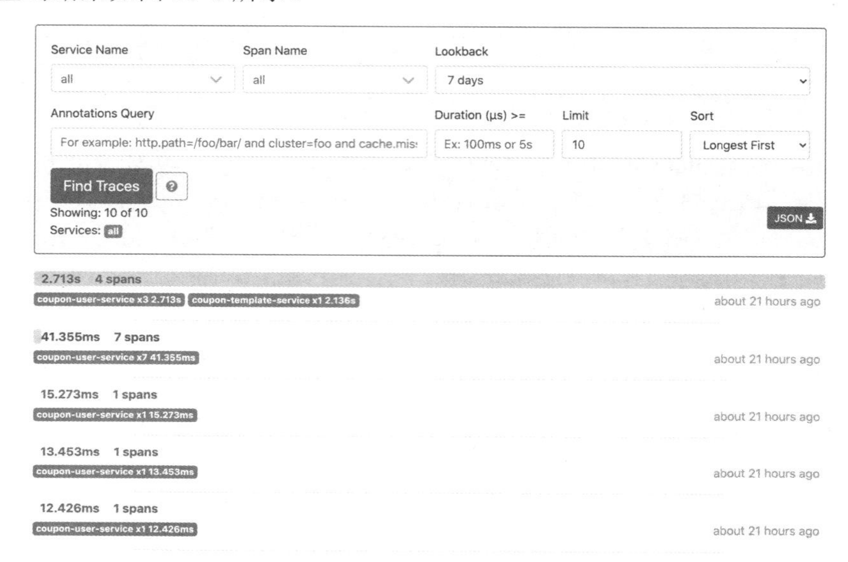

图 13-6 Zipkin 调用链的查询结果

如图 13-6 所示，我们可以选择不同的查询条件和时间范围，单击具体的某一条查询记录，可以进入调用链详情页，如图 13-7 所示。

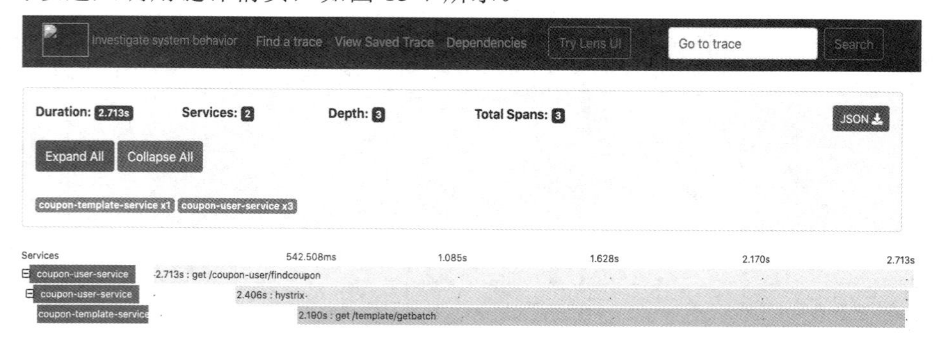

图 13-7 Zipkin 调用链详情页

通过图 13-7 中下方的时序图，我们可以查询到本次调用链路所经过的所有服务。这些服务的调用顺序按照从先到后排序，每个服务所花费的调用时长也通过横向柱状图显示在页面上，我们可以借助这些信息快速排查定位性能问题。屏幕右上角的 Go to trace 搜索框可以查询 Trace ID，将全局唯一的 Global Trace ID 复制到搜索框里，单击 Search 按钮查询指定调用链的详细信息。

单击图 13-7 中的任意一条服务单元信息，我们可以查看当前 Span 的详情信息，Span 的详情信息如图 13-8 所示。

coupon-user-service.get /coupon-user/findcoupon: 2.713s ×

Services: coupon-user-service

Date Time	Relative Time	Annotation	Address
12/20/2020, 11:06:18 PM		Server Start	coupon-user-service
12/20/2020, 11:06:21 PM	2.713s	Server Finish	coupon-user-service

Key	Value
http.method	GET
http.path	/coupon-user/findCoupon
mvc.controller.class	CouponController
mvc.controller.method	findCoupon
Client Address	[::1]:55989

More Info

traceId	5dfb0581b24e5e1d
spanId	5dfb0581b24e5e1d
parentId	

图 13-8　Span 的详情信息

利用 Zipkin 的依赖梳理功能，我们可以查询一段时间内所有微服务之间的上下游调用关系，单击图 13-7 页面顶部的 Dependencies 链接，或者直接在浏览器中访问 http://127.0.0.1:10006/zipkin/dependency 地址，可以进入 Zipkin 的依赖查询页面。在依赖查询页面上选择一个时间范围后单击“搜索”按钮，可以看到如图 13-9 所示的服务间依赖关系梳理图。

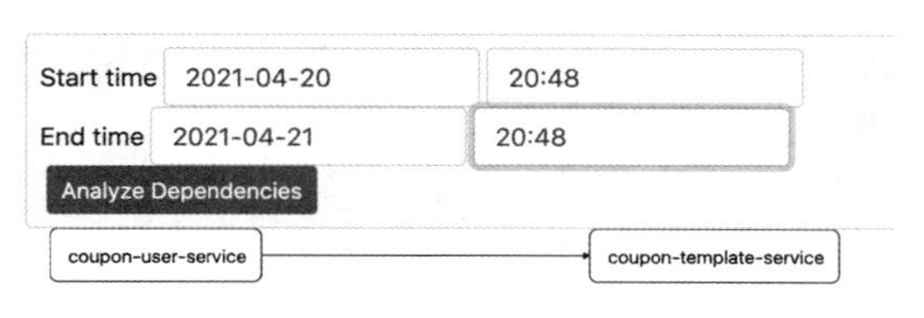

图 13-9　服务间依赖关系梳理

如图 13-9 所示，根据 2021-04-20 20:48 到 2021-04-21 20:48 之间所发生的依赖调用数据，梳理出了 coupon-user-service 和 coupon-template-service 之间的依赖关系，其中箭头指向的是被调用方，即 coupon-user-service 依赖 coupon-template-service。

13.6 微服务架构升级——搭建 ELK 环境

13.6.1 下载 ELK 的 Docker 镜像

我们可以分别安装 ELK 的三个组件 Elastic Search、Logstash 和 Kibana，但是在配置、集成和调试方面会比较麻烦，因此笔者推荐使用 ELK 三合一镜像来安装 ELK 运行环境。

本节，我们使用 sebp/elk 镜像安装 ELK，该镜像已经为我们打包好了一套可以直接使用的 ELK 环境，并且这套环境中的各个组件已经互相集成，我们只需要把应用环境的日志信息传递给 Logstash 即可。由 Logstash 将日志信息同步给 Elastic Search，再由 Kibana 组件通过 Elastic Search 开放出来的 API 将日志统计信息显示在页面上。安装镜像需要借助 Docker 技术，关于 Docker 的指令和基本使用方法，读者可以参考本书的“容器化”章节（16 章～22 章）中的内容，本章不对 Docker 技术做深入介绍。

在确保本地可以正常执行 Docker 命令的前提下，我们在命令行执行以下命令下载 ELK 镜像，具体 Docker 命令如下：

```
docker pull sebp/elk
```

由于 ELK 镜像文件比较大，所以整个下载过程耗时比较久。如果下载速度比较慢，则可以尝试使用网络代理等方式下载镜像。

13.6.2 在镜像内配置 ELK 属性

在 ELK 镜像下载完成之后，我们需要基于 ELK 镜像创建一个 Docker 容器，并完成日志信息传输通道的配置，具体步骤如下：

1. 启动容器

在命令行执行以下命令启动 ELK 容器：

```
docker run -p 5601:5601 -p 9200:9200 -p 5044:5044 -e ES_MIN_MEM=128m -e
ES_MAX_MEM=1024m -it --name broadviewelk sebp/elk
```

上面的命令指定了三个端口，5601 是 Kibana 的端口号，9200 是 Elastic Search 的端口号，5044 是 Logstash 的端口号。我们通过 ES_MIN_MEM 和 ES_MAX_MEM 命令指定了

分配给 Elastic Search 的最小内存和最大内存，建议读者根据自己电脑的实际物理内存的大小调整这两个参数。命令行中的 name 参数指定了当前容器的名称为 broadviewelk。

在未指定版本的情况下，上面的命令将尝试获取最新版本的 ELK 镜像，读者也可以通过命令行参数下载指定版本的镜像（作者本地的镜像版本是 7.10.0）。

注意：上面的命令只需要在首次创建容器的时候执行一次即可，重复执行会报出异常提示信息。在容器创建完成之后，可以使用以下命令对容器进行操作。

启动容器：docker start

关闭容器：docker stop

重启容器：docker restart

2. 进入容器

容器启动后，我们在命令行执行以下命令进入容器内：

```
docker exec -it broadviewelk /bin/bash
```

注意：该命令必须要在容器处于启动状态的时候执行。

3. 修改配置文件

在步骤 2 打开的命令行中，进入 Logstash 的配置文件所在的容器目录（目录路径为 /etc/logstash/conf.d）中，在当前命令下使用文件编辑命令（比如 vi 命令）打开 Logstash 的配置文件（文件名为 02-beats-input.conf)，我们将文件中的内容删除，并替换为以下代码：

```
input {
   tcp {
      port => 5044
      codec => json_lines
   }
}
output {
   elasticsearch {
      hosts => ["localhost:9200"]
      index => "broadview"
   }
}
```

在上面的代码中，我们通过 input 节点约定了 Logstash 的信息输入源，通过 5044 端口接收日志信息，日志格式为 JSON 格式。我们通过 output 端口指定 Logstash 的信息输出方式，将日志信息输送到 Elastic Search 组件的 9200 端口，并为来自 Coupon 应用的日志信息设置了一个名为 broadview 的查询索引。

注意：在退出编辑模式之前，要将配置进行保存。

4. 重启容器

在命令行使用以下命令重启容器：

```
docker restart broadviewelk
```

重启过程将持续数分钟，待项目重启完成后，尝试访问 Kibana 的主页，地址是 http://localhost:5601/。如果容器配置正确无误，那么读者可以看到如图 13-10 所示的 Kibana 主页。

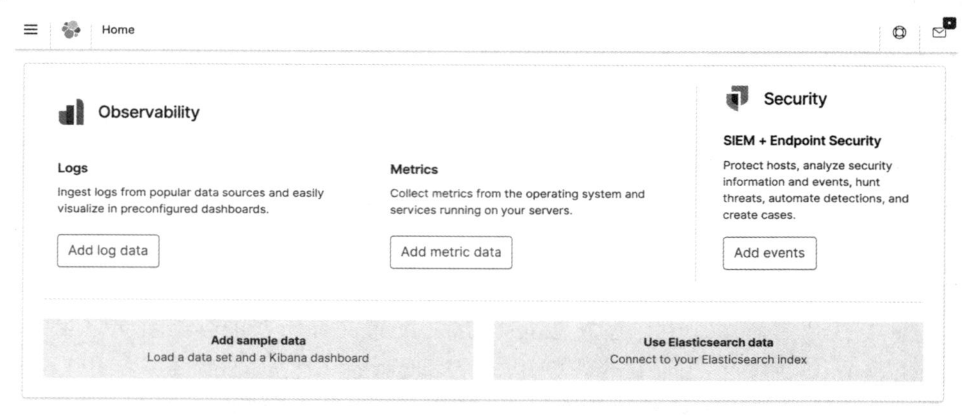

图 13-10　Kibana 主页

13.6.3　将应用日志输送到 Logstash

本节我们将对应用服务的 Log 文件传输过程进行改造，将日志信息传输给 ELK 容器中的 Logstash 组件，整个过程分为以下两个步骤：

1. 添加依赖项

在 coupon-template-service、coupon-calculation-service 和 coupon-user-service 三个应用中的 pom.xml 文件中添加 logstash-encoder 的依赖，具体代码如下：

```
<dependency>
    <groupId>net.logstash.logback</groupId>
    <artifactId>logstash-logback-encoder</artifactId>
```

```
    <version>6.4</version>
</dependency>
```

2. 添加日志配置

在 coupon-template-service、coupon-calculation-service 和 coupon-user-service 三个应用的 src/main/resources 文件夹下创建 logback-spring.xml 文件，在其中添加 Logstash 对应的 appender 对象，具体代码如下：

```
<appender name="logstash" class="net.logstash.logback.appender. LogstashTcp
SocketAppender">
        <destination>127.0.0.1:5044</destination>
        <encoder
                class="net.logstash.logback.encoder.LoggingEventCompositeJsonEncoder">
            <providers>
                <timestamp>
                    <timeZone>UTC</timeZone>
                </timestamp>
                <pattern>
                    <pattern>
                        {
                        "severity": "%level",
                        "service": "${springAppName:-}",
                        "trace": "%X{X-B3-TraceId:-}",
                        "span": "%X{X-B3-SpanId:-}",
                        "exportable": "%X{X-Span-Export:-}",
                        "pid": "${PID:-}",
                        "thread": "%thread",
                        "class": "%logger{40}",
                        "rest": "%message"
                        }
                    </pattern>
                </pattern>
            </providers>
        </encoder>
    </appender>
```

在上述代码中，我们通过 destination 标签指定了日志信息输送到 Logstash 的目标地址；通过 pattern 标签定义了日志文件的 JSON 结构；在 JSON 结构体中，以 X 开头的属性是通用的链路追踪标签信息。在 logback-spring.xml 文件中，除 Logstash 的配置外，我们还可以将日志输送到 Console 或者本地文件中，读者可以根据自己的需要改写相关配置。

完成了日志配置以后，我们可以在本地将 Coupon 应用启动起来，同时保持 ELK 容器处于运行状态，使用 Postman 向 Coupon 应用发送几个远程调用，此时应用服务输出的 INFO 级别的日志信息就会被 ELK 容器中的 Logstash 组件接收并处理。

13.6.4 在 Kibana 中搜索日志

为了方便我们在 Kibana 中做日志检索，我们需要在 Kibana 中先创建一个索引，单击图 13-10 左上角的☰图标，在下拉弹窗中选择 Discover，Kibana Discover 选项如图 13-11 所示。

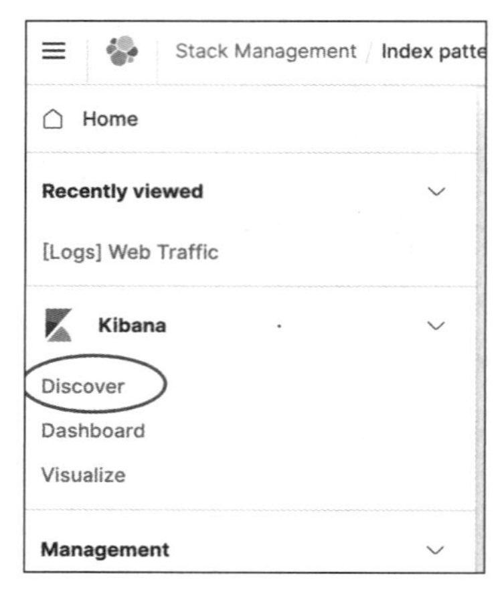

图 13-11 Kibana Discover 选项

单击图 13-11 中的 Discover 选项之后，在下一个页面单击 Create index pattern 按钮，将跳转到创建索引匹配规则的页面。由于我们在 13.6.3 节中已经启动了 Coupon 应用，并发起了几次网络请求调用，所以带有 broadview 索引标记的日志信息已经被 Logstash 组件接收，并保存到了 Elastic Search 中。此时，我们在 Kibana 页面中可以看到一个名为 broadview 的索引，Kibana 创建索引匹配规则的页面如图 13-12 所示。

如图 13-12 所示，在页面底部可以看到一条 broadview 的索引记录，我们可以在 index pattern name 输入框中创建一个索引匹配规则，如果使用通配符“*”则可以匹配多条索引记录。这里我们选择只匹配 broadview 索引，在 Index pattern name 这一栏中输入 broadview 并单击 Next step 按钮，在下一个页面中选择以@timestamp 作为时间字段，并单击 Create index pattern 按钮完成索引匹配规则的创建。

Create index pattern

An index pattern can match a single source, for example, `filebeat-4-3-22` , or **multiple** data sources, `filebeat-*` .
Read documentation

Step 1 of 2: Define index pattern

Index pattern name

index-name-*　　Next step >

Use an asterisk (*) to match multiple indices. Spaces and the characters \, /, ?, ", <, >, | are not allowed.

Include system and hidden indices

Your index pattern can match any of your 3 sources.

%{[@metadata][beat]}-2020.12.21　Index
%{[@metadata][beat]}-2020.12.22　Index
broadview　Index

Rows per page: 10

图 13-12　Kibana 创建索引匹配规则的页面

在索引匹配规则创建完成后，我们重新回到如图 13-11 所示的选项框，从菜单栏中单击 Discover 选项，可以进入 Kibana 的日志检索主页面，如图 13-13 所示。

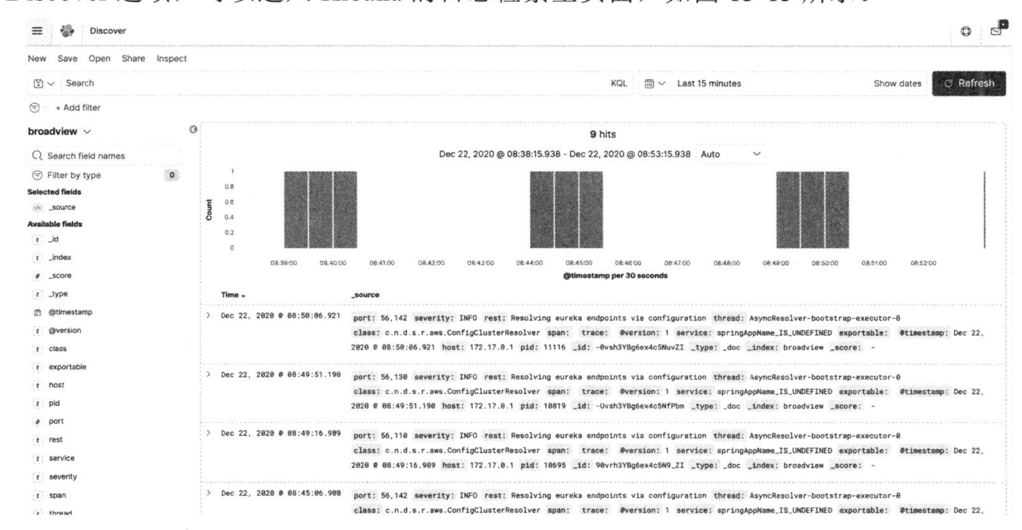

图 13-13　Kibana 的日志检索主页面

如图 13-13 所示，我们可以编写 KQL 表达式对日志信息进行检索，KQL 是 Kibana 中的关键字检索语言，有关 KQL 的语法和用法，读者可以参考 Kibana 官方资料。篇幅有限，本节不涉及 KQL 语言的基础语法。除 KQL 表达式外，我们还可以选择一个时间范围作为搜索条件。Kibana 提供了丰富的时间选择器，比如从当前系统时间算起，搜索 X 天/小时/分钟之前的日志信息，或者查询一个精确的起止时间内的日志信息。

单击并查看图 13-13 中的任意一条日志信息，这条日志的详细数据会以 JSON 格式显示在页面上，日志详情信息如图 13-14 所示。

Table JSON


```
{
  "_index": "broadview",
  "_type": "_doc",
  "_id": "-0vsh3YBg6ex4c5NuvZI",
  "_version": 1,
  "_score": null,
  "_source": {
    "port": 56142,
    "severity": "INFO",
    "rest": "Resolving eureka endpoints via configuration",
    "thread": "AsyncResolver-bootstrap-executor-0",
    "class": "c.n.d.s.r.aws.ConfigClusterResolver",
    "span": "",
    "trace": "",
    "@version": "1",
    "service": "springAppName_IS_UNDEFINED",
    "exportable": "",
    "@timestamp": "2020-12-22T00:50:06.921Z",
    "host": "172.17.0.1",
    "pid": "11116"
  },
  "fields": {
    "@timestamp": [
      "2020-12-22T00:50:06.921Z"
    ]
  },
  "sort": [
    1608598206921
  ]
}
```


图 13-14　日志详情信息

14

第 14 章 使用 Stream 集成消息队列

本章，我们将深入学习 Stream 组件的功能和用法，利用 Stream 组件对接 RabbitMQ，通过 RabbitMQ 的插件实现延迟消息和死信队列。

14.1 了解 Stream

Spring Cloud Stream 是一款用来构建高度可扩展的事件驱动服务的组件，它基于 Spring Boot 构建，并通过 Spring Integration 组件对接底层消息组件，实现了发布-订阅、消费组和消息分区等功能。Spring Cloud Stream 组件沿用了 Spring Cloud 框架的自动装配策略，开发团队只需要少量配置就可以快速上手开发消息驱动服务，在项目中使用 Spring Cloud Stream 可以有效地简化消息中间件的对接成本。

Spring Cloud Stream 支持大部分主流的消息中间件，例如 RabbitMQ、Apache Kafka、Kafka Streams、Amazon Kinesis、Google PubSub、Solace PubSub+、Azure Event Hubs 和 Apache RocketMQ。

Spring Cloud Stream 组件有三个核心概念，分别是 Destination Binders、Destination Bindings 和 Message，具体内容如下：

Destination Binders：用于创建消息的生产者/消费者模型，并与外部消息组件进行集成。

Destination Bindings：作为桥接器，将外部消息组件（如 RabbitMQ 等）和内部消息生产者/消费者对接起来。

Message：作为一个通用的数据结构，用于消息生产者与消费者之间的通信。

Stream 的体系结构如图 14-1 所示。

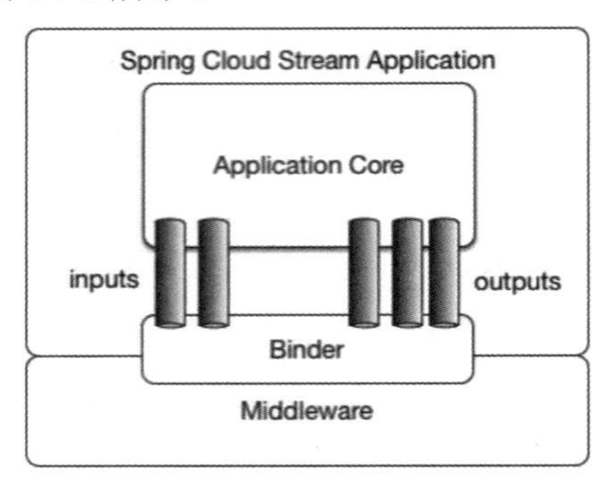

图 14-1 Stream 的体系结构

如图 14-1 所示，在 Application Core（应用程序）和 Middleware（底层消息中间件）之间，Stream 提供了 inputs 和 outputs 组件作为输入输出信道。应用服务通过 inputs 信道从底层消息组件中读取消息内容，再通过 outputs 信道将新的消息发送到消息组件。Binder 作为一个抽象层，将底层消息组件和信道及应用服务桥接起来。

14.2 消息队列在微服务架构中的应用

消息队列在微服务架构的系统中有非常广泛的应用，比如异步化、应用间解耦、消息广播和削峰填谷等消息组件常用场景。对 Kafka 这类具备优秀的消息堆积能力和处理性能的组件，我们还可以利用它来处理日志分发和数据实时同步等要求高吞吐量的业务场景。

下面我们对异步化、应用间解耦、消息广播和削峰填谷这四类场景做具体的介绍。

1. 异步化

异步化是高并发应用常用的一种性能调优手段，在接口服务调用过程中，后台的业务通常是以一种线性同步执行的方式来运行的，请求的返回时间是所有业务执行时间的总和。为了降低接口的响应时间，我们可以采用异步化的方式对接口内部的逻辑进行重新编排，异步化就是将复杂业务逻辑中可以异步执行的业务抽取出来，在后台异步执行，从而大大缩短接口的响应时间。

最简单的异步化方案就是通过多线程的方式来做，在主线程中创建若干子线程（或者通过线程池来获取线程），每个线程执行一个异步化的业务逻辑。这样做的一个缺点是会造成线程资源的浪费，因为异步线程的创建和回收过程会消耗系统资源。即便使用池化技术，也只是提高了线程池内的线程利用率，但在高并发的业务场景中，池化技术一样会带来性能和资源开销的问题。

如果我们使用消息组件来执行异步业务，则可以在性能和资源两者之间做一个很好的平衡，使用消息组件执行异步化业务的示例如图 14-2 所示。

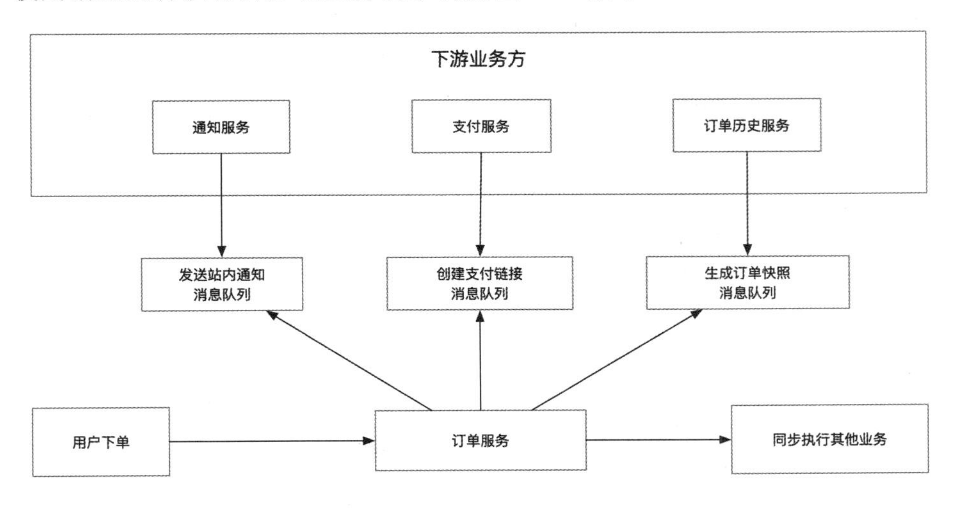

图 14-2　使用消息组件执行异步化业务

如图 14-2 所示，这是一个订单下单服务的异步化示例，我们通过消息组件向若干下游服务发送了消息，下游服务对消息进行消费后，异步执行对应的业务流程。与通过多线程实现异步化的方案相比，在使用消息组件后，我们既实现了业务执行步骤的异步化，降低了订单服务接口的总响应时间，同时也避免了线程创建和销毁的资源开销。

2. 应用间解耦

对采用微服务架构的大型系统来说，一项复杂的业务流程在执行链路上会调用数十个微服务模块，服务与服务之间有着错综复杂的依赖关系。比如订单支付场景，在用户付款成功后，订单服务会收到支付网关的回调通知，这时需要调用很多相关微服务完成各自的业务，比如通过站内信和邮件将下单完成的信息发送给用户、调用库存服务扣减当前订单中冻结的库存、调用配送服务生成商品配送单，以及订单积分或优惠权益的发放，等等。如果这些上下游业务方都要通过在订单服务中写代码来对接，那么这不仅会是一项很繁重的工作，而且还会使订单服务与这些下游服务强耦合在一起。一旦下游服务发生了变更，订单服务很可能也需要一同做变更，这种强耦合的方式限制了服务间的可扩展性，增加了开发和维护的成本。

为了将订单服务与其他下游服务解耦，我们可以引入消息组件作为订单服务和下游服务之间的桥梁，将具有相同语义的业务请求封装成一个消息事件，发送到消息组件中特定的消息队列里，下游业务系统可以监听这个消息队列中的消息。一旦有新消息送达，下游服务就会消费该消息，并执行各自的业务逻辑。使用消息组件对订单支付场景解耦的过程如图 14-3 所示。

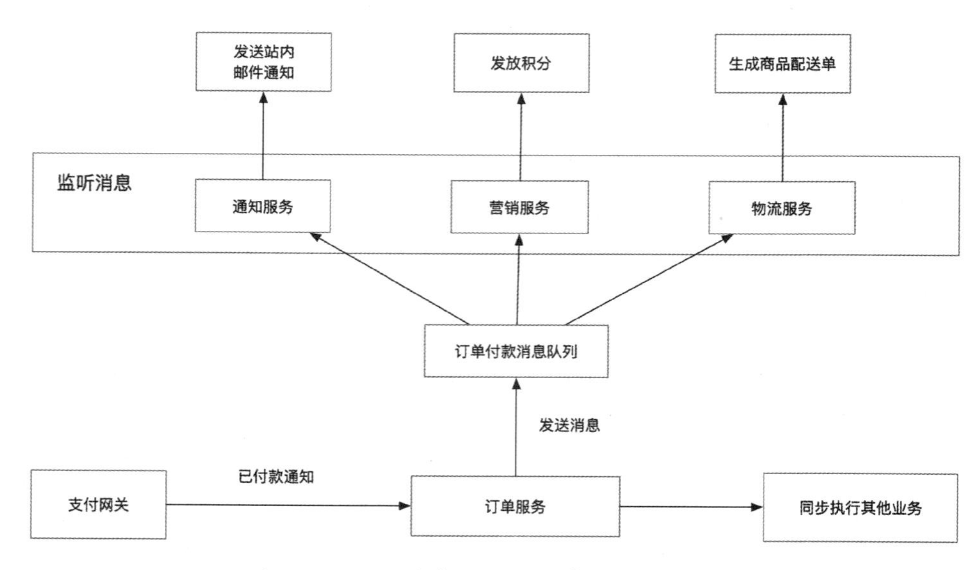

图 14-3　使用消息组件对订单支付场景解耦

如图 14-3 所示，在订单服务接收支付网关的回调通知后，订单服务只需要发送一个“已付款”的消息到对应的消息队列就可以了。相关下游应用通过监听这个消息队列来执行各自的业务逻辑，订单服务和这些业务系统之间没有紧耦合的调用关系。如果未来需要接入一个新的业务方，则只需让这个业务方接入消息队列并监听订单消息即可，订单服务不用做任何变更。

3. 消息广播

在某些业务场景中，我们需要向大范围的服务节点推送通知，比如配置属性的动态推送，再比如将人工降级标记推送到某个集群中的所有服务器。在这种业务场景中，逐一调用每台服务器是一种效率很低的方式，尤其在微服务架构的大型应用中，一线大厂核心应用的主链路服务动辄有上万台服务器，如果点对点地向集群中的每台机器发送通知，那么无论从时间开销来看，还是从通知送达率的角度来看，都不是一个好的技术方案。

为了解决这个问题，我们可以通过消息组件的“广播”功能来实现批量推送，它的原理类似图 14-3 中的业务场景，上游服务将消息发送到某个指定消息队列中，集群中的服务器通过监听这个队列中的消息来执行响应。

4. 削峰填谷

削峰填谷是一种常用的高可用和高并发方案，从字面意思上理解有两层含义。第一层含义是削减峰值用户流量，降低系统峰值负荷；第二层含义是将峰值流量填补到系统负荷较低的时段，减少系统负荷的峰谷差。削峰填谷是利用消息组件的“堆积能力”，将不能及时响应的请求暂时保存在消息队列中，让下游应用根据自身的吞吐量慢慢消化这些请求，通过这种方式来应对突发流量脉冲的峰值流量对系统产生的冲击。

削峰填谷的一个典型的应用场景就是秒杀业务，秒杀业务的特征是有明显的峰值流量脉冲，即在秒杀开始的那一刻，发向后台服务器的用户请求会快速达到一个峰值。尽管我们可以通过限流等手段来控制入口端流量，但是为了保证后台服务器可以平稳地消化这些限流过后的流量，我们仍然需要在后台服务与用户流量之间建立一个缓冲区，根据后台服务的实际处理能力，将用户流量平稳地过渡给后台服务。在这个场景中，消息组件可以充当缓冲区的角色，使用消息组件实现削峰填谷的方案如图 14-4 所示。

如图 14-4 所示，秒杀活动的下单请求发送到消息组件的特定消息队列中，下游的订单服务监听这个消息队列，并根据自身负荷来主动消费消息。如果订单服务由于高负荷导致吞吐量降低，那么这些消息将被暂存在消息队列中。目前主流的消息中间件（如 Kafka、RabbitMQ 和 RocketMQ）都具备优秀的消息堆积能力，可以存储大量的未消费消息。如果我们需要控制队列中保存的消息数量，那么可以通过指定消息队列的最大队列长度，或者设置队列中消息的存活时间来完成这个需求。

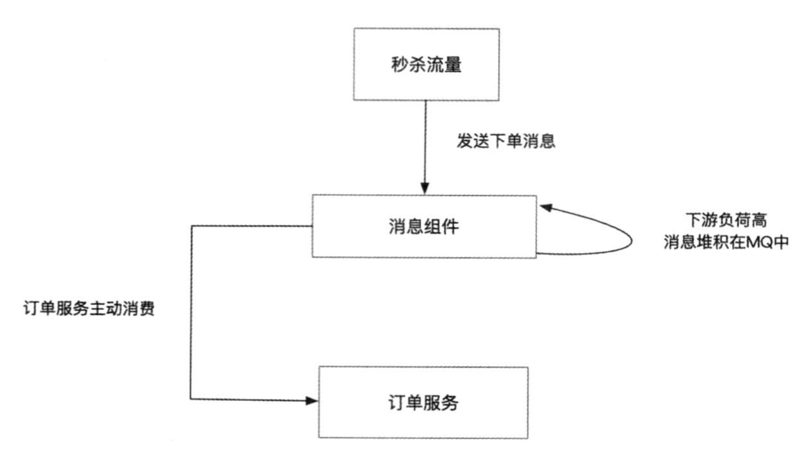

图 14-4 使用消息组件实现削峰填谷的方案

14.3 消息队列的概念

14.3.1 发布订阅

发布订阅模型是消息组件的通信模型，消息的发布者（Producer）将消息发送到指定的消息队列，消息的订阅方（Consumer）从消息队列中获取消息并消费，发布订阅模型如图 14-5 所示。

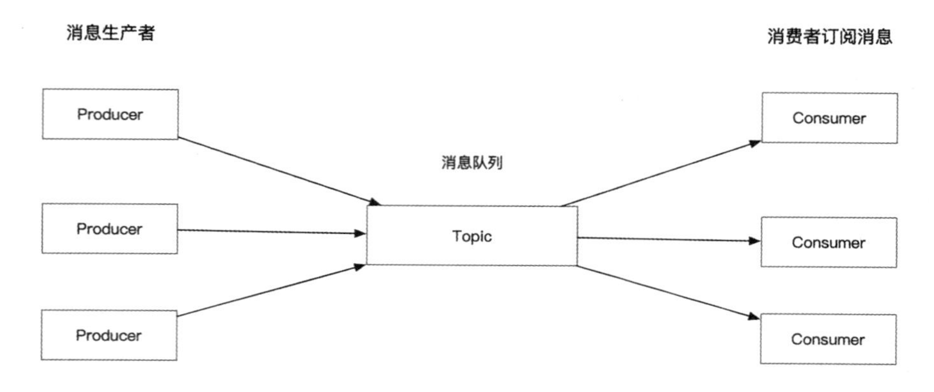

图 14-5 发布订阅模型

在图 14-5 中的发布订阅模型中，只有订阅了当前消息主题的消费者才能从队列中获取消息。

14.3.2　消费组

在实际的业务场景中，一个消息既可以被所有消费者消费（消息广播），也可以只被一个消费者消费。比如图 14-3 中介绍的订单付款场景，订单已支付的消息会被通知服务、营销服务和物流服务同时消费。这三个服务是采用集群模式搭建的，每个服务都有多个服务器在运行，如果让集群中的所有服务器同时消费一条消息，那么这条消息就会被多次重复消费。因此，我们需要对服务集群中的机器做分组，每个分组有且只有一台机器可以消费订阅的消息，我们可以借助消费组的方式来实现这个场景，消息组件的消费组模式如图 14-6 所示。

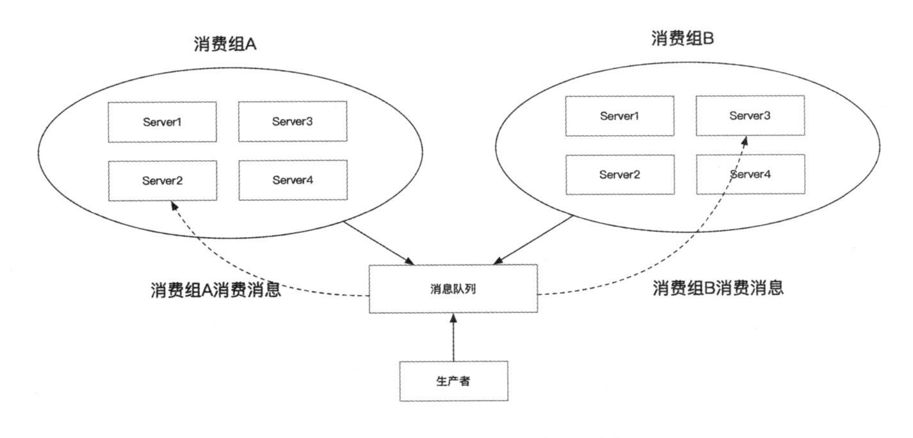

图 14-6　消息组件的消费组模式

如图 14-6 所示，消费组 A 和消费组 B 各有四台服务器，两个消费组都订阅了同一个消息队列，但是每个消费组只有一台机器会去消费消息，Stream 内部会采用负载均衡的方式选择消费组内某一台机器去消费消息。

14.3.3　消息分区

消息分区和消费组的概念不同，消费组约定了某一条消息只能由组内的一台服务器处理，而消息分区约定了某个消息只能由特定的分区来处理。消息分区有一个预定义的分区规则，对生产者创建的每一条消息，我们在 Stream 中通过 SpEL 表达式计算出一个特定的

Key，这个 Key 决定了该条消息应该被路由到哪个消息分区。即便是发向同一个主题的消息，Stream 也会根据这个 Key 将消息路由到不同的分区，Stream 的消息分区模式如图 14-7 所示。

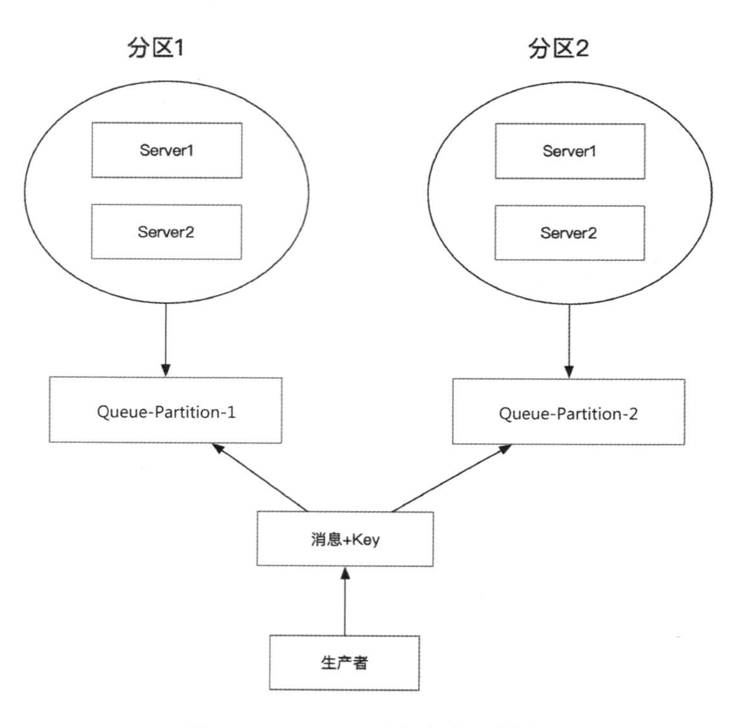

图 14-7 Stream 的消息分区模式

如图 14-7 所示，生产者在发送消息后，Stream 会计算出这条消息对应的 Key 值，根据 Key 值将其发送到不同的分区中。在消息组件的管理页面中，每个分区都会对应一个消息队列，这个消息队列中的消息只能被特定消息分区内的机器消费。

14.4 微服务架构升级——异步分发优惠券

14.4.1 添加 Stream 依赖项和消息信道

在本节中，我们将实现一个新的优惠券领券接口，使用 Stream 组件实现异步化的领券。打开 coupon-user-service 项目的 pom.xml 文件，在其中添加 Stream 的依赖项，具体代码如下：

```
<dependency>
    <groupId>org.springframework.cloud</groupId>
    <artifactId>spring-cloud-starter-stream-rabbit</artifactId>
</dependency>
```

由于我们采用 RabbitMQ 作为底层的消息组件，所以我们选择的组件是 spring-cloud-starter-stream-rabbit。如果读者本地使用的消息组件是 kafka，则需要引入 spring-cloud-starter-stream-kafka 依赖项。

依赖项添加完毕之后，我们在 coupon-user-service 项目的 com.broadview.coupon.user 路径下新建一个 package，将其命名为 mq。在 mq 包路径下创建一个接口类，命名为 RequestCouponQueue，我们通过这个接口类来定义 Stream 与 RabbitMQ 的信道名称。RequestCouponQueue 类的实现代码如下：

```
public interface RequestCouponQueue {

    String INPUT = "coupon-consumer";
    String OUTPUT = "coupon-producer";

    // 消费者信道
    @Input(INPUT)
    public SubscribableChannel input();

    // 生产者信道
    @Output(OUTPUT)
    public MessageChannel output();
}
```

在上述代码中，我们通过@Input 和@Output 注解分别定义了消费者信道和生产者信道。在 14.4.2 节中，我们将编写业务代码对接以上两个信道。

注意：RequestCouponQueue 需要被声明为一个接口类型，而不是一个 Java 类。

14.4.2　创建消息生产者

本节我们将在 CouponController 类中创建一个新方法，实现消息生产者的业务逻辑，向 14.4.1 节中定义的 OUTPUT 信道发送用户领券的消息。打开 CouponController 类，将 RequestCouponQueue 作为一个对象注入进来，具体代码如下：

```
@Autowired
private RequestCouponQueue requestCouponQueue;
```

将 RequestCouponQueue 注入进来以后，我们在 CouponController 中新建一个方法来实现消息的发送功能，该方法的实现代码如下：

```
@PostMapping("requestCouponQueue")
public String requestCouponQueue(@Valid @RequestBody RequestCoupon request) {
    Message message = MessageBuilder.withPayload(request).build();
    log.info("message is {}", message);

    boolean success = requestCouponQueue.output().send(message);
    log.info("send requestCouponQueue success? {}", success);

    return success ? "请稍后到账户查询优惠券发放情况" : "发券失败";
}
```

在上述代码中，我们将方法的入参 RequestCoupon 对象封装到 Message 对象中，Message 是 Stream 框架中用于消息传递的对象，可以通过 MessageBuilder 类来构造。组装好的 Message 对象作为一个方法入参，被传入 requestCouponQueue 对象中生产者信道的 send()方法中，Message 对象中封装的 RequestCoupon 对象经过序列化后会被发送给 RabbitMQ 消息组件。

由于我们采用了异步化的方式领取优惠券，所以 requestCouponQueue()方法在返回响应时，并不知道这条异步消息的最终执行结果，我们也无法告知用户领券请求是否执行成功。在这个例子中，如果消息发送成功，则返回一句提示语："请稍后到账户查询优惠券发放情况"。

14.4.3 创建消息消费者并添加启动注解

本节我们将创建一个消费者，从 RabbitMQ 中读取消息并执行业务逻辑。在 com.broadview.coupon.user.mq 包路径下创建一个新的 Java 类，命名为 CouponMessageConsumer，该类的实现代码如下：

```
@Slf4j
@Component
public class CouponMessageConsumer {

    @Autowired
    private CouponUserService couponUserService;
```

```
    @StreamListener(RequestCouponQueue.INPUT)
    public void consume(Message<RequestCoupon> message) throws InterruptedException {
        Coupon coupon = couponUserService.requestCoupon(message.getPayload());
        log.info("coupon info {}", coupon);
    }
}
```

在上述代码中，我们通过@StreamListener 注解指定 consume()方法作为消费者的监听器，@StreamListener 注解括号内的 RequestCouponQueue.INPUT 则指定了当前消费者所监听的信道名称。在 consume()方法内部，我们调用 couponUserService 类的 requestCoupon()方法来完成领券操作。

在这个例子中有两个事项需要注意：

（1）CouponMessageConsumer 要用@Component 注解修饰。

（2）@StreamListener 注解要绑定到 OUTPUT 信道（消费者信道）中。

业务逻辑编写完成之后，我们需要在启动类上添加 Stream 的启动注解。打开 coupon-user-service 应用的启动类 CouponUserApplication，在类名上添加@EnableBingding 注解，并在该注解中加载 Stream 的生产者和消费者信道，该注解的具体代码如下：

```
@EnableBinding(value = {
        RequestCouponQueue.class
    }
)
```

在上述代码中，我们通过@EnableBinding 注解开启了 Stream 的信道绑定功能，该注解会扫描括号中定义的类名，并将这些类中通过@Input 和@Output 注解定义的信道加载到上下文中，我们可以在@EnableBinding 注解的括号内添加多个类，每个类之间使用英文逗号间隔开来。

14.4.4　添加 Stream 配置

打开 coupon-user-service 项目中的 application.yml 配置文件，在文件中添加 Stream 生产者和消费者的配置信息。由于 coupon-user-service 项目中已经添加了 RabbitMQ 的连接信息，本节我们只需要添加 Stream 的配置，具体代码如下：

```
spring:
  cloud:
```

```
stream:
  bindings:
    coupon-consumer:
      destination: request-coupon-topic
      # 消费组，同组内只能被消费一次
      group: coupon-user-serv-group
    coupon-producer:
      destination: request-coupon-topic
```

在上述代码中，生产者和消费者的名称定义在 spring.cloud.stream.bindings 节点下，其中生产者的名称（coupon-producer）和 RequestCouponQueue 中的 OUTPUT 信道名称相同，消费者的名称（coupon-consumer）与 RequestCouponQueue 中的 INPUT 信道名称相同。通过 destination 属性，我们将生产者和消费者信道绑定到一个名为 request-coupon-topic 的队列中。在项目启动时，Stream 会在 RabbitMQ 中创建一个名为 request-coupon-topic 的队列。为了让每个消息只被集群中的一台服务器消费，我们还需要为消费者集群设置一个“消费组”（关于消费组的概念读者可以回顾 14.3.2 节的内容），在配置文件中我们通过 group 属性在消费者节点之下指定一个消费组。

配置项添加完成后，我们可以启动 coupon-user-service 项目。待项目加载完毕，在浏览器中打开 RabbitMQ 的管理界面，单击 Queues 进入消息队列面板（地址为 http://localhost:15672/#/queues），可以看到列表中有一个名为 request-coupon-topic 的队列，RabbitMQ 消息队列表如图 14-8 所示。

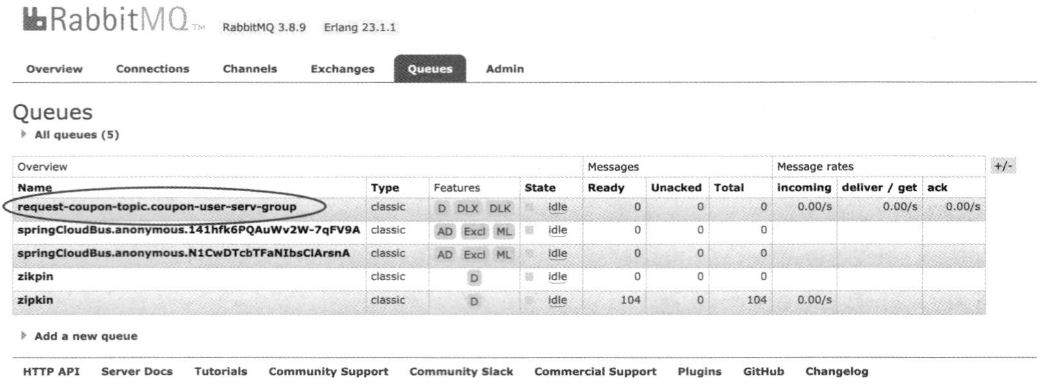

RabbitMQ™ RabbitMQ 3.8.9 Erlang 23.1.1

Overview Connections Channels Exchanges Queues Admin

Queues

All queues (5)

Overview				Messages			Message rates		
Name	Type	Features	State	Ready	Unacked	Total	incoming	deliver / get	ack
request-coupon-topic.coupon-user-serv-group	classic	D DLX DLK	idle	0	0	0	0.00/s	0.00/s	0.00/s
springCloudBus.anonymous.141hfk6PQAuWv2W-7qFV9A	classic	AD Excl ML	idle	0	0	0			
springCloudBus.anonymous.N1CwDTcbTFaNIbsClArsnA	classic	AD Excl ML	idle	0	0	0			
zikpin	classic	D	idle	0	0	0			
zipkin	classic	D	idle	104	0	104	0.00/s		

Add a new queue

HTTP API Server Docs Tutorials Community Support Community Slack Commercial Support Plugins GitHub Changelog

图 14-8 RabbitMQ 消息队列表

使用 Postman 访问/coupon-user/requestCouponQueue 服务，如果消息生产者可以发送消息，并且消费者可以成功消费消息，则表示 Stream 和 RabbitMQ 之间对接成功。

14.5　微服务架构升级——Stream 异常处理

14.5.1　本机重试

在消费者处理消息的时候，如果有异常发生，则 Stream 默认会进行三次重试。这三次重试操作都是“原地重试”，即在当前消费者本机重试，重试次数是由 ConsumerProperties 类中的 maxAttempts 属性来控制的，如果在配置文件中没有指定重试次数，则 maxAttempts 的默认值为 3，即重试三次。

在某些情况下我们需要禁用重试，一个典型的场景就是非幂等性服务。如果消费者的业务逻辑没有实现幂等性，那么发起本机重试可能会引发数据不一致的问题。对这类需求，我们可以通过配置文件指定 max-attempts，具体代码如下：

```
spring:
  cloud:
    stream:
      bindings:
        coupon-consumer:
          consumer:
            max-attempts: 1
```

通过调整 max-attempts 的数值，我们可以为指定消费者设置重试次数。在上述代码中，我们将 max-attempts 设置为 1，表示 coupon-consumer 的业务逻辑在异常情况下不发起本机重试操作。

14.5.2　消息重新入队

除 14.5.1 节介绍的本机重试外，Stream 还支持另一种重试方式，即 Requeue 重试。Requeue 重试是将失败的消息重新加入消息队列中，让集群中的服务器重新消费这个消息。开启 Requeue 功能需要完成两处配置修改，具体步骤如下：

（1）在 spring.cloud.stream 下添加 requeue-rejected 配置，代码如下：

```
spring:
  cloud:
```

```
  stream:
    rabbit:
      bindings:
        coupon-consumer:
          consumer:
            requeue-rejected: true
```

（2）将 14.5.1 节中引入的 max-attempts 重试次数设置为 1，即禁用本机重试，否则 requeue-rejected 配置将不会生效。

14.5.3 自定义异常处理——添加降级逻辑

Stream 中的业务降级和 Sentinel 及 Hystrix 中的服务降级是同样的概念，消费者在消费消息的过程中出现异常情况（比如代码抛出 RuntimeException），经过多次本机重试后消息仍然无法被正常消费的，将转而执行一段预设置的降级逻辑。

Stream 中的降级功能是借助 spring-integration 组件来实现的，打开 CouponMessageConsumer 类，在其中添加一段降级方法，具体代码如下：

```
// 多次失败触发降级流程
@ServiceActivator(inputChannel = "request-coupon-topic.coupon-user-serv-group.
errors")
public void fallback(Message<RequestCoupon> message) {
    // 添加自己的降级逻辑
    log.info("fallback logic here");
}
```

在上述代码中，我们使用@ServiceActivator 注解中的 inputChannel 属性指定了这段降级逻辑所对应的信道名称，inputChannel 的信道名称规则是${topicName}.${groupName}.errors，其中 topicName 属性对应 spring.cloud.stream.bindings.consumer. destination 的值，groupName 属性对应 spring.cloud.stream.bindings.consumer.group 的值，名称规则最后的 errors 表示当前降级逻辑在发生异常的情况下会被触发。

降级逻辑添加完成之后，我们可以在消费者的 consume()方法中主动抛出一个异常，运行项目并通过日志输出来观察降级方法的执行过程。

14.5.4 死信队列

死信队列又被称为 DLQ（Dead Letter Queue），当我们碰到一些无法处理的异常消息时，可以将这些消息发送到死信队列中，等待人工排查，死信队列的业务场景如图 14-9 所示。

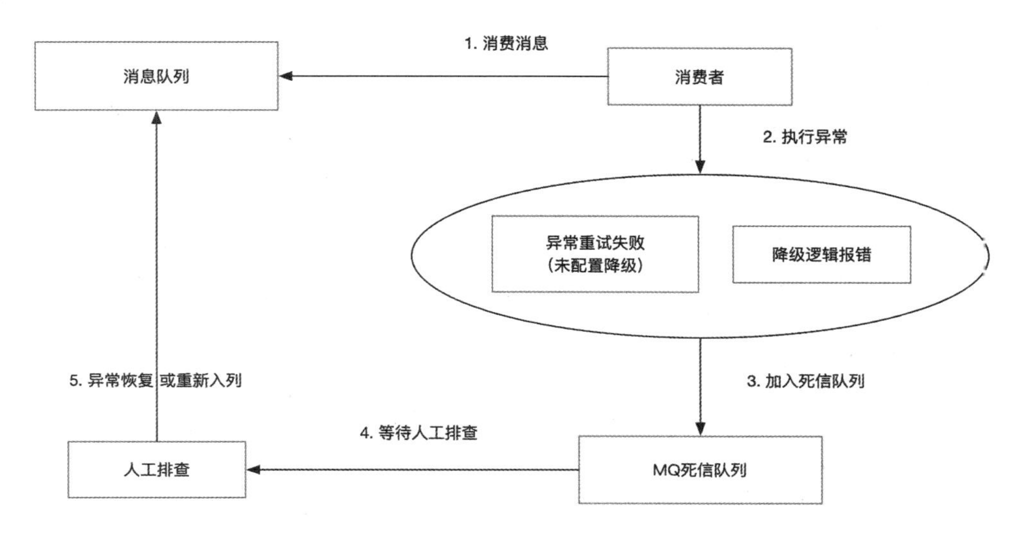

图 14-9　死信队列的业务场景

死信队列的业务处理流程分为以下 5 个阶段：

（1）消费消息：消费者从消息队列中获取消息并处理。

（2）执行异常：消费者在消费消息的过程中发生异常，经过重试仍然不能正常消费这条消息，或者在降级逻辑里依然抛出异常。

（3）加入死信队列：消费者将这条异常消息加入死信队列，死信队列中的消息不会被任何消费者主动消费。

（4）人工排查：通过自动报警或者定期排查的方式，人工分析死信队列中的消息参数，排查引发线上执行异常的原因。

（5）异常恢复：通过转移消息的方式，将死信队列中的消息重新发送到正常的消息队列中重新消费；对于不能重新消费的消息，可以从死信队列中将此类消息删除，再通过线上数据进行订正或者通过手工调用接口的方式将异常数据恢复。

在开启死信队列功能之前，我们需要启动两个 RabbitMQ 的插件，分别是 rabbitmq_shovel 和 rabbitmq_shovel_management，这两个插件可以让我们从 RabbitMQ 的管理界面将死信队列中的消息转移到另一个队列中进行消费。RabbitMQ 默认安装了以上两个插件，但是并没有主动将其开启，在命令行执行以下命令可以查看当前 RabbitMQ 中已经安装的插件：

```
./rabbitmq-plugins list
```

如果 rabbitmq_shovel 和 rabbitmq_shovel_management 已经处于开启状态，则可以在命令行输出的插件列表中找到以下两行记录：

```
[E*] rabbitmq_shovel                    3.8.9
[E*] rabbitmq_shovel_management         3.8.9
```

如果上面的两个插件并未处于开启状态，那么我们可以在命令行通过执行 rabbitmq-plugins enable pluginName 命令分别开启这两个插件，其中 pluginName 需要替换为插件名称，在开启插件后记得要重新启动 RabbitMQ。

插件开启后，我们打开 coupon-user-service 项目中的 application.yml 配置文件，添加 auto-bind-dlq 参数来开启死信队列功能，具体代码如下：

```
spring:
  cloud:
    stream:
      rabbit:
        bindings:
          coupon-consumer:
            consumer:
              auto-bind-dlq: true
```

以上配置修改完成后，我们可以直接启动项目，在项目的启动过程中，Stream 会在 RabbitMQ 中自动创建一个死信队列，RabbitMQ 的死信队列信息如图 14-10 所示。

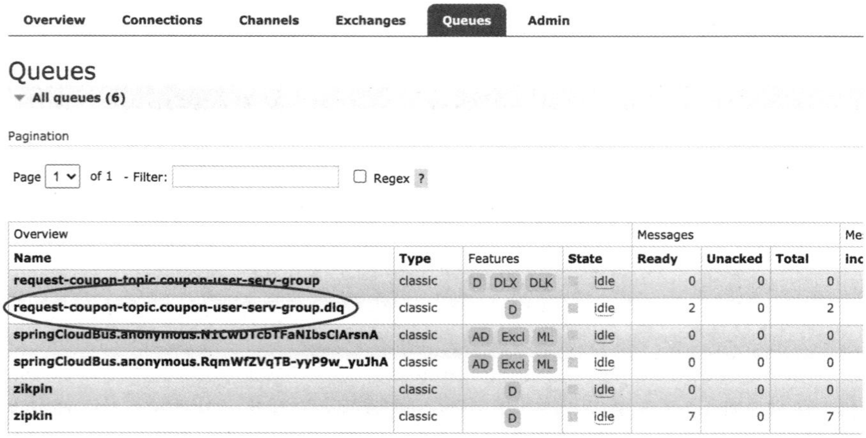

Overview Connections Channels Exchanges Queues Admin

Queues

All queues (6)

Pagination

Page 1 of 1 - Filter: Regex ?

Overview				Messages			Me
Name	Type	Features	State	Ready	Unacked	Total	inc
request-coupon-topic.coupon-user-serv-group	classic	D DLX DLK	idle	0	0	0	
request-coupon-topic.coupon-user-serv-group.dlq	classic	D	idle	2	0	2	
springCloudBus.anonymous.NICWDTcbTFaNIbsClArsnA	classic	AD Excl ML	idle	0	0	0	
springCloudBus.anonymous.RqmWfZVqTB-yyP9w_yuJhA	classic	AD Excl ML	idle	0	0	0	
zikpin	classic	D	idle	0	0	0	
zipkin	classic	D	idle	7	0	7	

图 14-10 RabbitMQ 的死信队列信息

如图 14-10 所示，列表中的 request-coupon-topic.coupon-user-serv-group.dlq 是 Stream 自动创建的死信队列，队列名称的命名规则是${topicName}.${groupName}.dlq。原始消息队列 request-coupon-topic.coupon-user-serv-group 的功能标签里新增了 DLK 和 DLX 两个标签，其中 DLX 的全称是 Dead-Letter-Exchange（死信交换机），表示当前队列设置了死信交换机。当这个队列中有死信消息的时候，RabbitMQ 可以将这些消息发送到专门的死信队列。DLK 的全称是 Dead-Letter-Key，表示当前队列设置了死信交换机对应的 Routing Key，发送到死信交换机中的消息通过 Routing Key 路由到对应的消息队列。

在 14.5.3 节的降级方法中，我们可以在代码中抛出一个 RuntimmeException 来模拟消息处理抛出异常的情况，接下来启动项目并发起一次方法调用。从图 14-10 所示的列表页中可以观察死信队列的消息堆积量。在配置正确的情况下，我们可以看到死信队列中处于 Ready 状态的消息数量会发生变化，消费者每消费一条消息，死信队列中的消息数量就会增加一条。在图 14-10 中单击死信队列的名称 request-coupon-topic.coupon-user-serv-group.dlq，将跳转到队列详情页，我们可以通过该页面上的 Move message 面板将队列中的消息转移到正常的消息队列中，在队列详情页移动死信消息的过程如图 14-11 所示。

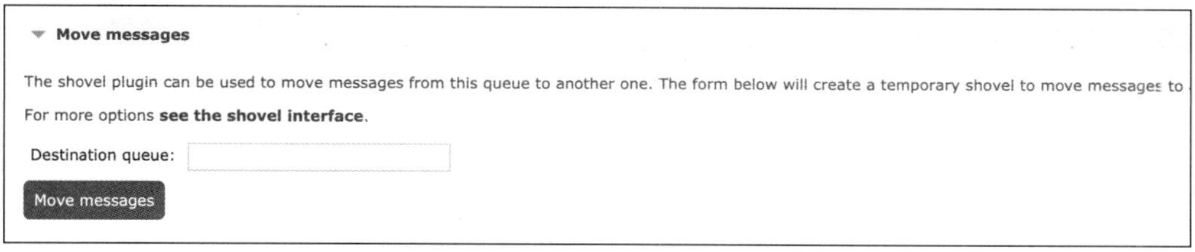

▾ **Move messages**

The shovel plugin can be used to move messages from this queue to another one. The form below will create a temporary shovel to move messages to

For more options **see the shovel interface**.

Destination queue:

Move messages

图 14-11　在队列详情页移动死信消息

在图 14-11 中的 Destination Queue 一栏中输入 request-coupon-topic.coupon-user-serv-group，并单击 Move messages 按钮，死信队列中的消息将被移动到正常的消息队列中，等待重新消费。

14.6　Stream 实现延迟消息

14.6.1　延迟消息的使用场景

延迟消息是一种特殊的消息类型，这是一类在未来的某个预定时间点才会被消费的消息。当生产者将延迟消息发送到消息队列后，这条消息在一段时间内将处于“不可见”的状态，因此并不会被消费者读取。经过一段预定的时间以后，这条消息将变为“可见”状态，此时消费者集群可以从消息队列中获取这条消息进行消费。延迟消息的消费流程如图 14-12 所示。

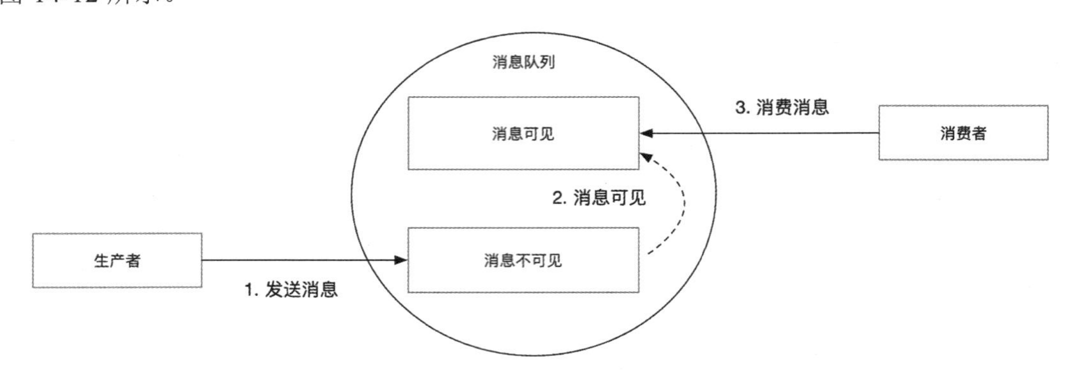

图 14-12　延迟消息的消费流程

延迟消息在实际项目中有很多应用场景，我们通过订单付款检查和批量消息推送这两个案例来理解延迟消息的应用场景。

1. 订单付款检查

在用户提交下单请求后，后台订单服务会生成一条“待付款”的订单记录，通常电商平台会给用户 10～30min 的时间来完成订单支付。如果超过付款时间仍然没有完成付款，那么订单中心会关闭该订单。在这个场景中，我们需要在付款时间结束后检查订单的付款状态，根据付款状态决定是否要关闭当前订单，这个场景可以使用延迟消息的功能来实现。

我们可以在用户下单成功后生成一条延迟消息，这条消息会触发订单的付款状态检查逻辑，我们设置这条消息的延迟时间为 30min，经过 30min 以后这条消息被成功消费。如果此时订单的状态仍然是“未付款”，则执行关闭订单的操作。

2. 批量消息推送

生产级应用的消息通知服务大多也是通过消息组件来实现的，对于某些批量推送的场景，我们可以使用延迟消息来降低系统负载。比如，对某个用户组的用户执行全量消息推送，组内用户的数量是百万级别的。在这个消息体量下，如果我们在同一时刻将所有推送通知下发到业务系统，就有可能造成服务宕机或接口超时等情况，进而影响用户消息通知的送达率。

为了降低后台服务的压力，并保证消息的高送达率，我们采用延迟消息的方式执行批量推送。将百万级别的消息总量分为数十个批次，通过延迟消息做批量推送，每个批次设置不同的延迟时间。第一批消息可以被立即消费，第二批消息的延迟时间为 1min，第三批消息的延迟时间为 2min……依此类推，这样我们就可以显著降低后台服务的访问压力。

14.6.2　安装延迟消息插件

使用延迟消息功能需要开启 rabbitmq_delayed_message_exchange 插件，RabbitMQ 的安装包默认不包含这个插件。因此，我们需要从官网下载插件并安装。安装 rabbitmq_delayed_message_exchange 组件的步骤如下：

1. 下载插件

访问 RabbitMQ 的官方网站，打开 Community Plugin 下载页面，在当前页面上找到 rabbitmq_delayed_message_exchange 插件，延迟消息下载页面如图 14-13 所示。

rabbitmq_delayed_message_exchange

A plugin that adds delayed-messaging (or scheduled-messaging) to RabbitMQ.

- Download for 3.7.x and 3.8.x
- Author: **Alvaro Videla**
- GitHub: rabbitmq/rabbitmq-delayed-message-exchange

图 14-13　延迟消息下载页面

单击 Download for 后的链接，笔者本地的 RabbitMQ 版本为 RabbitMQ 3.8，因此笔者选择下载的文件是 rabbitmq_delayed_message_exchange-3.8.0.ez。

2. 安装插件

将步骤 1 中下载的 rabbitmq_delayed_message_exchange-3.8.0.ez 文件复制到 RabbitMQ 安装目录下的 plugins 文件夹，笔者是通过 macOS 中的 brew 工具安装 RabbitMQ 的，对应的 plugins 文件夹路径为/usr/local/Cellar/rabbitmq/3.8.9_1/plugins，读者可以根据自己本地的 RabbitMQ 安装路径找到 plugins 文件夹。

将插件文件复制到 plugins 路径后，使用 rabbitmq-plugins enable rabbitmq_delayed_message_exchange 命令开启延迟插件的功能。在使用 RabbitMQ 命令前，我们需要将安装路径添加到系统变量中，否则执行 rabbitmq-plugins 命令将提示“命令不存在”。对使用 macOS 的读者来说，我们只需修改~/.bash_profile 文件，将 RabbitMQ 的安装路径定义为变量$RABBIT_HOME，并添加 export PATH=${PATH}:$RABBIT_HOME/sbin 命令即可。对 Windows 系统来说，我们需要将 RabbitMQ 的路径添加到系统环境参数 PATH 中。

如果系统变量中没有添加 RabbitMQ 命令，也可以进入 RabbitMQ 安装路径下执行本地命令，RabbitMQ 的命令脚本存放在安装目录下的 sbin 文件夹中，我们可以直接执行本地命令完成插件安装。

3. 重启 RabbitMQ

使用 rabbitmqctl stop 命令关闭 RabbitMQ 服务，再执行 rabbitmq-server 命令重新启动 RabbitMQ。

14.6.3 实现延迟消息

本节我们将对 14.4 节创建的 request-coupon-topic 消息队列做一番改造，使这个消息队列的消息交换机支持延迟消息，改造过程分为以下三个步骤：

1. 添加消息 Header

打开 CouponController 类，在 requestCouponQueue()方法中重新定义 Message 对象，将延迟消息的消息头加入 Message 中，Message 对象的具体代码如下：

```
Message message = MessageBuilder
        .withPayload(request)
        .setHeader("x-delay", 3 * 1000)
        .build();
```

在上述代码中，我们通过 setHeader()方法在 Message 对象的 Header 中添加了一个 x-delay 参数，x-delay 的值表示该条消息的延迟时间，单位为 ms。我们将 x-delay 的值设置为 3000，表示当前方法会延迟 3000ms 之后被消费。

2. 添加配置文件

打开 application.yml 配置文件，将 coupon-producer 对应的交换机设置为支持延迟消息，具体代码如下：

```
spring:
  cloud:
    stream:
      rabbit:
        bindings:
```

```
        coupon-producer:
          producer:
            delayed-exchange: true
```

注意：delayed-exchange 属性对应消息生产者一方，而不是消息消费者。因此，我们需要将 delayed-exchange 属性添加到 coupon-producer（生产者）节点之下。

3. 重新创建交换机

由于延迟消息队列的交换机类型不同于普通的消息队列，所以我们在本节使用了 request-coupon-topic 交换机，这个交换机在最初创建的时候并未声明支持延迟消息，所以我们需要在 RabbitMQ 的 Exchanges 管理界面将 request-coupon-topic 交换机删除，再通过启动 coupon-user-service 项目重新创建交换机。如果我们没有删除老的 request-coupon-topic 交换机，那么它就无法支持延迟消息的功能。我们在消息体的 header 中添加 x-delayed 属性后，在发送延迟消息时生产者服务会抛出异常。

删除交换机并重新启动项目后，打开本地 RabbitMQ 的 Exchanges 管理界面（http://localhost:15672/#/exchanges），找到新创建的 request-coupon-topic 交换机，查看其类型是否为 x-delayed-message。延迟消息交换机如图 14-14 所示。

input	topic	D		
request-coupon-topic	x-delayed-message	D DM Args	0.00/s	

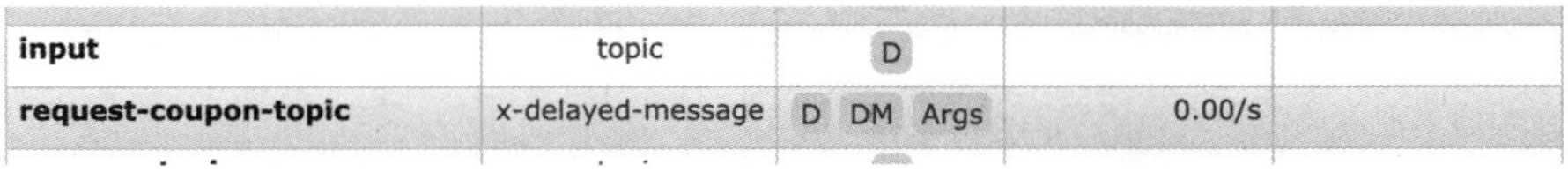

图 14-14　延迟消息交换机

如图 14-14 所示，input 是一个普通的消息交换机，request-coupon-topic 是我们创建的延迟消息交换机，通过对比我们可以发现，普通交换机的类型为 topic，延迟消息的交换机类型为 x-delayed-message。延迟消息的功能列表中多了一个 DM（Delayed Message）标签，表示当前交换机支持延迟消息功能。

15

第 15 章 使用 Seata 实现分布式事务

本章，我们将深入学习 Seata 分布式事务中间件的功能和用法，利用 Seata 组件实现分布式事务。

15.1 为什么需要分布式事务

随着互联网行业的快速发展，微服务架构作为一种适合快速迭代的架构方案，已经成为大型互联网应用的首选。采用微服务架构的应用被划分为很多细粒度的服务组件，尽管这种组件的划分模式可以加快项目的迭代速度，但是在这种跨服务通信的方式下，我们不得不考虑数据一致性的问题。

对单体应用来说，所有服务都打包在一个应用里。我们采用集群化的部署方式搭建应用集群，每个服务请求都可以在集群中的任意一台服务器上独立完成，并不需要跨服务器通信，所有数据库操作都可以包含在同一个事务的上下文之中。因此，我们可以很容易地控制数据库事务的提交和回滚。

对微服务架构的应用来说，完成一个服务请求需要多个微服务之间互相调用。由于每一个服务都有各自独立的数据库，所以这些微服务只能在其所在的服务器内控制数据库事务的提交和回滚，这样就有可能产生数据不一致的问题。微服务架构下的数据不一致问题如图 15-1 所示。

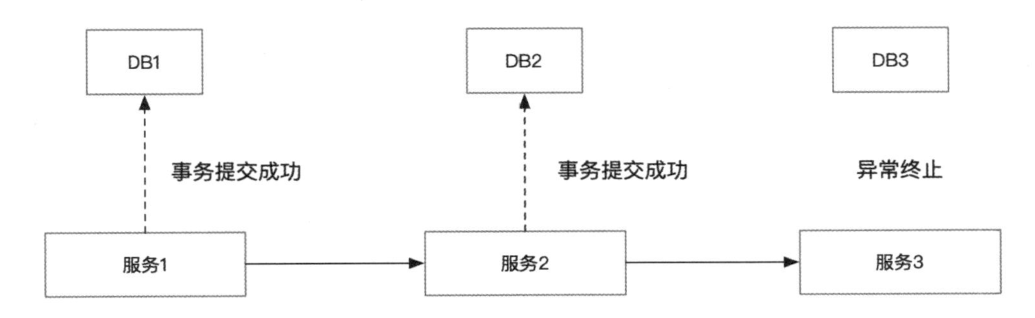

图 15-1　微服务架构下的数据不一致问题

如图 15-1 所示，服务 1、服务 2 和服务 3 是一条调用链路中的三个服务，共同完成了一个用户服务请求，处在调用链上游的服务 1 和服务 2 完成了业务逻辑，并且提交了本地事务，而处在调用链尾部的服务 3 发生了异常，服务 3 对应的数据库提交被回滚。由于服务 1 和服务 2 已经成功提交事务，所以无法再执行数据库回滚操作，此时就会产生数据不一致的问题。

为了解决跨服务调用的数据不一致的问题，我们需要将每个服务节点控制的事务作为一个分支事务，在分支事务上构建一层全局事务，通过全局事务来控制每个分支事务的提交和回滚，这是大部分分布式事务所采用的技术方案。

15.2　分布式事务的替代方案

除采用分布式事务解决跨服务调用的数据不一致问题外，我们还可以采用一些简单高效的低成本方案。常用的方案有事务性消息和后台任务补偿，这两种补偿方案的具体内容如下：

1. 事务性消息

如果在某个业务处理过程中需要发送 MQ 消息，我们可以采用事务性消息的方案。事务性消息是一类原子性的协议，可以保证“消息发送”和“本地方法执行成功”这两个事件的一致性，当本地方法执行成功时才会发送消息，如果本地方法执行失败，则不会发送消息。

2. 后台任务补偿

在业务后台启动一个定时任务，每隔一段时间执行一次，根据后台数据库中的数据，或者某些特殊标记位判断是否有数据不一致的情况，若有则触发自动补偿流程。后台任务不仅可以分析数据库的数据，也可以通过日志信息进行对账操作，判断上下游业务是否执行成功。

15.3 传统的 XA 分布式事务解决方案

传统的分布式事务解决方案是通过 XA（XA 是 X/Open DTP 组织定义的两阶段提交协议）协议来执行的，XA 是一个分布式事务协议，同时也是一个强一致性的协议。XA 协议将参与分布式事务的资源划分为两类——事务管理器（TM，Transaction Manager）和资源管理器（RM，Resource Manager），这两类资源的具体分工如下：

事务管理器： 作为全局事务的协调者，与当前参与事务的所有资源管理器进行通信，决定事务的提交、回滚操作，并将指令下发给资源管理器。

资源管理器： 通过数据库来实现 XA 接口，上报本地分支事务的执行情况，并根据事务管理器的指令执行本地事务的提交、回滚等操作。

XA 协议是一个“二阶段提交”的协议，它将整个事务分为两个阶段——Prepare 阶段和 Commit 阶段。其中第一个阶段 Prepare 是事务的准备就绪阶段，XA 事务的一阶段流程如图 15-2 所示。

在 XA 事务的一阶段流程中，事务管理器向每一个资源管理器（RM）发送“预备”通知。当 RM 接到通知后，开始在本地执行事务，这个过程涉及 redo 和 undo 日志的写操作，其中 redo 日志记录了数据变更后的值，undo 日志记录了数据被修改前的值，数据库可以利用这两个文件进行重试和回滚。

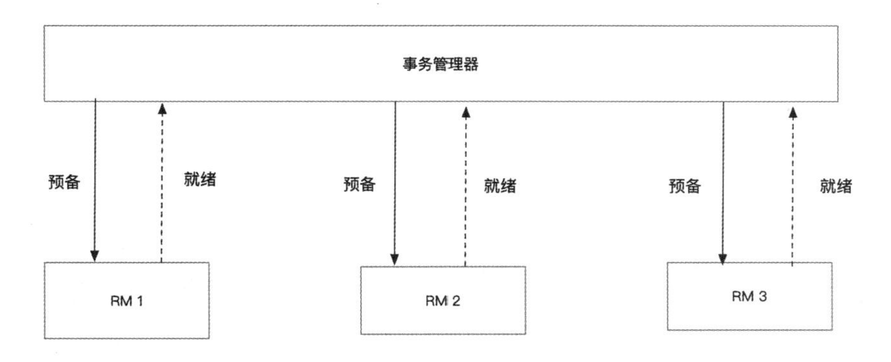

图 15-2　XA 事务的一阶段流程

在执行完成后，RM 并不会提交本地事务，而是发送一个“就绪”的指令到事务管理器。如果某个 RM 在执行过程中抛出异常，或者事务管理器始终没有收到 RM 的就绪反馈，那么事务管理器将做出“中断”的决定。如果所有 RM 都将就绪状态上报给事务管理器，那么事务管理器将做出“提交事务”的决定，全局事务的提交发生在 XA 事务的二阶段流程中，如图 15-3 所示。

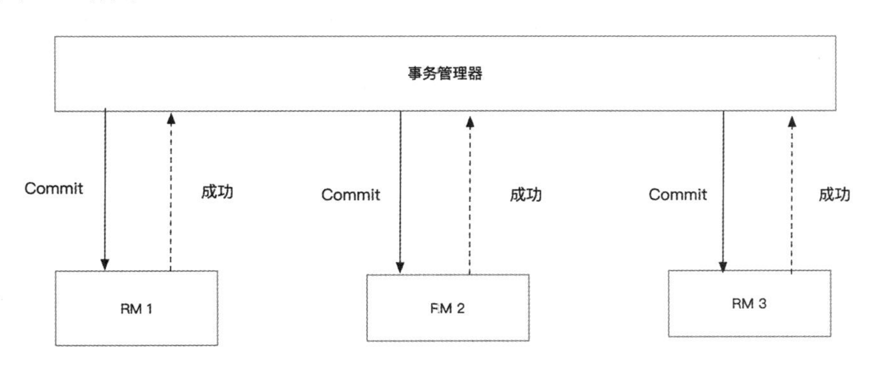

图 15-3　XA 事务的二阶段流程

在 XA 事务的二阶段中，事务管理器向每一个资源管理器发出 Commit 指令，RM 收到 Commit 指令以后，提交本地事务并释放一阶段的资源。如果在这个过程中发生异常宕机等情况，那么在机器恢复正常后，事务管理器会协调故障恢复流程。

注意： 执行 XA 协议需要底层数据库引擎的支持，目前主流的数据库大多都开发了支持 XA 协议的引擎。如果采用 XA 方案，那么需要选择正确的数据库引擎，比如 MySQL 数据库只有 InnoDB 存储引擎支持 XA 协议，如果选择了 MySQL 的其他引擎则不支持 XA 协议。

XA 协议很好地解决了分布式事务的数据一致性问题，但是在高并发场景下存在如下两个性能问题：

1. 占用数据库连接

分布式事务要在完成二阶段流程之后才会提交事务，从一阶段事务开始到二阶段事务提交之前，每个资源管理器一直持有数据库连接资源。因此，每一个分布式事务都会在相当长的一段时间内占用数据库连接资源。数据库连接是一类宝贵的计算资源，如果持有数据库连接的事务不能尽快释放连接，那么在高并发场景下 XA 方案很容易将数据库连接资源耗尽。如果后续的请求无法获取数据库资源，一直处于挂起等待的状态，就会延长服务的响应时间，最终导致服务无响应甚至服务雪崩。

2. 同步阻塞

在一个分布式事务的执行过程中，所有资源管理器都处于同步阻塞状态，要等到所有资源管理器响应事务管理器的命令后才能执行后续操作。这种同步阻塞大大增加了接口的响应时间。在高并发场景下，接口响应时间过慢的问题在集群效应下会被迅速放大，从而引发更严重的问题。

15.4 Seata 框架介绍

Seata 是一款由阿里开源的分布式事务解决方案，于 2019 年初以 Fescar 作为项目名称开源，而后更名为 Seata。Seata 致力于在微服务架构下提供高性能和简单易用的分布式事务服务。尽管 Seata 正式开源的时间不久，但是它的前身 TXC（2014 年推出）和 XTS（2007 年推出）分别在阿里和蚂蚁金服内部服务了很多个年头，已经经历了多年的沉淀和积累，通过阿里云对外提供分布式场景能力，并在双 11 活动中提供了业务支撑。

Seata 框架不仅可以支持 Spring Cloud 应用，还可以支持 Dubbo、Sofa-RPC（蚂蚁金服技术栈）、Motan 和 gRPC 等众多框架，同时支持基于数据库存储的集群模式，具备很强的水平扩展能力。Seata 提供了 AT、TCC、SAGA 和 XA 四种分布式事务模式，为微服务应用提供了一站式的分布式事务解决方案。

Seata 分布式事务方案中有三个重要角色，分别是 TC（Transaction Coordinator，事务协调者）、TM（Transaction Manager，事务管理器）和 RM（Resource Manager，资源管理器），这三个角色在一个分布式事务中实现的功能如下：

1. TC

Seata 服务器扮演了 TC 的角色，它是一个独立存在的中间件，支持集群模式的构建方式。TC 可以将自己作为一个服务注册到注册中心，分布式事务的参与者可以通过服务发现机制从注册中心获取 Seata 服务器的机器地址。在整个分布式事务的执行过程中，TC 负责维护全局事务和分支事务的状态，驱动全局事务提交或回滚，并将提交和回滚指令下发给 RM。

2. TM

在分布式事务的整个链路中，第一个起始节点扮演着 TM 的角色。TM 用于定义全局事务的范围，通过向 TC 发起注册事务的指令开启全局事务，决定全局事务的提交或回滚。

3. RM

分布式事务的每一个服务参与者都是 RM 角色，RM 用于处理分支事务，与 TC 通信并注册分支事务，报告分支事务的状态，负责分支事务的提交或回滚。

我们通过一张图来了解 TC、TM 和 RM 完成分布式事务的协作过程，如图 15-4 所示。

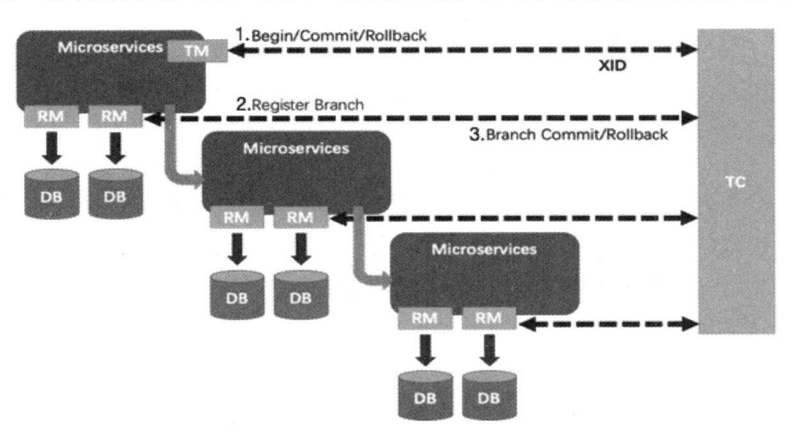

图 15-4　TC、TM 和 RM 完成分布式事务的协作过程

如图 15-4 所示，分布式事务包含三个微服务，每个微服务都可以访问当前服务的数据库，微服务之间有前后调用的关系，TC、TM 和 RM 协作完成分布式事务的步骤如下：

1. 开启全局事务

在分布式事务的开始阶段，处在起始点的服务扮演了事务管理器 TM 的角色，TM 向事务协调者 TC 注册新的全局事务。注册完成后，全局事务将被分配一个 XID，XID 是一个全局唯一的分布式事务标识，当前全局事务下的所有分支事务都会关联到这个 XID。

2. 注册分支事务

在全局事务开启后，在调用链上的每一个微服务需要向 TC 注册分支事务，分支事务注册完成后会被分配一个 Branch ID，分支事务的 Branch ID 会关联到全局事务的 XID，分支事务的注册流程是由 RM 完成的。

3. 事务提交/回滚

在分布式事务的整个链路中，第一个起始节点扮演着 TM 的角色。TC 在收到来自 TM 的全局提交或回滚通知后，会通知各个 RM 完成分支事务的提交和回滚。

15.5 Seata 的 AT 模式

15.5.1 AT 模式原理

AT（Auto Transaction，自动化事务）模式是 Seata 框架主推的一种分布式事务方案，这种方案对开发人员是无感知的。我们并不需要为分布式事务添加特殊的业务代码，只需要通过注解在代码中声明一个分布式事务即可，再加上少量的配置参数，就可以开启分布式事务的功能。从开发人员的编程体验上来说，Seata 的 AT 模式和传统的 XA 方案是一样的，都是一类对开发人员无感知的分布式事务解决方案。

AT 模式相较于传统的 XA 方案有一个明显的优势，即 AT 模式并不会在整个分布式事务的生命周期内持有数据库连接资源，而是采用一种“短事务”的方案实现分布式事务。XA 分两个阶段完成分布式事务，每个阶段完成之后，都会提交分支事务并释放数据库连接资源。下面介绍一下 Seata AT 模式的两阶段提交步骤。

AT 模式一阶段事务

在一阶段分布式事务中，分支事务将数据库改动提交到业务数据库（业务数据库指当前微服务应用对应的数据库），同时将回滚日志记录提交到 UNDO_LOG 表中（Seata 要求在数据库中创建三张独立的数据库表，用来记录分布式事务的信息，其中 UNDO_LOG 表用来存放回滚信息），完成分支事务后，释放本地锁和数据库连接。

一阶段中执行的数据操作可以细分为以下步骤：

（1）开启事务：开启本地事务，获取本地锁。

（2）查询前镜像：执行查询语句，定位到要修改的记录，获取数据修改前的镜像。

（3）执行 SQL：执行业务 SQL 语句。

（4）查询后镜像：根据步骤（2）中查询到的前镜像，通过主键查询定位到数据，获取数据修改后的镜像。

（5）插入回滚日志：将步骤（1）和步骤（3）中获取的镜像数据和业务 SQL 信息合并成一条回滚日志记录，插入 UNDO_LOG 表中。

（6）注册分支事务：向 TC 注册分支事务，并申请当前业务 SQL 所操作的数据库记录对应的全局锁，假如当前修改的是 ID 为 100 的 User 表记录，那么需要获取主键等于 100 的 User 记录的全局锁，如果全局锁无法获取则本地事务不能提交。

（7）本地事务提交：将步骤（2）中的业务数据和步骤（5）中生成的 UNDO LOG 记录正式提交。

（8）上报结果：释放本地锁和连接资源，将分支事务的执行结果上报给 TC。

AT 模式二阶段事务

AT 模式的二阶段事务是一个异步化执行的流程，并不会阻塞当前的业务线程，并且可以在很短的时间内快速执行完毕。二阶段包含回滚和提交两个不同流程。如果所有分支事务都执行成功，那么最终将执行二阶段提交流程。如果某个分支事务执行失败，那么将执行二阶段回滚流程，二阶段回滚的过程实际上是根据一阶段的回滚日志进行反向补偿。

二阶段提交流程分为以下三个步骤：

（1）TC 下达二阶段提交指令。

（2）Seata 将提交指令放入一个指令队列，并立即返回“提交成功”的结果到 TC，放入指令队列中的指令会在后台异步执行。

（3）删除一阶段流程中提交的 UNDO_LOG 记录。

二阶段回滚的流程包含以下四个步骤：

（1）TC 下达二阶段回滚的指令，RM 开启本地事务。

（2）通过全局事务 XID 和分支事务 Branch ID 定位到一阶段中提交的 UNDO_LOG 记录。

（3）根据 UNDO_LOG 记录中的数据执行回滚语句。

（4）提交本地事务，并上报执行结果到 TC。

15.5.2 AT 模式下的写隔离

在高并发的业务场景中，不可避免的一个场景就是数据库的同步读写操作，即两个事务在同一时间对同一条记录发起 SQL 读写操作。在 Seata 的 AT 方案中，有以下两个场景会发生业务 SQL 的同步读写：

（1）一阶段提交无法获取全局锁。

（2）二阶段回滚无法获取本地锁。

为了避免多个服务同时修改一条数据，Seata 采用全局锁和本地锁两种资源锁定机制进行写隔离。一阶段分支事务在提交前必须拿到全局锁，否则当前事务无法提交。当首次尝试获取全局锁失败时，AT 模式下会进行一定次数的重试；当重试次数达到最大值并且全局锁仍然无法获取时，RM 会尝试回滚分支事务，并释放本地锁资源。

我们分别对一阶段分支事务提交和二阶段分支事务回滚这两个场景下的隔离方案做一个详细说明，AT 模式下一阶段分支事务提交的写隔离方案如图 15-5 所示。

在图 15-5 中，事务 1 和事务 2 是两个独立执行的分布式事务，两个事务对同一条数据库记录做更新操作。事务 1 在一阶段事务中首先获取了本地锁（步骤 1），然后成功执行业务 SQL（步骤 2），最后获取全局锁，成功提交本地事务，并在事务结束后释放本地锁（步骤 3）。

在事务 1 的一阶段事务执行完毕之后，事务 2 在同一时刻开启了一阶段事务，成功获取了本地锁并执行了业务 SQL（步骤 4 和 5）。但由于事务 1 的二阶段事务还没有执行完毕，所以当前业务数据的全局锁仍然被事务 1 占有，此时事务 2 获取全局锁失败并重复执行重试操作（步骤 6）。在事务 2 尝试重新获取全局锁的过程中，事务 1 的二阶段事务执行了 commit 操作并释放了全局锁（步骤 7），在全局锁释放之后，事务 2 经过一定次数的重试获取全局锁，并成功执行本地事务（步骤 8）。

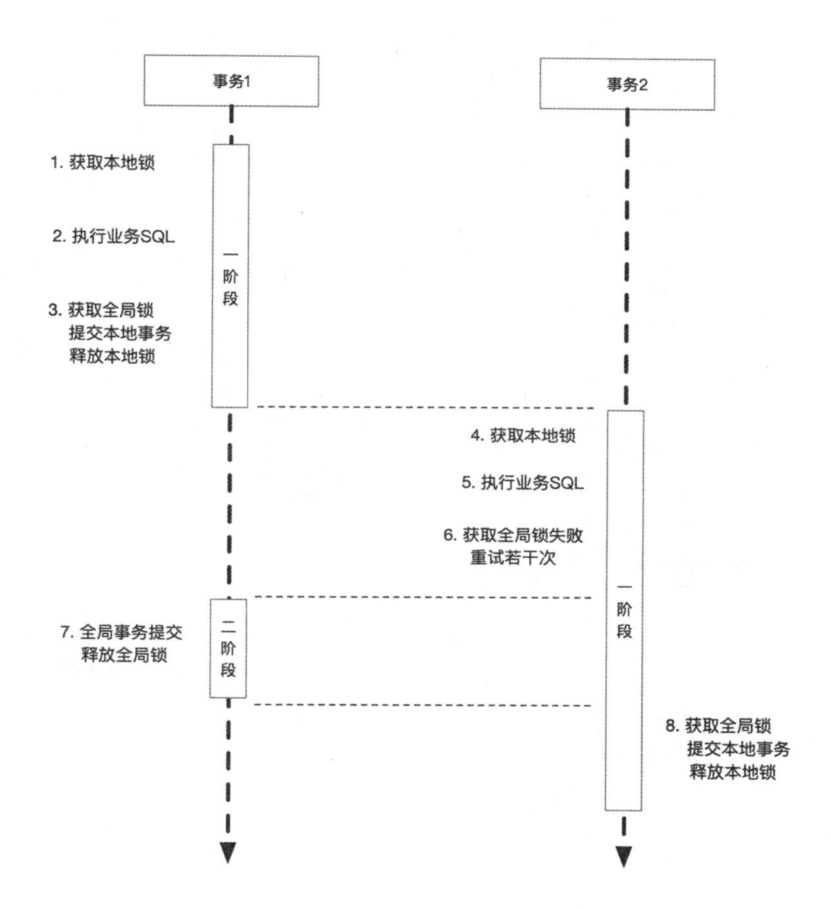

图 15-5　AT 模式下一阶段分支事务提交的写隔离方案

15.5.3　AT 模式下的读隔离

数据库的本地事务隔离级别通常是“读已提交”，在 Seata 的 AT 模式下，AT 默认的全局事务的数据隔离级别是“读未提交”（本地事务隔离级别仍然是“读已提交”）。即在二阶段事务执行完毕之前，一阶段事务操作的数据修改就会对外部可见。如果需要实现全局事务层面上的“读已提交”功能，则可以通过代理 SELECT FOR UPDATE 语句来实现。

AT 模式下二阶段分支事务回滚的读隔离方案如图 15-6 所示。

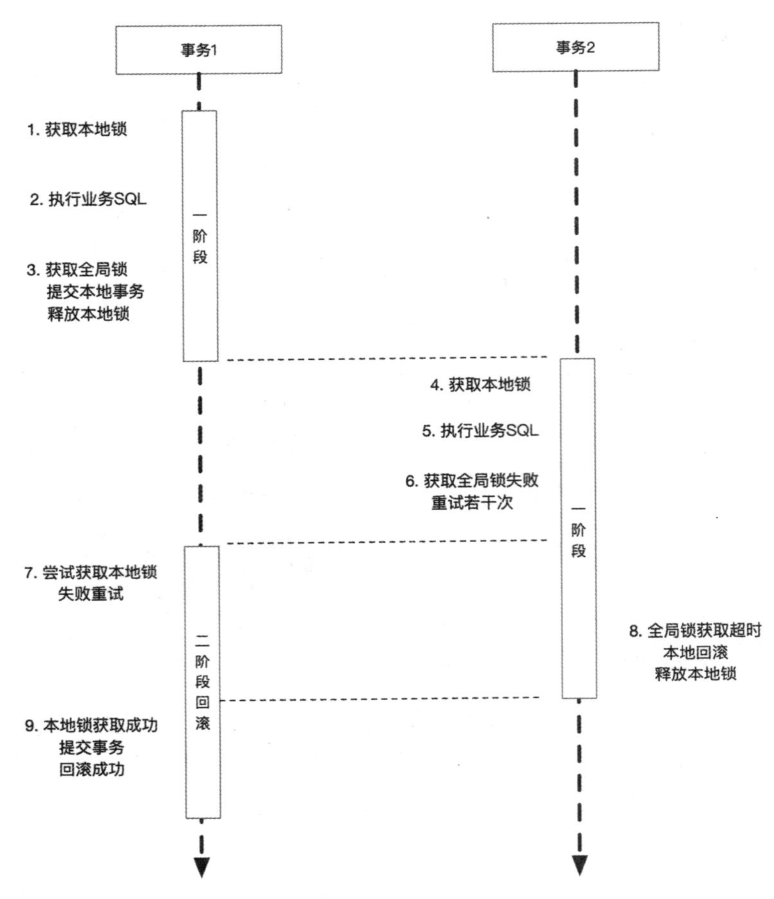

图 15-6　AT 模式下二阶段分支事务回滚的读隔离方案

如图 15-6 所示，在步骤 1 到步骤 3 中，事务 1 完成了一阶段事务并释放了本地锁，同时保留当前记录的全局锁。在步骤 4 到步骤 6 的过程中，事务 2 开启一阶段事务并成功获取本地锁，在执行业务 SQL 之后尝试获取全局锁，由于全局锁被事务 1 占用，所以事务 2 会重复尝试获取全局锁。

与此同时，事务 1 接到 TC 的回滚通知，开始执行二阶段回滚操作，在第 7 步中尝试获取本地锁，由于当前记录的本地锁被事务 2 持有，因此事务 1 无法成功获取，事务 1 开始进入重试流程。这是一个典型的死锁的场景，事务 1 和事务 2 都要同时获取本地锁和全局锁，而全局锁被事务 1 持有，本地锁被事务 2 持有。为了应对这类死锁场景，Seata 通过控制获取锁的重试次数来解除死锁。

在步骤 8 中，事务 2 重复数次获取全局锁失败后，停止一阶段事务，执行本地回滚并释放本地锁。被释放的本地锁被事务 1 的二阶段流程成功获取，事务 1 成功执行回滚流程并提交本地事务。

15.5.4　TCC 模式

TCC（Try-Confirm-Cancel）是蚂蚁金服贡献的一种分布式事务方案，TCC 模式在蚂蚁金服内部核心金融链路中也有广泛的应用。TCC 是三个单词的首字母缩写，分别代表 Try、Confirm 和 Cancel 三个单词，这三个单词分别代表分布式事务的三个步骤。在使用 TCC 模式编写分布式事务逻辑的时候，我们需要把当前的业务逻辑拆分为 Try、Confirm 和 Cancel 三个步骤，这些步骤侧重的业务目标如下：

1. Try 阶段

锁定当前事务所要操作的数据记录，这里所说的"锁定"并不是使用 SELECT FOR UPDATE 语句锁定数据库记录，或者使用任何数据库锁，TCC 的"锁定"是类似于执行业务前的准备阶段。在这个准备阶段中，TCC 模式会将所需要操作的数据对象通过业务标记等方式先行占用，从而使其他分布式事务不会占用 Try 阶段锁定的资源。

2. Confirm 阶段

如果 Try 阶段的资源被成功锁定，同时所有分支事务的 Try 阶段都执行成功，则 TCC 框架将在后台执行二阶段 Confirm 操作。在 Confirm 阶段中，我们会对 Try 阶段锁定的数据执行业务操作。

3. Cancel 阶段

Cancel 阶段相当于分布式事务的二阶段回滚，我们需要查询业务对象的当前状态，编写业务代码控制业务回滚。如果 Try 阶段成功但 Confirm 阶段失败，则 Cancel 阶段需要释放 Try 阶段锁定的资源。如果 Try 阶段失败，则 Cancel 阶段无需执行额外的业务逻辑。

TCC 模式和 AT 模式最大的不同点在于分布式事务的控制方式，在 AT 阶段中，分布式事务的提交和回滚对开发团队是无感知的，我们只需要编写一阶段业务代码。而二阶段的提交和回滚则由 AT 模式自动执行，不需要任何额外的开发量。对于 TCC 模式的 Try、Confirm 和 Cancel 三个步骤，则都需要我们通过代码控制分布式事务。

从开发成本的角度来讲，如果开发同一套业务流程，TCC 的开发周期和复杂度要远大于 AT 模式。从业务角度来讲，为了将一个业务流程拆分为 Try、Confirm 和 Cancel 三个步骤执行，需要开发团队对业务有比较深刻的理解，才能从恰当的角度进行 TCC 模式下的拆分。尽管 TCC 的开发成本较高，但通过代码方式实现分布式事务有一个显而易见的好处，就是可以对事务的各个阶段做精细粒度的业务控制。

我们通过一个转账的例子来解释 TCC 模式下三个阶段的作用，如果 A 账户当前有 100 元，我们从 A 账户转 20 元到 B 账户。对 A 账户操作的分布式事务来说，在 Try 阶段我们需要从 A 账户的余额中扣除 20 元，并添加到冻结余额中；在 Confirm 阶段，我们需要从冻结账户中扣除 20 元，加入 B 的余额账户中；在 Cancel 阶段，我们需要判断当前业务的执行情况，如果 A 账户的金额已经被扣减了 20 元，则需要将冻结余额中的金额退回到 A 账户的余额中，如果 A 账户的金额并没有被扣减，那么 Cancel 步骤不执行任何逻辑。TCC 模式下的分布式事务流程如图 15-7 所示。

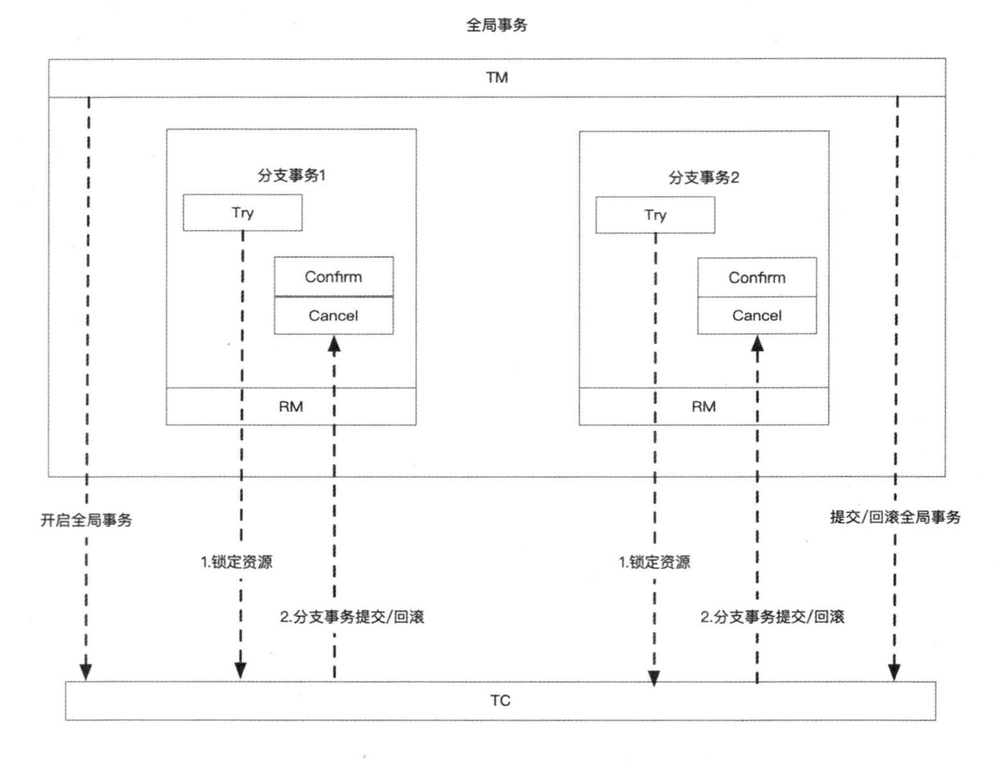

图 15-7　TCC 模式下的分布式事务流程

如图 15-7 所示，一个 TCC 模式下的全局事务包含了两个分支事务，每个分支事务都实现了 Try、Confirm 和 Cancel 的业务逻辑。首先，TM 向 TC 成功注册一个全局事务；然后，分支事务 1 和分支事务 2 分别进入 Try 阶段，由 RM 向 TC 注册分支事务并执行 Try 阶段的业务逻辑；接着，TM 将全局事务的提交或回滚决定上报到 TC；最后，TC 将事务提交或回滚的通知下发给各个分支事务 RM，由分支事务来执行 Confirm（提交事务）或 Cancel（回滚事务）操作。

15.5.5　Saga 模式

Saga 模式是一种专门应对“长事务”的方案，每一个业务参与者都需要手动实现正向逻辑和反向补偿逻辑。对一些链路比较长的业务逻辑来说，当某一个参与者在执行业务的过程中发生异常时，需要依次对前面已经成功的参与者执行反向补偿逻辑，Saga 模式的工作流程如图 15-8 所示。

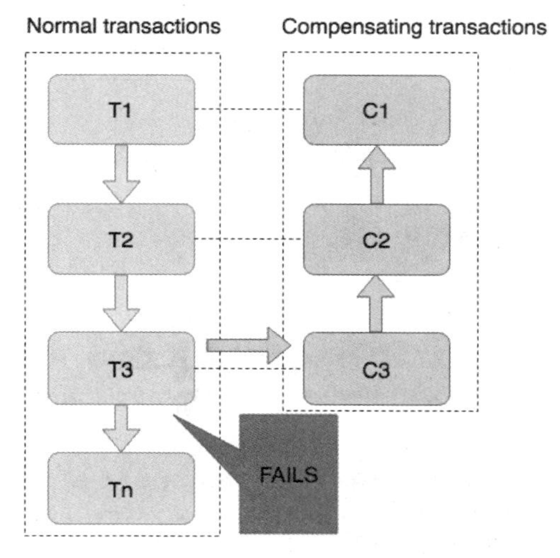

图 15-8　Saga 模式的工作流程

如图 15-8 所示，在业务链路中的每一个参与方（分支事务）都有一个对应的反向补偿逻辑（比如 T1 对应的反向补偿是 C1，T2 对应的反向补偿是 C2……依此类推）。如果 T1 和 T2 执行成功，而 T3 执行失败，则对这个业务场景来说，Saga 模式会依次调用 C3、C2 和 C1，对已经执行成功的业务流程做反向补偿。不管是以字母 T 开头的正向逻辑，还是以字母 C 开头的反向逻辑，都需要开发团队通过代码实现。

Saga 模式的适用场景如下：

（1）业务链路较长且链路中的业务节点较多的场景。

（2）链路中包含业务方集成的场景，或者老旧的遗留系统的集成和改造，不便于提供 TCC 模式的接口。

15.5.6 XA 模式

Seata 对支持 XA 协议的数据库也提供了兼容方案，Seata 的 XA 模式就是一种支持底层 XA 协议的分布式事务方案。从性能和业务吞吐量的角度来讲，AT 方案、TCC 方案和 Saga 方案是要优于 XA 方案的，读者可以根据开发成本和业务性能指标等多方面因素考量，选择适合自己业务的分布式事务方案。

由于篇幅原因，本节不对 XA 模式的细节做深入探讨，XA 模式的流程图可以参照 Seata 官网的公开资料。

15.6 微服务架构升级——搭建 Seata 服务器

15.6.1 下载 Seata 服务器

在集成 Seata AT 方案之前，我们需要下载并配置 Seata 服务器，本节我们使用 Seata 最新版（1.4.0 版）作为服务器。Seata 在其 GitHub 官方项目中提供了下载方式，读者可以在 GitHub 网站搜索 Seata，并进入 Seata 项目的发布列表中查看下载方式，为了保证系统组件的兼容性，建议读者下载同样的版本，Seata 1.4.0 的下载页面如图 15-9 所示。

Assets 4
seata-server-1.4.0.tar.gz 40.7 MB
seata-server-1.4.0.zip 40.7 MB
Source code (zip)
Source code (tar.gz)

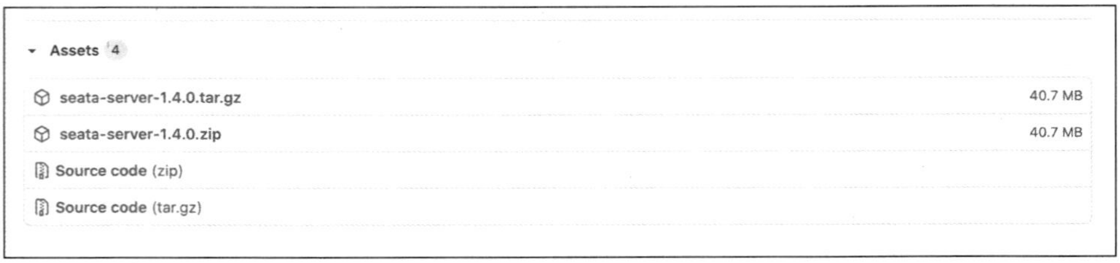

图 15-9　Seata 1.4.0 的下载页面

如图 15-9 所示，在 Seata 1.4.0 的下载列表中，读者可以选择下载 seata-server-1.4.0.tar.gz 或者 seata-server-1.4.0.zip。如果对 Seata 的底层实现感兴趣，则可以下载列表中的后两个源码压缩包。

我们将下载的 Seata 服务器解压缩以后，在解压缩后的文件路径下，可以看到 bin、conf 和 lib 三个文件目录，这些文件目录的作用如下：

（1）bin 目录：存放 Seata 服务器启动脚本，有 Windows 和 Linux 两个脚本。

（2）conf 目录：存放 Seata 服务器的配置项。

（3）lib 目录：存放运行 Seata 服务器所需要的 jar 包，包括 JDBC 驱动程序。

15.6.2　修改 file.conf 文件

我们打开 15.6.1 节中解压后的 Seata 服务器安装目录，打开 conf 文件夹，将 file.conf.example 文件的内容复制到 file.conf 文件中。在 file.conf 文件中，定义了 Seata 服务器如何保存分布式事务的配置，本节我们将对 file.conf 文件的内容进行修改，使用本地数据库存储信息。

目前 Seata 支持两种类型的持久化方式，分别是 file 类型和 DB 类型。在 file 类型下，Seata 的分布式事务信息（包括全局事务、分支事务和数据库锁等信息）将维护在本地文件中，尽管文件存储的方式可以简化大量配置工作，但只能用于本地测试的目的，并不能用于正式的生产环境。对部署在生产环境中的 Seata 服务器来说，笔者推荐使用 DB 类型作为存储方式，即将分布式事务信息保存在数据库内。

在 file.conf 文件中找到 store 节点，将其中的 mode 属性改为“db”（小写），即使用关系型数据库作为持久化方案，并将本地数据库的连接信息更新到 db 节点中。file.conf 配置中的 store 节点的实现代码如下：

```
store {
  ## store mode: file、db
  mode = "db"
  ## file store property
  file {
    ## 此处省略 file 配置，如果 mode 选择 db，则此处 file 配置不会生效
  }

  ## database store property
  db {
    ## the implement of javax.sql.DataSource, such as DruidDataSource(druid)/
BasicDataSource(dbcp) etc.
    datasource = "druid"
    ## mysql/oracle/postgresql/h2/oceanbase etc.
    dbType = "mysql"
    driverClassName = "com.mysql.jdbc.Driver"
    url = "jdbc:mysql://127.0.0.1:3306/seata"
    user = "root"
```

```
    password = "Broadview"
    minConn = 5
    maxConn = 30
    globalTable = "global_table"
    branchTable = "branch_table"
    lockTable = "lock_table"
    queryLimit = 100
  }
}
```

在上述代码中，我们通过 dbType 属性指定了数据库类型为 MySQL，并使用 url、user 和 password 属性分别定义了数据库的连接串、用户名和密码，其中在数据库连接串（jdbc:mysql://127.0.0.1:3306/seata）中我们指定了数据库 schema 名称为 seata，db 节点中的 globalTable、branchTable 和 lockTable 属性分别定义了全局事务、分支事务和数据记录锁持久化过程中对应的数据库表名。

注意：为了简化配置，本节采用基于本地文件保存配置文件的方式，我们也可以将 file.conf 的内容添加到配置中心，让 Seata 从配置中心加载这些配置项。

15.6.3 修改 registry.conf 文件

本节需要编辑的 registry.conf 文件位于 Seata 安装目录的 conf 文件夹下，registry.conf 文件定义了服务注册和配置项的管理方式，下面我们分别对 Seata 的配置项加载方式和服务注册方式做具体介绍：

1. 配置项加载方式

在 registry.conf 中的 config 节点定义了 Seata 读取配置文件的方式，目前 Seata 支持的配置管理方式有本地文件、Nacos、Apollo、ZooKeeper、Consul 和 etcd3，由于我们在 15.6.2 节中使用了本地文件保存配置的方式，所以 config.type 使用默认值“file”，file.name 属性为 15.6.2 节中的配置文件名 file.conf。

2. 服务注册方式

在 registry.conf 中的 registry 节点定义了 Seata 服务注册的方式，目前 Seata 支持的服务注册方式有本地文件、Nacos、Eureka、Redis、ZooKeeper、Consul、Sofa 和 etcd3。由于我们的微服务方案使用 Eureka 作为服务注册中心，所以需要将 Seata 服务器的服务注册方式修改为 Eureka，在 registry.conf 中的 registry 节点的具体代码如下：

```
registry {
  # file 、nacos 、eureka、redis、zk、consul、etcd3、sofa
  type = "eureka"
  loadBalance = "RandomLoadBalance"
  loadBalanceVirtualNodes = 10
  eureka {
    serviceUrl = "http://localhost:10000/eureka"
    application = "seata-server"
    weight = "1"
  }
  ## 省略其他内容的配置方式
}
```

在 registry.conf 节点下还定义了多种服务注册方式的连接信息，这些内容不必删除，因为 registry.type 属性的值为 Eureka，只有在 registry.eureka 节点下定义的内容才会生效。在 registry.eureka 节点下，我们定义了 Eureka 注册中心的地址，并指定当前 Seata 使用 seata-server 作为服务名注册。

15.6.4　添加服务器 JDBC 驱动

我们进入 Seata 安装目录下的 lib 文件夹，将本地数据库对应的 JDBC 驱动添加到 lib 文件夹。作者在本地使用的是 MySQL 8.0.21，对应的 JDBC 驱动文件为 mysql-connector-java-8.0.21.jar（关于 MySQL 的驱动下载，建议读者到 MySQL 的官方网站下载对应的驱动版本），如果读者本地使用 Oracle 或者其他关系型数据库，则需要下载对应的 JDBC 驱动并复制到 lib 文件夹。

Seata 预先放置了 MySQL 的驱动的 jar 包到 lib/jdbc 路径下，但该路径下的驱动版本有可能与读者本地安装的数据库版本不兼容。因此，建议读者自行下载正确的 JDBC 版本，同时删除 lib/jdbc 包下已有的数据库驱动文件，避免依赖冲突。

15.6.5　创建数据库表

在 15.6.2 节中，由于我们选择 MySQL 数据库作为 Seata 的持久化方案，所以需要在数据库中创建 Seata 的表结构。为了与 file.conf 文件中定义的数据库连接串相匹配，我们需要新建一个名为 seata 的数据库，并在其中创建 GLOBAL_TABLE、BRANCH_TABLE 和 LOCK_TABLE 三张表，这三张表是供 Seata 服务器使用的表，具体建表语句如下：

```
CREATE TABLE IF NOT EXISTS `global_table`
(
    `xid`                       VARCHAR(128) NOT NULL,
    `transaction_id`             BIGINT,
    `status`                    TINYINT      NOT NULL,
    `application_id`             VARCHAR(32),
    `transaction_service_group` VARCHAR(32),
    `transaction_name`           VARCHAR(128),
    `timeout`                   INT,
    `begin_time`                 BIGINT,
    `application_data`           VARCHAR(2000),
    `gmt_create`                 DATETIME,
    `gmt_modified`               DATETIME,
    PRIMARY KEY (`xid`),
    KEY `idx_gmt_modified_status` (`gmt_modified`, `status`),
    KEY `idx_transaction_id` (`transaction_id`)
) ENGINE = InnoDB
  DEFAULT CHARSET = utf8;

-- branch table
CREATE TABLE IF NOT EXISTS `branch_table`
(
    `branch_id`         BIGINT       NOT NULL,
    `xid`               VARCHAR(128) NOT NULL,
    `transaction_id`     BIGINT,
    `resource_group_id` VARCHAR(32),
    `resource_id`        VARCHAR(256),
    `branch_type`        VARCHAR(8),
    `status`            TINYINT,
    `client_id`          VARCHAR(64),
    `application_data`  VARCHAR(2000),
    `gmt_create`         DATETIME,
    `gmt_modified`       DATETIME,
    PRIMARY KEY (`branch_id`),
    KEY `idx_xid` (`xid`)
) ENGINE = InnoDB
  DEFAULT CHARSET = utf8;

-- the table to store lock data
CREATE TABLE IF NOT EXISTS `lock_table`
(
```

```
  `row_key`        VARCHAR(128) NOT NULL,
  `xid`            VARCHAR(96),
  `transaction_id` BIGINT,
  `branch_id`      BIGINT       NOT NULL,
  `resource_id`    VARCHAR(256),
  `table_name`     VARCHAR(32),
  `pk`             VARCHAR(36),
  `gmt_create`     DATETIME,
  `gmt_modified`   DATETIME,
  PRIMARY KEY (`row_key`),
  KEY `idx_branch_id` (`branch_id`)
) ENGINE = InnoDB
 DEFAULT CHARSET = utf8;
```

注意：上面的 SQL 语句是 MySQL 数据库的语法，如果读者本地使用的是 Oracle 或其他关系型数据库，则需要使用对应的语法声明字段的类型。

除 Seata 服务器使用的三张表外，我们还需要在微服务所连接的数据库中创建一个 UNDO_LOG 表，UNDO_LOG 表用来存储需要回滚的信息。以 Coupon 项目为例，Coupon 应用后台连接的数据库名称为 broadview_coupon_db，我们需要在这个数据库中创建 UNDO_LOG 表，具体代码如下：

```
CREATE TABLE IF NOT EXISTS `undo_log`
(
  `id`            BIGINT(20)   NOT NULL AUTO_INCREMENT COMMENT 'increment id',
  `branch_id`     BIGINT(20)   NOT NULL COMMENT 'branch transaction id',
  `xid`           VARCHAR(100) NOT NULL COMMENT 'global transaction id',
  `context`       VARCHAR(128) NOT NULL COMMENT 'undo_log context,such as
serialization',
  `rollback_info` LONGBLOB     NOT NULL COMMENT 'rollback info',
  `log_status`    INT(11)      NOT NULL COMMENT '0:normal status,1:defense
status',
  `log_created`   DATETIME     NOT NULL COMMENT 'create datetime',
  `log_modified`  DATETIME     NOT NULL COMMENT 'modify datetime',
  PRIMARY KEY (`id`),
  UNIQUE KEY `ux_undo_log` (`xid`, `branch_id`)
) ENGINE = InnoDB
 AUTO_INCREMENT = 1
 DEFAULT CHARSET = utf8 COMMENT ='AT transaction mode undo table';
```

15.7 微服务架构升级——应用改造

15.7.1 添加 Seata 依赖项和配置项

分布式事务需要在一个调用链路中贯穿多个微服务，我们需要在 coupon-user-service 中添加一个新方法，调用 coupon-template-service 的现有方法，实现一个完整的分布式事务。

我们分别在 coupon-template-service 和 coupon-user-service 两个项目的 pom.xml 文件中添加 Seata 的依赖项，具体代码如下：

```
<dependency>
   <groupId>com.alibaba.cloud</groupId>
   <artifactId>spring-cloud-starter-alibaba-seata</artifactId>
</dependency>
```

我们分别在 coupon-template-service 和 coupon-user-service 两个项目的 application.yml 中添加以下三个新配置项：

1. 允许 Bean 重载

Seata 依赖项和 Feign 组件的依赖项有冲突，为了避免依赖注入时的冲突，我们需要在应用中允许 bean 重载，在配置文件中添加以下代码以开启 Bean 的重载功能：

```
spring:
  main:
    allow-bean-definition-overriding: true
```

2. 声明 Seata 事务组

在配置文件中声明当前应用的 Seata 事务组名称，这个事务组名可以自由定义，具体代码如下：

```
spring:
  cloud:
    alibaba:
      seata:
        tx-service-group: my-group
```

3. 声明服务发现配置

在配置文件的根节点下声明 Seata 服务发现的连接方式（注意不是在 spring 节点而是在根节点声明 seata），具体代码如下：

```
seata:
  application-id: coupon-calculation-service
  registry:
    type: eureka
    eureka:
      application: seata-server
      service-url: http://localhost:10000/eureka/
      weight: 1
  service:
    vgroup-mapping:
      my-group: seata-server
```

在上述代码中，我们利用 seata.registry.type 声明了通过 eureka 来完成服务发现，seata.service.vgroup-mapping 是一个 Map 类型的参数，Map 中的 Key 就是我们在本节声明 Seata 事务组时定义的事务组名称 my-group，对应的值 seata-server 是 Seata 服务器在 Eureka 中注册的服务名称。

15.7.2　实现业务逻辑

本节我们将实现一个简单的业务逻辑，禁用某个指定 Teamplate ID 的券模板，并且销毁已经发放的用户优惠券。在这个业务中，coupon-template-service 用于禁用券模板，coupon-user-service 用于销毁已发放的优惠券，由 coupon-user-service 作为分布式事务发起的起点服务，调用 coupon-template-service 完成整个事务。我们已经在 coupon-template-service 中实现了禁用券模板的方法（相关代码请参考 GitHub 下载资源），因此本节只需实现 coupon-user-service 的相关业务代码即可，我们分别从 Dao 层、Service 层和 Controller 层进行改动。

1. Dao 层改动

打开 coupon-user-service 项目中的 CouponStatus 类，在其中添加一个新的枚举类型 DISABLED，该枚举类型表示当前优惠券处于不可用状态，具体代码为 DISABLED(“作废”, 3)，这个枚举类将被用在新的 Dao 层方法中，作为用户优惠券的状态参数。

打开 CouponDao 类，添加一个新的接口方法用来实现 Coupon 对象状态的修改，具体代码如下：

```
@Modifying
@Query("update Coupon c set c.status = :status where c.templateId = :id")
int makeCouponUnavailable(@Param("id") Long id, @Param("status") CouponStatus
status);
```

在上述代码中，我们可以根据传入的券模板 ID，将已经发放的所有优惠券置为不可用状态。

2. Service 层改动

打开 coupon-user-service 项目中的 UserServiceImpl 类，实现一个新的接口方法 inactiveCouponTemplate，该方法先调用 coupon-template-service 服务禁用券模板，再调用 CouponDao 中的方法将指定卷模板 ID 所生成的优惠券禁用，具体代码如下：

```
@Override
@Transactional
public int inactiveCouponTemplate(Long templateId) {
   templateClient.inactiveCoupon(templateId);
   return couponDao.makeCouponUnavailable(templateId, CouponStatus.DISABLED);
}
```

3. Controller 层改动

打开 CouponController 类，在其中添加 inactiveCoupon()方法，调用上面（Service 层改动）添加的 inactiveCouponTemplate()方法，具体代码如下：

```
@PostMapping("inactiveCoupon")
@GlobalTransactional(name = "coupon-user-service", rollbackFor = Exception.
class)
public Integer inactiveCoupon(@RequestParam("templateId") Long templateId) {
   return couponUserService.inactiveCouponTemplate(templateId);
}
```

在上述代码中，我们通过@GlobalTransactional 注解声明了一个分布式事务，注解中的 rollbackFor=Exception.class 属性表示当前分布式事务在调用过程中捕捉到 Exception 类型的异常时会做全局回滚处理。

15.7.3 添加数据源代理

Seata 框架通过代理数据源的方式实现了 javax.sql.DataSource 接口，DataSourceProxy 是 Seata 自建的数据源代理类。在执行业务 SQL 时，DataSourceProxy 可以分析 SQL 语句并生成必要的回滚信息。在 Seata 的 AT 模式下，我们依赖 DataSourceProxy 类生成的回滚信息进行分支事务回滚操作，由于 ataSourceProxy 是默认的数据源，所以需要在 Spring 上下文中声明一个主数据源。

在 coupon-template-service 项目下的 com.broadview.coupon.user 包路径下新建一个配置类，命名为 DatabaseConfig，并在这个类中定义主数据源，具体代码如下：

```
@Configuration
public class DatabaseConfig {

    @Bean
    @ConfigurationProperties(prefix = "spring.datasource")
    public DruidDataSource druidDataSource() {
        return new DruidDataSource();
    }

    @Primary
    @Bean("dataSource")
    public DataSource dataSource(DruidDataSource druidDataSource) {
        return new DataSourceProxy(druidDataSource);
    }

}
```

在上述代码中，我们使用 Druid 组件作为底层数据源，并将 spring.datasource 属性下的数据库连接信息封装到 DruidDataSource 对象中，Druid 组件是阿里开源的一款优秀的数据库连接池组件。将组装好的 DruidDataSource 对象作为构造参数添加到一个 DataSourceProxy 对象中（DataSourceProxy 是 Seata 组件的数据源代理），同时在方法上添加@Primary 注解，这样，ataSourceProxy 就会成为应用的主数据源。

在所有改造步骤都完成以后，我们依次启动平台类组件和 Coupon 应用，尝试向 CouponController 类中的 inactiveCoupon()方法发起一个方法调用，验证分布式事务的执行结果。如果想要验证全局回滚的情况，则可以在 inactiveCoupon()方法中抛出一个 RuntimeException，观察 coupon-template-service 中的方法是否会发生回滚。

16

第 16 章 走进容器化的世界

“一花一世界，一木一浮生，一草一天堂，一叶一如来，一砂一极乐，一方一净土，一笑一尘缘，一念一清静”——《华严经》

当你借着佛意的清明，低头俯瞰这一花一草一叶一木的时候，也许你就真正地感受到了微观世界的不同。从一滴微小的露珠，有时候也能感受到世界的美丽。容器化的世界与其如此相似，小小的容器包罗万象。让我们一起来领略容器化世界的魅力吧……

16.1 微服务落地的难点

16.1.1 微服务的兴起与容器的顺势而为

与容器化相随的是微服务。微服务不再是 SOA 那种大服务之间的解耦和通信，而是遵循云原生的原则，去完成服务之间的高内聚和低耦合，去体现那永恒不变的 12 因素（12 因素会在 16.1.4 节详细讨论）。下面我们介绍一下微服务的两个特点。

- 微服务真的很小：它要求能够秒级快速启动并优雅关闭（Disposability 因素），它没有状态（Processed 因素），它可以方便地横向部署（Concurrency 因素），它不包含后台的资源（Backing Services 因素）也不包含相应的配置（Configuration 因素），它让服务与服务之间通过端口隔离而相互解耦（Port Binding 因素）。
- 微服务可以快速发布：它要描述清楚相互之间的依赖和制约（Dependencies 因素），它要能够一次开发、多次部署（Codebase 因素），它可以编译和发布分离（Build、Release、Run 因素），它不区分开发和生产环境（dev/prod parity 因素），它以流的形式输出日志（Logs 因素），它在时间管控中完成任务的管理（Admin Processes 因素）。

微服务的兴起昭示着云原生的到来，同时也给我们的发布和部署带来了极大的困难与挑战。

- 微服务尺寸的变化意味着微服务数量的激增，意味着我们的 IT 时代向着热力学的熵增（混乱度增加）场景逐步转化，从几十个原始 SOA 服务的有序管理，转变成成千上万的微服务自动编排协调。
- 微服务的灵活发布，要求应用和环境之间真正地实现隔离和解耦，无视开发和生产环境的差异，无视物理机配置的区别。不管是计算密集型服务器还是内存密集型的工作站，不管是大容量的存储服务器还是多 GPU 的机器学习平台，微服务的发布要求应用和它的依赖库能够实现统一打包、跨环境发布。
- 此外，DevOps 理念的兴起对微服务的管理提出了进一步的要求。组织内部不再有开发和运维之分，二者充分地融为一体。它要求开发人员不仅要做到应用功能的开发和测试，还要兼顾服务发布、负载切换、日志管理、系统监控和故障响应等。它对开发人员的系统思维、网络管理、存储运维等提出了更高的要求。

IT 技术没有“银弹”，随着微服务的兴起，容器化技术应运而生。让我们从如何实现业务的高内聚和低耦合、如何摆脱软硬件异构的困境、如何遵循云原生 12 因素、如何满足康威定律来一一感受容器时代兴起的必然，来领略一线大厂容器技术的风采吧。

16.1.2　业务的高内聚和低耦合

服务的发展经历了单体大泥团、SOA 架构、微服务架构这三个发展阶段，不管是垂直拆分还是水平分裂，新的业务架构都将呈现出以下两种不同的形态：

（1）单个服务可发布件（Deliverable）的体量缩小

随着两个披萨团队的流行，研发团队的尺寸进一步缩小，发布流程的周期进一步缩短，应用代码的体积也随之急剧缩减。每个应用只包含一个高度内聚的交易一致性服务聚合。一个业务应用的可发布件，其容量从原先的几 GB 缩减到常见的几 MB、几十 MB、几百 MB。在这种情况下，为每一个应用分配一个虚拟机将不再合适。如图 16-1 所示，每台虚拟机（Virtual Machine）都需要在底层的基础架构（Infrastructure）和虚拟化层（Hypervisor）之上，独立运行各自的操作系统（Guest Operating System）。

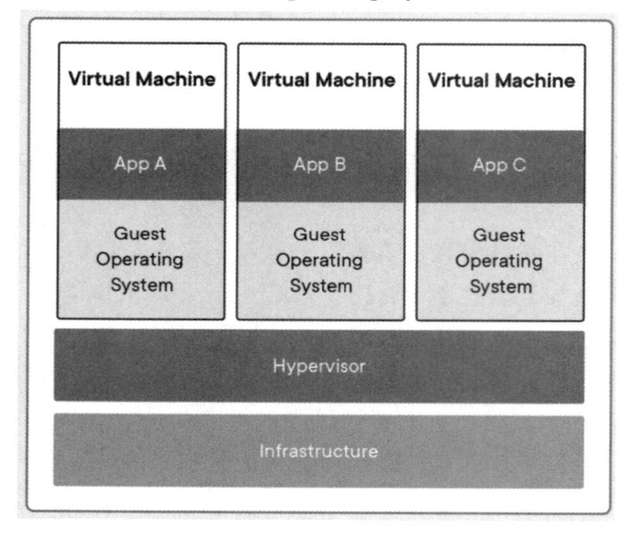

图 16-1　虚拟化环境

每个操作系统将占用几百 MB 到若干 GB 的磁盘空间来存储数据，需要占据几十 MB 到几百 MB 的内存空间来运行底层的进程和内核。要充分地利用虚拟机环境，就必须在一个虚机上运行成百上千的微服务，这对资源的进一步隔离和共享提出了新的要求。

我们在详细介绍之前先粗略地感受一下容器是怎样在一台虚拟机上实现应用并存的。如图 16-2 所示，一个操作系统可以承载大量容器（App A~App F），每个容器内不需要承担操作系统的负荷。

这种结构为单台机器承载成百上千的容器提供了可能。我们将在第 17.4 节详细讲解容器环境中资源的有效分配和隔离共享。

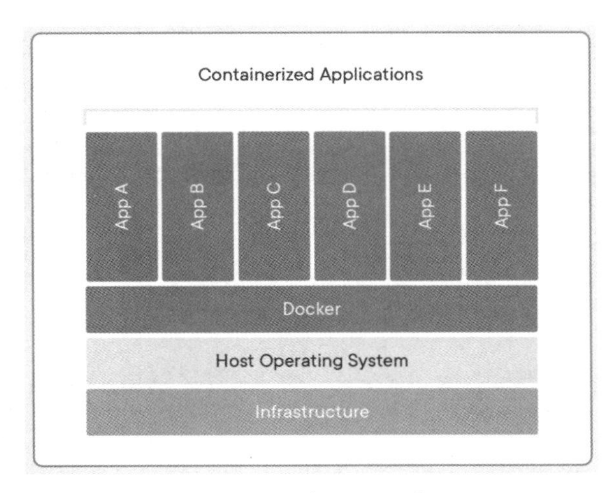

图 16-2　容器化环境

（2）单个服务的启停速度提升

随着服务内部高内聚、外部低耦合的实现，服务的启停再也不存在相互间的紧密依赖关系。一个服务从原先依赖数据库检查、中间件通信、应用自检的烦琐套路中解放出来，平均启动时间从几十分钟缩减到几分钟或几秒钟，平均停止时间从几分钟缩减到几秒钟。这就要求我们对应用的资源能够做到快速地占取和释放，对资源的掌控要从操作系统级别变为进程级别。我们将在第 17.4 节详细介绍容器如何实现进程级的快速启动和优雅关闭。

16.1.3　摆脱软硬件异构的困境

当前我们的应用的部署环境五花八门、千差万别：

- 从硬件来看，有 IBM、HP、Dell 等传统的服务器硬件设备，有 HDS、NetApp、EMC 等传统的存储设备，也有像亚马逊、微软、谷歌、阿里、百度、腾讯等云平台的硬件环境，开源的分布式基础架构也大行其道，OpenStack、Ceph 等也被广泛使用。
- 从虚拟化技术和操作系统来看，有 VMware、HyperV 等传统虚拟化技术，也有 Xen、KVM 等新型的虚拟化解决方案，有传统的 UNIX、Windows、Linux 操作系统，也有新型的嵌入式操作系统、微内核操作系统。
- 从应用角度来看，多语言并存是一个主流的发展方向，前台的 Node.js 语言、后台的 Java、Python，新流行的 Go、Kotlin、人工智能的 R 语言，每种语言都有它所依赖的库和运行环境。它们共同构成了整个应用开发的生态圈。

图 16-3 列举了传统部署环境下的兼容性测试案例，在一个完整的应用发布之前，需要验证它的每一个功能模块（Web Frontend（Web 前端）、Static Website（静态网站）、Queue（消息队列）、User DB（用户数据库）等）是否在异构的硬件环境下（QA Server（测试服务器）、Production Cluster（生产集群）、Public Cloud（公有云）等）存在兼容性问题。

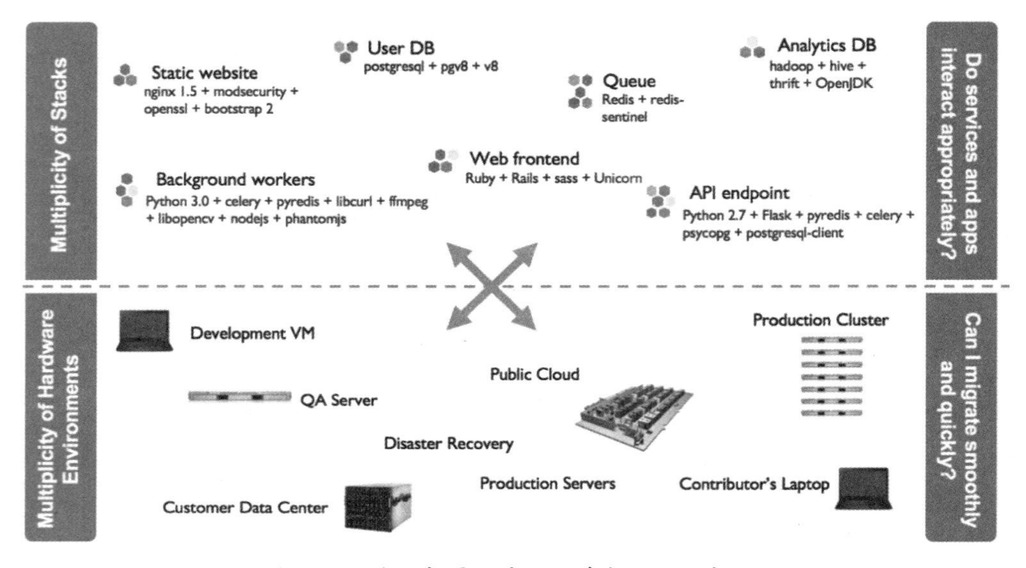

图 16-3　传统部署环境下的兼容性测试案例

是不是我们所有的应用对所有的平台都要做一次兼容性测试，并通过大量反复的测试来验证这些应用集成方案的可行性呢？是不是我们每个开发人员和架构师也都必须了解各种软硬件组合的优缺点，在应用代码开发的过程中要时刻考虑如何优化最终的应用部署环节呢？答案显然是否定的。

历史是如此的相似。早在 20 世纪 60 年代，运输行业得到了全面的发展，火车、飞机、轮船等大宗运输工具和卡车、货车等小型运输工具之间形成了联动和配合。但是货物在几种不同工具之间的转换需要拆包、打包，同时经常有货物在运输过程中出现压坏和毁损，这大大制约了货物运输的灵活性。一个奇思妙想在当时产生，能不能把所有的货物统一打包成一个形态？然后用标准的集装箱来承载整个货物，货物的运输全程不再需要拆包、打包，既减少了物资的损耗，又加快了工具间的传递。不管你是法拉利汽车的零配件，还是山东运来的苹果和橘子，大家都容纳在一个方方正正的立方体内，没有了产品的差异，没有了运输工具的差异，没有了存储方式的差异。集装箱技术的出现是 60 年代运输业兴起的标志。

同样的道理，我们能不能如法炮制，把不同语言开发的应用、不同的依赖包和运行环境打包在一个标准的集装箱内，让它可以忽略硬件环境、虚拟化技术和操作系统的区别？答案是肯定的，集装箱的英文名称叫 container，我们沿用了这个单词来命名应用发布的立方体，为了与运输行业有所区别，我们又有了一个新的中文翻译——容器。这就是容器一词的由来。图 16-4 描述了采用容器集装箱之后的情景：应用发布之前，只需要测试应用的各个组件能否放置在集装箱内部即可，应用与硬件平台的兼容性完全由容器集装箱来负责。

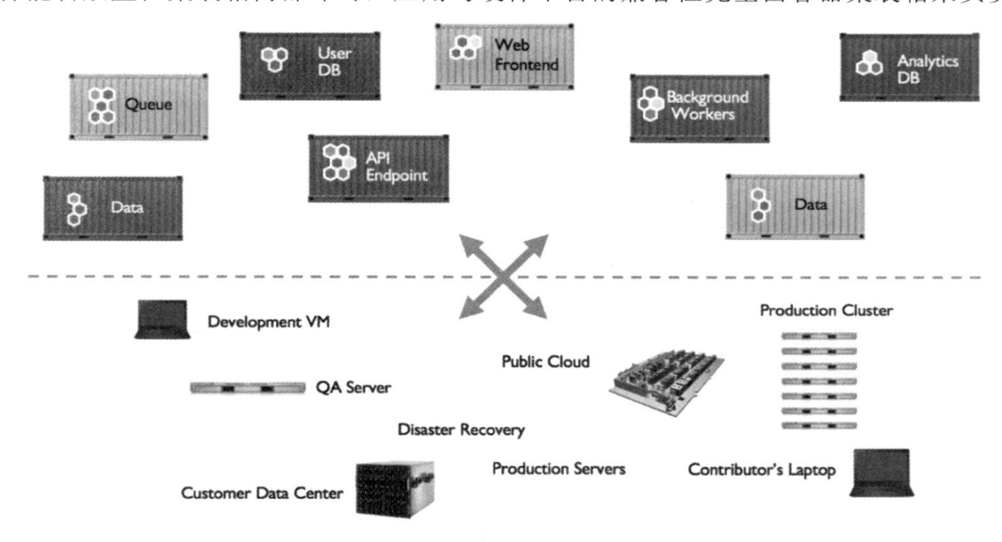

图 16-4　采用容器集装箱之后的情景

16.1.4　遵循云原生 12 因素

微服务通常都满足云原生的概念，而 Heroku 提出的云原生 12 因素是不可回避的一个话题，它不光是云服务的“因素”，更是一套最佳实践，在这里把它翻译成“原则”也不为过。下面我们来逐条解读这 12 因素。

因素 1：一份基准代码，多份部署（One codebase tracked in revision control，many deploys）

每一份代码对应一个应用，如果有多个微服务就必须有多份不同的基准代码来支撑。同时，一个应用可以有多个不同版本（蓝绿、金丝雀）的部署，但是所有版本都必须来源于同一份基准代码。这就意味着我们需要把不同运行环境的差异隐藏在代码之外，通过一种对应用透明的打包技术来完成不同版本、不同环境的差异化部署。

因素 2：显式声明依赖关系（Explicitly declare and isolate dependencies）

这里的显示依赖是指我们要假设应用所依赖的所有软件包在环境中都没有提供，我们必须明确地指明需要加载哪些包来完成应用的部署。相信大家都有类似的经历，一套代码在我们的开发环境下可以方便地编译运行，但当部署到测试环境或生产环境中时，总是由于各种各样的依赖关系、环境冲突或者依赖包的缺失而出现报错失败的情况。这种现象在云环境中尤其突出。不同的云平台提供不同的软件、硬件和应用程序运行环境，这要求我们必须在代码中显式地声明所有的依赖包，并以一个最干净、最小巧的基准环境为起点，去依次加载这些依赖。

因素 3：在环境中存储配置（Store config in the environment）

不管是数据库的连接串、消息队列的 URL、资源访问的用户名和密码，还是为了进行安全加固的证书、密钥，这些都不适合和代码一起放在同一个代码仓库内。我们要把我们的代码仓库当成开源的代码仓库来理解，事无不可对人言，所有的应用代码部分都可以对外部用户敞开；但所有对于外部用户保密的内容（环境配置信息、密码密钥信息等）仍需要独立存储在内部的环境服务中。之前讲到的 Spring Cloud Config 和 Nacos 就是实现配置信息分离的一种常见手段。而在云原生的道路上，我们需要拥有更多对应用透明、无侵入无感知的手段来传递系统的环境变量。

因素 4：把后端服务当作附加资源（Treat backing services as attached resources）

把所有的后台服务（包括数据库、消息队列、缓存、API 网关等）和监控服务（包括 APM 性能监控、Logging 日志监控、Tracing 链路监控）从应用中剥离出去，作为一个被依赖的附加资源在应用的配置中声明，在应用的运行环境中加载。这需要我们在应用发布环节提供一套动态加载后端服务的功能。

因素 5：严格分离构建、发布和运行（Strictly separate build and run stages）

这条原则的重点是一次打包多次发布。同一个版本的代码只需要打包一次，就能完成不同运行环境（开发、测试、准生产、生产）的准备工作。不同环境的区别不在于代码和可递交件（Deliverable），而在于环境变量、配置参数的不同。将打包后的可递交件和环境变量配合起来就实现了完整的应用发布。在云原生的环境中，一旦发布完成，系统管理员就不能再手工地进行系统改造和参数调整。因为这些手工的工作没有办法无缝地复制和扩展到更多的节点，它将影响系统的可扩展性和高可用性。图 16-5 展示了从设计（Design）、开发（Code）、编译（Build）到与配置（Configuration）文件关联、发布（Release）、运行（Run）的推荐流程。

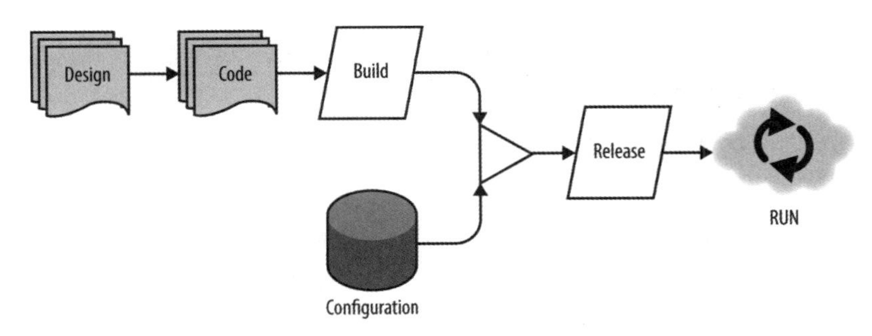

图 16-5　严格分离构建、发布和运行的推荐流程

因素 6：以一个或多个无状态的进程运行应用（Execute the app as one or more stateless processes）

在云原生的状态下，应用是可扩展的，是弹性伸缩的，所以应用和应用之间不能再用传统的集群式的方法进行互相的心跳沟通。每个应用自身需要是无状态的，它不存储任何静态数据。应用和应用之间的沟通也不用直接指定节点的 URL 或者 IP 地址，而是采用负载均衡的方式（即通过负载均衡器、反向代理、API 网关、服务注册发现工具等）去访问整个服务的接入点，由该工具本身来完成后端节点的发现和数据转发。

因素 7：通过端口绑定提供服务（Export services via port binding）

端口绑定要求应用本身能够在一个通用的端口对外提供服务，同时云平台也能够提供将应用端口自动绑定到服务器端口的能力，保证多个应用自由随机地在不同的物理节点上进行发布和运行，并且对外提供服务的能力并不互相干扰。再进一步，平台还应该提供将对外服务的 URL 和不同的应用端口、不同的应用递交件进行映射的能力，这对云原生平台本身提出了很高的要求。

因素 8：通过进程模型进行扩展（Scale out via the process model）

应用的纵向扩展因受内存和 CPU 的使用情况的限制而无法做到线性。所以在云原生的环境中，我们更推荐横向扩展的方式。每一个应用的发布都是以进程的形式进行管理，当需要更多资源的时候我们可以开启更多的进程，来占用更多的 CPU 和内存、磁盘资源等。资源和进程的横向扩展完全依赖于云平台的监控和灵活的弹性伸缩能力。

因素 9：快速启动和优雅终止可将健壮性最大化（Maximize robustness with fast startup and graceful shutdown）

这条原则可以说是前面第 4、6、8 原则的集大成者。它要求应用可以把所有的后台服务都分离出去使自身变成无状态，同时它的横向扩展完全以进程的方式来进行，当需要更多资源的时候可以快速启动新的进程，整个过程没有过多的自检，没有过多的依赖，在秒级完成应用的快速启动。同时当应用需要关闭的时候，又因为没有额外的状态需要处理，可以非常快速而优雅地进行终结。

因素 10: 开发环境与生产环境等价（Keep development、staging and production as similar as possible）

这条原则是原则 5 的延伸。它要求开发环境、测试环境和生产环境在物理架构、操作系统、资源配置等方面等价或相似，发布的应用代码只需要配合相关的环境变量就可以在各自环境中正常运行。要通过环境技术栈的相似性和整体平台的自动化管理，来保证一个应用一旦能在开发环境中正常运行，就必定能正常地运行在测试、准生产和生产环境中。

因素 11: 把日志当作事件流（Treat logs as event streams）

日志的收集和汇聚是云平台的一大难点。当应用被自由地伸缩到不同节点的时候，监控平台需要有一个方便地收集和汇聚日志流的方法。如果仍采用传统的将日志输出到某一目录文件的方式，日志的跨节点汇聚将会成为一个难点。监控系统既要能从不同节点的不同目录收集日志，又要能在日志文件大小超标前进行分片处理，同时还要对日志目录的磁盘空间进行归档和备份管理，保证系统磁盘的空间不会撑满。在云平台，有经验的架构师们想出了一个解决方法，那就是把所有日志都输出到系统的标准输出，不再进行本地保存，既满足无状态的要求，又能够及时地以事件流的方式在监控节点进行统一汇聚和集中管理。

因素 12: 把后台管理任务当作一次性进程运行（Run admin/management tasks as one-off processes）

Heroku 的这一条原则也是饱受争议的。很多业界的大佬对它进行了扩展和衍生。他们认为云平台的任务调度管理应该摆脱传统的系统任务管理的特点，不再和每一个系统相关，而应该有一个统一的时间调度器（Timer）来统一触发任务的发布，在某一个节点（Cloud Native Application）以 API 或者消息触发机制接收任务的调度后，再进行实际的后台任务（Backing Service）执行，如图 16-6 所示。

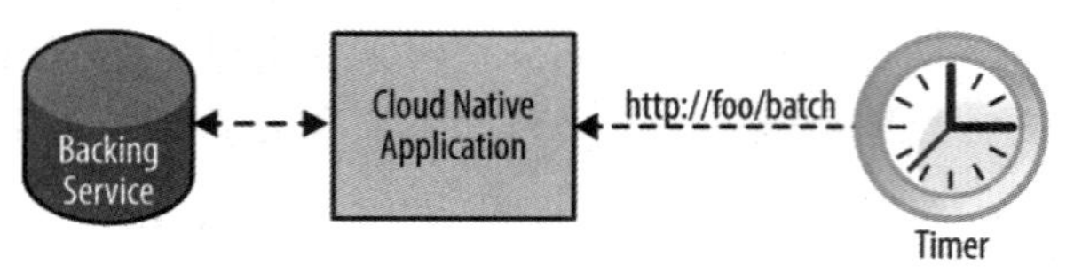

图 16-6　云平台的任务调度管理

这种后台任务管理的思路将任务的调度控制和执行分离开来，更能够满足分布式系统和高并发云环境的要求。

如何满足这 12 条基本原则，实现真正的云原生的微服务，容器技术给出了它的答案。我们将在之后的章节详细讨论：（1）如何通过 Docker Image 的方式将代码和运行时环境进行整体打包处理，来满足一份代码多份部署的需求；（2）如何通过 Dockerfile 将环境和依赖进行 YAML 配置和管理，来满足依赖显式声明的要求；（3）如何通过 Kubernetes 的 ConfigMap 和 Secret 进行参数加载，来满足环境变量参数传递的要求；（4）如何通过 Kubernetes 的 Service 机制，来满足后端服务资源访问的要求；（5）如何通过 Docker Registry 的镜像管理，来满足构建、发布和运行的分离；（6）如何通过 Kubernetes 的 Deployment，来满足无状态应用的运行管理；（7）如何通过 Docker 容器的网络桥接技术，来满足服务的端口绑定要求；（8）如何通过 Docker 的 Namespace 和 CGroup 资源隔离限制技术，来满足进程模型横向扩展的要求；（9）如何通过 Docker 小巧的基准镜像，来实现容器的快速启动和优雅终止；（10）如何通过 Kubernetes 和 CI/CD 工具集合，来满足开发环境与生产环境的近似等价；（11）如何通过 Docker 的日志监控和 Istio 的日志汇聚功能，来满足无侵入的日志流统一管理；（12）如何通过 Kubernetes 的 Job 控制器，来实现后台管理的调度和执行分离。

16.1.5 满足康威定律

梅尔·康威在 Datamation 杂志上发表了一篇名为 *How Do Committees Invent* 的论文，文中阐述了“任何组织在设计一套系统时，所交付的设计方案在结构上都与该组织的沟通结构保持一致”，这就是我们耳熟能详的康威定律。

用通俗的话来讲，有什么样的组织就有什么样的产品和架构。那么在微服务的时代我们的组织架构又有什么样的变化呢？最大的变化就是 IT 部门不再遵循产品、研发、运维的部门结构，而是向着垂直切分、功能性组合的结构转型。

以北欧音乐独角兽 Spotify 为例，2018 年在纽交所以 265 亿美元身价上市，创造了多个奇迹，而其中最被人津津乐道的就是它的敏捷的组织架构管理方式。如图 16-7 所示，整个研发团队分成多个 Tribe 部落，负责完整应用域的研发和管理工作，而每个 Tribe 的人员又以 Squad 小组组成创业小分队。

每个 Squad 小组都有自己的产品经理（Product Owner）、敏捷教练（Agile Coach）、研发负责人、架构师、测试和运维人员（图中每列的 4 位戴墨镜小人）。整个小组一起办公，自己设定任务，共同配合达成目标。同时，组员的机能又通过横向的 Chapter 技术分会和 Guild 兴趣协会来补充和提升。

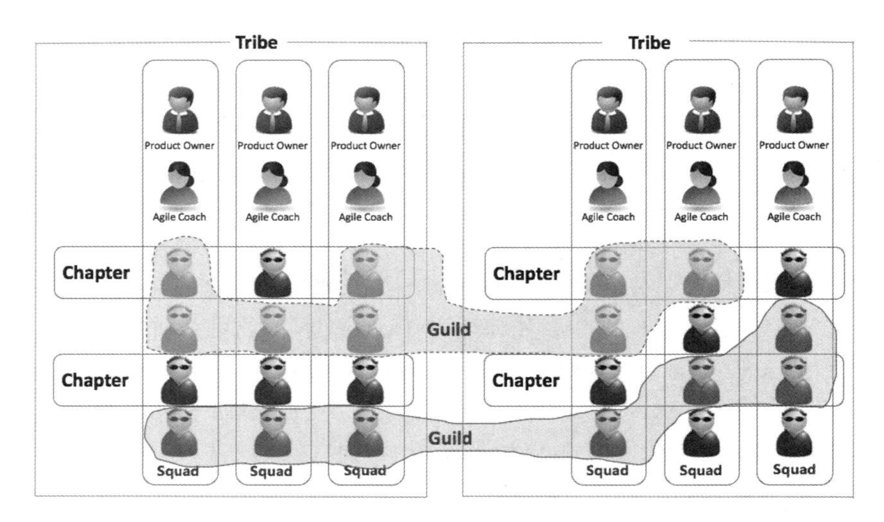

图 16-7 Spotify 组织架构

虽然很多公司不能像 Spotify 如此极端，但部门垂直切分的 DevOps 文化已经开始大行其道。每一个部门既负责产品的设计研发，又负责它的测试发布，还要负责投产后的运维监控。这对我们的开发人员提出了更高的要求，比如需要懂得硬件设备和操作系统，容器部署和网络安全，性能调优和监控告警。在组织垂直发展、业务微服务切分的今天，有没有一套对开发人员友善，对业务无侵入的平台系统呢？它既能完成系统、磁盘、配置、网络、安全、监控管理，又能支持服务发现、负载管理、灰度发布、认证授权等功能，让开发人员可以专注于业务和应用的研发。答案是肯定的，这就是伴随着微服务化、组织架构改革而兴起的容器平台架构。

16.1.6 一线大厂为什么采用容器技术

说到一线大厂我们首先会想到 Google。Google 的搜索业务、邮件业务、广告业务都架在一套非常强大的 Borg 系统之上。之所以需要这样一套系统，最主要的原因是 Google 所拥有的数据中心包含各种差异化的园区（Campus）、数据中心（Datacenter）、集群（Cluster）、机柜排（Row）、机柜（Rack）。如何采用一种类似分布式操作系统的方式来统一管理，并保证应用的快速发布、便捷启停、高可用、业务连续性，这成为 Google 的一大难题。而 Borg 系统正是这个问题的最优解，它通过分布式的管理和编排，把所有资源切割成微小单元并统一整合起来。如果你对 Borg 系统不熟悉，没有关系。我相信你一定听说过 Kubernetes 容器编排系统，它正是 Borg 系统的开源版本。图 16-8 是 Borg 系统的整体架构，学过后续的 Kubernetes 章节后读者会发现，它们是如此相似。

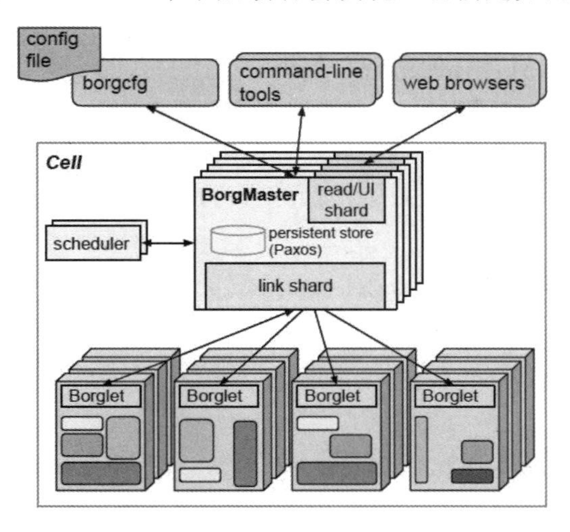

图 16-8　Borg 系统的整体架构

下面，我们以阿里为例，来看一看它的容器化发展。阿里在 2017 年下半年确定了 Kubernetes 容器化内部改造计划，陆续经历了数个 618 和双 11 的考验，阿里容器平台发展成了单个集群可以包含数万节点、数十万容器的能力。整个阿里经济体（包括蚂蚁金服）同时由一大堆这样的 Kubernetes 大小集群支撑起来，并通过 Service Mesh 实现了无侵入的服务治理和平台化运维管理。如果要问阿里为什么要花费如此大的代价来实现容器化的转型，可以简单概括为以下两个原因：

（1）业务的飞速增长、成交额峰值的爆发性对平台的自治愈可扩展提出了更高的要求，传统的虚拟机级别的扩展性已经无法跟上业务的发展，传统的设备级的运维监控也无法满足自治愈的要求。这就迫使阿里去选择一个可以轻量级部署、自动化集群管理、极致弹性伸缩的平台，来承载这一不断打破世界纪录的业务压力和需求。

（2）阿里设定了将“最要命”的核心系统 100%迁移到云上的使命和计划，要让阿里集团自身和所有的阿里云客户共享同一个航班，搭乘同一架飞机。这就要求阿里的应用采用 API 经济、中台化的战略，同时其中间件和基础架构模块也转型成开源、通用的方式发布到云平台上，使得集团业务成为阿里云最好的试金石。

在这双重背景下，开源开放、业界主流、弹性自愈的容器资源调度管理平台，成为阿里集团 IT 架构的不二之选。

最后，我们以旅游业的知名公司携程为例，来分享其容器化的历程。携程的整个 IT 系统的容器化发展也走在同行的前列。它经历过 Mesos 和 Kubernetes 并存的时代，尝试过 Service Mesh 和 Serverless 的新兴架构。之所以在容器化的道路上如此坚决，是因为随着业务的快速发展、产品日新月异的迭代，传统的人工介入的交付方式严重拖慢了研发的效率和迭代的速度。他们迫切需要有一套能够打通资源管理、产品发布、监控运维的整体 PaaS 平台。它既能够融合底层的 IaaS 系统，也能向上层提供无侵入的服务治理和流量负载管理。出于网络、调度、存储、监控管理的综合考虑，Kubernetes 容器生态圈成为其 PaaS 平台的最终选择。

介绍了这么多容器化的优势和案例，接下来让我们真正地打开容器技术的大门吧。

16.2 容器技术的演进

16.2.1 容器技术的前世今生

容器技术的前身来自 UNIX 操作系统的安全隔离功能。早在 1979 年 UNIX 系统上就已经推出了 chroot 的进程安全隔离功能。之后，两大 UNIX 生产厂商陆续推出了容器化的拳头产品。Sun Solaris 在 2004 年推出了 Containers 套件，实现资源的控制和区域（Zone）边界的隔离组合；IBM 在 2007 年推出了 WPAR（Workload Partition）套件，将一个或一组进程进行打包管理，实现应用和应用、负载和负载之间的隔离与共享。在 IBM WPAR 发布的同年，Google 也发布了 CGroup（Control Group），实现了资源的配额管理。

2008 年，Linux 平台向容器化时代迈出了里程碑式的一步。LXC 集合了 Linux Namespace 和 Google CGroup 的优势所在，是一款极其优秀的容器技术核心。站在 LXC 这位巨人的肩膀上，先后出现了 Cloud Foundry 的 Warden、容器界的巅峰之作 Docker 等。

在整个容器发展过程中 Docker 和 Kubernetes 是两个不可忽略的名词。Docker 源于 LXC，又不限于 LXC。它在前辈的基础上，通过 libcontainer 技术完成了核心的升级，通过分层的镜像模型、快捷的打包发布过程、网络和存储接口的扩展，形成了完整的容器管理生态系统，真正地把容器推到了 IT 发展的风口。

而 Kubernetes 技术又“烈火烹油”地进一步点燃了大家的热情。作为 Google 的“亲儿子”，Kubernetes 有着数以亿计的实际用户的压力考验，其容器技术一问世就得到了技术圈的好评。随着微软、RedHat、IBM、Docker 等公司相继加入 Kubernetes 社区，CNCF

云原生基金会诞生，一系列强心剂相继打出之后，Kubernetes 很快成为容器编排领域的霸主，与容器技术 Docker、Rkt 配合使用，完成了从微小的容器向“庞然大物”PaaS 平台的成功转型。整个容器技术的发展历程如图 16-9 所示。

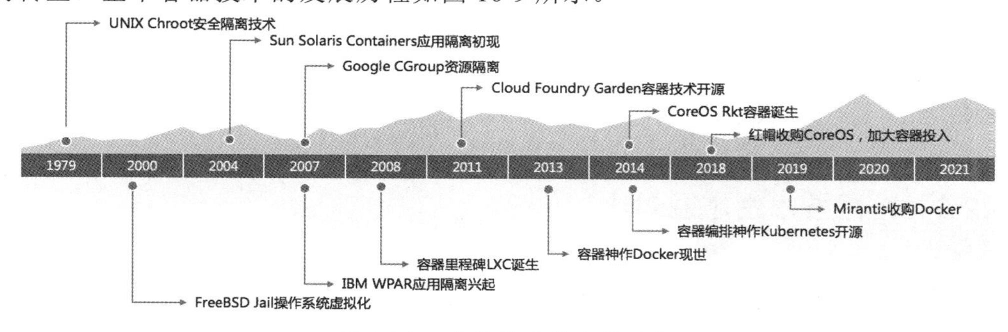

图 16-9 容器技术的发展历程

16.2.2 主流容器技术介绍

如果要说当前最火的容器技术，那当然是 Docker。从技术细节来说，Docker 融合了主流容器运行时环境，提供了进程级别的虚拟化和隔离，支持资源配额管理，采用层层堆叠的镜像系统管理，可以通过简单的配置来完成所有准备工作。用通俗易懂的词来形容，就是“快、狠、准”。

- 部署“快”如闪电：Docker 将原来数天的软件（应用、中间件）安装部署时间，缩短到几分钟完成。
- 将运维管理“狠”抓到底：Docker 可以和所有市面上常见的容器编排工具配合，实现整个 IT 系统的集中式运维，全自动弹性伸缩。
- “准”确圈定容器主流市场：Docker 生态圈覆盖了 Google、微软、IBM 等各家主流系统和云平台厂商，几乎支持所有的主流中间件产品（缓存、消息队列、API 网关、SQL、NoSQL、搜索引擎、CICD 工具等）的容器化发布形态。

除当红“炸子鸡”Docker 外，我们不得不提“老骥伏枥”的 LXC 容器运行时。LXC 曾是 Docker 的底层技术之一。但随着 Docker 的后续发展逐步转型，在采用 libcontainer 和 runc 容器运行时之后，两者就分道扬镳、渐行渐远了。LXC 包含了容器进程和资源管理的核心功能，又把网络、存储、打包、运维等外围功能留给操作系统和研发运维团队自己管理，对于有很高安全定制化需求的企业是一个很好的备选方案。

长江后浪推前浪，CoreOS 容器主打厂商推出的力作 RKT（读作 rocket）就是一款可以和 Docker 叫板的容器新秀。其一大亮点是对 TPM（可信平台模块）的支持，这使其成为安全偏向性客户的主选目标之一。同时，其母公司 CoreOS 作为一款同名操作系统的生产商，通过将 RKT 容器和 CoreOS 操作无缝结合、联动发布，解决了系统兼容性的潜在风险，拥有了大量的企业客户。让其更进一步的是，Kubernetes 生态圈在与 Docker 生态圈的竞争中，本着“敌人的敌人就是盟友”的思路，选中了 RKT 作为其主力容器技术合作伙伴。RKT 因此名声大噪、借势崛起，很快成为容器技术的主力选手。

16.2.3 容器技术生态圈对比

围绕着 LXC、Docker、RKT 形成了一套完整的容器生态圈。下面我们分别从以下 6 个层面来鸟瞰一下整个生态圈。

（1）核心生态圈

核心生态圈主要以核心技术为主体，围绕着 LXC、Docker、RKT 形成了三套独立的核心圈，如表 16-1 所示。

表 16-1 容器核心生态圈对比

核心层对比	LXC	Docker	RKT
Runtime 运行时	LXC	RunC	RKT
Engine 管理引擎	LXD	Docker Daemon & CLI	RKT CLI
镜像管理	LXC Image	Docker Image	ACI(App Container Image)
容器标准和规范	OCI	OCI	OCI

（2）容器镜像仓库

镜像仓库是镜像进行发布和管理的地方。比较知名的是公有镜像仓库 Docker Hub 和私有仓库 Docker Registry。除此以外，还有 CoreOS 的公有镜像仓库 Quay.io 和私有仓库 CoreOS Enterprise Registry。

（3）容器编排工具

容器编排是容器调度和管理、服务注册和发现、应用部署和监控的核心平台。知名的容器编排工具有 Google 主导的 Kubernetes、Mesosphere 主导的 Mesos、Docker.io 主导的 Docker Swarm、Pivotal 主导的 Cloud Foundry 等。

（4）容器操作系统

最知名的容器操作系统是 CoreOS。但随着 CoreOS 公司融入 RedHat 的加深，其在 2020

年退出历史舞台，改为 Fedora CoreOS 系统，该系统还需要经历一段时间的检验。其他一些专为容器而生的小内核操作系统有 Project Atomic、RancherOS 等。

（5）容器 Service Mesh

至于业务无侵入的 Service Mesh 技术，可以说是方兴未艾。它和容器平台有机地结合起来，配合 Kubernetes、Mesos、Cloud Foundry 等编排工具，实现了服务治理、安全策略、应用监控等功能，极大地方便了开发测试和生产发布的需求。其中以 Google、IBM、Lyft 联合推出的 Istio 尤其引人注目，它几乎成为 Kubernetes 的左膀右臂。

（6）容器 PaaS 平台

说到 PaaS 平台大家首先会想到的是公有云的 PaaS 服务。在容器圈比较知名的公有云服务有 Google 的 GKE（Google Kubernetes Engine）、AWS 的 ECS（Elastic Container Services）和 EKS（Elastic Kubernetes Services）、微软的 AKS（Azure Kubernetes Services）、阿里的 ACK（Ali Container Services for Kubernetes）、腾讯的 TKE（Tencent Kubernetes Engine）和百度的 CCE（Cloud Container Engine）等。

而私有的 PaaS 平台最知名的非 Rancher 莫属。Rancher 作为开源的企业级容器管理平台，可以很方便地和 Kubernetes、Mesos、Swarm 等编排调度引擎配合，完成整个容器云底层平台的资源管理，上层应用的发布和调度，后台权限和监控的运维管理工作。

此外，如图 16-10 所示，还有大量的容器网络（Container Network）、配置管理（Configuration Management）、安全（Security）、监控技术（Monitoring）等与容器息息相关。它们围绕着上述的核心层和平台层形成了第三圈，推动了容器技术生态圈的蓬勃发展。

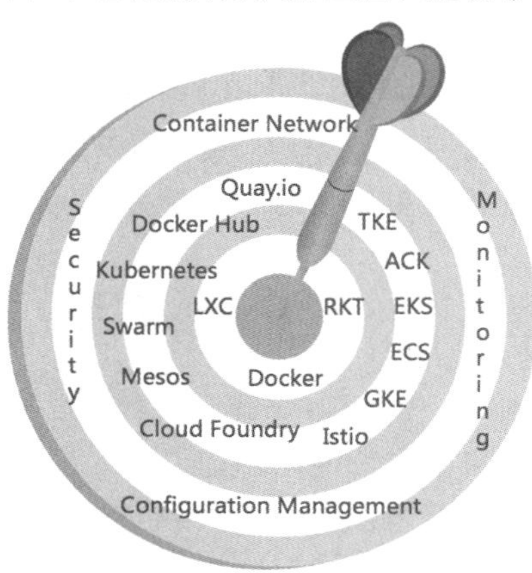

图 16-10　容器技术生态圈

整个容器生态圈中涉及的三层技术内容，我们将会在后续章节中逐一介绍给大家。

16.2.4 未来展望

容器时代是一个快飞的鸟儿有食吃、慢跑的鸟儿饿死枝头的时代。当前阶段容器技术最普及的还是 Docker，容器编排引擎最受关注的是 Kubernetes。在过去的 Docker、CoreOS、Google 之争后，Kubernetes 基本成了最大的赢家。各个云平台都向 Kubernetes 生态圈靠拢，进一步提升了 Kubernetes 的统治地位。同时，Docker 保持原有的容器管理便利性的优势，仍在容器基本技术上占领导地位，但其推出的 Docker Swarm 的市场份额却在逐渐缩减。

预计未来几年 Kubernetes 生态圈仍会作为容器界的圈粉大咖，保持足够多的用户热度和客户数量。在技术选型过程中，Kubernetes 仍会是主流互联网公司的首选。同时，建议大家关注容器方面的 Gartner 报告和 GitHub 的星级及热度排行，时刻保持技术的敏感性。

16.3 容器编排技术先睹为快

16.3.1 资源统一管理和容器编排协作

没有规矩不成方圆，在大数据的动物园中，由动物管理员（ZooKeeper）来统筹一切。同样道理，在容器的蜂巢中，各种微小的工蜂和雄蜂进进出出，要想管理好这一堆堆的小容器，就需要一只精明能干的蜂皇——容器编排调度系统来完成这项工作。

编排系统要完成以下基本功能，才能够把容器的蜂巢管理得井井有条：

- 资源管理：针对不同的物理系统资源，进行合理的资源选择（通过标签等方式）、配额管理、数据复制，保证单一物理资源出现单点故障时，业务和服务仍然可以实现高可用。
- 配置管理：将不同的配置文件、环境变量、配置卷等与容器应用相绑定，实现动态的环境变量和配置修改。
- 发布管理：将相关应用按一定的先后顺序进行统一分组管理，完成应用的跨节点发布、回退、健康检查和历史查询等功能。
- 网络管理和服务发现：将跨节点部署的容器进行网络互通，并提供统一的服务发现和管理方式，方便容器外的其他应用访问容器系统，并实现负载的均衡分布。
- 弹性伸缩：按照时间规划或者由外部业务压力来触发容器资源的动态伸展和收缩，实现秒杀、抢购等平台的弹性伸缩需求。

16.3.2　Swarm

Docker Swarm 作为 Docker 公司推出的容器编排技术，将 Docker Compose 在单一节点上进行容器编排协作的能力扩展到了多节点。同时，Swarm 继承了 Docker 的轻量级容器化的特点，它可以不需要复杂的 etcd、ZooKeeper 等集群仲裁配置节点，不需要艰难地选择网络协议，而是方便地实现多节点网络互通、服务发现、容器编排、策略控制等。可谓是容器编排战场的轻骑兵。图 16-11 是一位网友的实战分享（源出处是 hypriot 博客），他将超小型计算节点"树莓派"和 Docker Swarm 容器编排结合起来，实现了手掌上的容器发布管理，Swarm 的轻量特性由此可见一斑。

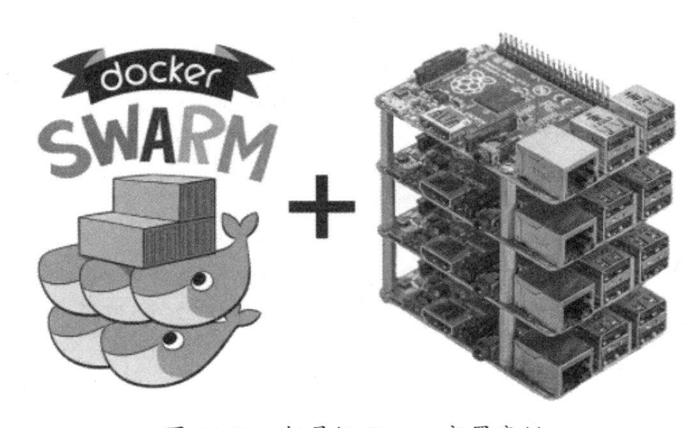

图 16-11　轻量级 Swarm 部署案例

16.3.3　Mesos

Mesos 诞生于 2010 年，美国加州伯克利分校。它迅速得到 Twitter、Yelp、Netflix、Apple、Verizon 等的背书，发展到单个集群数千节点、数十万容器的规模。

Mesos 是一套定位于将整个数据中心进行资源统一管理和调度的软件平台。如果说 Linux 内核是 Linux 操作系统的核心，那么 Mesos 就可以算是整个数据中心的核心。在 Mesos 上可以将 Marathon 长作业调度系统、Chronos 定时任务管理系统、Aurora 应用管理系统、Jenkins CICD 发布管理系统、Hadoop/Spark 大数据系统作为一个个插件，安装在这个数据中心内核上。Mesos 和这些插件的功能组合起来，就形成了一套完整的 DCOS（数据中心操作系统）。管理员可以像管理一套操作系统一样方便地管理整个机房里成千上万的服务器、存储、网络资源等。

在 Mesos 所有的搭档中，最火的要数 Docker 和 Marathon。Docker 作为内核的执行单元，完成 Mesos Master 和 Mesos Slave 的任务要求，启停相应的容器应用；而 Marathon 则作为长作业调度的管理节点，将 Mesos 内核提供的资源进行合理的分配和协作，完成一组或多组作业任务需求。Mesos Marathon 架构如图 16-12 所示，Marathon 调度器和 Mesos Master 构成了控制平面，而 Mesos Slave 和 Docker 共同构成了容器的执行平面。

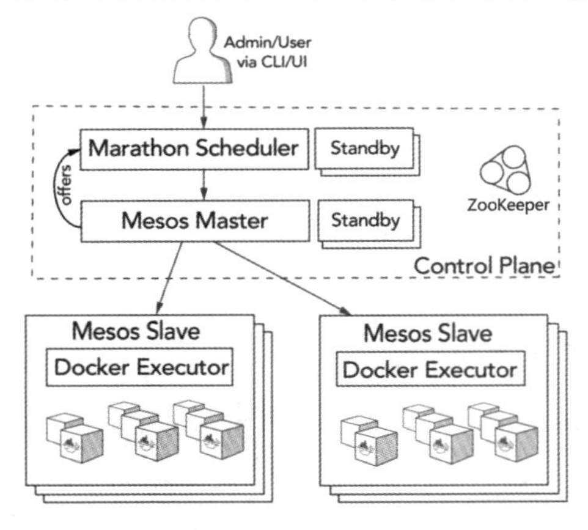

图 16-12 Mesos Marathon 架构

Mesos 的主要特点：

- 可以和各种业务生态进行配合使用：既可以适合 Hadoop、Spark 等大数据业务形态；也可以适合传统的无状态容器发布形态；既可以完成定时批量处理作业，也可以作为长时运行的业务应用，提供交易服务。
- 调度和资源供给相分离：Mesos 作为资源管理的核心，并不涉及任务调度。将复杂多变的任务调度作为插件的方式和 Mesos 配合使用，为整个系统的扩展性和灵活性留下了方便之门。
- 资源隔离：Mesos 可以通过 Docker 容器的 Namespace 和 CGroup 进行资源的隔离和管理，也可以通过 POSIX 标准进行 CPU、内存和磁盘等的隔离，选择性较强。

16.3.4 Kubernetes

Kubernetes 是当今最知名的容器编排工具。其拗口的名字也不能阻挡小伙伴们的热情，大家将中间的 8 个英文字母缩写后，亲切地叫一声 K8S——这才是它朗朗上口的名称。

Kubernetes 是 Google 的 Borg 系统的开源解决方案。如图 16-13 所示，它通过 Kubernetes Master 节点完成了集群的管理，通过 Node 节点完成了业务的承载，通过 Pod 单元完成了相关容器的组合部署。

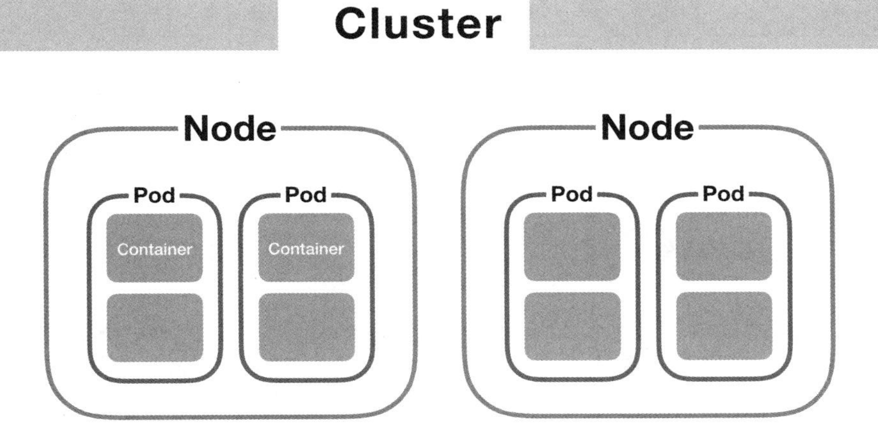

图 16-13　Kubernetes 架构

随着 Google 将 Kubernetes 捐赠给 CNCF（Cloud Native Computing Foundation），并且伴随着 IBM、RedHat、CoreOS 微软、Docker 等的顶力支持，Kubernetes 很快成为容器界的“一哥”。其强大的网络、存储、配置、发布和监控管理，吸引了无数开源贡献者和追随者。我们将在后续章节给大家揭开其神秘的面纱，真正体会其容器的编排之美。

16.3.5　Rancher

Rancher 本质上是基于容器编排引擎之上的企业级 PaaS 容器管理平台。作为一个兼容多种编排引擎（Kubernetes、Swarn、Mesos、Cattle 等）的通用容器管理平台，Rancher 抽象了编排引擎的底层实现细节，提供了类似公有云 PaaS 平台的一键部署、服务治理、多租户共存、全站监控等功能。无论是在应用商店的管理方面，还是在公有云 IaaS 资源的统筹规划、企业级权限安全的掌控方面，都可以和公有云 PaaS 平台一较高下。同时作为开源解决方案，省去了企业内部自研、从头搭建管理平台的时间。Rancher 的整体架构如图 16-14 所示，它包含了基础架构服务（Infrastructure Services）、容器编排引擎（Docker Swarm、Mesos 或 Kubernetes）、管理工具（User Mgmt 和 Ops Mgmt）和琳琅满目的应用商店（Rancher Catalog）

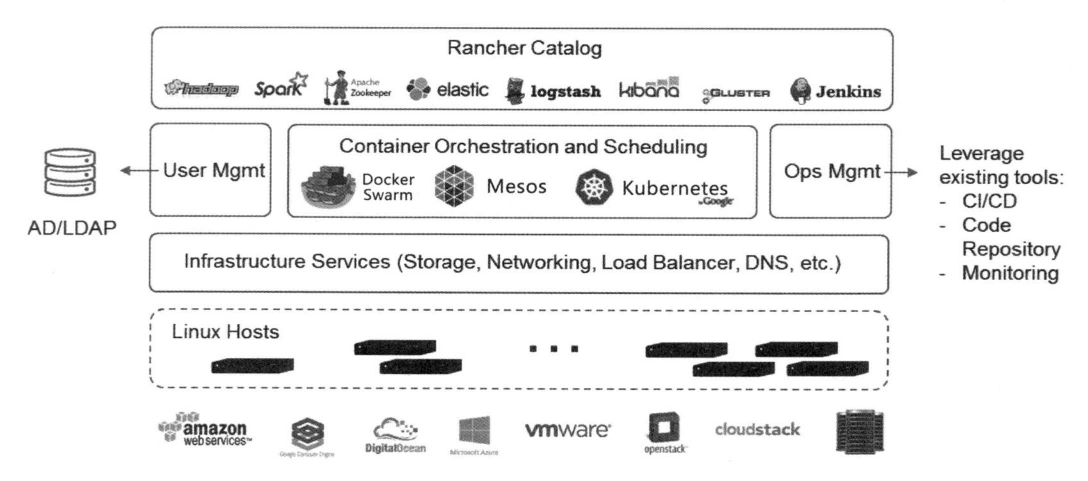

图 16-14 Rancher 的整体架构

虽然 Rancher 在分类上应该高于编排，但是为了方便起见，我们也在此将它和其他纯容器编排技术进行了横向分析比较。

16.3.6 各大容器编排框架对比

每个人都有心中的哈姆雷特，对于编排框架也是如此。表 16-2 是容器编排框架对比。

表 16-2 容器编排框架对比

	优势	劣势
Swarm	• 容器轻骑兵，适合新人起步 • 已经集成在 Docker Engine 中，是 Docker 容器技术的自然延伸 • 在微感知的情况下完成了跨节点的容器管理	• 实现数据多副本保护和接入高可用相对困难 • 监控和管理插件相对较少 • 和 Docker 绑定过于紧密，对于非 Linux 系统、非 Docker 容器支持较弱
Mesos	• 资源分两层管理，资源供给和调度安排相分离，可以实现数据中心的统一管理 • 对 Spark 等大数据支撑较强，可以实现私有云和大数据的融合	• 容器存储管理和有状态服务管理相对复杂 • 容器的负载均衡和服务发现相对复杂 • 公有云的支持不足
Kubernetes	• 文档和技术栈普及性最高，有大量的业界布道师和拥趸 • 存储、网络和 Serverless 功能更强 • 与云平台兼容性最好，几乎所有公有云平台都推出了 Kubernetes 服务	• 新人起步较难，有一定的进入壁垒 • 高可用安装部署相对复杂

续表

	优势	劣势
Rancher	• 兼容以上各种容器编排技术 • 兼容各种公有云、私有云 IaaS 底层资源 • 多租户企业级权限控制	• 封闭式生态圈 • 自带的 Cattle 容器编排引擎功能较弱 • 需要依赖 Kubernetes、Swarm 或者 Mesos 来实现完整功能

看完了容器编排框架的比较，我们再来看一下市场的选择吧。图 16-15 是公有云服务商 DigitalOcean 的全球开发者用户二季度调研报告中的容器编排部分（Rancher 引擎是容器管理平台，所以在 DigitalOcean 此次调研中没有作为容器编排的竞争选项出现）。

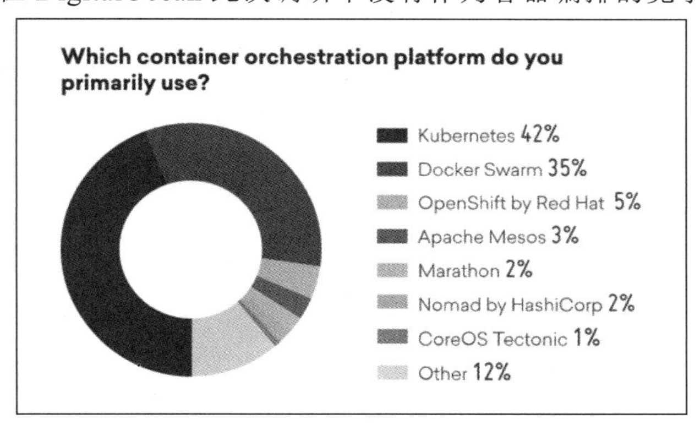

图 16-15 公有云服务商 DigitalOcean 的全球开发者用户二季度调研报告中的容器编排部分

由图 16-15 可以看出，从技术栈来说，Kubernetes 仍然是整个容器界的领头羊，加上 Kubernetes 的变种 OpenShift by Red Hat，整个技术栈独占了 47%(42%+5%)的市场份额。排在第二位的 Docker Swarm，凭借其灵活的编排方式和在 Docker Engine 新版本中的内嵌发布，也占据了 35%的大块市场份额。而占据市场份额 5%（3%+2%）的 Apache Mesos 和 Marathon 的组合，成为市场的追随者。从整体市场份额变化来看，Docker Swarm 受 Docker 公司的收购风波影响，市场略有下滑，而 Apache Mesos 和 Marathon 的开发迭代速度放缓，已经被拉开了差距。尤其是国内市场，Docker Swarm 和 Apache Mesos 的市场下降更加明显，大量的原有用户加大了对 Kubernetes 的技术投入，开始转向纯 Kubernetes，或者 Kubernetes 加 Docker Swarm 或 Apache Mesos 的双引擎策略。

17

第 17 章 Docker 容器技术

“小李飞刀”，长三寸七分。其名列百晓生所品评的天下《兵器谱》中前三，一刀出，而动天下。

江湖对小李飞刀的评价是：“小李神刀，冠绝天下，出手一刀，例不虚发！”

古龙小说《小李飞刀》曾震撼多少少年的侠客心，而容器世界也有一把集“小巧”“迅捷”“精准”三大特色于一身的飞刀——Docker。

17.1　从 HelloWorld 起步

17.1.1　容器实战基本思路

我们在本章将围绕着 Docker 飞刀的“小巧”“迅捷”“精准”这三个核心技能，从

HelloWorld 起步，以 Docker 架构展开，将 Docker 镜像、容器、存储、网络这四大刀法深度剖析，把 Nginx、Redis、MySQL、MongoDB、RabbitMQ、Kafka、ELK 等小 Boss 一一斩落，进一步修炼 Docker 仓库和生态圈大法，最后直面优惠券项目这个大 Boss，轻松收割，例无虚发。

17.1.2 5 分钟 Docker 安装

Docker 分为 CE 开源社区版和 EE 企业版。因为多数企业仍然采用的是 CE 社区版，所以本书也以 CE 版本为主。Docker 可以运行在 Linux（CentOS、Ubuntu 等）、MacOS、Windows 等操作系统之上。下面我们以 CentOS 8.2 为例，为读者演示如何进行 Docker 安装和部署。

如果配置了合适的 Yum 源，CentOS 可以直接运行如下命令完成 Docker 的安装：

```
[root@DockerHost ~]# yum install docker
```

但 Yum 安装方法只适用于 RedHat 的 Linux 系统（CentOS、Fedora 等），并且需要配合相关版本的 Yum 源的指定和准备。

这里带大家尝试一种适合多种操作系统的更通用的 Docker 脚本安装方法：

首先，通过 Docker 官网下载最新版的安装脚本 get-docker.sh；然后，以 root 或者其他管理员账号权限登录 CentOS 操作系统，运行如下命令：

```
[root@DockerHost ~]# sh get-docker.sh --mirror Aliyun
```

上述命令将通过阿里云镜像加速 Docker 下载，并自动执行安装脚本。如果在脚本运行中报错，提示“环境缺失部分依赖包”，则可以搜索并安装指定版本的依赖包，再重新执行以上命令。

最后，启动 Docker 引擎并做环境检查，具体命令如下：

```
[root@DockerHost ~]# systemctl restart docker #确保 CentOS 中 Docker 引擎已启动
[root@DockerHost ~]# systemctl enable docker #确保 CentOS 中 Docker 引擎随服务器启动
[root@DockerHost ~]# docker info  #检查 Docker 引擎的版本和运行环境
```

小李飞刀已经在手，随时可以发刀了。

17.1.3 1 分钟 HelloWorld

起手一刀，直命要害。与任何编程实战书籍一样，让我们首先来完成 HelloWorld 应用。

HellowWorld 应用推荐采用镜像 hello-world。整个过程只需要运行 docker run 命令，并附加镜像名称 hello-world，就可以实现容器的快速启动。容器和镜像的概念将在后面详细阐述。HelloWorld 应用的实现代码如下：

```
[root@DockerHost ~]# docker run hello-world
Unable to find image 'hello-world:latest' locally
latest: Pulling from library/hello-world
0e03bdcc26d7: Pull complete
Digest:
sha256:d58e752213a51785838f9eed2b7a498ffa1cb3aa7f946dda11af39286c3db9a9
Status: Downloaded newer image for hello-world:latest

Hello from Docker!
This message shows that your installation appears to be working correctly.
…
```

从上面代码的运行过程，我们会有一个直观的感受：用 Docker 容器的部署方式，只需要一条命令，花不到一分钟时间，就能把 HelloWorld 运行起来，并看到那句经典台词“Hello from Docker!”

17.1.4 Docker 感受分享

从上面简单的 HelloWorld 程序，大家可以感受到 Docker 具有以下三个主要特点：

（1）小巧

整个 HelloWorld 软件包从公网的下载过程不到一分钟就完成了，可见文件的空间尺寸一定很小。采用 docker images 命令可以进一步查询容器镜像大小，具体代码如下：

```
[root@DockerHost ~]# docker images
REPOSITORY          TAG               IMAGE ID          CREATED            SIZE
hello-world       latest              bf756fb1ae65      6 months ago      13.3kB
```

可以提前告诉你，容器镜像通常会包含基本的文件系统、程序运行时环境和应用可部署代码。这是不是意味着，我们在十几 KB 的空间里，存储了一台虚拟机镜像？匪夷所思，这就是 Docker 容器的“小巧”的魅力。

（2）迅捷

整个 HelloWorld 部署过程，包含从公网的仓库里下载容器镜像（此概念后续会详细解释），然后以一次性应用的形式运行，只用不到一分钟的时间，就对外打个经典的招呼——Hello from Docker!

如果感觉一分钟启动还不够快，我们再来运行一遍，具体命令及执行结果如下：

```
[root@DockerHost ~]# docker run hello-world
Hello from Docker!
This message shows that your installation appears to be working correctly.
…
```

这次是不是一秒启动，收刀完工？这才是 Docker 真正的飞刀速度。与上次的主要区别是，这次不用再运气于手心（下载容器镜像），真正做到了刀随心走（随时启/停容器）的境界。

（3）精准

Docker 的最后一个特点就是精准命中需求。不管是有状态服务还是无状态服务，不管是分布式还是集群软件，都能从 Docker 的仓库里下载到需要的镜像包。

运行 docker search 命令，并附加任意想要下载的软件包名称（以 MongoDB 为例），就能找到很多容器仓库，实现不同版本的容器镜像下载，示例代码如下：

```
[root@DockerHost ~]# docker search mongodb
NAME                DESCRIPTION          STARS               OFFICIAL      AUTOMATED
mongo          MongoDB document databases provide high avai…   7025         [OK]
mongo-express      Web-based MongoDB admin interface, written w…   727  [OK]
tutum/mongodb     MongoDB Docker image - listens in port 27017…   229      [OK]
bitnami/mongodb            Bitnami MongoDB Docker Image       123           [OK]
frodenas/mongodb           A Docker Image for MongoDB        18            [OK]
centos/mongodb-32-centos7    MongoDB NoSQL database server           8
…
```

17.2　Docker 架构

17.2.1　整体架构

Docker 是一系列核心组件配合形成的组合体，其运行环境由三部分组成：

（1）客户端（Client）。

（2）Docker 宿主机（Docker_Host）。

（3）仓库（Registry）。

其中，服务器上承载着两个关键组件——镜像（Images）和容器（Containers），Docker 整体架构如图 17-1 所示。

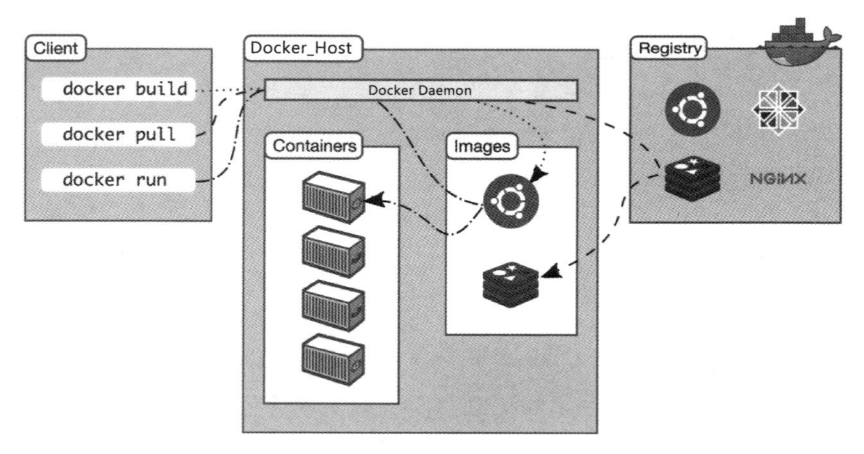

图 17-1 Docker 整体架构

下面我们对这三部分分别进行介绍。

17.2.2 客户端

Docker 客户端提供了一套完整的命令行工具（如 Docker 命令）和 SDK 开发套件（支持 Java、Python、Go、C#等主流语言）。

以 Docker 命令为例，它包含了非常丰富的常用子命令，基本可以实现所有常用的容器交互操作。要熟悉 Docker 命令的各种子命令的使用，最方便的途径就是运行 docker –help 命令，示例代码如下：

```
[root@DockerHost ~]# docker --help

Usage:  docker [OPTIONS] COMMAND

A self-sufficient runtime for containers

Options:
      --config string      Location of client config files (default "/root/.
docker")
  -c, --context string     Name of the context to use to connect to the daemon
(overrides DOCKER_HOST env var and default context set with "docker context use")
```

```
  -D, --debug              Enable debug mode
  -H, --host list          Daemon socket(s) to connect to
  -l,    --log-level    string           Set    the    logging    level
("debug"|"info"|"warn"|"error"|"fatal") (default "info")
      --tls                Use TLS; implied by --tlsverify
      --tlscacert string    Trust certs signed only by this CA (default
"/root/.docker/ca.pem")
      --tlscert string    Path to TLS certificate file (default "/root/.docker/
cert.pem")
      --tlskey string     Path to TLS key file (default "/root/.docker/key.pem")
      --tlsverify          Use TLS and verify the remote
  -v, --version            Print version information and quit

Management Commands:
  builder     Manage builds
  config      Manage Docker configs
  container   Manage containers
  context     Manage contexts
  engine      Manage the docker engine
  image       Manage images
  network     Manage networks
  node        Manage Swarm nodes
  plugin      Manage plugins
  secret      Manage Docker secrets
  service     Manage services
  stack       Manage Docker stacks
  swarm       Manage Swarm
  system      Manage Docker
  trust       Manage trust on Docker images
  volume      Manage volumes

Commands:
  attach      Attach local standard input, output, and error streams to a running
container
  build       Build an image from a Dockerfile
  commit      Create a new image from a container's changes
  cp          Copy files/folders between a container and the local filesystem
  create      Create a new container
  deploy      Deploy a new stack or update an existing stack
  diff        Inspect changes to files or directories on a container's filesystem
  events      Get real time events from the server
```

```
 exec        Run a command in a running container
 export      Export a container's filesystem as a tar archive
 history     Show the history of an image
 images      List images
 import      Import the contents from a tarball to create a filesystem image
 info        Display system-wide information
 inspect     Return low-level information on Docker objects
 kill        Kill one or more running containers
 load        Load an image from a tar archive or STDIN
 login       Log in to a Docker registry
 logout      Log out from a Docker registry
 logs        Fetch the logs of a container
 pause       Pause all processes within one or more containers
 port        List port mappings or a specific mapping for the container
 ps          List containers
 pull        Pull an image or a repository from a registry
 push        Push an image or a repository to a registry
 rename      Rename a container
 restart     Restart one or more containers
 rm          Remove one or more containers
 rmi         Remove one or more images
 run         Run a command in a new container
 save        Save one or more images to a tar archive (streamed to STDOUT by
default)
 search      Search the Docker Hub for images
 start       Start one or more stopped containers
 stats       Display a live stream of container(s) resource usage statistics
 stop        Stop one or more running containers
 tag         Create a tag TARGET_IMAGE that refers to SOURCE_IMAGE
 top         Display the running processes of a container
 unpause     Unpause all processes within one or more containers
 update      Update configuration of one or more containers
 version     Show the Docker version information
 wait        Block until one or more containers stop, then print their exit codes

Run 'docker COMMAND --help' for more information on a command.
```

Docker 的客户端可以作为一个程序运行在 Docker 服务器上，并通过本地的 UNIX Socket 和 Docker 引擎进行沟通；也可以运行在远程服务器上，通过远程的 TCP Socket 或者 Docker Remote API 来和 Docker 服务器进行通信。远程的 TCP Socket 连接方式，需要在 Docker 引擎端做一定的配置，我们将在下一节展示。

17.2.3　Docker 宿主机

Docker 宿主机也叫 Docker 服务器。作为 C/S 架构的 Server 端，Docker 宿主机用于接收客户端发来的指令，并进行相应的处理。Docker 容器和镜像的创建、使用都在 Docker 宿主机上进行。其中最核心的功能就是 Docker Daemon，在系统中的进程名叫作 dockerd。它是一个守护进程，用于 Socket 监听、任务执行、镜像和容器的整个生命周期管理。

运行命令 systemctl status docker，可以检查当前的 Docker 守护进程的运行状态，具体代码如下：

```
[root@DockerHost ~]# systemctl status docker
docker.service - Docker Application Container Engine
   Loaded: loaded (/usr/lib/systemd/system/docker.service; disabled; vendor
preset: disabled)
   Active: active (running) since Mon 2020-07-13 19:38:16 CST; 11min ago
Main PID: 1710 (dockerd)
    Tasks: 10
   Memory: 149.2M
   CGroup: /system.slice/docker.service
          └─1710 /usr/bin/dockerd -H fd:// --containerd=/run/containerd/
containerd.sock
…
```

从上面的命令输出中可以看到，当前 dockerd 守护进程的启动参数是“/usr/bin/dockerd -H fd:// --containerd=/run/containerd/containerd.sock”，表示当前系统支持 UNIX Socket 的方式，允许本地的 Docker Client 访问 Daemon 服务。

如果想要实现客户端的远程访问功能，那么我们可以对配置文件“/usr/lib/systemd/system/docker.service”做稍许修改，将其中的

```
ExecStart=/usr/bin/dockerd -H fd:// --containerd=/run/containerd/containerd.
sock
```

修改为：

```
ExecStart=/usr/bin/dockerd -H tcp://0.0.0.0:2375 -H fd:// --containerd=/run/
containerd/containerd.sock
```

再重启 Docker 守护进程：

```
[root@DockerHost ~]# systemctl daemon-reload
[root@DockerHost ~]# systemctl restart docker
```

通过 netstat 命令可以看到 TCP 端口 2375 已经被绑定了：

```
[root@DockerHost ~]# netstat -tulnp
Active Internet connections (only servers)
Proto Recv-Q Send-Q Local Address           Foreign Address         State
PID/Program name
tcp        0      0 0.0.0.0:22              0.0.0.0:*               LISTEN
1005/sshd
tcp6       0      0 :::2375                 :::*                    LISTEN
3454/dockerd
…
```

在远端的 Docker 客户端，可以指定 Docker 服务器的 IP 地址（本书中为 172.19.23.47，读者可自行替换成所用 Docker 宿主机的 IP 地址）和端口（2375）来运行 Docker 命令：

```
[root@DockerHost ~]# docker -H tcp://172.19.23.47:2375 info
Client:
 Debug Mode: false

Server:
 Containers: 2
…
```

上述方法因为没有采用加密传输和身份认证，所以只适合在内网中使用。在实际部署过程中，需要通过防火墙等手段，确保 TCP 2375 端口禁止外网访问。

17.2.4 仓库

最常见的仓库就是 Docker Hub，通常大家使用的 docker run、docker pull 命令都是从这个仓库下载所需的镜像文件。

除这个经典的公有仓库外，国内的互联网厂商，比如阿里云就推出了与 Docker Hub 对应的 Mirror 仓库，可以加速下载的过程。通常在云平台中，不同用户的仓库地址是不同的，需要用户登录云平台后查看具体的参数值来替换其中的变量部分。

在很多企业中，因为安全的原因，生产系统不能连接公有仓库。Docker 公司为此推出了一套强大的企业级容器管理方式 Docker Datacenter，它内置了 Docker 的私有可信任仓库。

对于偏好开源解决方案的用户，通常会采用 Docker Registry 的方式自建一套私有镜像仓库，通过自研或者第三方工具来实现安全扫描、访问控制等复杂的功能。后面在 17.8

节，我们将一起来实战自建仓库的过程。

17.2.5 镜像

镜像这个概念在前面已经反复提及，它是 Docker 中一个非常关键的概念。简单地做一个类比，如果将容器当作被缩小了的虚拟机，那么镜像就是被缩小了的虚拟机模板。这个“模板”里面包含了缩小了的文件系统、运行时环境和应用软件，并以静态文件的形式保存下来。

在 17.3 节，我们将一起来了解镜像的原理和创建、保存等具体使用方式，从而去体会 Docker 在简化部署过程中的独有创意。

17.2.6 容器

Docker 容器继承了 LXC 的资源隔离限制的思想，同时又和镜像发布过程相配合，真正实现了容器应用的“小巧”“迅捷”“精准”的特性。后面（17.4 节）我们还会一起深入探讨 Docker 容器的隔离、限制、文件系统读写管理、容器起承转合等主题。

17.2.7 各个组件用途归纳

Docker 架构图的三大部分和两大核心，如表 17-1 所示。

表 17-1 Docker 整体架构

组件名	中文名称	用途	实现方法
Client	客户端	用户交互终端，容器命令的发布点	Docker 命令、RestAPI、SDK
Docker Host	Docker 宿主机	容器管理服务器，通过 Daemon 守护进程，实现镜像和容器的运行和管理	Dockerd
Registry	仓库	镜像保存点和镜像下载源	Docker Hub、Mirror、可信任仓库、私有 Registry
Image	镜像	容器的静态“模板”	见 17.3 节（Docker Build、Docker Commit、Docker Pull）

续表

组件名	中文名称	用途	实现方法
Container	容器	“缩小版”虚拟机，实现应用和环境的集装箱打包部署	见 17.4 节（Docker Run、Docker Start……）

17.3 Docker 镜像

17.3.1 镜像结构

Docker 的 Image 镜像就像造高楼一样，是一层一层堆叠起来的。这栋高楼依赖于 Docker 服务器的操作系统内核作为地基；楼房的一楼通常是一个精简的操作系统（5MB 到 200MB 不等）；二楼以上会通过指令来下载、安装软件包，添加配置文件等。整栋大楼一旦建成后（镜像生成），每一层就只能远观（只读），而不能再修缮了（不可修改）。

这栋高楼如何才能真正发挥作用呢？必须等到落成剪彩的那一天。剪彩日当天（容器启动时），施工队（Docker 守护进程）会在高楼顶部快速搭建一个临时的天台花园（容器可读写层），所有的派对活动（对容器内数据的修改）都会落在天台花园内。当派对结束时（容器被删除时），天台花园会被拆除（容器可读写层的数据将被抛弃）。下一次派对时（从镜像建立新容器时），又会拥有一个崭新的天台花园（新的容器可读写层）来自由活动。

我们参照如图 17-2 所示的 Docker 镜像结构，看看这栋镜像高楼是如何运转的。

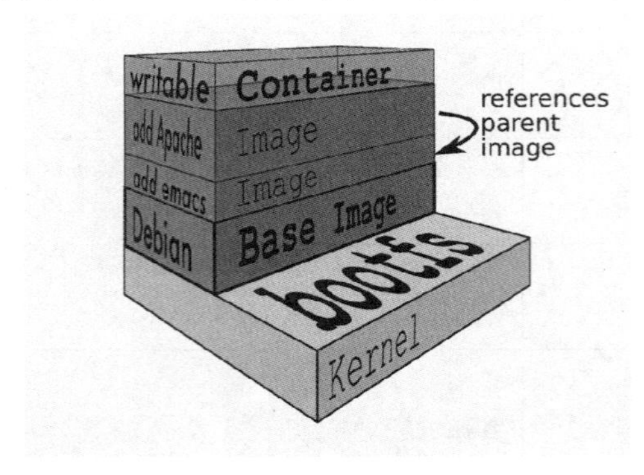

图 17-2 Docker 镜像结构

首先，我们的环境基于 CentOS 操作系统内核这个地基。然后，在上面我们尝试选用 Debian 的 rootfs 作为牢固的第一层。接着，第二、三层分别给高楼添加两个目录 emacs 和 apache。一栋最俭朴的高楼就初步完工了。

当剪彩日来临时，镜像会以容器的形式运行起来，这个时候可读写的天台花园会被快速搭建起来。最终，我们可以方便地对容器内容进行读写修改。这些修改只会影响容器本身，对从原始镜像出发启动的其他容器不会有任何影响。

17.3.2 镜像制作

下面，我们来进行实际操作，制作上述的镜像。

Docker 镜像有两种常见的制作方法。一种是将一个已经运行的容器通过 docker commit 命令烧录成 Docker 镜像。这种方法在实战中应用很少，只有为了研究 Dockerfile 运行的底层原理，或者追求镜像急速发布、容器急速启动的场景才会使用。它节省了镜像分层加载的时间，但是却对版本管理和迭代造成了更多的困扰。

对 Docker 镜像制作而言，最常见的方法非 Dockerfile 莫属。下面我们用 Dockerfile 方法来搭建高楼吧。

先建立一个空目录 docker_starter，进入该目录，创建 Dockerfile 文件，代码如下：

```
FROM debian
ADD emacs /emacs
ADD apache /apache
```

完成后，在 docker_starer 目录下再创建两个子目录：emacs 和 apache。下面，我们可以建高楼了。在 docker_starter 目录下运行如下命令：

```
[root@DockerHost docker_starter]# docker build -t Debian-emacs-apache .
```

请特别注意命令中的“.”，它表示将当前目录作为搭建高楼的准备环境。在搭建过程中，将扫描当前目录（docker_starter 目录）。如果当前目录有很多与镜像制作不相关的内容，这个扫描过程将极大地影响镜像制作的时间。所以建议读者在镜像制作过程中尽量保持干净的目录环境，或者用.dockerignore 文件标注需要排除的文件或文件夹名称。

上面命令运行结果如下：

```
[root@DockerHost docker_starter]# docker build -t debian-emacs-apache .
Sending build context to Docker daemon  3.072kB
Step 1/3 : FROM debian
 ---> 1b686a95ddbf
```

```
Step 2/3 : ADD emacs /emacs
 ---> 91044f1f44ef
Step 3/3 : ADD apache /apache
 ---> 829977ee379f
Successfully built 829977ee379f
Successfully tagged debian-emacs-apache:latest
```

可以看到，整个楼房搭建分为三大步，分别搭建 1 楼的 debian、2 楼的 emacs、3 楼的 apache，最后将新搭建的镜像大楼用一个 tag 进行标记，命名为 debin-emacs-apache 镜像 latest 版本。我们可以用 docker history 命令进一步查看具体的搭建过程，具体代码如下：

```
[root@DockerHost docker_starter]# docker history debian-emacs-apache
IMAGE        CREATED            CREATED BY             SIZE        COMMENT
829977ee379f              About  a  minute  ago     /bin/sh  -c  #(nop)  ADD
dir:35c3010dfae5d26232…  0B
91044f1f44ef              About  a  minute  ago     /bin/sh  -c  #(nop)  ADD
dir:08133be9c242532cbb…  0B
1b686a95ddbf          5  weeks  ago         /bin/sh  -c  #(nop)   CMD  ["bash"]
0B
<missing>                 5  weeks  ago                /bin/sh  -c  #(nop)  ADD
file:1ab357efe422cfed5…  114MB
```

从下向上阅读上述命令输出结果，可以看到，Docker 服务器首先将 5 周前官方发布的 debian 镜像下载下来，作为高楼的第一层，创建了镜像 1b686a95ddbf；然后运行了 ADD 命令将文件夹 emacs 复制到根目录，创建了新的镜像 91044f1f44ef；接着运行 ADD 命令将文件夹 apache 复制到根目录，创建了新的镜像 829977ee379f。最终，高楼顺利搭建完成。我们用 docker images 命令来检查一下，具体代码如下：

```
[root@DockerHost docker_starter]# docker images
REPOSITORY             TAG           IMAGE ID          CREATED            SIZE
debian-emacs-apache   latest       829977ee379f     6 minutes ago      114MB
```

可以看到这个镜像的 ID 就是新完工的 829977ee379f，其名称是指定的 debian-emacs-apache，版本号是 latest，创建时间为 6min 之前，整个容器镜像占用存储空间为 114MB（主要为 debian 精简操作系统的大小）。

我们来到楼顶开派对吧。运行 docker run 命令：

```
[root@DockerHost docker_starter]# docker run -it debian-emacs-apache /bin/bash
```

具体的 docker run 的参数含义会在 17.4 节详细描述。命令运行完成后，将自动进入容器内部的 bash 命令行。我们可以通过 pwd 和 ls 命令检查当前的目录和添加的 emacs、apache

文件夹的状态：

```
root@c74ad5e44be5:/# pwd
/
root@c74ad5e44be5:/# ls
apache  bin  boot  dev  emacs  etc  home  lib  lib64  media  mnt  opt  proc
root  run  sbin  srv  sys  tmp  usr  var
```

我们已经可以看到apache和emacs目录了。下面我们来假设，因为误操作删除了apache和emacs目录的情况，示例代码如下：

```
root@c74ad5e44be5:/# rm -rf apache/ emacs/
root@c74ad5e44be5:/# ls
bin  boot  dev  etc  home  lib  lib64  media  mnt  opt  proc  root  run  sbin
srv  sys  tmp  usr  var
```

在确认两个文件夹都被删除以后，我们先运行 exit 命令退出容器，重新运行 docker run 命令启动一个新的天台花园，看看是不是所有数据已经付之一炬了，具体代码如下：

```
[root@DockerHost docker_starter]# docker run -it debian-emacs-apache /bin/bash
root@3c642b858430:/# ls
apache  bin  boot  dev  emacs  etc  home  lib  lib64  media  mnt  opt  proc
root  run  sbin  srv  sys  tmp  usr  var
```

吓了一身冷汗，误删除的两个目录居然在新的容器里被恢复了。这是因为刚才的删除目录操作改变的只是第一个容器的读写层，并没有修改镜像二楼、三楼的只读层。当新的容器被创建时，仍然采用原有镜像的只读层，在用户没有再次删除目录的情况下，自然 apache 和 emacs 目录就恢复如初了。

这就是 Docker 镜像的一个优势所在。同一个镜像，多次部署、并行部署，仍可以确保数据的一致性，每个容器所修改的内容只影响容器应用本身。这极大地方便了 Docker 容器的跨环境反复部署，实现了云环境中的不可变基础架构（Immutable Infrastructure）的概念。

17.3.3　Dockerfile 常用指令

我们已经通过上面的例子感受到 Dockerfile 生产镜像的便利。下面让我们详细看一下常用的 Dockerfile 指令（注：在 Dockerfile 中出现的大写字符，称为“指令”）：

（1）FROM

FROM 指令用来指定一个基础镜像作为整栋大楼的一楼。FROM 指令总是 Dockerfile

中必须包含的第一条指令（除了注释语句）。

（2）COPY

COPY 指令将上下文目录中的源路径下的文件或文件夹复制到新的一层的镜像内的目标路径之下，具体格式为：

```
COPY<源路径><目标路径>
```

这里特别要注意的是，源路径本身所在的文件夹不会被复制。修改上例的 Dockerfile 如下：

```
FROM debian
COPY emacs /
COPY apache /
```

依然在 docker_starter 目录下运行 docker build 命令，制作镜像，具体代码如下：

```
[root@DockerHost docker_starter]# docker build -t debian-copy .
Sending build context to Docker daemon  3.072kB
Step 1/3 : FROM debian
 ---> 1b686a95ddbf
Step 2/3 : COPY emacs /
 ---> a7a0466cf319
Step 3/3 : COPY apache /
 ---> 00b5dec5e0eb
Successfully built 00b5dec5e0eb
Successfully tagged debian-copy:latest
```

再运行 docker run 命令，以 debian-copy 镜像为基准，将容器运行起来，并进行检查：

```
[root@DockerHost docker_starter]# docker run -it debian-copy /bin/bash
root@fdef655ea835:/# ls
bin  boot  dev  etc  home  lib  lib64  media  mnt  opt  proc  root  run  sbin
srv  sys  tmp  usr  var
```

在容器 fdef655ea835 内部，为什么没有看到希望复制的 emacs 和 apache 文件夹？原因是只有 COPY 指令中源路径（apache 和 emacs）所包含的文件或子文件夹（此示例中为空）才会被复制到镜像的目标路径（/目录），源路径本身并不会被复制。如果想要复制整个源路径该如何实现呢？方法也很简单，只需要修改 Dockerfile，指定目标路径和源路径同名即可。这样在镜像内部会生成与源路径（apache 和 emacs）同名的文件夹，然后把源路径下面的所有文件依次复制到对应的目标路径，整个效果相当于将 apache 和 emacs 文件夹整体复制了。

```
FROM debian
```

```
COPY emacs /emacs
COPY apache /apache
```

修改 Dockerfile，并重新制作镜像和运行容器后，就会出现类似 17.3.2 节中的结果了，可以在容器的根目录看到 emacs 和 apache 文件夹。大家不妨一试。

（3）ADD

ADD 指令和 COPY 的格式和性质基本一致，只是在 COPY 的基础上增加了一些功能。如：源路径可以是一个远程 URL，Docker 引擎会自动帮我们将远程 URL 的文件下载到目标路径下；如果源路径是本地的一个 tar 压缩文件，那么 ADD 指令在复制到目标路径时会自动将其解压。

与 COPY 相同的文件复制功能已经在 17.3.2 节演示过了。我们这次演示一下常用的压缩和解压功能吧。我们先进入 docker_starter 目录，准备两个压缩包，并删除之前的文件夹，具体代码如下：

```
[root@DockerHost docker_starter]# tar zcvf apache.tar.gz apache/
apache/
[root@DockerHost docker_starter]# tar zcvf emacs.tar.gz emacs/
emacs/
[root@DockerHost docker_starter]# rm -rf apache emacs
[root@DockerHost docker_starter]# ls
apache.tar.gz  Dockerfile  emacs.tar.gz
```

可以看到两个 tar.gz 压缩包已经准备完成。接下来，修改 Dockerfile 文件如下:

```
FROM debian
ADD emacs.tar.gz /
ADD apache.tar.gz /
```

依次运行 docker build 和 docker run 命令，制作镜像，并启动容器，具体代码如下：

```
[root@DockerHost docker_starter]# docker build -t debian-add .
Sending build context to Docker daemon   5.12kB
Step 1/3 : FROM debian
 ---> 1b686a95ddbf
Step 2/3 : ADD emacs.tar.gz /
 ---> 4f9b7e33740e
Step 3/3 : ADD apache.tar.gz /
 ---> 2751da001a09
Successfully built 2751da001a09
Successfully tagged debian-add:latest
[root@DockerHost docker_starter]# docker run -it debian-add /bin/bash
root@bf976faa71d6:/# ls
apache  bin  boot  dev  emacs  etc  home  lib  lib64  media  mnt  opt  proc
```

```
root  run  sbin  srv  sys  tmp  usr  var
```

从上面的命令输出中可以看到，apache 和 emacs 目录顺利地在镜像内得到了复制和自动解压。

（4）VOLUME

VOLUME 指令用于构建镜像时定义匿名卷，将在 17.5 节中详细讨论。

（5）EXPOSE

EXPOSE 指令是声明运行时容器服务的端口，将在 17.6 节中详细讨论。

（6）WORKDIR

使用 WORKDIR 指令来指定镜像内的工作目录，方便 RUN、CMD、ENTRYPOINT、COPY、ADD 等指令的使用。

（7）ENV

ENV 指令用于设置环境变量。比如常用的操作系统参数、Java 启动参数等都可以通过它来设置。

（8）RUN

RUN 指令是用来执行命令行命令的，它是定制镜像时最常用的指令之一，具体将在 17.3.4 节的 Dockerfile 排疑解惑中详细讨论。

（9）CMD

在启动容器的时候，指定运行的程序及参数，将在 17.3.4 节的 Dockerfile 排疑解惑中详细讨论。

（10）ENTRYPOINT

ENTRYPOINT 指令的用途和 CMD 指令的用途一样，都是指定容器运行程序及参数，该指令将在 17.3.4 节的 Dockerfile 排疑解惑中详细讨论。

17.3.4 Dockerfile 排疑解惑

之所以将 RUN、ENTRYPOINT、CMD 指令用单独一节来讨论，是因为这是镜像制作过程中故障最多的一个环节，也是大部分容器无法正常运行的问题源头。

（1）RUN

RUN 是在镜像制作过程中运行的指令，使用方法可以参考下面的 Dockerfile 代码：

```
FROM centos
```

```
RUN yum install -y wget
RUN wget -O redis.tar.gz http://[REDIS_URL]/redis-stable.tar.gz
RUN tar -xvf redis.tar.gz
```

上面代码中的[REDIS_URL]代表 Redis 官网下载地址。整段代码表示从 CentOS 这个一楼起步，我们首先运行 yum install 命令安装 wget 工具，然后运行 wget 命令下载 redis 的软件包，最后运行 tar 命令解压 redis 软件包。这些操作是在高楼搭建过程中就完工的，不需要在容器启动时再修改楼顶的天台花园了。

值得一提的是，上面的写法其实很少见。因为，上面除 CentOS 一楼外，还需要加盖三层楼，非常费力。我们有没有更简单的方法，在第二层把安装、下载、解压过程完成，以实现一步到位呢？当然可以，我们只要多采用“&&”符号把多条命令连续执行即可，示例代码如下：

```
FROM centos
RUN yum install -y wget \
  && wget -O redis.tar.gz http://[REDIS_URL]/redis-stable.tar.gz \
  && tar -xvf redis.tar.gz
```

通过这种方式可以在一个 RUN 指令中运行复杂的脚本命令，却不明显增加镜像的层数，减少镜像制作和容器加载的时间和空间。

（2）ENTRYPOINT & CMD

ENTRYTPOINT 和 CMD 算是一对好兄弟，经常成对出现。两者有很多相似之处：

- 都是在高楼落成时，临时添加到楼顶，来指导容器该启动什么进程。
- 当 Dockerfile 中出现同名指令时，都是只有最后一条有效。
- 都可以采用两种格式运行：Exec 可执行格式和 Shell 脚本格式。

两种格式如表 17-2 所示：

表 17-2　Exec 可执行格式和 Shell 脚本格式的 Dockerfile 指令对比

格式名	Dockerfile 指令写法	功能区别
Exec 可执行格式	ENTRYPOINT [“可执行文件”“参数 1”“参数 2”,…] CMD [“可执行文件”“参数 1”“参数 2”,…]	容器内 1 号进程就是该可执行文件所运行的进程；对 docker stop 命令的 SIGTERM 信号处理更优雅；Docker 官方推荐方法
Shell 脚本格式	ENTRYPOINT <shell 命令> CMD <shell 命令>	容器内 1 号进程是/ shell 进程，可执行文件所运行的进程为 shell 进程的子进程；因为 shell 不会响应 docker stop 命令的 SIGTERM 信号，需要依靠 SIGKILL 信号来完成容器击杀；Docker 官方不推荐

ENTRYPOINT 和 CMD 这对兄弟的区别相对复杂，我们通过表 17-3 的例子来对比不同参数的组合效果。

表 17-3　ENTEYPOINT 和 CMD 指令参数效果对比

场景	ENTRYPOINT 参数	CMD 参数	Docker run 命令参数	效果
场景 1	echo	ls	date	容器启动命令 echo date
场景 2	echo	ls	N/A	容器启动命令 echo ls
场景 3	echo	N/A	date	容器启动命令 echo date
场景 4	echo	N/A	N/A	容器启动命令 echo
场景 5	N/A	ls	date	容器启动命令 date
场景 6	N/A	ls	N/A	容器启动命令 ls
场景 7	N/A	N/A	date	容器启动命令 date
场景 8	N/A	N/A	N/A	容器无启动命令，直接退出

我们以场景 1 为例进行演示，Dockerfile 文件的代码如下：

```
FROM centos
ENTRYPOINT ["echo"]
CMD ["ls"]
```

运行 docker build 和 docker run 命令制作镜像，并启动容器，具体代码如下：

```
[root@DockerHost docker_starter]# docker build -t echo-test .
Sending build context to Docker daemon  4.096kB
Step 1/3 : FROM centos
 ---> 831691599b88
Step 2/3 : ENTRYPOINT ["echo"]
 ---> Using cache
 ---> 77590cd03aae
Step 3/3 : CMD ["ls"]
 ---> Using cache
 ---> c8bb2062154b
Successfully built c8bb2062154b
Successfully tagged echo-test:latest
[root@DockerHost docker_starter]# docker run echo-test date
date
```

之所以会在界面显示英文单词 date，是因为容器根据场景 1 的规则运行了启动命令 echo date，将 date 这个单词显示在标准输出。

大家可以修改 Dockerfile 和 Docker run 命令的参数来尝试其他场景。总结起来就是，

ENTRYPOINT 指令参数是老大；Docker run 命令参数是老二，经常跟在老大后面混；CMD 指令参数是老三，老二不在的时候可以代替老二。

17.3.5　镜像管理思路

镜像的管理，无外乎增、删、改、查。让我们来看看如何增、删、改、查吧。

（1）增

增加新镜像的主要思路是先创建镜像，然后存储到镜像仓库中。操作如下：

一种方法是：通过 Dockerfile 描述镜像高楼的设计思路，然后运行 docker build 命令生成镜像。

另一种方法是：对于特殊的 Docker 容器，可以在容器内部进行文件系统的修改，然后在 Docker 服务器上运行 docker commit 命令生成一个指定名称的镜像，具体代码如下：

```
//先启动标准 CentOS 容器
[root@DockerHost docker_starter]# docker run -it centos /bin/bash
[root@1a749c739973 /]# ls
bin  dev  etc  home  lib  lib64  lost+found  media  mnt  opt  proc  root  run
sbin  srv  sys  tmp  usr  var
//在容器内部创建 newfolder 目录后退出
[root@1a749c739973 /]# mkdir newfolder
[root@1a749c739973 /]# exit
Exit
//查询刚才启动的容器的 ID
[root@DockerHost docker_starter]# docker ps -a
CONTAINER ID        IMAGE                   COMMAND                    CREATED
STATUS                   PORTS             NAMES
1a749c739973       centos              "/bin/bash"              About a minute
ago   Exited (0) About a minute ago                        goofy_bell
…
//运行 docker commit 命令，并提供容器 ID 和镜像名称作为参数
[root@DockerHost docker_starter]# docker commit 1a749c739973 newcentos
sha256:ef3554a699ac2b5d98547047cf7f3bd73ce09895ab5dca5d77f54ef4620c3caa
//重新创建的镜像启动容器
[root@DockerHost docker_starter]# docker run -it newcentos /bin/bash
//在容器内部运行 ls 命令，检查镜像中是否包含了 newfolder 目录
[root@6fbcc5867db1 /]# ls
bin  dev  etc  home  lib  lib64  lost+found  media  mnt  newfolder  opt  proc
root  run  sbin  srv  sys  tmp  usr  var
```

仓库配置和镜像上传的具体过程将在 17.8 节详细介绍。

（2）删

删除镜像可以使用命令 docker rmi，需要注意的是，在删除镜像之前，需要先删除对应的容器，即使容器已经停止，但它在系统中仍然存在，需要通过下面命令彻底删除该容器：

```
[root@DockerHost docker_starter]# docker ps -a
CONTAINER ID        IMAGE                   COMMAND                    CREATED
STATUS                        PORTS                  NAMES
6fbcc5867db1       newcentos              "/bin/bash"              20 minutes ago
Exited (127) About a minute ago                       wonderful_dubinsky
…
[root@DockerHost docker_starter]# docker rm 6fbcc5867db1
6fbcc5867db1
```

然后，删除目标镜像，具体代码如下：

```
[root@DockerHost docker_starter]# docker rmi newcentos
Untagged: newcentos:latest
Deleted:
sha256:ef3554a699ac2b5d98547047cf7f3bd73ce09895ab5dca5d77f54ef4620c3caa
Deleted:
sha256:4cc6be693b005f58b31185343781f7a11230f6ec0f7ded6d0515aed329ef9141
```

虽然在容器没有删除时，也可以采用 docker rmi -f image_name 的方式来强行删除镜像，但是不建议在生产环境中使用这个方式，因为容易误删镜像。

（3）改

因为镜像是静态高楼，无法直接修改，所以想要修改镜像，需要根据原有镜像创建一个新的镜像。有两种方法：一种是采用 Dockefile，将原有镜像作为高楼一楼，然后在上面堆叠新楼层；另一种是用原有镜像启动容器，修改容器内容后，在 Docker 服务器上运行 docker commit 命令来创建新镜像。前面已经和大家一起做了实操，这里不再赘述。

还有一种场景是需要修改容器的标签，给高楼重新进行冠名。这种需求可以采用 docker tag 命令来实现：

```
[root@DockerHost docker_starter]# docker tag centos mynewcentos
```

原来的镜像 CentOS 依然存在，我们同时又创建了一个新的镜像，命名为 mynewcentos。

（4）查

查询容器镜像通常有两种方式。第一种方式是在本地查找，运行命令 docker images：

```
[root@DockerHost docker_starter]# docker images
REPOSITORY          TAG                IMAGE ID           CREATED              SIZE
…
centos             latest             831691599b88       5 weeks ago          215MB
mynewcentos        latest             831691599b88       5 weeks ago          215MB
…
```

可以看到新老镜像的名称和 ID 都可以直接查询得到，方便后面的容器启动。

当本地不存在指定镜像时，我们可以通过第二种方式 docker search 命令来查找：

```
root@DockerHost docker_starter]# docker search redis
NAME         DESCRIPTION                  STARS          OFFICIAL            AUTOMATED
redis     Redis is an open source key-value store that…   8403                [OK]
bitnami/redis      Bitnami Redis Docker Image              154                [OK]
…
```

该命令会从指定的 Docker 仓库进行搜索，后面 17.8 节将详细讨论仓库的设置和指定。

找到需要的镜像版本后，运行 docker pull 命令下载镜像，具体代码如下：

```
[root@DockerHost docker_starter]# docker pull redis
Using default tag: latest
latest: Pulling from library/redis
6ec8c9369e08: Pull complete
efe6cceb88f8: Pull complete
cdb6bd1ce7c5: Pull complete
9d80498f79fe: Pull complete
b7cd40c9247b: Pull complete
96403647fb55: Pull complete
Digest:
sha256:0f865ceb68b3a31470f5bf5617bb457cba0782f6906f0a718c3b585f8b6bd949
Status: Downloaded newer image for redis:latest
docker.io/library/redis:latest
```

下载完成后，可以再次通过 docker images 命令从本地缓存中找到该镜像，具体代码如下：

```
[root@DockerHost docker_starter]# docker images
REPOSITORY          TAG               IMAGE ID           CREATED              SIZE
redis            latest            50541622f4f1      12 hours ago          104MB
```

17.4 Docker 容器

17.4.1 容器的运行原理

从本质上说，Docker 容器的核心技术是 runC 执行框架和 UnionFS 联合文件系统。联合文件系统就是 17.3.1 节介绍的高楼及楼顶的天台花园。而 runC 执行框架的核心是 Namespace 隔离功能和 CGroup 限制功能。这是 Docker 容器技术的基石，下面让我们一起来详细讨论一下吧。

17.4.2 隔离特性

Namespace 是 Linux 提供的一种内核态特性，用于进行内核资源的隔离。具体的资源隔离方式可以通过 Linux 的 man namespaces 命令查询：

```
[root@DockerHost ~]# man namespaces
NAMESPACES(7)                  Linux Programmer's Manual        NAMESPACES(7)

NAME
       namespaces - overview of Linux namespaces

DESCRIPTION
       A namespace wraps a global system resource in an abstraction that makes
it appear to the processes within the namespace that they have their own isolated
instance of the global resource.  Changes to the global resource are
       visible to other processes that are members of the namespace, but are
invisible to other processes.  One use of namespaces is to implement containers.

       Linux provides the following namespaces:

       Namespace   Constant          Isolates
       Cgroup      CLONE_NEWCGROUP   Cgroup root directory
       IPC         CLONE_NEWIPC      System V IPC, POSIX message queues
       Network     CLONE_NEWNET      Network devices, stacks, ports, etc.
       Mount       CLONE_NEWNS       Mount points
       PID         CLONE_NEWPID      Process IDs
```

```
    User        CLONE_NEWUSER     User and group IDs
    UTS         CLONE_NEWUTS      Hostname and NIS domain name

    This page describes the various namespaces and the associated /proc files,
and summarizes the APIs for working with namespaces.
```

从命令输出可以看到 7 大资源隔离：CGroup 限制隔离、IPC 消息隔离、Network 网络隔离、Mount 目录隔离、PID 进程隔离、User 用户隔离、UTS 域名隔离。下面我们就分别来看看吧：

- CGroup 限制隔离

每个容器内部的资源限制互相独立，一个容器的 CPU、内存限制等不会影响到另一台容器。具体的限制方法我们在下一节详述。

- IPC 消息隔离

进程间通信的信号量、共享内存、消息机制等都属于 IPC 的范畴。每个容器的内部 IPC 通信不会与 Docker 服务器或其他容器混淆，Linux 在内核上实现了完全隔离。

- Network 网络隔离

Network 网络隔离确保了每个容器都拥有独立的网络设备、IP 地址、端口分配、路由表等，这就解决了在同一台服务器上多容器产生 IP 地址和端口冲突的可能。但如何实现容器间、容器和 Docker 宿主机的通信呢？我们将在后续的 17.6 节详细讨论。

- Mount 目录隔离

Mount 目录隔离确保了每个容器所加载的文件系统和目录结构是完全独立的。同一台服务器上的不同容器之间加载的文件系统不是来自镜像高楼，就是各自临时搭建的顶层天台花园，两栋高楼之间没有任何关联关系。

- PID 进程隔离

PID 进程隔离意味着每个容器的进程是隔离的，同时它们各自在容器内部又拥有独立的进程号分配。比如采用 Exec 格式运行的 ENTRYPOINT 指令会在容器内以 1 号进程启动。但多个容器都可以运行各自的 1 号进程，互不干扰。

下面我们用 CentOS 镜像启动容器，并指定启动后运行命令/bin/sh：

```
[root@DockerHost ~]# docker run -d centos /bin/sh -c "while true; do sleep 10;
done"
0aaaee0e1c36ac3698528cb5072f8149410e7e862ff26bfce35a6ed055f0098b
```

进入容器，运行 ps 命令可以看到容器内的 1 号进程是 sh 命令，具体代码如下：

```
[root@DockerHost ~]# docker exec -it 0aaaee0e1c36ac3698528cb5072f8149410e7e862
ff26bfce35a6ed055f0098b /bin/bash
[root@0aaaee0e1c36 /]# ps -ef
UID          PID    PPID  C STIME TTY          TIME CMD
root           1       0  0 11:16 ?        00:00:00 /bin/sh -c while true; do sleep
10; done
root          10       1  0 11:17 ?        00:00:00 /usr/bin/coreutils
--coreutils-prog-shebang=sleep /usr/bin/sleep 10
root          11       0  6 11:17 pts/0    00:00:00 /bin/bash
root          24      11  0 11:17 pts/0    00:00:00 ps -ef
```

运行 exit 退出终端，回到 Docker 服务器。在 Docker 服务器运行 ps 命令查看 Docker 进程实际情况：

```
[root@DockerHost docker_starter]# ps -axf
   PID TTY      STAT   TIME COMMAND
…
1709 ?        Ssl   20:31 /usr/bin/containerd
 50084 ?        Sl      0:00  \_ containerd-shim -namespace moby -workdir
/var/lib/containerd/io.containerd.runtime.v1.linux/moby/0aaaee0e1c36ac369852
8cb5072f8149410e7e862ff26bfce35a6ed055f0098b -address /run/containerd/containerd.
sock -c
 50101 ?        Ss     0:00      \_ /bin/sh -c while true; do sleep 10; done
 50508 ?        S      0:00          \_ /usr/bin/coreutils --coreutils-prog-
shebang=sleep /usr/bin/sleep 10
…
```

实际的/bin/sh 进程号在服务器内部是 50101，它恰恰对应上例中容器内虚拟出来的 1 号进程。通过这种进程号的虚拟化技术，实现了每个容器内部的进程号重新排序管理。其在 Docker 服务器中分别对应不同的实际进程号，避免了逻辑进程号在多个容器内的冲突和伪装，防止了信息泄漏。

- User 用户隔离

用户 ID 和用户组 ID 在各容器中是独立的。Docker 容器的默认用户是 0 号用户（root），但是这个 root 并不是 Docker 宿主机的 root 用户，而是一个普通用户。如果想让容器拥有 Docker 宿主机的 root 权限，则需要在 docker run 后面添加--privileged 参数。在生产环境中，这个操作有容器越权处理的安全风险，请慎用。

同时，采用这个 0 号用户在容器内创建新用户时，不管是用户名还是用户 ID，即使和其他容器或服务器重复也没有关系，因为每个容器对用户管理系统而言是完全独立的个体。

具体的 Linux 机制相对复杂，简单描述就是 Docker 后台实际给不同的容器分配了不同的 User namespace 段来实现容器内的 ID 的分配和管理。

- UTS 域名隔离

容器的 hostname 机器名就是每个容器的短名（容器创建时返回的完整长名的前 12 位）。我们依次查询容器短名、登录容器，并查询容器的 hostname，具体代码如下：

```
[root@DockerHost ~]# docker ps
CONTAINER ID        IMAGE               COMMAND                  CREATED
STATUS              PORTS               NAMES
0aaaee0e1c36        centos              "/bin/sh -c 'while t…"   15 minutes ago
Up 15 minutes                           angry_liskov
[root@DockerHost ~]# docker exec -it 0aaaee0e1c36 /bin/bash
[root@0aaaee0e1c36 /]# hostname
0aaaee0e1c36
```

可以看到 hostname 默认就是容器的短名。在容器启动时也可以通过-h 参数指定 hostname，具体代码如下：

```
[root@DockerHost ~]# docker run -h my-container -d centos /bin/sh -c "while true;
do sleep 10; done"
9c0ff64ff0d25128e3de6ab61da56538fca33000fc476a3bb54f58270842917d
```

通过 docker exec -it + 容器 ID + 命令（hostname）的方式来显示容器的名称，具体代码如下：

```
[root@DockerHost ~]# docker exec -it 9c0ff64ff0d25128e3de6ab61da56538fca
33000fc476a3bb54f58270842917d hostname
my-container
```

可以看到，容器名称已经替换成指定的 hostname。我们可以再启动第二个容器，并给予相同的 hostname，具体代码如下：

```
[root@DockerHost ~]# docker run -h my-container -d centos /bin/sh -c "while true;
do sleep 10; done"
47f622d7139489d24b223006a780db636d593f406512d9d9a5e16165630478d6
[root@DockerHost ~]# docker exec -it
47f622d7139489d24b223006a780db636d593f406512d9d9a5e16165630478d6 hostname
my-container
```

可以发现多个容器 hostname 的重名现象不会对容器的正常使用产生任何影响。UTS 隔离机制使得容器名和 Docker 服务器名称独立开来，可以随意进行设置和管理。

17.4.3 限制特性

资源是有限的，需求是无限的，如何用有限的硬件资源来满足大量同时运行的容器需求呢？答案就是 Docker 的 CGroup 隔离机制。

让我们来做一个小实验吧！

首先，在当前的系统中运行一个死循环的容器任务，具体代码如下：

```
[root@DockerHost ~]# docker run -d centos /bin/sh -c "while true; do echo; done"
```

然后，在 Docker 服务器上运行 top 命令，查看 CPU 分配情况：

```
Tasks: 103 total,   2 running, 101 sleeping,   0 stopped,   0 zombie
%Cpu(s): 71.8 us, 27.4 sy,  0.0 ni,  0.2 id,  0.0 wa,  0.5 hi,  0.2 si,  0.0 st
MiB Mem :   7810.2 total,   5413.3 free,    350.8 used,   2046.2 buff/cache
MiB Swap:      0.0 total,      0.0 free,      0.0 used.   7210.7 avail Mem

   PID USER      PR  NI    VIRT    RES    SHR S  %CPU  %MEM     TIME+ COMMAND
 283791 root      20   0   11888   2708   2484 R  98.7   0.0   0:11.02 sh
   3454 root      20   0 1217448 111824  48248 S  82.4   1.4   4:35.04 dockerd
 283774 root       20    0  108628  10116   3752 S  16.9   0.1   0:02.95
containerd-shim
…
```

可以看到，容器的 sh 命令基本占了完整的一颗内核，Docker Daemon 占了另一颗内核的大部分时间片，整个操作系统变得缓慢。如果再启动其他容器，几乎无法再分配到 CPU 资源了。大家可以进行尝试。

因为一个容器的错误代码影响整个 Docker 服务器和所有其他的容器业务，这种情况在生产环境几乎是不可以接受的。

Linux 的 CGroup 机制提供了底层的资源限制、优先级分配、资源统计、进程控制等功能。Docker 在其基础上进行了封装，可以通过 docker run 命令的简单参数设置，实现容器的资源管控。在具体资源管控方面包含 CPU 配额比例（-c 或者--cpu-shares）、CPU 核数（--cpus）、内存大小（-m 或者--memory）、存储加 swap 交换空间大小（--memory-swap）、磁盘 I/O 的权重（--blkio-weight）等。这里还是以最为经典的 CPU 核数来做演示。下面我们通过 docker run --cpus 0.1 命令来指定本容器最多只能抢占 0.1 核 CPU：

```
[root@DockerHost ~]# docker run --cpus 0.1 -d centos /bin/sh -c "while true; do
echo; done"
```

在 Docker 服务器运行 top 命令查询当前的 CPU 使用情况，命令运行结果如下：

```
top - 21:34:08 up 15 days,  2:08,  1 user,  load average: 0.08, 2.21, 3.70
Tasks: 104 total,   3 running, 101 sleeping,   0 stopped,   0 zombie
%Cpu(s):  7.7 us,  3.2 sy,  0.0 ni, 88.8 id,  0.0 wa,  0.3 hi,  0.0 si,  0.0 st
MiB Mem :   7810.2 total,    234.6 free,    299.5 used,   7276.2 buff/cache
MiB Swap:      0.0 total,      0.0 free,      0.0 used.   7257.5 avail Mem

    PID USER      PR  NI    VIRT    RES    SHR S  %CPU  %MEM     TIME+ COMMAND
 286020 root      20   0   11888   2852   2628 R  10.0   0.0   0:01.59 sh
   3454 root      20   0 1217448  87016  25500 S   8.0   1.1  21:53.13 dockerd
 286002 root      20   0  107220  10116   3752 S   3.7   0.1   0:00.53
containerd-shim
```

从上面代码可以看到，进程命令 sh 只占用了一核 CPU 的 10%的时间片，与 docker 容器启动命令的参数限制完全一致。这就给同一台服务器上运行多个容器、互相保持资源的合理分配留下了空间。

17.4.4　容器的起承转合

从 Docker 镜像章节开始，我们已经陆续接触了 Docker 容器的一些主流操作。下面我们将以图 17-3 为导航，对 Docker 容器的生命周期管理（起承转合）进行系统的介绍。

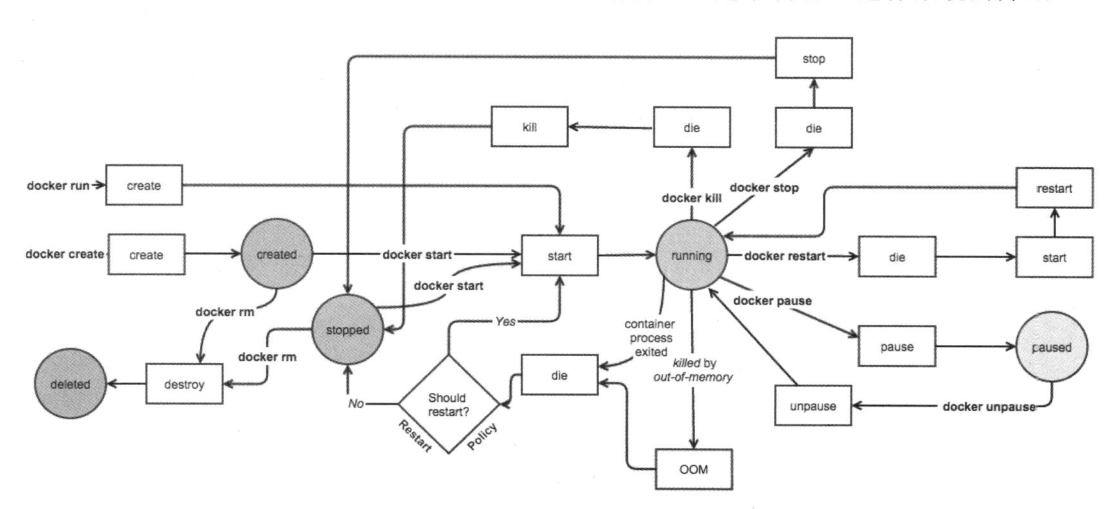

图 17-3　Docker 容器的生命周期管理

- 起

容器的启动通常有两个方法：一个方法是，先通过 docker create 命令创建容器（不启动容器），再通过 docker start 命令启动容器。另一个方法是，通过 docker run 命令创建并运行容器（一步完成 docker create 和 docker start 的两步操作）。通常在实战中多数都是直接使用 docker run 命令：

```
[root@DockerHost ~]# docker run -d centos /bin/sh -c "while true; do sleep 10;
done"
776b7cf660eac250854dd9f8c4a8c249f7863e6b6d4a7e4ee6030c52f2017ac1
```

- 承

承就是承接新的任务和管理要求。常见的操作有，要求登录容器去运行一个一次性的任务。这个大家已经非常熟悉，就是 docker exec -it 方式，进入容器后直接运行一个命令。如果这是一个/bin/bash 之类的命令，就会打开一个命令行终端，方便大家在容器内部进行管理操作。

下面，我们采用交互式的方式来感受一下容器的日常管理操作：

```
[root@DockerHost ~]# docker ps
   CONTAINER ID    IMAGE    COMMAND      CREATED     STATUS      PORTS     NAMES
   776b7cf660ea      centos           "/bin/sh -c 'while t…"   53 seconds ago
Up 52 seconds                       magical_easley
[root@DockerHost ~]# docker exec -it 776b7cf660ea /bin/bash
[root@776b7cf660ea /]# cat /etc/redhat-release
CentOS Linux release 8.2.2004 (Core)
[root@776b7cf660ea /]# exit
   exit
[root@DockerHost ~]#
```

在上面代码中，首先采用 docker ps 命令查询容器的短 ID；然后将其作为参数运行命令 docker exec -it short_id /bin/bash；接着就可以方便地在容器内进行操作系统的常用任务管理了；最后运行 exit 命令，退出容器回到 Docker 服务器的命令行终端。

与 docker exec 命令相似的是 docker attach 命令，两者的区别在于 docker attach 命令在使用时是黏连到原有的容器终端的，而不是开启一个新的命令行终端。由于 docker attach 命令在使用时容易干扰原有容器内作业的执行，所以使用得相对较少。

除承接管理任务外，很多时候我们也会承接监控任务。最常见的就是容器日志的监控。可以通过命令 docker logs 来查询：

```
[root@DockerHost ~]# docker logs -f 776b7cf660ea
```

如上例中的 docker logs -f 就相当于 Linux 里常用的实时日志刷新命令 tail -f /var/log/messages，可以查看容器标准输出的实时动态。

除此以外，还有 docker stats、docker top 等操作，读者可以进行尝试。

- 转

转是指容器的启停控制和状态转换，常用方法如表 17-4 所示。

表 17-4　Docker 容器启停控制

#	功能	命令	说明
1	暂停	docker pause	暂停容器中的进程
2	恢复	docker unpause	docker pause 的逆操作
3	停止	docker stop	先发送 SIGTERM，等待后再发送 SIGKILL 来关闭容器
4	启动	docker start	docker stop 的逆操作
5	强行停止	docker kill	直接发送 SIGTERM 信号强杀容器
6	重启	docker restart	相当于先 docker stop 再 docker start

下面我们通过若干 docker 命令来实现暂停和恢复功能，具体代码如下：

```
[root@DockerHost ~]# docker ps
CONTAINER ID     IMAGE    COMMAND      CREATED     STATUS     PORTS     NAMES
776b7cf660ea      centos            "/bin/sh -c 'while t…"   22 minutes ago
Up 22 minutes                          magical_easley
[root@DockerHost ~]# docker pause 776b7cf660ea
776b7cf660ea
[root@DockerHost ~]# docker ps
CONTAINER ID    IMAGE     COMMAND      CREATED      STATUS     PORTS      NAMES
776b7cf660ea      centos            "/bin/sh -c 'while t…"   23 minutes ago
Up 23 minutes (Paused)                         magical_easley
[root@DockerHost ~]# docker unpause 776b7cf660ea
776b7cf660ea
[root@DockerHost ~]# docker ps
CONTAINER ID    IMAGE     COMMAND      CREATED      STATUS      PORTS    NAMES
776b7cf660ea      centos            "/bin/sh -c 'while t…"   23 minutes ago
Up 23 minutes                          magical_easley
```

可以看到在 docker pause 之后，容器依然在 docker ps 可见，除进程暂停外，容器的日志、快照等管理操作仍然可以正常运行。

- 合

合是指容器完工和清理。对于已停止的容器，虽然 docker ps 看不到了，但是它仍然占用空间。

我们来演示 docker ps 和 docker ps -a 命令的区别：

```
[root@DockerHost ~]# docker ps
CONTAINER ID      IMAGE      COMMAND      CREATED      STATUS     PORTS     NAMES
[root@DockerHost ~]# docker ps -a
CONTAINER ID     IMAGE     COMMAND     CREATED      STATUS      PORTS     NAMES
776b7cf660ea      centos                "/bin/sh -c 'while t…"   31 minutes ago
Exited (137) 12 seconds ago                        magical_easley
…
```

虽然 docker ps 命令告诉我们，当前环境已经没有正在运行的容器了，但是通过 docker ps -a 命令，我们依然可以发现后台容器信息的存在。当我们创建一个同名的容器时，会产生冲突的错误。为此，我们可以通过 docker rm 命令来定期清理不需要的容器，代码如下：

```
[root@DockerHost ~]# docker rm 776b7cf660ea
776b7cf660ea
```

对于大量的残留容器，可以通过指定多个容器 ID 进行批量删除，具体代码如下：

```
[root@DockerHost ~]# docker rm -v $(docker ps -a -q -f status=exited)
4dc9e1786f62
…
```

另外，也可以在删除之前，通过命令 docker export 将容器保存下来，以便未来用 docker import 命令将容器恢复出来。

17.4.5 容器的管理思路

容器的管理思路其实很简单：

首先，要选择和制作合适的镜像，通过镜像内的应用或中间件来完成系统的功能性需求。

然后，要配置合适的限制规则，确保每个容器获得足够的资源分配（CPU、内存等）以实现系统的非功能性需求，同时不影响 Docker 服务器上的其他容器。

接着，隔离作为 Docker 容器的潜在特性，不需要额外的配置就能默认实现。

最后，就是要注意管理容器的起承转合，及时停止暂时不用的容器来释放计算资源，并且在容器完成生命周期后彻底删除容器，以释放存储资源。

17.5 Docker 存储

17.5.1 存储管理的目标

有状态应用和无状态应用最大的区别就在于是否需要存储的管理。运行一个纯应用，比如，基于 Tomcat 的 SpringBoot 容器和 JBoss 容器，通常都不需要考量存储的问题。但是如果需要运行中间件和数据库服务，比如 Redis 缓存容器、Kafka 消息队列容器、MongoDB NoSQL 容器等，就要保证数据持久性，确保节点重启后数据不会丢失。

实现容器数据持久化涉及三个概念：系统卷、数据卷和数据卷容器。下面我们一一讲述这三个概念。

17.5.2 系统卷

在 17.3.1 节中的图 17-2 很好地诠释了系统卷的位置，那就是镜像高楼的天台花园。在容器启动过程中，Docker 会采用操作系统推荐的存储驱动（Storage Driver）方式搭建天台花园。具体天台花园的位置可以通过下面的命令查询：

```
[root@DockerHost ~]# docker info
Client:
 Debug Mode: false

Server:
…
 Storage Driver: overlay2
  Backing Filesystem: xfs
  Supports d_type: true
  Native Overlay Diff: true
…
 Docker Root Dir: /var/lib/docker
```

拼装 Docker Root Dir 的值和 Storage Driver 的值后，可以得到具体的系统卷的位置：/var/lib/docker/overlay2

不同操作系统的默认 Root Dir 位置和 Storage Driver 类型略有不同。大家可以自行拼接出系统卷的绝对路径后，查询其下面的子目录，在 diff 等子目录下可以惊喜地发现容器的天台花园的临时变化值。

系统卷有两个特点：

- 系统卷的数据修改不会影响其他容器的数据。以采用同一镜像的两个容器为例，其中一个容器的系统卷的修改不会影响另一个容器。
- 系统卷的修改在容器生命周期管理内始终有效。不管容器是停止、启动、暂停、恢复，系统卷的数据在容器被彻底删除之前都会存在。

17.5.3 数据卷

系统卷固然方便，但是却有两个致命的弱点：第一，系统卷随着容器的删除而消亡，无法长期保存；第二，系统卷是单一容器的一部分，无法在多容器间进行共享。因此，要想真正实现有状态应用的数据持久化，给容器配备数据卷才是不二之选。

数据卷的创建有四种方式，下面我们分别来介绍：

（1）指定服务器目录的 bind mount 方式

在创建容器时增加参数“-v 服务器目录绝对路径：容器目录路径”，将服务器目录加载到容器指定目录。

以启动 Redis 容器为例，先在 Docker Host 服务器创建一个目录用于存放 Redis 数据，具体代码如下：

```
[root@DockerHost ~]# mkdir -p /root/redis/data
```

然后启动容器，将该目录通过-v 参数挂载到容器内的/data 目录，具体代码如下：

```
[root@DockerHost ~]# docker run -v /root/redis/data:/data -d redis redis-server
6159250c077a88ee102bdcc95ec0d877f5d7dece4b78922bfd0c4647766e52b7
```

运行 docker exec 命令修改容器的/data 目录，添加文件 newfile，并在修改前后查看服务器的/root/redis/data 目录变化，具体代码如下：

```
[root@DockerHost ~]# ls /root/redis/data/
[root@DockerHost                    ~]#                    docker                    exec
6159250c077a88ee102bdcc95ec0d877f5d7dece4b78922bfd0c4647766e52b7 touch /data/
newfile
[root@DockerHost ~]# ls /root/redis/data/
newfile
```

可以看到，容器内的目录变化直接反映到了 Docker Host 服务器，通过 bind mount 方式顺利完成了数据卷的加载。

这里要注意的是：服务器目录必须采用以“/”开头或者“～/”开头的路径，否则整个命令会被当成 volume 方式。

（2）让系统自由发挥的 volume 方式

在 Docker 启动过程中，-v 后面只需指定容器内的目录加载路径，不需要具体指定服务器目录绝对路径，就可以轻松实现自由发挥的 volume 方式。还是以 Redis 为例，示例代码如下：

```
[root@DockerHost ~]# docker run -v /data -d redis redis-server
6a5d37f27d6287f6e39486627c4032efa1c0791607a295df488da7e1748d1594
```

通过 docker inspect 命令查看具体容器内容，可以看到 Docker 为该容器数据卷分配的服务器目录绝对路径：

```
[root@DockerHost                ~]#                docker                inspect
6a5d37f27d6287f6e39486627c4032efa1c0791607a295df488da7e1748d1594
[
    {
…
        "Mounts": [
            {
                "Type": "volume",
                "Name":
"2bd0bb2334252447d0f38d70257bcc2dba367cb4d9aae3bd740531dddc16dde5",
                "Source":
"/var/lib/docker/volumes/2bd0bb2334252447d0f38d70257bcc2dba367cb4d9aae3bd740
531dddc16dde5/_data",
                "Destination": "/data",
                "Driver": "local",
                "Mode": "",
                "RW": true,
                "Propagation": ""
            }
        ],
…
    }
]
```

这种类型的数据卷挂载，通常都会先在服务器的/var/lib/docker/volumes 下创建一个子目录。子目录的名称就是该 volume 的名称，它完全由 Docker 自由发挥生成。然后 Docker 将其映射到容器内作为数据卷进行挂载。

我们通过 docker exec 命令修改容器的/data 目录，添加文件 newfile2，并在修改前后查看相应服务器目录的变化，具体代码如下：

```
[root@DockerHost
2bd0bb2334252447d0f38d70257bcc2dba367cb4d9aae3bd740531dddc16dde5]#        ls
/var/lib/docker/volumes/2bd0bb2334252447d0f38d70257bcc2dba367cb4d9aae3bd7405
31dddc16dde5/_data
[root@DockerHost
2bd0bb2334252447d0f38d70257bcc2dba367cb4d9aae3bd740531dddc16dde5]#    docker
exec  6a5d37f27d6287f6e39486627c4032efa1c0791607a295df488da7e1748d1594  touch
/data/newfile2
[root@DockerHost
2bd0bb2334252447d0f38d70257bcc2dba367cb4d9aae3bd740531dddc16dde5]#        ls
/var/lib/docker/volumes/2bd0bb2334252447d0f38d70257bcc2dba367cb4d9aae3bd7405
31dddc16dde5/_data
newfile2
```

容器内的目录变化直接反映到 Docker Host 服务器中的指定路径。通过 volume 方式，我们将容器的数据保存到服务器的磁盘目录中。

（3）Dockerfile 管理的 volume 方式

采用这个方式和上一种自由分配的 volume 方式的效果完全一致，只是 Docker 容器启动的过程更加简单。我们还是以 Redis 容器为例，先修改 Dockerfile 文件，代码如下：

```
FROM redis
VOLUME /data
```

然后，生成定制化的 redis 镜像 myredis，代码如下：

```
[root@DockerHost ~]# docker build -t myredis .
Sending build context to Docker daemon   281MB
Step 1/2 : FROM redis
 ---> 50541622f4f1
Step 2/2 : VOLUME /data
 ---> Running in f7ad7cf7783e
Removing intermediate container f7ad7cf7783e
 ---> 36bbb88e6499
Successfully built 36bbb88e6499
Successfully tagged myredis:latest
```

用不带-v 参数的最简单命令直接启动容器：

```
[root@DockerHost ~]# docker run -d myredis redis-server
c5ce67c6717dcd1ceb99365de95ea9e07508e5b0d38188b562c51185a83d4c6d
```

通过 docker inspect 命令查看具体容器内容，查询 Docker 为该容器数据卷分配的服务器目录绝对路径，具体代码如下：

```
[root@DockerHost ~]# docker inspect c5ce67c6717dcd1ceb99365de95ea9e07508e5b0d
38188b562c51185a83d4c6d
[
    {
…
        "Mounts": [
            {
                "Type": "volume",
                "Name":
"08bd257f420e8fb40328028855dbee9b31df09472b9a3eb88633cfbfcc0adb13",
                "Source": "/var/lib/docker/volumes/08bd257f420e8fb40328028855db
ee9b31df09472b9a3eb88633cfbfcc0adb13/_data",
                "Destination": "/data",
                "Driver": "local",
                "Mode": "",
                "RW": true,
                "Propagation": ""
            }
        ],
…
    }
]
```

从上面代码中可以看到，Docker 已经在服务器上建立了对应的数据卷目录。大家可以参照第二种方式（让系统自由发挥的 volume 方式），尝试修改容器内的数据，看看所有数据变化是否正确地保存到了服务器磁盘上。

（4）先单独创建数据卷，再挂载到容器内部的 volume 方式

这种方式其实就是前两种方式的 Docker 后台实现，不过我们这次采用了手工命令的方式逐一完成。

还是以 Redis 容器为例，首先，通过 docker volume create 命令创建 volume 数据卷，具体代码如下：

```
[root@DockerHost ~]# docker volume create redisdata
```

```
redisdata
```

此时可以查看数据卷的具体位置，具体代码如下：

```
[root@DockerHost ~]# docker inspect redisdata
[
    {
        "CreatedAt": "2020-08-26T19:49:05+08:00",
        "Driver": "local",
        "Labels": {},
        "Mountpoint": "/var/lib/docker/volumes/redisdata/_data",
        "Name": "redisdata",
        "Options": {},
        "Scope": "local"
    }
]
```

然后，手工创建容器，并将刚才创建的数据卷挂载到容器指定目录（注意，docker run 命令的-v 参数右侧、冒号左侧的字符串，如果是以“/”和“~/”开头的路径会被认为是 bind mount 方式，而其他形式的字符串会被认为是 volume 名称，采用本方式挂载），具体代码如下：

```
[root@DockerHost ~]# docker run -v redisdata:/data -d redis redis-server
0ba18cfb96417201c4ed0561ac81ebb121248bca97e839e7b333336236eb434e
```

最后，运行 docker inspect 命令，查看容器的最终数据卷挂载方式，具体代码如下：

```
[root@DockerHost ~]# docker inspect 0ba18cfb96417201c4ed0561ac81ebb121248bca97
e839e7b333336236eb434e
[
    {
…
        "Mounts": [
            {
                "Type": "volume",
                "Name": "redisdata",
                "Source": "/var/lib/docker/volumes/redisdata/_data",
                "Destination": "/data",
                "Driver": "local",
                "Mode": "z",
                "RW": true,
                "Propagation": ""
            }
        ],…
```

```
    }
]
```

从上面代码可以看到，系统确实选择了我们指定的数据卷目录加载到容器内。大家可以通过 docker exec 命令修改容器内的目录，来验证最终的持久化效果是否和前三种方式一致。

17.5.4 数据卷容器

在数据强一致性要求的集群模式中，通常需要保证多个应用节点共享存储资源。我们在容器世界也可以实现类似的功能。一种方式是采用 bind mount 将 Docker Host 服务器的指定目录加载给多个容器，如图 17-4 所示。

另一种方式是创建单独的数据卷容器，由该容器完成与 Docker Host 服务器指定目录的关联，所有和共享数据相关的容器都直接通过--volumes-from 参数挂载到该数据卷容器，从而实现实际服务器目录的挂载，如图 17-5 所示。

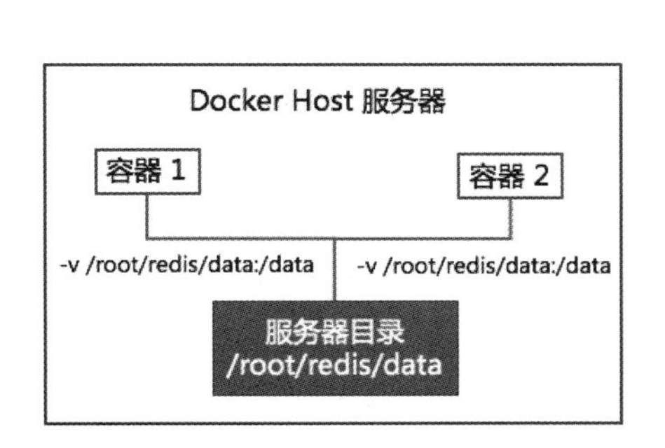

图 17-4　多容器数据卷共享——bind mount 方式

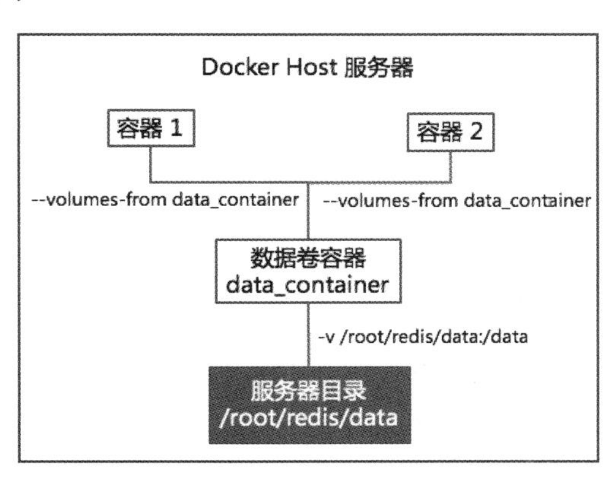

图 17-5　多容器数据卷共享——数据卷容器方式

还是以 Redis 服务为例，首先，通过 docker create 命令创建数据卷容器，具体代码如下：

```
[root@DockerHost ~]# docker create --name data_container -v /root/redis/data:/data busybox
4f6117341e706720bfd77adde288be60cc49b1468cff619abfc7943580ea3181
```

这里选择 busybox 作为容器镜像，是因为 busybox 占用磁盘空间较小，启动快捷，作为数据卷容器的镜像非常合适。当第一次运行 busybox 时，Docker 会自动进行镜像下载，通常会在几秒到几分钟内完成镜像下载和容器创建的过程。

然后，创建两个 redis 容器来挂载数据卷容器的相应目录，具体代码如下：

```
[root@DockerHost ~]# docker run --volumes-from data_container -d redis redis-server
36d73cb4f9a93de721bcff6318e499bdf9425c04c57227514abc8afbba32046f
[root@DockerHost ~]# docker run --volumes-from data_container -d redis redis-server
d0fc9e0365a50994ed8c5a69d2aaf195b4d0693865eafef2acb755548dc05446
```

最后，通过 docker exec 命令修改第一个容器的/data 文件夹，并查看对第二个容器的影响，具体代码如下：

```
[root@DockerHost ~]# docker exec 36d73cb4f9a93de721bcff6318e499bdf9425c04c57227514abc8afbba32046f touch /data/newfile2
[root@DockerHost ~]# docker exec d0fc9e0365a50994ed8c5a69d2aaf195b4d0693865eafef2acb755548dc05446 ls /data
newfile
newfile2
```

从第二个容器的输出可以看到，redis 的/data 目录下面既包含了先前在服务器上准备的 newfile 文件，也包含了第一个容器添加的 newfile2 文件。服务器的目录通过数据卷容器的支持成功地挂载到了两个应用容器上，并且实现了容器间的数据共享。

在这种方式下，应用容器在启动过程中不需要指定具体的服务器目录，只需要指定数据卷容器名称（如上例中的 data_container）即可，从而很好地实现了应用容器和服务器资源管理的解耦。

17.5.5 存储模式总结

通过 Redis 容器的案例，我们了解了 Docker 存储的几种机制。下面概括一下主要的区别和用途：

- 系统卷的修改直接在容器镜像的“高楼”上进行，所有“天台花园”的改动在容器生命周期内都有效，但是它无法跨容器共享，无法超越容器生命周期长期持久化。
- 数据卷的 bind mount 方式，可以指定服务器的目录路径，相对灵活。但是，需要部署该容器的服务器目录结构必须一致（如上例中的/root/redis/data 目录），方案移植性较弱。

- 三种 volume 方式，实现细节不同（或者通过容器创建时随机产生，或者通过 docker volume create 命令创建，或者通过 Dockerfile 指定容器内目录结构），最终效果是相似的，都可以在/var/lib/docker/volumes 下生成对应的数据卷，并加载到容器内。对主机的目录结构没有特别的要求，方案移植性较强，但是灵活性不如 bind mount 方式（bind mount 方式可以指定服务器目录路径）。
- 数据卷容器是最适合多容器共享数据的解决方案。它既实现了容器间的数据共享，又保证了服务器目录结构和多容器架构的解耦。

17.6 Docker 网络

17.6.1 网络技术分类

Docker 容器的网络技术很多。我们挑选几款常用的网络技术，并按照 Docker 默认网络、自定义网络、第三方网络实现来简单分类，如图 17-6 所示。

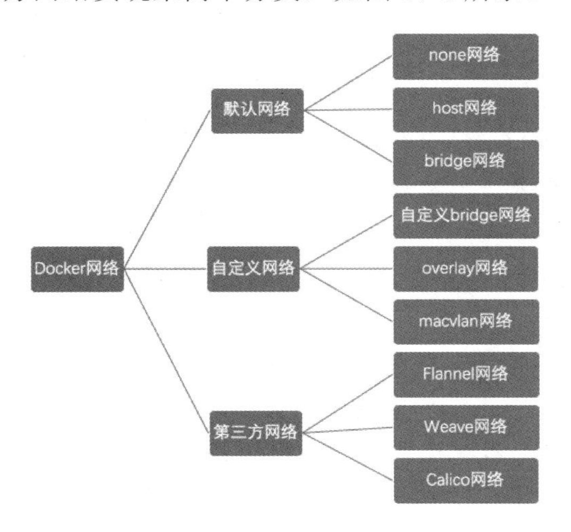

图 17-6 Docker 容器网络技术分类

其中 none 网络、host 网络、bridge 网络和自定义 bridge 网络重点实现了 Docker Host 服务器上的多容器互通；而 overlay 网络、macvlan 网络和 Flannel 网络、Weave 网络、Calico 网络多用于实现跨服务器的多容器通信。

17.6.2 none 网络

none 网络顾名思义就是不实现任何网络功能。那么它又有什么作用呢？

我们首先运行 docker network ls 命令，查询 Docker 默认支持的网络类型，具体代码如下：

```
[root@DockerHost ~]# docker network ls
NETWORK ID          NAME                DRIVER              SCOPE
0b55643dd86f        bridge              bridge              local
7df3b6ff489c        host                host                local
51d8777eea3b        none                null                local
```

可以看到，none 是一种 null driver 类型的网络，在 Docker 安装完成后，已经默认创建完成。

我们尝试通过 docker run 命令启动一个容器，并选择 none 网络：

```
[root@DockerHost ~]# docker run -it --network=none centos /bin/bash
```

在容器内输入命令 ip address 查询可用的网卡信息：

```
[root@1c11e15d2b23 /]# ip address
1: lo: <LOOPBACK,UP,LOWER_UP> mtu 65536 qdisc noqueue state UNKNOWN group default qlen 1000
    link/loopback 00:00:00:00:00:00 brd 00:00:00:00:00:00
    inet 127.0.0.1/8 scope host lo
       valid_lft forever preferred_lft forever
```

可以看到，当前只有一个回环网卡（lo）可以正常工作，并没有其他网卡（如 eth0 等）来和服务器或者其他容器通信。

通常在生产环境中需要处理特定的敏感数据时，会将容器配置为 none 网络模式运行。该容器启动后，会专注于处理挂载的数据卷，而不对外提供网络访问功能。none 网络模式可以确保应用容器的网络完全隔离，具备最高的安全性。

17.6.3 host 网络

想要让容器可以正常地和服务器、其他容器甚至外网进行互通，最简单的方式就是让容器和服务器采用同一套网络协议栈。host 网络模式就是这个思路的实现，它使得容器中的应用可以和直接在服务器内运行一样地使用网络资源。

我们以 Nginx 服务为例，通过 docker run 命令启动容器，并选择 host 网络，具体代码如下：

```
[root@DockerHost ~]# docker run -d --network=host nginx
Unable to find image 'nginx:latest' locally
latest: Pulling from library/nginx
bf5952930446: Pull complete
cb9a6de05e5a: Pull complete
9513ea0afb93: Pull complete
b49ea07d2e93: Pull complete
a5e4a503d449: Pull complete
Digest: sha256:b0ad43f7ee5edbc0effbc14645ae7055e21bc1973aee5150745632a24a752661
Status: Downloaded newer image for nginx:latest
c6eb1b29c0c93fe232382baefd652d4556e9b01ee7c6c9b57b7260999a847957
```

第一次部署 Nginx 容器时，会先下载 Nginx 的镜像，再启动容器。容器启动后，我们可以通过浏览器或者 curl 等命令来访问服务器的 localhost 的 80 端口，示例代码如下:

```
[root@DockerHost ~]# curl http://localhost:80
<!DOCTYPE html>
<html>
<head>
<title>Welcome to nginx!</title>
…
</html>
```

大家可以看到，Nginx 服务已经成功启动，并且绑定到了服务器的 80 端口上。host 网络的实现原理是将服务器的网卡直接提供给容器使用，所以容器内的 Nginx 服务按照默认的配置监听本地网卡的 80 端口，也就是服务器网卡的 80 端口。所以我们通过浏览器或者 curl 命令对服务器的本地网卡发起请求后，Docker 容器自动承接了请求的响应。

大家可以想象，这种模式有一个致命的缺点，就是无法在同一台服务器上同时运行多个类似容器。以 Nginx 为例，如果我们尝试运行第二个 Nginx 服务器，就会告知出现了 80 端口冲突，从而导致新的容器无法成功启动。

17.6.4　bridge 网络

bridge 网络模式正是服务器上多容器并存问题的解决手段。它不是将整个服务器网络提供给容器内部，而是为容器生成一套新的地址段。容器地址段和服务器地址段之间采用桥接的方式进行连通。具体的连接方式如图 17-7 所示，所有容器通过服务器的 docker0 桥接器实现网络沟通。

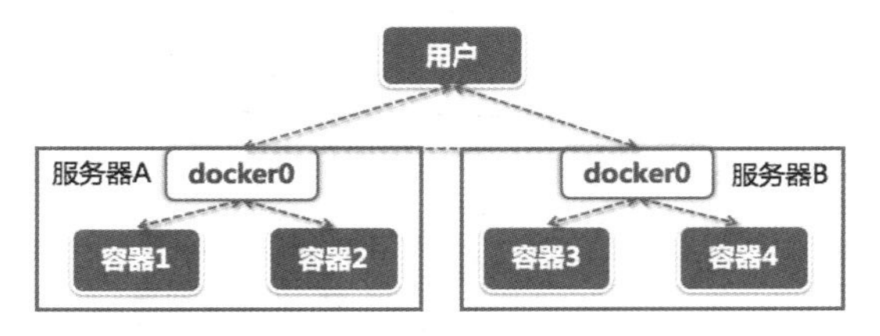

图 17-7 Docker Bridge 网络连接方式

仍然以 Nginx 服务为例。如果启动容器时不传递--network 参数，系统就会自动选用 bridge 网络，示例代码如下：

```
[root@DockerHost ~]# docker run -d --name=nginx_bridge nginx
4dc925baf5d5542c01b798c467eab1c045e72ddf029b18ae2f7d25d26373fdfe
```

我们可以通过 doecker network inspect 命令来查看 bridge 网络的具体情况：

```
[root@DockerHost ~]# docker network inspect bridge
[
    {
        "Name": "bridge",
        "Id":
"0b55643dd86f5d63f60379d0adad60455e5eede650df1e02ced1f82c2460905e",
        "Created": "2020-07-13T20:07:04.845236892+08:00",
        "Scope": "local",
        "Driver": "bridge",
        "EnableIPv6": false,
        "IPAM": {
            "Driver": "default",
            "Options": null,
            "Config": [
                {
                    "Subnet": "172.17.0.0/16",
                    "Gateway": "172.17.0.1"
                }
            ]
        },
…
            "4dc925baf5d5542c01b798c467eab1c045e72ddf029b18ae2f7d25d26373fdfe": {
                "Name": "nginx_bridge",
                "EndpointID":
"7d1b0fe0f6c6dcf0a71de8b271eb435d4f3898e29cc904ef68d7034c6a483f6a",
                "MacAddress": "02:42:ac:11:00:0b",
                "IPv4Address": "172.17.0.11/16",
```

```
            "IPv6Address": ""
        },
…
    }
]
```

从上面代码中可以清楚地看到，bridge 模式中的容器地址分配段为 172.17.0.0/16，网关为 172.17.0.1，而本容器 nginx_bridge 已经分配到了具体的 IP 地址 172.17.0.11。

在服务器中运行 ifconfig 命令查看服务器 IP 地址分配：

```
[root@DockerHost ~]# ifconfig
docker0: flags=4163<UP,BROADCAST,RUNNING,MULTICAST>  mtu 1500
        inet 172.17.0.1  netmask 255.255.0.0  broadcast 172.17.255.255
        inet6 fe80::42:70ff:fe86:3acd  prefixlen 64  scopeid 0x20<link>
        ether 02:42:70:86:3a:cd  txqueuelen 0  (Ethernet)
        RX packets 23644  bytes 1802562 (1.7 MiB)
        RX errors 0  dropped 0  overruns 0  frame 0
        TX packets 25027  bytes 42034930 (40.0 MiB)
        TX errors 0  dropped 0 overruns 0  carrier 0  collisions 0
…
```

从上面代码中可以清楚地看到，服务器的 docker0 桥接器网卡就是所有容器的网关（172.17.0.1），容器通过 docker0 实现容器间的互通。并且它能够通过 docker0 桥接器连接到服务器的实际网卡，实现 NAT 地址转换和数据的对外传输。

如果外网用户需要访问容器内的服务，可以通过-p 参数指定端口映射方式，实现从<服务器 IP 地址:服务器监听端口>到<容器 IP 地址:容器监听端口>的映射。

还是以 Nginx 服务为例，我们这次尝试启动多个 Nginx 容器，分别通过 8080 和 9090 端口提供服务，具体代码如下：

```
[root@DockerHost ~]# docker run -p 8080:80 -d nginx
f8e9ccb6f9d239a63ebe1d9876be37cabcba1690768a66f9ac895cffc91b455f
[root@DockerHost ~]# docker run -p 9090:80 -d nginx
78e5b4aaf8a98a21eed0de71839b778f13d418ef339d2895d0adc4780d4788d6
[root@DockerHost ~]# curl http://localhost:8080
<!DOCTYPE html>
<html>
<head>
<title>Welcome to nginx!</title>
…
</html>
[root@DockerHost ~]# curl http://localhost:9090
<!DOCTYPE html>
<html>
```

```
<head>
<title>Welcome to nginx!</title>
…
</html>
```

通过 bridge 网络可以方便地实现多容器的共存，并且通过容器的-p 启动参数可以实现端口映射的人工指定，这大大方便了容器服务的外部访问。

17.6.5 自定义网络

除 Docker 原生自带的三个网络技术外，还可以自定义创建其他网络，比较常见的有自定义的 bridge 网络、overlay 网络、macvlan 网络等。由于相对于原生技术和下一节描述的第三方网络，使用场景略少，所以这里只简单描述，介绍其基本特性。

- 自定义 bridge 网络：不采用默认的 bridge 网络，而是采用 bridge 网络驱动创建自定义的网络，并指定相关的容器 IP 地址段。自定义的 bridge 和原始 bridge（docker0）非常接近。其独有的好处是 IP 地址段可控，同时还可以实现多个桥接器的多租户分离功能。
- overlay 网络：采用 Docker 提供的 overlay 网络驱动，创建 overlay 网络。这个网络可以实现跨服务器的 VxLAN 大二层网络，使得多个 Docker 服务器上的容器可以在同一个网段内进行沟通和交互。
- macvlan 网络：使用 Linux 和 Docker 共同提供的 macvlan 模块，把多个 Docker 服务器的网络 MAC 地址串联起来，实现链路层的网络互通，使得不同 Docker 服务器上的容器可以很方便地进行沟通。这个模式的一个主要缺点是所有 Docker 服务器都需要设置为网络混杂模式，每个网卡需要接收所有网络包，因此在生产环境中使用较少。

17.6.6 第三方网络

上面描述的 overlay 和 macvlan 网络看似很好地打通了 Docker 服务器的网络互通，但其实它仍有很多限制，并且无法独立实现外部用户对容器的访问需求、网络策略等高级功能。

大量第三方的容器网络解决方案应运而生。下面我们来介绍几个翘楚：Flannel（法兰绒）网络、Weave（针织布）网络、Calico（印花布）网络。

- Flannel 网络

Flannel 网络是容器网络中非常知名的一款第三方技术。整体思路是让容器和外网的通信沿用 bridge 桥接模式，通过 docker0 进行数据通信；但是不同服务器上的容器间的通信，则是通过 flannel0 的 VxLAN 大二层网络接口（类似于 overlay 网络技术）来实现的。整个网络架构如图 17-8 所示，Docker0 桥接器和 flannel0 接口实现了背靠背的直连互通，打通了容器间的数据传输通道；而 etcd 的分布式键值存储技术实现了多节点 Flannel 网络的统一管理。

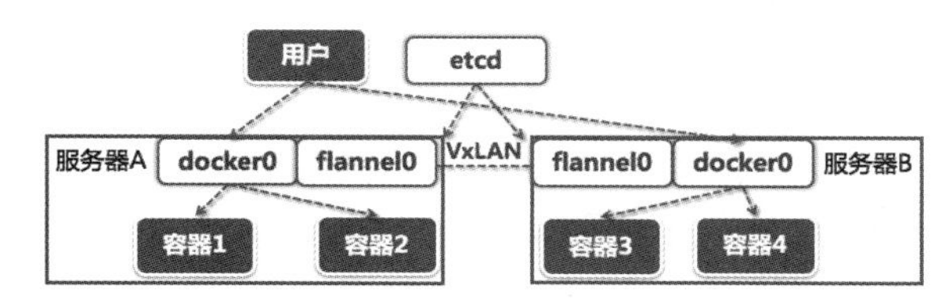

图 17-8　Docker Flannel 网络架构

Flannel 网络还有服务器路由模式的变种实现方法。由于实际案例相对较少，所以后续的 Flannel 网络都将以 VxLAN 的经典方式来进行分析和比较。

- Weave 网络

Weave 网络也是 VxLAN 大二层网络的一种第三方解决方法。它通过 weave 和 datapath 两个网络模块实现了服务器之前的容器互通。相比于 Flannel 而言，它不需要独立的分布式键值存储节点，集群管理简单一些。但对于需要和外网进行双向通信的场景下，weave 本身没有过多涉及，需要其他技术栈的配合（比如 bridge 网络），整体方案略微复杂。

- Calico 网络

Calico 是采用 BGP 路由协议进行服务器间容器互通的经典技术方案，它通过 etcd 进行分布式网络信息的存储和管理。由于 Calico 采取了经典的 BGP 路由技术，所以有很好的网络地址段管理、网络策略和规则的控制功能，这是 Calico 网络的一大亮点。

17.6.7　网络技术选型

上述的分布式的网络技术，因为相对复杂，在实际使用中很少独立搭建。通常是配合容器编排技术来实战，比如在 Kubernetes 和 Docker Swarm 的集群搭建过程中，进行少量手工配置后，由容器编排工具进行整合使用。我们将在第 19 章讲解具体的搭建和使用过程。

上述的多种网络技术各有优势，整体的技术选型建议如下：

- 单服务器部署场景：如果要禁用网络功能，那么选择 none 网络；如果需要容器间互通，则建议使用 bridge 网络。
- 多服务器部署场景：推荐选用容器编排技术方案自带的网络协议（比如 Docker Swarm 自带的网络协议）；如果容器编排技术没有自带网络协议（比如 Kubernetes），建议采用 VxLAN 技术（Flannel 网络、Weave 网络等），管理和调试相对简单；如果需要实现网络策略的管理，可以考虑 Calico 网络。

17.7 进一步感受 Docker 的魅力

17.7.1 Nginx 反向代理部署

让我们依次来感受一下 Docker 容器的小巧、迅捷、精准的部署体验吧。

首先，尝试用最简单的方式启动一个 Nginx 服务，具体代码如下：

```
[root@DockerHost ~]# docker run -p 8080:80 -d nginx
…
5db70a5da877c63a74ee079d551a5da17af87b84c6a570f764354050e895715c
```

在上面代码中，“-p 8080:80”表示采用 bridge 网络方式将容器的 80 端口映射到服务器的 8080 端口；“-d”表示将容器放在系统后台长期运行；“nginx”表示从官方仓库上下载最新的 Nginx 镜像来启动容器。

如果服务器是第一次启动 Nginx 容器，则会先触发一个几分钟的 image 下载过程。

待容器启动完成后，采用浏览器访问服务器的 8080 端口，可以看到 Nginx 服务器的默认页面：

```
Welcome to nginx!
If you see this page, the nginx web server is successfully installed and working.
Further configuration is required.
For online documentation and support please refer to nginx.org.
Commercial support is available at nginx.com.
Thank you for using nginx.
```

我们尝试将 Nginx 的配置文件复制到本地，具体代码如下：

```
root@DockerHost ~]# mkdir -p /home/nginx/www /home/nginx/logs /home/nginx/conf
[root@DockerHost ~]# docker cp
5db70a5da877c63a74ee079d551a5da17af87b84c6a570f764354050e895715c:/etc/nginx/
nginx.conf /home/nginx/conf/
[root@DockerHost ~]# docker cp
5db70a5da877c63a74ee079d551a5da17af87b84c6a570f764354050e895715c:/usr/share/
nginx/html/index.html /home/nginx/www/
```

其中 nginx.conf 是 Nginx 服务的主配置文件；index.html 是 Nginx 服务的首页。简单起见，我们仅修改 index.html 文件，将“<h1>Welcome to nginx!</h1>”修改为“<h1>Welcome to Docker Demo!</h1>”

删除原有容器释放 8080 端口，并采用 bind mount 方式加载数据卷，启动新容器 MyNginx，具体代码如下：

```
[root@DockerHost ~]# docker rm -f 5db70a5da877c63a74ee079d551a5da17af87b84c6
a570f764354050e895715c
5db70a5da877c63a74ee079d551a5da17af87b84c6a570f764354050e895715c
[root@DockerHost ~]# docker run -p 8080:80 -v /home/nginx/www:/usr/share/
nginx/html -v /home/nginx/conf/nginx.conf:/etc/nginx/nginx.conf -v /home/
nginx/logs:/var/log/nginx -d nginx
bd2d5f108d5187dfcc302dfbc806fc5b4438983d6bcf943b5fbcf121bdc7f1a5
```

刷新浏览器，可以看到 Nginx 服务的主页已更新：

```
Welcome to Docker Demo!
If you see this page, the nginx web server is successfully installed and working.
Further configuration is required.
For online documentation and support please refer to nginx.org.
Commercial support is available at nginx.com.
Thank you for using nginx.
```

我们可以尝试修改服务器的/usr/share/nginx/html/index.html 文件，刷新浏览器后可以看到内容及时得到了更新。整个 Nginx 的服务配置、静态页面和日志文件，已经可以方便地在 Docker 服务器上进行配置和监控。

17.7.2　Redis 缓存部署

Redis 有多种多节点架构可供选择。要完整运行集群化的 Redis 服务部署，建议通过容器编排工具来实现。让我们来感受一下单节点 Redis 服务的灵巧部署吧。

首先，尝试用最简单的方式启动一个 Redis 服务，具体代码如下：

```
[root@DockerHost ~]#  docker run -p 6379:6379 -d redis
…
0aceb69302df8f85efb7c927be9f9df14f9f155fd82b10d45c688c523de5631d
```

如果服务器是第一次启动 Redis 容器，则会先触发一个几分钟的 image 下载过程。

待容器启动完成后，登录 Redis 容器，运行键值对的修改和查询，具体代码如下：

```
[root@DockerHost ~]# docker exec -it 0aceb69302df8f85efb7c927be9f9df14f9f155
fd82b10d45c688c523de5631d /bin/bash
root@0aceb69302df:/data# redis-cli
127.0.0.1:6379> set name xiaobai
OK
127.0.0.1:6379> get name
"xiaobai"
127.0.0.1:6379> quit
```

从上面代码中可以看到，redis-cli 客户端可以和 redis 服务交互进行数值的设置和读取了。

下一步我们尝试更进一步实现 Redis 的持久化和配置定制化功能。

想要实现 Redis 缓存的持久化存储，首先要创建配置文件来指定存储方式，并将 Docker 服务器的目录映射成容器的数据卷。运行如下命令，创建缓存数据和配置文件目录：

```
[root@DockerHost ~]# mkdir -p /home/redis/data /home/redis/config
```

从 Redis 官网下载默认的 redis.conf 配置文件，并进行简单修改，将 OOM 的处理注释掉，将 Redis 的数据持久化方式改为 AOF（appendonly yes）方式，具体代码修改如下：

```
…
#oom-score-adj no
…
#oom-score-adj-values 0 200 800
…
appendonly yes
…
```

将修改后的配置文件保存为/home/redis/config/redis.conf。

采用 bind mound 方式重新加载 Redis 服务，并指定容器启动命令“redis-server /etc/redis/redis.conf”，具体代码如下：

```
[root@DockerHost ~]# docker rm -f 0aceb69302df8f85efb7c927be9f9df14f9f155fd82
b10d45c688c523de5631d
0aceb69302df8f85efb7c927be9f9df14f9f155fd82b10d45c688c523de5631d
```

```
[root@DockerHost ~]#  docker run -p 6379:6379 -v /home/redis/config/redis.
conf:/etc/redis/redis.conf -v /home/redis/data:/data -d redis redis-server
/etc/redis/redis.conf
9052531930f1d53213d3189065edef7d23d667db267323ab057fbeaf7e3bd474
```

登录容器，并通过 redis-cli 客户端设置键值数据，退出后可以从 Docker 服务器的/home/redis/data 下看到 Rredis 的持久化数据，具体代码如下：

```
[root@DockerHost config]# docker exec -it 9052531930f1d53213d3189065edef7d23
d667db267323ab057fbeaf7e3bd474 /bin/bash
root@9052531930f1:/data# redis-cli
127.0.0.1:6379> set name xiaobai
OK
127.0.0.1:6379> get name
"xiaobai"
127.0.0.1:6379> quit
root@fe586ba98e91:/data# exit
[root@DockerHost config]# cat /home/redis/data/appendonly.acf
*2
$6
SELECT
$1
0
*3
$3
set
$4
name
$7
xiaobai
```

在 Redis 配置文件中还有其他的配置可以修改，比如访问密码、数据持久化目录、RDB 数据持久化方式等。

17.7.3　MySQL 数据库部署

下面，我们来搭建单节点的持久化 MySQL 数据库。

首先，尝试用最简单的方式启动一个 MySQL 服务，具体代码如下：

```
[root@DockerHost config]# docker run -p 3306:3306 -e MYSQL_ROOT_PASSWORD=xiaobai
-d mysql
```

```
…
f80fedd4218ea8a33716c654733a290e6161233a631f301f2c35e73be56bc04e
```

如果服务器是第一次启动 MySQL 容器，则会先触发一个几分钟的 image 下载过程。待容器启动完成后，我们通过 MySQL 客户端来进行数据修改和查询，具体代码如下：

```
[root@DockerHost config]# mysql -h 127.0.0.1 -u root -p
Enter password:
Welcome to the MySQL monitor.  Commands end with ; or \g.
Your MySQL connection id is 8
Server version: 8.0.21 MySQL Community Server - GPL

Copyright (c) 2000, 2019, Oracle and/or its affiliates. All rights reserved.

Oracle is a registered trademark of Oracle Corporation and/or its
affiliates. Other names may be trademarks of their respective
owners.

Type 'help;' or '\h' for help. Type '\c' to clear the current input statement.

mysql> show databases;
+--------------------+
| Database           |
+--------------------+
| information_schema |
| mysql              |
| performance_schema |
| sys                |
+--------------------+
4 rows in set (0.00 sec)

mysql> quit
Bye
```

启动 MySQL 非常简单，下面我们来进一步实现数据的持久化，保证 MySQL 数据可以落到 Docker 服务器的磁盘空间上。

我们可以采用 bind mount 数据卷方式，将配置目录、日志目录和数据目录分布映射到容器内，具体实现代码如下：

```
[root@DockerHost config]# docker rm -f f80fedd4218ea8a33716c654733a290e616
1233a631f301f2c35e73be56bc04e
f80fedd4218ea8a33716c654733a290e6161233a631f301f2c35e73be56bc04e
```

```
[root@DockerHost config]# mkdir -p /home/mysql/config /home/mysql/data
[root@DockerHost config]# docker run -p 3306:3306 -e MYSQL_ROOT_PASSWORD=xiaobai
-v /home/mysql/config:/etc/mysql/conf.d -v /home/mysql/data:/var/lib/mysql -d
mysql
1c3e2668915439daf08b62de75739ff2e96d2974ef7a7cf7ae29baf012ebe7b8
```

在服务器的/home/mysql/config 目录中可以添加自定义的 MySQL 配置文件，在/home/mysql/data 目录中可以查看到 MySQL 的 binlog 等数据文件。

17.7.4　MongoDB 文档数据库部署

读完 17.7.1 节～17.7.3 节，相信大家已经很熟悉 Docker 服务的数据卷加载和网络端口映射了。本节，我们将通过 docker run 命令启动带有持久化功能的单节点 MongoDB 容器，具体代码如下：

```
[root@DockerHost config]# mkdir -p /home/mongodb/data
[root@DockerHost config]# docker run -p 27017:27017 -v /home/mongodb/data:
/data/db -d mongo
…
ca6ab5020cb474f30ebac7964ad4af4bca001fb7ee4b6b9e94ac2d342bfbb9a3
```

如果服务器是第一次启动 MongoDB 容器，则会先触发一个几分钟的 image 下载过程。

待容器启动完成后，我们通过 MongoDB 交互模式来进行数据修改和查询，具体实现代码如下：

```
[root@DockerHost config]# docker exec -it ca6ab5020cb474f30ebac7964ad4af4
bca001fb7ee4b6b9e94ac2d342bfbb9a3 mongo admin
MongoDB shell version v4.4.1
connecting                                                            to:
mongodb://127.0.0.1:27017/admin?compressors=disabled&gssapiServiceName=mongo
db
Implicit session: session { "id" : UUID("df0ae279-54ef-4cbe-ae39-7455e
6f074e2") }
MongoDB server version: 4.4.1
Welcome to the MongoDB shell.
For interactive help, type "help".
---
The server generated these startup warnings when booting:
        2020-10-02T05:12:24.151+00:00: Access control is not enabled for the
database. Read and write access to data and configuration is unrestricted
        2020-10-02T05:12:24.151+00:00:
```

```
/sys/kernel/mm/transparent_hugepage/enabled is 'always'. We suggest setting it
to 'never'
---
---
        Enable MongoDB's free cloud-based monitoring service, which will then
receive and display
        metrics about your deployment (disk utilization, CPU, operation statistics,
etc).

        The monitoring data will be available on a MongoDB website with a unique
URL accessible to you
        and anyone you share the URL with. MongoDB may use this information to
make product
        improvements and to suggest MongoDB products and deployment options to
you.

        To enable free monitoring, run the following command: db.
enableFreeMonitoring()
        To permanently disable this reminder, run the following command:
db.disableFreeMonitoring()
---
> show dbs
admin   0.000GB
config  0.000GB
local   0.000GB
> exit
bye
```

17.7.5 RabbitMQ 消息队列部署

建议读者采用 rabbitmq:management 镜像来启动 rabbitmq 容器，该镜像除了包含 rabbitmq 的消息队列功能，还包含了管理界面，具体代码如下：

```
[root@DockerHost ~]# docker run -p 5672:5672 -p 15672:15672 -d rabbitmq:
management
…
7b6c44948ed186eeb57b8aba64c1e9c35bcc0187b16189cdd4f9c9bc18cf0916
```

如果服务器是第一次启动 RabbitMQ 容器，则会先触发一个几分钟的 image 下载过程。

待容器启动完成后，我们通过 RabbitMQ 的界面（http://服务器地址:15672）来进行消息队列的管理，RabbitMQ 登录界面如图 17-9 所示。

图 17-9　RabbitMQ 登录界面

采用默认的用户名（guest）、密码（guest）登录后，就可以检查整个消息队列的具体状态，RabbitMQ 主页如图 17-10 所示。

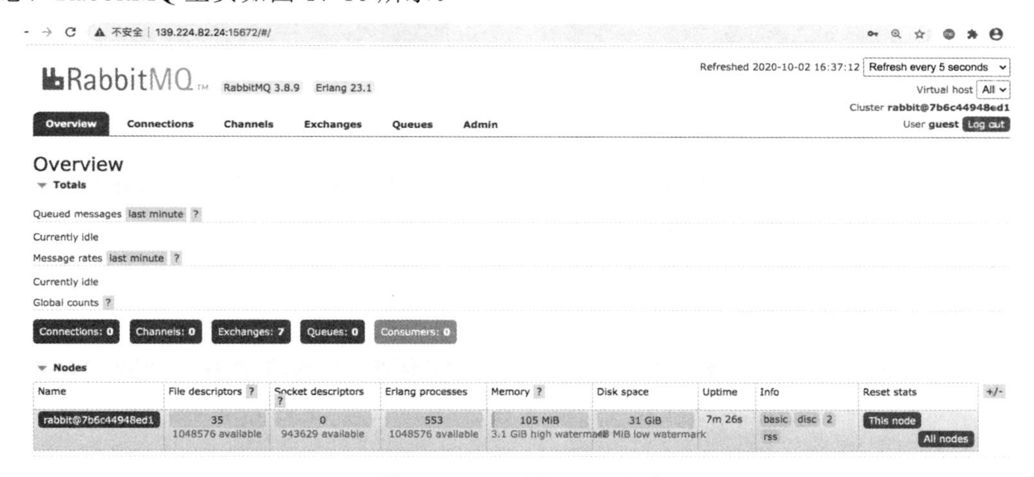

图 17-10　RabbitMQ 主页

17.7.6　Kafka 集群部署

首先，通过 docker search 命令查询当前星级最高的 kafka 镜像仓库的名称，具体代码如下：

```
[root@DockerHost ~]# docker search kafka
NAME              DESCRIPTION              STARS     OFFICIAL     AUTOMATED
wurstmeister/kafka         Multi-Broker Apache Kafka Image        1239       [OK]
spotify/kafka    A simple docker image with both Kafka and Zo…   398       [OK]
…
```

可以看到，wurstmeister/kafka 是最热的 Kafka 集群镜像仓库。同样地，搜索 Kafka 的好伙伴 ZooKeeper，可以看到也有对应的 wurstmeister/zookeeper 可供下载。

然后，运行 docker run 命令，启动 ZooKeeper 服务，具体代码如下：

```
root@DockerHost ~]# docker run -d --name myzookeeper -p 2181:2181 -v /etc/
localtime:/etc/localtime wurstmeister/zookeeper
…
445ec02bc7744c70e7e46925065ee0e0786d40b59e09cabb3ed6f2e33e108e79
```

在上面命令中，/etc/localtime 通过数据卷映射到 ZooKeeper 容器内是可选功能，通常用于给多个 ZooKeeper 容器提供时间同步；--name 指定容器名称，用于和 Kafka 容器相关联。

接着，运行 docker run 命令，启动 Kafka 服务，具体代码如下：

```
[root@DockerHost ~]# mkdir -p /home/kafka/data
[root@DockerHost ~]# docker run -d --name mykafka -p 9092:9092 --link myzookeeper
-e KAFKA_ZOOKEEPER_CONNECT=172.19.23.47:2181 -e KAFKA_ADVERTISED_HOST_NAME=
localhost -e KAFKA_ADVERTISED_PORT=9092 -v /home/kafka/data:/kafka wurstmeister/
kafka
…
7b0eb8b83ee0052ec4fd2129a31d44963a6baae31e09ad4804d9a571863f5913
```

在上面命令中，--name 指定本容器的名称；--link 指定 Kafka 容器依赖于 myzookeeper 容器；其他-e 参数为 Kafka 启动需要的基本参数；-v 指定数据卷的映射关系。需要特别注意的是 KAFKA_ZOOKEEPER_CONNECT 对应的值需要填写服务器 IP 地址加 ZooKeeper 的 2181 端口，这样 Kafka 容器会通过访问服务器的 2181 端口来映射到 ZooKeeper 容器内的分布式配置协调服务。

最后，指定 Kafka 容器名登录容器，通过 Kafka 生产者命令给 kafkatest 主题发送消息，具体代码如下：

```
[root@DockerHost ~]# docker exec -it mykafka /bin/bash
bash-4.4#  kafka-console-producer.sh  -broker-list  localhost:9092  --topic
kafkatest
>hello
>hi
>
```

此时，打开一个新的命令行终端，进入 mykafka 容器，运行 Kafka 消费者命令，可以看到，生产者发送的 hello 和 hi 等测试消息，顺利地从消费者终端输出显示了。具体代码如下：

```
[root@DockerHost ~]# docker exec -it mykafka /bin/bash
bash-4.4# kafka-console-consumer.sh --bootstrap-server localhost:9092 --topic
kafkatest --from-beginning
hello
hi
```

17.7.7　ELK 监控部署

ELK 包含 Elasticsearch、Logstash 和 Kibana 多个模块，可以通过容器单独进行部署，也可以寻找现成容器进行整体部署。这里介绍快速部署的方式。首先搜索现成的 ELK 镜像仓库，命令及输出代码如下：

```
[root@DockerHost ~]# docker search elk
NAME       DESCRIPTION              STARS                OFFICIAL            AUTOMATED
sebp/elk    Collect, search and visualise log data with …  1051           [OK]
qnib/elk       Dockerfile providing ELK services (Elasticse…  108          [OK]
willdurand/elk   Creating an ELK stack could not be easier.    104        [OK]
…
```

挑选排名最高的 sebp/elk 进行部署，具体代码如下：

```
[root@DockerHost ~]# sysctl -w vm.max_map_count=262144
vm.max_map_count = 262144
[root@DockerHost ~]# docker run -p 5601:5601 -p 9200:9200 -p 5044:5044 -e
ES_MIN_MEM=128m -e ES_MAX_MEM=1024m -d sebp/elk
…
a0ed3daf61629484d488165adec5527f839593c6f6f963aa487df4f762043058
```

在上面代码中，我们修改系统的 vm.max_map_count 用以满足 ElasticSearch 对虚拟内存区域的可划分数量的要求；端口 5601 为 Kibana 默认端口，9200 为 Elasticsearch 默认端口，5044 为 Logstash 默认端口；-e 后面的环境变量用于指定 Elastic 的内存空间使用情况，确保不会将整个服务器资源耗尽。

如图 17-11 所示，通过浏览器访问 Kibana 界面（http://服务器地址:5061）可以进行 Elasticsearch 数据的展现和索引。

在生产环境中进行部署时，可以考虑通过编排工具将多个模块分别进行高可用部署，并通过数据卷的挂载实现数据持久化保护。

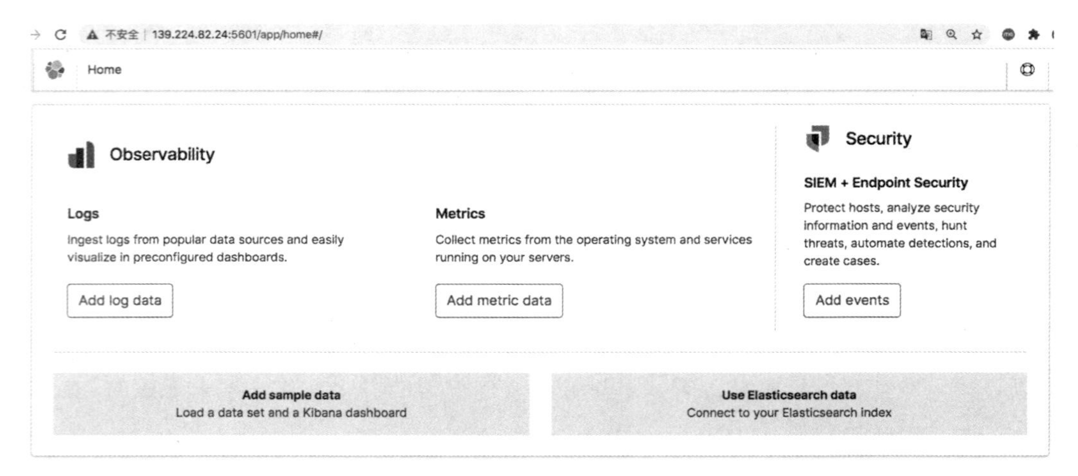

图 17-11　Kibana 界面

17.7.8　Docker 感受新体验

以上容器运行的总体感觉是启动过程非常简单，只要指定 image 名称和端口就可以分钟级完成镜像下载，秒级完成应用快速启动。如果需要指定配置文件目录和实现数据持久化，只需要结合数据卷的挂载方式，就可以轻松实现。

在实际生产环境的容器使用中，还可以增加更多灵活的管理方式，比如：

- 为了方便后续容器的访问和控制，可以在 docker run 命令过程中指定容器名（--name container_name），方便后续对容器进行指定操作。
- 为了方便后续容器的服务认证，可以在 docker run 命令过程中加入一些环境变量（-e key=value），设定容器服务的用户名、密码等信息。
- 当需要采用指定的镜像文件时，可以在 Docker Hub 查询镜像的版本信息，并通过在运行 docker run 命令时指定具体镜像的 tag 名称（如 mysql:5.7.18）来启动相应的容器。
- 当镜像下载比较慢时，要通过 docker pull 下载镜像到本地，方便后续 docker run 更加快速地从缓存中拉取镜像，启动容器。
- 可以配合容器编排技术，来实现数据服务和中间件服务的集群和分片副本的多节点部署方式。

17.8　镜像仓库

17.8.1　搭建私有仓库

Docker 镜像的私有仓库最经典的就是本地 registry 了，而这个仓库本身也可以通过容器方式来运行。下面，我们以普通容器的方式启动 registry 仓库，代码如下：

```
[root@DockerHost ~]# mkdir -p /home/registry
[root@DockerHost ~]# docker run -d -p 5000:5000 -v /home/registry:/var/lib/
registry --restart=always registry
…
bc5a8730a533b204434dfffbb74062bf7c660b4b86ddc22469391134b882c276
```

在 docker run 命令中，-p 指定 registry 服务的容器 5000 端口映射到服务器的 5000；-v 指定将服务器的/home/registry 目录加载到容器的/var/lib/registry 目录；--restart=always 确保服务故障后会自动恢复；而最后的 registry 指明从公共仓库下载 registry 的最近镜像来运行 registry 服务。

值得注意的是，因为本地镜像传输默认采用 HTTP 方式，而 Docker 服务默认没有打开非加密模式镜像仓库的支持，所以需要修改 Docker 服务配置，代码如下：

```
[root@DockerHost ~]# vi /lib/systemd/system/docker.service
```

在原有的 dockerd 命令后面添加非加密模式的仓库地址“--insecure-registry 172.19.23.47:5000”（172.19.23.47 为 Docker 宿主机地址，读者可自行替换为所用 Doker 宿主机的实际 IP 地址），代码如下：

```
ExecStart=/usr/bin/dockerd -H tcp://0.0.0.0:2375 -H fd:// --containerd=/run/
containerd/containerd.sock --insecure-registry 172.19.23.47:5000
```

保存后，重启 Docker 服务：

```
[root@DockerHost ~]# systemctl daemon-reload
[root@DockerHost ~]# systemctl restart docker
```

我们的本地 registry 仓库就搭建完成了。

17.8.2 上传镜像

尝试将之前下载的 ELK 镜像上传到本地仓库中。先要给 ELK 镜像做一个新的 tag 标签，具体代码如下：

```
root@DockerHost ~]# docker tag sebp/elk 172.19.23.47:5000/myelk:v1
```

在 docker tag 命令中，sebp/elk 是原镜像名称；172.19.23.47 是 Docker 服务器地址；5000 是 registry 服务的映射端口；myelk 是镜像的新名称；v1 是镜像的版本 tag 号。

通过 docker images 命令查询当前可用的镜像列表：

```
root@DockerHost ~]# docker images
REPOSITORY                 TAG       IMAGE ID          CREATED            SIZE
…
172.19.23.47:5000/myelk   v1      d257d09ebba8      6 days ago          1.73GB
sebp/elk                 latest   d257d09ebba8      6 days ago          1.73GB
…
```

可以看到新的镜像 172.19.23.47:5000/myelk:v1 和原有的镜像大小、镜像 ID 都是完全一致的，其本质类似于一个软链接。

我们尝试上传镜像，具体实现代码如下：

```
[root@DockerHost ~]# docker push 172.19.23.47:5000/myelk:v1
The push refers to repository [172.19.23.47:5000/myelk]
6d6a0d00756a: Pushed
…
b7f7d2967507: Pushed
v1: digest: sha256:d180a95bec9b47f18fa926844b522e069686ebf19a1569750aa42ab5ae13855f
size: 7615
```

镜像名的 172.19.23.47:5000 说明了仓库的地址，而 myelk:v1 说明了镜像仓库内的镜像 tag 名称，我们可以在 Docker 服务器简单查询到 registry 服务的后台数据已经成功存储，具体代码如下：

```
[root@DockerHost ~]# ls /home/registry/docker/registry/v2/repositories/
myelk
```

17.8.3 下载镜像

我们尝试先删除本地的镜像，代码如下：

```
[root@DockerHost ~]# docker rmi 172.19.23.47:5000/myelk:v1
Untagged: 172.19.23.47:5000/myelk:v1
Untagged:
172.19.23.47:5000/myelk@sha256:d180a95bec9b47f18fa926844b522e069686ebf19a156
9750aa42ab5ae13855f
```

然后，通过 docker pull 命令从 registry 仓库重新下载镜像，具体代码如下：

```
root@DockerHost ~]# docker pull 172.19.23.47:5000/myelk:v1
v1: Pulling from myelk
Digest:
sha256:d180a95bec9b47f18fa926844b522e069686ebf19a1569750aa42ab5ae13855f
Status: Downloaded newer image for 172.19.23.47:5000/myelk:v1
172.19.23.47:5000/myelk:v1
```

接着，通过 docker images 命令查看镜像信息，可以确认该镜像已经下载成功：

```
[root@DockerHost ~]# docker images
REPOSITORY                 TAG    IMAGE ID         CREATED          SIZE
…
172.19.23.47:5000/myelk   v1    d257d09ebba8      6 days ago       1.73GB
…
```

此时通过镜像来启动 ELK 服务，可以看到，从 registry 仓库下载的最新镜像成功地启动了 Docker 容器。

17.8.4　仓库的扩展

由于 Docker Registry 默认是单机部署的镜像仓库，所以在企业生产环境中，通常会需要在可用性和性能上有所提升。我们通常有三种思路：第一种思路是采用公有云来进行镜像管理，比如 DockerHub 等；第二种思路是采用商业的软件包发布平台，比如 JFrog Artifactory、Sonatype Nexus 等；第三种思路是将 Docker Reistry 在负载均衡和用户认证方面作一定的提升，比如 VMware 推出的 Harbor 仓库技术等。

在后两种思路中，仓库本身也可以搭建在容器平台上，通常会通过 Kubernetes 来实现镜像仓库本身的高可用和弹性伸缩，从而为应用服务器的容器镜像管理提供仓储服务。

17.9 【优惠券项目落地】——Docker 容器化

17.9.1 容器化总体思路

讲完了容器理论和 Docker 技术这两部分内容，终于轮到了实战环节。我们一起回顾一下优惠券项目，看一看如何将 Spring Cloud 改造完成的应用在容器平台落地？

整个优惠券项目的 Docker 容器部署架构，如图 17-12 所示，总体包括 coupon-template-service、coupon-calculation-service、coupon-user-service 三个应用模块和 eureka-server、config-server、gateway-server、Redis、RabbitMQ 五个中间件和 MySQL 数据库模块。

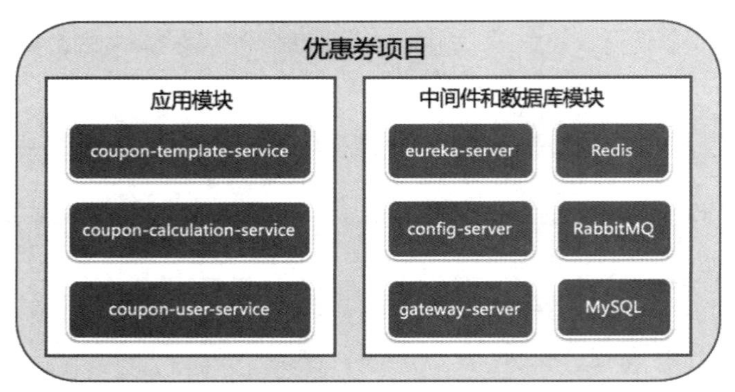

图 17-12　优惠券项目 Docker 容器部署架构

非业务核心链路的 Hystrix-dashbaord、Turbine、ELK、Zipkin、Sentinel、Nacos、Seata 等模块在本书的容器化部署中简略了，读者有兴趣可以沿用与核心模块类似的思路进行容器化改造。

从部署架构可以看到，我们将采用最轻量的模式进行各模块的容器化部署、各应用和中间件单容器部署，所有容器统一部署在一台宿主机上。对于不同类型的模块，容器化部署的方式略有不同，下面我们对核心链路的几个模块分别进行讨论，看一下它们是什么类型的模块：

- 在图 17-12 的核心模块中，coupon-temlate-service、coupon-calculation-service、coupon-user-service 三个应用本身并没有本地磁盘的直接存取，当应用容器发生故

障或者需要业务水平扩展时，只需要快速增加新容器节点，对外提供服务即可，所以我们统一将此类服务定义为无状态服务。

- 在中间件中也有两个服务是无状态的，它们分别是 config-server 和 gateway-server。config-server 是 Spring Cloud Config 在本项目中的代码实现，从其使用方法可以看出，它主要用于将 GitHub 的配置提供给应用服务，以及担任配置信息二传手的角色，而其本身的数据持久化和状态信息保持并不重要，我们将其定义为无状态服务。同理，gateway-server 是 Spring Cloud Gateway 在本项目中的代码实现，用于打通内部服务和外部调用之间的桥梁，其限流等功能是通过与 Redis 服务交互来实现的，本身没有数据持久化和状态维持的需求，也可以定义为无状态服务。
- 剩下的中间件和数据库模块都属于有状态服务。Redis 和 MySQL 作为缓存和数据库，都需要实现数据持久化，记录当前容器节点的状态信息，并与集群中其他节点进行沟通和配合，都属于有状态服务的范畴。RabbitMQ 在本项目中虽然不需要实现持久化，但是多节点间存在集群的关系，需要维持节点间的状态互通，仍然归类在有状态服务的范畴。eureka-server 是 Spring Cloud Eureka 在本项目的代码实现，它本身需要维护服务发布和注册信息，并且需要在多个 Eureka 集群节点中进行心跳和注册数据的信息沟通，依然属于有状态服务的范畴。

下面我们分别来探讨一下，不同类型的服务和模块该如何实现容器化落地。

17.9.2　无状态应用模块容器化

首先，要将第 5 章准备好的 coupon-temlate-service、coupon-calculation-service、coupon-user-service 三个应用服务进行配置修改，从而满足容器化部署的需求。在应用容器部署过程中，推荐采用 Bridge 桥接模式进行网络互通。因为原先的代码配置采用了 localhost 进行应用程序间的 IP 地址访问，而 Bridge 桥接模式的容器间不共享网络，无法通过 localhost 直连，所以需要将各 YAML 配置文件（application.yml、bootstrap.yml）中的 localhost、peer1、peer2、127.0.0.1 等地址替换成宿主机的 IP 地址。以 coupon-temlate-service 为例，application.yml 文件代码修改如下：

```
…
eureka:
  client:
    service-url:
      # Eureka 的注册地址
      defaultZone:
http://172.19.23.47:10000/eureka/,http://172.19.23.47:10001/eureka/
  instance:
```

```
    instance-id: ${eureka.instance.ip-address}:${server.port}
    ip-address: 172.19.23.47
    prefer-ip-address: true

spring:
  application:
    # 默认的服务注册名称
    name: coupon-template-service
  datasource:
    # MySQL 数据源
    username: root
    password: xiaobai
    url:     jdbc:mysql://172.19.23.47:3306/broadview_coupon_db?autoReconnect=
true&useUnicode=true&characterEncoding=utf8&useSSL=false&allowPublicKeyRetri
eval=true&zeroDateTimeBehavior=convertToNull&serverTimezone=UTC
…
```

在上面的代码中，172.19.23.47 是 Docker 宿主机的内网地址；xiaobai 是 17.7.3 节搭建的 MySQL 的数据库 Root 用户密码；添加的一段 eureka.instance 内容用于指定采用服务器 IP 地址加映射端口的形式，实现服务之间的互相访问。

然后，通过 mvn clean install 命令完成编译、测试、打包操作后生成 Jar 包——coupon-template-service-1.0-SNAPSHOT.jar。将其复制到宿主机（假设公网地址为 100.100.100.100，内网地址为 172.19.23.47）指定目录/root/coupon 下，具体实现代码如下：

```
[me@Laptop  target]$  scp  coupon-template-service-1.0-SNAPSHOT.jar  root@100.
100.100.100:/root/coupon
root@100.100.100.100's password:
coupon-template-service-1.0-SNAPSHOT.jar
100%   63MB 979.0KB/s   01:06
```

接着，登录 Docker 宿主机，准备 Dockerfile 文件，将 Jar 包制作成 Docker 镜像，具体实现代码如下：

```
//编辑 Dockerfile 文件
[root@DockerHost ~]# cd /root/coupon/
[root@DockerHost coupon]# vi Dockerfile
FROM java:8
ADD  coupon-template-service-1.0-SNAPSHOT.jar  coupon-template-service-1.0-
SNAPSHOT.jar
ENTRYPOINT ["java","-jar","coupon-template-service-1.0-SNAPSHOT.jar"]
//输入“:wq”保存该文件
```

```
//创建 Docker 镜像
[root@DockerHost coupon]# docker build -t coupon-template .
Sending build context to Docker daemon  185.1MB
Step 1/3 : FROM java:8
8: Pulling from library/java
5040bd298390: Pull complete
fce5728aad85: Pull complete
76610ec20bf5: Pull complete
60170fec2151: Pull complete
e98f73de8f0d: Pull complete
11f7af24ed9c: Pull complete
49e2d6393f32: Pull complete
bb9cdec9c7f3: Pull complete
Digest: sha256:c1ff613e8ba25833d2e1940da0940c3824f03f802c449f3d1815a66b7f8c0e9d
Status: Downloaded newer image for java:8
 ---> d23bdf5b1b1b
Step 2/3 : ADD coupon-template-service-1.0-SNAPSHOT.jar coupon-template-service-
1.0-SNAPSHOT.jar
 ---> 5068cd9c6dbd
Step 3/3 : ENTRYPOINT ["java","-jar","coupon-template-service-1.0-SNAPSHOT.jar"]
 ---> Running in c36736b26f16
Removing intermediate container c36736b26f16
 ---> dff6ec4d6b8f
Successfully built dff6ec4d6b8f
Successfully tagged coupon-template:latest
//名为 coupon-template:latest 的 Docker image 顺利制作完成
```

最后，使用上述镜像来启动 Docker 容器，并检查程序运行情况，具体命令及运行结果如下：

```
//简单起见，将容器端口和宿主机端口保持一致（20000），将镜像名称和容器名称保持一致
(coupon-template)
[root@DockerHost coupon]# docker run -d -p 20000:20000 --name coupon-template
coupon-template
44a97cdb064f991947bced7b06543bb291eec2a34d2774985fbf26112c85cf2b
[root@DockerHost coupon]# docker logs 44a97cdb064f991947bced7b06543bb291eec2a
34d2774985fbf26112c85cf2b

  .   ____          _            __ _ _
 /\\ / ___'_ __ _ _(_)_ __  __ _ \ \ \ \
( ( )\___ | '_ | '_| | '_ \/ _` | \ \ \ \
 \\/  ___)| |_)| | | | | || (_| |  ) ) ) )
  '  |____| .__|_| |_|_| |_\__, | / / / /
```

```
=========|_|==============|___/=/_/_/_/
 :: Spring Boot ::       (v2.2.10.RELEASE)
…
java.sql.SQLNonTransientConnectionException: Could not create connection to
database server. Attempted reconnect 3 times. Giving up.
…
```

从上面的命令输出可以看到，整个容器的 Java 进程已经尝试启动，但是对数据库和中间件的依赖导致服务启动失败。这证明了整个镜像和容器准备已经完成，待后续中间件和数据库准备完成后，重启该容器即可。

大家可以如法炮制，完成 coupon-calculation-service、coupon-user-service 的 Docker 镜像制作和容器部署。

17.9.3 无状态中间件容器化

下面，我们针对 config-server 和 gateway-server 两款无状态服务中间件，采用类似应用容器的部署方式。

首先，要将各 YAML 配置文件中的 localhost 地址替换成宿主机的 IP 地址，并指定采用 IP 地址+端口对的形式进行服务注册。以 config-server 为例，application.yml 配置文件修改如下：

```
…
spring:
  application:
    name: config-server
  # rabbit mq 连接信息，用于 bus 批量推送
  rabbitmq:
    host: 172.19.23.47
    port: 5672
    username: guest
    password: guest
…
eureka:
  client:
    service-url:
      defaultZone: http://172.19.23.47:10000/eureka/
  instance:
    instance-id: ${eureka.instance.ip-address}:${server.port}
    ip-address: 172.19.23.47
    prefer-ip-address: true
```

然后，通过 mvn clean install 命令完成编译、测试、打包操作后生成 Jar 包——config-server-1.0-SNAPSHOT.jar，并将其复制到宿主机指定的目录/root/coupon 下。

接着，准备 Dockerfile 文件，将 Jar 包制作成 Docker 镜像，具体实现代码如下：

```
//编辑 Dockerfile 文件
[root@DockerHost coupon]# vi Dockerfile
FROM java:8
ADD config-server-1.0-SNAPSHOT.jar config-server-1.0-SNAPSHOT.jar
ENTRYPOINT ["java","-jar","config-server-1.0-SNAPSHOT.jar"]
//创建 Docker 镜像
[root@DockerHost coupon]# docker build -t config-server .
Sending build context to Docker daemon   240MB
Step 1/3 : FROM java:8
 ---> d23bdf5b1b1b
Step 2/3 : ADD config-server-1.0-SNAPSHOT.jar config-server-1.0-SNAPSHOT.jar
 ---> 7d5748c3fdec
Step 3/3 : ENTRYPOINT ["java","-jar","config-server-1.0-SNAPSHOT.jar"]
 ---> Running in c3ac1b505b02
Removing intermediate container c3ac1b505b02
 ---> 46be09afdef7
Successfully built 46be09afdef7
Successfully tagged config-server:latest
```

最后，使用上述镜像来启动 Docker 容器，并检查程序运行情况，具体实现代码如下：

```
[root@DockerHost coupon]# docker run -d -p 10004:10004 --name config-server
config-server
a03334ea9c34e37f450f564a89209ec2b1123daf6d2ca49fc8b521df70e9f4af
[root@DockerHost              coupon]#              docker              logs
a03334ea9c34e37f450f564a89209ec2b1123daf6d2ca49fc8b521df70e9f4af

  .   ____          _            __ _ _
 /\\ / ___'_ __ _ _(_)_ __  __ _ \ \ \ \
( ( )\___ | '_ | '_| | '_ \/ _` | \ \ \ \
 \\/  ___)| |_)| | | | | || (_| |  ) ) ) )
  '  |____| .__|_| |_|_| |_\__, | / / / /
 =========|_|==============|___/=/_/_/_/
 :: Spring Boot ::       (v2.2.10.RELEASE)
…
c.n.d.s.t.d.RedirectingEurekaHttpClient     :  Request  execution  error.
endpoint=DefaultEndpoint{ serviceUrl='http://172.19.23.47:10000/eureka/}
…
```

从上面的命令输出可以看到，整个容器的 Java 进程已经尝试启动，但是由于对 Eureka 的依赖，所以导致服务报错。待后续中间件和数据库准备完成后，重启该容器即可。

大家可以如法炮制，完成 gateway-server 的 Docker 镜像制作和容器部署。

17.9.4　有状态中间件容器化

在 17.7.2、17.7.3、17.7.5 节已经分别介绍了 Redis、MySQL 和 RabbitMQ 的 Docker 容器部署方法，其中的 Redis 和 MySQL 都实现了数据卷的加载和持久化功能。直接按照 17.7.2、17.7.3、17.7.5 节所述安装方法，将单个中间件容器分别运行起来，并按照 3.4.1.5 节所述的 SQL 语句完成 MySQL 数据库内容的准备工作，即可提供限流、数据存储和配置同步的基本功能。

下面我们介绍一下 Eureka 的容器化实现。针对单个 eureka-server 服务，采用类似应用容器的部署方式。

首先，要将各 YAML 配置文件中 eureka.client.service-url.defaultZone 的 peer1、peer2 地址替换成宿主机的 IP 地址，同时 eureka.instance 的内容替换为采用 IP 地址加端口对的形式。通过这种方法可以将本 eureka 容器注册到其他 Eureka 注册中心（172.19.23.47:10001 就是 eureka2 容器在 Docker 宿主机的 IP 地址和端口映射），而保持自身服务的别名（172.19.23.47:10000）不变。修改 application.yml 配置文件如下：

```
…
eureka:
  instance:
    instance-id: ${eureka.instance.ip-address}:${server.port}
    ip-address: 172.19.23.47
    prefer-ip-address: true
  client:
    # 是否打开服务发现
    fetch-registry: false
    # 是否将自己注册到注册中心
    register-with-eureka: true
    # 将 eureka-server 注册到 peer2
    service-url:
      defaultZone: http://172.19.23.47:10001/eureka
```

然后，通过 mvn clean install 命令完成编译、测试、打包操作后生成 Jar 包——eureka-server-1.0-SNAPSHOT.jar，并将其复制到宿主机指定的目录。

接着，准备 Dockerfile 文件，将 Jar 包制作成 Docker 镜像，具体实现代码如下：

```
//编辑 Dockerfile 文件
[root@DockerHost coupon]# vi Dockerfile
FROM java:8
```

```
ADD eureka-server-1.0-SNAPSHOT.jar eureka-server-1.0-SNAPSHOT.jar
ENTRYPOINT ["java","-jar","eureka-server-1.0-SNAPSHOT.jar"]
//创建 Docker 镜像
[root@DockerHost coupon]# docker build -t eureka-server .
Sending build context to Docker daemon    291MB
Step 1/3 : FROM java:8
 ---> d23bdf5b1b1b
Step 2/3 : ADD eureka-server-1.0-SNAPSHOT.jar eureka-server-1.0-SNAPSHOT.jar
 ---> dbb4f80a85c9
Step 3/3 : ENTRYPOINT ["java","-jar","eureka-server-1.0-SNAPSHOT.jar"]
 ---> Running in fbabdd2a1479
Removing intermediate container fbabdd2a1479
 ---> 9bc07554bad2
Successfully built 9bc07554bad2
Successfully tagged eureka-server:latest
```

最后，使用上述镜像来启动 Docker 容器，并检查程序运行情况，代码如下：

```
[root@DockerHost coupon]# docker run -d -p 10000:10000 --name eureka-server
eureka-server
5e5a4f5fa68318f7f2793a5ad5cc31aeb8a27bd0ff29a09aab08d26270c56b46
[root@DockerHost                coupon]#                docker                logs
5e5a4f5fa68318f7f2793a5ad5cc31aeb8a27bd0ff29a09aab08d26270c56b46

  .   ____          _            __ _ _
 /\\ / ___'_ __ _ _(_)_ __  __ _ \ \ \ \
( ( )\___ | '_ | '_| | '_ \/ _` | \ \ \ \
 \\/  ___)| |_)| | | | | || (_| |  ) ) ) )
  '  |____| .__|_| |_|_| |_\__, | / / / /
 =========|_|==============|___/=/_/_/_/
 :: Spring Boot ::       (v2.2.10.RELEASE)
…
2020-12-19     12:25:56.407     ERROR     1     ---     [nfoReplicator-0]
c.n.d.s.t.d.RedirectingEurekaHttpClient     :  Request   execution   error.
endpoint=DefaultEndpoint{ serviceUrl='http://172.19.23.47:10001/eureka/}
…
```

从上面的命令输出可以看到，整个容器的 Java 进程已经尝试启动，但是由于对第二个 Eureka 容器的依赖导致服务报错。按照上述步骤，完成 eureka-server2 的镜像制作和容器部署后，可以看到两个 Eureka 服务都正常运行了。

17.9.5 容器间网络互通

将之前因为数据库和中间件依赖限制而无法正常启动的容器重新启动，以

coupon-template 为例，代码如下：

```
[root@DockerHost ~]# docker start coupon-template
coupon-template
```

通过命令 docker logs 检查容器日志和状态，具体代码如下：

```
[root@DockerHost ~]# docker logs -f --tail=10 coupon-template
2020-12-19 13:28:01.839  INFO 1 --- [           main] com.netflix.discovery.
DiscoveryClient    : Starting heartbeat executor: renew interval is: 30
2020-12-19 13:28:01.843  INFO 1 --- [           main] c.n.discovery.
InstanceInfoReplicator     : InstanceInfoReplicator onDemand update allowed
rate per min is 4
2020-12-19 13:28:01.848  INFO 1 --- [           main] com.netflix.
discovery.DiscoveryClient    : Discovery Client initialized at timestamp
1608384481847 with initial instances count: 3
2020-12-19 13:28:01.852  INFO 1 --- [           main] o.s.c.n.e.s.
EurekaServiceRegistry      : Registering application COUPON-TEMPLATE-SERVICE
with eureka with status UP
2020-12-19 13:28:01.853  INFO 1 --- [           main] com.netflix.
discovery.DiscoveryClient    : Saw local status change event StatusChangeEvent
[timestamp=1608384481852, current=UP, previous=STARTING]
2020-12-19 13:28:01.864  INFO 1 --- [nfoReplicator-0] com.netflix.
discovery.DiscoveryClient                                                     :
DiscoveryClient_COUPON-TEMPLATE-SERVICE/44a97cdb064f:coupon-template-service
:20000: registering service...
2020-12-19 13:28:01.977  INFO 1 --- [           main] o.s.b.w.
embedded.tomcat.TomcatWebServer  : Tomcat started on port(s): 20000 (http) with
context path ''
2020-12-19 13:28:01.978  INFO 1 --- [           main].s.c.n.e.s.
EurekaAutoServiceRegistration : Updating port to 20000
2020-12-19 13:28:01.980  INFO 1 --- [nfoReplicator-0] com.netflix.
discovery.DiscoveryClient                                                     :
DiscoveryClient_COUPON-TEMPLATE-SERVICE/44a97cdb064f:coupon-template-service
:20000 - registration status: 204
2020-12-19 13:28:01.986  INFO 1 --- [           main] c.b.c.t.
CouponTemplateApplication       : Started CouponTemplateApplication in 15.149
seconds (JVM running for 16.629)
```

从上面代码中可以看到 coupon-template 容器已经启动成功。将 coupon-user 等应用依次启动后，可以通过 docker ps 命令看到所有关键应用都已经正常运行：

```
[root@DockerHost ~]# docker ps
CONTAINER ID        IMAGE                         COMMAND                  CREATED
STATUS                                                                     PORTS
NAMES
0b7edac97e1f        mysql                 "docker-entrypoint.s…"   40 minutes ago
```

```
Up   40   minutes                        0.0.0.0:3306->3306/tcp,   33060/tcp
nervous_ganguly
de1af738ed88      eureka-server2       "java -jar eureka-se…"   55 minutes ago
Up    47    minutes                              0.0.0.0:10001->10001/tcp
eureka-server2
5e5a4f5fa683      eureka-server        "java -jar eureka-se…"   About an hour
ago        Up   47   minutes                     0.0.0.0:10000->10000/tcp
eureka-server
a03334ea9c34      config-server        "java -jar config-se…"   11 hours ago
Up    11    minutes                              0.0.0.0:10004->10004/tcp
config-server
998c38b4a61a      coupon-user          "java -jar coupon-us…"   11 hours ago
Up    3    minutes                               0.0.0.0:20002->20002/tcp
coupon-user
9cd1aa5c7240      coupon-calculation   "java -jar coupon-ca…"   11 hours ago
Up    8    minutes                               0.0.0.0:20001->20001/tcp
coupon-calculation
44a97cdb064f      coupon-template      "java -jar coupon-te…"   11 hours ago
Up    7    minutes                               0.0.0.0:20000->20000/tcp
coupon-template
7b6c44948ed1      rabbitmq:management  "docker-entrypoint.s…"   2 months ago
Up 45 minutes      4369/tcp, 5671/tcp, 0.0.0.0:5672->5672/tcp, 15671/tcp,
15691-15692/tcp, 25672/tcp, 0.0.0.0:15672->15672/tcp   quirky_burnell
fe586ba98e91      redis                "docker-entrypoint.s…"   2 months ago
Up    44    minutes                               0.0.0.0:6379->6379/tcp
amazing_golick
```

通过 Docker 宿主机的公网地址和 Eureka 端口 10000 来访问 Eureka 管理界面。如图 17-13 所示，各服务都成功地注册到了 Eureka 注册中心。

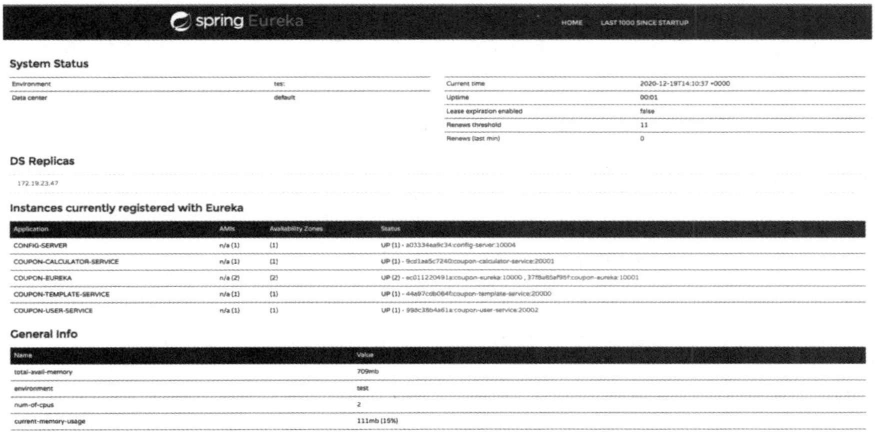

图 17-13　服务注册后的 Eureka 管理界面

通过宿主机的公网地址和 Eureka2 端口 10001 来访问备用 Eureka 的管理界面，可以看到类似图 17-13 的界面，可见 Eureka 之间的心跳通信已经顺利完成。

我们通过 Postman 来验证服务的基本功能。从图 17-14 可以看出，优惠券服务已经可以正常运行，各应用和中间件容器都可以通过 Eureka 进行服务发现和数据互通了。

图 17-14　Postman 服务验证界面

17.9.6　后续改造规划

通过 Docker 技术，我们顺利地实现了优惠券项目的容器化落地。在单台 Docker 宿主机上，将整个优惠券系统搭建起来，实现了“小李飞刀”的“小巧”“迅捷”“精准”的特点，可谓向实际生产部署前进了一大步！

但是中间依然有一些不尽如人意的地方：

- 多数应用服务和中间件服务都是单节点，没有实现高可用和集群化搭建。
- 容器的先后顺序需要人工维持，在启动顺序出错的情况下，需要重启部分容器。
- 没有对容器的资源进行有效限制，容器间存在抢占 CPU、内存的现象。
- 没有提供容器的健康检查和自动重启等修复功能。
- 没有提供根据业务需求对容器进行弹性伸缩的能力。
- 没有提供对容器和应用的监控报警管理。
- 没有实现 CI/CD 等自动化部署和蓝绿发布、金丝雀发布等功能。
- 没有实现容器间的安全认证和服务授权。

上述这些内容都是生产环境部署的重要需求，我们将带领大家通过后续的 Kubernetes 容器编排和 Istio Service Mesh 章节（第 18 章～第 22 章）来逐一实现。

18

第 18 章 Kubernetes 基础

伯牙鼓琴，钟子期听之。方鼓琴而志在太山，钟子期曰："善哉乎鼓琴，巍巍乎若泰山。"少选之间而志在流水，钟子期又曰："善哉乎鼓琴，汤汤乎若流水"。《吕氏春秋》

容器世界也有这样一对知音：Kubernetes 和 Docker。Kubernetes 可谓是容器届的俞伯牙，把容器服务串联起来，既实现了容器的高端功能，诠释了泰山之巍峨，又完成了容器间的编排演奏，体现了"流水"之美。Docker 钟子期完全被其音律所打动，虽然他俩分属容器世界的两大阵营，但是他们很好地互相配合，演绎了一曲曲 IT 届的精彩曲目。

18.1 了解容器编排

18.1.1 容器编排的意义和使命

实战了 Docker 容器之后，心里总感觉似乎缺了些东西：

- 如何实现跨 Docker Host 服务器的容器间通信？
- 如何实现容器的弹性伸缩、自动化的资源扩缩容？
- 如何全自动地管理容器的生命周期？
- 如何实现从基础架构到容器应用、负载均衡多层次的服务高可用？
- 如何管理容器底层的基础架构服务（存储空间共享和绑定、虚拟机资源的指定）？
- 如何实现多容器的依赖和启动顺序管理？

一句话，复杂环境下的自动化容器管理，需要有一套编排方案来统筹安排，这就是容器编排技术的意义。

18.1.2 容器编排的难点

容器编排要做到真正的简单实用、自动高效，也有很多难点需要克服：

- 自动化管理：容器应用需要能够自动化地进行部署、伸缩扩展、负载均衡、日志告警、应用性能监控等各项管理功能。
- 描述性配置定义：因为容器数量庞大，状态纷呈，所以不适合采用控制性指令来进行管理。容器编排一般都需要采用描述性配置来指定目标状态。编排工具要能够根据指定的目标状态自动判断执行的具体操作，并对不同出错场景进行相应的应急处理，最终实现对容器终态的控制和不可变基础架构。
- 版本快速迭代：容器世界是快鸟吃慢鸟的世界，容器技术和编排技术也快速迭代，互相追逐。这就要求容器编排技术要追上容器技术的变化节奏，保持开源社区的热度，并每年都进行 API 和资源定义的升级改造。

18.2 了解 Kubernetes

18.2.1 Kubernetes 整体架构

Kubernetes 正是这样一套迎难而上的容器编排管理方案。它由 Google 初创而来，贡献给开源社区后，得到了蓬勃的发展。它同时支持有状态和无状态应用，根据资源的使用情况可以自动化扩/缩容，能够根据需求定义容器的资源限制，能够根据指定的描述性配置来实现不同类型对象的当前状态向目标状态的全自动转换，可以灵活地设置自定义资源，实现生态圈的快速扩展，同时实现公有云、私有云和混合云的自由迁移和部署。

Kubernetes 是以集群为单元进行整体部署和管理的。如图 18-1 所示，每个 Kubernetes 集群中都包含一个或多个 Master 节点，用于管理整个集群；包含多个 Node 节点，用于实际运行容器应用。用户可以通过 kubectl 命令与 Master 节点交互，实现资源对象的管理。

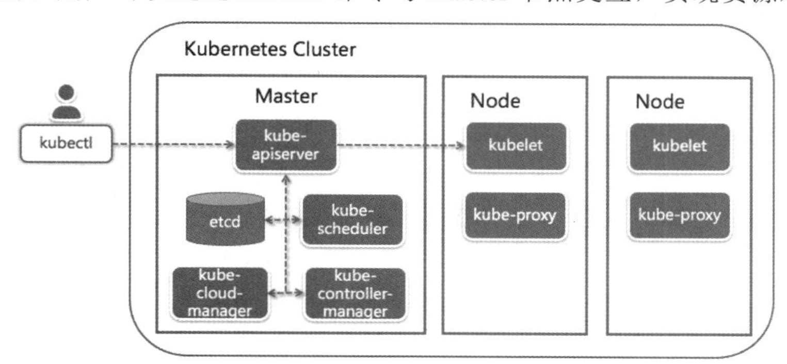

图 18-1　Kubernetes 整体部署架构

18.2.2　Kubernetes Master 节点

Master 节点上运行了 Kubernetes 控制层的各类关键模块，它们包括：

- kube-apiserver：该模块用于接收用户查询或状态变更指令，并交给后续的调度器和控制器执行。kube-apiserver 不仅可以和用户的 kubectl 命令行对接，还可以完成集群修改指令的内容校验和用户授权审查，确保指令的正确执行。
- etcd：该模块用于集群的配置和状态信息存储，既包含静态的集群配置信息，也包含动态的集群状态信息。用户无法直接和 etcd 打交道，所有的变更都通过 kube-apiserver 来触发状态的查询和转换。
- kube-scheduler：该模块用于决策容器的发布策略，会根据亲和性、资源的繁忙程度等情况综合判断，并把结果告知控制器管理模块来完成容器的部署。
- kube-controller-manager：该模块用于将容器的当前状态和目标状态进行对照，从而实现不同的控制器类型的容器管理。具体的控制器类型后续会逐一展开讲述，并分析它们的异同和使用场景。同时，该模块还会实现容器或节点异常时的系统监控和应对。
- kube-cloud-manager：这个模块并非 Kubernetes 官方自带的模块。不过通常的公有云平台（如 Google 的 GCP 平台）都会添加该模块或者类似模块，用于管理容器底层的服务器节点、存储、负载均衡器等资源的部署和监控管理。

有时 Master 节点也会被当作 Node 节点来运行容器服务，但在生产环境中较少使用，我们要尽量保持容器调度管理和应用资源的独立和隔离。

18.2.3 Kubernetes Node 节点

Node 节点是 Kubernetes 集群中的工作节点，用于完成容器的实际部署和操作。其中的核心模块有：

- kubelet：该模块与容器运行引擎（比如 Docker containerd）相配合，完成容器的生命周期管理、存活探测等基本功能，并与 Master 节点的各个模块沟通，随时向领导（Master 节点）汇报，时刻听从指挥。
- kube-proxy：容器网络功能的主要实现模块，负责容器间网络通信，以及容器与外界的数据互通等功能。

18.3 Kubernetes 基本概念

18.3.1 Pod 概念

Pod 是 Kubernetes 里最经典的一个概念。Pod 是一个比容器稍大一点的集装箱，可以包含一个或多个 Docker 容器。举一个例子，如果你要出国去海外定居，通常你会把所有的个人物件打包到一个小型的集装箱中，然后由物流公司来将多个类似的集装箱塞到跨国航运的大型集装箱中。通常这些小型集装箱的发货地点和目标地址是一致的，航运公司根据我们的发送行程来合并集装箱。

同样，在 Kubernetes 中如果多个小应用之间有紧密的通信需求，或者共享存储的需求，就可以把这几个应用各自部署成一个 Docker 容器，同时用一个大型的 Pod 来统一管理这些容器。简单地说，Pod 的概念可以概括为多个应用（如应用 A、应用 B）、共享存储和共享网络命名空间，如图 18-2 所示。

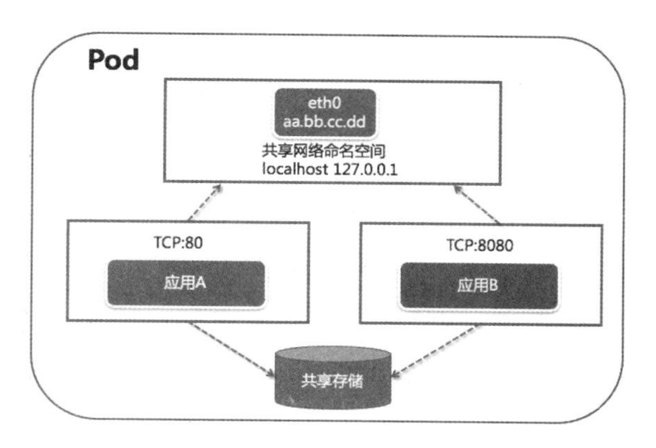

图 18-2　Pod 概念示意图

这些容器共享网络命名空间，拥有相同的 IP 地址，可以通过 localhost 互相通信；拥有相同的共享存储，可以方便地通过读写文件来相互沟通。

18.3.2　Controller 概念

在介绍 Controller 之前先要介绍一下 Kubernetes 对象的概念。Kubernetes 中定义了大量的 object 对象，这些对象可以是 Pod，也可以是 Controller，或者是后面（第 19 章）要描述的 Service。这些对象可以通过 YAML 文件来描述它的目标状态（YAML 文件的 Spec 段）和当前状态（YAML 文件的 Status 段）。虽然 Pod 对象已经可以封装一个或多个容器，但是它作为一个对象，具有生命周期管理的需求，却无法在 Pod 对应的 YAML 文件中完成复杂的部署逻辑，包括部署节点的指定、容器副本的控制等。

因此，Kubernetes 引入了 Controller 对象，用以实现以下功能：

- 以副本的形式同时运行多个类似的 Pod，从而实现资源的追加和性能的提升。
- 通过起承转合来实现 Pod 的生命周期管理。
- 对 Pod 版本进行更新和回滚。
- 对节点进行监控管理，以确保节点上成功部署相应的 Pod。

上述多容器、复杂环境的管理需求，正是 Kubernetes 的 Controller 对象的用武之地。Controller 对象包括 Deployment、ReplicaSet、DaemonSet、StatefulSet、Job 等类型，可以分别用来实现上述的管理需求。

18.3.3 Label 资源锁定

通常各 Object 对象上都会添加 Label 标签，目的是方便定位到特定对象。每个 Label 标签都是一个键值对。我们可以在 YAML 文件的配置中指定控制器或 Pod 的 Label 标签，具体代码如下：

```
apiVersion: apps/v1
kind: Deployment
metadata:
  name: nginx
  labels:
    app: nginx
    env: dev
spec:
  replicas: 3
  selector:
    matchLabels
    app: nginx
…
```

可以看到，这里为 Deployment 控制器指定了两组 Lable 标签，分别是键为 app、值为 nginx 的键值对，和键为 env、值为 dev 的键值对；同时通过 selector:matchLabels 指明了这套控制器是用来管理键为 app、值为 nginx 的 Pod 组，具体的 Pod 描述此处从略。

Label 除了可以通过 YAML 进行配置管理，还可以用命令行匹配查询，比如：

```
kubectl get pods --selector=app=nginx
```

通过这条命令可以查询所有键为 app、值为 nginx 的 Pod。

另外，后续介绍的 service 等网络负载控制，也可以指向被 Label 所标记的 Pod，极大地方便了 Pod 的定位和管理。

具体的键值名称可以任意指定，随意发挥。归纳总结起来，比较经典的 Label 使用方法有：

- 标记应用名称，如通过键（app）、值（nginx），很方便地定位某一种应用和服务。
- 标记某一种环境，如通过键（env）、值（dev），很方便地确定该应用所影响的环境范围。
- 标记某一种特征，如通过键（stack）、值（frontend），很方便地确定该应用所采用的语言和技术栈。

当然我们也可以根据项目的需求创建各种自定义的 Label，来丰富 Controller、Pod、Node、Service 等对象的查询和管理功能。

18.3.4　Namespace 逻辑隔离

通常 Kubernetes 环境的搭建和管理相对复杂，我们不会为每一个微服务都独立准备对应的开发、测试、准生产、生产 Kubernetes 集群。在实际实践中，我们经常会把整个应用子域的所有微服务的开发、测试、准生产等部署到一套 Kubernetes 集群中，把它们具有严格访问控制要求的生产系统部署到另一个 Kubernetes 集群中。这就引出了一些问题：如何在有限的 Kubernetes 集群中实现开发、测试、准生产的互不干扰？如何实现不同微服务的互相隔离？采用康威定律的企业，如何实现各部门之间可用资源的额度管理和计费统计呢？

Namespace（命名空间）恰恰是 Kubernetes 对于上述问题的解答。它的概念简单来说就是虚拟的 Kubernetes 集群。在一个实际的 Kubernetes 集群中，我们可以方便地创建大量的 Namespace 虚拟集群。你可以在容器部署的 YAML 内部设置 namespace 值，也可以在 kubectl 等命令运行过程中传递 namespace 值，从而将该应用容器部署到指定的 Namespace 虚拟集群中。每个虚拟集群的用户独立设置了访问权限，同时可以在虚拟集群内设置独立的资源配额。我们还可以很方便地通过监控工具来统计不同 Namespace 下的资源使用情况。可以说，无论是访问控制还是配置和监控管理，Namespace 都很好地实现了在同一个 Kubernetes 物理集群上跨部门、跨服务、跨环境的独立管理功能。

18.3.5　Kubernetes 的功能理解导图

Kubernetes 可以通过两张图来描述：一张是前面介绍过的图 18-1 Kubernetes 整体部署架构；另一张是 Kubernetes 的逻辑概念图，如图 18-3 所示。

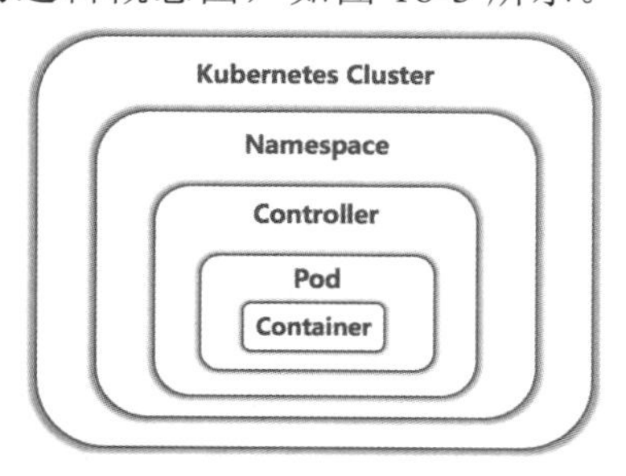

图 18-3　Kubernetes 的逻辑概念图

在图 18-3 中，一个 Kubernetes Cluster（Kubernetes 集群）在逻辑上划分为多个不同的 Namespace（命名空间）；每个 Namespace 内部可以创建多个不同类型的 Controller（控制器）；每个 Controller 可以管理跨节点的多个 Pod（容器组）；每个 Pod 内部又可以包含多个共享网络空间和存储空间的 Container（容器）。

18.4 Kubernetes 集群搭建

18.4.1 基础软件安装

我们以三台 CentOS 8.2 的 Linux 服务器为例，来搭建 Kubernetes 集群。如图 18-4 所示，其中一台为 Master 节点，两台为 Node 节点。Kubernetes 版本为 1.19.2。

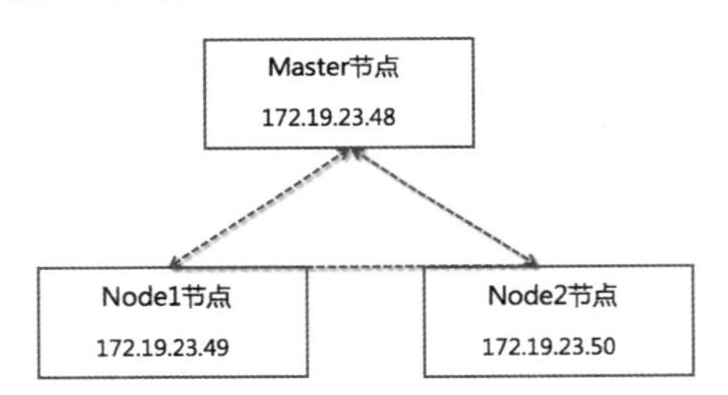

图 18-4　Kubernetes 集群搭建架构图

首先，参照第 17.1.2 节，完成 Docker 服务的安装部署。

然后，根据 Kubernetes 官网安装说明，配置好 Yum repo 源。值得注意的是，由于 Google 的 Yum 源存在网络访问限制，所以可以尝试替换为国内的镜像源，比如修改为阿里云的镜像源，具体代码如下：

```
[root@Master ~]# cat <<EOF > /etc/yum.repos.d/kubernetes.repo
[kubernetes]
name=Kubernetes
baseurl=https://[aliyun_url]/kubernetes/yum/repos/kubernetes-el7-x86_64
enabled=1
gpgcheck=1
repo_gpgcheck=1
gpgkey=https://[aliyun_url]/kubernetes/yum/doc/yum-key.gpg
      https://[aliyun_url]/kubernetes/yum/doc/rpm-package-key.gpg
EOF
```

上面代码中的[aliyun_url]代表最新的阿里云镜像地址。

接着，关闭 Selinux，具体代码如下：

```
[root@Master ~]# setenforce 0
[root@Master   ~]#   sed   -i   's/^SELINUX=enforcing$/SELINUX=permissive/'
/etc/selinux/config
```

最后，完成 Kubernetes 的容器管理核心 kubelet、集群初始化管理工具 kubeadm、命令行工具 kubectl 的安装，具体代码如下：

```
[root@Master ~]# yum install -y kubelet kubeadm kubectl
[root@Master ~]# systemctl enable --now kubelet
```

18.4.2　在 Master 节点创建集群

在 Master 节点创建 Kubernetes 集群之前，可以先验证一下需要下载的镜像包是否存在，具体命令及输出如下：

```
[root@Master ~]# kubeadm config images list
W1003 18:00:57.316399   19659 configset.go:348] WARNING: kubeadm cannot validate
component configs for API groups [kubelet.config.k8s.io kubeproxy.ccnfig.
k8s.io]
k8s.gcr.io/kube-apiserver:v1.19.2
k8s.gcr.io/kube-controller-manager:v1.19.2
k8s.gcr.io/kube-scheduler:v1.19.2
k8s.gcr.io/kube-proxy:v1.19.2
k8s.gcr.io/pause:3.2
k8s.gcr.io/etcd:3.4.13-0
k8s.gcr.io/coredns:1.7.0
```

检查是否可以顺利访问 Google 容器镜像仓库，具体代码如下：

```
[root@Master ~]# kubeadm config images pull
```

如果显示成功下载，则可以跳过下列步骤，直接开始运行 kubeadm init 命令。如果显示出错或卡住，则说明 Google 镜像仓库的链接存在限制，需要通过 docker pull 等命令手工下载 Kubernetes 各组件，具体代码如下：

```
docker pull kubeimage/kube-apiserver-amd64:v1.19.2
docker pull kubeimage/kube-controller-manager-amd64:v1.19.2
docker pull kubeimage/kube-scheduler-amd64:v1.19.2
docker pull kubeimage/kube-proxy-amd64:v1.19.2
```

```
docker pull kubeimage/pause-amd64:3.2
docker pull kubeimage/etcd-amd64:3.3.10-0
docker pull coredns/coredns:1.7.0
docker tag kubeimage/kube-apiserver-amd64:v1.19.2 k8s.gcr.io/kube-apiserver:
v1.19.2
docker tag kubeimage/kube-controller-manager-amd64:v1.19.2 k8s.gcr.io/kube-
controller-manager:v1.19.2
docker tag kubeimage/kube-scheduler-amd64:v1.19.2 k8s.gcr.io/kube-scheduler:
v1.19.2
docker tag kubeimage/kube-proxy-amd64:v1.19.2 k8s.gcr.io/kube-proxy:v1.19.2
docker tag kubeimage/pause-amd64:3.2 k8s.gcr.io/pause:3.2
docker tag kubeimage/etcd-amd64:3.3.10-0 k8s.gcr.io/etcd:3.4.13-0
docker tag coredns/coredns:1.7.0 k8s.gcr.io/coredns:1.7.0
docker rmi kubeimage/kube-apiserver-amd64:v1.19.2
docker rmi kubeimage/kube-controller-manager-amd64:v1.19.2
docker rmi kubeimage/kube-scheduler-amd64:v1.19.2
docker rmi kubeimage/kube-proxy-amd64:v1.19.2
docker rmi kubeimage/pause-amd64:3.2
docker rmi kubeimage/etcd-amd64:3.3.10-0
docker rmi coredns/coredns:1.7.0
```

具体的下载源可以通过 docker search 命令搜索，并登录 Docker Hub 来检查官方支持的 tag 版本号，再进行下载和 tag 标签替换，以保证本地拥有 Kubernetes 安装所需要的容器镜像。

我们可以通过 kubeadm init 命令来创建集群，具体代码如下：

```
[root@Master ~]# kubeadm init --apiserver-advertise-address=172.19.23.48
--pod-network-cidr=10.244.0.0/16
W1003 18:03:38.354985 20121 configset.go:348] WARNING: kubeadm cannot validate
component configs for API groups [kubelet.config.k8s.io
kubeproxy.config.k8s.io]
[init] Using Kubernetes version: v1.19.2
[preflight] Running pre-flight checks
[preflight] Pulling images required for setting up a Kubernetes cluster
[preflight] This might take a minute or two, depending on the speed of your internet
connection
[preflight] You can also perform this action in beforehand using 'kubeadm config
images pull'
[certs] Using certificateDir folder "/etc/kubernetes/pki"
[certs] Generating "ca" certificate and key
[certs] Generating "apiserver" certificate and key
```

```
[certs] apiserver serving cert is signed for DNS names [kubernetes
kubernetes.default kubernetes.default.svc
kubernetes.default.svc.cluster.local master] and IPs [10.96.0.1 172.19.23.48]
[certs] Generating "apiserver-kubelet-client" certificate and key
[certs] Generating "front-proxy-ca" certificate and key
[certs] Generating "front-proxy-client" certificate and key
[certs] Generating "etcd/ca" certificate and key
[certs] Generating "etcd/server" certificate and key
[certs] etcd/server serving cert is signed for DNS names [localhost master] and
IPs [172.19.23.48 127.0.0.1 ::1]
[certs] Generating "etcd/peer" certificate and key
[certs] etcd/peer serving cert is signed for DNS names [localhost master] and
IPs [172.19.23.48 127.0.0.1 ::1]
[certs] Generating "etcd/healthcheck-client" certificate and key
[certs] Generating "apiserver-etcd-client" certificate and key
[certs] Generating "sa" key and public key
[kubeconfig] Using kubeconfig folder "/etc/kubernetes"
[kubeconfig] Writing "admin.conf" kubeconfig file
[kubeconfig] Writing "kubelet.conf" kubeconfig file
[kubeconfig] Writing "controller-manager.conf" kubeconfig file
[kubeconfig] Writing "scheduler.conf" kubeconfig file
[kubelet-start] Writing kubelet environment file with flags to file
"/var/lib/kubelet/kubeadm-flags.env"
[kubelet-start] Writing kubelet configuration to file "/var/lib/kubelet/
config.yaml"
[kubelet-start] Starting the kubelet
[control-plane] Using manifest folder "/etc/kubernetes/manifests"
[control-plane] Creating static Pod manifest for "kube-apiserver"
[control-plane] Creating static Pod manifest for "kube-controller-manager"
[control-plane] Creating static Pod manifest for "kube-scheduler"
[etcd] Creating static Pod manifest for local etcd in "/etc/kubernetes/manifests"
[wait-control-plane] Waiting for the kubelet to boot up the control plane as static
Pods from directory "/etc/kubernetes/manifests". This can take up to 4m0s
[apiclient] All control plane components are healthy after 19.005459 seconds
[upload-config] Storing the configuration used in ConfigMap "kubeadm-config" in
the "kube-system" Namespace
[kubelet] Creating a ConfigMap "kubelet-config-1.19" in namespace kube-system
with the configuration for the kubelets in the cluster
[upload-certs] Skipping phase. Please see --upload-certs
[mark-control-plane] Marking the node master as control-plane by adding the label
"node-role.kubernetes.io/master=''"
```

```
[mark-control-plane] Marking the node master as control-plane by adding the
taints [node-role.kubernetes.io/master:NoSchedule]
[bootstrap-token] Using token: ic44qp.26ddcmlxg7muchnd
[bootstrap-token] Configuring bootstrap tokens, cluster-info ConfigMap, RBAC
Roles
[bootstrap-token] configured RBAC rules to allow Node Bootstrap tokens to get
nodes
[bootstrap-token] configured RBAC rules to allow Node Bootstrap tokens to post
CSRs in order for nodes to get long term certificate credentials
[bootstrap-token] configured RBAC rules to allow the csrapprover controller
automatically approve CSRs from a Node Bootstrap Token
[bootstrap-token] configured RBAC rules to allow certificate rotation for all
node client certificates in the cluster
[bootstrap-token] Creating the "cluster-info" ConfigMap in the "kube-public"
namespace
[kubelet-finalize] Updating "/etc/kubernetes/kubelet.conf" to point to a
rotatable kubelet client certificate and key
[addons] Applied essential addon: CoreDNS
[addons] Applied essential addon: kube-proxy

Your Kubernetes control-plane has initialized successfully!

To start using your cluster, you need to run the following as a regular user:

  mkdir -p $HOME/.kube
  sudo cp -i /etc/kubernetes/admin.conf $HOME/.kube/config
  sudo chown $(id -u):$(id -g) $HOME/.kube/config

You should now deploy a pod network to the cluster.
Run "kubectl apply -f [podnetwork].yaml" with one of the options listed at:
…

Then you can join any number of worker nodes by running the following on each
as root:

kubeadm join 172.19.23.48:6443 --token ic44qp.26ddcmlxg7muchnd \
   --discovery-token-ca-cert-hash
sha256:3dc9c842e1374d4fc2064ab7348756db6ab0be1fef7322c312a981d67333faf1
```

在上面代码中，apiserver-advertise-address 对应服务器本机 IP 地址；pod-network-cidr 对应整个 Kuberenetes 集群所部署的 Pod 的网络地址段，这里采用了 Flannel 网络的默认地址段 10.244.0.0/16；代码的主体内容为 kubeadm init 命令的输出结果。

我们按照上面代码中的提示，执行如下命令来完成 config 目录的配置：

```
mkdir -p $HOME/.kube
sudo cp -i /etc/kubernetes/admin.conf $HOME/.kube/config
sudo chown $(id -u):$(id -g) $HOME/.kube/config
```

18.4.3 网络选择和初始化

下一步是按照提示完成网络的选择和初始化。

用浏览器打开 Kubernetes 官网，查看需要采用的网络技术栈。这里我们选择相对常见的、方便的 Flannel 网络。在 Kubernetes 官网的 Flannel 链接下，可以直接下载 kube-flannel.yml 文件。我们可以按照提示运行 kubectl apply 命令，部署 Flannel 网络，具体代码如下：

```
[root@Master ~]# kubectl apply -f kube-flannel.yml
podsecuritypolicy.policy/psp.flannel.unprivileged created
Warning: rbac.authorization.k8s.io/v1beta1 ClusterRole is deprecated in v1.17+,
unavailable in v1.22+; use rbac.authorization.k8s.io/v1 ClusterRole
clusterrole.rbac.authorization.k8s.io/flannel created
Warning: rbac.authorization.k8s.io/v1beta1 ClusterRoleBinding is deprecated in
v1.17+, unavailable in v1.22+; use rbac.authorization.k8s.io/v1 ClusterRoleBinding
clusterrolebinding.rbac.authorization.k8s.io/flannel created
serviceaccount/flannel created
configmap/kube-flannel-cfg created
daemonset.apps/kube-flannel-ds created
```

这样 Master 节点就部署完成了。Master 节点既是 Kubernetes 集群的创建者，又是加入者（第一个加入者）

18.4.4 Node 节点加入集群

与 Master 节点创建集群的过程相似，我们首先在另外两个 Node 节点（node1 和 node2）上完成 Docker 和 Kubernetes 软件的安装。

如果节点连接 Google 镜像仓库存在限制，则需要添加以下步骤来完成镜像的提前准备：

```
docker pull kubeimage/kube-proxy-amd64:v1.19.2
docker pull kubeimage/pause-amd64:3.2
```

```
docker tag kubeimage/kube-proxy-amd64:v1.19.2 k8s.gcr.io/kube-proxy:v1.19.2
docker tag kubeimage/pause-amd64:3.2 k8s.gcr.io/pause:3.2
docker rmi kubeimage/kube-proxy-amd64:v1.19.2
docker rmi kubeimage/pause-amd64:3.2
```

其他的集群和网络初始化命令不需要在 Node 节点执行，按照 Master 节点的提示，直接运行 kubeadm join 命令加入 kubernetes 集群即可：

```
[root@Node1 ~]# kubeadm join 172.19.23.48:6443 --token ic44qp.26ddcmlxg7muchnd \
   --discovery-token-ca-cert-hash
sha256:3dc9c842e1374d4fc2064ab7348756db6ab0be1fef7322c312a981d67333faf1
```

两个 Node 节点运行命令后，自动完成了 Node 节点网络的部署和 kubernetes 集群的加入。

重新登录 Master 节点，运行 kubectl 命令，检查各个节点的运行状态，具体代码如下：

```
[root@Master ~]# kubectl get nodes
NAME     STATUS     ROLES    AGE   VERSION
master   Ready      master   20m   v1.19.2
node1    NotReady   <none>   24s   v1.19.2
node2    NotReady   <none>   10s   v1.19.2
```

等待几分钟后，重新查看 Node 节点运行状态，具体代码如下：

```
[root@Master ~]# kubectl get nodes
NAME     STATUS   ROLES    AGE     VERSION
master   Ready    master   43m     v1.19.2
node1    Ready    <none>   6m32s   v1.19.2
node2    Ready    <none>   22m     v1.19.2
```

从上面代码可以看到，各个节点都已经正常加入 Kubernetes 集群，且变为 Ready 状态。这表示整个 Kubernetes 集群的功能已经完全正常，可以自由地进行容器的编排管理了。

18.5 Pod 管理

18.5.1 Pod 原理和实现

Pod 是 Kubernetes 中最核心的调度部署单元，不管是 Controller 控制器还是 Service 服务，都是用于处理 Pod 的管理和访问控制的。

当今很多的核心应用除了需要完成业务的主功能，还需要有配套的监控、认证、网络、数据管理服务等（比较经典的案例如 Service Mesh 等），如何才能将主功能应用和非功能性支持的容器进行联合调度和部署呢？Kubernetes 给出了解决方案，就是把这些容器打包成 Pod，作为统一调度部署单元进行管理。Pod 本身支持资源限制、调度选择、监控检查和生命周期管理。如图 18-5 所示，每个 Pod 中的多个容器会统一发布到同一节点上，这些容器共用一套网络空间和存储空间，可以很轻松地实现网络或磁盘的共享和通信。

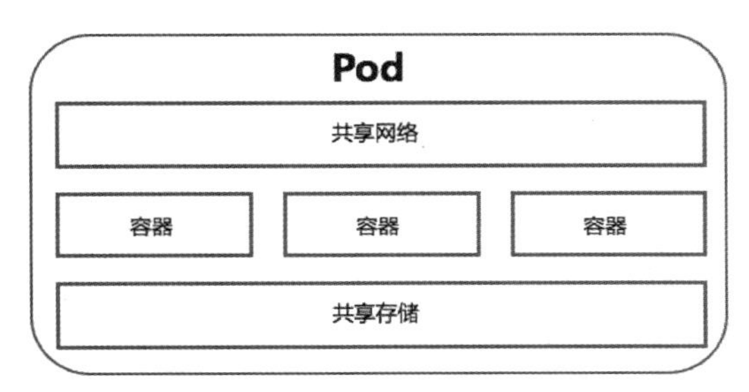

图 18-5　Pod 和容器的关系

下面，我们通过编辑 YAML 文件来配置我们的第一个 Pod。

创建 nginxpod.yaml 文件，文件代码如下：

```
apiVersion: v1
kind: Pod
metadata:
  name: nginxpod
spec:
  containers:
  - name: nginx
    image: nginx
```

这是标准的 YAML 文件，采用大家熟悉的空格缩进对齐和短横线数组模式。每个字段介绍如下：apiVersion 描述采用 Kubernetes API 类型和版本；kind 表示 Kubernetes 对象的名称，这里是 Pod 类型的对象；metadata 可以提供名称、Label 标签等元数据；spec 下面填写详细的配置信息；containers 描述具体的容器内容；name 和 image 分别是容器的名称和镜像名称，由于没有具体 tag，系统将默认下载 latest 版本。

虽然 containers 数组下面只描述了一个容器 Nginx，但是 Kubernetes 的 Pod 默认额外包含一个根容器 Pause 来代表整个容器组，方便 Kubernetes 进行监控管理。

我们可以根据 YAML 文件创建 Pod 资源，具体代码如下：

```
[root@Master ~]# kubectl apply -f nginxpod.yaml
pod/nginxpod created
```

在上面代码中，kubectl apply 表示使-f 后指定的 YAML 文件生效，根据其内容创建或者修改当前的 Kubernetes 对象资源。这是所有 Kubernetes 命令中最常用的一条增改命令。

我们可以在两个 Node 节点上通过 docker ps 命令查询容器信息，代码如下：

```
[root@Node1 ~]# docker ps |grep nginxpod
9614ff85bd1c       nginx                  "/docker-entrypoint.…"   8 minutes ago
Up 8 minutes                           k8s_nginx_nginxpod_default_88e5d2b2-7f79-
4018-bc9f-4a05348515c1_0
37851ea5a3fb       k8s.gcr.io/pause:3.2   "/pause"                 9 minutes ago
Up 9 minutes                              k8s_POD_nginxpod_default_88e5d2b2-
7f79-4018-bc9f-4a05348515c1_0
```

从上面代码中可以看到，集群中有一个 Node 节点（本例为 Node1 节点）成功启动了 nginxpod Pod。nginxpod Pod 实际又包含两个容器：一个是根容器，采用 pause 3.2 镜像启动；另一个是应用容器，采用指定的 Nginx 镜像来启动。

18.5.2 Pod 生命周期管理

Pod 的生命周期管理可以通过 kubectl 命令行工具来完成，也可以通过结合 Pod 和 Controller 的 YAML 配置来完成。YAML 文件的 Pod 创建和修改方式在 18.5.1 节已经有所介绍，在 18.6 节我们会详细讨论如何结合控制器的 YAML 文件来创建和管理 Pod。

这里重点介绍 kubectl 命令行工具，其完整的命令格式如图 18-6 所示。

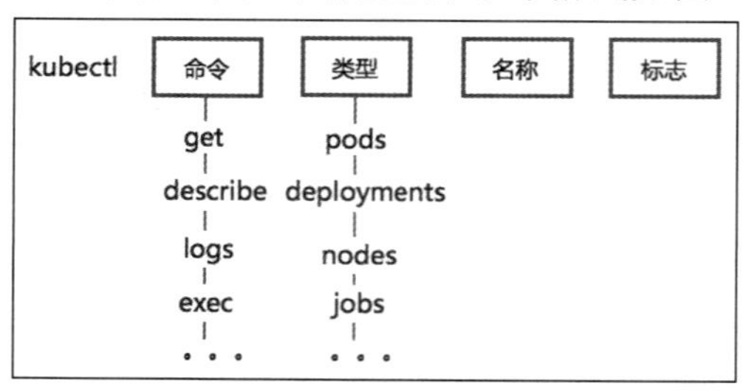

图 18-6　Kubectl 命令格式

kubectl 是命令行工具的名称；get、describe、logs、exec 等是具体的命令方式；pods、deployments、nodes、jobs 等是被管理对象的资源类型；名称（比如 nginxpod）和标志（比如--selector=app=nginx）为可选项，用于进一步描述被管理对象的名称和特性。

对于 Pod 的生命周期管理，我们只需要关注 pods 资源类型的命令即可（pods 类型在 kubectl 命令中也可以缩写为 pod 或者 po），相关的常用命令如下：

- 查看整体配置和状态——get 命令

get 命令是 Kubernetes 最常见的查询命令，用于获取资源的概要信息，示例代码如下：

```
[root@Master ~]# kubectl get pods
NAME       READY  STATUS    RESTARTS  AGE
nginxpod   1/1    Running   0         28m
```

这里返回了容器的名称和状态。通常 kubectl get pods 命令的返回状态有以下几种：

Pending：表示任务还在调度和处理过程中，比如需要下载容器镜像等操作都会占用比较长的时间；

Running：表示容器成功创建并启动；

Succeeded：表示容器成功地完成了创建、启动，任务完成后按需停止了，通常是作业类型的 Pod；

Failed：表示因为出错而停止了；

Unknown：表示没有收到最终的状态信息，通常是网络通信故障导致的；

CrashLoopBackOff：表示曾经多次尝试启动，但是都出现了意外故障无法启动成功，通常是 Pod 配置有误导致的。

- 检查具体事件和状态——describe 命令

describe 命令是问题排查过程中的主要命令之一，用于对资源的状态和故障原因进行分析，示例代码如下：

```
[root@Master ~]# kubectl describe pod nginxpod
Name:         nginxpod
Namespace:    default
Priority:     0
Node:         node1/172.19.23.49
Start Time:   Sat, 03 Oct 2020 21:42:58 +0800
Labels:       <none>
Annotations:  <none>
Status:       Running
IP:           10.244.4.2
IPs:
  IP:  10.244.4.2
Containers:
```

```
 nginx:
   Container ID:   docker://9614ff85bd1cfc99a48afc6c2346d3d550529d14c2d5ded1
ffe7034b847ea3a6
   Image:          nginx
   Image ID:       docker-pullable://nginx@sha256:c628b67d21744fce822d22fdcc0
389f6bd763daac23a6b77147d0712ea7102d0
   Port:           <none>
   Host Port:      <none>
   State:          Running
     Started:      Sat, 03 Oct 2020 21:43:22 +0800
   Ready:          True
   Restart Count:  0
   Environment:    <none>
   Mounts:
     /var/run/secrets/kubernetes.io/serviceaccount from default-token-5fptt (ro)
Conditions:
 Type              Status
 Initialized       True
 Ready             True
 ContainersReady   True
 PodScheduled      True
Volumes:
 default-token-5fptt:
   Type:        Secret (a volume populated by a Secret)
   SecretName:  default-token-5fptt
   Optional:    false
QoS Class:       BestEffort
Node-Selectors:  <none>
Tolerations:     node.kubernetes.io/not-ready:NoExecute op=Exists for 300s
                 node.kubernetes.io/unreachable:NoExecute op=Exists for 300s
Events:
 Type    Reason     Age   From               Message
 ----    ------     ----  ----               -------
 Normal    Scheduled    35m      default-scheduler    Successfully  assigned
default/nginxpod to node1
 Normal  Pulling    35m   kubelet            Pulling image "nginx"
 Normal  Pulled     35m   kubelet            Successfully pulled image "nginx" in
21.717746079s
 Normal  Created    35m   kubelet            Created container nginx
 Normal  Started    35m   kubelet            Started container nginx
```

从上面的返回信息可以发现，针对某一 Pod 的 describe 命令返回的信息很多。其中包括 Pod 的信息（名称、Namespace、节点名、标签、Pod 状态、IP 地址等）和容器的信息（容器状态（waiting、running、terminated 等）、容器的镜像信息、端口、容器启动命令、重启次数等）。

- 查看日志——logs 命令

logs 命令也是 Kubernetes 的常用排错命令之一，类似于传统 Linux 操作系统的 tail /var/log/messages 命令等，示例代码如下：

```
[root@Master ~]# kubectl logs nginxpod
/docker-entrypoint.sh: /docker-entrypoint.d/ is not empty, will attempt to
perform configuration
/docker-entrypoint.sh: Looking for shell scripts in /docker-entrypoint.d/
/docker-entrypoint.sh: Launching /docker-entrypoint.d/10-listen-on-ipv6-by-
default.sh
10-listen-on-ipv6-by-default.sh: Getting the checksum of /etc/nginx/conf.d/
default.conf
10-listen-on-ipv6-by-default.sh: Enabled listen on IPv6 in /etc/nginx/conf.d/
default.conf
/docker-entrypoint.sh: Launching /docker-entrypoint.d/20-envsubst-on-templates.sh
/docker-entrypoint.sh: Configuration complete; ready for start up
```

与 tail 命令类似，可以添加-f 参数来实现日志在终端的实时刷新：

```
[root@Master ~]# kubectl logs -f nginxpod
…
```

如果需要查看 Pod 内部的某一个容器，可以添加-c 参数：

```
[root@Master ~]# kubectl logs -c nginx nginxpod
```

Kubernetes 会将容器内的 stdout 标准输出和 stderr 标准错误显示到终端。

- 登录和执行命令——exec 命令

若想要临时在容器内执行一个命令，通常采用 exec 命令来实现。具体格式为：kubectl exec <podname> -- <command>，示例代码如下：

```
[root@Master ~]# kubectl exec nginxpod -- ls
bin
boot
dev
docker-entrypoint.d
docker-entrypoint.sh
etc
home
```

```
lib
lib64
media
mnt
opt
proc
root
run
sbin
srv
sys
tmp
usr
var
```

如果想采用交互式方式登录容器，方法与 docker 命令类似，增加-it 参数，并且选择运行 shell 命令（如/bin/bash）即可，具体代码如下：

```
[root@Master ~]# kubectl exec -it nginxpod -- /bin/bash
root@nginxpod:/#
```

- 删除命令——delete 命令

运行 delete 命令可以彻底删除 Pod 下的所有容器，示例代码如下：

```
[root@Master ~]# kubectl delete pod nginxpod
pod "nginxpod" deleted
```

18.5.3 资源限制和调度选择

Pod 的资源限制和调度选择是 Kubernetes 编排引擎的一个主要功能，可以通过四个维度进行管理。

（1）nodeSelector 定向调度

第一步，我们尝试给节点作一定的区分，比如将 Node2 标记为“disktype=ssd”。

```
[root@Master ~]# kubectl label node node2 disktype=ssd
node/node2 labeled
```

查询 Node 的详细信息，可以看到，node2 上已经成功添加了 lable 信息 disktype=ssd：

```
[root@Master ~]# kubectl describe node node2
Name:               node2
```

```
Roles:                <none>
Labels:               beta.kubernetes.io/arch=amd64
                     beta.kubernetes.io/os=linux
                     disktype=ssd
                     kubernetes.io/arch=amd64
                     kubernetes.io/hostname=node2
                     kubernetes.io/os=linux
…
```

第二步，修改 Pod 的 YAML 文件，代码如下：

```
apiVersion: v1
kind: Pod
metadata:
  name: nginxpod
spec:
  containers:
  - name: nginx
    image: nginx
nodeSelector:
    disktype: ssd
```

第三步，通过 kubectl 命令进一步确认当前 nginxpod 容器运行在 node1 上，其中-c wide 参数可以获得 Pod 的服务器信息，具体代码如下：

```
[root@Master ~]# kubectl get pods -o wide
NAME        READY    STATUS     RESTARTS    AGE      IP            NODE     NOMINATED
NODE   READINESS GATES
nginxpod    1/1      Running    0           2m55s    10.244.4.7    node1    <none>
<none>
```

第四步，通过运行 kubectl delete 命令删除原有 Pod，并运行 kubectl apply 命令，重新创建 Pod，具体实现代码如下：

```
[root@Master ~]# kubectl delete -f nginxpod.yaml
pod "nginxpod" deleted
[root@Master ~]# kubectl apply -f nginxpod.yaml
pod/nginxpod created
```

第五步，重新查询 Pod 部署节点信息，具体代码如下：

```
[root@Master ~]# kubectl get pods -o wide
NAME        READY   STATUS    RESTARTS   AGE   IP            NODE     NOMINATED NODE
READINESS GATES
nginxpod    1/1     Running   0      55s   10.244.2.2   node2   <none>      <none>
```

可以看到，几分钟后，镜像下载成功，并部署到了 node2 节点上。

（2）nodeAffinity 节点亲和性

nodeAffinity 节点亲和性与 nodeSelector 节点定向调度类似，用于控制 Pod 在什么特质的节点上运行，区别是其提供了更灵活的选择方式，比如 requiredDuringSchedulingIgnoredDuringExecution 强制规则和 preferredDuringSchedulingIgnoredDuringExecution 优先规则。

（3）podAffinity 和 podAntiAffinity

这两种亲和性可以确保 Pod 在部署过程中是否和其他 Pod 有关联性或排他性。比如将缓存容器和应用容器放在同一个节点，可以加速缓存数据的传输和读写，此时可以采用 podAffinity 模式来保证两容器分布在同一节点；如果两个 Pod 有排他性（比如缓存容器的两个副本 Pod），就不建议放置在同一台服务器上，此时可以采用 podAntiAffinity 模式来保证两个 Pod 分布在不同的节点。

（4）Taint 污点

要保证 Pod 的合理发布，可以通过给节点设置 Taint 污点来防止在该节点部署特定的 Pod，最为经典的案例就是在 Master 节点的创建过程中默认设置 Taint 属性。

下面，我们通过 kubectl describe node 命令来查看 Master 节点的 Taint 属性，具体代码如下：

```
[root@Master ~]# kubectl describe nodes master
Name:               master
Roles:              master
…
Taints:             node-role.kubernetes.io/master:NoSchedule
…
```

Noschedule 表示这个节点（Master 节点）默认不部署容器。除非有 Pod 显式声明了 node-role.kubernetes.io/master=NoSchedule，才可以部署相关容器。笔者不建议在 Master 节点上部署应用容器。

下面使用另外一个方法来测试污点的功能。首先，给 node2 添加污点 mykey=myvalue:Noschedule，代码如下：

```
[root@Master ~]# kubectl taint nodes node2 mykey=myvalue:NoSchedule
node/node2 tainted
```

其次，删除之前的 nginxpod 容器，重新部署，代码如下：

```
root@Master ~]# kubectl delete -f nginxpod.yaml
```

```
pod "nginxpod" deleted
[root@Master ~]# kubectl apply -f nginxpod.yaml
pod/nginxpod created
```

然后，查询 nginxpod 的状态，具体代码如下：

```
[root@Master ~]# kubectl get pods -o wide
NAME       READY   STATUS    RESTARTS   AGE   IP       NODE     NOMINATED NODE
READINESS GATES
nginxpod   0/1     Pending   0          9s    <none>   <none>   <none>
<none>
[root@Master ~]# kubectl describe pod nginxpod
Name:         nginxpod
Namespace:    default
Priority:     0
Node:         <none>
Labels:       <none>
Annotations:  <none>
Status:       Pending
IP:
IPs:          <none>
Containers:
  nginx:
    Image:        nginx
    Port:         <none>
    Host Port:    <none>
    Environment:  <none>
    Mounts:
      /var/run/secrets/kubernetes.io/serviceaccount from default-token-5fptt
(ro)
Conditions:
  Type          Status
  PodScheduled  False
Volumes:
  default-token-5fptt:
    Type:        Secret (a volume populated by a Secret)
    SecretName:  default-token-5fptt
    Optional:    false
QoS Class:       BestEffort
Node-Selectors:  disktype=ssd
Tolerations:     node.kubernetes.io/not-ready:NoExecute op=Exists for 300s
                 node.kubernetes.io/unreachable:NoExecute op=Exists for 300s
Events:
  Type    Reason            Age                  From               Message
  ----    ------            ----                 ----               -------
```

```
 Warning  FailedScheduling  12s (x5 over 4m36s)  default-scheduler  0/3 nodes
are available: 1 node(s) had taint {mykey: myvalue}, that the pod didn't tolerate,
2 node(s) didn't match node selector.
```

可以看到，由于 nodeSelector 采用了定向调度的方式，所以 node1 不满足部署要求。由于存在 taint 污点，所以 node2 也不满足要求，无法进行 nginxpod 的部署。

接着，我们修改 nginxpod 的 YAML 文件如下：

```
apiVersion: v1
kind: Pod
metadata:
  name: nginxpod
spec:
  containers:
  - name: nginx
    image: nginx
  nodeSelector:
    disktype: ssd
  tolerations:
  - key: "mykey"
    operator: "Equal"
    value: "myvalue"
    effect: "NoSchedule"
```

最后，运行 kubectl 命令，使 YAML 文件生效，并进行查询，具体代码如下：

```
[root@Master ~]# kubectl apply -f nginxpod.yaml
pod/nginxpod configured
[root@Master ~]# kubectl get pods -o wide
NAME       READY   STATUS    RESTARTS   AGE   IP           NODE    NOMINATED NODE
READINESS GATES
nginxpod   1/1     Running   0          13m   10.244.2.3   node2   <none>        <none>
```

可以看到，虽然 node2 还有 taint 污点，但是 nginxpod 已经容忍该污点，并成功将容器部署到 node2 上。

实验结束后，可以通过以下命令清除污点设置，具体代码如下：

```
[root@Master ~]# kubectl taint nodes node2 mykey-
node/node2 untainted
```

通过组合定向调度、亲和性、反亲和性、污点、容忍等资源限制和调度原则，可以指哪打哪，灵活地实现 Pod 的部署。

18.5.4　健康检查

容器的健康检查也是 Kubernetes 容器和 Pod 编排的基本功能之一。Docker 在启动过程中会运行 Entrypoint 或 CMD 命令，在返回值非 0 的时候可以简单判断容器是否正常运行。但是光通过启动命令无法很好地完成复杂的健康检查，也无法很好地控制容器重启的具体机制。所以 Kubernetes 引入了三个基本机制来实现健康检查和相应的处理手段，下面我们分别介绍这三个处理手段。

（1）Restart Policy 重启策略

Restart Policy 重启策略是 Pod 的整体重启策略控制，通常包含三种策略：

Always：只要 container 退出就重新启动。

OnFailure：在 container 非正常退出后重新启动。

Never：从不进行重新启动。

其默认策略为 Always，也就是当 Kubernetes 发现 Pod 中的容器存在故障时，默认重新启动该容器。

（2）Liveness Probe 存活探针

Liveness Probe 存活探针是容器级别的探针，用于确定 Pod 中指定容器的健康状态。如果没有通过检测，就会根据所在 Pod 的 Restart Policy 重启策略来尝试重启该容器。

Probe 探针可以通过 Command 命令行来进行检查，类似于 Docker 的启动命令，区别在于这里的命令是独立的检查命令，与容器启动无关；Probe 也可以是 HTTP 或者 TCP 层的网络探针。

我们结合 Liveness Probe 存活探针和 Restart Policy 重启策略来进行实战。

首先，修改 nginxpod.yaml 文件，代码如下：

```
apiVersion: v1
kind: Pod
metadata:
  name: nginxpod
spec:
  restartPolicy: OnFailure
  containers:
  - name: nginx
    image: nginx
```

```
    livenessProbe:
      exec:
        command:
        - cat
        - /tmp/ready
        - /tmp/ready
      initialDelaySeconds: 15
      periodSeconds: 10
```

这里采用了 Command 命令探针，检查 cat /tmp/ready 命令的输出，如果返回值非 0，则认为出错。在容器启动后有 15s 的 initialDelaySeconds 保留期，保留期是为了让容器能正常启动，在保留期后才开始进行检测，检测频率是 periodSeconds 的数值，每 10s 发生一次，默认如果发现三次故障，就会根据 Restart Policy 重启策略自动重启该容器。

然后，分别运行 kubectl delete 和 kubectl apply 命令，使配置生效，具体代码如下：

```
[root@Master ~]# kubectl delete -f nginxpod.yaml
pod "nginxpod" deleted
[root@Master ~]# kubectl apply -f nginxpod.yaml
pod/nginxpod created
```

最后，我们通过 kubectl describe pod 命令来检查容器的运行过程和状态，具体代码如下：

```
[root@Master ~]# kubectl describe pod nginxpod
Name:         nginxpod
…
    State:          Running
      Started:      Sun, 04 Oct 2020 10:39:58 +0800
    Last State:     Terminated
      Reason:       Completed
      Exit Code:    0
      Started:      Sun, 04 Oct 2020 10:39:18 +0800
      Finished:     Sun, 04 Oct 2020 10:39:54 +0800
    Ready:          True
    Restart Count:  1
    Liveness:         exec [cat /tmp/ready] delay=15s timeout=1s period=10s
#success=1 #failure=3
…
Events:
  Type    Reason     Age               From               Message
  ----    ------     ----              ----               -------
  Normal   Scheduled  56s                default-scheduler  Successfully
```

```
assigned default/nginxpod to node1
  Normal   Pulled     51s                   kubelet              Successfully pulled
image "nginx" in 3.832499961s
  Normal   Pulling    15s (x2 over 55s)  kubelet             Pulling image "nginx"
  Warning  Unhealthy  15s (x3 over 35s)  kubelet            Liveness probe failed:
cat: /tmp/ready: No such file or directory
  Normal   Killing    15s                 kubelet            Container nginx failed
liveness probe, will be restarted
  Normal   Created    11s  (x2  over  51s)   kubelet              Created container
nginx
  Normal   Started    11s  (x2  over  51s)   kubelet              Started container
nginx
  Normal   Pulled     11s                   kubelet              Successfully pulled
image "nginx" in 3.658943517s
```

从上述信息可以看到，当 Restart Count=1 时，表示该容器已经重启一次。并且 Event 中显示了重启的原因是 Liveness probe failed 导致的容器重启。耐心等待，可以观察到重启次数不断累积、增长，因为每次启动后的 15s 开始进行探针检测，而 nginpod 中并没有 /tmp/ready 文件，所以每次探针检测结果都是 Failure，三次探针检测后，就会重启该容器。

（3）Readiness Probe 就绪探针

Readiness Probe 就绪探针和 Liveness Probe 存活探针的配置管理方式几乎完全一致，它也支持 Command 命令探针、TCP 探针、HTTP 探针等。主要区别是 Liveness Probe 存活探针用于判断是否重启容器；而 Readiness Probe 就绪探针用于判断是否让容器对外提供网络服务，它会配合后续介绍的 Service 服务功能来判断是否接收网络请求。

TCP 类型的 Readiness Probe 就绪探针的定义代码如下：

```
apiVersion: v1
kind: Pod
metadata:
  name: nginxpod
spec:
  containers:
  - name: nginx
    image: nginx
    readinessProbe:
      tcpSocket:
        port: 8080
      initialDelaySeconds: 15
      periodSeconds: 10
```

HTTP 类型的 Readiness Probe 就绪探针的定义代码如下：

```
apiVersion: v1
kind: Pod
metadata:
  name: nginxpod
spec:
  containers:
  - name: nginx
    image: nginx
    readinessProbe:
      httpGet:
        path: /health
        port: 8080
      initialDelaySeconds: 15
      periodSeconds: 10
```

运行 kubectl 命令，使以上任意配置生效后，查询 Pod 状态，具体代码如下：

```
[root@Master ~]# kubectl delete -f nginxpod.yaml
pod "nginxpod" deleted
[root@Master ~]# kubectl apply -f nginxpod.yaml
pod/nginxpod created
[root@Master ~]# kubectl get pods
NAME       READY   STATUS    RESTARTS   AGE
nginxpod   0/1     Running   0          3m31s
```

可以看到当前 Pod 的 Status 状态仍未 Running，也没有尝试过重启，但是 Ready 属性为 0，表示这个服务无法对外提供服务。原因是 Nginx 服务默认绑定的是 80 端口，它在 8080 端口上并没有提供 TCP 或 HTTP 服务，所以 Readiness 探针检查不通过。

18.6 Controller 管理

18.6.1 Controller 原理

Controller（控制器）是业务调度和控制的核心方式，它综合考虑应用的各种非功能需求如何在部署的时候得以实现，包括如何以多副本的形式运行应用，以实现资源的追加和性能的提升；如何实现 Pod 的发布版本更新和回滚；如何控制 Pod 的启停时间管理；如何确保指定节点上的 Pod 部署和恢复；如何处理有状态应用的数据加载等。Kubernetes Controller 的核心概念如图 18-7 所示。

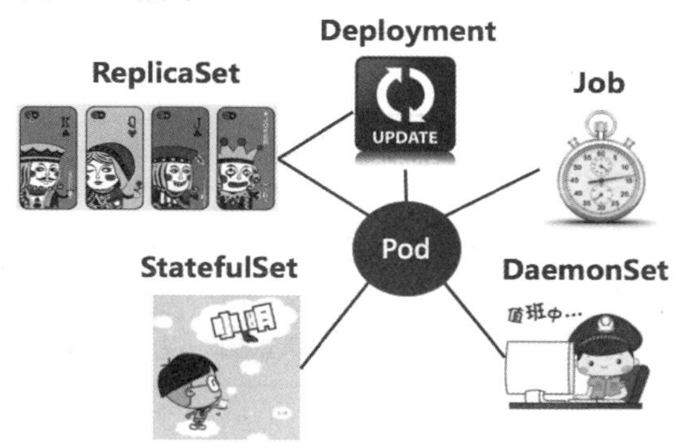

图 18-7　Controller 核心概念示意图

Controller 是 Pod 的综合管理方式，也是应用的实际发布方式。根据图 18-7 中的分类，控制器主要有以下几类：

ReplicaSet：用于应用的多副本多 Pod 的发布；

Deployment：ReplicaSet 的功能衍生，既包含了多 Pod 管理，又包含了升级回滚的控制；

Job：任务作业的控制，包含普通作业和定时作业等；

DaemonSet：后台守护进程的部署和管理；

StatefulSet：有状态应用的部署方式，其部署的每个 Pod 都有一个容易记忆的名称。因为 StatefulSet 和网络管理、存储管理紧密相关，我们将在第 19、20 章详细讨论，此处略过。

18.6.2　Deployment

最常见的 Controller 非 Deployment 莫属。对于无状态的应用，一般我们都会优先考虑采用 Deployment 来管理容器。Deployment 通常采用如图 18-8 所示的部署方式。

首先，准备一份 YAML 文件描述 Deployment 的目标状态，然后这个 YAML 文件会发送到 Master 节点，Kubernetes 会生成对应的对象，并通过管理控制中心（controller-manager）生成对应的控制器。这个控制器其实就是一个死循环程序，它将控制集群中的 Node 节点，实现真正的 Pod 部署，并不断监控 Pod 的状态，针对监控结果做出相应的响应。

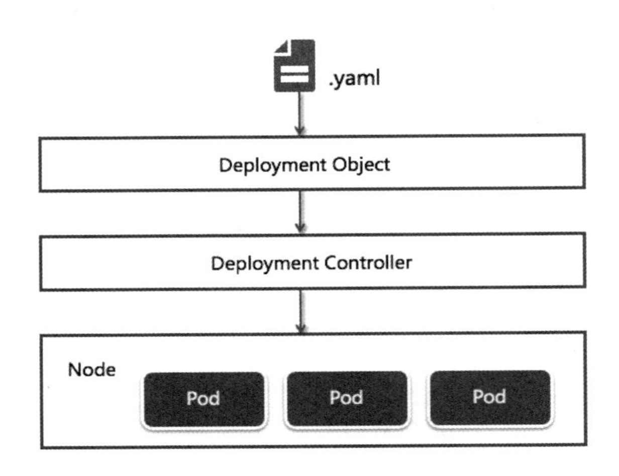

图 18-8 Deployment 部署方式

我们创建第一个 deployment 部署配置文件 nginx-deployment.yaml，文件代码如下：

```
apiVersion: apps/v1
kind: Deployment
metadata:
  name: nginx-deployment
spec:
  replicas: 3
  selector:
    matchLabels:
      app: nginx
  template:
    metadata:
      labels:
        app: nginx
    spec:
      containers:
      - name: nginx
        image: nginx
```

上述代码中，apiVersion 指定了 deployment 管理所用的 API 版本为 apps/v1；kind 指定为 Deployment 类型；metadata 指定了 deployment 的元数据；spec.replicas 指定了容器的副本数；spec.selector.matchLabels 指定了 Deployment 规则对哪些 Pod 生效；spec.template 描述了后续生成的多个 Pod 的共有配置信息；spec.template.metadata.lables 就是这些 Pod 的标签，应该与 Deployment 的 spec.selector.matchLabels 一致；spec.template.spec.containers

就是具体的容器信息，可以包括镜像、端口、探针等。

Deployment 常见的步骤有 4 个：创建、查询、修改和删除控制器。下面我们分别进行描述。

1. 创建

创建方法通常分为两类：

一类是命令行方式，比如 kubectl run 命令加详尽的参数信息：

```
kubectl run [deployment_name] --images [image]:[tag] --replicas 3 --labels
[key]=[value] --port [port_num] --generator deployment/apps.v1 --save-config
```

因为命令行相对较长不方便编辑管理，相对使用较少。

另一类是最常见的 kubectl apply -f [deployment_file]方式，运行的命令与之前介绍的 Pod 管理及后续将介绍的其他对象资源管理完全一致，推荐使用。

创建 nginx-deployment 对象的代码如下：

```
[root@Master ~]# kubectl apply -f nginx-deployment.yaml
deployment.apps/nginx-deployment created
```

2. 查询

Deployment 的查询代码如下：

```
[root@Master ~]# kubectl get deployments
NAME              READY   UP-TO-DATE   AVAILABLE   AGE
nginx-deployment   3/3     3            3           12s
```

Deployement 有如下三种查询方式：

（1）粗略地查询特定 deployment，具体代码如下：

```
[root@Master ~]# kubectl get deployment nginx-deployment
NAME              READY   UP-TO-DATE   AVAILABLE   AGE
nginx-deployment   3/3     3            3          23m
```

（2）采用 YAML 方式详细显示 deployment 的状态，具体代码如下：

```
[root@Master ~]# kubectl get deployment nginx-deployment -o yaml
apiVersion: apps/v1
kind: Deployment
metadata:
  annotations:
```

```
    deployment.kubernetes.io/revision: "1"
    kubectl.kubernetes.io/last-applied-configuration: |
      {"apiVersion":"apps/v1","kind":"Deployment","metadata":{"annotations":
{},"name":"nginx-deployment","namespace":"default"},"spec":{"replicas":3,"se
lector":{"matchLabels":{"app":"nginx"}},"template":{"metadata":{"labels":{"a
pp":"nginx"}},"spec":{"containers":[{"image":"nginx","name":"nginx"}]}}}}
  creationTimestamp: "2020-10-04T03:52:05Z"
  generation: 1
  managedFields:
…
  name: nginx-deployment
  namespace: default
  resourceVersion: "154571"
  selfLink: /apis/apps/v1/namespaces/default/deployments/nginx-deployment
  uid: 0bf92838-2e86-413d-beff-2e66a4505651
spec:
  progressDeadlineSeconds: 600
  replicas: 3
  revisionHistoryLimit: 10
  selector:
    matchLabels:
      app: nginx
  strategy:
    rollingUpdate:
      maxSurge: 25%
      maxUnavailable: 25%
    type: RollingUpdate
  template:
    metadata:
      creationTimestamp: null
      labels:
        app: nginx
    spec:
      containers:
      - image: nginx
        imagePullPolicy: Always
        name: nginx
        resources: {}
        terminationMessagePath: /dev/termination-log
        terminationMessagePolicy: File
      dnsPolicy: ClusterFirst
```

```
      restartPolicy: Always
      schedulerName: default-scheduler
      securityContext: {}
      terminationGracePeriodSeconds: 30
status:
  availableReplicas: 3
  conditions:
  - lastTransitionTime: "2020-10-04T03:52:14Z"
    lastUpdateTime: "2020-10-04T03:52:14Z"
    message: Deployment has minimum availability.
    reason: MinimumReplicasAvailable
    status: "True"
    type: Available
  - lastTransitionTime: "2020-10-04T03:52:05Z"
    lastUpdateTime: "2020-10-04T03:52:14Z"
    message:  ReplicaSet  "nginx-deployment-6799fc88d8"  has  successfully
progressed.
    reason: NewReplicaSetAvailable
    status: "True"
    type: Progressing
  observedGeneration: 1
  readyReplicas: 3
  replicas: 3
  updatedReplicas: 3
```

（3）通过 kubectl describe 命令来描述 deployment 的状态和历史事件，具体代码如下：

```
[root@Master ~]# kubectl describe deployment nginx-deployment
Name:                   nginx-deployment
Namespace:              default
CreationTimestamp:      Sun, 04 Oct 2020 11:52:05 +0800
Labels:                 <none>
Annotations:            deployment.kubernetes.io/revision: 1
Selector:               app=nginx
Replicas:               3 desired | 3 updated | 3 total | 3 available | 0 unavailable
StrategyType:           RollingUpdate
MinReadySeconds:        0
RollingUpdateStrategy:  25% max unavailable, 25% max surge
Pod Template:
  Labels:  app=nginx
  Containers:
   nginx:
```

```
   Image:        nginx
   Port:         <none>
   Host Port:     <none>
   Environment:  <none>
   Mounts:       <none>
  Volumes:        <none>
Conditions:
  Type           Status  Reason
  ----           ------  ------
  Available       True    MinimumReplicasAvailable
  Progressing     True    NewReplicaSetAvailable
OldReplicaSets:  <none>
NewReplicaSet:   nginx-deployment-6799fc88d8 (3/3 replicas created)
Events:
  Type    Reason             Age   From                   Message
  ----    ------             ----  ----                   -------
  Normal  ScalingReplicaSet  23m   deployment-controller  Scaled up replica set
nginx-deployment-6799fc88d8 to 3
```

从上面代码可以看到，整个 deployment 的名称为 nginx-deployment，它的底层实现创建了 ReplicaSet nginx-deployment-6799fc88d8 控制器，该控制器完成了 3 个 Pod 的管理和部署。

下面，我们通过 kubectl get pods 命令来查看三个 Pod 的运行状态：

```
[root@Master ~]# kubectl get pods
NAME                               READY   STATUS    RESTARTS   AGE
nginx-deployment-6799fc88d8-hnxxz   1/1     Running   0          30m
nginx-deployment-6799fc88d8-p8s4q   1/1     Running   0          30m
nginx-deployment-6799fc88d8-v7ln5   1/1     Running   0          30m
```

从文件名可以方便地看出 Deployment 后台的实现原理：nginx-deployment Deployment 对应 1 个名为 nginx-deployment-6799fc88d8 的 ReplicaSet，进而对应 3 个名为 nginx-deployment-6799fc88d8-xxxxx 的 Pod。

3. 修改

修改 Deployment 的方式也有两种：

一种是采用 kubectl 命令行方式进行修改，示例代码如下：

```
kubectl set image deployment [deployment_name] [image_name] [image]:[tag]
kubectl edit deployment/[deployment_name]
```

另一种是修改 YAML 文件后重新执行 apply 命令，示例代码如下：

```
kubectl apply -f [deployment_file]
```

在执行 apply 命令过程中会提示是否可以直接生效，有些配置无法在线修改，这就需要先删除之前的 deployment，再重新 apply 部署。

4. 删除

Deployment 和 Pod 使用完成后可以便捷地进行删除，示例代码如下：

```
[root@Master ~]# kubectl delete deployment nginx-deployment
deployment.apps "nginx-deployment" deleted
```

18.6.3 滚动升级

修改过程中的滚动升级是 Deployment 的优势所在。我们尝试修改 nginx-deployment.yaml 文件来实现滚动升级的功能，文件代码修改如下：

```
apiVersion: apps/v1
kind: Deployment
metadata:
  name: nginx-deployment
spec:
  replicas: 10
  strategy:
    type: RollingUpdate
    rollingUpdate:
      maxSurge: 5
      maxUnavailable: 10%
  selector:
    matchLabels:
      app: nginx
  template:
    metadata:
      labels:
        app: nginx
    spec:
      containers:
      - name: nginx
        image: nginx
```

为了计算方便，我们将 replicas 的起始设置为 10；spec.strategy.type 值为 RollingUpdate，表示滚动升级策略；spec.strategy.rollingUpdate 支持具体的 maxSurge 配置（定义最多增加多少个 Pod 或者增加多少百分比的 Pod 数），也支持具体的 maxUnavailable 配置（定义最多减少多少个 Pod 或者减少多少百分比的 Pod 数）。这里副本数为 10，升级过程最多支持拥有 10+5=15 个 Pod，最少需要保持 10-10×10%=9 个 Pod。通过控制合理的数值，保证了足够的可用性和性能，同时可以快速批量地升级 Pod。

下面，我们通过 kubectl apply 命令测试滚动升级的效果，代码如下：

```
[root@Master ~]# kubectl apply -f nginx-deployment.yaml
deployment.apps/nginx-deployment created
[root@Master ~]# kubectl describe deployment nginx-deployment
Name:                   nginx-deployment
Namespace:              default
CreationTimestamp:      Sun, 04 Oct 2020 15:13:19 +0800
Labels:                 <none>
Annotations:            deployment.kubernetes.io/revision: 1
Selector:               app=nginx
Replicas:               10 desired | 10 updated | 10 total | 10 available | 0
unavailable
StrategyType:           RollingUpdate
MinReadySeconds:        0
RollingUpdateStrategy:  10% max unavailable, 5 max surge
Pod Template:
  Labels:  app=nginx
  Containers:
   nginx:
    Image:        nginx
    Port:         <none>
    Host Port:    <none>
    Environment:  <none>
    Mounts:       <none>
  Volumes:        <none>
Conditions:
  Type           Status  Reason
  ----           ------  ------
  Available      True    MinimumReplicasAvailable
  Progressing    True    NewReplicaSetAvailable
OldReplicaSets:  <none>
NewReplicaSet:   nginx-deployment-6799fc88d8 (10/10 replicas created)
Events:
```

```
  Type    Reason             Age   From                   Message
  ----    ------             ----  ----                   -------
  Normal  ScalingReplicaSet  86s   deployment-controller  Scaled up replica set
nginx-deployment-6799fc88d8 to 10
```

可以看到 Deployment 通过 ScalingReplicaSet 方式创建了 10 个 Pod 副本，并且它们的镜像都是最新的 Nginx。我们尝试修改 nginx-deployment.yaml 文件，将镜像更新为 nginx:stable，文件代码如下：

```
apiVersion: apps/v1
kind: Deployment
metadata:
  name: nginx-deployment
spec:
  replicas: 10
  strategy:
    type: RollingUpdate
    rollingUpdate:
      maxSurge: 5
      maxUnavailable: 10%
  selector:
    matchLabels:
      app: nginx
  template:
    metadata:
      labels:
        app: nginx
    spec:
      containers:
      - name: nginx
        image: nginx:stable
```

再运行 kubectl apply 命令使新的配置生效，具体代码如下：

```
[root@Master ~]# kubectl apply -f nginx-deployment.yaml --record
deployment.apps/nginx-deployment configured
```

这里值得注意的是，在 kubectl apply 命令最后额外添加了--record 参数，用于记录历史 Deployment 的版本号，方便回滚时指定。大家可以尝试一下，当不带--record 参数时如何进行回滚，以及如果采用 kubectl edit deployment 或者 kubectl set image deployment 又该如何处理。

当 nginx:stable 镜像下载完成（需要几分钟），并实现部署升级后，我们通过 kubectl

describe deployment 命令查看升级的全过程，具体实现代码如下：

```
[root@Master ~]# kubectl describe deployment nginx-deployment
Name:                  nginx-deployment
Namespace:              default
CreationTimestamp:       Sun, 04 Oct 2020 15:13:19 +0800
Labels:                 <none>
Annotations:             deployment.kubernetes.io/revision: 2
                       kubernetes.io/change-cause:  kubectl  apply  --filename=
nginx-deployment.yaml --record=true
Selector:               app=nginx
Replicas:                10 desired | 10 updated | 10 total | 10 available | 0
unavailable
StrategyType:            RollingUpdate
MinReadySeconds:         0
RollingUpdateStrategy:  10% max unavailable, 5 max surge
Pod Template:
  Labels:  app=nginx
  Containers:
   nginx:
    Image:       nginx:stable
    Port:        <none>
    Host Port:    <none>
    Environment:  <none>
    Mounts:       <none>
  Volumes:        <none>
Conditions:
  Type          Status  Reason
  ----          ------  ------
  Available      True   MinimumReplicasAvailable
  Progressing    True   NewReplicaSetAvailable
OldReplicaSets:  <none>
NewReplicaSet:   nginx-deployment-7cd7b48495 (10/10 replicas created)
Events:
  Type    Reason             Age                  From                 Message
  ----    ------             ----                 ----                 -------
  Normal   ScalingReplicaSet   10m                            deployment-controller
 Scaled up replica set nginx-deployment-6799fc88d8 to 10
  Normal   ScalingReplicaSet   3m14s                          deployment-controller
 Scaled up replica set nginx-deployment-7cd7b48495 to 5
  Normal   ScalingReplicaSet   3m14s                          deployment-controller
 Scaled down replica set nginx-deployment-6799fc88d8 to 9
```

```
  Normal   ScalingReplicaSet   3m14s                            deployment-controller
Scaled up replica set nginx-deployment-7cd7b48495 to 6
  Normal   ScalingReplicaSet   2m51s                            deployment-controller
Scaled down replica set nginx-deployment-6799fc88d8 to 8
  Normal   ScalingReplicaSet   2m51s                            deployment-controller
Scaled up replica set nginx-deployment-7cd7b48495 to 7
  Normal   ScalingReplicaSet   2m46s                            deployment-controller
Scaled down replica set nginx-deployment-6799fc88d8 to 7
  Normal   ScalingReplicaSet   2m46s                            deployment-controller
Scaled up replica set nginx-deployment-7cd7b48495 to 8
  Normal   ScalingReplicaSet   2m43s                            deployment-controller
Scaled down replica set nginx-deployment-6799fc88d8 to 6
  Normal   ScalingReplicaSet   2m27s  (x8  over  2m43s)   deployment-controller
(combined    from    similar    events):    Scaled    down    replica    set
nginx-deployment-6799fc88d8 to 0
```

从上面代码中的 Events 部分可以清晰地看到整个部署过程。首先，创建 RelicaSet nginx-deployment-7cd7b48495 来管理 5 个用 nginx:stable 镜像启动的 Pod；然后，逐步缩减原有的 ReplicaSet nginx-deployment-6799fc88d8 管理的 Pod 数（缩减至 0）。整个过程中始终保持两个 ReplicaSet 的 Pod 总数之和不超过设定的最高值 15，不低于设定的最小值 9，最终实现 10 个 Pod 的镜像都是 nginx:stable。

下面我们利用 kubectl rollout 命令来升级过程的检查、回退和暂停，具体代码如下：

```
 [root@Master ~]# kubectl rollout history deployment nginx-deployment
deployment.apps/nginx-deployment
REVISION  CHANGE-CAUSE
1         <none>
2         kubectl apply --filename=nginx-deployment.yaml --record=true
```

回退到之前的 Nginx 镜像，实现代码如下：

```
[root@Master   ~]#   kubectl   rollout   undo   deployment   nginx-deployment
--to-revision=1
deployment.apps/nginx-deployment rolled back
[root@Master ~]# kubectl describe deployment nginx-deployment
Name:                    nginx-deployment
…
Pod Template:
  Labels:  app=nginx
  Containers:
   nginx:
   Image:        nginx
…
```

这里--to-revision 为可选参数，如果不做选择，则自动回退到上一个版本。

另外，如果升级过程较长，则可以通过下面的命令来查询、停止和继续升级过程：

```
kubectl rollout status deployment [deployement_name]
kubectl rollout pause deployment [deployement_name]
kubectl rollout resume deployment [deployement_name]
```

从上面过程可以看到，Deployment 控制器后台调用了 ReplicaSet 控制器来实现容器的多副本需求，而 Deployment 控制器在此之上添加了更多的滚动升级和发布回滚等功能，来完成常见应用的部署需求。

18.6.4 后台应用 DaemonSet

DaemonSet 适用于管理后台守护进程类型的应用，比如：

- 集群或分布式文件系统等。
- 日志采集代理等。
- APM 性能监控代理程序等。

这些后台守护应用服务通常需要保证：

- 每个节点仅运行一个容器进程，以防止出现日志、性能数据重复收集、共享磁盘争抢等问题。
- 对于新加入的节点（定向调度、污点和亲和性限制除外），确保守护进程容器会自动启动，来实现此类容器对 Kubernetes 整个集群中正常节点的全覆盖。
- 对于 Pod 出错或死亡，DaemonSet 会采用新的 Pod 替换，确保守护进程的持续运行。

针对以上的容器部署需求，Kubernetes 提供了 DaemonSet 控制器来进行应对。

我们可以尝试将 nginx-deployment.yaml 文件代码做少量改动，变成 nginx-daemonset.yaml 文件，具体修改代码如下：

```
apiVersion: apps/v1
kind: DaemonSet
metadata:
  name: nginx-daemonset
spec:
  selector:
    matchLabels:
      app: nginx
```

```
template:
  metadata:
    labels:
      app: nginx
  spec:
    containers:
    - name: nginx
      image: nginx
```

可以看到修改后的文件删除了 Replicas 关键字，这是因为 DaemonSet 会根据正常节点的数量来确认容器的数量，保证在所有可以部署该容器的节点上都恰好运行一个 Pod，不需要再指定 Pod 副本的总数了。

我们通过 kubectl apply 命令创建 DaemonSet，并进行检查，具体代码如下：

```
[root@Master ~]# kubectl apply -f nginx-daemonset.yaml
daemonset.apps/nginx-daemonset created
[root@Master ~]# kubectl get daemonset
NAME                DESIRED   CURRENT   READY   UP-TO-DATE   AVAILABLE   NODE
SELECTOR   AGE
nginx-daemonset   2      2      0      2           0          <none>          5s
[root@Master ~]# kubectl describe daemonset nginx-daemonset
Name:           nginx-daemonset
Selector:       app=nginx
Node-Selector:  <none>
Labels:         <none>
Annotations:    deprecated.daemonset.template.generation: 1
Desired Number of Nodes Scheduled: 2
Current Number of Nodes Scheduled: 2
Number of Nodes Scheduled with Up-to-date Pods: 2
Number of Nodes Scheduled with Available Pods: 2
Number of Nodes Misscheduled: 0
Pods Status:  2 Running / 0 Waiting / 0 Succeeded / 0 Failed
Pod Template:
  Labels:  app=nginx
  Containers:
   nginx:
    Image:        nginx
    Port:         <none>
    Host Port:    <none>
    Environment:  <none>
    Mounts:       <none>
```

```
  Volumes:         <none>
Events:
  Type    Reason              Age   From                    Message
  ----    ------              ----  ----                    -------
  Normal   SuccessfulCreate    26s      daemonset-controller    Created   pod:
nginx-daemonset-t9jmw
  Normal   SuccessfulCreate    26s      daemonset-controller    Created   pod:
nginx-daemonset-mbwp6
```

由于 Master 节点默认设置了 NoSchedule 策略，所以只有两个 Node 节点可以部署应用容器。当前在 Node1 和 Node2 分别部署了 1 个 Pod 来提供 Nginx 后台守护进程服务，这种方式与守护进程惯例的部署方式相吻合。

18.6.5 任务 Job

Job 控制器顾名思义，就是管理作业的控制器。通常它会通过一个或多个 Pod 来完成特定的任务，并追踪任务的状态。一旦任务完成，就会把相关的 Pod 删除，并汇报任务已完成。

下面，我们通过创建 pi.yaml 文件来完成一个功能：计算小数点后 2000 位的π的具体数值，文件代码如下：

```
apiVersion: batch/v1
kind: Job
metadata:
  name: pi
spec:
  template:
    spec:
      restartPolicy: Never
      containers:
      - name: pi
        image: perl
        command: ["perl", "-Mbignum=bpi", "-wle", "print bpi(2000)"]
```

根据 pi.yaml 文件，运行 kubectl apply 命令，创建 Job 作业，具体代码如下：

```
[root@Master ~]# kubectl apply -f pi.yaml
job.batch/pi created
```

Job 类型可以通过参数设定实现多任务并行处理。比如复制 pi.yaml 为 pi-batch.yaml，并通过添加 completions 参数来指定总共需要运行几遍任务，通过添加 parallelism 参数来指定同时允许几个作业并行运行。修改后的 pi-batch.yaml 文件代码如下：

```
apiVersion: batch/v1
kind: Job
metadata:
  name: pi-batch
spec:
  completions: 3
  parallelism: 2
  template:
    spec:
      restartPolicy: Never
      containers:
      - name: pi
        image: perl
        command: ["perl", "-Mbignum=bpi", "-wle", "print bpi(2000)"]
```

运行 kubectl apply 命令，创建并行作业，具体代码如下：

```
[root@Master ~]# kubectl apply -f pi-batch.yaml
job.batch/pi-batch created
```

运行 kubectl get pods 命令，快速查看 Pod 的分配情况，具体代码如下：

```
root@Master ~]# kubectl get pods
NAME                          READY   STATUS              RESTARTS   AGE
pi-batch-pfzrv                  0/1    ContainerCreating   0           3s
pi-batch-v25n5                  0/1    ContainerCreating   0           3s
```

可以看到有两个作业正在运行。重复上面的命令，继续查询：

```
root@Master ~]# kubectl get pods
NAME                          READY   STATUS              RESTARTS   AGE
pi-batch-pfzrv                  0/1    Completed          0           15s
pi-batch-v25n5                  1/1    Running            0          15s
pi-batch-xfghm                  0/1    ContainerCreating   0           1s
```

可以看到，一个作业已经完成。为了保持并行性，第三个作业也已经开始运行。再次重复上面的命令，结果如下：

```
[root@Master ~]# kubectl get pods
NAME                          READY   STATUS       RESTARTS   AGE
pi-batch-pfzrv                  0/1    Completed   0            4m12s
pi-batch-v25n5                  0/1    Completed   0            4m12s
pi-batch-xfghm                  0/1    Completed   0            3m58s
```

从上面代码可以看到，三个作业都已经成功运行完成。整个过程是这样的：先并行两个作业，当其中一个作业完成时，第三个作业自动接替，从而实现了两个作业同时运行，这与 YAML 文件中定义的执行计划相吻合。

Job 控制器的其他管理操作有如下 3 个：

（1）查询

运行 kubectl describe job 命令，检查 Job 作业的运行情况，具体代码如下：

```
[root@Master ~]# kubectl describe job pi
Name:          pi
Namespace:      default
Selector:       controller-uid=47faca13-a3f7-4627-a49b-9c0756145742
Labels:         controller-uid=47faca13-a3f7-4627-a49b-9c0756145742
               job-name=pi
Annotations:    <none>
Parallelism:    1
Completions:    1
Start Time:     Sun, 04 Oct 2020 16:32:02 +0800
Completed At:   Sun, 04 Oct 2020 16:33:51 +0800
Duration:       109s
Pods Statuses:  0 Running / 1 Succeeded / 0 Failed
Pod Template:
  Labels:  controller-uid=47faca13-a3f7-4627-a49b-9c0756145742
          job-name=pi
  Containers:
   pi:
    Image:      perl
    Port:       <none>
    Host Port:  <none>
    Command:
      perl
      -Mbignum=bpi
      -wle
      print bpi(2000)
    Environment:  <none>
    Mounts:       <none>
  Volumes:        <none>
Events:
  Type    Reason              Age    From             Message
  ----    ------              ----   ----             -------
```

```
 Normal  SuccessfulCreate  5m56s  job-controller  Created pod: pi-k4z6m
 Normal  Completed         4m7s   job-controller  Job completed
```

运行 kubectl get pod 命令，针对其中的 pod pi-k4z6m 做进一步的查询，具体代码如下：

```
[root@Master ~]# kubectl get pod pi-k4z6m
NAME        READY   STATUS      RESTARTS    AGE
pi-k4z6m    0/1     Completed   0           7m49s
```

从上面代码可以看到，容器成功运行后进入 Completed 完成状态。

运行 kubectl logs 命令，进一步检查作业的标准输出，可以看到圆周率的计算结果：

```
[root@Master ~]# kubectl logs pi-k4z6m
3.14159265358979323846264338327950288419716939937510582097494459230781640628
62089986280348253421170679821480865132823066470938446095505822317253594081284
8111745028410270193...
```

（2）删除

与 Deployment 类似，Job 也可以通过下列命令之一进行删除：

```
kubectl delete -f [job_file]
kubectl delete job [job_name]
```

（3）定时作业

CronJob 是另一种作业类型，它是 Job 的延展，可以实现与 Linux 系统中 CronJob 类似的定制任务。

复制 pi.yaml 为 pi-cronjob.yaml，并重点修改以下几点：apiVersion 为 batch/v1beta1；kind 类型为 CronJob；spec.jobTemplate.spec 代替 Job 的 spec；schedule 采用 CronJob 标准的分钟、小时、日、月、周的格式。修改后的 pi-cronjob.yaml 文件代码如下：

```
apiVersion: batch/v1beta1
kind: CronJob
metadata:
  name: pi-cronjob
spec:
  schedule: "*/1 * * * *"
  jobTemplate:
    spec:
      template:
        spec:
          restartPolicy: Never
          containers:
```

```
      - name: pi
        image: perl
        command: ["perl", "-Mbignum=bpi", "-wle", "print bpi(2000)"]
```

运行 kubectl apply 命令，创建对应的 CronJob，具体代码如下：

```
[root@Master ~]# kubectl apply -f pi-cronjob.yaml
cronjob.batch/pi-cronjob created
```

稍等几分钟后，运行 kubectl describe cronjobs 命令，查询 CronJob 的状态，具体代码如下：

```
[root@Master ~]# kubectl describe cronjobs
Name:                          pi-cronjob
Namespace:                      default
Labels:                        <none>
Annotations:                    <none>
Schedule:                       */1 * * * *
Concurrency Policy:               Allow
Suspend:                       False
Successful Job History Limit:  3
Failed Job History Limit:      1
Starting Deadline Seconds:     <unset>
Selector:                      <unset>
Parallelism:                    <unset>
Completions:                    <unset>
Pod Template:
  Labels:  <none>
  Containers:
   pi:
    Image:      perl
    Port:       <none>
    Host Port:  <none>
    Command:
      perl
      -Mbignum=bpi
      -wle
      print bpi(2000)
    Environment:     <none>
    Mounts:         <none>
  Volumes:          <none>
Last Schedule Time:  Sun, 04 Oct 2020 18:14:00 +0800
Active Jobs:         <none>
```

```
Events:
  Type    Reason            Age   From                Message
  ----    ------            ----  ----                -------
  Normal   SuccessfulCreate   5m48s   cronjob-controller   Created  job
pi-cronjob-1601806140
  Normal  SawCompletedJob   5m28s  cronjob-controller  Saw completed job:
pi-cronjob-1601806140, status: Complete
  Normal   SuccessfulCreate   4m48s   cronjob-controller   Created  job
pi-cronjob-1601806200
  Normal  SawCompletedJob   4m28s  cronjob-controller  Saw completed job:
pi-cronjob-1601806200, status: Complete
  Normal   SuccessfulCreate   3m48s   cronjob-controller   Created  job
pi-cronjob-1601806260
  Normal  SawCompletedJob   3m28s  cronjob-controller  Saw completed job:
pi-cronjob-1601806260, status: Complete
  Normal   SuccessfulCreate   2m48s   cronjob-controller   Created  job
pi-cronjob-1601806320
  Normal   SuccessfulDelete   2m28s   cronjob-controller   Deleted  job
pi-cronjob-1601806140
  Normal  SawCompletedJob   2m28s  cronjob-controller  Saw completed job:
pi-cronjob-1601806320, status: Complete
  Normal   SuccessfulCreate   108s    cronjob-controller   Created  job
pi-cronjob-1601806380
  Normal  SawCompletedJob   88s    cronjob-controller  Saw completed job:
pi-cronjob-1601806380, status: Complete
  Normal   SuccessfulDelete   88s     cronjob-controller   Deleted  job
pi-cronjob-1601806200
  Normal   SuccessfulCreate   48s     cronjob-controller   Created  job
pi-cronjob-1601806440
  Normal  SawCompletedJob   28s    cronjob-controller  Saw completed job:
pi-cronjob-1601806440, status: Complete
  Normal   SuccessfulDelete   28s     cronjob-controller   Deleted  job
pi-cronjob-1601806260
```

可以看到每分钟 CronJob 都在创建新的 Job 来执行任务。

通过 kubectl get jobs 命令进一步查询 Job 状态，可以看到已经连续运行过大量的 Job，具体代码如下：

```
[root@Master ~]# kubectl get jobs
NAME                   COMPLETIONS   DURATION   AGE
pi-cronjob-1601806320   1/1           12s        3m19s
```

```
pi-cronjob-1601806380   1/1           11s        2m19s
pi-cronjob-1601806440   1/1           12s        79s
```

工作全部完成后，可以通过 kubectl delete cronjob 命令删除定时任务：

```
[root@Master ~]# kubectl delete cronjob pi-cronjob
cronjob.batch "pi-cronjob" deleted
```

18.6.6 控制器选择思路

回顾一下，如图 18-7 所示，Kuernetes 提供了多种控制器来完成 Pod 容器组的部署和管理。通常的选择思路如下：

- 临时作业类型的应用或者时间驱动的定时任务，建议采用 Job 或者 CronJob 类型的控制器来处理。
- 守护进程类型的应用，比如需要每台服务器运行一个容器的日志、监控软件等，建议采用 DaemonSet 来部署。
- 对于有状态的应用，比如需要容器删除重建后数据仍可重用、容器启动过程有顺序要求、容器本身需要维持指定的分布式/集群 ID 或主机名等，建议采用 StatefulSet 来管理容器、存储和网络资源。
- 如果以上三点不满足，建议统一采用 Deployment 控制器方式部署，方便实现 Pod 的副本管理和应用的滚动发布与回退管理。可以说，Deployment 是 Kubernetes 部署中最为主流的控制器选择。

18.7 【优惠券项目落地】——Kubernetes 容器化管理

18.7.1 应用 Pod 划分总体思路

在 Kubernetes 内部，一个 Pod 可以管理多个容器，但是每个 Pod 都主要实现一个微服务功能，由 Pod 中的主容器完成业务功能，其他容器（比如 Pause 容器、监控代理容器、Service Mesh 容器等）完成其他支持业务节点的附加功能。本着这个思路，我们将 coupon-template、coupon-calculation、coupon-user 三个应用分别用不同的 Pod 进行部署；将 config-server、gateway-server、eureka-server、Redis、RabbitMQ、MySQL 等中间件和数据库服务也都采用不同的 Pod 进行部署。

同时，每个应用服务和中间件服务需要通过分布式和多副本来实现高可用、高性能和可扩展性等需求，这就需要引入 Controller 来实现 Pod 的自动编排和管理。

18.7.2 应用 Controller 选择

Controller 有多种，应该如何选择合适的类型呢？按照 18.6.6 节的选择思路，我们将 eureka-server、Redis、RabbitMQ、MySQL 四个模块采用有状态应用部署方式 StatefulSet 来进行管理，具体部署方式将在 Kubernetes 网络互联、数据存储和高级功能讲解后逐一展开。

coupon-template、coupon-calculation、coupon-user 和 config-server、gateway-server 属于长期运行的无状态服务，适合采用 Deployment 来完成 Pod 副本的管理和软件的升级发布。

18.7.3 Node 资源分配

具体该如何规划项目资源呢？我们可以考虑以一个较小的资源规划为起点逐步展开。本书中的优惠券项目的资源配置如表 18-1 所示。

表 18-1 优惠券项目资源配置

模块名称	Pod 数量	CPU/Pod（初始）	CPU/Pod（上限）	内存/Pod（初始）	内存/Pod（上限）
coupon-template	2	0.2 核	0.5 核	200M	1000M
coupon-calculation	2	0.2 核	0.5 核	200M	1000M
coupon-user	2	0.2 核	0.5 核	200M	1000M
config-server	2	0.2 核	0.5 核	200M	1000M
gateway-server	2	0.2 核	0.5 核	200M	1000M
eureka-server	2	0.2 核	0.5 核	200M	1000M
Redis	3	N/A	N/A	N/A	N/A
RabbitMQ	3	N/A	N/A	N/A	N/A
MySQL	2	N/A	N/A	N/A	N/A

各模块都采用双 Pod 或三 Pod 的高可用发布方式，并且减少初始 CPU 和内存的分配。

根据默认的污点规则，Master 节点不参与应用 Pod 的调度发布，将所有 Pod 分配在两个 Node 节点上，统一用 default namespace 进行管理。其中的无状态服务 coupon-template、coupon-calculation、coupon-user 和 config-server、gateway-server，为了方便未来扩展到几十上百个 Pod 数，对 Node 节点不设置污点和亲和性，任其自由部署。其中的有状态服务 eureka-server、Redis、RabbitMQ、MySQL 将通过亲和性设置尽量分布在不同的 Node 节点上，实现跨节点数据高可用。

18.7.4 Liveness 健康检查

为了确保容器的正常启动，将在部署过程中添加监控 HTTP 网络的 Liveness Probe 存活探针，并在 Pod 层面设置 restartPolicy=Always 的出错重启策略。

根据上述的策略来定制 Kubernetes 中各模块的 YAML 部署文件。以 coupon-template 应用为例，编写 coupon-template.yaml 文件，代码如下：

```
apiVersion: apps/v1
kind: Deployment
metadata:
 name: coupon-template
spec:
 replicas: 2
 selector:
   matchLabels:
     app: coupon-template
 template:
   metadata:
     labels:
       app: coupon-template
   spec:
     restartPolicy: Always
     containers:
     - name: coupon-template
       image: coupon-template
       imagePullPolicy: IfNotPresent
       resources:
         requests:
           memory: 200Mi
           cpu: 200m
         limits:
           memory: 1000Mi
           cpu: 500m
```

```
        livenessProbe:
          httpGet:
            path: /actuator/health
            port: 20000
          initialDelaySeconds: 120
          periodSeconds: 60
          timeoutSeconds: 10
```

上面的 YAML 配置文件指定了：kubelet 会先在容器启动后等待 120s，然后每 60s 发送一个 HTTP 请求到 coupon-template 容器的 URL 地址（http://localhost:20000/actuator/health）上，检查容器的运行状态。如果返回值为 2XX 或 3XX，则认为容器状态健康；如果连续三次返回值为其他数值或者超过 10s 没有响应，就会重启该容器。YAML 文件中的 resources.requests 和 resources.limits 用于定义 Kubernetes 内部 Pod 资源限制的具体要求，该内容将在 21.4.2 节详细介绍，这里从略。

大家可以仿照上例完成 coupon-calculation、coupon-user、config-server、gateway-server 的 YAML 部署文件。因为 Kubernetes 内 Pod 的网络通信方式和 Docker 不尽相同，所以实际 Kubernetes 部署过程中的应用配置文件还需要进行定制化修改和重新编译打包，这里先跳过部署环节，在后面几章的实战内容中，将统一进行打包部署的演示。

19

第 19 章 Kubernetes 网络互联

京杭大运河作为世界上里程最长、工程最为浩大的古代运河，一直被世人津津乐道。古诗云："尽道隋亡为此河，至今千里赖通波。若无水殿龙舟事，共禹论功不较多"。在唐朝诗人皮日休的眼中，大运河的开通，其功绩可以和大禹治水比肩，由此可见河道治理和水路运输对整个朝代的影响是很大的。

同样地，在当今的互联网时代，信息高速公路替换了传统的公路、铁路、河道运输。容器集装箱也找到了最适合它的运输通道——Kubernetes 网络。通过 Kubernetes 的网络互联，实际的终端负载可以顺利地负载均衡到后台的容器集装箱中，容器和容器之间也可以实现服务发现和网络通信，一条宽广的大运河顺利地在容器世界里开通出来，再也不用重演劳民伤财开凿运河而导致隋朝灭亡的悲剧了。

19.1　跨节点网络

19.1.1　网络互联总体思路

我们在 17.6 节介绍了三个跨服务器的第三方网络：Flannel 网络、Weave 网络、Calico 网络。开发人员在 Docker 层手工实现这些网络的复杂度是非常高的，因此，Kubernetes 作为容器编排引擎，很好地和这些第三方做了集成。我们可以在 Kubernetes 官网找到推荐网络列表。除 17.6 节介绍的三个第三方网络外，还有 Cisco 的 ACI 网络、结合 Calico 网络和 Flannel 大二层的 Canal 网络、VMware 的 NXS-T 网络等。

这里我们只介绍 Flannel 网络和 Canal 网络的 Kubernetes 实现方式，其他的网络读者可以查找官方文档进行学习。

19.1.2　Flannel 网络的 Kubernetes 实现

Flannel 网络在传统的三层网络之上，通过桥接、Overlay 等方式实现了跨服务器节点的大二层 VxLan 网络。所有的容器和节点都像是连在同一交换机之上，可以方便地实现信息互通。

整个 Flannel 网络的仲裁和配置都可以存储在 Kubernetes 所用的 etcd 集群中，所以这套网络解决方案和 Kubernetes 配合得默契十足，是主流方案之一。

我们在 18.4 节（Kubernetes 集群搭建）已经感受了它的便捷，只需要运行下面一条命令，就可以轻松地完成 Flannel 网络的创建：

```
kubectl apply -f kube-flannel.yml
```

在容器的实际使用过程中，Kubernetes 的 Master 节点可以方便地通过 Flannel 网络和 Node 节点进行控制层的交流，Node 节点和在 Flannel 网络上面运行的 Pod 也可以通过 Flannel 网络实现全透明网络间相互访问。

19.1.3　Canal 网络的 Kubernetes 实现

相对 Flannel 网络而言，Canal 网络算是一个增强版，使用用户也非常多。它既具有

Flannel 大二层网络的便捷优势，又支持 Calico 网络的策略管理，能够指定类似于物理防火墙上的 ingress 进口网络策略和 egress 出口网络策略。

与 Flannel 网络类似的所有网络的配置和策略也都在 etcd 集群中存储，可以在 Kubernetes 集群创建时，通过一条命令方便地进行集成。

进阶版的网络策略，可以通过 NetworkPolicy 类型的 API 和 YAML 文件进行配置管理。

19.1.4 网络选型

当前的各种第三方网络都符合 CNI 规范，通过插件的形式可以快速地完成部署。

基于各网络之间的主要区别，笔者给出几点建议：

- 尽量采用基于 etcd 的网络，如 Flannel 网络、Calico 网络、Canal 网络等，这样可以重用 Kubernetes 集群的 etcd 节点，减少潜在的故障环节，缩短故障排查时间。
- 如果有防火墙或网络安全策略的要求，建议采用内置网络策略协议的网络，如 Canal 网络、Calico 网络、Contrail 网络、Nuage 网络、Romana 网络、Weave Net 网络等。
- 如果没有特殊的性能要求，建议采用 Overlay 类型的网络，如 Flannel 网络、Canal 网络、OVN4NFV 网络等，这些网络会使整体网络的使用和复杂度更低。

要注意的是，网络选型只能在 Kubernetes 集群创建时决定，一旦决定就不能修改。如果要更换网络，那么只能通过 kubeadm reset 命令清空 Kubernetes 集群，再通过 kubeadm init 命令重建集群。

因此，在进行网络选型和 Kubernetes 集群搭建过程中的网络参数选择（如网段等）时，必须慎之又慎。

19.2 服务发现与负载均衡

19.2.1 Pod 访问方式

Kubernetes 网络整体可以分为三层：Node 层、Pod 层和 Service 层。如图 19-1 所示，在整个集群的创建过程中，需要提前规划好底层的 Node 节点 IP 地址段、Pod 的 IP 地址段和 Service 服务网络 IP 地址段。

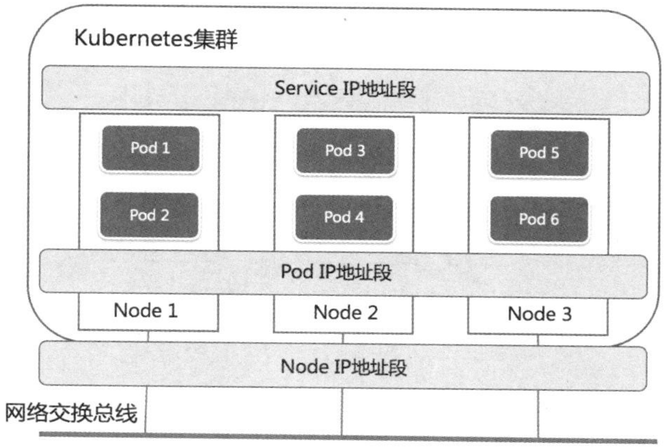

图 19-1　Kubernetes 网络地址段

我们从网络访问的几个方面来探讨 Kubernetes 的网络整体设计：

- 节点的 IP 地址段用于分配给 Master 和 Node 节点来进行信息管理和应用数据的实际沟通，它是整个集群工作的基础。
- Pod 的 IP 地址段保证了跨 Pod 容器可以互相沟通。我们知道，同一 Pod 内的容器是可以共享网络栈的，所以各容器之间可以通过 localhost 本地网络进行通信。而多个 Pod 内的容器如何在同一个节点，甚至跨节点进行沟通呢？这就要利用容器网络协议栈，通过路由转发或者大二层网络直通模式来实现了。
- Pod 又该如何访问外部资源呢？它是通过 NAT 网络技术，经由服务器节点的 NIC 网卡连接到外部互联网资源的。
- 外部应用如果要访问容器服务，又该如何实现服务发现和负载均衡呢？在传统应用层有 API 网关、负载均衡器、反向代理、服务注册与发现等多种方法来实现以上功能。Kubernetes 作为容器编排工具也提供了一个对应用透明的方式来实现容器服务的外部访问，这就是著名的 Service 的概念，它实现了非侵入式的服务发现和负载均衡。在集群设计时，也需要规划 Service 网络 IP 地址段。

Service 的本质就是负载均衡式的数据访问服务。如图 19-2 所示，每个 Service 都会包含一个虚拟 IP 地址。当 Kubernetes 的内部节点（如图 19-2 中的前端 Pod）有数据流发送给这个 IP 地址时，Kubernetes 底层会实现负载均衡，将数据流均衡地发布到后台的 Pod 上（如图 19-2 中的后端 Pod），所有相关的 Pod 作为一个容器组统一对外提供网络服务。

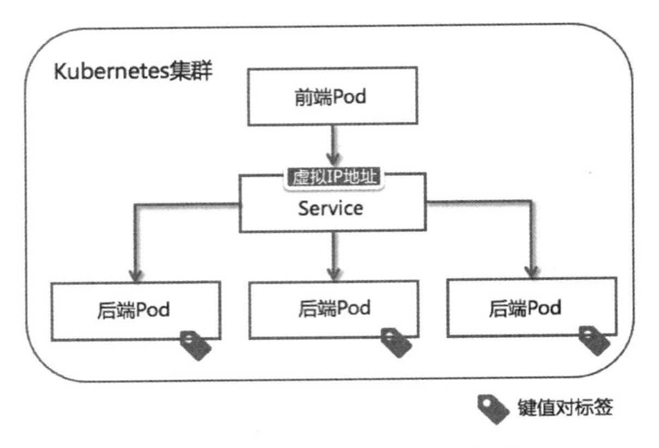

图 19-2 Kubernetes Service 概念

Service 有三种实现方式：CluterIP、NodePort、LoadBalancer。下面我们将逐一详细介绍。

19.2.2 ClusterIP 方式

ClusterIP 是最基础的 Service 工作方式，我们尝试通过它让之前部署的 Nginx 三副本 Pod 对外提供服务。

首先创建 nginx-service.yaml 文件，文件代码如下：

```
apiVersion: v1
kind: Service
metadata:
  name: nginx-service
spec:
  type: ClusterIP
  selector:
    app: nginx
  ports:
  - protocol: TCP
    port: 8080
    targetPort: 80
```

在上面代码中，kind 指定资源对象类型为 Service；spec.type 指定采用 CluterIP 模式；spec.selector 指定当前服务去匹配键值对为 app:nginx 的 Pod，大家回顾一下 nginx-deployent.yaml 文件，可以看到我们的 Pod 里面一开始就定义了 app: nginx 这对标签；spec.ports.protocol 指定网络协议；spec.ports.port 指定对外服务的端口号，它会和系统自动设定的 CluterIP 共同组成服务访问的 IP 地址/端口对；spec.ports.targetPort 指定容器内部应用的绑定端口，Nginx 应用的默认端口为 80。

然后使配置生效，创建相应的服务并检查服务状态，具体代码如下：

```
[root@Master ~]# kubectl apply -f nginx-service.yaml
service/nginx-service created
[root@Master ~]# kubectl get services
NAME            TYPE        CLUSTER-IP       EXTERNAL-IP   PORT(S)    AGE
nginx-service   ClusterIP   10.111.255.201   <none>        8080/TCP   4s
[root@Master ~]# kubectl describe service nginx-service
Name:              nginx-service
Namespace:         default
Labels:            <none>
Annotations:       <none>
Selector:          app=nginx
Type:              ClusterIP
IP:                10.111.255.201
Port:              <unset>  8080/TCP
TargetPort:        80/TCP
Endpoints:         10.244.2.39:80,10.244.4.73:80,10.244.4.74:80
Session Affinity:  None
Events:            <none>
```

在上面代码中，CLUSTER-IP 对应的地址就是 Virtual IP 虚拟地址，可以选择在 YAML 文件里指定，也可以由 Kubernetes 自动创建，我们这里演示的是后者；Endpoints 对应的是根据 app=nginx 规则匹配到的 Pod 的 IP 地址和 YAML 中设置的 targetPort 端口信息，这里已经找到了 3 个匹配的 Pod。

我们在 Master 节点上通过 curl 命令访问 Nginx 服务：

```
[root@Master ~]# curl 10.111.255.201:8080
<!DOCTYPE html>
<html>
<head>
<title>Welcome to nginx!</title>
<style>
   body {
       width: 35em;
       margin: 0 auto;
       font-family: Tahoma, Verdana, Arial, sans-serif;
   }
</style>
```

```
</head>
<body>
<h1>Welcome to nginx!</h1>
<p>If you see this page, the nginx web server is successfully installed and
working. Further configuration is required.</p>
...
</body>
</html>
```

Nginx 访问正常，整个工作流程如图 19-3 所示，集群内的节点或 Pod 可以通过 ClusterIP:Port 组合来访问整个应用服务，CluterIP 模式的 Service 会保证 Kubernetes 将访问需求均衡地发送给后端成功完成键值对匹配的 Pod 的 targetPort 端口上。

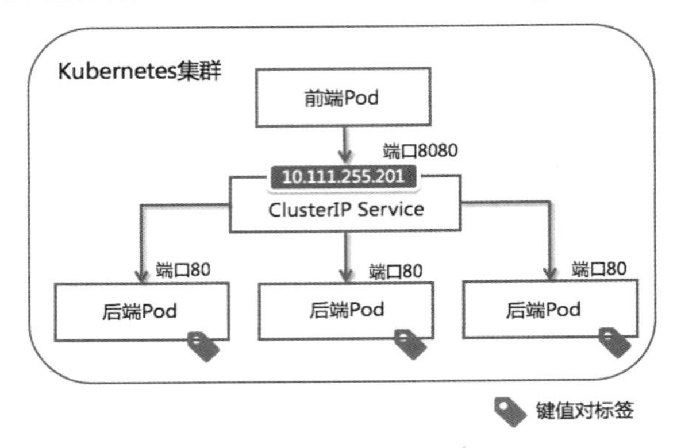

图 19-3　CluterIP 方式的工作流程

Kubernetes 集群的 Service 除了帮助 Pod 实现了基于 Virtual IP 地址的负载均衡，还实现了服务发现的功能。每个应用不需要记录后台服务的 IP 地址，可以直接采用服务的 URL 全名 [service_name].[namespace_name].svc.cluster.local:[cluterip_port] 或者短域名 [service_name].[namespace_name]:[cluterip_port]直接访问。对于集群中相同 Namespace 的其他 Pod 组的服务访问，我们还可以省略[namespace_name]，直接调用[service_name]:[cluterip_port]。

我们通过 kubectl exec 命令登录一个 Nginx Pod，并运行 curl 命令直接访问服务短域名 nging-servivce:8080，具体代码如下：

```
[root@Master ~]# kubectl exec nginx-deployment-d484b6cf8-lk6sw -- curl
nginx-service:8080
  % Total    % Received % Xferd  Average Speed   Time    Time     Time  Current
                                 Dload  Upload   Total   Spent    Left  Speed
  0     0    0     0    0     0      0      0 --:--:-- --:--:-- --:--:--
```

```
0<!DOCTYPE html>
<html>
<head>
<title>Welcome to nginx!</title>
<style>
    body {
        width: 35em;
        margin: 0 auto;
        font-family: Tahoma, Verdana, Arial, sans-serif;
    }
</style>
</head>
<body>
<h1>Welcome to nginx!</h1>
<p>If you see this page, the nginx web server is successfully installed and
working. Further configuration is required.</p>
…
</body>
</html>
100   612  100   612    0     0  149k      0 --:--:-- --:--:-- --:--:--  149k
```

上面代码中包含了大家最熟悉的 Welcome to nginx！可见，在 Kubernetes 集群中，各服务通过服务名就可以直接访问，省去了复杂的服务注册、服务发现环节。

19.2.3　NodePort 方式

CluterIP 虽然有很多优势，但是也有致命的弱点，就是只能在同一 Kubernetes 集群中的节点和 Pod 才能访问。如果有一台外部服务器或外部客户端，是无法直接通过 ClusterIP 来访问后台的容器服务的。如何解决这个问题？Kubernetes 设计了一个方法——在 ClusterIP 的 Service 外层添加一层 Node 节点数据转发机制，这样外部系统就可以通过访问 Kubernetes 的 Node 节点的公网 IP 地址来访问服务了。这种模式的 Service 就是 NodePort Service。

如图 19-4 所示，当 Kubernetes 集群外的客户端需要访问容器服务时，首先访问到 Node 节点的 NodePort 端口，然后由 Node 节点作为代理将网络请求转发到内部的 Service 的 ClusterIP 的 port 端口上，这个 Service 会进一步将请求均衡地分布到后台 Pod 容器的 targetPort 中。

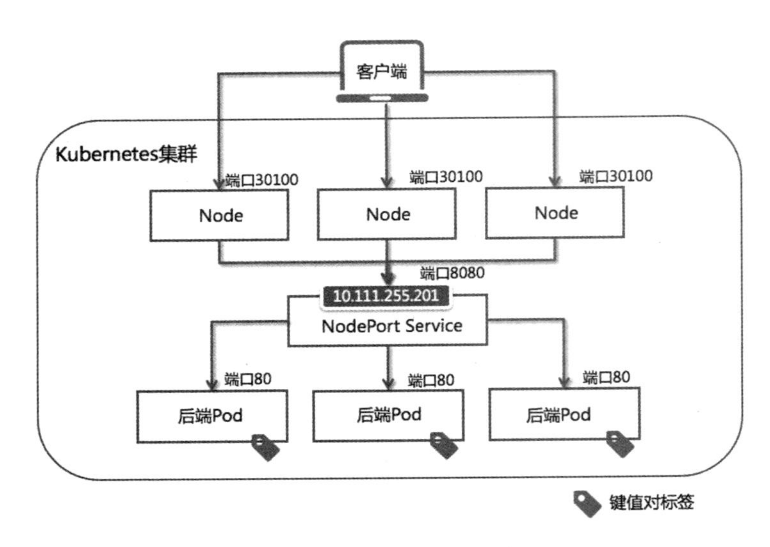

图 19-4 NodePort 方式工作流程

我们通过修改 nginx-service.yaml 文件来实现 NodePort 方式的网络连接，文件代码如下：

```
apiVersion: v1
kind: Service
metadata:
  name: nginx-service
spec:
  type: NodePort
  selector:
    app: nginx
  ports:
  - protocol: TCP
    nodePort: 30100
    port: 8080
    targetPort: 80
```

在上面代码中，spec.type 指定为 NodePort 方式；spec.ports.nodePort 指定 Node 节点的端口为 30100。在配置过程中也可以不具体指定 NodePort 模式，系统将从 30000～32767 中随机指定空闲的端口。

我们通过 kubectl apply 命令更新 Service 配置，并检查最终效果，具体代码如下：

```
[root@Master ~]# kubectl apply -f nginx-service.yaml
service/nginx-service configured
[root@Master ~]# kubectl get service
```

```
NAME            TYPE        CLUSTER-IP       EXTERNAL-IP   PORT(S)             AGE
nginx-service   NodePort    10.111.255.201   <none>        8080:30100/TCP
6h17m
[root@Master ~]# kubectl describe service nginx-service
Name:                     nginx-service
Namespace:                default
Labels:                   <none>
Annotations:              <none>
Selector:                 app=nginx
Type:                     NodePort
IP:                       10.111.255.201
Port:                     <unset>  8080/TCP
TargetPort:               80/TCP
NodePort:                 <unset>  30100/TCP
Endpoints:                10.244.2.39:80,10.244.4.73:80,10.244.4.74:80
Session Affinity:         None
External Traffic Policy:  Cluster
Events:                   <none>
```

可以看到，Service 的 Type 成功地更新成了 NodePort；NodePort 也设置成了 30100。

我们可以尝试用 Kubernetes 外的客户端来依次访问 CluterIP:Port(10.111.255.201:8080) 和 NodeIP:NodePort(172.19.23.48:30100)，其中 NodeIP 可以在 Master 和 Node1、Node2 节点中任选。

这里我们采用 curl 命令访问 Master 节点的 IP 地址：

```
[root@DockerHost ~]# curl 10.111.255.201:8080
curl: (7) Failed to connect to 10.111.255.201 port 8080: Connection timed out
[root@DockerHost ~]# curl 172.19.23.48:30100
<!DOCTYPE html>
<html>
<head>
<title>Welcome to nginx!</title>
<style>
   body {
      width: 35em;
      margin: 0 auto;
      font-family: Tahoma, Verdana, Arial, sans-serif;
   }
</style>
</head>
<body>
```

```
<h1>Welcome to nginx!</h1>
<p>If you see this page, the nginx web server is successfully installed and
working. Further configuration is required.</p>
…
</body>
</html>
```

从以上过程可以看到，外部客户端无法直接访问内网的 ClusterIP，但是只要外部客户端和 Master 或者 Node 节点互通，就可以通过节点的 IP 地址和 NodePort 端口来访问容器服务。

19.2.4 LoadBalancer 方式

NodePort 解决了外部用户的容器服务访问需求，但是仔细思考，却存在高可用的隐患。当外部客户端指定某一个节点的 IP 地址和 NodePort 作为服务访问的目标时，如果这个节点发生故障，那么外部服务请求就会报错。如何才能实现真正的负载均衡高可用呢？

Kubernetes 提出了一个 LoadBalancer 类型的 Service 来完成高可用需求。如图 19-5 所示，客户端的请求会先经过一个负载均衡器，这个负载均衡器会随机选择一个 Node 节点作为代理，进一步发送到后面的 CluterIP，最终均衡地将服务请求发送到后台 Pod 容器中。

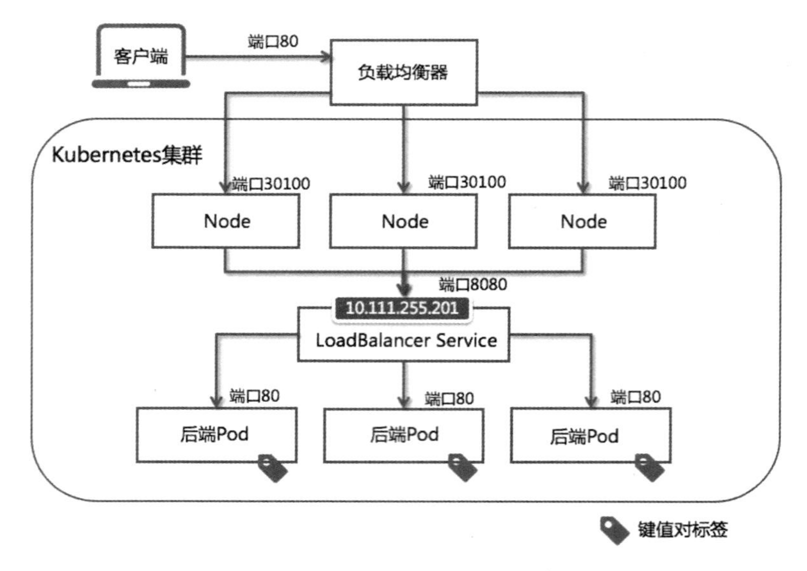

图 19-5　LoadBalancer 方式工作流程

LoadBalancer 的具体配置过程与 NodePort 几乎完全一致，唯一的区别是 YAML 文件中的 spec.type 要修改为 LoadBalancer。因为这种方式的本质是调用云平台的 API 创建一个外置负载均衡器，然后将其和 NodePort 方式的 Service 关联起来，所以在个人环境无法演示。但这种方式是公有云平台的主流服务提供方式之一。感兴趣的同学可以任选一个 Kubernetes PaaS 云平台进行尝试。

19.2.5　Ingress 方式

公有云环境的另一个主流网络访问方式是 Ingress。Ingress 可以理解为一种 HTTP 的七层网络路由解决方案，它和 Nginx 等 HTTP 负载均衡反向代理功能类似。

如图 19-6 所示，发送到 Ingress 的网络请求可以根据其不同的 HTTP URL 域名或者请求路径名，指向不同的后端 Service 服务，每个 Service 服务进而根据策略转发到后台的 Pod 容器中。

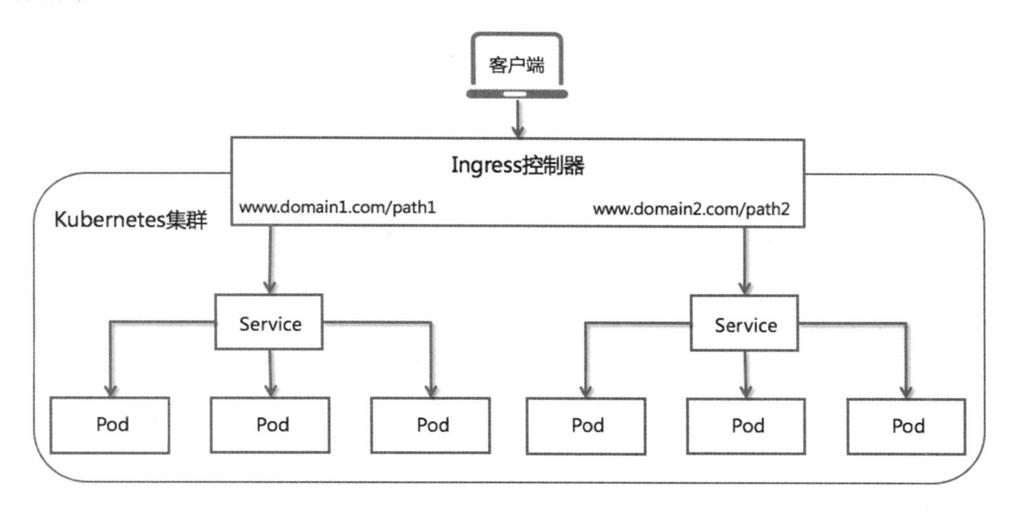

图 19-6　Ingress 方式工作流程

比较图 19-2 和 19-6，可以看出 Ingress 和 Service 相比有几大不同之处：

- Ingress 是基于 HTTP URL 的 7 层负载均衡器，和 TCP、UDP 等基于 IP 地址和端口的网络 3/4 层负载均衡不同。
- Ingress 无法独立工作，需要结合 Service 才能开展工作。
- Ingress 的实现需要额外的第三方组件 Ingress Controller，可以通过搭建 Nginx 服务来实现 Ingress Controller，也可以通过其他的公有云 HTTP 负载均衡器来实现。

- Ingress 需要与外部 DNS 记录配合使用，以确保客户的 HTTP 请求可以经由 DNS 解析后发送到 Ingress 7 层负载均衡器。
- Ingress 是 7 层的解决方案，我们可以通过 1 个 Ingress 来实现整个站点的所有 URL 的负载均衡。如果选择采用 LoadBalancer 的 Service，则不同的服务需要通过创建不同的负载均衡器来实现 3/4 层负载均衡。因此，在公有云环境中，对外的 HTTP 网站服务，都会优先选择 Ingress 加 ClusterIP/NodePort Service 的组合，集高可用、低成本、灵活于一身。

Ingress 的规则策略的实现代码如下：

```
apiVersion: extensions/v1beta1
kind: Ingress
metadata:
 name: nginx-ingress
spec:
 backend:
   serviceName: nginx-service
   servicePort: 8080
rules:
- host: demo.example.com
 http:
   paths:
   - path: /demo1
     backend:
       serviceName: demo1
       servicePort: 8080
   - path: /demo2
     backend:
       serviceName: demo2
       servicePort: 8080
```

从上面代码中可以看到，所有发送到 Ingress 的负载，首先尝试匹配 rules 规则，如果发现 URL 为 demo.example.com/demo1，则发送给 Service demo1 的端口 8080；如果发现 URL 为 demo.example.com/demo2，则发送给 Service demo2 的端口 8080；剩余的请求都转发给 nginx-service 服务的端口 8080。

感兴趣的同学可以任选一个 Kubernetes PaaS 云平台，利用公有云的 Ingress Controller 进行尝试。

19.2.6　服务发现总体思路

总结一下 Kubernetes 的服务发现的实现，有 Service 和 Ingress 两种常见方式。Service 可以实现 3/4 网络层传输层的容器负载均衡，Ingress 可以结合 Service 实现 7 层应用层的容器负载均衡。

其中，Service 又可以分为三种方式：CluterIP、NodePort 和 LoadBalancer 方式。

- CluterIP 方式的 Service，可以实现 Kubernetes 集群内部的服务发现，Pod 和 Pod 之间可以通过服务名来互相访问，解决了容器频繁启停、IP 地址频繁变化的问题。
- NodePort 方式的 Service，比 CluterIP 方式的功能更进一步，通过 Node 节点的外网地址，实现了内部容器对外部用户的服务供给。
- LoadBalancer 方式的 Service，结合云平台的负载均衡器，可以实现服务的跨节点高可用，是生产环境 TCP/UDP 协议栈对外服务的主流方式。

19.3　【优惠券项目落地】——服务发现和互联

19.3.1　有状态服务搭建

各服务注册和发现的关键是 Eureka 服务，对于优惠券项目，我们也先从 eureka-server 的部署开始着手。要实现两个 Eureka 节点的互相注册和高可用管理通常有两个思路：

- 类似第 17 章 Docker 容器技术的思路，将两个 Eureka 节点作为两个应用部署。在这种情况下，我们可以创建两个 Deployment 并分别分配一个 Service 来提供网络接入，两个 Eureka 的应用配置中互相填写对方的 Service 名称，实现互相注册。
- 采用有状态应用部署方式 StatefulSet 来保证每个 Pod 拥有固定的 Pod 名称、唯一的网络标识、受控的启动顺序。在这种情况下，只要部署一套 StaefulSet 就可以完成两个 Eureka 节点的统一管理。

对于有状态应用，推荐采用后一种方式，可以减少 Kubernetes 的管理复杂度，也为后续应用从两节点向多节点转换提供了可能。我们下面就采用 StatefulSet 来实现 eureka-server 的部署。

eureka-server 的部署流程如下：

首先，修改应用代码的 application.yml 配置文件，使 eureka-server 应用将自身注册到 Eureka 服务中，文件代码如下：

```
spring:
  application:
    name: coupon-eureka

server:
  # eureka-server 端口号
  port: 10000

eureka:
  instance:
    instance-id: ${spring.cloud.client.ip-address}.${server.port}
    prefer-ip-address: true
  client:
    # 是否打开服务发现
    fetch-registry: false
    # 是否将自己注册到注册中心
    register-with-eureka: true
    # 将 eureka-server 注册到 peer2
    service-url:
      defaultZone:
http://eureka-0.eureka:10000/eureka,http://eureka-1.eureka:10000/eureka
```

上述配置文件的主要改动为：将 eureka.instance 定义为采用 IP 地址对的方式（prefer-ip-address），并通过${spring.cloud.client.ip-address}变量获取容器 IP 地址，确保 Eureka 服务在多 Pod 发布时各个 Pod 的 Eureka 实例拥有不同的服务注册名；将 eureka.client.service-url.defaultZone 改为指向两个 URL——eureka-0.eureka 和 eureka-1.eureka，它们恰恰就是 eureka-server StatefulSet 部署后的两个 Pod 的网络地址，本节后续将详细介绍。

然后，按照 17.9.4 节的方式运行 Maven 命令（即 mvn 命令）编译打包，并配置 Dockerfile 文件，创建 Docker 镜像 eureka-server。我们可以将制作出的镜像放置到 Docker Registry 仓库，供两个 Kubernetes Node 节点下载，也可以直接在 Node 节点上分别制作 Docker 镜像，以确保 Node 节点都拥有 eureka-server 的本地镜像。

接着，配置 eureka-service.yml 文件，通过创建 ClusterIP 类型的 Service 来实现网络互通，文件代码如下：

```
apiVersion: v1
```

```
kind: Service
metadata:
  name: eureka
spec:
  type: ClusterIP
  clusterIP: None
  selector:
    app: eureka
  ports:
  - protocol: TCP
    port: 10000
    targetPort: 10000
```

上面代码的一个特别之处就是将 spec.clusterIP 设置为 None，这是 StatefulSet 有状态应用部署所特有的网络部署方式。这种 Service 有个学名，叫作 Headless Service，其本身不会拥有对应的 IP 地址。它意味着有状态容器并不是通过 Service 的 IP 地址对外提供统一的负载均衡服务的，而是基于这个 Service 之上，提供了一种针对 Pod 的独立访问方式。待 Stateful Set 创建完成后，我们将详细阐述。

通过 kubectl apply 命令使 Service 配置文件生效，具体代码如下：

```
[root@Master coupon]# kubectl apply -f eureka-service.yml
service/eureka created
[root@Master coupon]# kubectl get services
NAME              TYPE        CLUSTER-IP       EXTERNAL-IP    PORT(S)        AGE
eureka           ClusterIP       None         <none>        10000/TCP        6s
```

最后，创建 eureka-statefulset.yml 文件，定义 StatefulSet 有状态资源的部署方式，文件代码如下：

```
apiVersion: apps/v1
kind: StatefulSet
metadata:
  name: eureka
spec:
  serviceName: eureka
  replicas: 2
  selector:
    matchLabels:
      app: eureka
  template:
    metadata:
```

```
    labels:
      app: eureka
  spec:
    restartPolicy: Always
    affinity:
      podAntiAffinity:
        preferredDuringSchedulingIgnoredDuringExecution:
        - weight: 100
          podAffinityTerm:
            labelSelector:
              matchExpressions:
              - key: app
                operator: In
                values:
                - eureka
            topologyKey: kubernetes.io/hostname
    containers:
    - name: eureka
      image: eureka-server
      imagePullPolicy: IfNotPresent
      resources:
        requests:
          memory: 200Mi
          cpu: 200m
        limits:
          memory: 1000Mi
          cpu: 500m
      livenessProbe:
        httpGet:
          path: /actuator/health
          port: 10000
        initialDelaySeconds: 120
        periodSeconds: 60
        timeoutSeconds: 10
      readinessProbe:
        httpGet:
          path: /actuator/health
          port: 10000
        initialDelaySeconds: 120
        periodSeconds: 60
        timeoutSeconds: 10
```

在上面代码中，spec.serviceName 用于对应前面配置好的 Headless Service 名称；spec.affinity.podAntiAffinity 段落为可选内容，用于保证 Kubernetes 优先将两个 Eureka Pod 分布在不同的物理节点上；spec.containers.livenessProbe 和 readinessProbe 用于实现控制容器存活及对接 Service 提供网络服务时的状态检查功能。

通过 kubectl apply 命令使 StatefulSet 配置文件生效，代码如下：

```
[root@Master coupon]# kubectl apply -f eureka-statefulset.yml
statefulset.apps/eureka created
```

等待几分钟后，运行 kubectl get pods 命令，可以看到两个 Pod 已经分别在 Node1 和 Node2 两个节点上运行起来，具体代码如下：

```
[root@Master coupon]# kubectl get pods -o wide
NAME
                                             READY   STATUS    RESTARTS
AGE     IP              NODE     NOMINATED NODE   READINESS GATES
eureka-0
                                                  1/1      Running    0
9m43s   10.244.2.105    node2    <none>           <none>
eureka-1
                                                  1/1      Running    0
7m34s   10.244.4.152    node1    <none>           <none>
```

Eureka Pod 的名称按照 StatefulSet 中定义的容器模板名称加了序号，依次定义为 eureka-0、eureka-1。并且 StatefulSet 控制器中的每个 Pod 都有独立的网络访问方式：<Pod 名称>.<Servic 名称>.<namespace 名称>.svc.cluter.local，在同一集群同一 namespace 中可以直接通过<Pod 名称>.<Servic 名称>访问。在优惠券项目中，Eureka Pod 的访问路径为 http://eureka-0.eureka:10000 和 http://eureka-1.eureka:10000。这两个 URL 需要与应用服务的 application.yml 配置文件中定义的 Eureka 服务发现路径 eureka.client.service-url.defaultZone 属性的值相一致，以保证各应用服务可以成功地通过指定路径找到 Eureka Pod，从而实现应用服务的注册和发现。

19.3.2 无状态服务搭建

无状态服务，如 coupon-template、coupon-calculation、coupon-user、config-server、gateway-server 等对外提供网络服务和负载均衡也有两种方式：

- 通过 Service 方式将多个 Pod 进行统一管理，由 Kubernetes 和服务提供方来实现容器的负载均衡。
- 通过 Spring Cloud Ribbon 来实现应用客户端的负载均衡，根据 Ribbon 的策略将 RESTful API 调用均衡地发送到 Eureka 上注册的各服务所对应的 Pod 容器中。

通常在多语言混编开发环境中建议选择前者，该方式通过容器化思路实现了服务器端的负载均衡，降低了应用端的开发难度。但是对于纯 Java 开发，尤其是已经统一采用了 Spring Cloud 框架的应用，建议采用后者，相对来说该方式的应用层负载均衡策略更丰富、控制更灵活。如果在已经采用 Spring Cloud Ribbon 的情况下，再采用 Kubernetes Service 负载均衡，就会出现客户端和服务端两次负载均衡，从而造成性能上的浪费。本着这个思路，优惠券项目中的所有无状态服务都不再搭建 Service，直接通过 Eureka 上的服务注册信息，供给其他应用调用。

以 coupon-template 为例，无状态应用的部署流程如下：

首先，修改应用代码的 application.yml 配置文件，将自身注册到 Eureka 服务中，文件代码如下：

```
…
eureka:
  client:
    service-url:
      # eureka 的注册地址
      defaultZone: http://eureka-0.eureka:10000/eureka/,http://eureka-1.eureka:
10000/eureka/
  instance:
    instance-id: ${spring.cloud.client.ip-address}.${server.port}
    prefer-ip-address: true

spring:
  application:
    # 默认的服务注册名称
    name: coupon-template-service
  datasource:
    # MySQL 数据源
    username: root
    password: xiaobai
    url: jdbc:mysql://mysql-mariadb:3306/broadview_coupon_db?autoReconnect= true&use
Unicode=true&characterEncoding=utf8&useSSL=false&allowPublicKeyRetrieval=tru
e&zeroDateTimeBehavior=convertToNull&serverTimezone=UTC
…
```

在上面配置中，eureka.client.service-url.defaultZone 对应两个 Eureka Pod 的网络地址；eureka.instance 部分指定采用 IP 地址和端口对进行服务注册；spring.datasource.url 对应 MySQL 接入 URL，我们将在第 21.7.1 节通过 Helm 软件包部署方式实现容器的部署，部

署完成后的主数据库节点的 Service URL 就是 mysql-mariadb:3306。

然后，运行 Maven 命令编译打包，并配置 Dockerfile 文件，创建 Docker 镜像 coupon-template，并确保 Node 节点都拥有 coupon-template 的本地镜像。

最后，按照第 18.7.4 节的 YAML 文件配置 coupon-template.yml，并运行如下命令使 Deployment 配置文件生效：

```
[root@Master coupon]# kubectl apply -f coupon-template.yml
deployment.apps/coupon-template created
```

等待几分钟后，运行 kubectl get pods 命令，可以看到两个 Pod 已经分别在 Node1 和 Node2 两个节点上运行起来，具体代码如下：

```
root@Master coupon]# kubectl get pods
NAME                                                    READY   STATUS    RESTARTS
AGE
coupon-template-f95fbd4c8-bk4nr                              1/1     Running    0
4m56s
coupon-template-f95fbd4c8-z2j26                              1/1     Running    0
4m56s
```

采用类似的方法，依次完成 config-server、gateway-server、coupon-calculation、coupon-user 的配置改动、编译打包、镜像制作和 Deployment 部署。其中，重点需要修改 Eureka 节点的 URL 为“http://eureka-0.eureka:10000/eureka/,http://eureka-1.eureka:10000/eureka/”、MySQL 的 URL 为“mysql://mysql-mariadb:3306”、Redis 的 URL 为“redis-redis-ha:6379”、RabbitMQ 的 URL 为：“rabbitmq-rabbitmq-ha:5672”。

如果 Pod 创建成功，但是状态位（STATUS）不是 Running，没有关系，这是由于存在数据库和中间件服务依赖。待数据库和中间件发布完成后（参照第 21.7.1 节），删除各故障 Pod，Kubernetes 控制器将重新启动 Pod 以确保存活的副本数量和 Deployment、StatefulSet 等配置定义一致。

19.3.3　微服务网络互联和服务发现

到此，离大功告成只差最后一步。

待各容器正常运行后，通过配置 eureka-nodeport.yml 文件，将 Eureka 界面暴露给公网，文件代码如下：

```
apiVersion: v1
kind: Service
```

```
metadata:
  name: eureka-nodeport
spec:
  type: NodePort
  selector:
    app: eureka
  ports:
  - protocol: TCP
    port: 10000
    targetPort: 10000
    nodePort: 30000
```

通过 kubectl apply 命令使配置生效，创建 NodePort 方式的 Service，具体代码如下：

```
[root@Master coupon]# kubectl apply -f eureka-nodeport.yml
service/eureka-nodeport created
```

通过 Kubernetes Node 节点的公网地址和 TCP 端口 30000 访问 Eureka 界面，可以看到所有服务注册信息，如图 19-7 所示。

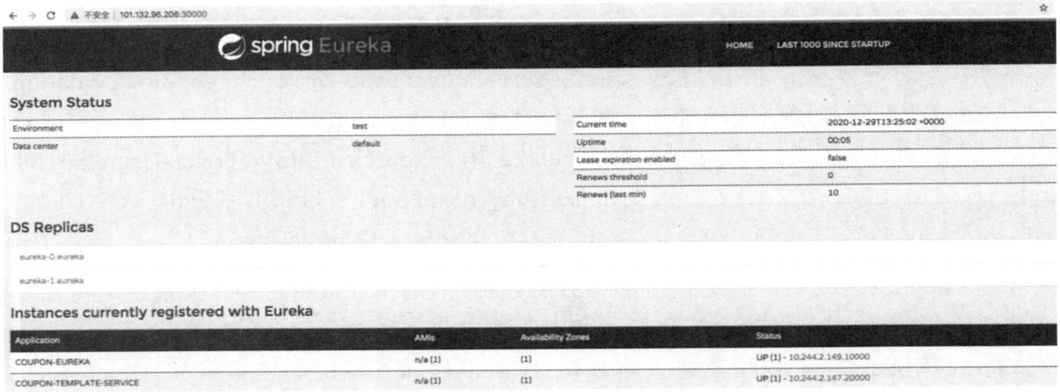

图 19-7　Eureka 服务注册信息

从图 19-8 中可以看到所有服务都已经成功地在 Eureka 注册中心进行了发布和发现。与 Docker 章节（第 17 章）最大的不同之处，就是 Kubernetes 集群中的各个容器都可以通过容器 IP 地址和端口直接进行通信，不需要一一映射到 Docker 宿主机的端口来通信。这种方式更适合多节点、大规模部署，通过 Kubernetes 容器编排和 Spring Cloud 框架，实现微服务之间的全自动的网络互联和服务发现。

20

第 20 章 Kubernetes 数据存储

“海纳百川，有容乃大；壁立千仞，无欲则刚。”此联为民族英雄林则徐，任两广总督时在总督府衙题书的堂联。只有真正站在两广的三江入海口，你才能感受到林则徐的心胸和气魄。

在 IT 系统中也有大量的数据在不停地产生和流转。从业务数据到大数据分析，从系统日志到临时文件，从配置信息到密码密钥，这些鲜活的数据流该如何管理和沉淀呢？

传统的 IT 解决方案都是采用虚拟机甚至物理机来管理与数据相关的信息。随着容器技术的发展，大量的 SQL、NoSQL 和 NAS、对象存储服务都开始搭建在容器上。有没有一个编排技术能够真正利用好容器的存储管理能力，把磁盘创建和删除、数据卷指向性挂载、数据生命周期管理等难点一一解决？Kubernetes 的存储技术应运而生，随着其功能的不断完善，逐步成为数据百川的容器世界里那个最终的汇聚点。

20.1 Volume 卷

Volume 卷是 Kubernetes 的存储核心管理方式，它们为 Pod 提供了数据持久化层。

20.1.1 磁盘管理整体思路

Volume 卷的管理可以遵循多种不同的思路。这些 Volume 卷既可以是临时存储（当 Pod 被删除后数据将丢失，比如后面会介绍的 ConfigMap、Secret、emptyDir），也可以是持久化存储（数据的生命周期可以比 Pod 的生命周期更长，比如 PV、云存储等）。

Volume 卷可以分为以下 5 类：

（1）emptyDir

类似于 Docker 存储中介绍的系统自由发挥的 Volume 模式，在 Pod 创建过程中，Kubernetes 会将对应的空目录创建出来，用于同一 Pod 内部的容器的数据共享和读写访问。当 Pod 在 Node 节点上完成了它的生命周期，不管是计划中还是故障导致的，对应的 emptyDir 卷也会自动被删除。所以这种模式是标准的 Pod 内部临时空间的申请模式，不能用于数据的长久储存。

（2）hostPath

类似于 Docker 存储介绍的 bind mount 模式，hostPath 是将服务器的目录映射到 Pod 内部，所以在一定程度上确保了即使容器被删除，数据仍然可以保留。但是这个模式的缺点是容器和服务器的目录结构紧耦合，不利于容器的迁移和扩展。

（3）云存储方式

云存储方式利用了各家云平台厂商或者分布式存储（如 NFS、Ceph 等）的存储供给机制，可以实现数据的长久保存、跨节点的磁盘挂载等功能。

（4）PV-PVC 方式

在 Kubernetes 上创建的全新方式，很好地完成了持久化存储的创建和管理、跨节点跨容器的磁盘共享、存储底层资源准备和容器层资源使用的两级独立管理。它是 Kubernetes 存储管理的一大亮点，后续将详细介绍。

（5）StorageClass 方式

在 PV-PVC 模式上进一步实现了抽象，将存储底层资源准备也委托给底层云平台，可以方便地实现 PV 的动态供给。

20.1.2　emptyDir 方式

我们首先来实战一下最简单的 emptyDir 方式。复制 nginx-deployment.yaml 文件并重命名为 nginx-emptydir.yaml，修改代码如下：

```
apiVersion: apps/v1
kind: Deployment
metadata:
  name: nginx-deployment
spec:
  replicas: 3
  selector:
    matchLabels:
      app: nginx
  template:
    metadata:
      labels:
        app: nginx
    spec:
      containers:
      - name: nginx
        image: nginx
        volumeMounts:
        - mountPath: /mymount
          name: volume1
      volumes:
      - name: volume1
        emptyDir: {}
```

在上面代码中，spec.template.spec.containers.volumeMounts 指定了需要挂载的卷名和对应的容器内挂载目录，而 spec.template.spec.volumes 指定了卷名对应的具体卷的创建方式为 emptyDir 系统自动创建方式。

我们先查询出创建出来的三个 Pod，然后任选一个来检查 Volume 卷加载的效果，具体代码如下：

```
[root@Master ~]# kubectl get pods
NAME                              READY   STATUS      RESTARTS    AGE
nginx-deployment-64f4b776b8-47qfg   1/1     Running        0          3m29s
nginx-deployment-64f4b776b8-4gl9k   1/1     Running        0          3m29s
nginx-deployment-64f4b776b8-fhs2m   1/1     Running        0          3m29s
[root@Master ~]# kubectl exec nginx-deployment-64f4b776b8-47qfg -- mount | grep
mymount
/dev/vda1 on /mymount type xfs (rw,relatime,attr2,inode64,noquota)
```

可以看到，Kubernetes 在容器内创建了临时磁盘/dev/vda1 并加载到了/mymount 目录下。

20.1.3 hostPath 方式

复制 nginx-emptydir.yaml 文件，重命名为 nginx-hostpath.yaml，并修改代码如下：

```
apiVersion: apps/v1
kind: Deployment
metadata:
  name: nginx-deployment
spec:
  replicas: 3
  selector:
    matchLabels:
      app: nginx
  template:
    metadata:
      labels:
        app: nginx
    spec:
      containers:
      - name: nginx
        image: nginx
        volumeMounts:
        - mountPath: /mymount
          name: volume2
      volumes:
      - name: volume2
        hostPath:
          path: "/home/nginx/data"
```

hostPath 方式与 emptyDir 方式的最大区别在于 volumes 的具体类型为 hostPath，同时需要提供服务器上的具体目录路径。

执行 kubectl apply 命令，创建 Deployment：

```
[root@Master ~]# kubectl apply -f nginx-hostpath.yaml
deployment.apps/nginx-deployment created
```

登录任意 Node 节点可以看到，/home/nginx/data 目录已经被创建出来：

```
[root@Node1 ~]# ls /home/nginx/
data
```

我们通过 kubectl get pods 命令获取容器信息，并通过 kubectl exec 命令登录容器，可以看到这个目录已经被加载到容器内，具体代码如下：

```
root@Master ~]# kubectl get pods -o wide
NAME                                 READY   STATUS    RESTARTS   AGE     IP
NODE    NOMINATED NODE   READINESS GATES
nginx-deployment-689b4cc7c8-2b8nz    1/1     Running   0                 6m6s
10.244.4.62   node1   <none>          <none>
nginx-deployment-689b4cc7c8-gb6b6    1/1     Running   0                 6m6s
10.244.2.33   node2   <none>          <none>
nginx-deployment-689b4cc7c8-mk84t    1/1     Running   0                 6m6s
10.244.4.61   node1   <none>          <none>
[root@Master ~]# kubectl exec nginx-deployment-689b4cc7c8-2b8nz -- mount | grep
mymount
/dev/vda1 on /mymount type xfs (rw,relatime,attr2,inode64,noquota)
```

20.1.4　云存储方式

大多数主流的云平台都提供了块设备来支持 Kubernetes 云存储部署，读者可以参考相应文档完成 Volume 卷的配置部署。除此以外，Ceph 和 NFS 等开源服务，也支持云存储部署方式。以 NFS 为例，可以将 emptyDir 方式的 volumes 替换为下面内容，来对接外部提供的 NFS 文件共享服务，文件代码修改如下：

```
…
 volumes:
 - name: nfs
   server: nfs_server_ip
   path: "/"
   readOnly: false
```

20.1.5 PV-PVC 方式

PV-PVC 的全称是 PersistentVolume 持久化卷和 PersistentVolumeClaim 持久化卷申请。它的整体思路是通过外置存储来解决跨节点、跨容器的磁盘共享问题，解决 Volume 卷的独立生命周期管理。但其中的亮点是将整个过程切分成两个阶段：

- PV 阶段由 Kubernetes 的集群管理员或存储管理员负责，用来创建和运维底层的存储空间，而不用关心不同容器的具体的空间消费情况。
- PVC 阶段由应用开发人员负责，用来申请特定容量的磁盘空间，并管理应用和存储空间之间的加载关系。应用开发人员不需要关心具体的底层存储，是采用云存储，还是在本地机房，或者是通过异地多活来实现的。

图 20-1 很清晰地描述了两个不同角色——运维团队和研发团队：集群运维团队负责 PersistentVolume 和 StorageClass 的创建和管理；应用研发团队负责 PersistentVolumeClaim 的申请和 Pod 的挂载使用。

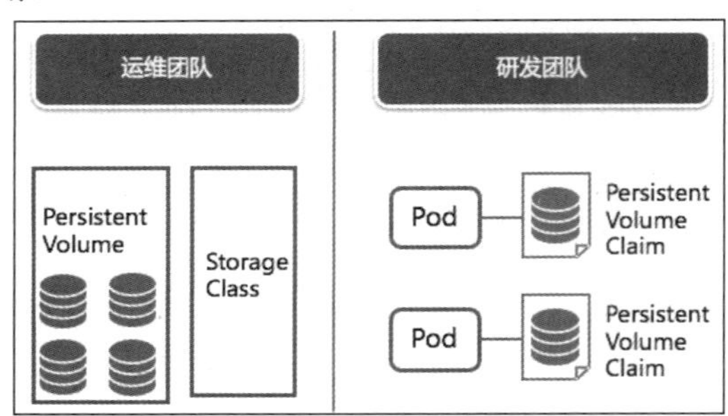

图 20-1　运维团队与研发团队角色分工图

PV 的底层也是通过云存储或分布式存储来实现的，简单起见，我们搭建 NFS 服务来演示 PV 的分配过程。整个搭建过程按照以下思路顺序执行：先部署 PV（PersistentVolume），然后部署 PVC（PersistentVolumeClaim），最后将 PVC 挂载到 Pod 中。

- 部署 PV

首先由管理员在 Master 节点上启动 NFS 服务，用来模拟云环境的 NAS 存储服务，具体代码如下：

```
[root@Master ~]# yum install nfs-utils
[root@Master  ~]#  echo  "/mnt  172.19.23.0/24(rw,sync,no_root_squash)"  >>
/etc/exports
```

```
[root@Master ~]# systemctl restart rpcbind nfs-server
```

NFS配置文件/etc/exports的内容表明：NFS服务器允许172.19.23.0/24网段（Kubernetes节点所在网段）的机器通过root用户读写其/mnt目录。同时，为了保证Node1和Node2节点可以对目录执行mount操作，也需要安装nfs-utils包，具体代码如下：

```
[root@Node1 ~]# yum install nfs-utils
[root@Node2 ~]# yum install nfs-utils
```

配置文件nginx-pv.yaml的代码如下:

```
apiVersion: v1
kind: PersistentVolume
metadata:
 name: nginx-pv
spec:
 storageClassName: "nfs"
 capacity:
   storage: 1G
 accessModes:
 - ReadWriteMany
 nfs:
   path: /mnt
   server: 172.19.23.48
```

在上面代码中，kind类型为PersistentVolume，表示系统在配置PV；spec.storageClassName是和后续PVC申请连接的纽带，内容必须完全一致；capacity表示PV划分所占用的存储空间；accessModes包括ReadOnlyMany、ReadWriteOnce、ReadWriteMany等，表示这个卷是只读、还是同时只有一个节点可以读写、或是可以多节点同时读写；spec.nfs表示采用NFS后台提供数据服务，path和server分别指明了服务端的访问路径和IP地址。

管理员运行kubectl apply命令，使nginx-pv.yaml生效，创建PV，具体代码如下：

```
[root@Master ~]# kubectl apply -f nginx-pv.yaml
persistentvolume/nginx-pv created
[root@Master ~]# kubectl get pv
NAME        CAPACITY   ACCESS MODES   RECLAIM POLICY   STATUS      CLAIM
STORAGECLASS   REASON   AGE
nginx-pv   1G         RWX            Retain           Available             nfs
8s
```

可以看到，PV已经成功划分出来，值得注意的是，默认磁盘回收模式（Reclaim Policy）

为 Retain，表示数据会保留，需要由管理员人工删除。在 YAML 配置过程中也可以设置 persistentVolumeReclaimPolicy 为 Recycle（清除卷中的数据），或者为 Delete（让云平台删除相关卷）。

- 部署 PVC

由开发人员配置 nginx-pvc.yaml 文件，提出 PVC 的空间申请需求，文件代码如下：

```
apiVersion: v1
kind: PersistentVolumeClaim
metadata:
 name: nginx-pvc
spec:
 storageClassName: "nfs"
 accessModes:
 - ReadWriteMany
 resources:
  requests:
   storage: 1G
```

开发人员运行 kubectl apply 命令，根据 nginx-pvc.yaml 文件的内容创建 PVC，具体代码如下：

```
[root@Master ~]# kubectl apply -f nginx-pvc.yaml
persistentvolumeclaim/nginx-pvc created
[root@Master ~]# kubectl get pvc
NAME        STATUS   VOLUME     CAPACITY   ACCESS MODES   STORAGECLASS   AGE
nginx-pvc   Bound    nginx-pv   1G         RWX            nfs            3s
```

从上面代码中可以看到，PVC 已经通过指定的 StorageClass 的名称 nfs，成功地找到了对应的 PV 资源。PVC 已经成功创建出来了。

- PVC 挂载

由开发人员复制 nginx-emptydir.yaml 文件，重命名为 nginx-deployment-volume.yaml，并添加 PVC 挂载配置，文件代码修改如下：

```
apiVersion: apps/v1
kind: Deployment
metadata:
 name: nginx-deployment
spec:
 replicas: 3
 selector:
```

```
  matchLabels:
    app: nginx
 template:
  metadata:
    labels:
      app: nginx
  spec:
    containers:
    - name: nginx
      image: nginx
      volumeMounts:
      - mountPath: /mymount
        name: volume3
    volumes:
    - name: volume3
      persistentVolumeClaim:
        claimName: nginx-pvc
```

在上面代码中，关键部分是 spec.template.spec.volumes.persistentVolumeClaim 下的 claimName 需要和之前创建的 PVC 名称一致。

通过 kubectl get pods 命令查询 Pod 信息，并运行 kubectl exec 命令登录任意 Pod 查看 mount 结果，具体代码如下：

```
[root@Master ~]# kubectl get pods
NAME                                READY   STATUS    RESTARTS   AGE
nginx-deployment-7fff5546dc-nhctg   1/1     Running   0          12m
nginx-deployment-7fff5546dc-r5s64   1/1     Running   0          12m
[root@Master ~]# kubectl exec nginx-deployment-7fff5546dc-nhctg -- mount|grep
mymount
172.19.23.48:/mnt on /mymount type nfs4 (rw,relatime,vers=4.2,rsize=1048576,
wsize=1048576,namlen=255,hard,proto=tcp,timeo=600,retrans=2,sec=sys,clientad
dr=172.19.23.50,local_lock=none,addr=172.19.23.48)
```

从上面代码中可以看到，NFS 服务器的目录/mnt 成功地加载到了容器内的指定挂载点/mymount 下。

20.1.6　StorageClass 方式

除手工创建 PV 外，在公有云平台还有一个动态生成 PV 的方式。只要指定需要创建的存储类型，并给出该云平台的块设备存储提供的具体参数细节，就可以在 PVC 创建的过程中自动化地生成底层 PV，而不需要集群管理员的干预。

以 Google 的 GCP 公有云平台为例，可以为 SSD 存储定义 Storage Class，文件代码如下：

```
kind: StorageClass
apiVersion: storage.k8s.io/v1
metadata:
  name: ssd
provisioner: kubernetes.io/gce-pd
parameters:
  type: pd-ssd
```

然后，在 PVC 中指定 StorageClass 名称为 ssd 即可。

20.2 ConfigMap 和 Secret

20.2.1 ConfigMap 和 Secret 的定位

应用的配置信息和密码信息的管理一直是一个困扰软件工程师的问题。如何才能让代码一次编译打包，在不同环境（开发、测试、准生产、生产）上多次发布呢？如何应对不同环境下的不同环境变量和密码密钥的变化使用呢？

Docker 容器技术给我们提供了几个思路：

- 纯粹的不可变基础架构方式：将所有的配置信息和密码密钥都打包到镜像中，对开发、测试、生产等不同环境打包不同的镜像。这种方法的最大问题是在开发和测试环境中验证的镜像与在生产环境中验证的镜像很难保证版本和功能的一致，在生产环境中容易出现各种兼容性问题。
- 将应用配置和密码密钥等信息通过环境变量传递到容器内。如何管理容器启动时的环境变量呢？这对 CI/CD 的自动化发布流程提出了过高的要求。
- 将环境变量放到数据卷文件中，在容器启动时加载这些数据卷。这是 Docker 生态圈的一个常用手段，但是如何管理 Docker 服务器的数据卷，如何解耦容器应用服务和底层服务器文件系统成了一个难题。

有没有一个更通用的办法来管理这些配置信息，使得它们不完全和底层服务器或者容器镜像耦合，也不依赖于复杂的 CI/CD 工具？Kubernetes 作为容器编排工具提供了 ConfigMap 和 Secret 来管理配置信息。它们可以为不同的环境定义不同的配置信息，不需要和 Docker 镜像耦合；这些配置信息存在 Kubernetes 集群内部统一管理，也不用耦合在每台服务器节点上；在容器的部署过程中，由 Kubernetes 容器编排技术来实现配置信息的加载，不需要 CI/CD 自动化发布工具的介入。

其中 ConfigMap 和 Secret 的侧重又有所不同：

- ConfigMap 主要用于保存非敏感的配置信息，比如 IP 地址、端口信息、环境变量、命令行参数、URL、应用配置参数等，可以说，只要不是涉密的配置信息，都可以通过 ConfigMap 来管理。
- Secret 主要用于保存敏感和保密的配置信息，比如密码、令牌、密钥、密文等。Secret 的使用基本和 ConfigMap 一致，主要的区别是在内容管理上增加了一些保密相关的处理。

Secret 可以分为三种类型：

- 通用型：这是比较常见的 Secret 类型，它会把配置信息进行 Base64 编码，防止用户看到密码后进行人为记忆。它的创建和加载方式几乎与 ConfigMap 完全一致。缺点是数据没有真正加密。
- TLS 加密型：这是一种非对称加密证书的管理类型。密钥管理相对复杂，通常用于生产环境中的通信加密。
- Docker Registry 型：这是一种基于 Docker 镜像仓库的保护机制的 Secret 类型。只有拥有正确的 Secret 密码，才可以从镜像仓库下载私有容器镜像。

下面我们来重点了解一下比较常见的 ConfigMap 和通用型 Secret 的使用吧。

20.2.2　创建方式

ConfigMap 和 Secret 的创建方法有数种，比较常见的 ConfigMap 的创建方法有如下四种：

（1）直接在命令行中描述键值信息

我们通过 kubectl create configmap 命令创建一个 configmap，命名为 demo，标记 debug 模式为 true，具体代码如下：

```
[root@Master ~]# kubectl create configmap demo --from-literal=debug=true
configmap/demo created
```

运行 kubectl describe configmap 命令，可以看到配置数据的键（debug）值（true）已经设置成功，具体代码如下：

```
[root@Master ~]# kubectl describe configmap demo
Name:         demo
Namespace:    default
Labels:       <none>
Annotations:  <none>

Data
====
debug:
----
true
Events:  <none>
```

（2）通过配置文件来创建 ConfigMap

通过 kubectl delete configmap 命令，删除之前创建的 ConfigMap，并创建一个配置文件 debug。再运行 kubectl create configmap --from-file 命令，生成新的 configmap，也命名为 demo，具体代码如下：

```
[root@Master ~]# kubectl delete configmap demo
configmap "demo" deleted
[root@Master ~]# echo -n true > debug
[root@Master ~]# kubectl create configmap demo --from-file=debug
configmap/demo created
[root@Master ~]# kubectl describe configmap demo
Name:         demo
Namespace:    default
Labels:       <none>
Annotations:  <none>

Data
====
debug:
----
true
Events:  <none>
```

在上面代码中，--from-file 的文件名为需要配置的键名，而文件内容就是对应的值。整体效果与在命令行中用字面明文信息描述一致。

（3）通过环境文件来创建 ConfigMap

通过 kubectl delete configmap 命令删除之前创建的 ConfigMap，创建一个配置文件 application.properties，并运行 kubectl create configmap --from-env-file 命令，由此生成新的 configmap，也命名为 demo，具体代码如下：

```
[root@Master ~]# kubectl delete configmap demo
configmap "demo" deleted
[root@Master ~]# echo -n debug=true > application.properties
[root@Master ~]# kubectl create configmap demo --from-env-file=application.
properties
configmap/demo created
[root@Master ~]# kubectl describe configmap demo
Name:         demo
Namespace:    default
Labels:       <none>
Annotations:  <none>

Data
====
debug:
----
true
Events:  <none>
```

在环境文件中采用“键=值”的方式赋值键值对，文件名并不影响配置信息的赋值。

（4）通过 YAML 文件来创建 ConfigMap

这种方法是最常见的配置文件赋值方式。创建 nginx-configmap.yaml 文件，文件代码如下：

```
apiVersion: v1
kind: ConfigMap
metadata:
  name: demo
data:
  debug: "true"
```

值得注意的是，在 YAML 文件中 true 是布尔值，如果要表示字符串 true，就需要添加双引号。

通过 kubectl delete configmap 命令删除之前创建的 ConfigMap，并采用 nginx-configmap.

yaml 创建新的 ConfigMap demo，具体代码如下：

```
[root@Master ~]# kubectl delete configmap demo
configmap "demo" deleted
[root@Master ~]# kubectl apply -f nginx-configmap.yaml
configmap/demo created
[root@Master ~]# kubectl describe configmap demo
Name:         demo
Namespace:    default
Labels:       <none>
Annotations:  <none>

Data
====
debug:
----
true
Events:  <none>
```

可以看到，效果和之前三种方法一致。因为 YAML 文件的部署方式和 Pod、Deployment、Service 等完全一致，也方便集中在 Helm 包中进行统一管理，所以该方式成为最主流的 ConfigMap 创建方式。

通用型 Secret 的创建方式与 ConfigMap 类似，也支持以上四种创建方式。只有两个不同点需要注意：

（1）kubectl 的命令行中采用 secret generic 来替换 configmap 字样。

（2）键值对中的值部分需要先采用 base64 编目后，再放到配置文件、环境文件、YAML 文件或命令行中。

下面以 YAML 文件方式举例。

首先，通过 base64 命令获取需要保存的数值的 base64 编码结果：

```
[root@Master ~]# echo -n admin | base64
YWRtaW4=
[root@Master ~]# echo -n password | base64
cGFzc3dvcmQ=
```

然后，复制 nginx-configmap.yaml 文件，并重命名为 nginx-secret.yaml，修改代码如下：

```
apiVersion: v1
kind: Secret
metadata:
  name: demo
```

```
type: Opaque
data:
  admin: YWRtaW4=
  password: cGFzc3dvcmQ=
```

YAML 文件中关键的修改内容是将 kind 改为 Secret；添加 type 为 Opaque，这种模式对应通用型 Secret；并将需要添加的键值对分别填写在 data 字段后，值需要经过 base64 编码处理。

最后，通过 kubectl apply 命令创建 Secret，并运行 kubectl describe secret 命令，查看 Secret 内容，具体代码如下：

```
[root@Master ~]# kubectl apply -f nginx-secret.yaml
secret/demo created
[root@Master ~]# kubectl describe secret demo
Name:         demo
Namespace:    default
Labels:       <none>
Annotations:  <none>

Type:  Opaque

Data
====
admin:     5 bytes
password:  8 bytes
```

可以看到，admin 和 password 两个键值对已经创建完成，Kubernetes 对于 Secret 的具体内容进行了保密。但是大家用 kubectl edit secret [secret_name]命令仍可以看到实际数值，再通过 base64 反编码就可以看到密码明文了。所以说通用型 Secret 只是做了少量处理，如果需要加密类型的保护，则还需要其他机制来处理。

20.2.3　数据传递方式

数据传递方式有两种：环境变量传递方式和 Volume 卷加载方式。它们可以适用于 ConfigMap，也可以适用于 Secret 场景。下面我们以 ConfigMap 为例，对这两种方式分别进行介绍。

（1）环境变量传递方式

复制 nginx-deployment.yaml 文件，重命名为 nginx-deployment-configmap.yaml，并修

改文件代码如下：

```
apiVersion: apps/v1
kind: Deployment
metadata:
 name: nginx-deployment
spec:
 replicas: 3
 selector:
  matchLabels:
    app: nginx
 template:
  metadata:
    labels:
      app: nginx
  spec:
    containers:
    - name: nginx
      image: nginx
      env:
      - name: DEBUG
        valueFrom:
          configMapKeyRef:
            name: demo
            key: debug
```

在上面代码中，spec.template.spec.env.name 定义了环境变量的名称；其数值是由 spec.template.spec.env.valueFrom 从之前创建的 demo ConfigMap 获得的。具体指定方法为：将 spec.template.spec.env.valueFrom.configMapKeyRef 的 name 对应之前创建的 ConfigMap 的名称，key 对应其中的键名，它会自动将 key 所对应的值的内容赋给容器的环境变量 DEBUG。

运行 kubectl apply 命令，创建 Deployment，并通过 kubectl exec 命令检查容器日志，查看环境变量 DEBUG 的输出，具体代码如下：

```
[root@Master ~]# kubectl apply -f nginx-deployment-configmap.yaml
deployment.apps/nginx-deployment created
[root@Master ~]# kubectl get pods
NAME                                READY   STATUS    RESTARTS   AGE
nginx-deployment-f7c5bf578-9sm45   1/1     Running   0          27s
nginx-deployment-f7c5bf578-gtxd9   1/1     Running   0          22s
nginx-deployment-f7c5bf578-s627g   1/1     Running   0          16s
```

```
[root@Master ~]# kubectl exec nginx-deployment-f7c5bf578-9sm45 -- env
PATH=/usr/local/sbin:/usr/local/bin:/usr/sbin:/usr/bin:/sbin:/bin
HOSTNAME=nginx-deployment-f7c5bf578-9sm45
DEBUG=true
…
```

从上面代码中可以看到，容器内的 DEBUG 变量已经被设置成了 true。

Secret 的环境变量传递方式与 ConfigMap 类似。主要区别是：在 YAML 中用 secretKeyRef 字样代替 configMapKeyRef；容器内部的环境变量内容会额外完成 base64 反编码过程，无需人工干预。

具体操作过程可以参考之前的 ConfigMap 进行尝试。

（2）Volume 卷加载方式

这种方式是常用的 ConfigMap 和 Secret 数值传递方式，它相对环境变量传递方式有一个主要区别，就是环境变量传递只发生在 Pod 启动时，后续的 ConfigMap 和 Secret 的内容更新无法反映到容器内。而在 Volume 卷加载方式下，每个节点的 kubelet 会定期和 ConfigMap 沟通，将数据更新的信息体现到容器的 Volume 卷内部。

下面我们采用 Secret 的 Volume 卷加载方式进行演示。

因为 ConfigMap 和 Secret 的 Volume 卷的加载过程及数据卷使用非常详细，所以我们复制上一章准备的 nginx-deployment-volume.yaml 文件，重命名为 nginx-deployment-secret.yaml，并修改代码如下：

```
apiVersion: apps/v1
kind: Deployment
metadata:
  name: nginx-deployment
spec:
  replicas: 3
  selector:
    matchLabels:
      app: nginx
  template:
    metadata:
      labels:
        app: nginx
    spec:
      containers:
```

```
      - name: nginx
        image: nginx
        volumeMounts:
        - mountPath: /mymount
          name: volume4
          readOnly: true
      volumes:
      - name: volume4
        secret:
          secretName: demo
```

在上面代码中，spec.template.spec.containers.volumeMounts.readOnly=true 表示保证配置信息不会被应用误修改；spec.template.spec.volumes.secret.secretName 对应之前创建的 Secret 名称，用于加载密码文件。

下面，我们来完成 Deployment 的 Secret 加载，并检查容器的/mymount 目录，具体代码如下：

```
[root@Master ~]# kubectl delete -f nginx-deployment-configmap.yaml
deployment.apps "nginx-deployment" deleted
[root@Master ~]# kubectl apply -f nginx-deployment-secret.yaml
deployment.apps/nginx-deployment created
[root@Master ~]# kubectl get pods
NAME                                READY   STATUS    RESTARTS   AGE
nginx-deployment-d484b6cf8-lk6sw   1/1     Running   0          11s
nginx-deployment-d484b6cf8-lmzkk   1/1     Running   0          11s
nginx-deployment-d484b6cf8-skmpl   1/1     Running   0          11s
[root@Master ~]# kubectl exec -it nginx-deployment-d484b6cf8-lk6sw -- /bin/sh
-c "ls /mymount; cat /mymount/admin; echo ; cat /mymount/password; echo"
admin  password
admin
password
```

从上面的代码可以看出：/mymount 目录下 Secret 的 key 值 admin 和 password 分别加载成了文件名，同时它们的 value 值 admin 和 password 也顺利完成了 base64 反编码，并写入对应文件中。

ConfigMap 和 Secret 基本类似，主要区别是：YAML 文件内采用 configMap 字样代替 Secret，name 字样代替 secretName；容器内不会有 base64 反编码过程。

20.3 【优惠券项目落地】——配置和磁盘管理

20.3.1 应用环境变量加载

环境变量的配置管理有四种方式：

（1）直接在 application.yaml 文件或 bootstrap.yaml 文件中指定。这种方式相对来说复杂度最低，灵活性相对较弱，适合提供相对固定的配置信息。

（2）通过 ConfigMap 和 Secret 指定，以环境变量的形式传入应用容器内。这种方式的配置变更需要重启容器，灵活性相对较低。

（3）通过 ConfigMap 和 Secret 指定，以 Volume 卷的形式 Mount 到应用容器内。这种方式可以在容器内动态生效，但应用也需要能够动态地读取容器内的文件，配置刷新比较灵活，整体架构相对复杂。

（4）通过 Spring Cloud Config 的方式指定动态刷新到应用程序内。这种方式最为灵活，复杂度适中。

以上四种配置管理的灵活性依次提高。对于纯 Java 开发的应用程序，通常采用第一种方式和第四种方式的组合，大部分配置可以静态化定义，部分特殊的配置可以动态刷新，对容器部署环境没有明显的依赖。如果是多种语言的混编开发环境，则可以考虑采用第三种方式，通过 Kubernetes 动态加载 ConfigMap 和 Secret 的方式统一解决不同语言、不同应用架构的变量和配置的加载需求。

优惠券项目因为是纯 Java 开发，所以统一采用 Spring Cloud Config 方式。

20.3.2 有状态应用磁盘挂载

在优惠券项目中，需要挂载磁盘进行持久化的服务主要是 MySQL 和 Redis，可以通过 StorageClass 和 PVC 配合使用，进行磁盘空间的动态部署。这里，我们来介绍一下有状态应用部署的思路：

（1）创建 StorageClass，实现磁盘空间的动态部署能力。

（2）采用 StatefulSet 的 volumeClainTemplates 功能，在创建 StatefulSet 的 Pod 副本的

过程中，全自动地从 StorageClass 空间中划分 PVC 磁盘卷。

（3）StatefulSet 像加载普通 PVC 一样加载由 volumeClainTemplates 批量生成的 PVC。

（4）StagefulSet 再通过 Headless Service 的形式向其他应用提供各容器完整的数据读写访问功能。

以 Redis 为例，StatefulSet 的磁盘划分和加载配置的实现代码如下：

```
apiVersion: apps/v1
kind: StatefulSet
…
spec:
  replicas: 3
  selector:
    matchLabels:
      app: redis-ha
      release: redis
  serviceName: redis-redis-ha
  template:
   …
    spec:
    …
      containers:
      …
        name: redis
        …
        volumeMounts:
        - mountPath: /data
          name: data
      …
        name: sentinel
        …
        volumeMounts:
        - mountPath: /data
          name: data
…
  volumeClaimTemplates:
  - apiVersion: v1
    kind: PersistentVolumeClaim
    metadata:
      name: data
    spec:
```

```
accessModes:
- ReadWriteOnce
resources:
  requests:
    storage: 1Gi
storageClassName: nfs-client
volumeMode: Filesystem
```

在上面代码中，spec.serviceName 用于定义 Headless Service 的名称，spec.template.spec.containers.volumeMounts 部分主要定义 PVC 磁盘的加载方式，spec.volumeClaimTemplates 部分主要定义磁盘的使用模式、空间大小及对应的 storageClass 类型等 PVC 的详细信息。整个 YAML 配置过程相对复杂，通常会利用 Helm 等软件包部署方式来简化配置和管理流程。

另外，合理地设置磁盘的 retention 方式，可以有效保护数据。即使出现计划外的应用节点故障、计划内的应用删除或升级等操作，应用的后台数据和 PVC 磁盘也能够得以保存。如何处理好数据存储和配置管理，如何对有状态容器的伸缩提供保障，这是微服务落地的一大难题，我们将在下一章结合 Helm 和服务高可用的概念进行统一部署和实现。

21

第 21 章 Kubernetes 高级功能

“更快、更高、更强”的奥利匹克精神鼓舞了一代又一代人。不论是战争还是疾病都没法阻止蓬勃的奥运赛事和高尚的体育精神。

不光是体育，社会的各行各业都在追求强大和卓越。这就要求在后台默默无闻的 IT 技术也要有更高的性能、更可靠的解决方案、更安全的信息保障、更贴心的使用体验。容器一直以小巧、迅捷、精准著称，如何才能让它更进一步，拥有更强壮的体魄，以及更快、更高、更强的精神呢？

Kubernetes 提出了一系列的解决手段，让我们来仔细感受吧。

21.1　容器化的非功能性需求

21.1.1　架构设计的非功能性考量

架构设计的两大主要目标是：

- 将系统的功能需求转化为可落地的代码和解决方案。
- 将质量和限制等各类非功能的需求添加到方案中，在不改变应用软件核心的情况下，方便地扩展增强和迭代演进。

其中的功能性需求通常可以通过微服务的拆解和设计来实现，而各类非功能需求就需要有一套部署架构，尽量普适地、无侵入地实现。常见的非功能需求包括：

- 安全性：确保服务拥有完整的认证和授权，并在网络层、容器层实现安全策略和控制。
- 可用性：确保从控制节点、配置管理节点到业务数据节点的全链路高可用，无单点故障。
- 扩展性：确保系统可以手动或者自动地进行横向扩展，实现弹性扩缩容。
- 易用性：确保容器发布过程可以完成整体打包和依赖管理，并实现 CI/CD 自动化和流水线化。
- 可观察性：确保容器的日志、性能等数据可以集中地进行收集和监控。

如何才能在微服务容器化部署的过程中完成这些非功能需求，这对容器编排引擎和容器云平台提出了巨大的挑战。

21.1.2　Kubernetes 容器方案的架构特性

Kubernetes 作为当前业界最热门的容器编排技术，对架构设计的非功能性需求给出了相应的解决方案，这也是它作为容器编排霸主的特性和优势所在：

- 安全性：通过多种认证和 RBAC 授权，以及 Pod 安全策略和网络访问策略，可以轻松地实现容器资源的安全保护。
- 可用性：通过 etcd 集群配置高可用、Master 管理平面高可用和 Node 数据平面高可用的配合，最终实现全链路可用性，确保无单点故障。

- 扩展性：通过 Kubernetes 的手动 scale 功能、自动化的 HPA 功能和 Serverless 的 Knative 扩展组件，可以轻松地实现容器的垂直和横向扩展。
- 易用性：通过 Helm 打包、主流 CI/CD 工具对接、蓝绿发布和金丝雀发布，提供容器编排的便利性。
- 可观察性：通过快速对接 Prometheus 和 EFK/ELK 等监控平台，实现性能和日志的可观察性。

下面就让我们来分别仔细地体会 Kubernetes 如何在安全性、可用性、扩展性、易用性、可观察性上做到更快、更高、更强的吧。

21.2 安全性

21.2.1 安全性整体思路

安全性永远是企业架构的核心元素之一。尤其是大型企事业单位，通常在企业的成长过程中都或多或少遇到过安全之殇，吃一堑长一智，安全性成为这些企业的第一质量要求。

如何在容器生态圈里实现安全性，各大容器编排机制都提出了自身的解决方案。Kubernetes 的安全架构主要集中在以下几点：

- 安全的容器操作系统：通常应用部署都采用精简的容器基准镜像，比如 Alpine Linux 就采用了极其精简的操作系统，可以有效防止黑客对复杂操作系统的漏洞利用。另外业界也有多家安全产品供应商，提供了 Kubernetes 节点适用的底层操作系统，既可以支撑容器部署，又可以防止传统操作系统的安全隐患。
- 涉密配置保护：通过 Secret 机制，可以有效地保护涉密的文件（如密码、密钥等）和涉密的内部镜像的读取和访问。
- 认证授权控制：Kubernetes 采用 RBAC 基于角色的权限控制手段，有效地完成了资源的认证和授权管理，防止了未授权用户的越权访问。
- 安全上下文：通过 Pod 安全策略等方式实现 Pod 和容器的特权与访问控制。
- 网络访问策略：Kubernetes 定义了一套网络访问策略的控制方式，可以通过简单的 YAML 配置和 API 调用来完成 Ingress/Egress 的进出网络访问控制。

下面我们重点讲解认证和授权、Pod 安全策略和网络访问策略这几方面。

21.2.2　认证和授权

认证的作用是确认是谁需要访问资源，授权是确认他/她/它能够访问什么资源。

Kubernetes 的认证有下面几个常用手段：

- HTTPS 的客户端证书：通过 HTTPS 的双向证书（比如 CA 颁发的 X.509 证书）来证明客户端的身份。
- Basic 认证：通过用户名、密码等 Basic Auth 的方式来确认用户身份；
- Token 证书：比如 JWT、Bearer Token、Service Account Token、Webhook Token 等证书也可以直接证明用户的合法身份。

Kubernetes 的授权也有多种，比较经典的是以下两种：

- ABAC：基于属性的访问控制，这种方式可以便捷地编写授权策略文件来控制资源的访问。ABAC 是老版本 Kubernetes 的主流访问控制方式，但是因为控制力度较低，存在安全隐患，所以不推荐使用。
- RBAC：基于角色的访问控制，当前最主流的 Kubernetes 授权方式。RBAC 授权就是将针对不同资源（Resources）的不同操作方式（Verbs）定义为角色（Role），然后将这个角色与指定用户（Subjects）进行绑定。

下面我们通过查看现有的 RBAC 定义来学习这种 Kubernetes 的授权控制方式。首先，我们通过 kubectl get rolebindings 命令查询所有 Namespace 下 RoleBinding 角色的映射关系，具体代码如下：

```
[root@Master ~]# kubectl get rolebindings --all-namespaces
NAMESPACE     NAME                                              ROLE                                                    AGE
kube-public   kubeadm:bootstrap-signer-clusterinfo              Role/kubeadm:bootstrap-signer-clusterinfo               5d
kube-public   system:controller:bootstrap-signer                Role/system:controller:bootstrap-signer                 5d
kube-system   kube-proxy                                        Role/kube-proxy                                         5d
kube-system   kubeadm:kubelet-config-1.19                       Role/kubeadm:kubelet-config-1.19                        5d
kube-system   kubeadm:nodes-kubeadm-config                      Role/kubeadm:nodes-kubeadm-config                       5d
kube-system   metrics-server-auth-reader                        Role/extension-apiserver-authentication-reader          4d5h
```

```
kube-system     system::extension-apiserver-authentication-reader        Role/
extension-apiserver-authentication-reader        5d
kube-system     system::leader-locking-kube-controller-manager           Role/
system::leader-locking-kube-controller-manager   5d
kube-system     system::leader-locking-kube-scheduler                    Role/
system::leader-locking-kube-scheduler            5d
kube-system     system:controller:bootstrap-signer                       Role/
system:controller:bootstrap-signer               5d
kube-system     system:controller:cloud-provider                         Role/
system:controller:cloud-provider                 5d
kube-system     system:controller:token-cleaner                          Role/
system:controller:token-cleaner                  5d
```

在上面代码中，--all-namespaces 是 kubectl get 的一个常用参数，用来输出所有 namespace 下的信息。下面，我们通过 kubectl edit rolebinding 命令观察 Kubernetes 的网络代理模块 kube-proxy 的角色绑定，具体代码如下：

```
[root@Master ~]# kubectl edit rolebinding kube-proxy -n kube-system
# Please edit the object below. Lines beginning with a '#' will be ignored,
# and an empty file will abort the edit. If an error occurs while saving this
file will be
# reopened with the relevant failures.
#
apiVersion: rbac.authorization.k8s.io/v1
kind: RoleBinding
metadata:
  creationTimestamp: "2020-10-03T10:04:03Z"
  name: kube-proxy
  namespace: kube-system
  resourceVersion: "222"
  selfLink: /apis/rbac.authorization.k8s.io/v1/namespaces/kube-system/rolebindings/
kube-proxy
  uid: f2ad1885-ceb2-43ea-9146-43afac2c942d
roleRef:
  apiGroup: rbac.authorization.k8s.io
  kind: Role
  name: kube-proxy
subjects:
- apiGroup: rbac.authorization.k8s.io
  kind: Group
  name: system:bootstrappers:kubeadm:default-node-token
```

在上述代码中，kube-proxy 是之前查到的 RoleBinding 名称；kube-system 是其对应的 Namespace 虚拟命名空间的名称；其他内容是 kubectl edit rolebinding 的命令输出。可以看到这个角色绑定的主要作用就是给 system:bootstrappers:kubeadm:default-node-token 这个 subject 提供 kube-proxy 角色的访问权限。从 subject 的主角名称就可以猜出这个主角就是携带了节点 Token 的 kubeadm 账号。

最后，所绑定的 kube-proxy 角色的具体定义也可以通过 kubectl edit role 命令获得，具体代码如下：

```
[root@Master ~]# kubectl edit role kube-proxy -n kube-system
# Please edit the object below. Lines beginning with a '#' will be ignored,
# and an empty file will abort the edit. If an error occurs while saving this
file will be
# reopened with the relevant failures.
#
apiVersion: rbac.authorization.k8s.io/v1
kind: Role
metadata:
  creationTimestamp: "2020-10-03T10:04:03Z"
  name: kube-proxy
  namespace: kube-system
  resourceVersion: "221"
  selfLink:
/apis/rbac.authorization.k8s.io/v1/namespaces/kube-system/roles/kube-proxy
  uid: 6f4473e6-9bd9-477f-8fc6-651865d72b4a
rules:
- apiGroups:
  - ""
  resourceNames:
  - kube-proxy
  resources:
  - configmaps
  verbs:
  - get
```

从上面代码中可以看到，kube-proxy 角色的具体定义就是允许采用 get 动作来访问名称为 kube-proxy 的 ConfigMap 配置文件。正是由于 kubeadm 拥有了 Node Token，并得到了 kube-proxy 的配置文件的访问授权，所以才能顺利地部署和管理 kube-proxy 网络模块。

除了普通的 Role 和 RoleBinding，Kubernetes 还提供了一套 ClusterRole 和 ClusterRoleBinding。两者的区别是：Role 和 RoleBinding 只在指定的 Namespace 下工作，而 ClusterRole 和 ClusterRoleBingding 是 Kubernetes 集群全局资源，与 Namespace 无关，

同一个 Kubernetes 集群下的任意 ClusterRole 和 ClusterRoleBinding 都不能重名。

21.2.3　Pod 安全策略

Kubernetes 的资源安全策略除 RBAC 的访问控制外，对于 Pod 和容器还有另一套安全机制，这就是安全上下文。安全上下文用于定义 Pod 或者容器的权限和访问控制，具体包括很多规则，举例如下：

- 是否启动 SELinux。
- 是否支持特权模式和特权账户。
- 根文件系统的加载模式（读写、只读）。
- 程序和文件描述符的访问权限。
- 用户 ID 和 fsGroup ID 的范围。
- 允许访问的主机端口和路径。
- 支持的数据卷类型。

它的使用范围可以是容器级别的，也可以是 Pod 级别的；可以是针对单个对象的，也可以定义成 Pod 安全策略（PSP——Pod Security Policy）来统筹管理。

21.2.4　网络访问策略

Kubernetes 的网络访问策略实现类似于传统 IT 环境中防火墙的功能。可以对特定标签的 Pod 设置 Ingress 网络访问策略和 Egress 网络访问策略，以此来控制进入 Pod 和从 Pod 出去的网络流量，只允许指定的 IP 地址段或者网络协议、网络端口才可以访问。除对指定的 Pod 进行控制外，还可以设置默认网络访问策略，来允许或者禁止容器网络流量的进出。值得注意的是，Kubernetes 网络访问策略需要有第三方网络组件的支持，比如 Canal、Calico、Contrail、Nuage、Romana、Weave Net 等。

Ingress 和 Egress 网络访问策略的参考代码如下：

```
apiVersion: networking.k8s.io/v1
kind: NetworkPolicy
metadata:
  name: demo-network-policy
  namespace: default
spec:
  podSelector:
    matchLabels:
```

```
    app: backend
policyTypes:
  - Ingress
- Egress
ingress:
- from:
  - ipBlock:
      cidr: 172.17.0.0/16
      except:
      - 172.17.1.0/24
  - podSelector:
      matchLabels:
        app: frontend
  ports:
  - protocol: TCP
    port: 6379
egress:
- to:
  - ipBlock:
      cidr: 10.0.0.0/24
  ports:
  - protocol: TCP
    port: 5978
```

我们在上面代码中设置了以下网络规则：

- 本策略的目标 Pod 为 default namespace 中标签为 app=backend 的全部 Pod。
- 允许 IP 地址段为 172.17.0.0/16（172.17.1.0/24 子段除外）的客户端 Pod 访问目标 Pod 的 6379 TCP 端口。
- 允许 default namespace 中的标签为 app=frontend 的客户端 Pod 访问目标 Pod 的 6379 TCP 端口。
- 允许目标 Pod 访问 10.0.0.0/24 网段的 5978 TCP 端口。

21.3 可用性

21.3.1 高可用架构整体思路

可用性是生产中的核心指标之一。要达到较高的可用性，就是要实现整个 IT 系统的全链路高可用，去除任何一处单点故障。如图 21-1 所示，高可用的 Kubernetes 集群除 Node 多节点外，还会保证 Master 节点的高可用。

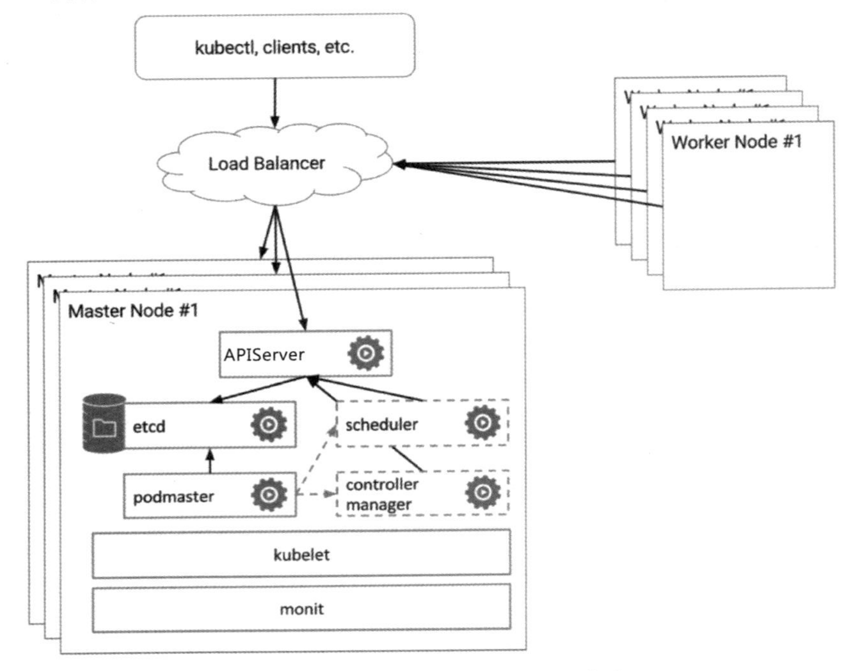

图 21-1　Kubernetes 可用性整体架构

为了防止控制节点出现单点故障或者脑裂现象，通常会部署 3 个以上的 Master 节点，每个节点通过负载均衡的方式提供 API 访问控制，同时会将 etcd 的配置协调功能也组成集群，以防止集群数据的丢失和混乱。如图 21-1 所示，etcd 配置服务可以直接在 Master 节点上运行，也可以作为外置的集群配置节点组成独立的 etcd 集群，并与每个 Master 节点关联。

下面，我们分别来讨论整个环境中的 Node 节点、etcd 和 Master 节点的高可用细节。

21.3.2　Node 节点高可用

当 Node 节点出现故障时，Kubernetes 有以下几个机制来防护：

- 假设 Nginx 应用的 Pod 副本数设置为 3，如果有 Pod 出现故障，那么 Kubernetes 会尝试进行 Pod 重启，自动进行容器级修复。

- 如果 Node 节点出现系统故障，则只会影响个别副本，由于应用是多副本存在，所以整体应用仍可以提供服务。
- 当集群检测到节点的死亡后，会把该节点标记成 NotReady，控制器会自动尝试在其他节点上重建相关的 Pod，实现容器的动态迁移，并维持各 Deployment 的原定副本数。

更进一步，因为部分节点服务器可能位于同一个机架上或者采用同一供电线路，我们可以通过亲和性和反亲和性设置，来保证 Deployment 等控制器的 Pod 尽量分布在不同机架和不同节点上。即使任何一个机架或任何一路供电出现故障，导致大量节点失效，应用服务仍有足够多的 Pod 副本来维持业务的连续性。

21.3.3　etcd 高可用

etcd 作为 Kubernetes 集群中所有配置内容的存储模块和集群的仲裁协调模块，有着至关重要的作用。主流的 etcd 高可用方式有两种：

- 搭建独立的 etcd 集群，并保证 3 个以上的节点数，通过 etcd 的配置实现数据的副本保护和心跳管理，可以有效防止单个 etcd 节点故障、网络脑裂等故障对集群可用性的影响。所有的 Kubernetes 节点都通过连接这套 etcd 来加入 Kubernetes 集群。
- 在 Master 节点上以容器化的方式运行 etcd 服务，确保每个 Master 节点运行一个 etcd 容器，同时 Master 节点数大于 3。这种方式相对搭建独立的 etcd 集群而言，整体架构简单一些，但是需要引入新的机制来保证 etcd 容器的稳定，比如和 kubelet 守护进程紧密配合的 static pod 或者 etcd-operator 组件等。

21.3.4　Master 节点高可用

Master 节点上运行着 Kubernetes 集群最为核心的 API 服务器、控制器管理器、调度器等，要确保全链路的高可用就需要保证 Master 节点的高可用。

之前的 Kubernetes 集群搭建采用了单 Master 节点的方式，比较适合开发和测试环境。通常在生产环境都会使用多 Master 节点的高可用方式。具体的部署过程主要包含以下几个步骤：

（1）保证至少 3 个以上的 Master 节点，并且完成 etcd 的外部集群或者内部容器集群的部署。

（2）部署负载均衡器，确保 Kubernetes 的控制层 API 的高可用。

（3）首先成功初始化单个 Master 节点，然后参考官方步骤完成剩余 Master 节点的部署，确保证书等配置信息一致。

通过 Master 节点和 etcd 的高可用，可以确保整个控制平面没有单点故障，和 Node 节点的数据平面高可用共同完成了 Kubernetes 的全链路可用性。

21.4 扩展性

21.4.1 水平还是垂直扩展

扩展性和伸缩性一致是大型企业的核心 IT 要求，而随着当今的促销、秒杀、抢购业务场景的兴起，中小电商平台和互联网公司的 IT 平台也必须具备这种灵活的伸缩能力。而实现扩展性的方式通常有以下两个：

- 垂直扩展，追求单个节点或容器的能力提升。通过给每个节点或容器提供更多的 CPU、内存等资源来提升单节点的运算和处理能力。
- 水平扩展，追求整体业务承载能力的提升。通过更多的节点或容器来追加 CPU、内存等运算处理资源，从而实现资源和能力的线性增长。

因为容器的整体目标是小巧、迅捷、精准，所以垂直扩展的提升有限，各大容器编排工具都主要集中在水平扩展的方式上进行业务能力的伸缩。Kubernetes 平台对于垂直扩展、水平扩展、手动扩展和自动扩展，以及更进一步的 Serverless 无服务器扩展方式都有很好的支撑。我们分别来了解一下其具体实现的方法和效果。

21.4.2 手动扩缩容

容器的垂直扩展，就是控制容器的资源请求数和上限。下面以 CPU 和内存为例进行演示，修改 ngix-deployment.yaml 文件，代码如下：

```
apiVersion: apps/v1
kind: Deployment
```

```
metadata:
  name: nginx-deployment
spec:
  replicas: 3
  selector:
    matchLabels:
      app: nginx
  template:
    metadata:
      labels:
        app: nginx
    spec:
      containers:
      - name: nginx
        image: nginx
        resources:
          requests:
            memory: 50Mi
            cpu: 500m
          limits:
            memory: 800Mi
            cpu: 800m
```

在上面代码中，spec.template.spec.containers.resources.requests 指定了申请的 CPU 为 500/1000=0.5 核、内存为 50MB；spec.template.spec.containers.resources.limites 指定了 CPU 上限为 800/1000=0.8 核、内存为 800MB。

在运行 kubectl apply 命令之后，进一步运行 kubectl describe 命令，查看当前配置，具体代码如下：

```
[root@Master ~]# kubectl apply -f nginx-deployment.yaml
deployment.apps/nginx-deployment configured
[root@Master ~]# kubectl describe deployment nginx-deployment
Name:                   nginx-deployment
Namespace:              default
CreationTimestamp:      Tue, 06 Oct 2020 12:36:42 +0800
Labels:                 <none>
Annotations:            deployment.kubernetes.io/revision: 2
Selector:               app=nginx
Replicas:               3 desired | 3 updated | 3 total | 3 available | 0 unavailable
StrategyType:           RollingUpdate
MinReadySeconds:        0
```

```
RollingUpdateStrategy:  25% max unavailable, 25% max surge
Pod Template:
  Labels:  app=nginx
  Containers:
   nginx:
    Image:      nginx
    Port:       <none>
    Host Port:  <none>
    Limits:
      cpu:     800m
      memory:  800Mi
    Requests:
      cpu:        500m
      memory:     50Mi
    Environment:  <none>
    Mounts:       <none>
  Volumes:        <none>
Conditions:
  Type           Status  Reason
  ----           ------  ------
  Available      True    MinimumReplicasAvailable
  Progressing    True    NewReplicaSetAvailable
OldReplicaSets:  <none>
NewReplicaSet:   nginx-deployment-5b76c7b5cc (3/3 replicas created)
Events:
  Type    Reason             Age   From                   Message
  ----    ------             ----  ----                   -------
  Normal  ScalingReplicaSet  53s   deployment-controller  Scaled up replica set
nginx-deployment-5b76c7b5cc to 1
  Normal  ScalingReplicaSet  47s   deployment-controller  Scaled down replica
set nginx-deployment-d484b6cf8 to 2
  Normal  ScalingReplicaSet  47s   deployment-controller  Scaled up replica set
nginx-deployment-5b76c7b5cc to 2
  Normal  ScalingReplicaSet  41s   deployment-controller  Scaled down replica
set nginx-deployment-d484b6cf8 to 1
  Normal  ScalingReplicaSet  41s   deployment-controller  Scaled up replica set
nginx-deployment-5b76c7b5cc to 3
  Normal  ScalingReplicaSet  36s   deployment-controller  Scaled down replica
set nginx-deployment-d484b6cf8 to 0
```

可以看到，新的 Deployment 已经生效，CPU 和内存得到了设置和限制。调整 YAML 中的资源需求和限制数值就可以轻松地进行容器的垂直扩展了。

Kubernetes 的多数控制器都能为容器的横向扩展提供支持。我们以最常见的 Deployment 和 Job 为例来演示扩展方式。

- 扩展 Deployment

Deployment 可以通过调整容器副本的数量来改变系统的性能、可用性、资源利用率和成本。

运行 kubectl scale 命令如下：

```
[root@Master ~]# kubectl scale deployment nginx-deployment --replicas=5
deployment.apps/nginx-deployment scaled
[root@Master ~]# kubectl get deployment nginx-deployment
NAME               READY   UP-TO-DATE   AVAILABLE   AGE
nginx-deployment   5/5     5            5           44m
```

从上面代码可以看到，应用已经快速扩容成了 5 个 Nginx Pod 了。

- 扩展 Job

Job 扩展的目的是临时调整作业的并行性，命令如下：

```
kubectl scale job [job_name] --replicas [parallel_value]
```

增加作业并行运行的容器数量，可以有效地提高资源利用率，缩短作业的运行时间。

21.4.3　HPA 自动扩缩容

容器的自动化扩展通常采用 HPA 的方式来实现。HPA 是 Horizonal Pod Autoscaler 水平自动扩展方式的简称。如图 21-2 所示，HPA 通过 metrics-server 模块获取当前 Pod 的资源（CPU、内存等）使用情况，然后调用 Deployment 控制器的 Scale 功能来实现 Pod 副本数量的动态调整。

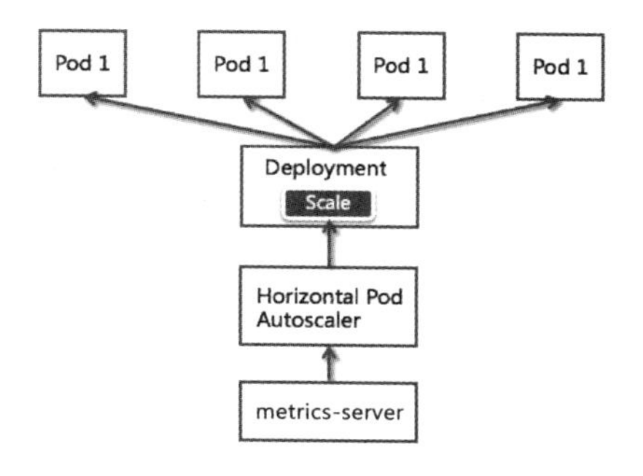

图 21-2　HPA 原理图

我们首先来安装 metrics-server 监控模块。如果连接 Google 镜像仓库存在网络限制，可以分别在三个节点上运行以下命令，下载 metrics-server 的镜像，具体代码如下：

```
docker pull kubeimages/metrics-server:v0.3.7
docker   tag   kubeimages/metrics-server:v0.3.7   k8s.gcr.io/metrics-server/
metrics-server:v0.3.7
docker rmi kubeimages/metrics-server:v0.3.7
```

然后，从 GitHub 中查找并下载 Kubenetes metrics-server 对应的最新版本的 components.yaml 文件，运行 kubectl apply 命令，部署 metrics-server，具体代码如下：

```
[root@Master ~]# kubectl apply -f components.yaml
clusterrole.rbac.authorization.k8s.io/system:aggregated-metrics-reader created
clusterrolebinding.rbac.authorization.k8s.io/metrics-server:system:auth-dele
gator created
rolebinding.rbac.authorization.k8s.io/metrics-server-auth-reader created
Warning: apiregistration.k8s.io/v1beta1 APIService is deprecated in v1.19+,
unavailable in v1.22+; use apiregistration.k8s.io/v1 APIService
apiservice.apiregistration.k8s.io/v1beta1.metrics.k8s.io created
serviceaccount/metrics-server created
deployment.apps/metrics-server created
service/metrics-server created
clusterrole.rbac.authorization.k8s.io/system:metrics-server created
clusterrolebinding.rbac.authorization.k8s.io/system:metrics-server created
```

默认 metrics-server 是通过 DNS 来寻找节点 Node1、Node2 的，但是我们并没有配置 DNS 服务器，所以建议采用 kubectl edit 命令修改 metrics-server deployment，具体代码如下：

```
[root@Master ~]# kubectl edit deployment metrics-server -n kube-system
…
   spec:
     containers:
       command:
       - /metrics-server
       - --metric-resolution=30s
       -   --kubelet-preferred-address-types=InternalIP,Hostname,InternalDNS,
ExternalDNS,ExternalIP
       - --kubelet-insecure-tls
…
```

上面代码的功能是，使 metrics-server 支持 HTTP，并优先采用 IP 地址的方式收集所有节点的 metrics 信息。

进一步运行 kubectl autoscale deployment 命令，通过设置动态调整策略（最少 1 个 Pod 副本，最多 5 个 Pod 副本，CPU 利用率 75%为扩缩容触发条件）来控制容器副本数量，具体代码如下：

```
[root@Master ~]# kubectl autoscale deployment nginx-deployment --min=1 --max=5
--cpu-percent=75
horizontalpodautoscaler.autoscaling/nginx-deployment autoscaled
```

Kubernetes 根据资源使用情况，通过启动底层的 HPA（Horizonal Pod Autoscaler）扩缩容机制来实现资源的 Pod 副本调整。

等待几分钟后，运行 kubectl get hpa 和 kubectl get pods 命令，查询调整结果，具体代码如下：

```
[root@Master ~]# kubectl get hpa
NAME               REFERENCE                     TARGETS   MINPODS   MAXPODS
REPLICAS   AGE
nginx-deployment   Deployment/nginx-deployment   0%/75%    1         5         1
68m
[root@Master ~]# kubectl get pods
NAME                               READY   STATUS    RESTARTS   AGE
nginx-deployment-78cf68dbc-txcv4   1/1     Running   0          107m
```

可以看到 metrics-server 实际监控到的 CPU 利用率为零，根据之前设置的 75%策略，HPA 调用 Deployment 的 scale 功能，将 Pod 副本数降低到了最低值 1。

21.4.4 Serverless 扩缩容

Serverless 是时下流行的概念，AWS 的 Lambda 和其他云平台的 Functions 等功能都是 Serverless 的一种实现。字面翻译就是无服务器，不是说应用的容器部署不需要服务器，而是整个容器运行过程完全由业务驱动，用户不需要关注服务器资源的使用情况。

通常 Serverless 默认将应用服务配置为零资源，并通过一个监控组件监控 API、消息队列、对象存储等业务驱动器，一旦发现上游业务有负载发送到本服务，就根据 Serverless 的决策配置弹性地扩展应用节点或容器，从而实现负载驱动的应用服务功能。当业务压力变小时，Serverless 资源也会动态地进行收缩。

当前开源 Serverless 的解决方案里面最火的非 Knative 莫属。Knative 和 Kubernetes、Istio 紧密配合，完成了 Serverless 的控制和执行。如图 21-3 所示，用户通过 Kubernetes 的 API 和 YAML 文件来控制容器的部署和后台服务；通过 Istio 来实现网络接入和动态路由；通过 Knative 来实现 Serverless 应用的整体构建（Build）、后台服务系统的综合决策

（Serving）、事件驱动的弹性扩缩容（Eventing）。

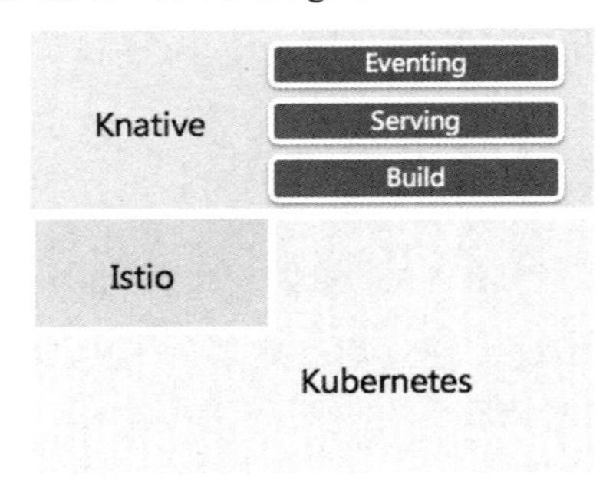

图 21-3　Knative 系统原理图

Knative 是新兴的系统，可以优先在开发和测试环境中尝试。其中涉及的 Istio Service Mesh 功能，将在下一章详细讨论。

21.5　易用性

21.5.1　易用性的考量要素

Kubernetes 通过各类 Controller 控制器完成了容器的关联管理，通过 ConfigMap 和 Secret 完成了配置信息的管理，通过 Volume 卷完成了数据磁盘的管理，通过 Service 和 Ingress 完成了网络接入的管理。在易用性上已经比 Docker 前进了一大步。即使如此，仍然存在一些易用性的问题有待解决：

- 如何控制配置管理、磁盘管理、控制器管理和服务管理的先后顺序？
- 如何将多个不同的应用服务进行依赖管理和启动顺序的编排管理？
- 如何实现配置信息和应用代码的整体更新和回退？
- 如何将具体配置抽取出来，实现 YAML 文件的变量传递？
- 如何实现蓝绿和金丝雀发布？
- 如何完成从编译打包到发布投产的全流程？

这些问题，Kubernetes 通过其庞大的生态圈得以轻松解决。其中比较常用的解决方法有两个，一个是通过 CNCF 组织的孵化项目 Helm 进行整套容器应用的打包发布管理，另一个就是和当前主流的各大 CI/CD 持续集成、持续交付工具对接，进行整体发布管理。

21.5.2　Helm 应用包管理

首先，从 GitHub 查找并下载 Helm 最新的安装脚本 get_helm.sh。然后，运行脚本下载并安装 Helm 软件包，具体代码如下：

```
[root@Master ~]# ./get_helm.sh
Downloading...
Verifying checksum... Done.
Preparing to install helm into /usr/local/bin
helm installed into /usr/local/bin/helm
```

GitHub 网络访问有时不稳定，如果下载失败，可以反复尝试，或者采用 Helm 官网推荐的其他下载方式。这里安装的是最新的 Helm v3，相对之前的 v2 版本的 Helm，在整体架构和命令上都有所升级。

Prometheus 是一套比较复杂的软件包，包含多个组件，下一节（第 21.6 节）将会详细讲解其功能。我们这里尝试针对这款软件，体验一下 Helm 软件包整体部署的便利性。

这里要介绍 Helm 的两个关键概念 Hub 和 Repo。

- Repo 是 Repository 应用包仓库的简称，比较知名的 Repo 有 Stable。
- Hub 是 Helm 官网提供的共有云仓库。

对于 Repo 的使用通常是先采用 helm repo add 将知名的 repo URL 加到本地，然后再运行 helm search repo 命令来搜索需要查询的 Chart，具体代码如下：

```
[root@Master ~]# helm repo add stable https://[stable_repo_url]
"stable" has been added to your repositories
[root@Master coupon]# helm repo add aliyuncs https://[aliyun_repo_url]
"aliyuncs" has been added to your repositories
[root@Master ~]# helm search repo prometheus-operator
NAME                           CHART VERSION   APP VERSION    DESCRIPTICN
stable/prometheus-operator        9.3.2           0.38.1          Provides easy
monitoring definitions...
aliyuncs/prometheus-operator      8.7.0           0.35.0          Prov:des easy
monitoring definitions...
```

在上面代码中，[stable_repo_url]和[aliyun_repo_url]分别指代 Stable 和阿里云最新的 helm repo 地址。这里查到的 Chart 名称为 stable/prometheus-operator，版本为 9.3.2。Chart 可以理解为软件部署的蓝图，它包含了软件的所有关联信息。与 Chart 对应的还有一个关键概念叫作 Release，它是 Chart 蓝图落地过程中的发布实例。Helm 的安装命令为 helm install [release_name] [chart_name]。

下面，运行 helm install 命令，完成 Prometheus 软件包的部署，具体代码如下：

```
[root@Master ~]# helm install prometheus-release stable/prometheus-operator
…
NAME: prometheus-release
LAST DEPLOYED: Sat Oct 10 18:11:47 2020
NAMESPACE: default
STATUS: deployed
REVISION: 1
…
The Prometheus Operator has been installed. Check its status by running:
  kubectl --namespace default get pods -l "release=prometheus-release"
…
```

从上面代码中可以看到，helm 通过一条命令就完成了整个 Prometheus 的安装。下面，让我们看看到底安装了什么，代码如下：

```
[root@Master ~]# kubectl get pods
NAME                                                    READY   STATUS        RESTARTS   AGE
alertmanager-prometheus-release-prometh-alertmanager-0     2/2          Running
0          10m
nginx-deployment-5b76c7b5cc-g98l8            0/1     Terminating   0         2d6h
nginx-deployment-5b76c7b5cc-lts7k            0/1     Terminating   0         2d6h
prometheus-prometheus-release-prometh-prometheus-0     3/3   Running   1   10m
prometheus-release-grafana-6bfc8b9f78-6kkn9          2/2  Running    0   11m
prometheus-release-kube-state-metrics-77689b8857-w4cbg   1/1   Running       0
11m
prometheus-release-prometh-operator-6f96d86655-wh4ch   2/2     Running       0
11m
prometheus-release-prometheus-node-exporter-ddm4w     1/1     Running        0
11m
prometheus-release-prometheus-node-exporter-gdtlx    1/1      Running        0
11m
prometheus-release-prometheus-node-exporter-wrj86    1/1      Running        0
11m
[root@Master ~]# kubectl get configmaps
NAME                                                        DATA   AGE
prometheus-prometheus-release-prometh-prometheus-rulefiles-0   26    11m
prometheus-release-grafana                                  1      11m
prometheus-release-grafana-config-dashboards                   1      11m
prometheus-release-grafana-test                              1      11m
```

```
prometheus-release-prometh-apiserver                          1      11m
prometheus-release-prometh-cluster-total                      1      11m
prometheus-release-prometh-controller-manager                 1      11m
prometheus-release-prometh-etcd                               1      11m
prometheus-release-prometh-grafana-datasource                 1      11m
prometheus-release-prometh-k8s-coredns                        1      11m
prometheus-release-prometh-k8s-resources-cluster              1      11m
prometheus-release-prometh-k8s-resources-namespace            1      11m
prometheus-release-prometh-k8s-resources-node                 1      11m
prometheus-release-prometh-k8s-resources-pod                  1      11m
prometheus-release-prometh-k8s-resources-workload             1      11m
prometheus-release-prometh-k8s-resources-workloads-namespace   1      11m
prometheus-release-prometh-kubelet                            1      11m
prometheus-release-prometh-namespace-by-pod                   1      11m
prometheus-release-prometh-namespace-by-workload              1      11m
prometheus-release-prometh-node-cluster-rsrc-use              1      11m
prometheus-release-prometh-node-rsrc-use                      1      11m
prometheus-release-prometh-nodes                              1      11m
prometheus-release-prometh-persistentvolumesusage             1      11m
prometheus-release-prometh-pod-total                          1      11m
prometheus-release-prometh-prometheus                         1      11m
prometheus-release-prometh-proxy                              1      11m
prometheus-release-prometh-scheduler                          1      11m
prometheus-release-prometh-statefulset                        1      11m
prometheus-release-prometh-workload-total                     1      11m
[root@Master ~]# kubectl get secrets
NAME                                                    TYPE            DATA   AGE
alertmanager-prometheus-release-prometh-alertmanager     Opaque    1      11m
prometheus-prometheus-release-prometh-prometheus         Opaque    1      11m
prometheus-prometheus-release-prometh-prometheus-tls-assets        Opaque
0      11m
prometheus-release-grafana                               Opaque    3      11m
prometheus-release-grafana-test-token-sfwkd                      kubernetes.io/
service-account-token   3      11m
prometheus-release-grafana-token-hnn69                           kubernetes.io/
service-account-token   3      11m
prometheus-release-kube-state-metrics-token-q8hc7                kubernetes.io/
service-account-token   3      11m
prometheus-release-prometh-admission           Opaque          3          11m
prometheus-release-prometh-alertmanager-token-kkrsm              kubernetes.io/
service-account-token   3      11m
```

```
prometheus-release-prometh-operator-token-f7f7r                  kubernetes.io/
service-account-token   3      11m
prometheus-release-prometh-prometheus-token-mlj2l                kubernetes.io/
service-account-token   3      11m
prometheus-release-prometheus-node-exporter-token-jttss          kubernetes.io/
service-account-token   3      11m
sh.helm.release.v1.prometheus-release.v1      helm.sh/release.v1    1      11m
[root@Master ~]# kubectl get services
NAME                                                    TYPE          CLUSTER-IP
EXTERNAL-IP   PORT(S)                             AGE
alertmanager-operated                               ClusterIP   None          <none>
9093/TCP,9094/TCP,9094/UDP   11m
kubernetes            ClusterIP   10.96.0.1        <none>        443/TCP        7d
nginx-service                                      NodePort     10.111.255.201   <none>
8080:30100/TCP               4d1h
prometheus-operated        ClusterIP     None       <none>      9090/TCP         11m
prometheus-release-grafana    ClusterIP   10.109.187.193   <none>  80/TCP  11m
prometheus-release-kube-state-metrics                  ClusterIP    10.107.108.174
<none>        8080/TCP                      11m
prometheus-release-prometh-alertmanager                 ClusterIP     10.101.95.19
<none>        9093/TCP                      11m
prometheus-release-prometh-operator                    ClusterIP    10.111.114.128
<none>        8080/TCP,443/TCP                11m
prometheus-release-prometh-prometheus                  ClusterIP    10.109.176.141
<none>        9090/TCP                      11m
prometheus-release-prometheus-node-exporter       ClusterIP     10.104.46.145
<none>        9100/TCP                      11m
```

从上面代码中可以看到，整个过程安装了大量的 Pod、ConfigMap、Secret 和 Service，并将多个模块的容器、配置和服务等进行了统一的发布和管理。这就是 Helm 包管理的价值，它与 RedHat 经典的 Yum 安装管理思路类似。

那么，Helm 的 Chart 到底帮我们简化了多少步骤呢？下面，我们通过 helm create 命令新建一个自定义 Chart，来了解一下 Chart 中包含了哪些内容，具体代码如下：

```
[root@Master ~]# helm create test
Creating test
[root@Master ~]# tree test
test
├── charts
├── Chart.yaml
├── templates
```

```
│   ├── deployment.yaml
│   ├── _helpers.tpl
│   ├── hpa.yaml
│   ├── ingress.yaml
│   ├── NOTES.txt
│   ├── serviceaccount.yaml
│   ├── service.yaml
│   └── tests
│       └── test-connection.yaml
└── values.yaml
```

从上面代码中可以看到 Chart 的整体目录结构，charts 目录用于存放子 chart 的定义；Chart.yaml 文件用于保存 Chart 的版本信息等；templates 目录下面是采用变量形式定义的各种 YAML 文件，这些文件是用来进行 Kubernetes 的资源管理的；values.yaml 文件用于保存 template 模版下的各种变量的对应数值。通常，需要升级容器的镜像或者修改配置参数时，只需修改应用 Chart 的 values.yaml 文件，或者在 helm 升级时将参数进行重新赋值，就可以完成整个软件的升级换代。

通过 Helm Chart 的准备，Kubernetes 的所有资源实现了相互关联，各种容器和服务以应用为单位进行了组合和排序，并且通过变量内容的抽取，方便快速地调整了配置参数，完成了整个应用的升级和回退。Helm 的应用软件包管理在 Kubernetes 容器编排之上，完成了新一层的封装，为进一步的 CI/CD 持续集成和持续交付做好了准备。

21.5.3　CI/CD 流水线

CI/CD 持续集成和持续交付可谓是 IT 领域的重中之重。一个企业的 IT 系统除了要解决本企业的资金流、信息流、物流的问题，还要实现 CI/CD 发布流的需求。CI/CD 是整个 IT 运营环境的生命线。业界有大量的工具来完成 CI/CD 的流程，比如基于 GitHub 的 CI/CD 服务 GitHub Actions、由 GitLab 衍生出的持续集成服务 GitLab CI、开源 CI/CD 的老法师 Jenkins Pipeline、Netflix 的开源持续交付工具 Spinnaker、容器界的 CI/CD 新起之秀 Concourse、CI/CD SaaS 服务的大佬 Travis CI、企业级的 CI/CD 工具 Circle CI、JetBrains 开箱即用的持续集成工具 TeamCity、与 JIRA 和 Bitbucket 紧密配合的 CI 工具 Bamboo 等。

Kubernetes 如何和这些 CI/CD 工具对接呢？通常有以下三种方式：

（1）CI/CD 工具本身就可以在 Kubernetes 平台上以容器的方式快速部署，比如 Jenkins 的 Master 和 Slave 等节点就可以通过 Kubernetes 的 Deployment 或 Helm Chart 进行部署。

（2）CI/CD 工具在持续交付过程中都会有默认的模块或者可供选择的插件来对接 Kubernetes，比如 Travis CI 对 Helm Chart 的原生支持、Jenkins 的 Kubernetes Plugin。

（3）某些 CI/CD 工具还可以对接 Kubernetes 的 Service 服务管理，实现应用的蓝绿部署或金丝雀发布。

Kubernetes 的蓝绿发布方式如图 21-4 所示，CI/CD 工具通过对外的 Service 和蓝绿 Deployment 不同标签（蓝色 Pod 的标签 version:v1、绿色 Pod 的标签 version:v2）的映射关系的改变，来实现新老版本的应用切换。

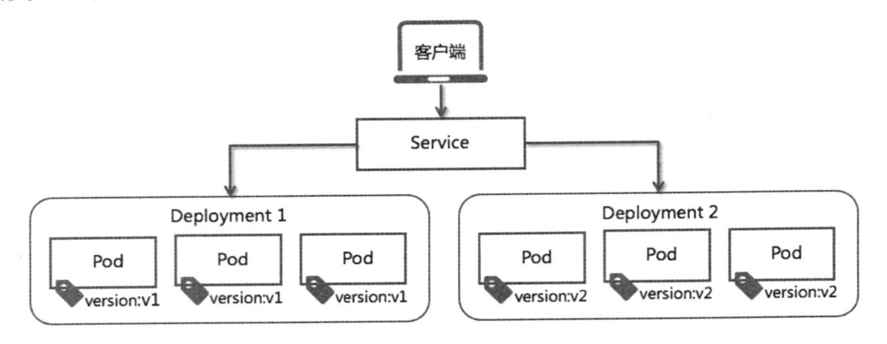

图 21-4　Kubernetes 蓝绿发布方式

Kubernetes 的金丝雀发布方式是指，CI/CD 工具通过控制新版本代码所承载的绿色 Pod 的数量，来逐步提高整个环境中新代码的比重，从而实现应用的稳步发布，为代码问题留出足够的回退时间。以当前系统中运行了 v1 版本代码的 3 个蓝色 Pod 为例。CI/CD 工具会先发布一个绿色 Pod 来承载 v2 版本的代码，同时停止一个蓝色 Pod，此时对外的 service 均衡地压在后台的 3 个 Pod 上（2 个蓝色 Pod、1 个绿色 Pod），新代码承载 33%的压力。如果监控工具反馈 CI/CD 工具，并且应用整体出错率没有明显提升，那么 CI/CD 工具将部署下一个绿色节点，再停止一个蓝色节点，新代码承载 66%的压力。此地经过监控验证后，如果一切正常，CI/CD 将让新代码的 3 个绿色 Pod 承载所有压力，蓝色 Pod 将全部停止。

这一过程如果发生在拥有数百 Pod 的实际生产环境中，就可以通过蓝绿 Pod 数的细微调整，真正实现从 1%到 100%顺滑地应用金丝雀发布了。

CI/CD 工具和 Kubernetes 及 Docker 仓库的对接，很好地解决了容器打包、镜像存储、资源配置管理、容器编排部署、网络负载切换等一系列难题，使 IT 系统在内部流转起来。

21.6　可观察性

21.6.1　集群观察要点

应用系统的监控和遥感观测一直是一个核心的话题。有不少互联网公司都模仿 Google 增设了 SRE 团队来加强对系统稳定性的支持和对故障事件的监控、告警及应急处理。常规的应用监控可以分为 APM 应用性能监控、Tracing 应用链路监控和 Logging 日志监控三大类。非常规的应用监控有集群整体状态监控、业务层行为监控、出错原因关联分析监控等。

我们这里对 Kubernetes 监控列举三个常见的工具——Dashboard（用于日常监控）、Prometheus Grafana（用于性能监控）和 Elasticsearch Fluentd Kibana（用于日志监控）。

21.6.2　Dashboard

Dashboard 是一个最容易上手的 Kubernetes 监控工具，通过它可以完成集群整体和应用容器的多层次监控。

Dashboard 作为 Kubernetes 的一个主流插件，对习惯采用 GUI 图形化界面进行集群管理的用户来说非常友好，如图 21-5 所示，它除监控外还可以进行集群的资源管理、容器的部署、故障的排查等操作。

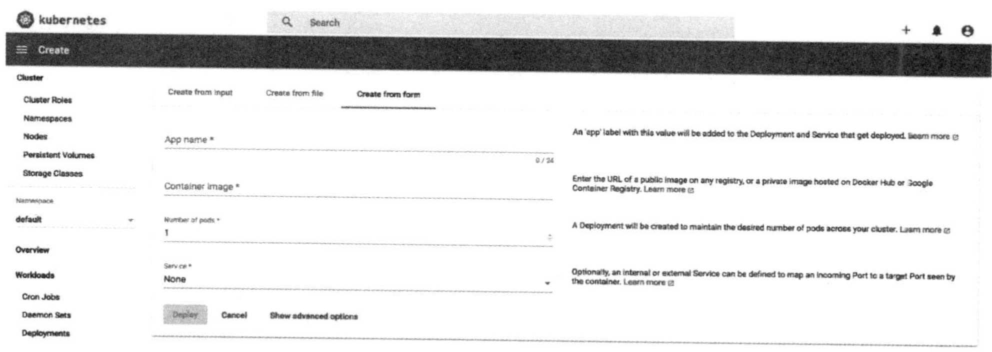

图 21-5　Dashboard GUI 界面

通常，在开发和测试环境中可以直接将 Dashboard 的 ServiceAccount 授权为

CluterAdmin，并且从 Secret 直接获取访问用户的 Token 来登录 Dashboard 的 GUI 界面，从而快速完成 Dashboard 的登录准备工作。因为这种授权太简单，所以具有比较大的安全隐患。Google 官方建议尽可能多在开发和测试环境中使用 Dashboard，在生产系统中谨慎使用 Dashboard。在必须使用 Dashboard 时，要严格控制其用户授权，防止出现安全漏洞。

21.6.3 Prometheus Grafana

我们来介绍另一款监控工具。Prometheus 是当前比较流行的 APM 应用性能监控工具。它的整体工作原理如图 21-6 所示，默认采用数据拉取的方式从被监控节点上安装的 exporter 获取各种 metrics 监控指标（对于只支持推送方式的节点，可以引入推送网关 Pushgateway 进行推拉模式的转换）；Prometheus 服务器本身还可以和 Kubernetes 对接进行额外的对象数据的收集；Prometheus 服务器将收集到的数据进行多维度（如时间维度等）的聚合，并存储到本地的 TSDB 时间序列数据库中；同时 Prometheus 由自身的一套 HTTP 服务器提供图形化界面和 API 管理；但是通常大部分用户会使用它的好搭档——图形化展现软件 Grafana，来进行报表和仪表盘的展示；除此之外 Prometheus 还有独立的 Alertmanager 告警管理模块可以和外部的值班呼叫系统 Pagerduty、邮箱系统等对接，实现故障的自动告警。

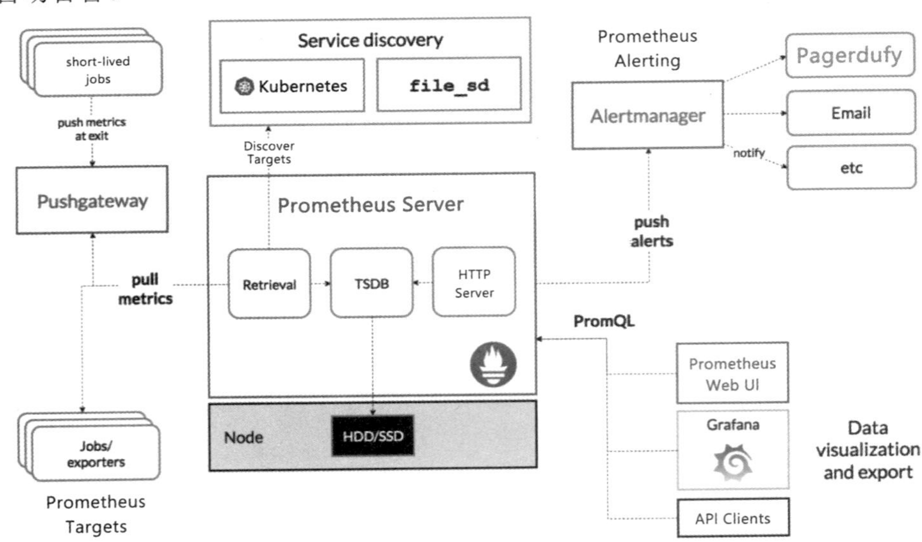

图 21-6　Prometheus 工作原理图

为了方便 Prometheus 的安装，可以通过 Prometheus Operator 组件来完成整套软件的自动化部署。在 21.5.2 节我们已经成功地安装了 Prometheus 和 Grafana。这一节我们来实现软件登录和容器的实际性能监控。

首先，查询 Helm 安装完成后默认的 Grafana 登录名和密码。在 Kubernetes 中敏感信息都存储在 Secret 中，因此我们可以通过 kubectl 命令查询出 Grafana 对应的 Secret，具体代码如下：

```
[root@Master ~]# kubectl get secrets | grep grafana
prometheus-release-grafana                          Opaque          3          46m
prometheus-release-grafana-test-token-sfwkd
kubernetes.io/service-account-token   3     46m
prometheus-release-grafana-token-hnn69
kubernetes.io/service-account-token   3     46m
[root@Master ~]# kubectl get secret prometheus-release-grafana -o yaml
apiVersion: v1
data:
  admin-password: cHJvbS1vcGVyYXRvcg==
  admin-user: YWRtaW4=
  ldap-toml: ""
kind: Secret
…
```

我们将 Secret 的明文按照如下步骤进行 Base64 反编码：

```
[root@Master ~]# echo YWRtaW4= | base64 -d
admin[root@Master ~]# echo -n cHJvbS1vcGVyYXRvcg== | base64 -d
prom-operator
```

我们获得了用户名 admin、密码 prom-operator。

然后，将默认的 Service 网络访问方式修改成 NodePort，方便客户端的浏览器访问，具体代码如下：

```
[root@Master ~]# kubectl get services | grep grafana
prometheus-release-grafana                              ClusterIP    10.109.187.193
<none>        80/TCP                       47m
[root@Master ~]# kubectl edit service prometheus-release-grafana
service/prometheus-release-grafana edited
```

将 spec.type 从 ClusterIP 方式替换为 NodePort 方式，具体代码如下：

```
...
spec:
  clusterIP: 10.109.187.193
  ports:
  - name: service
    port: 80
    protocol: TCP
    targetPort: 3000
...
  type: NodePort
...
```

接着，重新查询 Service 的当前配置信息，具体代码如下：

```
[root@Master ~]# kubectl get service prometheus-release-grafana
NAME                TYPE        CLUSTER-IP       EXTERNAL-IP    PORT(S)        AGE
prometheus-release-grafana       NodePort       10.109.187.193          <none>
80:31849/TCP   55m
```

从查询结果可以看到，NodePort 的映射端口为 TCP 端口 31849。

最后，用客户端浏览器访问集群内的任意节点公网 IP 和 NodePort 端口组合后，可以看到如图 21-7 所示的 Grafana 登录界面。

图 21-7　Grafana 登录界面

输入之前获取的用户名（admin）、密码（prom-operator）后，登录 Grafana，单击左上角的 Home 选型，就可以从默认的大量 Dashboard 仪表盘中挑选所关注的内容进行实时展示了。这里以查看 Pod 计算资源分布为例，选择 Kubernetes/Compute Resources/Namespace（Pod）仪表盘后，可以看到监控 Kubernetes 集群的 Pod 性能分布，如图 21-8 所示。

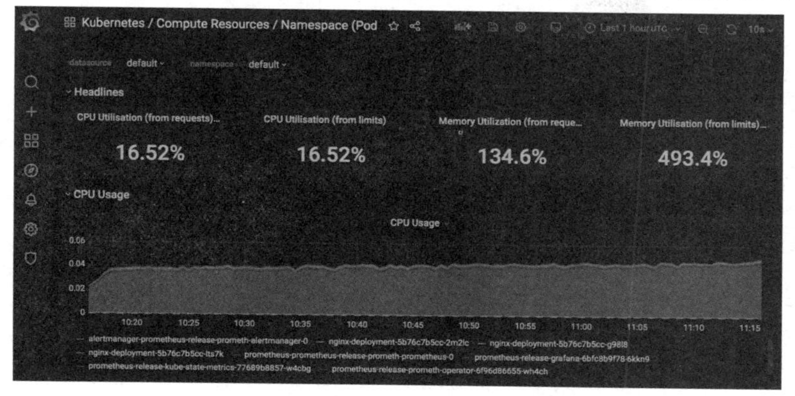

图 21-8　监控 Kubernetes 集群的 Pod 性能分布

通过 Prometheus 和 Grafana 的配合，可以顺利收集 Kubernetes 集群的应用性能数据并进行展示和告警了。

21.6.4　Elasticsearch Fluentd Kibana

除 APM 监控外，另一个热门话题就是日志监控。大家最耳熟能详的自然是 ELK（Elasticsearch + Logstash + Kibana），但在容器领域有另一个比较知名的组合 EFK（Elasticseach + Fluentd + Kibana），其中 Fluentd 用于日志的收集和汇聚，Elasticsearch 用于日志的 Lucene 引擎搜索，Kibana 用于日志报告的图形展示。相对 Logstash 而言，Fluentd 天然和 Kubernetes 有良好的集成关系，可以便捷地捕获容器的日志输出，同时它强大的数据吞吐能力和低延时的传输特性也是两大优势所在。

下面我们来具体看一下 EFK 的部署过程和效果。为了简化过程，不单独安装三个模块，而是从 Kubernetes 的 GitHub 上直接下载 EFK 的 YAML 文件组合。

首先从 GitHub 中的 Kubernetes 仓库下载 fluentd-elasticsearch 对应的所有 YAML 文件，然后修改 kibana-service.yaml 文件，将其变成 NodePort 方式，以方便从公网访问。文件代码修改如下：

```
apiVersion: v1
kind: Service
metadata:
  name: kibana-logging
  namespace: kube-system
```

```
  labels:
    k8s-app: kibana-logging
    kubernetes.io/cluster-service: "true"
    addonmanager.kubernetes.io/mode: Reconcile
    kubernetes.io/name: "Kibana"
spec:
  ports:
  - port: 5601
    protocol: TCP
    targetPort: ui
  selector:
    k8s-app: kibana-logging
  type: NodePort
```

如上面代码所示，在文件的最后添加了一行 type: NodePort，表明从默认的 ClusterIP 方式切换为 NodePort 方式。

下面，修改 kibana-deployment.yaml 文件，注释掉 SERVER_BASEPATH 两行，使得界面的展示路径修复为默认值，相关代码如下：

```
apiVersion: apps/v1
kind: Deployment
metadata:
  name: kibana-logging
  namespace: kube-system
…
        env:
          - name: ELASTICSEARCH_HOSTS
            value: http://elasticsearch-logging:9200
          - name: SERVER_NAME
            value: kibana-logging
#         - name: SERVER_BASEPATH
#             value: /api/v1/namespaces/kube-system/services/kibana-logging/
proxy
…
```

保存后退到 addons 目录，运行 kubectl apply 命令，创建 fluentd-elasticsearch 目录下的各 YAML 文件对应的资源，具体代码如下：

```
[root@Master addons]# kubectl apply -f fluentd-elasticsearch/
service/elasticsearch-logging created
serviceaccount/elasticsearch-logging created
clusterrole.rbac.authorization.k8s.io/elasticsearch-logging created
```

```
clusterrolebinding.rbac.authorization.k8s.io/elasticsearch-logging created
statefulset.apps/elasticsearch-logging created
configmap/fluentd-es-config-v0.2.0 created
serviceaccount/fluentd-es created
clusterrole.rbac.authorization.k8s.io/fluentd-es created
clusterrolebinding.rbac.authorization.k8s.io/fluentd-es created
daemonset.apps/fluentd-es-v3.0.5 created
deployment.apps/kibana-logging created
service/kibana-logging created
```

该 GitHub 目录的 YAML 更新较快，可能存在少量 bug，如果遇到 bug，可以做对应修正。比如遇到 missing required field "verbs" in io.k8s.api.rbac.v1.PolicyRule，可以修改 fluentd-elasticsearch/es-statefulset.yaml，去除 ClusterRoles 的 rules 中多余的短划线。

命令运行后，等待几分钟，待镜像下载、Pod 启动、容器自检和服务关联等操作完成后，通过 kubectl get service 命令查询 Kibana 的 NodePort 端口号：

```
[root@Master addons]# kubectl get service kibana-logging -n kube-system
NAME             TYPE       CLUSTER-IP       EXTERNAL-IP   PORT(S)          AGE
kibana-logging   NodePort   10.109.194.246   <none>        5601:32732/TCP   8m11s
```

使用任意节点的公网 IP 和上述命令返回的 32732 端口组成 URL 地址，在客户端浏览器打开该 URL。如图 21-9 所示，我们又看到了熟悉的 Kibana GUI 界面。

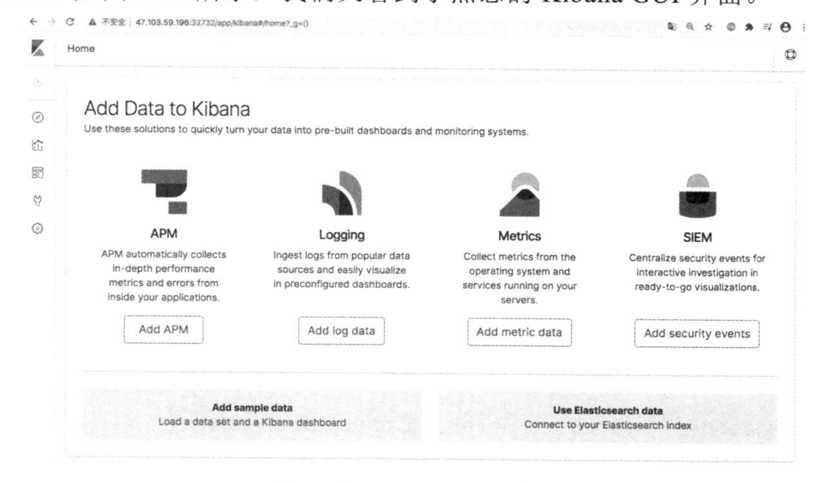

图 21-9 Kibana GUI 界面

按照提示，选择 Use Elasticsearch data，索引样板创建过程如图 21-10 所示，进入定义 Index pattern 界面。

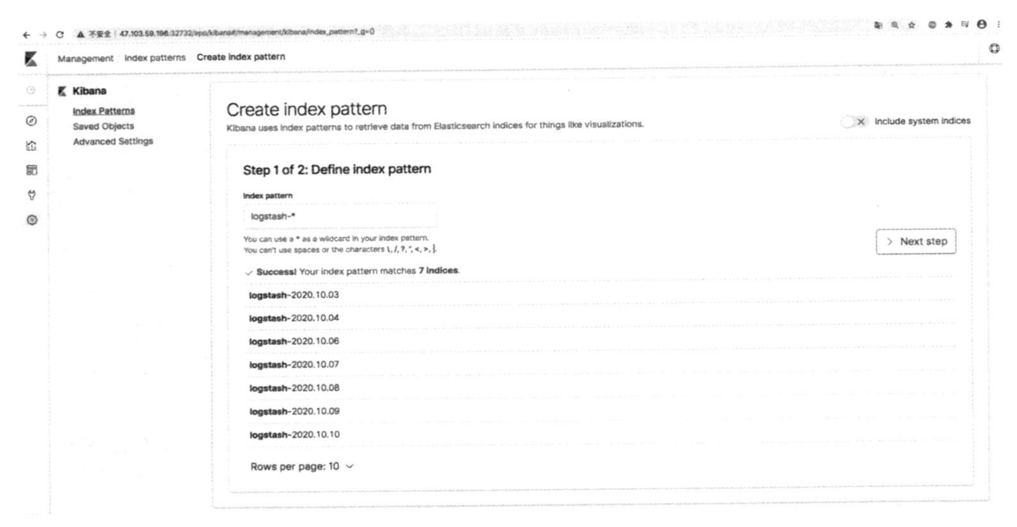

图 21-10　索引样板创建过程（一）

输入索引匹配模式 logstash-*，单击 Next step 按钮，进入如图 21-11 所示的页面。

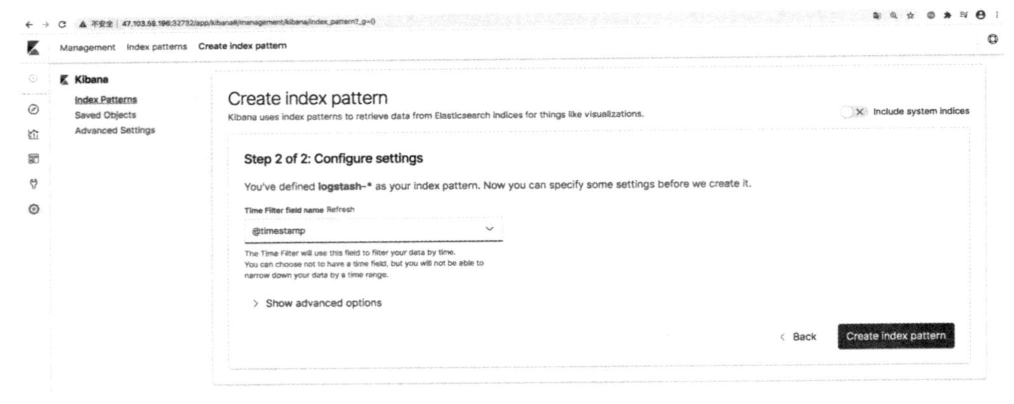

图 21-11　索引样板创建过程（二）

选择@timestamp 作为过滤子段后，单击 Create index pattern 按钮，完成索引样板的选择，进入如图 21-12 所示的日志查询界面。

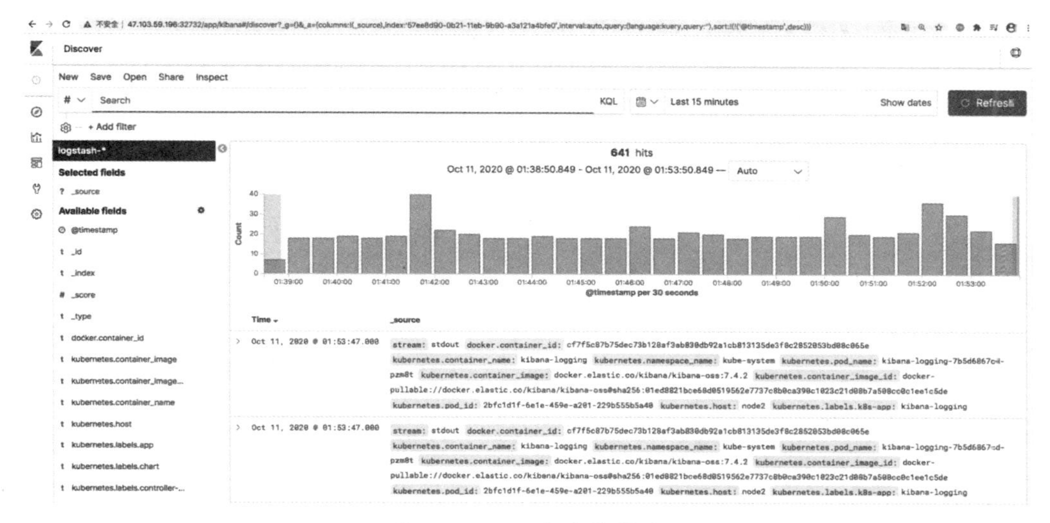

图 21-12　日志查询界面

然后就可以通过关键词、过滤器等查询日志详细信息，并在左侧面板上创建动态报告和设置事件告警了。整个 Kubernetes 日志监控的搭建过程相对简单，比较容易上手。

21.7　【优惠券项目落地】——Kubernetes 容器架构终态

21.7.1　实现服务高可用

要实现整个优惠券项目的服务高可用，除了要依赖于 21.3 节介绍的 Kubernetes 集群的自身高可用，还需要通过网络的负载均衡和数据存储的持久化来实现应用服务本身的高可用。在第 19 章的网络实战中我们已经实现了 eureka-server 和 coupon-template、coupon-calculation、coupon-user、config-server、gateway-server 的服务高可用，本节我们来看看如何通过 Helm 软件包管理工具，来完成 StatefulSet 和 PV、PVC 的部署，从而实现 Redis、RabbitMQ、MySQL 的服务高可用。通常生产环境中的数据库、缓存和消息队列都采用云托管服务或者外部共享的 StorageClass 存储服务，这里为了降低实验环境的要求，采用自建的 NFS 服务和 nfs-client StorageClass 来进行演示。

首先，将 Kubernetes Master 节点的 NFS 启动起来，并通过 Helm 完成 StorageClass 的准备工作，具体运行过程如下：

```
//在 Master 节点上启动 NFS 服务，模拟外部 NAS 文件共享服务
[root@Master coupon]# systemctl restart rpcbind nfs-server
//通过 Helm 命令从 aliyuncs repo 中选择 nfs-client-provisioner chart，设置 NFS 服务器地址为 Master 节点内网地址 172.19.23.48，目录为/mnt，整个部署过程命名为 nfs release
[root@Master coupon]# helm install nfs aliyuncs/nfs-client-provisioner --set nfs.server=172.19.23.48 --set nfs.path=/mnt
NAME: nfs
LAST DEPLOYED: Fri Dec 25 15:47:19 2020
NAMESPACE: default
STATUS: deployed
REVISION: 1
TEST SUITE: None
//查询 Helm 部署完成后的效果，可以看到名为 nfs-client 的 storageclass 已经创建完成
[root@Master coupon]# kubectl get storageclass
NAME          PROVISIONER                                    RECLAIMPOLICY
VOLUMEBINDINGMODE   ALLOWVOLUMEEXPANSION   AGE
nfs-client          cluster.local/nfs-nfs-client-provisioner         Delete
Immediate         true                    2m12s
```

然后，部署 Redis 集群服务，具体运行过程如下：

```
//下载 redis-ha 集群软件的 Helm chart
[root@Master coupon]# helm fetch aliyuncs/redis-ha --untar
//修改其中的 values.yaml 配置文件：将 hardAntiAffinity 设置为 false，使得多个 Pod 可以部署在相同的 Node 节点上；将 persistentVolume.storageClass 定义为 nfs-client；将 persistentVolume.size 缩小为 1Gi
[root@Master coupon]# vi redis-ha/values.yaml
…
hardAntiAffinity: false
…
persistentVolume:
  enabled: true
  ## redis-ha data Persistent Volume Storage Class
  ## If defined, storageClassName: <storageClass>
  ## If set to "-", storageClassName: "", which disables dynamic provisioning
  ## If undefined (the default) or set to null, no storageClassName spec is
  ##   set, choosing the default provisioner.  (gp2 on AWS, standard on
  ##   GKE, AWS & OpenStack)
  ##
  storageClass: "nfs-client"
  accessModes:
    - ReadWriteOnce
  size: 1Gi
…
//运行 Helm 命令正式部署 Redis，指定 release 名称为 redis，chart 名称为 aliyuncs/redis-ha，
```

```
配置文件为 redis-ha/values.yaml
[root@Master   coupon]#   helm   install   redis   aliyuncs/redis-ha   -f
redis-ha/values.yaml
NAME: redis
LAST DEPLOYED: Fri Dec 25 17:27:39 2020
NAMESPACE: default
STATUS: deployed
REVISION: 1
NOTES:
Redis can be accessed via port 6379 and Sentinel can be accessed via port 26379
on the following DNS name from within your cluster:
redis-redis-ha.default.svc.cluster.local
To connect to your Redis server:
1. Run a Redis pod that you can use as a client:
   kubectl exec -it redis-redis-ha-server-0 sh -n default
2. Connect using the Redis CLI:
  redis-cli -h redis-redis-ha.default.svc.cluster.local
//等待几分钟后，运行 kubectl 命令查看，可以看到三个副本的 StatefulSet 已经创建完成，每个
Pod 里面有 Redis 服务和哨兵服务两个容器
[root@Master coupon]# kubectl get statefulset
NAME                                              READY   AGE
redis-redis-ha-server                               3/3    10m
[root@Master coupon]# kubectl get pod
NAME                                            READY   STATUS    RESTARTS   AGE
redis-redis-ha-server-0                         2/2     Running   0          7m35s
redis-redis-ha-server-1                         2/2     Running   0          6m48s
redis-redis-ha-server-2                         2/2     Running   0          6m20s
//各 Pod 对应的 PVC 磁盘绑定也已经成功完成，可以实现数据持久化功能
[root@Master coupon]# kubectl get pvc
NAME          STATUS   VOLUME        CAPACITY   ACCESS MODES   STORAGECLASS   AGE
data-redis-redis-ha-server-0       Bound         pvc-d7eebcd3-0216-4ccb-ade1-
6d3b4b8785c9   1Gi        RWO         nfs-client     8m21s
data-redis-redis-ha-server-1       Bound         pvc-838c76e4-f8ad-4003-a23d-
1333175939d2   1Gi        RWO         nfs-client     7m34s
data-redis-redis-ha-server-2       Bound         pvc-6e47b013-32b8-4a72-93b2-
6812b7f4dd92   1Gi        RWO         nfs-client     7m6s
//三个 Redis Pod 通过 StatefulSet 的 Headless Service 功能，向应用程序分别提供 redis 缓
存（TCP 端口 6379）和哨兵（TCP 端口 26379）服务
[root@Master ~]# kubectl get services
NAME              TYPE        CLUSTER-IP      EXTERNAL-IP   PORT(S)          AGE
redis-redis-ha      ClusterIP   None      <none>        6379/TCP,26379/TCP   35m
redis-redis-ha-announce-0    ClusterIP    10.106.122.82     <none>   6379/TCP,
26379/TCP          35m
redis-redis-ha-announce-1   ClusterIP    10.96.152.43  <none>         6379/TCP,
```

```
26379/TCP          35m
redis-redis-ha-announce-2   ClusterIP   10.97.92.130     <none>   6379/TCP,
26379/TCP          35m
```

接着，部署 RabbitMQ 集群，具体运行过程如下：

```
//由于 RabbitMQ 的 helm chart 中默认参数 persistentVolume.enabled=false，不需要通过指定 storageClass 来进行持久化，所以我们可以运行 Helm 命令直接部署 RabbitMQ：指定 release 名称为 rabbitmq，chart 名称为 aliyuncs/ rabbitmq-ha，应用和管理账号的用户名、密码都设置为 guest
[root@Master coupon]# helm install rabbitmq aliyuncs/rabbitmq-ha --set rabbitmqUsername=guest,rabbitmqPassword=guest,managementUsername=guest,managementPassword=guest
NAME: rabbitmq
LAST DEPLOYED: Fri Dec 25 19:39:43 2020
NAMESPACE: default
STATUS: deployed
REVISION: 1
TEST SUITE: None
NOTES:
** Please be patient while the chart is being deployed **
  Credentials:
    Username            : guest
    Password            : $(kubectl get secret --namespace default rabbitmq-rabbitmq-ha -o jsonpath="{.data.rabbitmq-password}" | base64 --decode)
    Management username : guest
    Management password : $(kubectl get secret --namespace default rabbitmq-rabbitmq-ha -o jsonpath="{.data.rabbitmq-management-password}" | base64 --decode)
    ErLang Cookie       : $(kubectl get secret --namespace default rabbitmq-rabbitmq-ha -o jsonpath="{.data.rabbitmq-erlang-cookie}" | base64 --decode)
  RabbitMQ can be accessed within the cluster on port 5672 at rabbitmq-rabbitmq-ha.default.svc.cluster.local
  To access the cluster externally execute the following commands:
    export POD_NAME=$(kubectl get pods --namespace default -l "app=rabbitmq-ha" -o jsonpath="{.items[0].metadata.name}")
    kubectl port-forward $POD_NAME --namespace default 5672:5672 15672:15672
  To Access the RabbitMQ AMQP port:
    amqp://127.0.0.1:5672/
  To Access the RabbitMQ Management interface:
    URL : http://127.0.0.1:15672
//等待几分钟后，运行 kubectl 命令查看，可以看到三个副本的 StatefulSet 已经创建完成，每个 Pod 里面有一个 RabbitMQ 容器
[root@Master coupon]# kubectl get statefulset
```

```
NAME                    READY   AGE
rabbitmq-rabbitmq-ha         1/3    82s
[root@Master coupon]# kubectl get pods
NAME                READY   STATUS    RESTARTS   AGE
rabbitmq-rabbitmq-ha-0              1/1       Running       0          3m7s
rabbitmq-rabbitmq-ha-1              1/1       Running       0          2m21s
rabbitmq-rabbitmq-ha-2              1/1       Running        0          96s
//三个 RabbitMQ Pod 通过 rabbitmq-rabbitmq-ha 这个 Service，向应用程序和管理员分别提供消息队列（TCP 端口 5672）和监控服务（TCP 端口 15672）
[root@Master coupon]# kubectl get services
NAME     TYPE   CLUSTER-IP     EXTERNAL-IP   PORT(S)      AGE
rabbitmq-rabbitmq-ha        ClusterIP   10.108.100.162    <none>   15672/TCP,5672/TCP,4369/TCP   11m
rabbitmq-rabbitmq-ha-discovery       ClusterIP   None     <none>   15672/TCP,5672/TCP,4369/TCP   11m
```

最后，部署 MySQL 集群，默认的主流 Helm 源的 MySQL Chart 都是单节点的，为了实现主从节点高可用，我们选择 MySQL 的变种 MariaDB 所对应的 Helm Chart，具体运行过程如下：

```
//运行 Helm 命令直接部署 MariaDB：指定 release 名称为 mysql，chart 名称为 aliyuncs/mariadb，storageClass 设置为 nfs-client，root 账号密码设置为 xiaobai，主从容器的磁盘大小都为 1GB
[root@Master coupon]# helm install mysql aliyuncs/mariadb --set global.storageClass="nfs-client",rootUser.password="xiaobai",master.persistence.size="1Gi",slave.persistence.size="1Gi"
NAME: mysql
LAST DEPLOYED: Fri Dec 25 19:56:44 2020
NAMESPACE: default
STATUS: deployed
REVISION: 1
NOTES:
Please be patient while the chart is being deployed
Tip:
  Watch the deployment status using the command: kubectl get pods -w --namespace default -l release=mysql
Services:
  echo Master: mysql-mariadb.default.svc.cluster.local:3306
  echo Slave:  mysql-mariadb-slave.default.svc.cluster.local:3306
Administrator credentials:
  Username: root
  Password : $(kubectl get secret --namespace default mysql-mariadb -o jsonpath="{.data.mariadb-root-password}" | base64 --decode)
To connect to your database:
  1. Run a pod that you can use as a client:
```

```
    kubectl run mysql-mariadb-client --rm --tty -i --restart='Never' --image
docker.io/bitnami/mariadb:10.3.22-debian-10-r0 --namespace default --command
-- bash
  2. To connect to master service (read/write):
    mysql -h mysql-mariadb.default.svc.cluster.local -uroot -p my_database
  3. To connect to slave service (read-only):
    mysql   -h   mysql-mariadb-slave.default.svc.cluster.local   -uroot   -p
my_database
To upgrade this helm chart:
  1. Obtain the password as described on the 'Administrator credentials' section
and set the 'rootUser.password' parameter as shown below:
    ROOT_PASSWORD=$(kubectl get secret --namespace default mysql-mariadb -o
jsonpath="{.data.mariadb-root-password}" | base64 --decode)
    helm upgrade mysql stable/mariadb --set rootUser.password=$ROOT_PASSWORD
//等待几分钟后运行 kubectl 命令，可以看到两个 StatefulSet 已经创建完成，分别包含一个
MariaDB 主节点容器和一个 MariaDB 从节点容器
[root@Master coupon]# kubectl get statefulset
NAME                READY   AGE
mysql-mariadb-master           1/1     117s
mysql-mariadb-slave            1/1     117s
[root@Master coupon]# kubectl get pods
NAME                  READY   STATUS       RESTARTS   AGE
mysql-mariadb-master-0         1/1     Running   0          3m2s
mysql-mariadb-slave-0          1/1     Running   0          3m2s
//两个 Pod 对应的 PVC 磁盘绑定也已经成功完成，可以实现数据持久化功能
[root@Master coupon]# kubectl get pvc
NAME    STATUS   VOLUME    CAPACITY   ACCESS MODES   STORAGECLASS   AGE
data-mysql-mariadb-master-0         Bound         pvc-074563a6-396c-422c-bedd-
0f4294d65f36   1Gi        RWO    nfs-client   6m59s
data-mysql-mariadb-slave-0          Bound         pvc-19d773d4-694d-47dd-b31b-
0f5ac27e81ab   1Gi        RWO   nfs-client 6m59s
//主从两个 Pod 分别都有对应的 Service，向应用程序提供数据库读写服务
[root@Master coupon]# kubectl get services
NAME     TYPE       CLUSTER-IP        EXTERNAL-IP   PORT(S)      AGE
mysql-mariadb  ClusterIP   10.98.255.47     <none>        3306/TCP   7m57s
mysql-mariadb-slave     ClusterIP    10.99.82.61       <none>          3306/TCP
7m57s
```

通过上面的过程，我们实现了高可用的 Redis、RabbitMQ 和 MariaDB 的安装。在 MariaDB 安装完成后可以按照命令终端的提示登录数据库内部，执行 SQL 脚本，完成优惠券数据库的前期准备工作。

如果还想全自动地实现应用和数据库、中间件的联动，则需要在应用端进行更多的调整，比如针对 Redis 可以采用如下两种模式：

- 标准集群模式：激活 Redis 集群模式中的 haproxy，并调整应用的 Redis 缓存的 URL 指向。
- 哨兵模式：针对多个 Redis 哨兵，配置应用从活跃哨兵处获取主节点地址，再进行缓存数据流的发送。

总体来看，通过 Kubernetes 的容器化部署可以实现各自模块的高可用，通过中间件和应用的联动可以实现整个业务群的扩展性和可用性。

21.7.2　容器水平扩展

下面，我们根据资源使用情况，利用 Kubernetes 的扩缩容机制 HPA（Horizontal Pod Autoscaler）来对 Pod 副本进行动态调整，将 Pod 副本数量限制在 3~5 个之间，并以每个 Pod 所申请（request）的 CPU 核数的 75%为阈值进行动态扩容，具体代码如下：

```
[root@Master coupon]# kubectl autoscale deployment coupon-template --min=3
--max=5 --cpu-percent=75
horizontalpodautoscaler.autoscaling/coupon-template autoscaled
```

然后，对 coupon-template 服务施压，通过 kubectl get 命令查询调整后的结果，具体代码如下：

```
root@Master coupon]# kubectl get hpa
NAME    REFERENCE TARGETS   MINPODS   MAXPODS   REPLICAS   AGE
coupon-template   Deployment/coupon-template   85%/75%   3   5  5  109s
[root@Master coupon]# kubectl get pods
NAME                       READY  STATUS    RESTARTS   AGE
coupon-template-58dd864884-5z84b      1/1     Running   0          21m
coupon-template-58dd864884-bgh88      1/1     Running   0          112s
coupon-template-58dd864884-lpggp      1/1     Running   0          51s
coupon-template-58dd864884-pxqxz      1/1     Running   0          50s
coupon-template-58dd864884-tgzv7      1/1     Running   0          112s
```

从上面代码中可以看到，metrics-server 实际监控到的 CPU 利用率瞬间超过 75%，根据之前设置的策略，HPA 调用 Deployment 的 scale 功能，将 Pod 副本数调整为最高值 5。

21.7.3 设置性能监控告警

我们按照 21.6.3 节描述的方式查询 Grafana 的 NodePort 服务端口，并通过浏览器打开 Kubernetes 任意节点的公网地址及服务器对应端口，可以看到如图 21-13 所示的 Default Namespace 的 CPU、内存性能仪表盘。其中，coupon-template 应用因为承载过一段测试压力，所以占用了大部分 CPU 和内存资源开销。

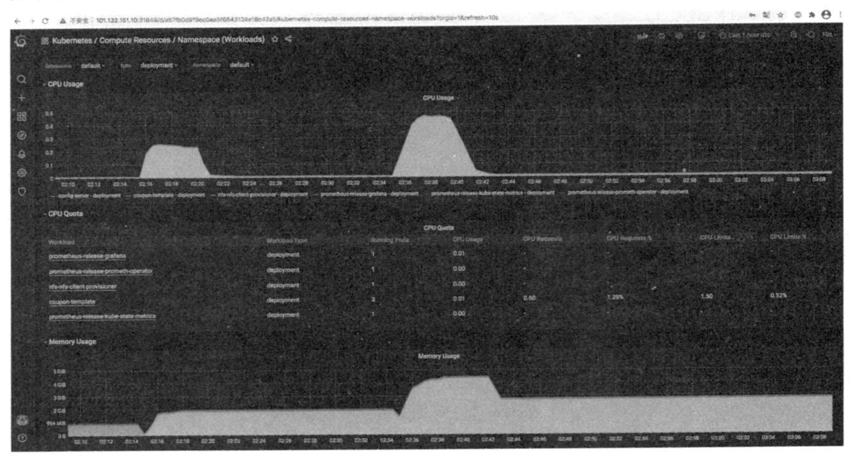

图 21-13　Default Namespace 的 CPU、内存性能仪表盘

下面，我们来观察 Master 节点和 Node 节点的资源使用情况。从图 21-14 中可以看出，Node 节点的 CPU 峰值超过了 50%，内存当前使用率为 68%。

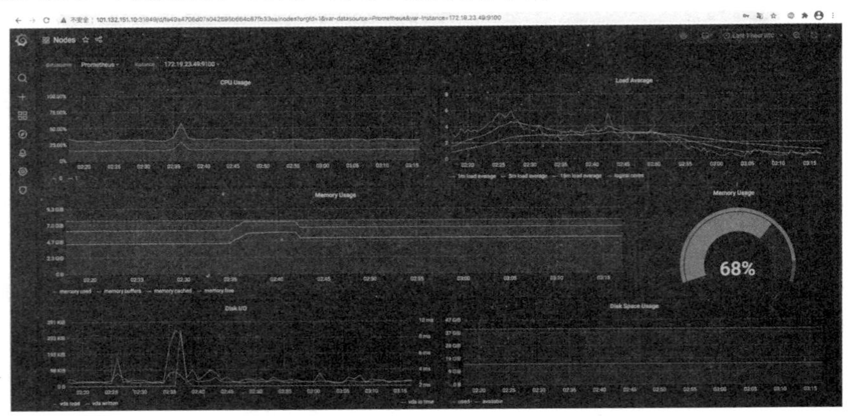

图 21-14　Node 节点的 CPU、内存性能仪表盘

如果进一步进行服务施压和容器扩容，就可能造成节点超载。为了防止 Node 节点的压力过载，我们设置 Grafana 监控告警。选中 Dashboard 进入编辑模式，然后进入 Alert 分页，设置具体的查询条件（如当 CPU 使用率超过 90% 的进行告警）。待告警规则设置完成后，单击 Grafana 主菜单 Alerting 选项下方的 New Notification Channel 选项卡，进一步设定告警渠道，如图 21-15 所示。

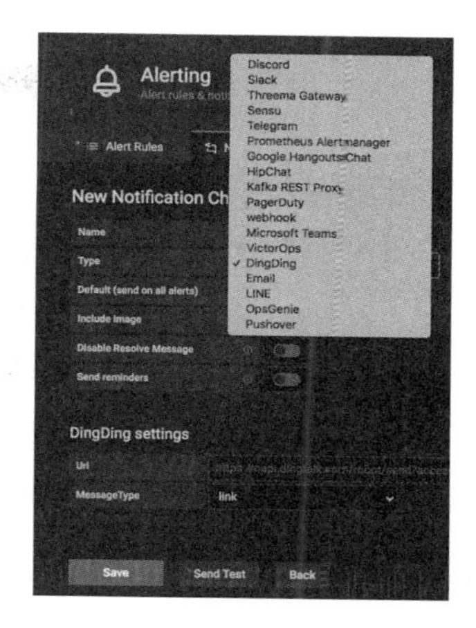

图 21-15　监控告警渠道

常用的告警渠道包含对接办公协作和聊天工具 Slack、HipChat、LINE、钉钉，Prometheus 自带的 Alertmanager，邮件告警方式，Webhook 回调告警方式，PagerDudy 电话和短消息告警方式等。

21.7.4　设置日志监控搜索

按照 21.6.4 节介绍的日志监控方式登录 Kibana 后，可以选择左侧的特定 kubernetes.labels.app 名称（比如 coupon-template），单击加号按钮，Kibana 将按照新规则重新进行查询，并刷新右侧图标和日志详细信息，如图 21-16 所示。

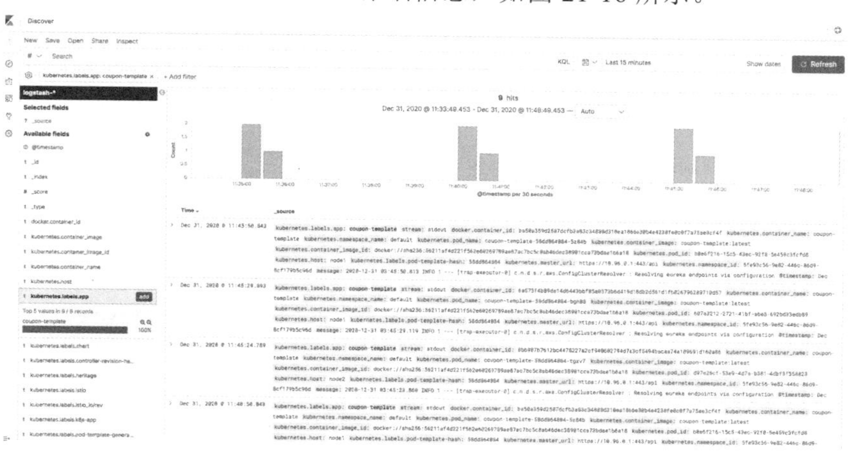

图 21-16　容器日志查询页面

将多条逻辑规则“与”“或”“非”逻辑处理后，就可以查询到所关注的报错信息和服务使用情况。展开右下侧的日志详情，可以方便地进行优惠券项目的问题定位。

21.7.5 微服务容器化落地的思考

通过这几章的 Kubernetes 平台落地实战可以看到，将切分好的微服务部署到容器平台非常便捷。整个过程主要包含以下几个特点：

- 对于数据和中间件系统，可以直接通过 Helm 等方式利用现有的 Chart 进行快速部署，并实现服务的高可用。
- 对于业务应用，可以指定合适的 Pod 控制器方式（如 Deployment、StatefulSet 等），进行应用容器和网络服务的统一管理。
- 通过 Spring Cloud 框架可以很方便地实现配置管理、服务注册发现、服务网关、限流等功能，不需要特别多的容器平台的额外支持。
- 应用的扩展性、安全性和监控功能等，可以通过 Kubernetes 平台进行原生支持，不需要在应用开发过程有太多的考量和准备。

整体来看，Spring Cloud Netflix 框架和 Kubernetes 容器编排技术通力配合，可以完整地承接起微服务落地的功能性和非功能性需求，不失为一个优选方案。通过 CI/CD 工具和技术的配合，还可以更进一步实现全透明的编译、测试、发布和监控治理。

22

第 22 章 Service Mesh

“古之欲明明德于天下者，先治其国；欲治其国者，先齐其家；欲齐其家者，先修其身；欲修其身者，先正其心；欲正其心者，先诚其意；欲诚其意者，先致其知，致知在格物。物格而后知至，知至而后意诚，意诚而后心正，心正而后身修，身修而后家齐，家齐而后国治，国治而后天下平。”——《礼记·大学》

这段警世名言简而言之就是大家熟知的“修身、齐家、治国、平天下”。

平天下需要从修身做起，一步一步来，管理 IT 系统也是一样的道理。以 Kubernetes 为例，上面的容器和 Pod 可以看成是“身”，Service 则可以理解为应用之“家”，Namespace 和 Kubernetes 集群可以理解为“国”，那么整个企业的 IT 环境就是“天下”了。有没有一个框架可以一步到位，完成“修身、齐家、治国、平天下”呢？这就非当今最为火热的 Service Mesh（服务网格）莫属了。它既可掌控服务的负载分布、故障处理和安全控制，又能实现跨 Namespace 和 Kubernetes 集群的服务通信和治理，以整个“天下”为己任，其胸怀和气魄恰好印证了《礼记·大学》中的这句名言。

22.1 Service Mesh 在微服务中的应用

22.1.1 Service Mesh 引领微服务新时代

微服务，作为一个独立的服务提供方，既需要提供基本的业务逻辑和功能，又需要实现认证、授权等安全功能，出错重试、熔断等服务治理功能，配额管理、网络限流、QoS 等负载策略控制，拓扑、日志、性能、链路追踪等监控需求。

同时，微服务的研发和管理团队通常遵循亚马逊 CEO 贝索斯提出的两个披萨原则——团队大小在 6~10 人左右，能够减少沟通成本，最高效地完成组织内部的决策和共识。

如何让这样一个 6~10 人的小团队，完成整个微服务从开发到运维的 DevOps 全流程，实现上述的功能、安全、治理、策略和监控的统一管理，这成了让每个企业都头痛的难题。

Airbnb、Netflix 等公司从服务代理和服务下沉角度出发，陆续在企业内部尝试了一些解决方案。到了 2016 年初，开源项目 Linkerd 正式发布，一个全新的名词——Service Mesh（服务网格）逐渐被大家了解和接受。第二年，Linkerd 开源项目的主要贡献者 Buoyant 公司的 CEO——William Morgan 在一篇知名博客（*What's a Service Mesh? And why do I need one?*）中将 Service Mesh 的用途和定义做了完整的阐述：Service Mesh 是一种平台层的工具，而非应用层的工具，它能给应用服务增加可观察性、安全性、可靠性等特质；Service Mesh 的典型部署采用一种分布式的、非侵入式的网络代理系统（称之为“边车”）来实现；边车系统用于完成服务之间的通信，它和提供业务功能的应用系统共同构成了整个 Service Mesh 的数据平面。

图 22-1 是对 Service Mesh 逻辑概念的一个抽象描述。每个长方格都代表一个微服务，它又包含两个小方格，左侧的小方格代表应用程序，右侧的小方格代表边车。可以看到服务和服务之间的通信和沟通都是通过右侧的小方格——边车完成的，应用程序只需要完成业务逻辑即可。通过这种方式，Service Mesh 完成了服务安全、治理、监控等功能的下沉，真正实现了对应用代码透明的、非侵入式的架构设计。

随着 Service Mesh、边车概念的广泛传播和接受，Linkerd 项目逐渐开始被大家所了解，网格化的浪潮开始兴起。

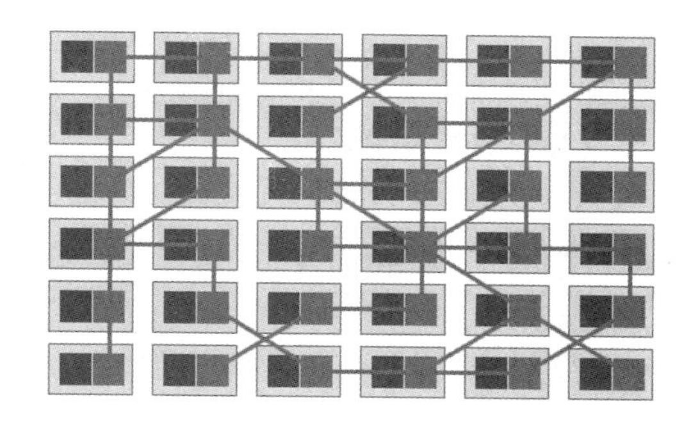

图 22-1　Service Mesh 逻辑概念

22.1.2　Istio 的诞生和兴起

在 Service Mesh 的普及过程中，先后出现了 Linkerd、Envoy 和 Istio 等知名开源解决方案。而真正将 Service Mesh 推至巅峰的恰恰就是 Istio。Istio 是由 Google、IBM、Lyft 在 2017 年联合推出的，整个解决方案的数据平面（Data Plane）基于已经有一定知名度的 Envoy 边车系统。在此之上，Istio 提出了一套独立的控制平面（Control Plane），对 Service Mesh 中的所有策略和配置进行统一部署和管理。

Istio 的主要功能可以用图 22-2 进行概括。

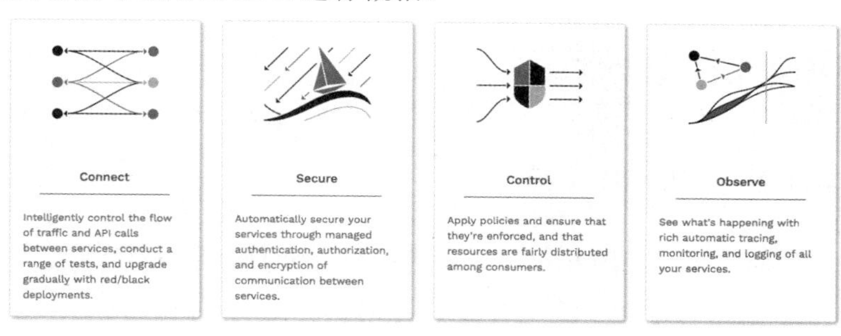

图 22-2　Istio 主要功能

- 连接（Connect）：智能地控制服务之间的流量和 API 调用，进行一系列的测试，支持蓝绿部署和金丝雀部署。
- 安全（Secure）：管理微服务间的身份认证、授权和通信加密，提供自动化的服务安全防护。
- 控制（Control）：确保控制策略的执行，保障资源在消费者之间公平分配。
- 观测（Observe）：通过丰富的链路追踪、监控和日志记录，遥测服务的运行状态。

凭借着完善的功能、相对稳定的数据平面、便捷可控的控制平面，Google、IBM、VMware、Cisco、RedHat 等大型企业的背书、与 Kubernetes 等容器编排工具的原生兼容，Istio 很快成为容器世界中微服务治理的技术首选。

22.1.3 Service Mesh 在大厂中的应用

国外大厂比如 Google、IBM 等作为 Istio 技术的主要推手，都在公司内部的微服务调用和对外提供的云产品服务中提供了 Istio 的网格化服务。以 Google 云平台为例，其在 2019 年隆重推出了名为 Anthos 的容器平台产品，将 Kubernetes、Istio 等基本功能打包，作为统一的服务整体对用户提供支持。该产品既可以部署在 Google 的公有云平台，又可以作为私有云部署到客户的数据中心，通过 Istio 强大的服务治理和安全保障能力，实现安全高效的混合云服务。

国内各家大厂也对 Istio Service Mesh 趋之若鹜，阿里、腾讯、华为等纷纷在 Istio 开源解决方案基础上提供了定制化 Service Mesh 解决方案和产品。以蚂蚁金服为例，其定制化解决方案 SOFAMesh（控制平面）、SOFAMosn（数据平面），已经成为蚂蚁金服新一代云原生架构的核心，成功地经受了双 11 等大型业务压力的轮番考验。

22.2 从 BoofInfo 样例起步

22.2.1 异构应用的网络互通

让我们从一个最简单的样例开始 Service Mesh 之旅吧。

首先，在 Istio 官网搜索并下载最新版本的 downlaodIstio 脚本。

然后，执行该脚本，完成 Istio 软件的下载，具体代码如下：

```
[root@Master servicemesh]# sh downloadIstio
...
Downloading istio-1.7.3 from
...
Istio 1.7.3 Download Complete!

Istio has been successfully downloaded into the istio-1.7.3 folder on your system.
...
```

系统将自动从 GitHub 下载相关的可执行文件和软件包，并进行安装。服务端网络存在稳定性问题，如果下载报错，可以通过多次尝试来完成下载；或者下载 Istio 最新版的代码发布包，解压后将可执行文件路径加入 PATH 环境变量，并通过 kubectl 命令依照 install/kubernetes/istio-demo.yaml 文件指示安装 Istio 组件。

顺利完成软件包的下载后，就可以配置环境变量，并执行 istioctl 命令安装 Istio 组件，具体代码如下：

```
[root@Master servicemesh]# cd istio-1.7.3
[root@Master istio-1.7.3]# export PATH=$PWD/bin:$PATH
[root@Master istio-1.7.3]# istioctl install --set profile=demo
Detected that your cluster does not support third party JWT authentication.
Falling back to less secure first party JWT...
✔ Istio core installed
✔ Istiod installed
✔ Ingress gateways installed
✔ Egress gateways installed
✔ Installation complete
```

接着，配置 default namespace 的标签，使该 namespace 中所有新建的容器自动完成 Envoy 边车注入，具体代码如下：

```
[root@Master istio-1.7.3]# kubectl label namespace default istio-injection=
enabled
namespace/default labeled
```

这时，我们可以部署 Istio 官方提供的 BookInfo 软件样例。其整体架构如图 22-3 所示，包含了 Python 开发的产品页面、Java 开发的评分页面、Ruby 开发的详情页和 Node.js 开发的排名页面。

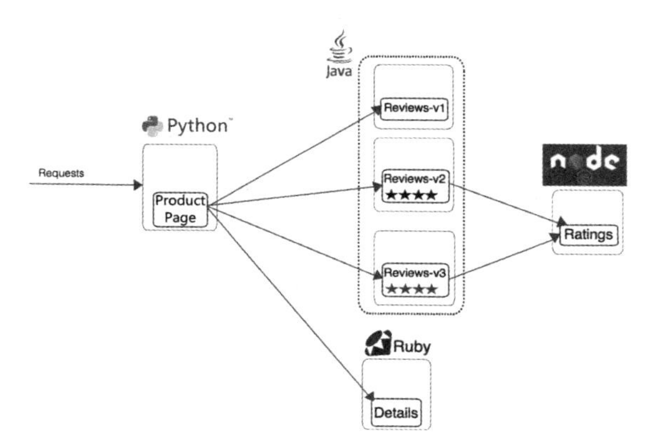

图 22-3　BookInfo 多语言应用整体架构

我们可以通过激活 Istio 安装目录所在的 samples 文件夹中的 YAML 文件来部署该应用，具体代码如下：

```
[root@Master istio-1.7.3]# kubectl apply -f samples/bookinfo/platform/kube/bookinfo.yaml
service/details created
serviceaccount/bookinfo-details created
deployment.apps/details-v1 created
service/ratings created
serviceaccount/bookinfo-ratings created
deployment.apps/ratings-v1 created
service/reviews created
serviceaccount/bookinfo-reviews created
deployment.apps/reviews-v1 created
deployment.apps/reviews-v2 created
deployment.apps/reviews-v3 created
service/productpage created
serviceaccount/bookinfo-productpage created
deployment.apps/productpage-v1 created
```

可以看到一系列 Service Account、Deployment 和 Service 相继被创建。下一步，运行 kubectl apply 命令，使 bookinfo-gateway.yaml 生效，从而打开 Istio 的网关服务，对外提供页面展示，具体代码如下：

```
[root@Master istio-1.7.3]# kubectl apply -f samples/bookinfo/networking/bookinfo-gateway.yaml
gateway.networking.istio.io/bookinfo-gateway created
virtualservice.networking.istio.io/bookinfo created
```

最后，通过 kubectl get service 命令获取 Istio 网关对外的端口信息，具体代码如下：

```
[root@Master istio-1.7.3]# kubectl get service istio-ingressgateway -n istio-system
NAME         TYPE     CLUSTER-IP    EXTERNAL-IP   PORT(S)   AGE
istio-ingressgateway   LoadBalancer   10.110.1.81   <pending>   15021:32133/TCP,80:31662/TCP,443:32734/TCP,31400:32184/TCP,15443:31243/TCP   19m
```

在上面代码中，80:31662 表示网关服务的 80 端口映射到 Kubernetes Node 节点的端口 31662 上。这正是我们要访问该应用服务的网络端口。通过浏览器访问 http://Node 节点公网地址:31622/productpage，就可以看到 BookInfo 应用的主页，如图 22-4 所示。

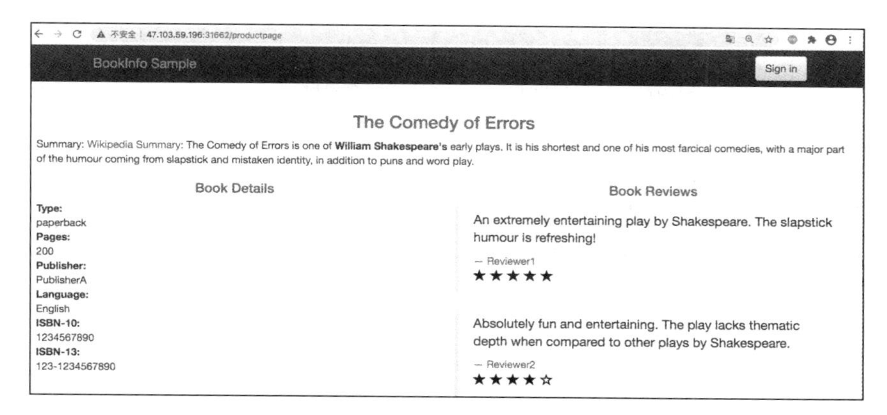

图 22-4　BookInfo 应用样例主页

上例中，我们通过 Kubernetes 的部署方式快速地发布了多个应用模块，并且所有的模块通过 Envoy 边车完成了网络互通，同时通过 Istio 的网关服务对外提供了主页的展示。下一节我们将在这个应用样例的基础上，进一步展现 Service Mesh 的魅力。

22.2.2　应用拓扑监控

Kiali 是 Service Mesh 环境中主推的应用拓扑监控工具。可以通过使 samples/addons 插件生效来完成 Kiali 仪表盘的部署，从而实现应用拓扑的监控，具体代码如下：

```
[root@Master istio-1.7.3]# kubectl apply -f samples/addons
serviceaccount/grafana created
configmap/grafana created
service/grafana created
deployment.apps/grafana created
configmap/istio-grafana-dashboards created
configmap/istio-services-grafana-dashboards created
deployment.apps/jaeger created
service/tracing created
service/zipkin created
Warning: apiextensions.k8s.io/v1beta1 CustomResourceDefinition is deprecated in v1.16+, unavailable in v1.22+; use apiextensions.k8s.io/v1 CustomResourceDefinition
customresourcedefinition.apiextensions.k8s.io/monitoringdashboards.monitorin
g.kiali.io created
serviceaccount/kiali created
configmap/kiali created
clusterrole.rbac.authorization.k8s.io/kiali-viewer created
clusterrole.rbac.authorization.k8s.io/kiali created
```

```
clusterrolebinding.rbac.authorization.k8s.io/kiali created
service/kiali created
deployment.apps/kiali created
monitoringdashboard.monitoring.kiali.io/envoy created
monitoringdashboard.monitoring.kiali.io/go created
monitoringdashboard.monitoring.kiali.io/kiali created
monitoringdashboard.monitoring.kiali.io/micrometer-1.0.6-jvm-pool created
monitoringdashboard.monitoring.kiali.io/micrometer-1.0.6-jvm created
monitoringdashboard.monitoring.kiali.io/micrometer-1.1-jvm created
monitoringdashboard.monitoring.kiali.io/microprofile-1.1 created
monitoringdashboard.monitoring.kiali.io/microprofile-x.y created
monitoringdashboard.monitoring.kiali.io/nodejs created
monitoringdashboard.monitoring.kiali.io/quarkus created
monitoringdashboard.monitoring.kiali.io/springboot-jvm-pool created
monitoringdashboard.monitoring.kiali.io/springboot-jvm created
monitoringdashboard.monitoring.kiali.io/springboot-tomcat created
monitoringdashboard.monitoring.kiali.io/thorntail created
monitoringdashboard.monitoring.kiali.io/tomcat created
monitoringdashboard.monitoring.kiali.io/vertx-client created
monitoringdashboard.monitoring.kiali.io/vertx-eventbus created
monitoringdashboard.monitoring.kiali.io/vertx-jvm created
monitoringdashboard.monitoring.kiali.io/vertx-pool created
monitoringdashboard.monitoring.kiali.io/vertx-server created
serviceaccount/prometheus created
configmap/prometheus created
Warning: rbac.authorization.k8s.io/v1beta1 ClusterRole is deprecated in v1.17+, unavailable in v1.22+; use rbac.authorization.k8s.io/v1 ClusterRole
clusterrole.rbac.authorization.k8s.io/prometheus created
Warning: rbac.authorization.k8s.io/v1beta1 ClusterRoleBinding is deprecated in v1.17+, unavailable in v1.22+; use rbac.authorization.k8s.io/v1 ClusterRoleBinding
clusterrolebinding.rbac.authorization.k8s.io/prometheus created
service/prometheus created
deployment.apps/prometheus created
```

从上面命令行输出可以看到，部署过程中不仅安装了 Kiali 仪表盘，还安装了所依赖的 Prometheus、Grafana、Jaeger 等。

运行 kubectl edit service 命令，调整 Kiali 的 Service 类型为 NodePort 模式，具体代码如下：

```
[root@Master istio-1.7.3]# kubectl edit service kiali -n istio-system
# Please edit the object below. Lines beginning with a '#' will be ignored,
# and an empty file will abort the edit. If an error occurs while saving this
```

```
file will be
# reopened with the relevant failures.
#
apiVersion: v1
kind: Service
…
spec:
  type: NodePort
status:
  loadBalancer: {}
```

将 spec.type 修改为 NodePort 方式，存盘退出。

运行 kubectl get service 命令，查询 NodePort 方式的 Service 所占用的节点端口，具体代码如下：

```
[root@Master istio-1.7.3]# kubectl get service kiali -n istio-system
NAME    TYPE       CLUSTER-IP       EXTERNAL-IP      PORT(S)          AGE
kiali    NodePort    10.107.224.201     <none>              20001:32656/TCP,
9090:30187/TCP   2m57s
```

在上面代码中，20001 为 Kiali GUI 的容器端口，对应的服务器端口为 32656。通过浏览器访问任意 Node 节点的 32656 端口，打开 Kiali 图形化管理界面 http://Node 节点公网地址:32656，单击左侧的 Graph 图标，并选择 Namespace default，可以观察到如图 22-5 所示的 BookInfo 拓扑结构。产品页、评分页、详情页和排名页面的调用关系都可以清楚地展现，同时还可以看到 Review 评分页面存在多版本，其 V2 和 V3 版本与 Rating 排名页存在调用关系。

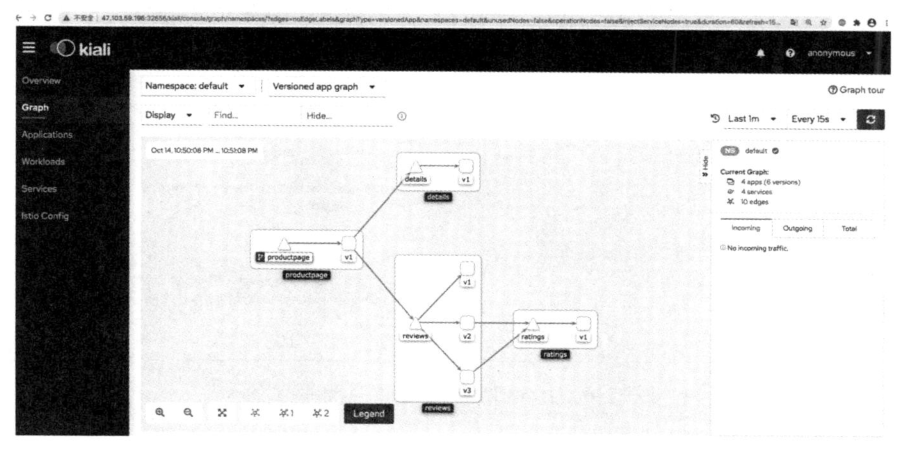

图 22-5　BookInfo 拓扑结构

尝试刷新产品主页，可以看到评分部分的风格随机地在 v1、v2、v3 版本之间切换。可见当前部署的整体拓扑和 Kaili 监控到的模块关联关系完全一致。

22.2.3 应用蓝绿发布

我们还可以通过更换 Istio 的路由策略，来实现不同版本的确定性指向，实现代码如下：

```
[root@Master istio-1.7.3]# kubectl apply -f samples/bookinfo/networking/
destination-rule-all.yaml
destinationrule.networking.istio.io/productpage created
destinationrule.networking.istio.io/reviews created
destinationrule.networking.istio.io/ratings created
destinationrule.networking.istio.io/details created
[root@Master istio-1.7.3]# kubectl apply -f samples/bookinfo/networking/
virtual-service-all-v1.yaml
virtualservice.networking.istio.io/productpage created
virtualservice.networking.istio.io/reviews created
virtualservice.networking.istio.io/ratings created
virtualservice.networking.istio.io/details created
```

这里重点是获得感性认识，后续章节会对具体的路由策略（Destination Rule 和 virtual-service）做详细的介绍。

重新刷新产品主页，可以看到评分部分页面，如图 22-6 所示，其风格固定为 v1 版本，在评分部分不会再有空心或实心的五角星出现。

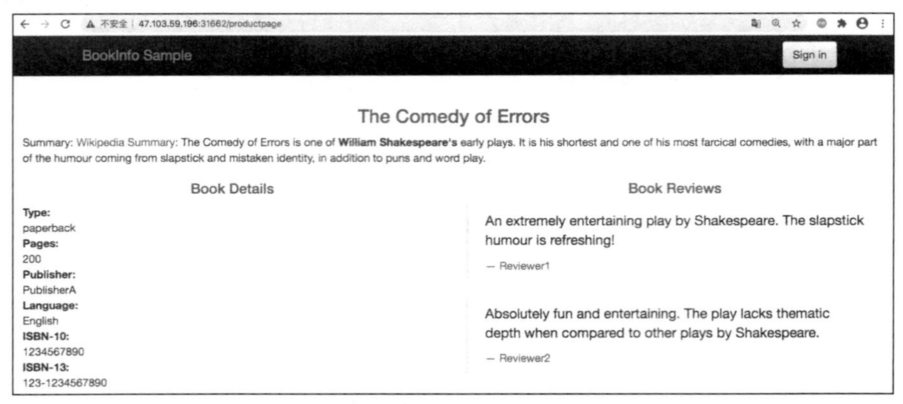

图 22-6 BookInfo v1 版本风格的主页

大家可以尝试激活 samples/bookinfo/networking 目录下的其他 virtual-service 规则，来实现 v2 和 v3 版本的 Review 页面的指定，完成蓝绿发布的自由控制。

22.2.4　Service Mesh 感受分享

从上两节的监控和蓝绿部署可以清楚地感受到添加了 Service Mesh 后，应用监控和负载控制灵活了很多，增加 Istio Service Mesh 后的部署架构（BookInfo Istio 部署架构）如图 22-7 所示。

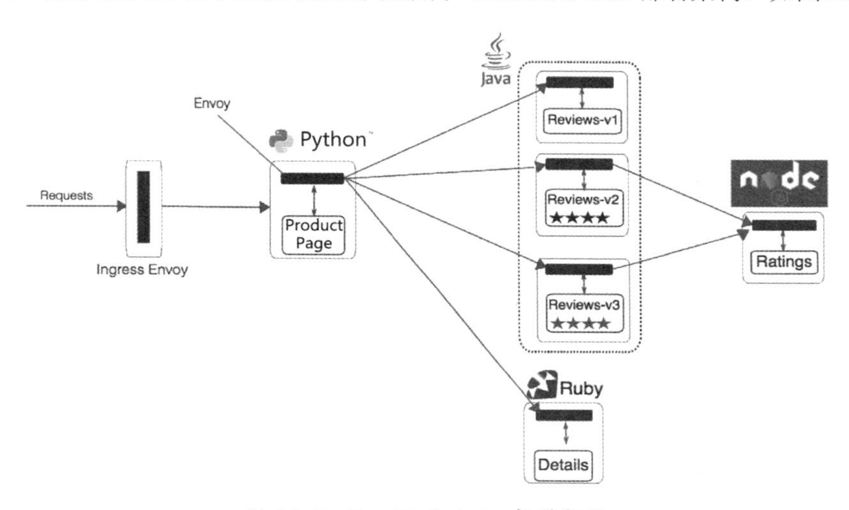

图 22-7　BookInfo Istio 部署架构

与原有架构最大的区别是：

- 在整个拓扑中增加了 Envoy proxy 边车（如图 22-7 中黑色水平横条所示），方便地实现了不同负载均衡策略（蓝绿、金丝雀）的灵活掌控，以及监控数据的实时抓取。
- 在网络入口添加了 Ingress Envoy 网关（如图 22-7 中黑色竖直纵条所示），方便地实现了网络安全和流量指向控制。

22.3　了解 Istio 架构

22.3.1　Istio 工作原理和整体架构

如 22.1.2 节所述，Istio 的主要功能在于实现服务的连接、安全、控制和观测，这些功能是通过如图 22-8 所示的 Istio 整体架构得以实现的。

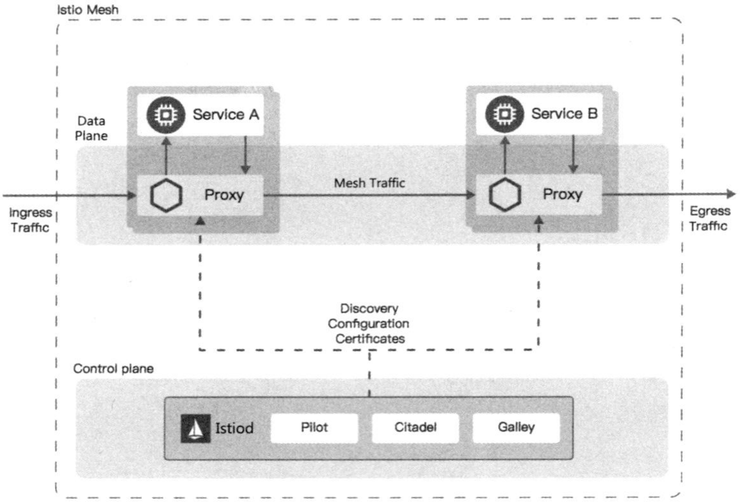

图 22-8　Istio 整体架构

在图 22-8 中，有两个 Service Mesh 的关键概念：

- 数据平面（Data Plane）：数据平面的核心模块是 Proxy，它是 Envoy 的代理。它以边车的形式辅助应用程序来实现数据通信，从而完成每个服务的进口和出口流量的实际控制。
- 管理平面（Control Plane）：管理平面的核心模块是 Istiod，它用于服务发现、配置、证书管理等。具体来看，Istiod 又可以分解为三个小模块，分别是 Pilot、Citadel 和 Galley。

我们下面分别对数据平面和管理平面的核心模块进行讲解。

22.3.2　Proxy 模块

Proxy 翻译成中文就是代理，它也是平时在 Service Mesh 里经常提到的“边车”。Istio 中 Proxy 模块的具体实现采用了 C++语言开发的高性能代理 Envoy。Envoy 是整个 Service Mesh 架构中唯一和实际数据流打交道的模块，它的主要功能如下。

- 流量控制：包括 HTTP、gRPC、WebSocket、TCP 等各种流量的负载均衡、流量的按比例分配、动态服务发现等。
- 网络弹性：包括出错重试、出错切换、服务熔断、故障注入等。

- 安全认证：包括 TLS 加密管理、安全策略和接入策略的执行、根据配置需求进行限流等。
- 可插拔的控制：包括健康检查、定制化的控制策略的执行、网格遥测指标的收集等。

如果把 Service Mesh 比做一个机器人，那么 Proxy 就是用来观察的“眼”和执行任务的“手”。

22.3.3　Istiod 模块

Istiod 可以理解为 Istio 的 Daemon（守护精灵），它相当于整个 Service Mesh 的“大脑”。Istiod 可以把用户编写的 YAML 文件等高层路由策略转换为 Envoy 可以理解的配置信息，在运行过程中分发给 Envoy 边车进行具体执行。Istiod 也可以实现服务级别和用户级别的认证和授权，确保服务的访问控制符合指定的安全策略。具体来讲它是通过以下三个子模块来实现的：

- Pilot 子模块：它可以作为适配器对接主流的各大容器编排工具，如 Kubernetes、Mesos、Cloud Foundry 等，将其中定义的服务发现配置转化为 Envoy API 调用。同时还可以将 Istio 特有的 Virtual Service、Destination Rule 等具体流量治理规则，通过 Envoy API 下放到边车模块中。
- Citadel 子模块：它作为 Istio 的核心安全组件，用于 CA 证书授权，自动生成、分发、轮换、撤销密钥和证书，是支持用户认证、授权、mTLS 双向认证的核心模块。
- Galley 子模块：它是 Istio 内部配置管理的核心组件，用于验证配置信息的格式和正误，将配置信息提供给其他模块和子模块使用。

Istiod 中各个子模块各司其职、分工合作，完成了整个 Service Mesh“大脑”的功能，去指挥“手”和“眼”来实现微服务间的沟通和治理。

22.4　服务治理

22.4.1　服务治理的整体思路

Istio 通过控制平面和数据平面可以轻松地实现流量的控制和 API 调用的控制。它提供了一种简化的控制手段，让用户可以通过简单的配置文件来指定熔断、超时、重试、蓝绿发布、金丝雀发布、出错恢复等功能设置。Istio 可以通过与底层容器平台对接（如 Kubernetes）来实现简单的服务发现和默认的 Round Robin 负载均衡，同时它又提供了一套更高级的控制 API 来完成复杂的流量配置管理操作。最为经典的实现方式就是通过 YAML 文件定义 Kubernetes 的 CRD（Custom Resource Definitions 定制化资源定义），Istiod 模块将获取其中定义的规则内容，并指挥 Envoy 边车依令行事。最常见的 CRD 包含以下几种：

- Virtual Service（虚拟服务）：它类似于传统负载均衡设备的 VIP（虚拟 IP 地址）的概念。通常一个微服务可以发布和部署多个不同的应用版本，但是对外只暴露同一个服务名称。Virtual Service 将用于决定发给这个微服务的流量，应该以什么比例在不同的应用版本之间分配和流转。
- Destination Rule（目标规则）：它类似于传统负载均衡设备的 Pool（资源池）的概念。它可以为同一个微服务定义多个资源池，分别对应不同版本的应用代码部署。同时它还可以控制相同资源池内部多个不同的目标节点的（在 Kubernetes 内部为 Pod）流量分配策略（比如 Round Robin）。
- Gateway（网关）：它用于控制整个 Service Mesh 的流量进口和流量出口的策略。它可以实现网络模型 4~6 层的负载均衡，也可以配合 Virtual Service 实现 7 层网络的路由控制。
- Service Entry（服务加入）：它通常用于将 Service Mesh 以外的资源注册到 Service Mesh 内，这样用户就可以像控制其他内部资源一样方便地进行流量管理。
- Sidecar（边车）：顾名思义，Sidecar CRD 的主要功能就是对 Envoy 边车进行更加细粒度的控制。通常用于规定边车所能支持的端口、协议、命名空间等。

服务治理的 CRD 定义相对抽象，我们将结合实际场景，逐一在实践中进行讲述。

22.4.2 灰度发布

灰度发布又叫作金丝雀发布，它和蓝绿发布的主要区别是，它可以逐步递增新应用的负载压力，通过实际的客户体验来检验新代码的功能；如果工具符合预期，就可以逐渐将所有客户负载都渐进地转移到新应用所在的容器；如果存在明显的缺陷，则可以方便地将负载回退到老版本代码所在的容器。具体实现代码如 samples/bookinfo/networking/virtual-service-reviews-90-10.yaml 所示：

```
apiVersion: networking.istio.io/v1alpha3
```

```
kind: VirtualService
metadata:
  name: reviews
spec:
  hosts:
    - reviews
  http:
  - route:
    - destination:
        host: reviews
        subset: v1
      weight: 90
    - destination:
        host: reviews
        subset: v2
      weight: 10
```

在上面的代码中，我们为 reviews 服务定义了两个具体的容器池指向：有 90%权重的概率，数据流会发送给 reviews 容器池 subset v1；有 10%权重的概率，数据流会发送给 reviews 容器池 subset v2。

在之前部署的 samples/bookinfo/networking/destination-rule-all.yaml 文件中，定义了具体的 Destination Rule，相关代码如下：

```
…
apiVersion: networking.istio.io/v1alpha3
kind: DestinationRule
metadata:
  name: reviews
spec:
  host: reviews
  subsets:
  - name: v1
    labels:
      version: v1
  - name: v2
    labels:
      version: v2
  - name: v3
    labels:
      version: v3
…
```

从上面代码中可以看到，reviews 服务的容器池 v1、v2 和 v3 分别对应了标签为 v1、v2、v3 的 reviews 容器。而这些不同标签的容器，按照 samples/bookinfo/platform/kube/bookinfo.yaml 文件中代码所示，恰恰对应不同的应用代码和容器镜像发布版本，相关代码如下：

```
…
apiVersion: apps/v1
kind: Deployment
metadata:
  name: reviews-v1
…
  template:
    metadata:
      labels:
        app: reviews
        version: v1
    spec:
      serviceAccountName: bookinfo-reviews
      containers:
      - name: reviews
        image: docker.io/istio/examples-bookinfo-reviews-v1:1.16.2
…
---
apiVersion: apps/v1
kind: Deployment
metadata:
  name: reviews-v2
…
  template:
    metadata:
      labels:
        app: reviews
        version: v2
    spec:
      serviceAccountName: bookinfo-reviews
      containers:
      - name: reviews
        image: docker.io/istio/examples-bookinfo-reviews-v2:1.16.2
…
```

```
---
apiVersion: apps/v1
kind: Deployment
metadata:
  name: reviews-v3
…
  template:
    metadata:
      labels:
        app: reviews
        version: v3
    spec:
      serviceAccountName: bookinfo-reviews
      containers:
      - name: reviews
        image: docker.io/istio/examples-bookinfo-reviews-v3:1.16.2
…
```

通过调整 virtual-service-reviews-90-10.yaml 文件中两个 subset 的权重比例，可以方便地实现从 10%到 20%、50%、100%的逐步负载切换过程。读者可以逐步修改权重比例，并通过下面的命令来使新配置生效：

```
[root@Master istio-1.7.3]# kubectl apply -f samples/bookinfo/networking/
virtual-service-reviews-90-10.yaml
virtualservice.networking.istio.io/reviews configured
```

通过浏览器访问 BookInfo 主页，就可以看到整体页面风格逐渐从 reviews 模块 v1 无评分版本向 reviews 模块 v2 黑白评分版本过渡了。

建议将 reviews v1 版本的负载权重设置为 0，将 reviews v2 版本的负载权重设置为 100，并激活生效，为后续试验做好准备。

22.4.3　故障注入

故障注入的主要目的是测试当后台服务质量下降时，前端服务是否会受到影响。Service Mesh 支持的故障注入方式主要有两种：Delay 延时注入和 Abort 出错注入，这里分别进行演示。

在 samples/bookinfo/networking/virtual-service-ratings-test-delay.yaml 文件中配置延时注入的代码如下：

```
apiVersion: networking.istio.io/v1alpha3
kind: VirtualService
metadata:
  name: ratings
spec:
  hosts:
  - ratings
  http:
  - match:
    - headers:
        end-user:
          exact: jason
    fault:
      delay:
        percentage:
          value: 100.0
        fixedDelay: 7s
    route:
    - destination:
        host: ratings
        subset: v1
  - route:
    - destination:
        host: ratings
        subset: v1
```

在上面代码中，spec.http.match.headers.end-user 指定了在 HTTP 头部若匹配 end-user 为 jason 时需进行特殊处理；spec.http.fault.delay 字段指定了对需要特殊处理的负载，100%概率都增加 7s 的固定延时，7s 后数据再发送给 ratings 服务。

运行 kubectl apply 命令，使 YAML 文件生效，具体代码如下：

```
[root@Master istio-1.7.3]# kubectl apply -f samples/bookinfo/networking/
virtual-service-ratings-test-delay.yaml
virtualservice.networking.istio.io/ratings configured
```

通过浏览器打开 BookInfo 主页，在右上角单击 Sign in 按钮，输入用户名 jason、密码 jason 后，需要等几秒才能完成最终的主页渲染，并且 reviews 的界面报错，如图 22-9 所示。

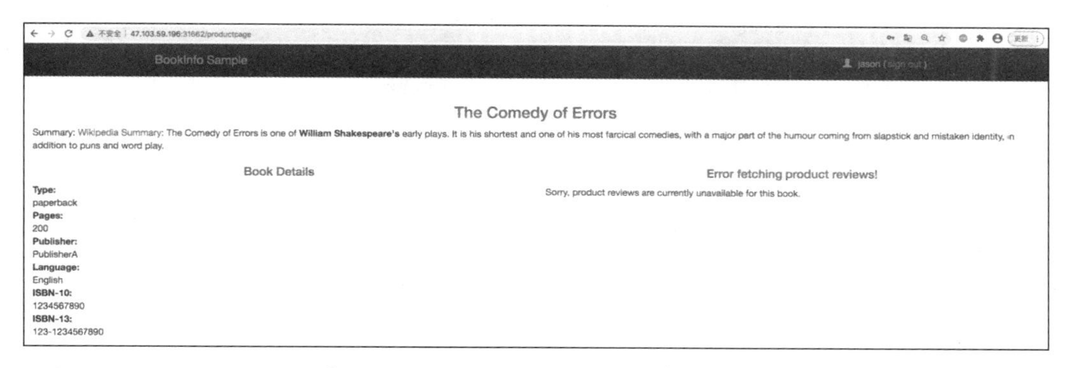

图 22-9　BookInfo 主页延迟故障界面一

这是由于 productpage 的代码里有一个内部超时机制，在后续服务超过 6s 没有响应时会报错。通过这个功能很好地验证了 productpage 的超时处理能力，同时也发现了 reviews 代码的不足，它不具备合适的超时处理机制，reviews 中与 ratings 无关的描述信息没有正常显示。读者可以尝试调整发布策略，将 reviews 负载指向 v3 容器后，reviews 评价内容就可以正常显示了。

通过上面的例子很好地展现了 Istio 的延时注入的测试作用。下面我们来看一下如何进行 HTTP 出错返回的注入。

参考 samples/bookinfo/networking/virtual-service-ratings-test-abort.yamll 文件代码配置错误注入的 YAML 文件，代码如下：

```
apiVersion: networking.istio.io/v1alpha3
kind: VirtualService
metadata:
  name: ratings
spec:
  hosts:
  - ratings
  http:
  - match:
    - headers:
        end-user:
          exact: jason
    fault:
      abort:
        percentage:
          value: 100.0
        httpStatus: 500
```

```
    route:
    - destination:
        host: ratings
        subset: v1
  - route:
    - destination:
        host: ratings
        subset: v1
```

上面配置代码针对 jason 用户进行了特殊处理，spec.http.fault.abort 指定了 HTTP 请求以 100%的概率返回 500 状态码。运行 kubectl 命令将 YAML 文件生效后，它会自动覆盖之前设置的同名 Virtual Service 配置。如图 22-10 所示，大家可以尝试再次用 jason 用户登录 BookInfo 页面。

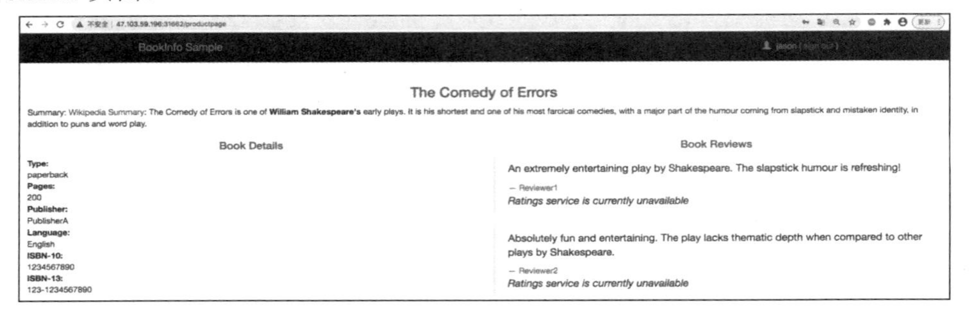

图 22-10　BookInfo 主页延迟故障界面二

这次页面快速地进行了响应，但是 ratings 部分的评分并没有出现，因为在数据流发送到 ratings 容器之前，被 Istio 的 Envoy 边车截流，直接返回了 500 的出错码。

针对以上后端服务可能存在的超时和出错返回现象，在前端服务代码内部应该通过增加出错处理、熔断、反腐层等方式来避免。Istio 的故障注入功能可以很方便地来验证这部分代码的有效性。

22.4.4　数据流镜像

数据流镜像是测试新模块的常见方法之一，也是将生产数据流导流到准生产环境，进行压力测试的常见手段之一。通过 Istio 的 YAML 文件的配置可以轻松地实现数据流的镜像复制。我们这次以 reviews 模块的 v2 版本承载业务压力，同时通过数据流镜像来测试新的 v3 版本的代码功能。

首先，创建 samples/bookinfo/networking/virtual-service-reviews-mirror.yaml 配置文件，代码如下：

```
apiVersion: networking.istio.io/v1alpha3
kind: VirtualService
metadata:
  name: reviews
spec:
  hosts:
    - reviews
  http:
  - route:
    - destination:
        host: reviews
        subset: v2
      weight: 100
    mirror:
      host: reviews
      subset: v3
    mirror_percent: 100
```

在上面的代码中，数据流仍默认通过 spec.http.route.destination 的定义指向 reviews 服务的 v2 容器池，同时通过 spec.http.mirror 定义数据流的镜像复制方向为 reviews 的 v3 容器池，并通过给 spec.http.mirror_percent 赋值为 100，来确保所有发给 v2 容器池的数据，也能够通过镜像复制技术 100%地发送给 v3 容器池。

然后，运行 kubectl apply 命令，按照 virtual-service-reviews-mirror.yaml 文件修改 reviews 的 virtual service，具体代码如下：

```
[root@Master networking]# kubectl apply -f samples/bookinfo/networking/
virtual-service-reviews-mirror.yaml
virtualservice.networking.istio.io/reviews configured
```

接着，查看 BookInfo 主页，可以看到 reviews 页面风格依然保持在 v2 版本。

最后，通过 kubectl get pods 和 kubecttl logs 命令查看 reviews 的 v3 版本容器日志，具体代码如下：

```
[root@Master networking]# kubectl get pods -l app=reviews,version=v3
NAME                          READY   STATUS    RESTARTS   AGE
reviews-v3-5f7b9f4f77-zq5sm   2/2     Running   0          15d
[root@Master networking]# kubectl logs -f reviews-v3-5f7b9f4f77-zq5sm -c
istio-proxy
```

```
[2020-10-29T13:55:07.994Z] "GET /ratings/0 HTTP/1.1" 200 - "-" "-" 0 48 1 1 "-"
"Mozilla/5.0 (Macintosh; Intel Mac OS X 10_13_6) AppleWebKit/537.36 (KHTML, like
Gecko) Chrome/86.0.4240.80 Safari/537.36" "4fb91877-e9df-98ea-be95-73d8444
b3057" "ratings:9080" "10.244.4.87:9080" outbound|9080||ratings.default.svc.
cluster.local 10.244.2.52:54960 10.101. 252.64:9080 10.244.2.52:47432 - default
[2020-10-29T13:55:07.955Z] "GET /reviews/0 HTTP/1.1" 200 - "-" "-" 0 375 47 47
"10.244.4.86" "Mozilla/5.0 (Macintosh; Intel Mac OS X 10_13_6)
AppleWebKit/537.36 (KHTML, like Gecko) Chrome/86.0.4240.80 Safari/537.36"
"4fb91877-e9df-98ea-be95-73d8444b3057" "reviews-shadow:9080" "127.0.0.1:9080"
inbound|9080|http|reviews.default.svc.cluster.local 127.0.0.1:52638 10.244.
2.52:9080 10.244.4.86:0 outbound_.9080_.v3_.reviews.default.svc.cluster.local
default
```

从上面代码中可以看到，通过数据流的镜像设置，reviews 的 v3 版本容器成功地收到了数据请求，并调用 ratings 服务完成了数据查询，从而可以让我们方便地进行新模块的功能测试和模拟环境的压力测试。

22.4.5 服务熔断

熔断技术不仅可以通过 Spring Cloud 的 Hystrix 熔断器实现，还可以通过 Istio 非侵入式的 Destination Rule 定义来实现。熔断可以从连接池（connectionPool）和异常检查（outlierDetection）两方面着手。具体的 YAML 配置文件代码如下：

```yaml
apiVersion: networking.istio.io/v1alpha3
kind: DestinationRule
metadata:
  name: productpage
spec:
  host: productpage
  trafficPolicy:
    connectionPool:
      tcp:
        maxConnections: 1
      http:
        http1MaxPendingRequests: 1
        maxRequestsPerConnection: 1
    outlierDetection:
      consecutiveErrors: 1
      interval: 1s
      baseEjectionTime: 3m
      maxEjectionPercent: 100
```

在上面的配置代码中，spec.trafficPolicy.connectionPool 定义了最大并发连接数（maxConnections）、每个连接可以处理的最大请求数（maxRequestsPerConnection）和等待队列中的最大请求数（http1MaxPendingRequests）。一旦超过当前可以处理的最大请求数，Envoy 边车将直接返回 HTTP 503 Service Unavailable。另外，spec.trafficPolicy.outlierDetection 进一步定义了异常检测的处理方式：特定周期（interval）内，如果出现一定数量的连续故障（consecutiveErrors），则熔断一段时间，当这个时间的基准值（比如上面代码中的 baseEjectionTime 的值）反复出现故障时，这个熔断时间将线性递增，整个熔断过程中最大的应用容器熔断比例为 maxEjectionPercent 值。

22.4.6　服务网关

Istio 的服务网关概念有点类似 Spring Cloud Gateway 和 Kubernetes Ingress，不过它相对于 Spring Cloud Gateway 对非侵入性、多语言特性支持得更好，相对于 Kubernetes Ingress 更加灵活多变。

Istio 使用 Ingress Gateway 作为应用服务的入口服务网关，Ingress Gateway 需要通过两步来定义。第一步，定义一个 Gateway 资源，如 samples/bookinfo/networking/bookinfo-gateway.yaml 的第一段所示，相关代码如下：

```
apiVersion: networking.istio.io/v1alpha3
kind: Gateway
metadata:
 name: bookinfo-gateway
spec:
 selector:
   istio: ingressgateway # use istio default controller
 servers:
 - port:
     number: 80
     name: http
     protocol: HTTP
   hosts:
   - "*"
```

在上面代码中，我们可以看到，资源类型（kind）为 Gateway，对应标签为 istio=ingressgateway 的 Istio 默认网关控制器，采用 HTTP 协议提供服务，占用 Istio 网关服务的端口 80，可以匹配各种域名。

第二步，将需要通过服务网关对外提供服务的 Virtual Service 绑定到这个 Gateway 上，如 samples/bookinfo/networking/bookinfo-gateway.yaml 的第二段所示，相关代码如下：

```
apiVersion: networking.istio.io/v1alpha3
kind: VirtualService
metadata:
  name: bookinfo
spec:
  hosts:
  - "*"
  gateways:
  - bookinfo-gateway
  http:
  - match:
    - uri:
        exact: /productpage
    - uri:
        prefix: /static
    - uri:
        exact: /login
    - uri:
        exact: /logout
    - uri:
        prefix: /api/v1/products
    route:
    - destination:
        host: productpage
        port:
          number: 9080
```

在上面代码中，spec.hosts 指定该 Virtual Service 可以支持的域名；spec.gateways 指明需要绑定的 Gateway（即第一步所创建的 Gateway）名称；spec.http.match.uri 指定具体的 URL 路径（exact 为完全匹配，prefix 为首字母匹配）；spec.http.route.destination 指定目标服务和端口。

只有符合 Gateway 和对应的 Virtual Service 的 URL 域名、路径的服务才可以得到正确的响应。对其他未定义 URL 的访问，Istio 服务网关会统一显示“404 Not Found”。

将上述 YAML 配置生效后，可以通过浏览器访问任意节点的对应端口（具体步骤参见 22.2.1 节），将会看到如图 22-4 所示的 BookInfo 主页。Istio 服务网关通常作为多语言开发的应用容器组对外提供服务的统一接口。

22.5 服务安全

22.5.1 服务安全整体思路

Istio 通过数据平面和控制平面的配合，提供了对应用透明的 TLS 加密通信，以及包含用户认证、授权、审计（AAA）的全方位数据保护。它包含以下几个亮点：

- 默认安全：整个安全加固过程对应用和底层基础架构全透明。
- 深度防御：可以对接企业现有的安全系统，进行多层次的安全防御。
- 零信任网络：在非信任网络上可以快速搭建可靠安全的信任通道。

这些亮点都是通过如图 22-11 所示的 Istio 安全架构来实现的。

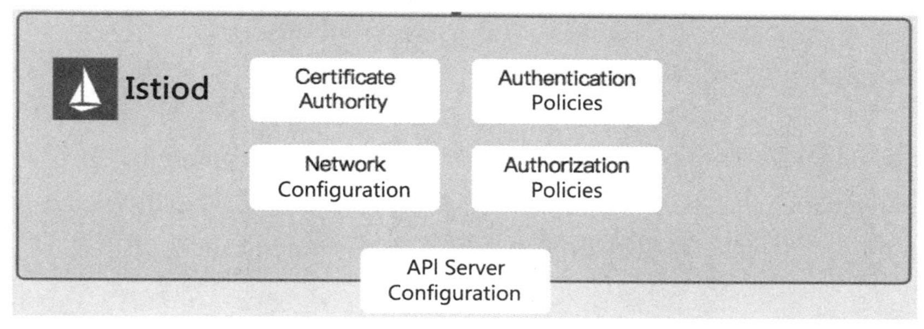

图 22-11 Istio 安全架构

整个安全架构中最关键的功能有三个：

- Certificate Authority（证书授权）：用于密钥和证书的生命周期管理。它遵循 X.509 规范，全自动完成 TLS 加密所需的密钥和证书的签发、过期、轮替等操作。
- Authentication Policy（认证策略）：包含用于微服务之间认证的 Peer Authentication（对等认证）和用于终端用户认证的 Request Authentication（请求认证）两种实现形式。Peer Authentication 主要是通过两个服务之间 mTLS 双向加密传输方式实现的；Request Authentication 主要是通过 JWT（JSON Web Token）的验证方式实现的。
- Authorization Policy（授权策略）：包含负载与负载、用户与负载间的访问控制策略。它可以从整个网格全局、单个命名空间、单个应用负载等不同维度，来决定是拒绝还是接受服务调用请求。

下面我们从几个常见用例出发，探究如何实现上述安全功能。

22.5.2 mTLS 双向认证加密

传统的 HTTPS 通信加密重点关注的是，通过服务器端的公私钥机制来确保数据传输过程的保密性。而 Istio 中推荐采用双向的公私钥认证机制（Mutual TLS）来实现客户端和服务器端的双向认证和保密传输。我们通常将这个机制简称为 mTLS。

下面我们来验证 mTLS 的加密认证功能。首先创建 YAML 文件 samples/bookinfo/policy/mtls. yaml，文件代码如下：

```
apiVersion: "security.istio.io/v1beta1"
kind: "PeerAuthentication"
metadata:
  name: mtls-example
  namespace: default
spec:
  mtls:
    mode: STRICT
```

在上面的 YAML 文件中，资源类型（kind）为 PeerAuthentication，表明是进行 mTLS 双向认证；metadata.namespace 是 default，表明本策略只对 default namespace 生效；spec.mtls.mode 为 STRICT 表明强制采用 mTLS 对整个 namespace 进行默认的数据加密传输。

运行 kubectl apply 命令，根据 mtls.yaml 创建出 PeerAuthentication 资源，具体代码如下：

```
[root@Master istio-1.7.3]# kubectl apply -f samples/bookinfo/policy/mtls.yaml
peerauthentication.security.istio.io/mtls-example created
```

通过浏览器刷新 BookInfo 主页，可以看到整个页面效果没有变化。

我们尝试在 default namespace 中启动一个 busybox 应用，并通过内部网络访问 productpage，具体代码如下：

```
[root@Master istio-1.7.3]# kubectl create namespace test
namespace/test created
[root@Master istio-1.7.3]# kubectl run busybox --rm=true --image=busybox
--namespace=test --restart=Never -it
If you don't see a command prompt, try pressing enter.
```

```
/ # wget productpage.default:9080
Connecting to productpage.default:9080 (10.109.126.143:9080)
wget: error getting response: Connection reset by peer
```

在上面代码中，kubectl run 命令临时启动了一个采用 busybox 镜像的 Pod，并登录其容器；wget 命令用来通过 HTTP 方式访问 default namespace 的 productpage 服务的对应 9080 端口。在没有激活 mTLS 功能时，我们可以正常进行主页的读取和下载，而当 default namespace 激活了 mTLS 双向加密验证后，productpage 容器对应的 Envoy 边车要求所有收到的请求都满足 mTLS 双向签名。由于 test namespace 并没有激活 mTLS，也没有采用 Envoy 边车自动注入，所以 busybox 容器无法自动完成 mTLS 要求的握手、签名和加密功能，从 busybox 发送的请求被 productpage 的 Envoy 边车直接拒绝了。

22.5.3　基于 mTLS 的用户授权

在经典 AAA 理论中，认证的下一步就是授权。mTLS 认证完成了网络通信的加密和身份的认定，Istio 在此基础上可以根据 mTLS 的客户端证书中包含的不同用户身份信息，进行服务的授权。

比如在 BookInfo 应用部署文件 samples/bookinfo/platform/kube/bookinfo.yaml 中定义了 productpage 容器的 service account 服务账号 bookinfo-productpage，文件代码如下：

```
apiVersion: apps/v1
kind: Deployment
metadata:
  name: productpage-v1
  labels:
    app: productpage
    version: v1
spec:
…
  template:
…
    spec:
      serviceAccountName: bookinfo-productpage
…
```

这个 service account 将通过 mTLS 的交互过程与后续服务（比如 reviews 服务）进行沟通，我们要在 Istio 中修改 YAML 文件的配置代码，来确保 productpage 的容器可以访问 reviews 服务，具体代码如下：

```
apiVersion: "security.istio.io/v1beta1"
kind: "AuthorizationPolicy"
metadata:
  name: "reviews-viewer"
  namespace: default
spec:
  selector:
    matchLabels:
      app: reviews
  rules:
  - from:
    - source:
        principals: ["cluster.local/ns/default/sa/bookinfo-productpage"]
    to:
    - operation:
        methods: ["GET"]
```

在上面的代码中，metadata.namespace 指定了本策略的适用范围为 default；spec.selector.mathcLabels 指定了适合标签为 app：reviews 的目标容器；rules.from.source.principals 指定了授权的主体是 default namespace（缩写为 ns）中的 bookinfo-productpage service account（缩写为 sa），允许它访问目标容器；rules.to.operation 指定了可以通过 Get 方法来访问资源。

除容器级别的详细授权外，Istio 还可以通过 YAML 配置来实现 namespace 级别的默认 deny-all 拒绝访问控制，文件代码如下：

```
apiVersion: security.istio.io/v1beta1
kind: AuthorizationPolicy
metadata:
  name: deny-all
  namespace: default
spec:
  {}
```

在上面的代码中，spec 下面为空，表示没有任何访问授权。

我们可以将多个类似的容器级 ALLOW 规则（比如允许 reviews 访问 ratings、productpage 访问 details）和一个默认的 namespace 级 DENY 规则组合起来，完成整个应用内部的授权控制。

22.5.4　JWT 用户认证授权

除前面介绍的基于 mTLS 的认证和授权方式外，Istio 还支持 JWT（Json Web Token）模式的用户认证授权方式。

首先，创建 samples/bookinfo/policy/jwt.yaml 文件，文件代码如下：

```
apiVersion: security.istio.io/v1beta1
kind: RequestAuthentication
metadata:
  name: jwt-example
  namespace: istio-system
spec:
  selector:
    matchLabels:
      istio: ingressgateway
  jwtRules:
  - issuer: "testing@secure.istio.io"
    jwksUri: "https://[jwt_test_url]/jwks.json"
```

在上面的代码中，metadata.namespace 指定了这个用户认证策略适用的范围为 istio-system；spec.selector.matchLabels 指定了适用的容器为 ingressgateway；spec.jwtRules.issuer 规定了 JWT 的证书签发机构的名称；spec.jwtRules.jwksUri 规定了解析 JWT Token 的公钥证书服务；[jwt_test_url]为 JWT 测试 URL 地址，其具体内容见本书所对应的 GitHub 代码。

其次，运行 kubectl apply 命令，根据 YAML 文件创建出对应的 RequestAuthentication 用户认证策略资源，具体代码如下：

```
[root@Master istio-1.7.3]# kubectl apply -f samples/bookinfo/policy/jwt.yaml
requestauthentication.security.istio.io/jwt-example created
```

如果从 jwt.io 等网站复制一个随意的 JWT Token，并尝试通过 curl 命令或 Postman 来访问 BookInfo 主页，那么将会收到报错“JWT issuer is not configured”，表明 JWT Token 通过 Istio 内指定的公钥验证失败。

然后，通过 curl 命令获取有效的 JWT Token，具体代码如下：

```
[root@Master istio-1.7.3]# curl https://[jwt_test_url]/demo.jwt
eyJhbGciOiJSUzI1NiIsImtpZCI6IkRIRmJwb0lVcXJZOHQyenBBMnFYZkNtcjVWTzVaRXI0UnpI
VV8tZW52dlEiLCJ0eXAiOiJKV1QifQ.eyJleHAiOjQ2ODU5ODk3MDAsImZvbyI6ImJhciIsImlhd
CI6MTUzMjM4OTcwMCwiaXNzIjoidGVzdGluZ0BzZWN1cmUuaXN0aW8uaW8iLCJzdWIiOiJ0ZXN0a
```

```
W5nQHNlY3VyZS5pc3Rpby5pbyJ9.CfNnxWP2tcnR9q0vxyxweaF3ovQYHYZl82hAUsn21bwQd9zP
7c-LS9qd_vpdLG4Tn1A15NxfCjp5f7QNBUo-KC9PJqYpgGbaXhaGx7bEdFWjcwv3nZzvc7M__Zpa
CERdwU7igUmJqYGBYQ51vr2njU9ZimyKkfDe3axcyiBZde7G6dabliUosJvvKOPcKIWPccCgefSj
_GNfwIip3-SsFdlR7BtbVUcqR-yv-XOxJ3Uc1MI0tz3uMiiZcyPV7sNCU4KRnemRIMHVOfuvHsU6
0_GhGbiSFzgPTAa9WTltbnarTbxudb_YEOx12JiwYToeX0DCPb43W1tzIBxgm8NxUg
```

将获取的 JWT Token 替换之前的随机 Token 后，重新尝试访问主页，可以看到页面内容可以正常返回，不再报错。到这一步已经完成了 JWT Token 的非侵入式认证，确认了 JWT 中的信息没有被篡改。

接着，是对 Token 中有效载荷的具体字段进行匹配和授权。这里假设需要验证 JWT Token 中的 iss 和 sub 两个字段内容，确保它们都是 testing@secure.istio.io，才允许访问 istio ingressgateway 资源，进而访问整个 BookInfo 应用。

创建 samples/bookinfo/policy/require-jwt.yaml 文件，文件代码如下：

```yaml
apiVersion: security.istio.io/v1beta1
kind: AuthorizationPolicy
metadata:
  name: require-jwt
  namespace: istio-system
spec:
  selector:
    matchLabels:
      istio: ingressgateway
  action: ALLOW
  rules:
  - from:
    - source:
        requestPrincipals: ["testing@secure.istio.io/testing@secure.istio.io"]
```

在上面的代码中，metadata.namespace 指定了这个用户授权策略适用的范围为 istio-system；spec.selector.matchLabels 指定了适用的容器为 ingressgateway；spec.action 为 ALLOW 说明根据匹配规则允许进行资源的访问；spec.rules.from.source. requestPrincipals 说明需要验证的 JWT 载荷的 iss 和 sub 分别为 testing@secure.istio.io（以“/”分割的两段内容）。

最后，运行 kubectl apply 命令，根据 YAML 文件配置创建 AuthorizationPolicy 资源，具体代码如下：

```
[root@Master istio-1.7.3]# kubectl apply -f samples/bookinfo/policy/require-jwt.yaml
authorizationpolicy.security.istio.io/require-jwt created
```

下面分别通过三种方式访问 BookInfo 页面：

- 采用随意的 JWT：触发 JWT 认证失败，仍然无法访问主页。
- 在浏览器上直接访问主页：触发 JWT 授权失败，因为浏览器端发送的 HTTP 请求没有包含目标 iss 和 sub 信息的 JWT Token。
- 采用指定公钥证书平台提供的默认 JWT Token（demo.jwt）：BookInfo 主页可以顺利打开和下载。

22.6 服务监控

22.6.1 服务监控整体思路

Istio 时时刻刻监控着整个网格内部的所有服务通信。这种监控和遥感不会给应用开发过程添加任何负担，它采用一种全透明的形式观测服务行为，方便应用的后续排错、维护和优化过程。Istio 在监控过程中重点关注以下服务信息：

- 性能指标：Istio 重点关注响应延时、数据流量、出错率和通道饱和度这几个性能指标。
- 链路追踪：Istio 在整个网格内记录所有的链路调用信息，追踪服务间的调用流程和依赖关系。
- 访问日志：Istio 记录每个访问请求的详细信息，包括源地址、目标地址等元数据，方便后续的审计和日志分析。

Istio 的遥测数据来源于 Envoy 边车的信息收集，在控制平面进行简单汇聚后，可以对接各种主流的监控软件。下面我们挑选几款在容器界比较知名的监控软件来和大家分享具体的操作过程。

22.6.2 Prometheus+Grafana 性能监控

在 22.2.2 节的 Kiali 安装过程中，已经部署了 Prometheus 和 Grafana，同时 Istio 1.7 提供了对遥测工具的直接支持，Envoy 边车可以很方便地将 Metrics 信息发送给 Prometheus，并展现在 Grafana 仪表盘上。

运行 kubectl edit service 命令，修改 Grafana 的服务模式为 NodePort，以方便客户端访问，具体代码如下：

```
[root@Master ~]# kubectl edit service grafana -n istio-system
…
apiVersion: v1
kind: Service
metadata:
…
  name: grafana
  namespace: istio-system
…
spec:
  clusterIP: 10.105.5.104
…
  type: NodePort
…
```

将 spec.type 修改为 NodePort 模式，保存后退出。运行 kubectl get service 命令，查询 NodePort 模式的 Service 所占用的节点端口，具体代码如下：

```
[root@Master ~]# kubectl get service grafana -n istio-system
NAME      TYPE       CLUSTER-IP     EXTERNAL-IP   PORT(S)          AGE
grafana   NodePort   10.105.5.104   <none>        3000:31757/TCP   16d
```

在上面代码中，3000 为 Grafana GUI 的容器端口，对应的服务器端口为 31757。通过浏览器访问任意 Node 节点的 31757 端口，打开 Grafana 图形化管理界面 http://Node 节点公网地址:31757，单击左上角的 Home，可以看到多个默认仪表盘模板，选择 Istio Performance Dashboard 后，可以观察到 BookInfo 服务网格的性能监控情况，如图 22-12 所示。

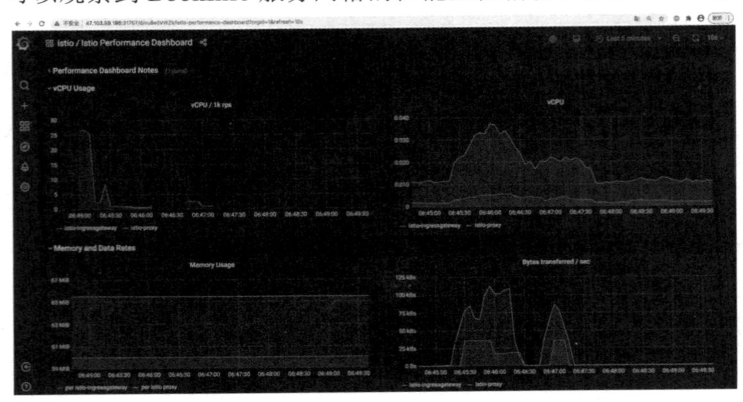

图 22-12　BookInfo 服务网格性能监控

如果需要进一步进行监控遥测，可以尝试选择其他默认仪表盘，也可以定制化符合业务需求的监控仪表盘和告警消息。

22.6.3　Jaeger 服务追踪

在 22.2.2 节的 Kiali 安装过程中，已经部署了 Jaeger 服务，同时 Istio 1.7 提供了对该遥测工具的直接支持，Envoy 边车可以很方便地将 Tracing 信息发送给 Jaeger，并展现在 GUI 界面上。

运行 kubectl edit service 命令，修改 Jaeger 的服务模式为 NodePort，以方便客户端访问，具体代码如下：

```
[root@Master ~]# kubectl edit service tracing -n istio-system
…
apiVersion: v1
kind: Service
metadata:
…
  name: tracing
  namespace: istio-system
…
spec:
  clusterIP: 10.109.99.182
…
  type: NodePort
…
```

将 spec.type 修改为 NodePort 模式，保存后退出。运行 kubectl get service 命令，查询 NodePort 模式的 Service 所占用的节点端口，具体代码如下：

```
[root@Master ~]# kubectl get service tracing -n istio-system
NAME      TYPE       CLUSTER-IP      EXTERNAL-IP   PORT(S)        AGE
tracing   NodePort   10.109.99.182   <none>        80:30270/TCP   16d
```

在上面代码中，80 为 Jaeger GUI 的容器端口，对应的服务器端口为 30270。通过浏览器访问任意 Node 节点的 30270 端口，打开 Jaeger 图形化管理界面 http://Node 节点公网地址:30270，单击左侧的 Service 下拉框，可以看到多个服务选项，选择 productpage.default 后，单击左下侧的 Find Traces 按键，观察到如图 22-13 所示的 productpage 历史访问情况。

从图 22-13 中可以看到所选的时间周期内的整体服务响应延时分布和历史 Tracing 信息。单击任意一条具体的 Tracing 访问记录，可以看到如图 22-14 所示的详细链路追踪信息。

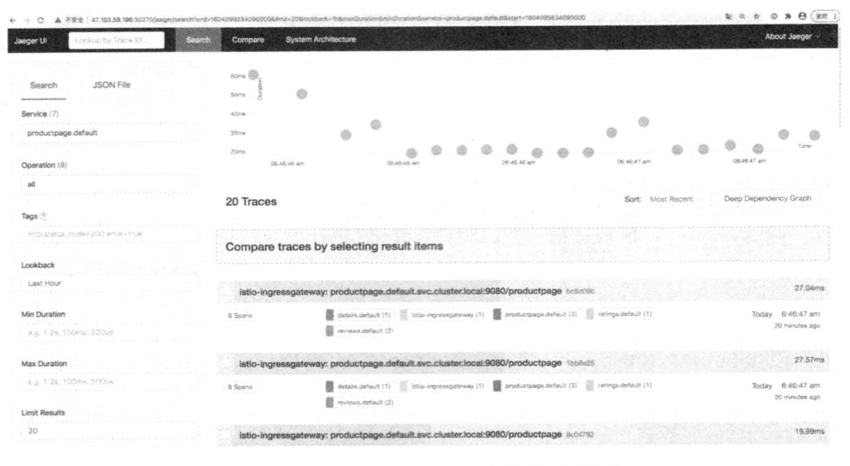

图 22-13　productpage 历史访问情况

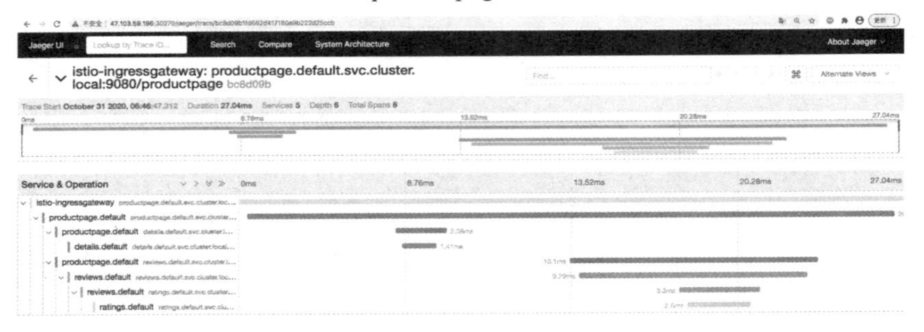

图 22-14　详细链路追踪信息

从下次的时间轴可以看出，一次 BookInfo 主页的刷新，分别访问了 istio-gateway、productpage、details、produtpage、reviews、ratings 等服务，并可以方便地找出其中的延时瓶颈所在。

22.7　【优惠券项目落地】——非侵入式容器进阶态

22.7.1　激活 Service Mesh

我们继续回到贯穿全文的优惠券项目，来看一下如何通过 Service Mesh 进一步优化其落地过程。

运行 kubectl label namespace 命令，确保 Istio 在 default namespace 上保持激活状态，具体代码如下：

```
[root@Master coupon]# kubectl label namespace default istio-injection=enabled
```

上述命令如果产生以下两种返回结果之一，则说明 Istio 已经激活成功：

第一种：namespace/default labeled

第二种：error: 'istio-injection' already has a value (enabled), and --overwrite is false

第一种返回结果表明 Istio 在 default namespace 上首次激活成功；第二种返回结果表明 default namespace 之前已经激活过 Istio，无需重复激活。

运行 kubectl apply 命令，重新部署各优惠券微服务，以 coupon-template 为例，具体代码如下：

```
[root@Master coupon]# kubectl apply -f coupon-template.yml
deployment.apps/coupon-template created
[root@Master coupon]# kubectl get pods
NAME                                    READY   STATUS    RESTARTS   AGE
coupon-template-58dd864884-bbdwr                2/2     Running   0          18s
coupon-template-58dd864884-tggq8                2/2     Running   0          18s
[root@Master coupon]# kubectl describe pod coupon-template-58dd864884-bbdwr
…
Containers:
 coupon-template:
   Container ID:    docker://0cb34bcb09385b5dd17251a30bf8a6485a9b7f491d017c
714a1b90b688c70b83
   Image:         coupon-template
…
 istio-proxy:
   Container ID:   docker://ebcbd04c9951c946cc47e4b79869fdd15133e1d2cb24c887
f5775c31073f25ce
   Image:        docker.io/istio/proxyv2:1.7.3
…
```

从上面代码中可以看到，每个 coupon-template Pod 都有两个容器，它们分别是 coupon-template 业务容器和 istio-proxy 边车容器。读者可以参考上面代码，依次完成其他应用和中间件服务的重新启动。

22.7.2　透明授权验证

对于外部访问优惠券系统的 API 调用，可以添加 JWT 验证机制，来满足：

- 确保只拥有有效 JWT 的优惠券服务授权客户才可以进行调用。
- 通过 JWT Token 的授权验证，确保该用户对该 API 具备足够的访问权限。
- 追踪用户行为，防止批量脚本等 DDoS 攻击。

注意：由于 Istio 是基于 Kubernetes 的 Service 进行安全加固和服务治理的，所以任何需要进行 JWT 验证的服务，都要先按照 19.3.3 节完成 Service 的创建，再按照 22.5.4 节介绍的用户认证授权方式，对优惠券项目进行 JWT 安全加固。

下面以 coupon-template 服务为例进行 JWT 验证。

首先，创建 jwt.yml 文件，代码如下：

```
apiVersion: security.istio.io/v1beta1
kind: RequestAuthentication
metadata:
  name: jwt-authentication
  namespace: default
spec:
  selector:
    matchLabels:
      app: coupon-template
  jwtRules:
  - issuer: "testing@secure.istio.io"
    jwks:
'{ "keys":[ {"e":"AQAB","kid":"DHFbpoIUqrY8t2zpA2qXfCmr5VO5ZEr4RzHU_-envvQ",
"kty":"RSA","n":"xAE7eB6qugXyCAG3yhh7pkDkT65pHymX-P7KfIupjf59vsdo91bSP9C8H07
pSAGQO1MV_xFj9VswgsCg4R6otmg5PV2He95lZdHtOcU5DXIg_pbhLdKXbi66GlVeK6ABZOUW3WY
tnNHD-91gVuoeJT_DwtGGcp4ignkgXfkiEm4sw-4sfb4qdt5oLbyVpmW6x9cfa7vs2WTfURiCrBo
UqgBo_-4WTiULmmHSGZHOjzwa8WtrtOQGsAFjIbno85jp6MnGGGZPYZbDAa_b3y5u-YpW7ypZrvD
8BgtKVjgtQgZhLAGezMt0ua3DRrWnKqTZ0BJ_EyxOGuHJrLsn00fnMQ"}]}'
---
apiVersion: security.istio.io/v1beta1
kind: AuthorizationPolicy
metadata:
  name: jwt-authorization
  namespace: default
spec:
  selector:
    matchLabels:
      app: coupon-template
```

```
action: ALLOW
rules:
- from:
  - source:
      requestPrincipals: ["testing@secure.istio.io/testing@secure.istio.io"]
```

在上面的代码中，通过“---”分隔符将 RequestAuthentication 认证策略和 AuthorizationPolicy 授权策略同时进行了指定。在 RequestAuthentication 配置文件中，metadata.namespace 指定了这个用户认证策略适用的范围为 dafault；spec.selector.matchLabels 指定了适用的 Pod 为 coupon-template；spec.jwtRules.issuer 指定了 JWT 的证书签发机构的名称；spec.jwtRules.jwks 指定了 JWT Token 的公钥证书内容；在 AuthorizationPolicy 配置文件中，spec.action 为 ALLOW 说明根据匹配规则允许进行资源的访问；spec.rules.from.source.requestPrincipals 说明需要验证的 JWT 载荷的 iss 和 sub 分别为 testing@secure.istio.io（以“/”分割的两段内容）。

然后，根据 YAML 文件创建出对应的 RequestAuthentication 认证策略资源和 AuthorizationPolicy 授权策略资源，具体代码如下：

```
[root@Master coupon]# kubectl apply -f jwt.yml
requestauthentication.security.istio.io/jwt-authentication created
authorizationpolicy.security.istio.io/jwt-authorization created
```

接着，进行服务访问测试。从 jwt.io 等网站复制一个随意的 JWT Token，并尝试通过 curl 命令来访问 coupon-template 的 Service 地址，具体代码如下：

```
[root@Master coupon]# curl -X POST http://10.244.2.220:20000/template/search -H
'Authorization:                                                          Bearer
eyJhbGciOiJIUzI1NiIsInR5cCI6IkpXVCJ9.eyJzdWIiOiIxMjM0NTY3ODkwIiwibmFtZSI6Ikp
vaG4gRG9lIiwiaWF0IjoxNTE2MjM5MDIyfQ.SflKxwRJSMeKKF2QT4fwpMeJf36POk6yJV_adQss
w5c'  -H  'Content-Type:  application/json'  -H  'cache-control:  no-cache'  -d
'{ "shopId":10087 }'
Jwt issuer is not configured
```

在上面的代码中，“10.244.2.220:20000”对应 coupon-template 的服务地址和端口；HTTP 头部的“Authorization: Bearer”指定了 JWT 令牌内容。可以看到，调用过程触发了 JWT 验证，因为浏览器端发送的 HTTP 请求没有包含正确的 iss 和 sub 信息，不满足认证授权策略，被边车直接拒绝了。如果尝试篡改 JWT 的主体载荷，或者尝试不传递 JWT 进行 API 调用，边车都会给出“Jwt verification fails”和“RBAC: access denied”等报错信息。

只有真正拥有标识客户身份的 JWT 令牌时，才能通过边车的安全校验。我们将一个符合要求的 JWT 令牌放入 jwt.io 网站进行解析，可以看到该 JWT 令牌的结构如图 22-15

所示。

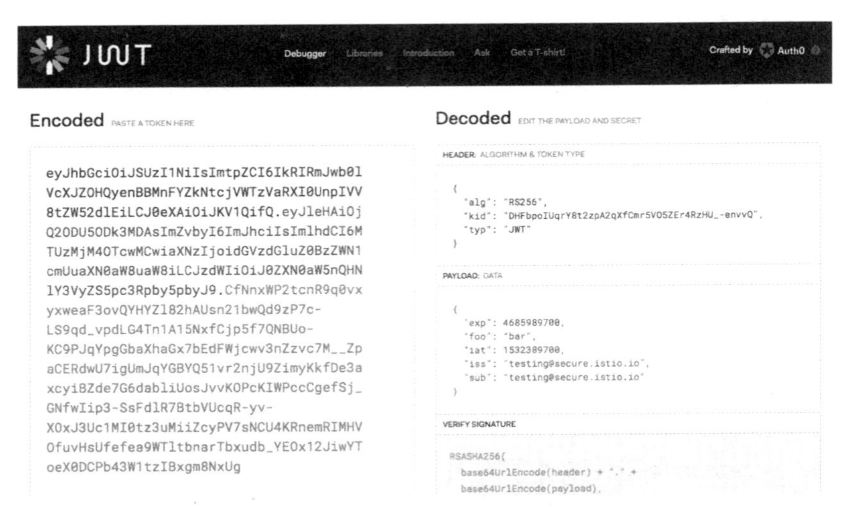

图 22-15 JWT 令牌结构图

在图 22-15 中，左侧是 JWT 令牌的主体，右侧分别是采用 Base64 反编码后解析出的令牌头部、令牌载荷和令牌签名。可以看到这个 JWT 令牌的载荷符合 AuthorizationPolicy 中定义的 iss 和 sub 内容，并且令牌签名所采用的私钥和 RequestAuthentication 中的公钥完全匹配互补。

最后，运行 curl 命令，替换 JWT 令牌后重新发起 API 调用，具体代码如下：

```
[root@Master coupon]# curl -X POST http://10.244.2.220:20000/template/search -H 'Authorization: Bearer eyJhbGciOiJSUzI1NiIsImtpZCI6IkRIRmJwb0lVcXJZOHQyenBBMnFYZkNtcjVWTzVaRXI0UnpIVV8tZW52dlEiLCJ0eXAiOiJKV1QifQ.eyJleHAiOjQ2ODU5ODk3MDAsImZvbyI6ImJhciIsImlhdCI6MTUzMjM4OTcwMCwiaXNzIjoidGVzdGluZ0BzZWN1cmUuaXN0aW8uaW8iLCJzdWIiOiJ0ZXN0aW5nQHNlY3VyZS5pc3Rpby5pbyJ9.CfNnxWP2tcnR9q0vxyxweaF3ovQYHYZl82hAUsn21bwQd9zP7c-LS9qd_vpdLG4Tn1A15NxfCjp5f7QNBUo-KC9PJqYpgGbaXhaGx7bEdFWjcwv3nZzvc7M__ZpaCERdwU7igUmJqYGBYQ51vr2njU9ZimyKkfDe3axcyiBZde7G6dabliUosJvvKOPcKIWPccCgefSj_GNfwIip3-SsFdlR7BtbVUcqR-yv-XOxJ3Uc1MI0tz3uMiiZcyPV7sNCU4KRnemRIMHVOfuvHsU60_GhGbiSFzgPTAa9WTltbnarTbxudb_YEOx12JiwYToeX0DCPb43W1tzIBxgm8NxUg' -H 'Content- Type: application/json' -H 'cache-control: no-cache' -d '{ "shopId":10087 }'
[{"id":1,"name":"优惠券","description":"测试优惠券模板 1-全场买 20 减少 5 元","type":"2","shopId":10087,"rule":{"discount":{"quota":80,"base":40},"limitation":2,"deadline":2623730620717},"available":true}]
```

从上面代码中可以看到，API 调用顺利完成，已经成功地搜索出预期的优惠券信息。

读者可以以此为例，对 gateway-server 服务进行 JWT 安全加固，这也是 Istio 和 Spring Cloud Gateway 配合的一种常见模式。

在实际项目中，读者可以通过 jjwt 库、java-jwt 库、Spring Security 框架、第三方认证服务等实现用户的注册登录和 JWT 令牌的创建，并使用对应的公钥来验证 Istio 安全策略，最终实现对外部用户的访问控制。

22.7.3 无埋点应用拓扑管理

按照 22.2.2 节所示，登录 Kiali，可以清晰地看到各微服务之间的拓扑关系，如图 22-16 所示。

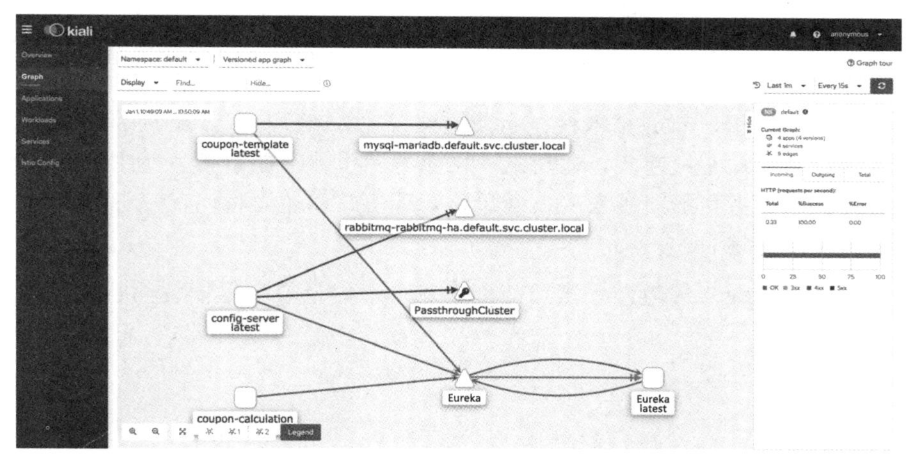

图 22-16 优惠券项目微服务拓扑关系图

在图 22-16 中，coupon-template 服务存在指向 MySQL 的 TCP 连接和 Eureka 服务的 HTTP 连接；config-server 服务存在指向 rabbitmq 的 TCP 连接、GitHub 官网的 TCP 连接和 Eureka 的 HTTP 连接；coupon-calculation 服务存在指向 Eureka 的 HTTP 连接；Eureka 服务本身也存在指向自身服务的 HTTP 连接。

22.7.4 优惠券项目容器化落地思考

从整个 Service Mesh 章节的介绍可以看出，Istio 等网格技术中的很多内容与 Spirng Cloud 的基本功能非常相似，包括：

- 外部客户调用的 API 网关：Spring Cloud Gateway 和 Istio Gateway。

- 限流、熔断等服务治理功能：Redis、Hystrix 和 Istio Connection Pool、Outlier Detection。
- 蓝绿、灰度发布：Spring Cloud Gateway、Ribbon 的权重功能和 Istio Virtual Service、Destination Rule。
- 链路追踪：Sring Cloud Sleuth 和 Envoy 边车的内置 Tracing 功能。

在实战过程中，对于多语言混编的应用环境，建议采用 Istio 的上述功能，无侵入式、全透明地实现服务治理和监控；对于纯 Java 语言，尤其是 Spring Boot 框架的微服务，建议读者统一采用 Spring Cloud 所提供的功能，可以更加灵活地掌控服务治理的细节。优惠券项目就是一个典型案例，整体框架以 Spring Cloud Eureka 的服务发现为主体，淡化了 Kubernetes 的 Service 的概念；网关层以 Spring Cloud Gateway 为主体，弱化了 Istio Gateway、Virtual Service 等相关功能；同时将 Istio 作为 Sping Cloud 和 Kubernetes 的有效补充，追加了 JWT 透明验证和服务拓扑管理等功能。

在微服务的世界里，新的技术栈在不断涌现，比如 Serverless 架构等。希望大家通过这本书的学习，可以从小白起步，逐渐走入微服务的世界，能掌握各种主流技术栈的技术细节，了解它们的优劣和不同场景的权衡思路，有信心和能力将比优惠券项目复杂得多的实战项目轻松投产落地。

微服务的世界已经向你敞开了大门，请在这个新的世界里尽情翱翔吧！

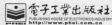